Edgar Voges

Hochfrequenztechnik

Band 1

ELTEX

Studientexte Elektrotechnik

Herausgegeben von
Dr.-Ing. Reinhold Pregla
Universitätsprofessor an der Fernuniversität, Hagen

In der Reihe „ELTEX" sind bisher erschienen:

Blume, Siegfried: Theorie elektromagnetischer Felder
Goser, Karl: Großintegrationstechnik, Teil 1
Handschin, Edmund: Elektrische Energieübertragungssysteme
Khoramnia, Ghassem: Einführung in die elektrische Energietechnik (Arbeitsbuch)
Klepp, Horst und Lehmann, Theodor: Technische Mechanik, 2 Bände
Peier, Dirk: Einführung in die elektrische Energietechnik
Pregla, Reinhold: Grundlagen der Elektrotechnik, 2 Bände
Schiek, Burkhard: Meßsysteme der Hochfrequenztechnik
Schiek, Burkhard und Siweris, Heinz-Jürgen: Rauschen in Hochfrequenzschaltungen
Schneeweiß, Winfrid: Grundbegriffe der Graphentheorie
Schünemann, Klaus und Hintz, Adrian: Bauelemente und Schaltungen der Hochfrequenztechnik, Teil 1
Unger, Hans-Georg: Elektromagnetische Theorie für die Hochfrequenztechnik, 2 Bände
Unger, Hans-Georg: Optische Nachrichtentechnik, 2 Bände
Unger, Hans-Georg: Elektromagnetische Wellen auf Leitungen
Voges, Edgar: Hochfrequenztechnik, 2 Bände
Walke, Bernhard: Datenkommunikation I, 2 Bände
Wendland, Broder: Fernsehtechnik, Band I
Wupper, Horst: Grundlagen elektronischer Schaltungen
Wupper, Horst: Einführung in die digitale Signalverarbeitung

In Vorbereitung:

Goser, Karl: Großintegrationstechnik, Teil 2
Locher, Franz: Numerische Mathematik
Schünemann, Klaus und Hintz, Adrian: Bauelemente und Schaltungen der Hochfrequenztechnik, Band II

Hochfrequenztechnik

Band 1: Bauelemente und Schaltungen

von Professor Dr. Edgar Voges
2., bearbeitete Auflage

Hüthig Buch Verlag Heidelberg

Edgar Voges, geboren am 26. 08. 1941 in Braunschweig, Studium der Physik an der TU Braunschweig, TU Berlin (Diplom 1967), anschließend wiss. Mitarbeiter und Oberingenieur am Institut für Hochfrequenztechnik der TU Braunschweig. Promotion (1970) und Habilitation (1974) an der TU Braunschweig. Von 1974-1977 wiss. Rat und Professor für Hochfrequenzelektronik an der Universität Dortmund; 1977-1982 o. Professor an der Fern-Universität, seit 1982 o. Professor, Lehrstuhl für Hochfrequenztechnik, an der Universität Dortmund. Arbeitsgebiet: Hochfrequenzelektronik, Optische Nachrichtentechnik.

CIP-Titelaufnahme der Deutschen Bibliothek

Voges, Edgar:
Hochfrequenztechnik / von Edgar Voges. - Heidelberg : Hüthig.
(ELTEX)

Bd. 1. Bauelemente und Schaltungen. - 2., bearb. Aufl. - 1991
ISBN 3-7785-2014-8

Vorwort

Die Hochfrequenztechnik befaßt sich mit der Erzeugung, Verarbeitung und Übertragung schneller elektromagnetischer Schwingungen. Sie findet Anwendungen besonders in der Funkübertragung (z.B. Hörrundfunk, Fernsehrundfunk, Richtfunk und Satellitenfunk) und in der Funkmeßtechnik (z.B. Funknavigation, Radar). Weiterhin finden hochfrequenztechnische Verfahren Anwendungen für industrielle Zwecke (u.a. Hochfrequenzheizung, Meßverfahren), in der schnellen Signalverarbeitung und für medizinische Zwecke (u.a. Hochfrequenzerwärmung).

Die Bezeichnung Hochfrequenztechnik weist auf hochfrequente oder schnelle elektromagnetische Schwingungen hin. Hochfrequent oder schnell sind relative Begriffe. Sie werden in der Hochfrequenztechnik bezogen auf die Laufzeiten von Ladungsträgern in Bauelementen und auf die Laufzeiten elektromagnetischer Wellen in Anordnungen. Es sind allgemein Methoden der Hochfrequenztechnik anzuwenden, wenn diese Laufzeiten vergleichbar sind mit der Periodendauer einer Schwingung oder sogar größer werden. Bei Wellenvorgängen sind anders ausgedrückt hochfrequenztechnische Verfahren anzuwenden, wenn die Abmessungen von Bauelementen oder Anordnungen vergleichbar sind mit der Wellenlänge λ.

Diese Verhältnisse treten in der Funktechnik auf, die mit Frequenzen zwischen etwa 30 kHz (λ = 1 km) und etwa 30 GHz (λ = 1 cm) arbeitet und bei der typisch die Abstände zwischen Sender und Empfänger bzw. Sender und Meßobjekt wesentlich größer als die Wellenlänge sind.
Oberhalb von etwa 300 MHz (λ = 1 m) d.h. besonders im Bereich der Mikrowellen (300 MHz - 3000 GHz) werden die Abmessungen von Schaltungen vergleichbar mit der Wellenlänge elektromagnetischer Schwingungen.
Dann gehen Verbindungsleitungen zwischen Schaltungskomponenten maßgeblich ein, und Leitungselemente können gezielt zum Schaltungsaufbau herangezogen werden.
Oberhalb von etwa 300 MHz wirken sich auch die Laufzeiten von Ladungsträgern in Halbleiterbauelementen aus. Die Geschwindigkeit, mit der sich Ladungsträger in Halbleitern bewegen können, ist nämlich begrenzt auf etwa 10^7 cm/s. Damit ergibt sich schon bei einer charakteristischen Länge eines Bauelements von 0.1 mm eine Laufzeit von 1 ns entsprechend einer Frequenzgrenze von höchstens 1 GHz. Regelmäßig setzt aber schon bei weit niedrigeren Frequenzen ein starker Einfluß parasitärer Widerstände, Kapazitäten und Induktivitäten in Bauelementen und Schaltungen

ein. Es ist typisch für den Aufbau von Hochfrequenztechnischen Bauelementen und Schaltungen, auch diese Einflüsse möglichst zu reduzieren.

Das einfache Blockschema einer Funkübertragung soll aufmerksam machen auf Komponenten, Schaltungen und Verfahren, die sich immer wieder in hochfrequenztechnischen Anordnungen finden.

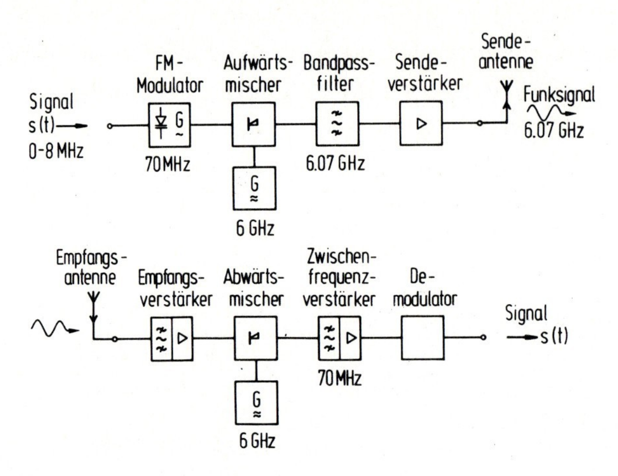

Ein Nachrichtensignal s(t), das im Richtfunk beispielsweise gebündelt 1800 Telefonkanäle in einem Frequenzband 0 - 8 MHz enthält, soll mit Frequenzmodulation übertragen werden. Dazu wird es der Momentanfrequenz eines elektronisch abstimmbaren Oszillators mit 70 MHz Mittenfrequenz aufgeprägt. Auf die Sendefrequenz von ca. 6 GHz wird es durch Überlagern mit dem Signal eines 6 GHz-Oszillators an einem nichtlinearen Bauelement und Herausfiltern eines Seitenbandes umgesetzt. Das in diesem Aufwärtsmischer erzeugte Signal wird im Sendeverstärker auf die erforderliche Leistung verstärkt und über die Sendeantenne abgestrahlt.

Das Signal der Empfangsantenne wird vorgefiltert und mit einem Hochfrequenzverstärker vorverstärkt. Anschließend wird es - wieder durch Überlagerung mit einem Oszillatorsignal an einem nichtlinearen Bauelement - auf eine Zwischenfrequenz von z.B. wieder 70 MHz abwärtsgemischt, gefiltert und kräftig verstärkt. Nach der Demodulation ist das Nachrichtensignal s(t) verfügbar.

- Verstärker und Oszillatoren

Wir erkennen zwei Aufgaben von Verstärkern, zum einen sollen Schwingungen auf hohe Amplituden in Leistungs- oder Sendestufen verstärkt werden; andererseits sollen mit empfindlichen Verstärkern nur noch schwache Signale möglichst rauschfrei verstärkt werden. Oszillatoren zur Schwingungserzeugung sollen zum einen über z.T. breite Frequenzbänder durchstimmbar sein, zum anderen stabil bei definierten Frequenzen schwingen.

- Frequenzumsetzung und Modulation

  Die Umsetzung von Schwingungen in andere Frequenzlagen und ihre Modulation mit nichtlinearen Schaltungen sind ebenfalls typische Aufgaben hochfrequenztechnischer Anordnungen. Dabei sind bestimmend die Eigenschaften des benutzten nichtlinearen Bauelementes.

- passive Schaltungskomponenten

  Zum Aufbau hochfrequenztechnischer Systeme sind eine Vielzahl passiver Schaltungskomponenten u.a. Filter, Koppler, Richtungsleitungen, Weichen notwendig. Sie müssen bei hohen Frequenzen zumeist aus Leitungselementen aufgebaut werden.

- Antennen und Funkübertragung

  Für die Funkübertragung und die Funkmeßtechnik müssen die Sende- und Empfangseigenschaften von Antennen und die Ausbreitung von Funkwellen bekannt sein.

Wir werden besonders die genannten Gebiete behandeln und dabei aufeinander bezogen Hochfrequenzbauelemente, Hochfrequenzschaltungen und Hochfrequenzanordnungen betrachten. Dazu werden die physikalischen Grundlagen und die Funktionsweise von Bauelementen behandelt und exemplarisch zugehörige Schaltungen vorgestellt. Beispielhaft für den Aufbau von Hochfrequenzanordnungen werden die Grundlagen und Funktionsweisen von Systemen zur Funkübertragung und zur Funkmeßtechnik erläutert.

Mikrowellenröhren, Antennen und Anwendungen der Hochfrequenztechnik sind dem zweiten Band des Buches vorbehalten. Im vorliegenden ersten Band werden Hochfrequenzbauelemente und -schaltungen behandelt. Heute sind Schaltungen mit Halbleiterbauelementen vorherrschend. Der grundsätzliche Aufbau von Bauelementen wie Dioden, bipolaren Transistoren, Feldeffekttransistoren ist aus der Elektronik bekannt. Ihre Betrachtung hier stellt die Hochfrequenzeigenschaften in den Vordergrund und führt Bemessungsgrundlagen, Kenngrößen und HF-Bauformen an. Im Zusammenhang mit dem jeweiligen Bauelement werden Berechnungsverfahren für u.a. Verstärker, Frequenzumsetzer, Oszillatoren eingeführt, und es werden Grundzüge des Schaltungsentwurfs und passive Schaltungskomponenten wie Richtkoppler, Filter einbezogen.

Zuerst werden die wichtigsten Hochfrequenz-Halbleiterkomponenten, die Transistoren, in ihren Hochfrequenzeigenschaften und kennzeichnenden Parametern vorgestellt. Neben bipolaren Transistoren sind heute besonders für den GHz-Bereich Feldeffekttransistoren in Gestalt des GaAs-MESFET von Bedeutung.

In der anschließenden formalen Charakterisierung von Zweitoren durch geeignete Parametersätze ist für die Hochfrequenztechnik besonders wichtig die Darstellung von Zweitoren und von n-Toren durch Streuparameter. Sie werden - zusammen mit Anwendungen - ausführlich dargestellt. Beispielhaft für hochfrequenztechnische Schaltungen wird die zeitgemäße Technik der Streifenleitungsschaltungen im Hinblick auf Technologie und Schaltungskomponenten erläutert. (Die Darstellung von Herstellungsverfahren und Technologien ist auch für den Hochfrequenztechniker heute wichtig, um Anforderungen und verschiedene technische Verfahren abschätzen zu können.)

Für den Entwurf empfindlicher, d.h. rauscharmer Anordnungen ist auch in der Hochfrequenztechnik eine tiefe Kenntnis der Rauschvorgänge und ihrer Auswirkungen in Schaltungen erforderlich. Hier wird besonders gezeigt, wie das Rauschverhalten linearer Schaltungen berechnet werden kann und welche Größen das Rauschverhalten charakterisieren.

Die vielfältigen Aufgaben und Anwendungen der Frequenzumsetzung und der Modulation hochfrequenter Schwingungen werden entsprechend dem allgemeinen Vorgehen im Zusammenwirken von Bauelement (Schottky-Diode, Varaktor-Diode. PIN-Diode), kennzeichnenden Parametern, Berechnungsverfahren und Schaltungsaufbauten dargestellt.

Abschließend werden die mannigfaltigen Oszillatorschaltungen und -anwendungen anhand einfacher Modelle beschrieben. Neben Bauformen wie Impatt-Oszillatoren, Gunn-Oszillatoren, rückgekoppelten Transistor-Oszillatoren wird auf Anforderungen wie elektronische Abstimmbarkeit, Stabilisierung und die Technik der Phasenregelkreise eingegangen.

Dieses Buch stellt hochfrequenztechnische Grundlagen für ein Selbststudium zusammen. Es soll - wie angemerkt - mit hochfrequenztechnischen Betrachtungsweisen und Verfahren vertraut machen.

Leitlinien zur Bearbeitung des vielgestaltigen Inhalts sind die vor jedem Abschnitt aufgeführten Lernziele. Im Text eingefügte Aufgaben sollen zum Nachvollziehen des Inhaltes und zur Prüfung des Verständnisses anregen.

Im ersten Band werden vorausgesetzt aus der Mathematik Kenntnisse der Differential- und Integralrechnung und der Rechnung mit Matrizen. Zudem sollten Kenntnisse der Grundlagen der Halbleiterelektronik und elektronischer Schaltungen vorhanden sein.

Eine wichtige Voraussetzung sind Kenntnisse der Leitungstheorie, wie sie z.B. das Buch von H.-G. Unger 'Elektromagnetische Wellen auf Leitungen' (Dr. Alfred Hüthig Verlag, Heidelberg, 1986) vermittelt.

Für die mühevolle und sorgfältige Anfertigung des Typoskriptes und der Zeichnungen bin ich Frau Martina Zehn und Frau Petra Sauerland dankbar. Mein Dank Gilt auch meinem Kollegen Prof. Dr. B. Schiek, von dem ich viele wertvolle Hinweise erhalten habe.

Dortmund, August 1985 Edgar Voges

Vorwort zur 2. Auflage

Für die Neuauflage wurde der Text an vielen Stellen korrigiert oder ergänzt. Für eine Vielzahl von Korrekturhinweisen bin ich besonders Herrn Kollegen Löcherer dankbar.

Dortmund, August 1990 Edgar Voges

Inhaltsverzeichnis

Seite

Seite

1. Bipolare Hochfrequenztransistoren aus Silizium

Transistoren sind die heute wichtigsten Halbleiterbauelemente der Hochfrequenztechnik. Sie werden bis weit in den GHz-Bereich vielseitig eingesetzt zur Verstärkung, Erzeugung, Mischung und Steuerung von Hochfrequenzschwingungen. Ihre Entwicklung zielt dabei ab auf die Verarbeitung von immer mehr Leistung bei immer höheren Frequenzen bzw. auf immer höhere Empfindlichkeit, d.h. geringes Eigenrauschen zur Verstärkung schwacher Signale.

Hier werden bipolare Hochfrequenztransistoren aus Silizium betrachtet. Sie kommen heute besonders für die Verarbeitung hoher Leistungen bei hohen Frequenzen (bis etwa 5 GHz) in Frage. Hergestellt werden sie in Planartechnik, der heutigen Standardtechnik für die Fertigung von Halbleiterbauelementen.

Die Funktionsweise und die stationären Kennlinien werden kurz anhand einfacher Modelle beschrieben, da bipolare Transistoren in der Elektronik eingehend behandelt werden. Im Vordergrund stehen die Eigenschaften bipolarer Transistoren bei hohen Frequenzen und besonders die bei allen Hochfrequenzbauelementen charakteristischen Frequenzgrenzen durch die endliche Laufzeit von Ladungsträgern und kapazitive Ladeverzögerungen. Es werden hierzu physikalisch begründete Ersatzschaltungen hergeleitet und daraus Grenzfrequenzen der Strom- und Leistungsverstärkung bestimmt. Dann lassen sich der Einfluß der jeweils bestimmenden Parameter angeben und daraus resultierende Bemessungs- und Aufbauvorschriften für hohe Frequenzen festlegen. Für übersichtliche Darstellungen und zur Verdeutlichung grundsätzlicher Abhängigkeiten sind dabei oft Näherungen erforderlich.
Die Entwicklung von Ersatzschaltungen soll auch einführen in ihre Anwendungen bei der Berechnung von Schaltungen.

Lernzyklus 1 A

Lernziele

Nach dem Durcharbeiten des Lernzyklus 1 A sollen Sie in der Lage sein,

- den grundsätzlichen Aufbau bipolarer Transistoren in Planartechnik anzugeben;

- die Wirkungsweise anhand der Stromkomponenten darzustellen und die stationären Kennlinien in Basis- und Emitterschaltung zu skizzieren;

- die Kleinsignal-Ersatzschaltung zu entwickeln und Beziehungen für die einzelnen Elemente der Ersatzschaltung aufzuschreiben;

- die innere komplexe Stromverstärkung formelmäßig darzustellen und Parametereinflüsse zu erklären;

- die Grenzfrequenzen der Strom- und Leistungsverstärkung formelmäßig anzugeben und die bestimmenden Einflüsse zu erklären;

- die wesentlichen Bemessungsrichtlinien für bipolare Hochfrequenztransistoren zu erläutern;

- einfache Verstärkerschaltungen über Ersatzschaltungen zu berechnen.

1.1 Aufbau von Silizium-Planartransistoren

Charakteristisches Merkmal der Planartechnik ist die Verwendung maskierender Isolatorschichten als Diffusionsbarrieren. Bei Silizium kann besonders günstig das bei etwa 1300 K aufgewachsene natürliche Oxid SiO_2 herangezogen werden. Die Geometrie der Bauelemente wird fototechnisch mit einer Genauigkeit besser als 1 µm festgelegt.

Planartechnik

Bild 1.1 zeigt die Grundprozesse der Planartechnik am Beispiel eines eindiffundierten pn-Übergangs. Hier wird von einem niederohmigen, einkristallinen Silizium-Substrat mit einer typischen Donatorkonzentration $N_D \approx 10^{18}$ cm^{-3} ausgegangen. Auf diesem Substrat wird epitaktisch aufgewachsen eine einkristalline Siliziumschicht, die mit einem thermisch aufgewachsenen SiO_2-Film belegt ist. Für die fototechnische Strukturierung wird die Siliziumscheibe mit einem typischen Durchmesser von 3 - 6 Zoll durch Aufschleudern mit einem lichtempfindlichen Fotolack beschichtet. Die gewünschte Struktur ist festgelegt in einer Fotomaske, durch die hindurch der Fotolack mit UV-Licht belichtet wird. Die belichteten Fotolack-Bereiche werden beim Entwickeln entfernt ("Positiv-Fotolack"); die ungeschützten SiO_2-Bereiche können dann durch Ätzen z.B. in Flußsäure entfernt werden.

Prinzip

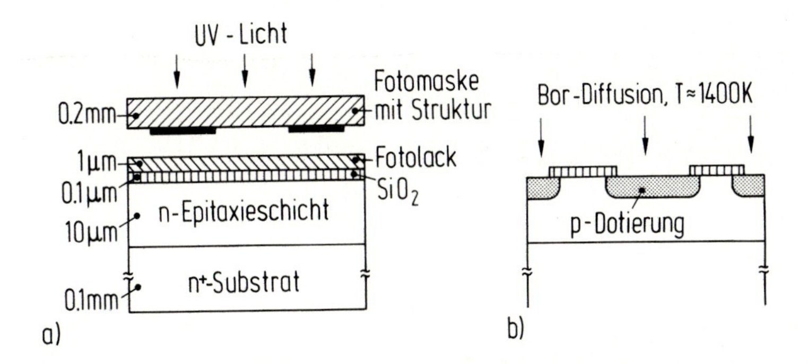

Bild 1.1
Grundprozesse der Planartechnik auf Silizium am Beispiel eines eindiffundierten pn-Übergangs in einer n-Epitaxieschicht auf einem n^+-Substrat[1)]

Die verbleibenden SiO_2-Bereiche wirken als Barriere gegen Diffusionsprozesse. Damit wird z.B. bei der Eindiffusion von Bor zur p-Dotie-

[1] Zur Kennzeichnung des Dotierungsgrades werden hochgestellte + Zeichen verwendet.
+: Dotierungskonzentration > 10^{17} cm^{-3}
++: Dotierungskonzentration > 10^{19} cm^{-3}

rung die laterale Geometrie der pn-Übergänge durch die Fenster im SiO_2-Film festgelegt. Bei der Bemessung der Fenstergröße muß die seitliche Diffusion einbezogen werden.

Planar-Transistoren werden durch eine Folge solcher maskierter Diffusionsprozesse hergestellt. (Bild 1.2; im nächsten Kapitel werden wir die neuere Technik der Ionenimplantation kennenlernen.)

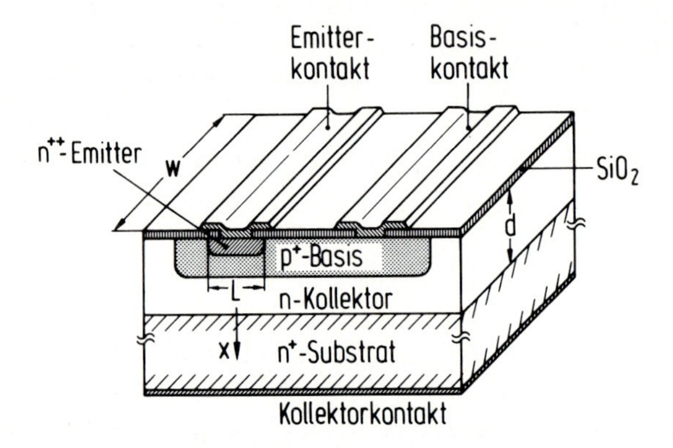

Bild 1.2
Schematischer Aufbau eines doppeltdiffundierten bipolaren npn-Planartransistors aus Silizium (Ausschnitt)

doppelt-diffundierte Planartransistoren

Die n-leitende epitaxiale Schicht des Ausgangsmaterials mit einer typischen Donatorkonzentration $N_{Dc}^{1)} \simeq 10^{15}$ cm^{-3} bildet später die Kollektorzone des Transistors. Im ersten Schritt werden im Oxidfilm Fenster entsprechend der gewünschten Basiszone geätzt. Durch diese Öffnung werden Akzeptoratome (z.B. Boratome) eindiffundiert, welche die ursprüngliche Dotierung überkompensieren, so daß eine p-leitende Zone entsteht mit einer typischen Akzeptorkonzentration $N_{Ab} \simeq 10^{17}$ cm^{-3}. Die Oxidfenster für die Basisdiffusion werden anschließend durch eine erneute thermische Oxidation geschlossen. Phototechnisch werden neue Fenster geätzt mit Abmessungen etwas geringer (wegen der seitlichen Diffusion) als die der Emitterzone. Sodann wird die Emitterzone mit Donatoratomen (z.B. mit Phosphoratomen) in hoher Konzentration ($N_{De} \simeq 10^{21}$ cm^{-3}) eindiffundiert. Diese Diffusion muß so eingestellt werden, daß unter dem Emitter noch eine p-dotierte Basiszone geeigneter Dicke verbleibt.

Dotierungsprofil

Das resultierende Dotierungsprofil $|N_D - N_A| \simeq |n-p|$ ist in Bild 1.3

---

[1] Im weiteren werden Größen, die sich auf Kollektor, Basis, Emitter beziehen mit dem Index c, b, e gekennzeichnet.

dargestellt am Beispiel eines typischen npn-Planartransistors für hohe Frequenzen. Die Emitter- und Basiszone sind hierbei nur Bruchteile eines Mikrometers dick. Die Dicke d der Epitaxieschicht ist so bemessen, daß die Kollektorzone nur einige Mikrometer dick ist.

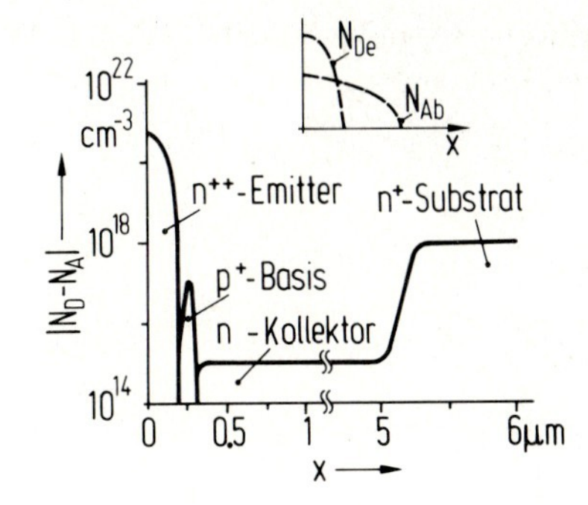

Bild 1.3
Dotierungsprofil eines npn-Planartransistors für hohe Frequenzen. Der Verlauf der Störstellenkonzentrationen N_{Ab} und N_{De} bei der Basis- und Emitterdiffusion ist im Einsatz skizziert

Nach der Eindiffusion der Emitterzone werden zusätzliche Öffnungen für die Basiskontakte freigeätzt und Kontakte für Emitter, Basis und Kollektor durch Aufdampfen von Metallfilmen angebracht. Der verbleibende SiO_2-Film dient zum Schutz (Passivierung) der Halbleiteroberfläche.

Passivierung

Im Bild 1.2 ist nur ein Ausschnitt aus einem bipolaren Planartransistor gezeigt. Bild 1.4 zeigt die Kontaktstruktur eines bipolaren Hochfrequenztransistors mit einer fingerartig verwobenen ("interdigitalen") Struktur der streifenförmigen Emitter- und Basisanschlüsse.
Eine Vielzahl derartiger Transistoren wird gemeinsam auf einer Siliziumscheibe hergestellt. Nach Anritzen und Brechen der Scheibe in Einzelelemente werden die Einzeltransistoren kontaktiert und in Gehäuse eingebaut (s. dazu Kapitel 6). Einzelheiten des Aufbaus und Bemessungsgrundlagen werden in den folgenden Abschnitten behandelt. Hier wird nur festgehalten, daß grundlegend für einen Betrieb bei hohen Frequenzen eine möglichst dünne (ca. 0.1 µm, s. Bild 1.3) Basiszone und möglichst schmale (bis herab zu L = 1 µm) Emitterstreifen sind. Dagegen beeinflußt die Länge w (s. Bild 1.2) des Transistors näherungsweise nicht den Frequenzgang. Durch Vergrößerung der Transistorlänge w z.B. in Form der interdigitalen Struktur mit parallelgeschalteten Emitter- und Basisstreifen von Bild 1.4 kann die Hochfrequenzleistung erhöht werden.

Aufbau

Anforderungen

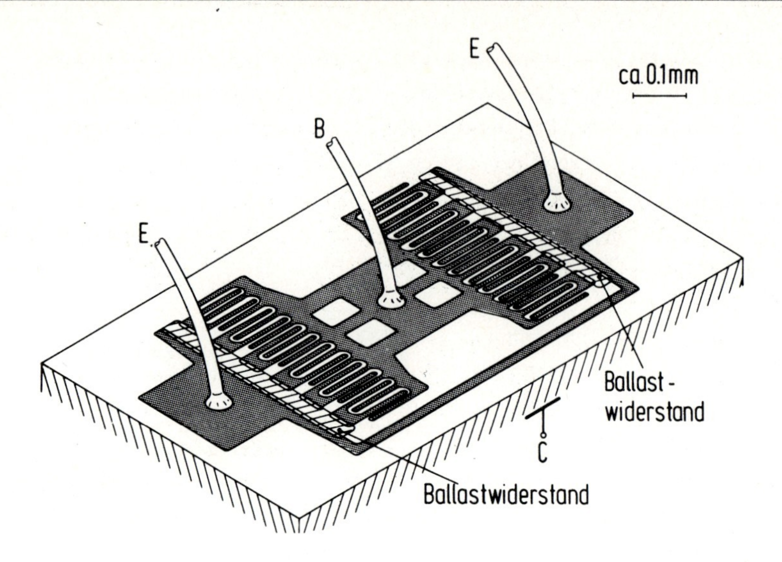

Bild 1.4
Struktur der Emitter- und Basismetallisierung eines bipolaren Hochfrequenztransistors mit fingerförmigen Emitter- und Basisbereichen und Ballastwiderständen zur Stromstabilisierung. (Nach einem Werkbild Siemens AG, Halbleiterwerk, München, Silizium npn-Planartransistor BFT 98 für Leistungs-Breitbandverstärker bis 1 GHz)

1.2 Wirkungsweise und stationäre Kennlinien

Eindimensionales Modell

Zur Untersuchung der Transistoreigenschaften gehen wir von einem einfachen eindimensionalen Modell aus, wie es in Bild 1.5 skizziert ist. Dieses Modell stellt einen im Bild 1.2 gestrichelt eingezeichneten Ausschnitt des tatsächlichen Transistors dar mit einer Querschnittsfläche A = wL (s. Bild 1.2). Es werden damit Randeffekte vernachlässigt.

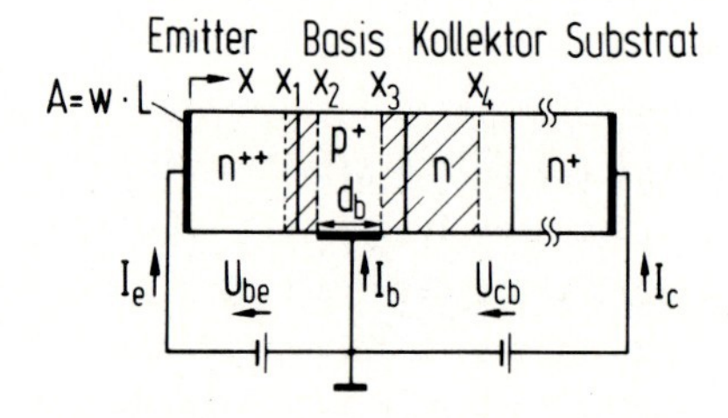

Bild 1.5
Eindimensionales Modell eines npn-Transistors mit Sperrschichtgrenzen x_1, x_2 *und* x_3, x_4

Vereinfachend wird weiter angenommen, daß die Dotierungen von Emitter, Basis und Kollektor jeweils konstant sind (sog. abrupte pn-Übergänge). Die schraffierten Bereiche in Bild 1.5 kennzeichnen die Sperrschichten, wie sie sich bei den eingetragenen Spannungen U_{be} und U_{cb} ausbilden. Der Transistor wird in Basisschaltung im aktiven Bereich betrieben mit $U_{be} < 0$ und $U_{cb} > 0$ (siehe Zählpfeile in Bild 1.5). Der Emitter-Basis-Übergang ist in Flußrichtung vorgespannt, die Sperrschicht darum nur dünn. Der Basis-Kollektor-Übergang ist stark in Sperrichtung vorgespannt, seine Sperrschicht dehnt sich weit in die niedrig dotierte Kollektorzone aus.

Basis-schaltung

aktiver Bereich

Die Wirkungsweise eines bipolaren Transistors wird anhand der schematischen Darstellung der Stromkomponenten in Bild 1.6 erläutert. Der Emitter-Basis-Übergang ist in Flußrichtung vorgespannt. Vom Emitterkontakt fließt ein Elektronenstrom $|I_e|$ in die Emitterzone. Ein Teil der Elektronen rekombiniert mit Löchern, die mit einer Stromstärke $|I_{pe}|$ von der Basiszone in die Emitterzone injiziert werden. Der restliche Elektronenstrom $|I_{nb}|$ wird in die Basiszone injiziert.

Strom-komponenten

Das Verhältnis von in die Basiszone injiziertem Elektronenstrom $|I_{nb}|$ zum gesamten Emitterstrom $|I_e|$ wird als Emitterergiebigkeit γ bezeichnet. Es ist danach

Emitter-ergiebigkeit γ

$$\gamma = |I_{nb}| / |I_e| = |I_{nb}| / (|I_{nb}| + |I_{pe}|) . \tag{1.1}$$

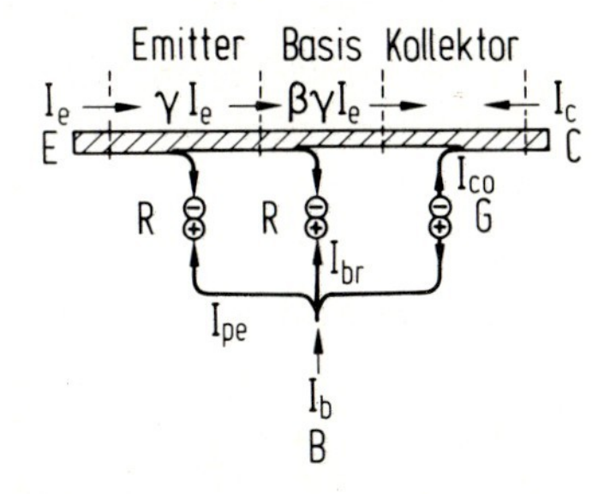

Bild 1.6
Schematische Darstellung der Stromkomponenten in einem npn-Transistor mit Emitterergiebigkeit γ, Transportfaktor β, Rekombination (R) injizierter Minoritätsträger und Generation (G) von Ladungsträgern in der Basis-Kollektor-Sperrschicht

Damit die Emitterergiebigkeit γ dicht bei 1 liegt, d.h. $|I_{pe}| \ll |I_{nb}|$ ist, muß die Emitterzone wesentlich stärker dotiert sein als die Basiszone, denn es gilt bei einem abrupten pn-Übergang

$$|I_{nb}| / |I_{pe}| \sim N_{De} / N_{Ab}. \tag{1.2}$$

Von den aus der Emitterzone injizierten Elektronen geht beim Durchqueren der Basiszone ein Bruchteil $(1-\beta)$ verloren durch Rekombination mit Löchern, die mit dem Strom I_{br} durch den Basiskontakt nachgeliefert werden. Der Anteil $\beta\gamma I_e$ des Emitterstromes erreicht durch Diffusion die Raumladungszone des in Sperrichtung vorgespannten Basis-Kollektorüberganges und wird durch das positive Kollektorpotential abgesaugt, er ist der wirksame Steuerstrom. Man bezeichnet β als Transportfaktor. Um den Verlustanteil durch Rekombination in der Basiszone klein zu halten, d.h. um $\beta \simeq 1$ zu erreichen, muß die Weite d_b (s. Bild 1.5) der neutralen Basiszone klein sein gegenüber der Diffusionslänge der Elektronen in der Basiszone

Transportfaktor β

Diffusionslänge L_{nb}

$$L_{nb} = \sqrt{D_{nb}\,\tau} \quad . \tag{1.3}$$

L_{nb} ist die Strecke, die im Mittel Minoritätsträger - hier sind es die in die Basis injizierten Elektronen (daher der Index nb) - innerhalb ihrer Rekombinationslebensdauer τ mit einer Diffusionskonstanten D_{nb} diffundieren.

Aufgabe 1.1

In welchem Bereich liegt in Silizium bei $T = 300$ K die Diffusionslänge L_n der Elektronen ?

Neben dem wirksamen Steuerstrom $\beta\gamma I_e$ fließt zwischen Basis- und Kollektoranschluß der Kollektorreststrom I_{co}. Er entsteht in Silizium vorwiegend durch die thermische Generation von Elektron-Loch-Paaren in der Basis-Kollektor-Sperrschicht.

Unter Beachtung der Zählrichtungen in Bild 1.5 bzw. 1.6 gilt dann in der dargestellten Basisschaltung

$$I_c = -\alpha I_e + I_{co}, \quad I_b = I_{pe} + I_{br} - I_{co} \quad . \tag{1.4}$$

Mit der Stromsumme $I_b + I_e + I_c = 0$ ist der Basisstrom auch

$$I_b = -(1-\alpha)\, I_e - I_{co} \quad . \tag{1.5}$$

Stromverstärkung α

In Gl. (1.4) und (1.5) ist die Stromverstärkung α in Basisschaltung

$$\alpha = \gamma \cdot \beta \tag{1.6}$$

eingeführt als Produkt aus Emitterergiebigkeit γ und Transportfaktor β. Die Stromverstärkung α hat typische Werte $\alpha \simeq$ 0.95 .. 0.999.

In der Emitterschaltung, d.h. mit dem Emitteranschluß als Bezugselektrode, ist der Basisstrom I_b als Steuerstrom wirksam. Er bestimmt den Kollektorstrom nach Gl. (1.4), (1.5) entsprechend

Emitterschaltung

$$I_c = I_b \frac{\alpha}{1-\alpha} + \frac{I_{co}}{1-\alpha} = I_b \cdot \alpha_E + \frac{I_{co}}{1-\alpha} \quad . \tag{1.7}$$

Die Stromverstärkung α_E in Emitterschaltung ist danach

Stromverstärkung α_E

$$\alpha_E = \frac{\alpha}{1-\alpha} \gg \alpha \quad . \tag{1.8}$$

Nach der Herleitung sind α bzw. α_E auch die Kurzschlußstromverstärkungen für Gleichstrom bzw. sehr niedrige Frequenzen (s.u.).

Der grundsätzliche Verlauf der Ein- und Ausgangskennlinien eines npn-Transistors, der aus diesen Vorstellungen folgt, ist in Bild 1.7 schematisch dargestellt.

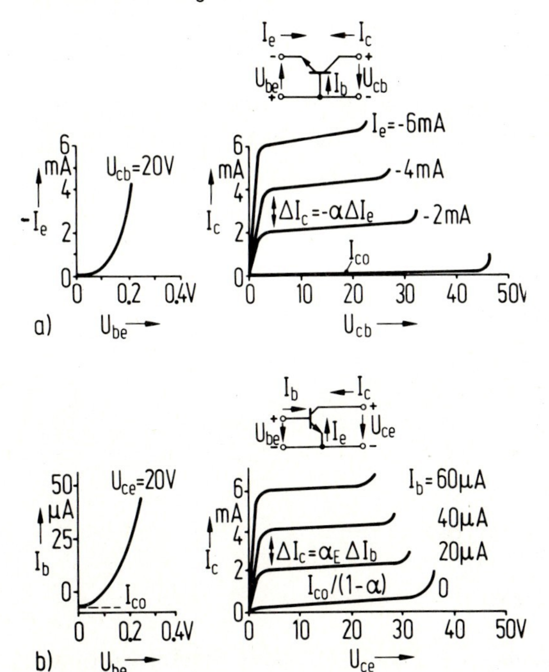

Bild 1.7
Ein- und Ausgangskennlinien eines npn-Transistors in Basisschaltung (a) und in Emitterschaltung (b) mit $\alpha = 0.99$, $\alpha_E = 99$

Kennlinien

Die Ausgangskennlinien entsprechen danach der jeweils um $-\alpha \cdot I_e$ bzw. um $\alpha_E \cdot I_b$ verschobenen Sperr-Kennlinie eines pn-Überganges. Die Eingangskennlinie ist vereinfacht gleich der exponentiellen Flußcharakteristik eines pn-Überganges. (Hier ist die Rückwirkung. d.h. die Veränderung von d_b bei Änderung von U_{cb} bzw. U_{ce} infolge der Änderung der Weite $x_4 - x_3$ der Basis-Kollektor-Sperrschicht vernachlässigt worden.)

quantitatives Modell

Diese qualitative Beschreibung der Wirkungsweise des bipolaren Transistors wird ergänzt durch ein vereinfachtes Modell der Ladungsträgerverteilung in der Basiszone, das einige hier wichtige quantitative Angaben erlaubt. Es wird wie in der qualitativen Beschreibung der Wirkungsweise $qU_{be}/kT >> 1$ und $qU_{cb}/kT >> 1$ angenommen und der Sperrstrom des Emitter-Basis-Überganges vernachlässigt. Weiterhin wird schwache Injektion in die Basis vorausgesetzt. Das bedeutet, daß die Dichte der injizierten Elektronen wesentlich kleiner ist als die Dichte der Löcher $p_b = N_{Ab}$ in der Basis. Sie muß im übrigen auch (s.u.) kleiner bleiben als die Dotierungskonzentration der Kollektorzone.

Aufgabe 1.2

Wie groß darf bei einem Transistor mit $N_{Ab} = 10^{17}$ cm^{-3}, $d_b = 1$ µm $A = w \cdot L = 2500$ $µm^2$ und $\mu_{nb} = 1000$ cm^2/Vs der Emitterstrom I_e höchstens sein, wenn $n_b(x_2)$ höchstens $N_{Ab}/10$ sein darf ($\gamma = 1$, $T = 300$ K) ?
Wie groß darf dann höchstens U_{be} sein ?

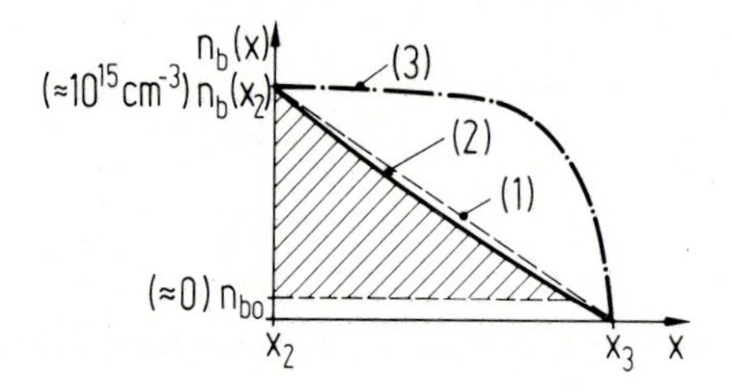

Bild 1.8
Verteilung der injizierten Elektronendichte $n_b(x)$ in der Basiszone.
(1): Rekombination vernachlässigt
(2): mit Rekombination
(3): mit eingebautem Driftfeld

In Bild 1.8 ist die Verteilung $n_b(x)$ der injizierten Elektronen in der neutralen Basiszone $x_2 \leq x \leq x_3$ (s. Bild 1.5) dargestellt. Die Elektronenkonzentration $n_b(x_2)$ am basisseitigen Ende x_2 der Emitter-Basis-Sperrschicht steigt gegenüber der Gleichgewichtskonzentration

$$n_{bo} = n_i^2 / N_{Ab} \tag{1.9}$$

der Elektronen in der Basiszone bei einer Vorspannung U_{be} in Flußrichtung exponentiell an auf

$$n_b(x_2) = n_{bo} \exp(qU_{be}/kT) . \tag{1.10}$$

Als Folge der Sperrspannung am Basis-Kollektor-Übergang ist die Elektronenkonzentration an der Raumladungsgrenze x_3 praktisch Null. Bedingt durch den Konzentrationsgradienten fließt ein Elektronen-Diffusionsstrom durch die Basiszone zur Basis-Kollektor-Sperrschicht.

Wir vernachlässigen zunächst die Rekombination in der Basis, dann ist der Diffusionsstrom ortsunabhängig, und es stellt sich der in Bild 1.8 mit (1) gekennzeichnete lineare Konzentrationsverlauf der injizierten Elektronen ein. Damit ist der Diffusionsstrom I_{nb} der Elektronen in der Basis für $n_b(x) >> n_{bo}$

$$I_{nb} \simeq -q\ A\ D_{nb} \frac{n_b(x_2)}{d_b} \tag{1.11}$$

$A = w \cdot L$ ist wieder die Fläche des eindimensionalen Transistormodells in Bild 1.5.

Die Ladung der Elektronen Q_{nb} in der Basis, die aus Neutralitätsgründen durch eine entsprechende Überschußladung Q_{pb} der Löcher kompensiert ist, ergibt sich zu

$$Q_{nb} \simeq -\frac{1}{2} q\ A\ n_b(x_2)\ d_b , \tag{1.12}$$

und die Beziehung (1.11) für den Elektronenstrom kann damit geschrieben werden als

$$I_{nb} = Q_{nb}/\tau_b , \tag{1.13}$$

wobei

Diffusionszeit τ_b

$$\tau_b = d_b^2/(2D_{nb}) \tag{1.14}$$

die Diffusionszeit der Elektronen durch die Basiszone angibt.

Aufgabe 1.3

Wie groß ist τ_b bei 300 K für μ_{nb} = 1000 cm^2/Vs und d_b = 0.1, 0.5, 1, 5 µm ?

Wir entnehmen den Beziehungen (1.10) bis (1.14) einige wichtige Zusammenhänge:

a) Temperaturabhängigkeit

In Gl. (1.11) geht wesentlich ein die exponentielle Temperaturabhängigkeit von $n_b(x_2)$ mit

$$n_i = N_L \exp(-W_G/2kT) \text{ und } n_b(x_2) = n_i^2/N_{Ab} \cdot \exp(qU_{be}/kT). \quad (1.15)$$

Temperaturabhängigkeit

Weil für die Flußspannung U_{be} gilt $qU_{be} < W_G$, und weil die Energielücke $W_G \simeq 1.1$ eV bei Silizium sehr viel größer als kT ist, bestimmt der erste Exponentialfaktor in Gl. (1.15) den Temperaturgang von I_{nb}, d.h. letztlich auch von I_e bzw. I_c. Es folgt ein exponentieller Stromanstieg mit steigender Temperatur, d.h. ein starker positiver Temperaturkoeffizient $d|I_{nb}|/dT$. Dieser Temperaturgang ist Anlaß für die Einführung der Ballastwiderstände z.B. aus Titanfilmen mit positiven Temperaturkoeffizienten des Widerstandes in die Struktur nach Bild 1.4.

Bei technologisch bedingten Inhomogenitäten ist der Emitterstrom z.B. bei einem Fingerpaar höher. Damit wird hier die Temperatur höher, dann steigt der Strom hier noch weiter an usw., bis ein lokales Durchbrennen auftritt. Ein Ballastwiderstand unterdrückt dieses instabile Verhalten.

Aufgabe 1.4

Geben Sie den Temperaturkoeffizienten $\frac{1}{|I_e|} \frac{d|I_e|}{dT}$ an mit $|I_{nb}| \simeq |I_e|$.

---

b) Transportfaktor ß bei niedrigen Frequenzen

Ausgehend vom linearen Konzentrationsverlauf $n_b(x)$ der Elektronen in der Basis kann auch genähert der Rekombinationsstrom I_{br} berechnet werden. Er ist nämlich bei einer Rekombinationslebensdauer τ der Elektroden gegeben durch: rekombinierende Ladung Q_{nb} / Lebensdauer τ. Damit ist unter Vorzeichenbeachtung

NF-Transportfaktor

$$I_{br} = -Q_{nb}/\tau = -I_{nb} \frac{d_b^2}{2D_{nb}\tau} = -I_{nb} \frac{d_b^2}{2L_{nb}^2} \qquad (1.16)$$

Es sind die Verluste durch Rekombination klein, d.h. der lineare Konzentrationsverlauf ist eine gute Näherung, wenn die Weite d_b der Basiszone klein gegenüber der Diffusionslänge L_{nb} ist (s.Gl.(1.3)).
Der Transportfaktor β folgt dann aus

$$\beta = |I_{nb}| \,/\, (|I_{nb}| + |I_{br}|), \qquad (1.17)$$

weil in dieser Näherung der Strom $I_{nb} + I_{br}$ injiziert wird und der Strom I_{nb} den Kollektor erreicht. Mit Gl. (1.16) ist dann der Transportfaktor

$$\beta = 1 \,/\, \{1 + d_b^2 \,/(2L_{nb}^2)\} \,. \qquad (1.18)$$

c) Ladungsträgerlaufzeit in der Basis

Nach Gl. (1.14) diffundieren die injizierten Ladungsträger durch die Basis in einer Zeit τ_b die quadratisch mit der Weite d_b der neutralen Basiszone wächst und die umgekehrt proportional zu Diffusionskonstanten $D_{nb} = kT\mu_{nb}/q$ der Elektronen ist. Damit die Steuerwirkung erhalten bleibt, muß τ_b sehr klein gegenüber der Periode $T = 1/f$[1] der Steuerschwingung bleiben. Nehmen wir z.B. an, daß die Steuerschwingung so hochfrequent ist, daß die injizierten Elektronen während der positiven Halbwelle die Kollektorzone nicht erreichen, so werden sie bei der negativen Halbwelle, verbunden mit einer Absenkung von $n_b(x_2)$, zum Teil in Richtung Emitter zurücklaufen. Dann wird die Steuerwirkung drastisch abnehmen. Die Verhältnisse für $\tau_b \approx T$ sind in Bild 1.9 qualitativ skizziert für einen festen Zeitpunkt t.

Laufzeiteffekt

[1] Absolute Temperatur und Periodendauer einer harmonischen Schwingung werden beide mit T bezeichnet. Eine Verwechslung ist aus dem jeweiligen Zusammenhang heraus ausgeschlossen.

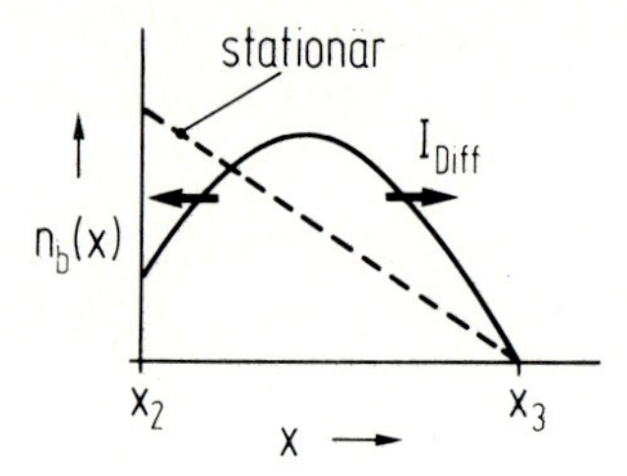

Bild 1.9
Qualitativer Verlauf von $n_b(x)$ zu einem Zeitpunkt t für $\tau_b \approx T$

Man muß für Hochfrequenzanwendungen τ_b möglichst klein halten. Dazu muß insbesondere d_b so klein wie möglich sein. Weiterhin sollten damit npn-Transistoren verwendet werden, da in Silizium die Elektronenbeweglichkeit μ_n wesentlich größer als die Löcherbeweglichkeit μ_p ist.

npn-Transistor

d) Drifttransistoren

Driftfeld

Die Laufzeit τ_b nach Gl. (1.14) ist diffusionsbestimmt. Durch ein 'eingebautes', die Elektronenbewegung beschleunigendes Driftfeld in der Basis ließe sich τ_b verringern. Ein derartiges vorzeichenrichtiges Feld stellt sich bei der Herstellung dünner Basiszonen durch Diffusionsprozesse automatisch ein, da bei der Eindiffusion die Basisdotierung N_{Ab} kontinuierlich zum Kollektor hin abfällt. (Vgl. Bild 1.3; die Übergangsbreite Emitter - Basis ist so klein, daß sie nahezu vollständig innerhalb der Emitter-Basis-Sperrschicht liegt.) Der Abfall von $N_{Ab}(x)$, d.h. von $p_b(x)$ würde zu einer Löcherdiffusion in Richtung zum Kollektor führen. Im stationären Zustand wird diese Diffusion kompensiert durch ein Gegenfeld E in -x-Richtung, damit - ohne Injektion - der Gesamtstrom der Löcher als Summe aus Feld- und Diffusionsstrom verschwindet. Es muß damit für den Löcherstrom I_{pb} gelten

$$I_{pb} = q\mu_{pb}Ap_bE - qAD_{pb}dp_b/dx = 0 \ . \tag{1.19}$$

Mit der Einstein-Beziehung ist damit das innere Feld

$$E = \frac{kT}{q} \frac{1}{p_b} \frac{dp_b}{dx} \ . \tag{1.20}$$

Modell

Nehmen wir einen exponentiellen Abfall der Basisdotierung von $(N_{Ab})_e$ auf $(N_{Ab})_c$ entlang d_b als Näherung an mit

$$N_{Ab}(x) = (N_{Ab})_e \cdot \exp(-mx/d_b)\ , \quad m = \ln\{(N_{Ab})_e/(N_{Ab})_c\}\ , \qquad (1.21)$$

so ist E ortsunabhängig

$$E = m\ \frac{kT}{qd_b}\ . \qquad (1.22)$$

Für $m \gtrsim 3$ folgt bei Injektion

$$n_b(x) = n_b(x_2)\left\{1 - \exp\left[-m\left(1 - \frac{x - x_2}{d_b}\right)\right]\right\}, \qquad (1.23)$$

mit einem Verlauf, wie er in Bild 1.8 qualitativ durch Kurve (3) wiedergegeben ist. Für das Verhältnis von τ_b und einer Feldlaufzeit $\tau_F = d_b(\mu_{nb} \cdot E)$ folgt dann aus Gl. (1.14) und (1.22)

$$\tau_b/\tau_F \approx m/2\ , \quad m \gg 1\ .$$

Basislaufzeit mit Driftfeld

Die Basislaufzeit τ_b' mit Driftfeld ist für $m \gtrsim 3$ gegeben durch

$$\tau_b' \simeq \tau_b\ \frac{2(m-1)}{m^2}\ . \qquad (1.24)$$

Unter praktischen Verhältnissen liegt m bei 4...6, so daß sich eine Verringerung der Basislaufzeit durch ein inneres Driftfeld um den Faktor 2...3 ergibt.

1.3 Kleinsignal-Ersatzschaltung

Kleinsignal-Ersatzschaltung

Das frequenzabhängige Verhalten des Transistors wird bei Aussteuerung mit kleinen Signalen bei der Kreisfrequenz ω um einen Arbeitspunkt durch eine Kleinsignal-Ersatzschaltung beschrieben. Bild 1.10a zeigt einen einfachen Kleinsignalverstärker in Emitterschaltung mit Festlegung des Arbeitspunktes AP (s. Bild 1.10b) durch einen Basis-Spannungsteiler R_{b1}, R_{b2}, mit einem Lastwiderstand R_L für Wechselsignale und einer RC-Kombination ($\omega RC \gg 1$) am Emitter zur Gleichstromstabilisierung.

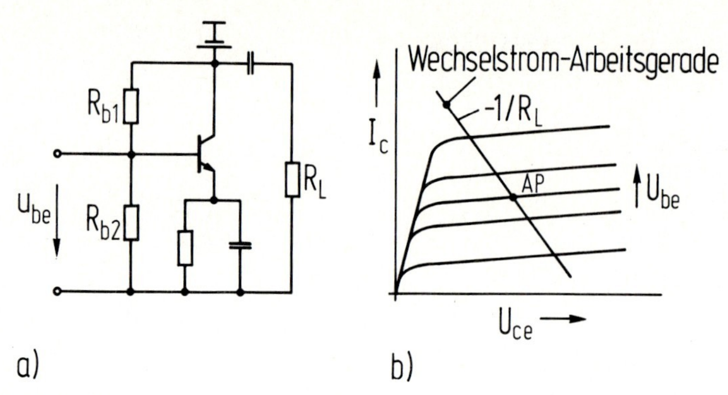

Bild 1.10
Einfacher Kleinsignalverstärker mit npn-Transistor in Emitterschaltung (a) und Ausgangskennlinien mit Arbeitsgeraden (b)

Bei einer Aussteuerung um den Arbeitspunkt AP mit kleinen Signalen läßt sich der Transistor durch eine Ersatzschaltung beschreiben, deren Elemente vom Arbeitspunkt abhängig, aber für kleine Wechselamplituden von der Aussteuerung unabhängig sind.

harmonische Zeitabhängigkeit

Wir betrachten hier eingeschwungene Zustände mit harmonischer Zeitabhängigkeit und führen daher Phasoren für die Wechselsignale ein. Wesentliche Voraussetzung für die Linearisierung der Transistorkennlinien um einen Arbeitspunkt ist, daß der Phasor $\underline{U}_{be}$ der Basis-Emitter-Wechselspannung der festen Bedingung $|\underline{U}_{be}| \ll kT/q$ genügt. $\underline{U}_{be}$ geht nämlich mit dem Faktor q/kT behaftet in Exponentialfunktionen ein. So ist z.B. in Gl. (1.10) U_{be} durch $U_{be} + \underline{U}_{be} \exp(j\omega t)$ zu ersetzen. Bei bipolaren Transistoren gibt es damit eine feste Einschränkung für den Linearitätsbereich. Wir werden im nächsten Kapital feststellen, daß bei Feldeffekttransistoren eine derartig harte Schranke nicht auftritt.

Linearitätsbereich

Vorgehen

Die Kleinsignal-Ersatzschaltung wird - wie bei allen anderen Bauelementen auch - aufgrund der Wirkungsweise hergeleitet und nicht dadurch, daß die Grundgleichungen für zeitabhängige Größen neu gelöst werden. Die Elemente der Ersatzschaltung, die im übrigen technologieabhängig sind und auch bei hohen Frequenzen noch durch äußere Elemente wie z.B. Gehäusekapazitäten und Zuleitungsinduktivitäten zu ergänzen sind, werden nur vereinfacht abgeleitet. Sie stimmen daher zahlenmäßig nicht genau mit meßtechnisch erfaßten Werten überein. Die hier interessierenden Abhängigkeiten und Zusammenhänge werden aber richtig wiedergegeben. Wir werden insbesondere sehen, in welcher Weise Laufzeiteffekte und kapazitive Ladeverzögerungen den Frequenzgang beeinflussen.

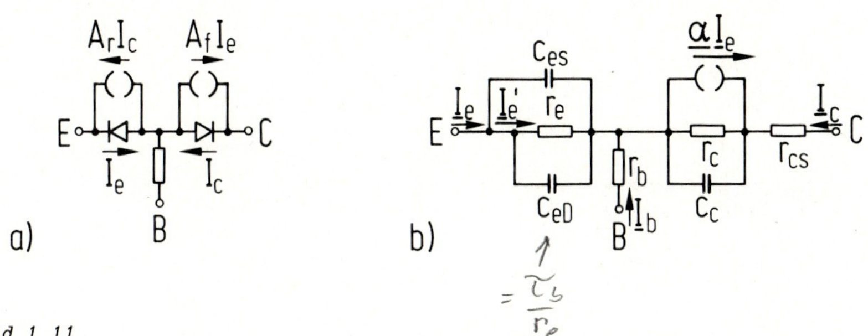

Bild 1.11

a) Allgemeine Ersatzschaltung eines npn-Transistors mit zwei gegeneinander geschalteten Dioden und Darstellung der Steuerwirkung durch stromgesteuerte Stromquellen mit den Stromverstärkungen A_f vorwärts und A_r rückwärts

b) Kleinsignal-Ersatzschaltung für den aktiven Bereich mit komplexer Stromverstärkung $\underline{\alpha}$

Aufbau

Entsprechend der Wirkungsweise besteht die allgemeine Ersatzschaltung eines bipolaren Transistors aus zwei gegeneinander geschalteten pn-Übergängen (Bild 1.11a), wobei die Steuerwirkung durch stromgesteuerte Stromquellen wiedergegeben wird. Diese Ersatzschaltung kann z.B. für eine Großsignal-Aussteuerung herangezogen werden. Aus der Elektronik ist z.B. das Ebers-Moll Modell bekannt.

Für eine Kleinsignal-Aussteuerung im aktiven Bereich des Transistors folgt eine Ersatzschaltung nach Bild 1.11b.

Emitter-Basis-Diode

Die Emitter-Basis-Diode ist in Flußrichtung vorgespannt. Ihre Wechselstrom-Ersatzschaltung enthält dann bekanntlich:

differentieller Widerstand r_e

a) den differentiellen Widerstand r_e des Emitter-Basis-Überganges mit

$$r_e = \left| \frac{\partial U_{eb}}{\partial I_e} \right| \simeq \frac{kT}{q|I_e|} = \frac{kT}{qA|i_e|} \quad (1.25)$$

i_e ist die Emitterstromdichte.

Diffusionskapazität c_{eD}

b) die parallel zu r_e liegende Diffusionskapazität c_{eD}; sie entsteht durch die Ladungsspeicherung in der Basiszone. Aus dem Näherungsmodell mit einem linearen Konzentrationsverlauf $n_b(x)$ nach Bild 1.8 ist nach Gl. (1.12) die Änderung ΔQ_{nb} der

Elektronenladung in der Basis

$$\Delta Q_{nb} = -\frac{1}{2} q A d_b \frac{q}{kT} n_b (x_2) \Delta U_{be}$$

Näherung

für $|\Delta U_{be}| \ll kT/q$

und mit $|I_{be}| \simeq |I_e|$ und Gl. (1.14), (1.25)

$$c_{eD} = |\Delta Q_{nb}/\Delta U_{be}| = \tau_b/r_e \quad ^{1)}. \qquad (1.26)$$

Der kapazitive Nebenschluß von r_e durch c_{eD} wird merklich, wenn nicht mehr $r_e \ll 1/\omega c_{eD}$ d.h. $\omega\tau_b \ll 1$ ist.

Sperrschicht-kapazität c_{es}

c) die ebenfalls parallel zu r_e liegende Sperrschichtkapazität c_{es} des Emitter-Basis-Überganges.
Die Sperrschichtweite des Emitter-Basis-Überganges ist unter normalen Betriebsbedingungen so gering, daß sie vergleichbar ist mit der Breite des eigentlichen pn-Übergangs und bei der Bestimmung von c_{es} das Dotierungsprofil berücksichtigt werden muß. Für Abschätzungen nehmen wir einen abrupten pn-Übergang an und erhalten für $N_{De} \gg N_{Ab}$

$$c_{es} \simeq A \sqrt{\frac{\varepsilon q N_{Ab}}{2(U_{Db} - U_{be})}} \qquad (1.27)$$

mit der Diffusionsspannung

$$U_{Db} = \frac{kT}{q} \ln(N_{De} N_{Ab}/n_i^2) \qquad (1.28)$$

des Emitter-Basis-Überganges.

Der Verschiebungsstrom durch c_{es} trägt nicht zur Injektion bei. Er bildet einen Nebenschluß zu dem Injektionsstrom durch r_e und c_{eD} und geht für die Steuerung des Kollektorstromes verloren. Nur der Emitterstrom $\underline{I}_e'$ durch die Parallelschaltung von r_e und c_{eD} steuert den Kollektorstrom. Eine gesteuerte Quelle (Bild 1.11a) ist über der Emitter-Basis-

[1] Es ist ausdrücklich festzuhalten, daß diese Herleitung von Gl. (1.26), welche die räumliche Verteilung der Minoritätsträger unbeachtet läßt, an die Bedingung $d_b \ll L_{nb}$ geknüpft ist. (Siehe dazu die allgemeine Berechnung der Diffusionskapazität bei pn-Dioden.)

Diode bei einem Betrieb im aktiven Bereich des Transistors nicht erforderlich.

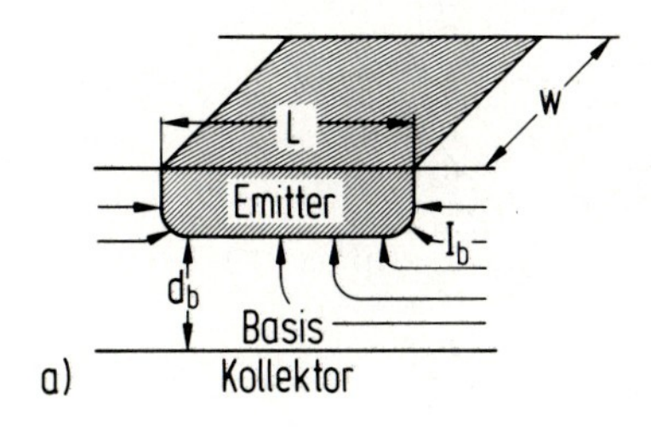

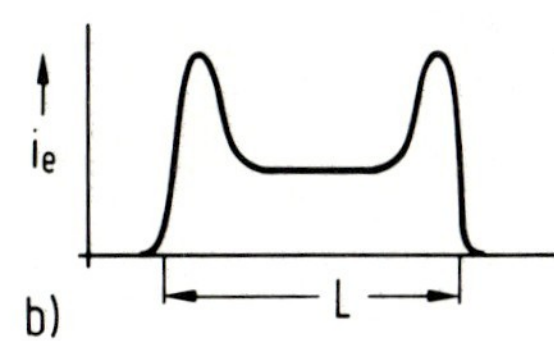

Bild 1.12
a) Verlauf der Stromlinien von I_b in der Basis eines Planartransistors
b) Verteilung der Emitterstromdichte über der Breite L der Emitterzone

Basisbahnwiderstand r_b

Der Basiszweig der Ersatzschaltung enthält den Basisbahnwiderstand r_b. Nach Bild 1.12 trägt wesentlich die dünne Basiszone unter dem Emitter zu r_b bei, dann ist

$$r_b \simeq D \cdot \rho_b \frac{L}{d_b \cdot w} \tag{1.29}$$

mit dem spezifischen Widerstand $\rho_b = 1/(q\mu_{pb}N_{Ab})$ der Basiszone für konstante Dotierung N_{Ab} und einem Zahlenfaktor $D < 1$, der Randeffekte berücksichtigt. Wir werden sehen, daß r_b wesentlich in die Hochfrequenzeigenschaften eingeht.

Stromverteilung am Emitter

Der Basisstrom I_b hat einen Spannungsabfall an r_b vom Rand des Emitterstreifens zur Mitte hin zur Folge, so daß am Rand des Emitters die Emitter-Basis-Spannung größer ist als in der Mitte. Exponentiell mit dieser Spannungsdifferenz ändert sich dann die Emitterstromdichte i_e (s. Bild 1.12b). Für eine wirksame Ausnutzung der Emitterfläche wL ist es daher wichtig, das Verhältnis von Emitterrandlänge zu Emitterfläche möglichst groß zu machen. Eine mögliche Lösung ist eine maschenartige Emitterstruktur mit eingelagerten Basisinseln (s. Bild 1.13). Diese Struktur ist bei dem in Bild 1.4 gezeigten Transistor BFT 98 herangezogen worden.

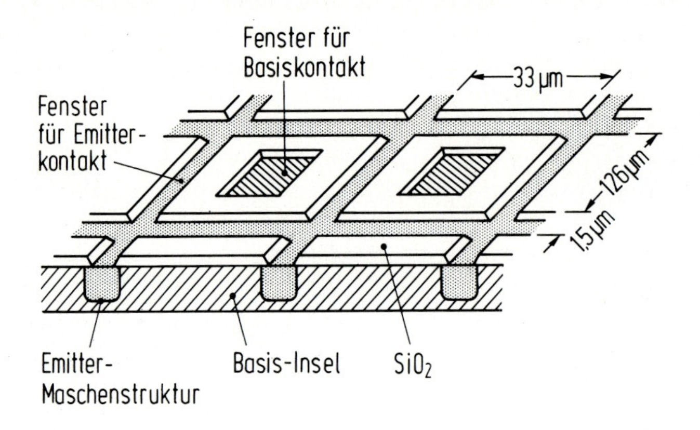

Bild 1.13
Transistor mit maschenförmigem Emitter für ein großes Verhältnis von Emitterrandlänge und Emitterfläche. (Transistor BFT 98, gezeichnet nach einem Werkbild Siemens AG, Halbleiterwerk München)

Basis-Kollektor-Diode

Der Kollektorzweig des Transistors enthält die Kleinsignaldarstellung einer in Sperrichtung betriebenen Diode mit

Sperrwiderstand r_c

a) dem differentiellen Sperrwiderstand r_c, der im übrigen auch die Basisweitenmodulation durch die Kollektorwechselspannung wiedergibt;

Sperrschichtkapazität c_c

b) der parallel zu r_c liegenden Sperrschichtkapazität c_c. Die Sperrschicht ist weit gegenüber dem eigentlichen pn-Übergang, und sie dehnt sich weit in die niedrig dotierte Kollektorzone aus (vgl. Bild 1.5). Wie bei einem abrupten pn-Übergang ist dann mit $N_{Ab} >> N_{Dc}$

$$c_c = A \sqrt{\frac{\varepsilon q N_{Dc}}{2(U_{Dc} + U_{cb})}} \qquad (1.30)$$

mit der Diffusionsspannung

$$U_{Dc} = \frac{kT}{q} \ln(N_{Ab} N_{Dc}/n_i^2) \qquad (1.31)$$

des Basis-Kollektor-Überganges.

r_c vernachlässigbar

Im Hochfrequenzbereich ist immer $\omega c_c >> 1/r_c$, so daß im weiteren r_c nicht berücksichtigt wird.

c) den Serienwiderstand r_{cs} der nicht ausgeräumten Kollektorzone und des Substrates.
Wenn hier überwiegend der Beitrag der niedrig dotierten Kollektorzone eingeht, gilt

Serienwiderstand r_{cs}

$$r_{cs} \approx \rho_c d_{cs}/A \tag{1.32a}$$

mit dem spezifischen Widerstand der Kollektorzone $\rho_c = 1/(q\mu_{nc}N_{Dc})$ und der Dicke d_{cs} der nicht ausgeräumten Kollektorzone. Falls die Basis-Kollektor-Sperrschicht sich praktisch über die gesamte Dicke der epitaxialen Kollektorzone erstreckt, gilt

$$r_{cs} \approx \rho_s d_s/A \tag{1.32b}$$

mit der Dicke d_s des Substrates und $\rho_s = 1/(q\mu_{ns}N_{Ds})$.

d) eine stromgesteuerte Stromquelle zur Wiedergabe der Steuerwirkung. Es ist hier eine komplexe Stromverstärkung $\underline{\alpha}$ [1] eingeführt, die Laufzeiteffekte und Ladeverzögerungen zusammenfaßt.

gesteuerte Stromquelle

Stromverstärkung $\underline{\alpha}$

1.4 Grenzfrequenzen der Stromverstärkung

Die innere Stromverstärkung $\underline{\alpha}$ läßt sich als Produkt

Produktdarstellung von $\underline{\alpha}$

$$\underline{\alpha} = \underline{\alpha}_e \cdot \underline{\alpha}_b \cdot \underline{\alpha}_c \tag{1.33}$$

darstellen, wobei $\underline{\alpha}_e$ den Einfluß der Ladezeitkonstante der Emitter-Basis-Kapazität enthält, $\underline{\alpha}_b$ bestimmt ist durch die Basis-Laufzeit τ_b und in $\underline{\alpha}_c$ die Laufzeit der Ladungsträger durch die Basis-Kollektor-Sperrschicht eingeht.

a) $\underline{\alpha}_e$: Emitter-Ladezeitkonstante

Emitter-Ladezeitkonstante $\underline{\alpha}_e$

Bei der Angabe der Ersatzschaltung nach Bild 1.11b ist darauf verwiesen worden, daß nur der Wechselstrom $\underline{I}_e'$ durch $r_e || c_{eD}$ als Steuerstrom wirksam ist. Bei Vernachlässigung der Diffusionskapazität c_{eD},

---

[1] $\underline{\alpha}$ ist zwar kein Phasor, wird aber durch Unterstreichen als komplexe Größe deutlich gemacht.

d.h. für $\omega\tau_b << 1$ gilt

$$\underline{I}_e' = \underline{I}_e \,/\, (1 + j\omega c_{es} r_e), \tag{1.34}$$

so daß der Faktor

$$\underline{\alpha}_e = 1/(1 + j\omega\tau_e) \tag{1.35}$$

mit $\tau_e = c_{es} r_e$ in die innere Stromverstärkung aufzunehmen ist.

Nach Gl. (1.25) und Gl. (1.27) gilt

$$\tau_e \simeq \frac{kT}{q|i_e|}\sqrt{\frac{\varepsilon q N_{Ab}}{2(U_{Db}-U_{be})}} \; . \tag{1.36}$$

Die Emitter-Ladeverzögerung τ_e ist damit unabhängig von der Querschnittsfläche A. Für kleine Werte τ_e sollte die Emitterstromdichte möglichst hoch sein. Eine obere Grenze für $|i_e|$ liegt bei ca. 1000 A/cm^2 (s. S. 28).

b) $\underline{\alpha}_b$: Basis-Laufzeit

Basis-Laufzeit τ_b

In gewöhnlichen Transistoren mit Basisweiten von mehreren Mikrometern wird der Frequenzgang von $\underline{\alpha}$ durch die Basislaufzeit τ_b allein festgelegt.

Das einfache Modell der linearen Ladungsträgerverteilung in der Basis nach Bild 1.8 Kurve (1) führt bei niedrigen Frequenzen $\omega\tau_b << 1$ zu der Interpretation: Auch bei Wechselsignalen bleibt zu jedem Zeitpunkt die Ladungsträgerverteilung in der Basis linear, eine neue Steigung, d.h. ein veränderter Diffusionsstrom, stellt sich aber erst nach Einbringen einer Ladungsdifferenz ΔQ_{nb} ein. Es muß daher die parallel zu r_e liegende Diffusionskapazität c_{eD} umgeladen werden; sie hat mit Gl. (1.26) eine Ladezeitkonstante τ_b. Gemäß einer derartigen RC-Zeitkonstanten läßt sich dann für $\omega\tau_b << 1$ angeben

Näherung für $\underline{\alpha}_b$

$$\alpha_b = \alpha/(1 + j\omega\tau_b). \tag{1.37}$$

Eine verbesserte Beziehung für $\underline{\alpha}_b$, die Laufzeiteffekte (s. Bild 1.9) und ein inneres Driftfeld einbezieht und bis zu $\omega\tau_b > 1$ gültig ist, lautet

$$\underline{\alpha}_b = \frac{1}{1 + j\omega\tau_b'} \cdot \exp\{-jm'\omega\tau_b'\} \tag{1.38}$$

verbesserte Beziehung

mit

$$\tau_b' = 2\tau_b(m-1)/m^2 \tag{1.39}$$

für $m \gtrsim 2$, sonst $\tau_b' \simeq \tau_b$

und

$$m' = 0.22 + 0.098 \cdot m \tag{1.40}$$

(für m s. Gl. (1.21)).

In dem genaueren Ausdruck (1.38) ist gegenüber Gl. (1.37) insbesondere eine zusätzliche Phasendrehung berücksichtigt.

c) $\underline{\alpha}_c$: Laufzeit durch die Basis-Kollektor-Sperrschicht

Laufzeit τ_c durch Basis-Kollektor-Sperrschicht

In die innere Stromverstärkung ist weiterhin die Laufzeit τ_c der Elektronen durch die Basis-Kollektor-Sperrschicht mit einer Weite d_c zu berücksichtigen. Die elektrische Feldstärke E in der Sperrschicht ist unter praktischen Verhältnissen so hoch ($E \gtrsim 10$ kV/cm), daß die von der Basis her eintretenden Elektronen augenblicklich eine vom elektrischen Feld unabhängige Sättigungsdriftgeschwindigkeit $v_s \simeq 10^7$ cm/s in Silizium erreichen.

Mit dieser Geschwindigkeit erreichen sie nach der Laufzeit $\tau_c = d_s/v_s$ den Kollektor.
Ein Wechselstrom, der mit dem Phasor $\underline{I}_o$ von der Basis her einfließt, ist an einem Ort x in der Sperrschicht mit einer Phasendrehung gemäß $\exp(-j\omega x/v_s)$ behaftet, denn x/v_s gibt die Laufzeit bis zum Ort x wieder.

$$\underline{I}(x) = \underline{I}_o \exp(-j\omega x/v_s) \tag{1.41}$$

Zur Bestimmung des Stromes $\underline{I}_c$, der aus der Sperrschicht herausfließt, erinnern wir uns an das einfach Bild einer gleichförmig bewegten Ladung Q zwischen zwei Kondensatorplatten (s. Bild 1.14a).

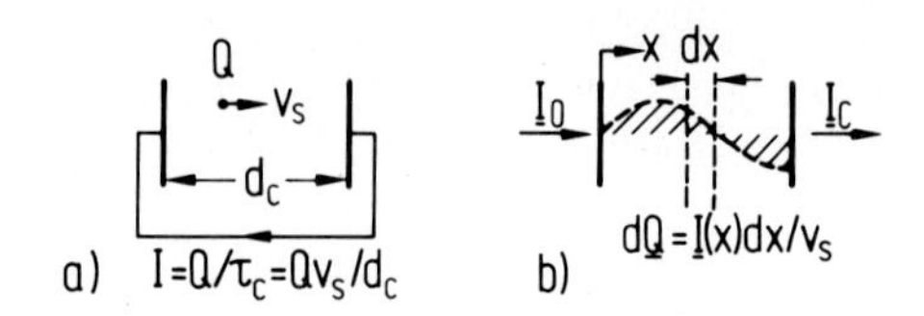

Bild 1.14
a) Gleichförmig mit v_S bewegte Ladung Q zwischen zwei Kondensatorplatten und Influenzstrom I während der Zeit $\tau_C = d_C/v_S$,
b) zur Ableitung des Zusammenhanges zwischen den Wechselströmen $\underline{I}_o$ und $\underline{I}_C$

Verweis

Die Ladung Q influenziert auf den Kondensatorplatten die Gegenladungen $Q_1 = -Q(d_C-x)/d_C$ und $Q_2 = -Qx/d_C$, wenn sie sich am Ort x befindet. Bei einer Bewegung der Ladung mit der Geschwindigkeit v_S fließt damit im Außenkreis ein Influenzstrom

$$I = dQ_2/dt = -Qv_S/d_C = -Q/\tau_C$$

während der Laufzeit $\tau_C = d_C/v_S$.

Nach Bild 1.14b ist mit dem Stromphasor $\underline{I}(x)$ am Ort x eine Flächenladung

$$d\underline{Q}'(x) = -\underline{I}(x)dt = -\underline{I}(x)dx/v_S \tag{1.42}$$

verbunden. Der Einzelbeitrag von $d\underline{Q}'(x)$ zum Influenzstrom = Kollektorstrom ist damit

$$d\underline{I}_C = -d\underline{Q}'/\tau_C. \tag{1.43}$$

Insgesamt fließt dann in den Kollektor ein Strom $\underline{I}_C$ aus der Integration der Einzelbeiträge nach

$$\underline{I}_C = -\int_0^{d_C} d\underline{Q}'/\tau_C = \int_0^{d_C} \underline{I}(x) \frac{dx}{\tau_C v_S} . \tag{1.44}$$

Mit Gl. (1.41) ist dann

$$\underline{I}_c = \underline{I}_o \int_0^{d_c} \exp(-j\omega x/v_s) \frac{dx}{\tau_c v_s} = \underline{I}_o \frac{1 - \exp(-j\omega\tau_c)}{j\omega\tau_c}$$

$$= \underline{I}_o \exp(-j\omega\tau_c/2) \frac{\sin \omega\tau_c/2}{\omega\tau_c/2} . \qquad (1.45)$$

Ergebnis

Wir sehen, daß $\underline{I}_c$ gegenüber $\underline{I}_o$ in der Phase um $\omega\tau_c/2$ verzögert ist und nach Maßgabe der Laufwinkelfunktion $\sin(\omega\tau_c/2)/\omega\tau_c/2)$ geschwächt wird. Für $\omega\tau_c = 2\pi n$ mit $n = 1, 2, 3...$ verschwindet sogar der Kollektorwechselstrom, dann heben sich gerade die Beiträge der positiven und negativen Halbwellen von $\underline{I}(x)$ auf. Unter praktischen Bedingungen ist aber in Transistoren $\omega\tau_c/2 < 1$, dann überwiegt in Gl. (1.45) der Phasenfaktor. Damit läßt sich der Einfluß der Sperrschicht-Laufzeit als reiner Phasenfaktor schreiben nach

Diskussion

$$\underline{\alpha}_c = \exp(-j\omega\tau_c/2) . \qquad (1.46)$$

Zusammengefaßt läßt sich damit die innere Stromverstärkung $\underline{\alpha}$ für $\omega\tau_e < 1$ und $\omega\tau_b' < 1$, d.h. Vernachlässigung in ω quadratischer Terme, schreiben als

Frequenzgang von $\underline{\alpha}$

$$\underline{\alpha} = \frac{\alpha}{1 + j\omega(\tau_b' + \tau_e)} \exp\{-j\omega(m'\tau_b' + \tau_c/2)\} . \qquad (1.47)$$

Wir erkennen, daß der erste Faktor in Gl. (1.47) sich wie ein RC-Glied verhält mit einer 3 dB-Eckkreisfrequenz von $1/(\tau_b' + \tau_e)$. Bei dieser Kreisfrequenz ist $|\underline{\alpha}|$ auf $\alpha/\sqrt{2}$ abgefallen.

Zur Charakterisierung des Frequenzganges werden Grenzfrequenzen der Kurzschlußstromverstärkung des Transistors herangezogen. Wir benutzen wieder die einfache Ersatzschaltung nach Bild 1.11 und betrachten mit Bild 1.15 zuerst die Kurzschlußstromverstärkung in Basisschaltung. (Eine genauere Berechnung für HF-Transistoren müßte zusätzliche Elemente des inneren Transistors einbeziehen und äußere Elemente wie Zuleitungsinduktivitäten, Gehäusekapazitäten und u.a. den Ballastwiderstand berücksichtigen).

Grenzfrequenzen der Stromverstärkung

Basisschaltung

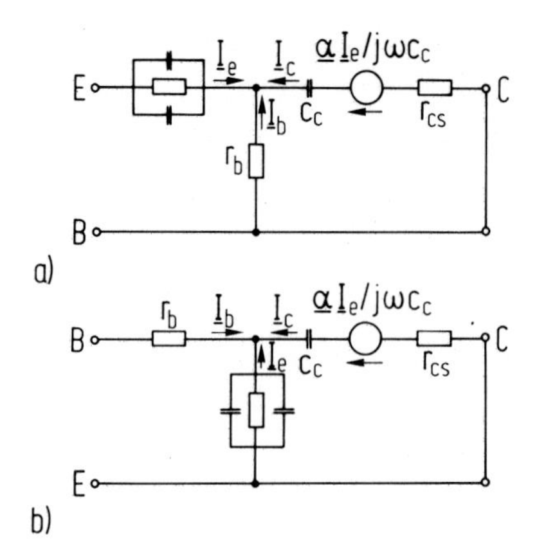

Bild 1.15
Ersatzschaltungen zur Bestimmung der Kurzschlußstromverstärkung in Basisschaltung (a) und in Emitterschaltung (b) mit Umwandlung der Stromquelle in eine äquivalente Spannungsquelle

Ein Spannungsumlauf in der Ausgangsmasche von Bild 1.15a liefert mit $\underline{I}_b = -\underline{I}_e - \underline{I}_c$ die Beziehung

$$\underline{I}_c/\underline{I}_e \,|_{KS} = \underline{\alpha}_{KS} = \{\underline{\alpha} + j\omega c_c r_b\}/\{1 + j\omega c_c(r_b + r_{cs})\} \tag{1.48}$$

mit der Abkürzung KS für Kurzschluß. Bei Vernachlässigung des Beitrages $j\omega c_c r_b$ im Zähler folgt eine 3 dB-Eckkreisfrequenz der Kurzschlußstromverstärkung, die wir als α-Grenzfrequenz ω_α bezeichnen, zu

$$\omega_\alpha = 1/\{\tau_e + \tau_b' + c_c(r_b + r_{cs})\} \, . \tag{1.49}$$

Sie ist bestimmt durch die Emitterladezeit τ_e, die Basislaufzeit τ_b' und die Ladezeit der Kollektorkapazität c_c über $r_b + r_{cs}$.

α-Grenzfrequenz

Bei gewöhnlichen Transistoren mit großer Basisweite d_b, bei denen $\tau_b' = \tau_b$ dominiert, ist diese sogenannte α-Grenzkreisfrequenz einfach

$$\omega_\alpha \simeq 2D_{nb}/d_b^2 \, . \tag{1.50}$$

Emitterschaltung

In Verstärkerschaltungen wird normalerweise die Emitterschaltung bevorzugt wegen ihrer wesentlich größeren Strom- und Leistungsverstärkung. Die Ersatzschaltung nach Bild 1.15b liefert entsprechend dem obigen Weg eine Kurzschlußstromverstärkung

$$\underline{I}_c/\underline{I}_b = (\underline{\alpha}_E)_{KS} = \{\underline{\alpha} - j\omega r_b c_c\}/\{1 - \underline{\alpha} + j\omega c_c(r_e + r_{cs})\} \, . \tag{1.51}$$

Dabei ist der Widerstand der Emitter-Basisdiode für nicht zu hohe Frequenzen und für hohe Stromdichten durch r_e angenähert worden. Um einfachere Ausdrücke zu erhalten, vernachlässigen wir wieder $j\omega r_b c_c$ im Zähler von Gl. (1.51) und benutzen im Nenner eine Reihenentwicklung des Phasenfaktors in Gl. (1.47)

$$\exp\{-j\omega(m'\tau_b' + \tau_c/2\} \simeq 1 - j\omega(m'\tau_b' + \tau_c/2) \; .$$

Dann ist in Emitterschaltung die Kurzschlußstromverstärkung

$$(\underline{\alpha}_E)_{KS} \simeq \frac{\alpha}{1-\alpha} \; \frac{\exp\{-j\omega(m'\tau_b' + \tau_c/2)\}}{1 + j\omega\,\frac{1}{1-\alpha}\left\{\tau_b' + \tau_e + \alpha m'\tau_b' + \tau_c/2 + (r_e + r_{cs})c_c\right\}} \; . \quad (1.52)$$

In Emitterschaltung ist damit schon bei einer Kreisfrequenz, die etwa um den Faktor $1-\alpha$ kleiner ist als die α-Grenzkreisfrequenz ω_{α}, die Kurzschlußstromverstärkung um den Faktor $\sqrt{2}$ gegenüber ihrem Wert $\alpha/(1-\alpha)$ bei niedrigen Frequenzen abgesunken.

Transitfrequenz

Es wird in Emitterschaltung die sogenannte Transitfrequenz $f_T = \omega_T/2\pi$ definiert, bei der die Kurzschlußstromverstärkung auf 1 abgefallen ist. Nach Gl. (1.52) ist f_T gegeben durch

$$\omega_T = 2\pi f_T = 1/\{\tau_b' + \tau_e + \alpha m'\tau_b' + \tau_c/2 + (r_e + r_{cs})c_c\} \; . \qquad (1.53)$$

In gewöhnlichen Transistoren stimmen damit α-Grenzfrequenz und Transitfrequenz überein.

Diskussion

Wir entnehmen Gl. (1.53), daß in die Transitfrequenz die Laufzeiten τ_b' und τ_c durch die Basis und durch die Basis-Kollektor-Sperrschicht eingehen. Es kommt daher auf eine möglichst dünne Basiszone d_b an, und es sollte ein inneres Driftfeld herangezogen werden. Allerdings ist in f_T auch die Zusatzphasendrehung $m'\tau_b'$ enthalten, so daß der Vorteil des Driftfeldes teilweise wieder verlorengeht.

Weiterhin sollte $\tau_c/2$ klein sein, das heißt, die Weite d_c der Basis-Kollektor-Sperrschicht sollte nur gering sein. Dabei nimmt aber grundsätzlich die maximal zulässige Kollektorspannung ab.

grundsätzlicher Zusammenhang τ_c, U_c

Bei einem stark unsymmetrischen, abrupten pn-Übergang gilt nämlich für die maximale Feldstärke

$$E_{max} = 2(U_{cb} + U_{Dc})/d_c \ . \tag{1.54}$$

E_{max} muß wesentlich (typisch um den Faktor 3-5 in Emitterschaltung) unter der kritischen Feldstärke E_B ($E_B \approx 3 \cdot 10^5$ V/cm in Silizium) des Lawinendurchbruches bleiben.
Für $U_{cb} >> U_{Dc}$ und $U_{cb} \simeq U_c$ ist danach die Bedingung

$$2\ U_c v_s/d_c = 2\ U_c/\tau_c << E_B v_s \tag{1.55}$$

einzuhalten. Das Produkt aus Durchbruchsfeldstärke E_B und Sättigungsdriftgeschwindigkeit v_s ist fest vorgegeben. Bei Verringerung der Laufzeit τ_c sinkt entsprechend auch die zulässige Kollektorspannung ab. Eine, an den praktischen Verhältnissen gemessen optimistische, obere Abschätzung ist

$$(U_c)_{max} \approx \frac{1}{2}\ \tau_c(E_B v_s) \tag{1.56}$$

$$(U_c)_{max} \approx 1.5\ \text{V}\ \tau_c/\text{ps für n-Silizium.}$$

Die Transitfrequenz ist weiter durch die - von der Querschnittsfläche A unabhängige - Ladezeitkonstante $(r_e + r_{cs})c_c$ der Kollektorsperrschichtkapazität beeinflußt. Es muß insbesondere r_{cs} klein gehalten werden durch Verwendung eines niederohmigen Substrates und eine Wahl:
Dicke d der Epitaxieschicht ≈ Weite d_c im vorgesehenen Arbeitspunkt.

Grenze für i_e

Die Emitterladezeit τ_e muß durch eine möglichst große Stromdichte i_e klein gehalten werden. Es lassen sich aber nur Werte von i_e bis etwa 2000 A/cm^2 realisieren. Ein Grund hierfür ist, daß die Dichte der Elektronen, welche die Basis-Kollektor-Sperrschicht durchlaufen, klein gegenüber der Dotierung N_{Dc} bleiben muß. Bei Drift mit Sättigungsdriftgeschwindigkeit $v_s = 10^7$ cm/s und einem $N_{Dc} = 10^{15}$ cm^{-3} muß z.B. die Stromdichte unter 1.6 kA/cm^2 bleiben. Sonst kompensieren die Elektronen die Raumladung der Sperrschicht, das Sperrfeld wird abgebaut, verbunden mit einer starken Aufweitung der neutralen Basiszone. Dann steigt die Basislaufzeit stark an.

f_T-Messung

Die Transitfrequenz f_T ist eine wichtige Kenngröße und wird regelmäßig in Datenblättern angegeben. Meßtechnisch wird f_T dadurch erfaßt, daß bei einer Meßfrequenz $(1-\alpha)f_T << f < f_T$, d.h. im Bereich des 1/f-Abfalls

$$|\underline{\alpha}_E|_{KS} = \frac{\alpha}{1-\alpha} \; \frac{1}{|1 + j\omega/\{(1-\alpha)\omega_T\}|} \simeq \frac{\alpha\omega_T}{\omega} \qquad (1.57)$$

die Kurzschlußstromverstärkung gemessen wird und mit Gl. (1.57) f_T daraus berechnet wird.

Die Transitfrequenz hängt von I_e bzw. von I_c, d.h. vom Arbeitspunkt, ab; typisch ergibt sich ein am Beispiel von Bild 1.16 gezeigter Verlauf $f_T(I_c)$.

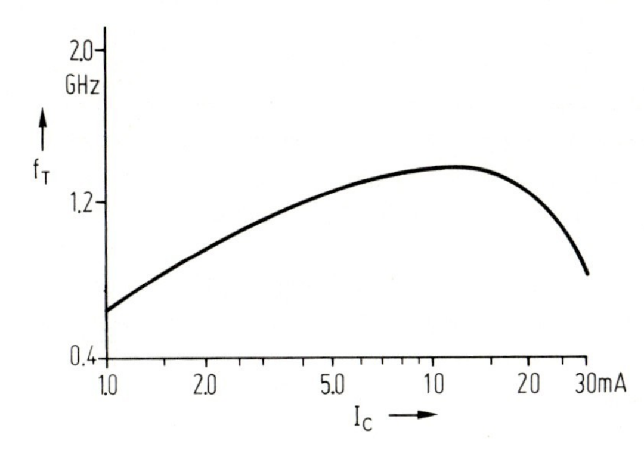

Bild 1.16
Abhängigkeit der Transitfrequenz f_T vom Kollektorstrom I_C für den Transistor 2N5179 (Motorola), Meßfrequenz f = 100 MHz, U_{ce} = 6 V

Für niedrige Werte I_c ist die Emitterstromdichte i_e klein, es dominiert die Zeitkonstante τ_e. Daher steigt mit I_c zunächst auch f_T an, bis die Stromdichte so groß wird, daß Basisaufweitung eintritt. Dadurch fällt dann f_T rapide ab.

Bei Hochfrequenztransistoren ist besonders wegen der Beiträge $\tau_c/2$ und $\alpha m'\tau_b'$ die Transitfrequenz regelmäßig kleiner als die α-Grenzfrequenz.

Vergleich

Aufgabe 1.5

Folgende Daten eines npn-Planartransistors aus Silizium mit abrupten pn-Übergängen und konstanten Dotierungen von Emitter, Basis und Kollektor sind bekannt:

$N_{De} = 10^{20}\ cm^{-3}$, $N_{Ab} = 10^{17}\ cm^{-3}$, $N_{Dc} = 10^{15}\ cm^{-3}$, $d_b = 0.5\ \mu m$,
Dicke der Kollektorzone ≃ Dicke der Epitaxieschicht d = 15 µm, L = 5 µm,
w = 200 µm, $\mu_{nb} = 1000\ cm^2/Vs$, $\mu_{pb} = 500\ cm^2/Vs$, $\mu_{nc} = \mu_{nb} = 1000\ cm^2/Vs$.

Wie groß sind bei $U_{be} = 0.7$ V, $U_{cb} = 10$ V, T = 300 K, $\gamma = 1$ dann r_e, c_{eD}, c_{es}, c_c, r_b (mit D = 0.3), r_{cs} (ohne Substrateinfluß) ? Die Ausdehnung der Basis-Kollektor-Sperrschicht in die Basis hinein wird vernachlässigt.

Aufgabe 1.6

Berechnen Sie für einen Transistor mit den Daten nach Aufgabe 1.5 die Zeitkonstanten τ_e, $\tau_c/2$ und τ_{cs} und geben Sie für m = 0 τ_b und die Transitfrequenz an.

1.5 Grenzfrequenz der Leistungsverstärkung

Leistungsverstärkung V_p

Für Anwendungen ist neben der Stromverstärkung die Kenntnis des Frequenzganges der Leistungsverstärkung wichtig. Nach Bild 1.17a gehen hier neben dem Verlauf von $\underline{\alpha}$ auch die Frequenzgänge von Ein- und Ausgangswiderstand Z_E bzw. Z_A ein. Die Leistungsverstärkung V_p als Verhältnis von Ausgangs- zu Eingangsleistung ist

$$V_p = |\underline{I}_2|^2 \, \mathrm{Re}\{Z_L\}/(|\underline{I}_1|^2 \, \mathrm{Re}\{Z_E\}). \tag{1.58}$$

Die Leistungsverstärkung ist auch bei einer Stromverstärkung $|\underline{I}_2|/|\underline{I}_1| < 1$ noch größer als 1, wenn nur das Verhältnis von $\mathrm{Re}\{Z_A\}$ und $\mathrm{Re}\{Z_E\}$ groß genug ist, denn dann kann $\mathrm{Re}\{Z_L\} >> \mathrm{Re}\{Z_E\}$ gewählt werden und man erhält immer noch eine Leistungsverstärkung. (Dabei setzen wir $\mathrm{Re}\{Z_E\} > 0$ an.)

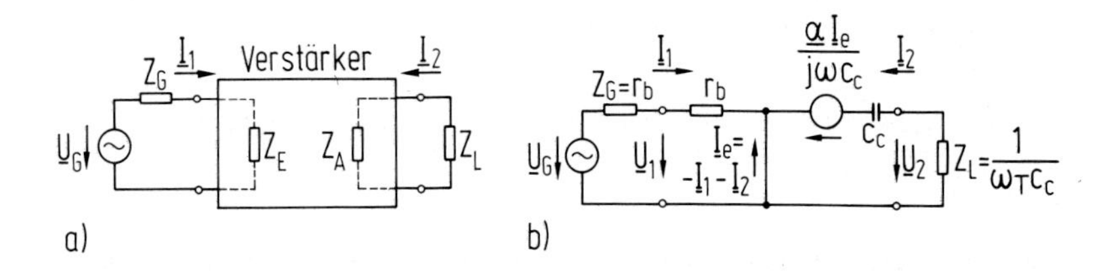

Bild 1.17
a) Kleinsignalverstärker mit Ein- und Ausgangswiderstand Z_E bzw. Z_A
b) Vereinfachte Ersatzschaltung zur Berechnung der maximalen Leistungsverstärkung G_m

näherungsweise Berechnung

Wir leiten hier vereinfacht eine Beziehung für die Leistungsverstärkung ab, die zwar nur angenähert zutrifft, aber die grundsätzlichen Zusammenhänge aufzeigt. Dazu wird die Ersatzschaltung nach Bild 1.17b für die Emitterschaltung herangezogen. Hierbei ist das typisch recht kleine r_e durch einen Kurzschluß ersetzt, dann sind Ein- und Ausgang des Transistors entkoppelt. Weiter wird mit der einfachen Beziehung

$$\underline{\alpha} = \alpha/(1 + j\omega/\omega_T) \qquad (1.59)$$

für die innere Stromverstärkung gerechnet, die den Phasenfaktor nicht einbezieht und in die $\omega_T \cong \omega_\alpha$ eingeführt ist, d.h. $\tau_e + \tau_b$ sind dominierend.

Leistungsanpassung

Für eine eindeutige Beschaltung soll weiterhin V_p für Leistungsanpassung am Ein- und Ausgang berechnet werden. Dann folgt gerade die maximale Leistungsverstärkung, die wir mit G_m bezeichnen. (Auf die verschiedenen Definitionen der Leistungsverstärkung wird genauer in Kapitel 3 eingegangen.) Der Generatorinnenwiderstand muß dann zu $Z_G = r_b$ gewählt werden. Der Ausgangswiderstand $Z_A = \underline{U}_2/\underline{I}_2$ bestimmt sich aus

$$\underline{U}_2 = \underline{I}_2/j\,\omega c_c + \underline{\alpha}\;(-\underline{I}_1-\underline{I}_2)/j\,\omega c_c \;\cong\; \underline{I}_2\;(1-\underline{\alpha})/j\,\omega c_c$$

und Gl. (1.59) zu

$$Z_A \simeq 1/(\omega_T c_c) \qquad (1.60)$$

für

$$\omega/\omega_T > 1 - \alpha \quad \text{aber} \quad \omega/\omega_T < 1 \;.$$

Für Leistungsanpassung am Ausgang ist damit ein Lastwiderstand $Z_L = 1/\omega_T c_c$ zu wählen.

Die maximale Leistungsverstärkung G_m berechnet sich mit der Näherung $\omega/\omega_T < 1$ nach Bild 1.17b dann zu

$$G_m \simeq \frac{\alpha^2 \omega_T}{4\omega^2 r_b c_c} \;. \qquad (1.61)$$

Schwing-Grenzfrequenz

Wir sehen, daß G_m zu hohen Frequenzen hin mit dem Quadrat der Frequenz abfällt. Man wird nun grundsätzlich einen Transistor nur bei solchen Frequenzen zur Schwingungsanfachung durch Rückkopplung verwenden können, bei denen unter günstigsten Bedingungen, d.h. Leistungsanpassung am Ein- und Ausgang und einem verlustfreien Rückkopplungsnetzwerk, die Verstärkung größer als 1 ist.

Die Grenzfrequenz f_m, bei der $G_m = 1$ wird, bezeichnet man daher als Schwing-Grenzfrequenz. Nach Gl. (1.61) folgt mit $\alpha \simeq 1$

$$f_m = \frac{\omega_m}{2\pi} \simeq \frac{1}{4\pi} \sqrt{\frac{\omega_T}{r_b c_c}} \quad . \tag{1.62}$$

Zahlenwerte für f_m widersprechen der vorgenommenen Näherung $\omega/\omega_T < 1$. Es sollen hier auch nur wesentliche Zusammenhänge in übersichtlicher - und damit auch angenäherter - Form aufgezeigt werden.

Für eine hohe Schwing-Grenzfrequenz sollte nach Gl. (1.62) nicht nur die Transitfrequenz möglichst hoch sein, sondern auch das Produkt $r_b c_c$ aus Bahnwiderstand und Kollektorkapazität möglichst klein sein. (In Gl. (1.48) und (1.51) haben wir $r_b c_c$ vernachlässigt, hier geht aber $r_b c_c$ entscheidend ein.)

Damit sollte zum einen die Kollektorkapazität c_c klein, d.h. die Kollektor-Sperrschicht weit sein. Zum anderen sollte nach Gl. (1.29) die Basisweite d_b groß sein. Diese Forderung steht aber im Gegensatz zu $\tau_b' \sim d_b^2$. Eine Lösung dieser sich widersprechenden Anforderungen erkennen wir, wenn wir die Kollektorkapazität schreiben als

$$c_c = c_c' \, w L \tag{1.63}$$

mit der Kollektor-Kapazität pro Fläche c_c'. Dann ist nämlich mit Gl. (1.29)

$$r_b c_c = D \rho_b c_c' L^2 / d_b \quad . \tag{1.64}$$

Anforderung: d_b klein, L klein

Die Schwing-Grenzfrequenz ist also umgekehrt proportional zur Breite L der Emitterzone. Je schmaler man daher die Emitterbreite L macht, umso höher wird die Schwing-Grenzfrequenz.

Der Bahnwiderstand der Basiszone zwischen dem Basiskontakt und dem Emitter war in r_b nicht berücksichtigt worden. Damit dieser Beitrag zu r_b klein bleibt, muß der Abstand zwischen dem Basiskontakt und dem Emitter möglichst gering sein.

Wir stellen außerdem fest, daß die Länge w der Emitterzone nicht eingeht in die Transitfrequenz und in die Schwing-Grenzfrequenz. Beide Grenzfrequenzen sind - sofern nicht andere Begrenzungen auftreten - unabhängig von dem Strom,der verarbeitet werden kann und damit letztlich auch von der Leistung.

w geht nicht ein bei f_T und f_m

Es sinken aber mit wachsendem w Ein- und Ausgangswiderstand des Transistors ab,wie schon aus dem einfachen Ersatzschema nach Bild 1.17b wegen $r_b \sim 1/w$ und $c_c \sim w$ hervorgeht. Im Hochfrequenzbereich wird meist eine Transformation dieser Widerstände auf typisch $Z_G = Z_L = Z = 50\ \Omega$ durch zwischengeschaltete Netzwerke verlangt (s. Kapitel 5). Diese Transformation - zumal über breite Frequenzbereiche - wird immer schwieriger, wenn $r_b \ll Z$ und $\omega_T c_c Z \ll 1$ werden. (Zur Vermeidung aufwendiger Schaltungsentwürfe werden daher heute oft Hochfrequenztransistoren für größere Leistungen mit im Gehäuse integrierten Transformationsschaltungen hergestellt.)

Einschränkung

Abschließend wird angemerkt, daß sich mit den vorgenommenen Näherungen auch in Basischaltung mit $\omega_\alpha \simeq \omega_T$ derselbe Ausdruck für G_m ergibt.

Aufgabe 1.7

Wie groß ist für den Transistor nach Aufgabe 1.6 die Schwing-Grenzfrequenz ?

---

2. Hochfrequenz-Feldeffekttransistoren, der GaAs-MESFET

Feldeffekttransistoren (FET) gewinnen für Hochfrequenzschaltungen zunehmend an Bedeutung. Sie haben verglichen mit bipolaren Transistoren für viele Anwendungen bessere Eigenschaften wie z.B. günstigere Ein- und Ausgangswiderstände und geringeres Eigenrauschen. Insbesondere für Empfangsverstärker bei hohen Frequenzen werden zunehmend FET eingesetzt.

Feldeffekttransistoren in ihren Ausführungsformen als u.a. Sperrschicht-FET und MOSFET sind wegen ihrer großen Bedeutung für integrierte Schaltungen aus der Elektronik bekannt, Wir betrachten hier eine besondere Bauform des Sperrschicht-FET, den MESFET nach metal semiconductor field effect transistor. Dabei sagt die Bezeichnung MESFET, daß ein sperrschichtbehafteter Metall-Halbleiter-Kontakt als Steuerelektrode herangezogen wird. MESFET werden vorzugsweise aus dem Halbleiter Galliumarsenid (GaAs) hergestellt, der eine wesentlich größere Elektronenbeweglichkeit als Silizium hat. GaAs-MESFET arbeiten noch bei weit höheren Frequenzen als alle anderen Transistoren. Sie werden insbesondere bis weit in den GHz-Bereich (heute bis über 20 GHz) in empfindlichen Verstärkern eingesetzt (z.B. in 12 GHz-Empfängern für den Satelliten-Fernsehrundfunk); ihre weitere Entwicklung zielt insbesondere auf hohe Leistungen bei sehr hohen Frequenzen ab.

GaAs ist heute das Basismaterial für manolithisch integrierte Mikrowellenschaltungen. Der GaAs-MESFET ist dabei die bevorzugte Transistorstruktur für rauscharme Verstärker, Frequenzumsetzer, Oszillatoren und Leistungsverstärker. neue Technologieentwicklungen mit epitaxialen Schichtstrukturen aus Halbleitern mit unterschiedlichem Bandabstand (z.B. AlGaAs auf GaAs), sogenannte Heterostrukturen, erlauben neuartige Bauformen von Bipolartransistoren und FET's.

Die Behandlung des GaAs-MESFET soll auch mit der Materialbasis GaAs vertraut machen.

Lernzyklus 1 B

Lernziele

Nach dem Durcharbeiten des Lernzyklus 1 B sollen Sie in der Lage sein,

- den Aufbau von GaAs-MESFET zu skizzieren und die Wirkungsweise zu beschreiben;
- anzugeben, warum GaAs als Ausgangsmaterial verwendet wird;
- den Verlauf der Ausgangskennlinien des inneren FET formelmäßig abzuleiten und die grundlegenden Näherungen zu erklären;
- den Einfluß der Sättigungsdriftgeschwindigkeit und äußerer Bahnwiderstände darzustellen;
- die NF-Ersatzschaltung und vereinfachte HF-Ersatzschaltungen aufzustellen und deren Elemente zu erklären;
- die Grenzfrequenzen der Stromverstärkung und der unilateralen Verstärkung anzugeben;
- einfache FET-Verstärker mit Ersatzschaltungen zu berechnen.

2.1 Aufbau von GaAs-MESFET

FET-Prinzip

Feldeffekttransistoren sind in ihrer Grundform dreipolige Halbleiterbauelemente, bei denen der Widerstand zwischen zwei Polen, der Drain-Elektrode D und der Source-Elektrode S durch Anlegen einer Spannung an die Gate-Elektrode G gesteuert wird. Wir können Feldeffekttransistoren als steuerbare Halbleiterwiderstände auffassen, wobei in allen Ausführungsformen die Wirkungsweise auf der Steuerung der zum Stromtransport beitragenden Zahl der Ladungsträger beruht.
Beim FET wird der Fluß von Majoritätsträgern gesteuert, im Unterschied zu bipolaren Transistoren sind Injektionseffekte und Minoritätsträger bedeutungslos.

MESFET

Beim Sperrschicht-FET wird die Sperrschichtweite eines pn-Übergangs unter der Gate-Elektrode verändert, dadurch wird die Dicke eines stromleitenden Kanals zwischen Drain und Source und damit der Drain-Source-Strom gesteuert. Der MESFET nutzt statt eines pn-Überganges einen sperrschichtbehafteten Metall-Halbleiter-Übergang, einen sogenannten

Schottky-Kontakt

Schottky-Kontakt. Wir können hier einen Schottky-Kontakt auf einem n-Halbleiter auffassen als abrupten pn-Übergang mit $N_A \rightarrow \infty$.

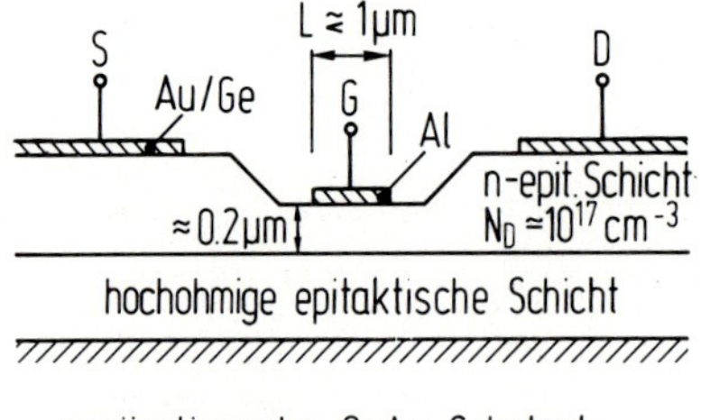

Bild 2.1a
Querschnitt durch einen epitaxialen GaAs-MESFET mit abgesenktem Gate

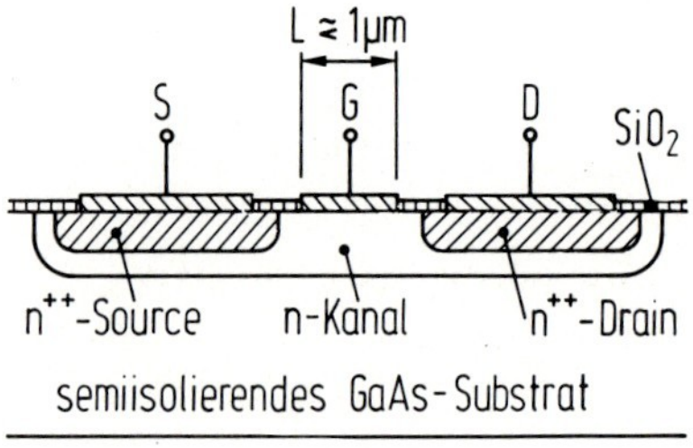

Bild 2.1b
Querschnitt durch einen GaAs-MESFET mit ionenimplantiertem n-Kanal und ionenimplantierten Drain- und Source-Gebieten

Aufbau

Bild 2.1a zeigt den Querschnitt durch einen epitaxialen GaAs-MESFET für Anwendungen im GHz-Bereich. Auf einem extrem hochohmigen ("semiisolierenden") GaAs-Substrat werden zuerst eine undotierte hochohmige GaAs-Schicht und anschließend eine mit typisch $N_D \cong 10^{17}$ cm^{-3} dotierte n-leitende Schicht epitaktisch aufgewachsen. Sie bildet den leitenden Kanal zwischen Drain und Source. Die Zwischenschicht ("buffer layer") soll die Ausdiffusion von Verunreinigungen aus dem Substrat in die n-leitende Schicht während ihres Aufwachsens verhindern. Insbesondere das Rauschverhalten wird dadurch verbessert. Drain- und Source-Kontakte bestehen aus einer aufgedampften und bei etwa 750 K einlegierten Gold-Germanium-Legierung.

Der Schottky-Kontakt für das Gate wird durch Aufdampfen von z.B. Aluminium hergestellt. Die eingetragenen Abmessungen mit $L \lesssim 1$ µm geben den heutigen Entwicklungsstand wieder. (Für höchste Frequenzen ist L nur etwa 0.25 µm.) Die ungesteuerten Bereiche zwischen der Gate-Elektrode und Source, Drain bilden parasitäre Bahnwiderstände. Um diese zu verringern, wird das Gate durch Ätztechniken abgesenkt. Technologisch ist es zur Zeit nicht möglich, die Abstände Gate - Source und Gate - Drain kleiner als etwa 1 µm zu halten. Die n-leitende Epitaxieschicht unter dem Gate-Kontakt ist nur noch etwa 0.2 µm dick. Die Kontakte werden häufig galvanisch mit Gold verstärkt, um ihren Längswiderstand herabzusetzen. Das ist besonders wichtig für den sehr schmalen streifenförmigen Gate-Kontakt. Wir erkennen schon aus dieser kurzen Beschreibung, daß die Herstellung von GaAs-MESFET aufwendig, d.h. teuer ist. Sie kommen daher nur für so hohe Frequenzen in Betracht, bei denen Transistoren aus Silizium nicht mehr ausreichend arbeiten.

Abmessungen

Seit einigen Jahren wird die zuerst für Feldeffekttransistoren aus Silizium entwickelte Technik der Ionenimplantation auch zur Herstellung von GaAs-MESFET herangezogen. Bild 2.1b zeigt den Querschnitt durch einen ionenimplantierten GaAs-MESFET. In ein semiisolierendes GaAs-Substrat, das speziell für diese Technologie hergestellt wird, werden Ionen, vorzugsweise Si^+- oder As^+-Ionen, mit Beschleunigungsspannungen von ca. 50 - 200 kV hineingeschossen ("implantiert"). Die Ionendosis wird so eingestellt, daß die Implantation des Kanals ein $N_D \approx 10^{17}$ cm^{-3} liefert. Danach werden mit höherer Dosis die n^{++}-Gebiete für Source und Drain implantiert. (Die Kontaktwiderstände werden dadurch herabgesetzt.) Die Substratbereiche, welche nicht implantiert werden sollen, werden durch fototechnisch strukturierte Fotolackgebiete abgeschirmt. Die implantierten Ionen müssen erst durch Tempern bei ca. 1100 K für ihre Funktion als Donatoren aktiviert werden, gleichzeitig werden die beim Ionenbeschuß entstandenen Kristallfehler ausgeheilt. Bei diesem Aktivierungsprozeß muß das Abdampfen von Arsen aus dem Substrat verhindert werden. Ein Verfahren hierfür ist die Beschichtung

Implantierte GaAs-MESFET

Herstellung

des Substrates mit SiO_2 oder Si_3N_4. Die Kontakte werden zum Schluß aufgebracht und fototechnisch strukturiert. Für Source und Drain wird wieder Au/Ge einlegiert, der Schottky-Kontakt besteht wieder z.B. aus Al. (Zur Zeit werden selbst-adjustierende Techniken entwickelt, bei denen zuerst der n-Kanal und der Gate-Kontakt hergestellt werden. Bei einem Gatematerial wie Wolfram, das einer Temperatur von 1100 K ohne Beeinträchtigung des Schottky-Kontaktes widersteht, kann die Gatestruktur als Maske für die Source- und Drainimplantation herangezogen werden. Damit werden parasitäre Bahnwiderstände nahezu vermieden.)

Wir erkennen einen wesentlichen Vorzug der Implantationstechnik: die einzelnen Elemente sind voneinander elektrisch isoliert. Besonders für monolithisch integrierte Schaltungen auf GaAs eignet sich daher diese Technologie, zumal die Diffusionstechnik noch nicht so entwickelt ist wie bei Silizium und auch grundsätzlich schwieriger ist.

MESFET-Struktur

Bild 2.2 zeigt die Kontaktstruktur eines ionenimplantierten GaAs-MESFET mit $L \simeq 1.2$ µm für Empfangsverstärker mit einer Mittenfrequenz bis etwa 10 GHz. Wir erkennen wieder eine den bipolaren Transistoren prinzipiell ähnliche Kontaktstruktur mit extrem kleiner Gatelänge L und - hier wieder durch Parallelschaltung erreichter - großer Gatebreite. (MESFET für hohe Leistungen sind aus einer Vielzahl parallelgeschalteter Kontaktstreifen für Source, Gate (L sehr klein) und Drain aufgebaut.)

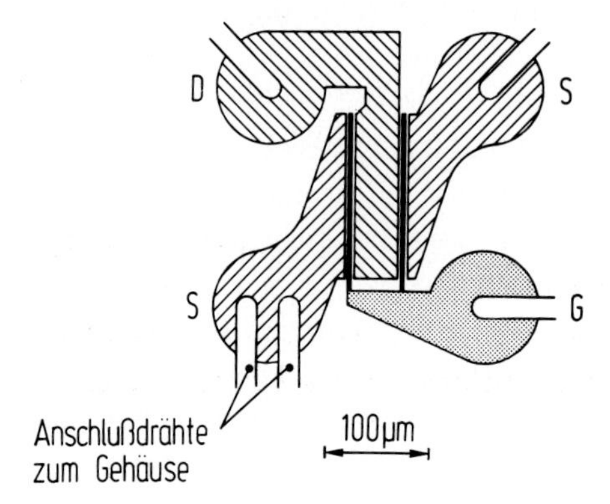

Bild 2.2
Kontaktstruktur eines ionenimplantierten GaAs-MESFET mit $L \simeq 1.2$ µm und $w \approx 300$ µm (Siemens GaAs-FET CFY 12 für Kleinsignalverstärker bis ca. 10 GHz Mittenfrequenz)

2.2 Stationäre Kennlinien von MESFET

Die Wirkungsweise des MESFET beruht auf der Steuerung des Widerstandes zwischen Drain und Source durch die Gate-Elektrode. Wie angegeben, betrachten wir den Schottky-Kontakt des abrupten pn-Übergangs mit $N_A \to \infty$.

Seine Diffusionsspannung U_D wird in einem späteren Kapitel formelmäßig abgeleitet. Für zahlenmäßige Rechnungen setzen wir den typischen Wert $U_D = 0.7$ V ein.

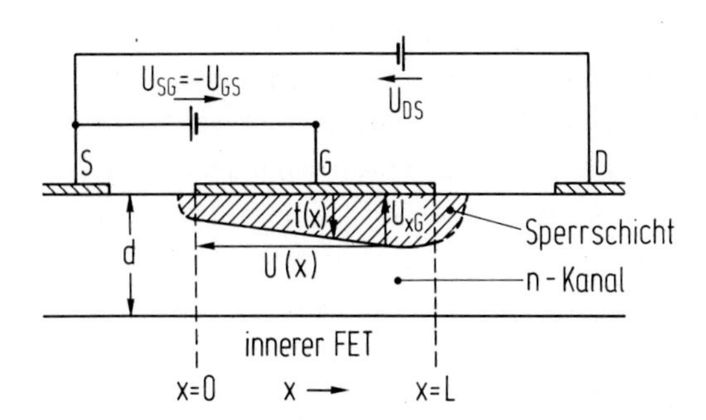

Bild 2.3
MESFET mit Betriebsspannungen und innerer FET

Bild 2.3 zeigt einen n-Kanal MESFET mit Betriebsspannungen U_{GS} zwischen Gate, Source und U_{DS} zwischen Drain, Source. Wir betrachten den inneren FET unterhalb der Gate-Elektrode, d.h. es werden die äußeren Bahnwiderstände vernachlässigt. Wesentlich ist hier die Feststellung, daß die Tiefe t der Sperrschicht ortsabhängig ist. Ein Drain-Source-Strom I_{DS} ist nämlich mit einem Spannungsabfall $0 \leq U(x) \leq U_{DS}$ verbunden, so daß die Potentialdifferenz U_{xG} zwischen Kanal und Gateelektrode ortsabhängig ist. Sie setzt sich nach

$$U_{xG} = U_D - U_{GS} + U(x) \qquad (2.1)$$

(s. Pfeilrichtung in Bild 2.3) zusammen aus der Diffusionsspannung U_D, der Gate-Source-Spannung U_{GS} und U(x). Wir erkennen aus der damit ortsabhängigen Tiefe t(x) der Sperrschicht, daß im Unterschied zu bipolaren Transistoren grundsätzlich eine zweidimensionale Betrachtung erforderlich ist.

Wir vereinfachen das Problem durch eine grundlegende Näherung:
Die Gatelänge L soll viel größer als d sein und die Sperrschichtweite t(x) soll sich nur langsam ändern. Dann kann die Sperrschichtweite an jeder Stelle x so berechnet werden, als ob bezüglich x homogene Verhältnisse vorliegen. Wie bei einem abrupten pn-Übergang mit $N_A \to \infty$

grundlegende Näherung

ist dann die Sperrschichtweite

$$t(x) = \left\{\frac{2\varepsilon}{qN_D} U_{xG}\right\}^{1/2} = \left\{\frac{2\varepsilon}{qN_D} (U_D - U_{GS} + U(x))\right\}^{1/2}, \quad (2.2)$$

wenn wir eine konstante Dotierung N_D im Kanal annehmen. (Gl. (2.2) gilt damit nur für epitaxiale MESFET, die späteren Ergebnisse gelten mit ihren wesentlichen Aussagen auch für ionenimplantierte MESFET.)
Im leitenden Kanal soll hingegen die x-Komponente des elektrischen Feldes überwiegen (s. Bild 2.4), d.h. die Stromdichte im Kanal soll nur eine x-Komponente haben.

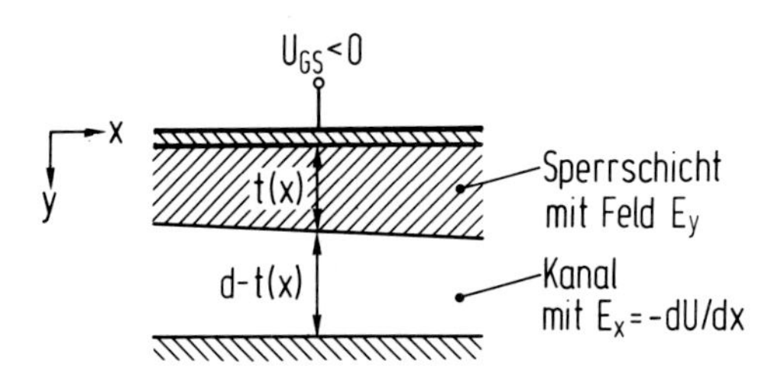

Bild 2.4
Näherung einer langsamen Änderung von t(x) mit überwiegender Feldkomponente E_y in der Sperrschicht und überwiegendem Feld E_x im Kanal

Am Ort x ist mit der Ladungsträgerdichte N_D und dem Querschnitt $(d-t(x))\cdot w$ bei einer Gatebreite w[1] der Drain-Source-Strom mit der Driftgeschwindigkeit $-\mu_n dU/dx$

$$I_{DS} = \{-qN_D w(d - t(x))\} \cdot \{-\mu_n dU/dx\}; \quad (2.3)$$

er ist natürlich ortunabhängig. Gl. (2.3) ist nur solange sinnvoll, wie $t(x) < d$ ist, bei $t(x) = d$ ist der Kanal ganz abgeschnürt. Die zugehörige Spannung U_{xG} über der Sperrschicht folgt dann aus Gl. (2.2) zu

Abschnürspannung U_p

$$U_{xG} = \frac{q}{2\varepsilon} N_D d^2 = U_p \, . \quad (2.4)$$

Diese Abschnürspannung ("pinch-off"-Spannung) bezeichnen wir mit U_p. Ein vollständiges Abschnüren des Kanals ist nur für $I_{DS} = 0$, $U_{DS} = 0$ möglich. Bei gegebener Diffusionsspannung U_D wird der Kanal abgeschnürt durch ein U_{GS} nach

Schwellspannung U_t

[1] Beachten Sie, welche Abmessungen der Konvention entsprechend mit "Länge" (L) und "Breite" (w) bezeichnet werden.

$$U_D - U_{GS} = U_p \,, \quad U_{GS} = U_D - U_p = U_t \,. \qquad (2.5)$$

Erst oberhalb der Schwellspannung U_t, d.h. für $U_{GS} > U_t$, ist ein leitender Kanal vorhanden.

Es werden zweckmäßig die Spannungen auf U_p bezogen. Dadurch vereinfacht sich die Schreibweise, und die Darstellung ist einheitlich für Transistoren mit gleichem $N_D d^2$-Produkt. Mit der normierten Spannung

$$u(x) = (U_D - U_{GS} + U(x))/U_p \qquad (2.6)$$

ist $t(x) = d\sqrt{u(x)}$, und Gl. (2.3) ergibt bei Integration von $x = 0$ bis $x = L$, d.h. bzgl. u von $u_g = (U_D - U_{GS})/U_p$ bis $u_d = (U_D - U_{GS} + U_{DS})/U_p$

normierte Spannungen

$$I_{DS} \cdot L = q\mu_n N_D w d U_p \int_{u_g}^{u_d} (1 - \sqrt{u})du \,. \qquad (2.7)$$

Mit dem Integral

$$F(u) = \int (1 - \sqrt{u})du = u - 2u^{3/2}/3 \qquad (2.8)$$

ist

$$I_{DS} = G_o U_p \{F(u_d) - F(u_g)\} \,. \qquad (2.9)$$

Der Vorfaktor

$$G_o = q\mu_n N_D wd/L \qquad (2.10)$$

ist der Leitwert des offenen Kanals mit $t(x) = 0$.
Mit den eigentlichen Spannungen lautet Gl. (2.9)

$$I_{DS} = G_o \left\{ U_{DS} - \frac{2}{3\sqrt{U_p}} \left[(U_D - U_{GS} + U_{DS})^{3/2} - (U_D - U_{GS})^{3/2} \right] \right\} . \qquad (2.11)$$

Kennlinie

Nach der Herleitung gilt diese Kennliniengleichung aber nur für $t(x) < d$. Für $U_{DS} > 0$ ist die Spannung U_{xG} über der Sperrschicht am drainseitigen Ende $x = L$ des Kanals am größten, damit ist auch die Sperrschichtweite $t(L)$ am größten;
$t(L) = d$ wird erreicht für

$$U_D - U_{GS} + U_{DS} = U_p \; . \tag{2.12}$$

Nur in dem durch Gl. (2.12) eingeschränkten Wertebereich für U_{GS} und U_{DS} gilt damit Gl. (2.11).

Drift-
sättigung

Bevor aber der Kanal vollständig abgeschnürt wird (was bei $I_{DS} \neq 0$ auch gar nicht sein kann), setzt die Sättigung der Driftgeschwindigkeit ein.

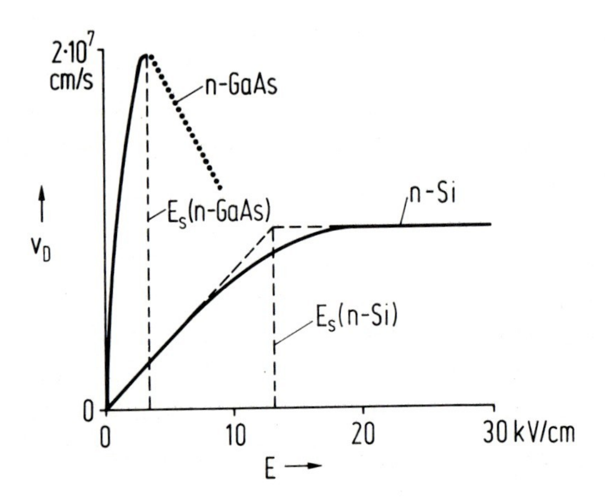

Bild 2.5
Feldstärkeabhängigkeit der Driftgeschwindigkeit v_D von Elektronen in Si und GaAs für niedrige Dotierungen $N_D \lesssim 10^{15}\,cm^{-3}$ mit Sättigungsfeldstärken E_S

Bild 2.5 zeigt die Abhängigkeit der Driftgeschwindigkeit v_D der Elektronen vom elektrischen Feld für n-Silizium und n-GaAs. Wir erkennen, daß nur bei Feldstärken unterhalb einiger kV/cm die Driftgeschwindigkeit proportional zum elektrischen Feld ist und damit die Beweglichkeit der Elektronen konstant ist. Bei höheren Feldstärken sättigt sich die Driftgeschwindigkeit auf die Sättigungsdriftgeschwindigkeit v_s.

$$v_s \simeq 10^7 \text{ cm/s (n-Si)} \; , \quad v_s \simeq 2 \cdot 10^7 \text{ cm/s (n-GaAs)} \; . \tag{2.13}$$

Wir nähern zur Vereinfachung der Rechnungen den Verlauf $v_D(E)$ durch eine stückweise lineare Charakteristik an, indem wir setzen

$v_D(E)$-
Kennlinien

$$\begin{aligned} v_D &= \mu_n |E| \qquad &\text{für} \quad |E| < E_s \; , \\ v_D &= v_s = \mu_n E_s \qquad &\text{für} \quad |E| > E_s \; . \end{aligned} \tag{2.14}$$

Dabei ist

$$E_s \simeq 3.2\ \mathrm{kV/cm}\ (\text{n-GaAs})\ ,\ E_s \simeq 13\ \mathrm{kV/cm}\ (\text{n-Si})\ . \qquad (2.15)$$

Wir haben im übrigen diese stückweise lineare $v_D(E)$-Charakteristik implizit schon bei der Ableitung von Gl. (2.11) benutzt, da wir mit konstanter Elektronenbeweglichkeit μ_n gerechnet haben.

Aus Bild 2.5 sehen wir, daß in n-GaAs der $v_D(E)$-Verlauf für $|E| > E_s$ wieder abfällt. Das führt zu einem negativen differentiellen Leitwert des Materials, der technisch ausgenutzt wird zur Schwingungserzeugung im GHz-Bereich ("Gunn-Elemente"). Beim MESFET können wir vereinfacht mit $v_D = v_s$ für $|E| > E_s$ rechnen.

Bei Berücksichtigung der Driftsättigung sieht das physikalische Bild folgendermaßen aus: Wenn bei bestimmten Gate- und Drain-Spannungen der Kanal sich am drainseitigen Ende gerade so weit eingeschnürt hat, daß die Elektronen die Sättigungsdriftgeschwindigkeit erreicht haben, kann der Kanalstrom nicht mehr durch eine Erhöhung der Drainspannung gesteigert werden. Der Kanalstrom bleibt vielmehr konstant bei einem Sättigungswert I_s nach

$$I_s = qN_D v_s w\ [d - t(L)_s]\ , \qquad (2.16)$$

weil die Ladungsträgerdichte N_D nur noch mit v_s im Querschnitt $w[d - t(L)_s]$ driften kann. Mit dem stückweise linearen $v_D(E)$-Verlauf und der Driftsättigungsspannung

$$U_s = E_s L \quad \text{nach} \quad v_s = \mu_n E_s = \mu_n U_s / L \qquad (2.17)$$

lautet Gl. (2.16) auch

$$I_s = G_o U_s\ \{1 - \sqrt{(U_D - U_{GS} + U_{DSS})/U_p}\} \qquad (2.18)$$

mit der Drain-Source-Sättigungsspannung U_{DSS}, für die $t(L) = t(L)_s$ ist. U_{DSS} kann grafisch aus den Schnittpunkten der Kurven nach Gl. (2.11) und (2.18) bestimmt werden (s. Bild 2.6).

Berechnung U_{DSS}

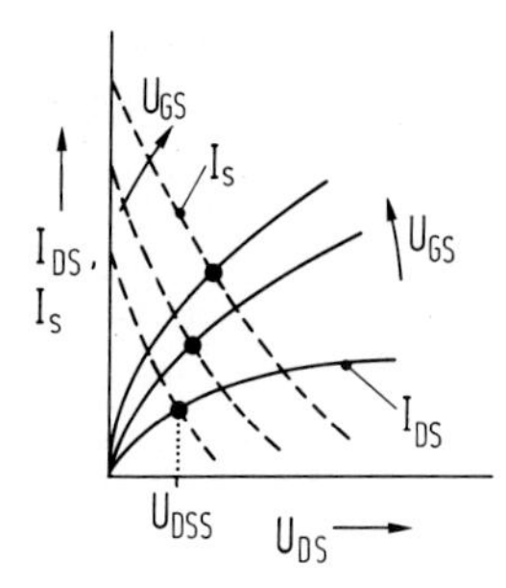

Bild 2.6
Grafische Bestimmung der Drain-Source-Sättigungsspannung U_{DSS} bei festen Werten U_D, U_S aus den Schnittpunkten der Kurven $I_{DS}(U_{DS})$ und $I_S(U_{DS})$ mit U_{GS} als Parameter

---

Aufgabe 2.1

Wie groß ist für $w = 200\ \mu m$, einer Kanaldotierung $N_D = 10^{17}\ cm^{-3}$ und einer Sättigungsdriftgeschwindigkeit $v_s = 2 \cdot 10^7$ cm/s die minimale Kanaldicke $d - t(L)_s$ für einen Drain-Source-Strom $I_{DS} = 20$ mA ?

Aufgabe 2.2

Welche Gleichungsform folgt für $\sqrt{u_{ds}}$ mit der normierten Drain-Source-Spannung $u_{ds} = U_{DSS}/U_p$ bei Driftsättigung unter Verwendung der bezogenen Spannungen u_s, u_g, u_d ?

Ausgangs-kennlinien

Bild 2.7 zeigt in einheitlicher Darstellung für Sperrschicht-FET den bezogenen Kanalstrom I_{DS}/I_0 mit $I_0 = G_0 U_p/3$ als Funktion der normierten Spannung U_{DS}/U_p für verschiedene normierte Gatespannungen u_g. Die gestrichelt eingetragenen Kurven geben die Verläufe von U_{DSS}/U_p für verschiedene Werte $u_s = U_s/U_p$ wieder.

Von einem fast linearen Anfangsbereich krümmen sich die durchgezogen dargestellten Kennlinien, wenn durch den ohmschen Spannungsabfall der Kanal sich mit wachsenden Werten U_{DS} merklich einschnürt.

Diskussion

Wird anschließend die Drainspannung U_{DSS} für Driftsättigung erreicht, knickt der Kanalstrom ab in seinen von der Drainspannung unabhängigen Sättigungswert. Dieses Abknicken ist hier für $u_s = 1$ gezeigt. Die weiteren gestrichelten Grenzkurven für den Einsatz der Driftsättigung bei festen Werten $U_s \sim L$ zeigen, daß die Driftsättigung den Drainstrom stark reduziert, wenn $u_s < 1$ wird. Ein Vergleich mit der bekannten, einfachen Theorie des Sperrschicht-FET, in der Driftsättigung vernachlässigt wird, d.h. $u_s \to \infty$ gesetzt wird, zeigt, die Driftsättigung beim Sperrschicht-FET für hohe Frequenzen mit nur kurzem Kanal einbezogen werden muß.

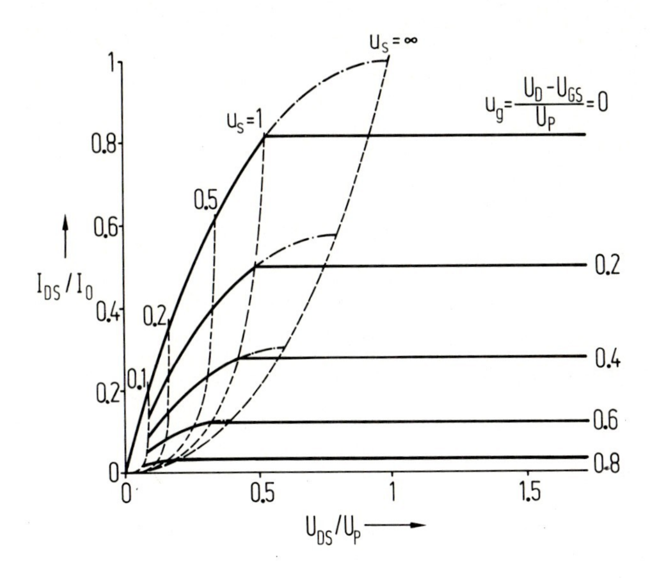

Bild 2.7
Bezogener Kanalstrom I_{DS}/I_O mit $I_O = G_O U_P/3$ von Sperrschicht-FET als Funktion von U_{DS}/U_P mit der normierten Gatespannung U_g als Parameter. Die durchgezogenen Kurven sind der Kennlinienverlauf für $u_S = 1$.

Für große Gatelängen L kann U_s sehr groß gesetzt werden, dann folgt U_{DSS} einfach aus Gl. (2.12) zu

$$U_{DSS} \simeq U_p - U_D + U_{GS} , \qquad (2.19)$$

d.h., es wird $t(L)_s \simeq d$ gesetzt. (In praktischen FET muß für die Näherung (2.19) $L \gtrsim 5$ µm sein.) Der für große L oft angegebene Sättigungsstrom I_{DSS} stimmt überein mit dem hier verwendeten $I_o = G_o U_p/3$.

Drain-Source-Spannungen $U_{DS} > U_{DSS}$ fallen im Kanalbereich mit $t(x) = t_s$ ab. Dazu müssen sich notwendig Raumladungen im Kanal ausbilden. In Bild 2.8 ist der Mechanismus skizziert. Am Beginn des Kanalbereiches mit Driftsättigung "stauen" sich die Elektronen, durch diese Anhäufung (Akkumulation) von Elektronen bildet sich eine negative Raumladung.

Am Ende des Kanalbereiches mit Driftsättigung bildet sich andererseits durch Elektronenverarmung eine Zone positiver Raumladung aus. In dieser dipolarartigen Raumladung fallen Spannungen $U_{DS} > U_{DSS}$ ab.

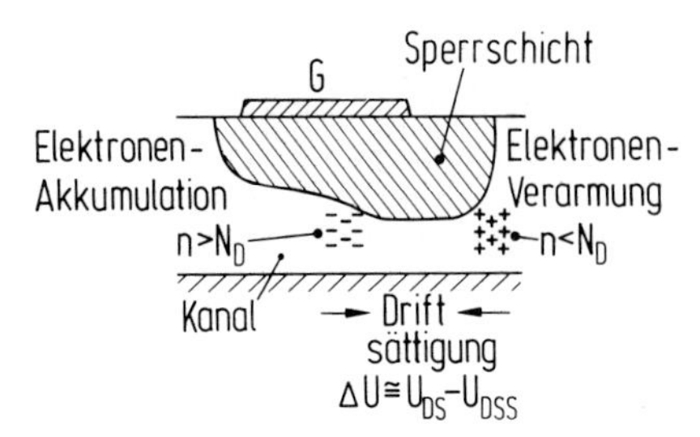

Bild 2.8
Schematische Darstellung der Ausbildung einer dipolartigen Raumladung bei Driftsättigung

Durch einige Zahlenwerte sollen die typischen Verhältnisse bei einem GaAs-MESFET charakterisiert werden.
Mit den Daten

$$N_D = 10^{17}\ \text{cm}^{-3},\ d = 0.2\ \mu\text{m},\ L = 1\ \mu\text{m},\ w = 200\ \mu\text{m}, \qquad (2.20)$$
$$\mu_n = 5 \cdot 10^3\ \text{cm}^2/\text{Vs} (\text{bei Dotierung } N_D = 10^{17}\ \text{cm}^{-3}),\ U_D = 0.7\ \text{V}$$

folgen die Werte

Modell-
transistor

$$U_p = 3.32\ \text{V},\quad G_o = 0.32\ \text{S},\quad I_o = G_o U_p/3 = 352\ \text{mA}\ .$$

Weiterhin ist $U_D/U_p = 0.21$ und die Sättigungsspannung ist $U_s = 0.32$ V. Damit ist $u_s = U_s/U_p = 0.097 \approx 0.1$ klein und die Driftsättigung wirkt sich stark aus (vergl. Bild 2.7).

Schon für $U_{GS} = U_{DS} = 0$ ist mit der Diffusionsspannung $U_D = 0.7$ V allein die Sperrschichtweite $t \approx 0.1$ µm, die Schwellspannung ist $U_t = U_D - U_p = -2.62$ V; erst für $U_{GS} > -2.62$V leitet der Kanal.

Die stationären Kennlinien von Hochfrequenz-Sperrschicht-FET werden durch die Widerstände R_S und R_D der ungesteuerten Bereiche zwischen Source-Gate und Drain-Gate stark modifiziert. (Der Grund hierfür ist, daß technologisch diese Abstände nicht kleiner als etwa 1 µm sein können, und bei kleiner Gate-Länge L der Drain-Source-Strom groß wird.)

äußerer
FET

Dann sind bei äußeren Spannungen U'_{GS} und U'_{DS} die inneren Spannungen (s. Bild 2.9)

$$U_{DS} = U'_{DS} - (R_D + R_S)I_{DS}\ , \quad U_{GS} = U'_{GS} - R_S I_{DS}\ . \tag{2.21}$$

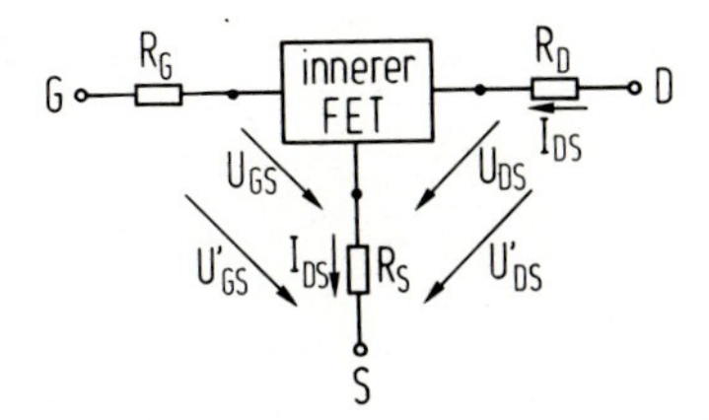

Bild 2.9
Äußerer FET mit Bahnwiderständen R_S, R_D und äußeren Spannungen U'_{DS}, U'_{GS}. Der Längswiderstand R_G der schmalen Gate-Elektrode geht für $U_{GS} < 0$ nur bei Ansteuerung mit Wechselsignalen ein

Bild 2.10 zeigt die Kennlinien des inneren FET und des äußeren FET für die Daten nach Gl. (2.20) und $R_S = R_D = 1/G_o$ (s.o.). Insbesondere die Gegenkopplung durch R_S wirkt sich aus. Die Kennlinien vor Driftsättigung sind kaum merklich gekrümmt, da die Driftsättigung sich mit $u_s \simeq 0.1$ schon sehr früh auswirkt und zum Abknicken der Kennlinien in einen waagerechten Verlauf führt.

Vergleich

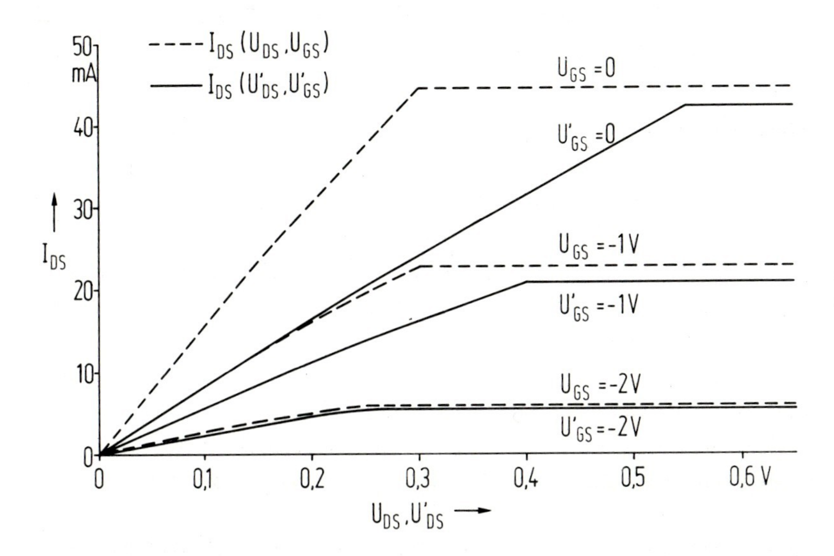

Bild 2.10
Stationäre Kennlinien des inneren (gestrichelte Kurven) und des äußeren (durchgezogene Kurven) FET mit Daten nach Gl. (2.20) und $R_S = R_D = 1/G_o$

Gemessene Kennlinien (s. Bild 2.11) zeigen einen leichten Anstieg von I_{DS} im Sättigungsbereich. Beim Sperrschicht-FET auf hochohmigem Substrat wird dieser Anstieg wesentlich hervorgerufen durch parasitäre

Ströme (sogenannte Raumladungsströme) über das hochohmige Substrat. Ihre Berechnung ist in einem eindimensionalen Modell nicht möglich.

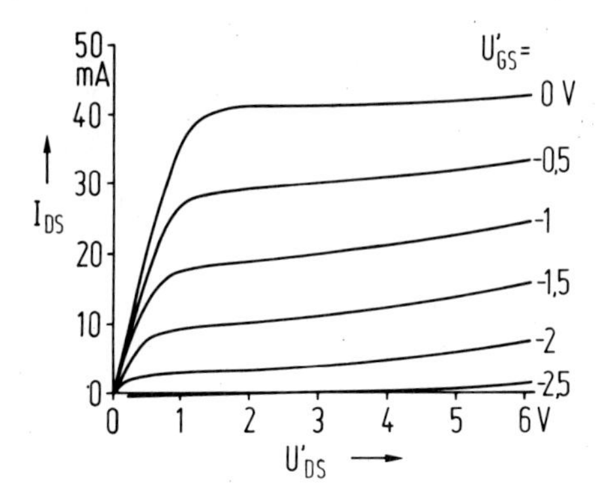

Bild 2.11
Gemessene Kennlinien eines ionenimplantierten GaAs-MESFET (Siemens CFY 12) mit $R_S \simeq R_D \simeq 10\ \Omega$

Aufgabe 2.3

a) Erklären Sie, warum in Bild 2.10 innere und äußere Kennlinien immer besser zusammenfallen, je negativer U_{GS} ist.

b) Warum sind gerade bei Sperrschicht-FET für hohe Frequenzen die äußeren Bahnwiderstände R_S und R_D besonders wirksam ?

2.3 Ersatzschaltung und Grenzfrequenzen des GaAs-MESFET

Die Kleinsignal-Ersatzschaltung von GaAs-MESFET wird - wie beim bipolaren Transistor - ausgehend von der Wirkungsweise entwickelt. Wir beginnen mit der Niederfrequenz-Ersatzschaltung des inneren FET, die wir aus den stationären Kennlinien ableiten. Bei Aussteuerung um einen Arbeitspunkt AP mit kleinen Wechselspannungen gilt für den Phasor des Drain-Wechselstromes die lineare Beziehung

$$\underline{I}_{DS} = \left.\frac{\partial I_{DS}}{\partial U_{GS}}\right|_{AP} \cdot \underline{U}_{GS} + \left.\frac{\partial I_{DS}}{\partial U_{DS}}\right|_{AP} \cdot \underline{U}_{DS} \ . \tag{2.22}$$

Linearitätsbereich

Wir halten hier fest, daß im Unterschied zu bipolaren Transistoren, bei denen das lineare Verhalten durch die feste Bedingung $|\underline{U}_{be}| << kT/q$ ($\simeq$ 25 mV bei Raumtemperatur) begrenzt wird, eine feste Grenze des linearen Bereiches bei Feldeffekttransistoren nicht auftritt. Für lineares Verhalten muß hier $|\underline{U}_{GS}| \ll |U_D - U_{GS}|$ und $|\underline{U}_{DS}| \ll U_{DS}$ gelten. Der Aussteuerungsbereich mit linearem Verhalten ist damit wesentlich größer als beim bipolaren Transistor. Dieser Unterschied ist in der Praxis besonders beim Aufbau verzerrungsarmer Empfangsverstärker wichtig.

Die Änderung des Drain-Stromes I_{DS} mit U_{GS} wird als Steilheit S bezeichnet, die Änderung von I_{DS} mit U_{DS} wird durch einen Ausgangsleitwert g_d wiedergegeben

$$S = \left.\frac{\partial I_{DS}}{\partial U_{GS}}\right|_{AP} , \quad g_d = \left.\frac{\partial I_{DS}}{\partial U_{DS}}\right|_{AP} . \tag{2.23}$$

Damit folgt für genügend langsame Spannungsänderungen und $U_{GS} < 0$, d.h. Vorspannen der Gate-Diode in Sperrichtung, die einfache Ersatzschaltung des inneren FET nach Bild 2.12.

NF-Ersatzschaltung

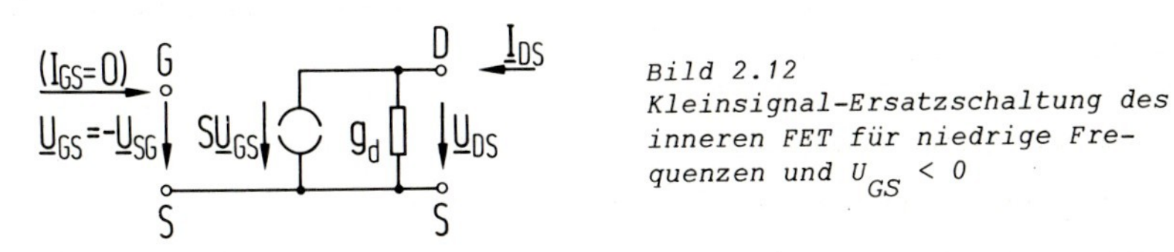

Bild 2.12
Kleinsignal-Ersatzschaltung des inneren FET für niedrige Frequenzen und $U_{GS} < 0$

Aus den Kennliniengleichungen (2.11) folgt vor Einsatz der Driftsättigung

$$S = G_o \{((U_D - U_{GS} + U_{DS})/U_p)^{1/2} - ((U_D - U_{GS})/U_p)^{1/2}\} \tag{2.24}$$

$$g_d = G_o \{1 - ((U_D - U_{GS} + U_{DS})/U_p)^{1/2}\} \tag{2.25}$$

Aufgabe 2.4

Warum ist auch für $U_{GS} = U_{DS} = 0$ der Leitwert g_d zwischen Drain und Source (Ausgangsleitwert) kleiner als G_o ?

Für Kleinsignal-Verstärker wird immer der Arbeitspunkt in den Sättigungsbereich mit $U_{DS} > U_{DSS}$ gelegt, um die Steilheit S - dann mit S_s

bezeichnet - möglichst groß zu machen. Im Sättigungsbereich folgen einfache Beziehungen für $U_s \to \infty$, d.h. für Transistoren mit großer Kanallänge L. Dann ist der Sättigungsbereich durch Gl. (2.19) abgegrenzt, und es sind dann Steilheit S_s und Ausgangsleitwert g_d

Steilheit S, S_s

$$S_s = G_o \{1 - ((U_D - U_{GS})/U_p)^{1/2}\} \ , \quad g_d = 0 \ . \tag{2.26}$$

Wenn Driftsättigung berücksichtigt wird, gilt entsprechend dem waagerechten Verlauf der idealisierten Ausgangskennlinien im Sättigungsbereich immer noch $g_d = 0$. Wir sehen aber in Bild 2.7, daß die Kennlinien in den Knickpunkten (im Bild dargestellt für $u_s = \infty$, 1, 0.5, 0.2, 0.1) immer enger zusammenliegen, je kleiner die Driftsättigungsspannung $U_s = E_s \cdot L$ wird. Die Steilheit wird damit kleiner, wenn U_s bzw. $u_s = U_s/U_p$ kleiner wird. Formelmäßig gilt bei Driftsättigung

Berechnung S_s

$$S_s = \left.\frac{dI_{DS}}{dU_{GS}}\right|_{U_{DS} = U_{DSS}} = \left.\frac{dI_s}{dU_{GS}}\right|_{U_{DS} = U_{DSS}} \ , \tag{2.27}$$

wobei das totale Differential und die Nebenbedingung $U_{DS} = U_{DSS}$ aussagen, daß entlang den gestrichelt eingetragenen Grenzkurven $U_{DS} = U_{DSS}$ in Bild 2.7 zu differenzieren ist. Es muß damit bei festem u_s für jedes u_g durch Gleichsetzen von Gl. (2.11) und Gl. (2.18) die Sättigungsspannung U_{DSS} berechnet werden und dann entweder in Gl. (2.11) oder Gl. (2.18) eingesetzt werden zur Bildung der Ableitung nach Gl. (2.27). Das Ergebnis ist

$$S_s = G_o \{1 - \sqrt{u_g}\} \Big/ \left\{1 + 2 \ \frac{\sqrt{u_{ds}}}{u_s} (1 - \sqrt{u_{ds}})\right\} \tag{2.28}$$

mit den normierten Spannungen $u_g = (U_D - U_{GS})/U_p$, $u_s = E_s L/U_p$ und $u_{ds} = (U_D - U_{GS} - U_{DSS})/U_p$. Die Steilheit S_s nach Gl. (2.28) ist ersichtlich immer kleiner als ihr Wert für große L nach Gl. (2.26).

Darstellung

Bild 2.13 zeigt die bezogene Steilheit S_s/G_o im Sättigungsbereich als Funktion der normierten Gate-Spannung u_g mit u_s als Parameter; u_{ds} wird aus $I_s = I_{DS}$ berechnet.

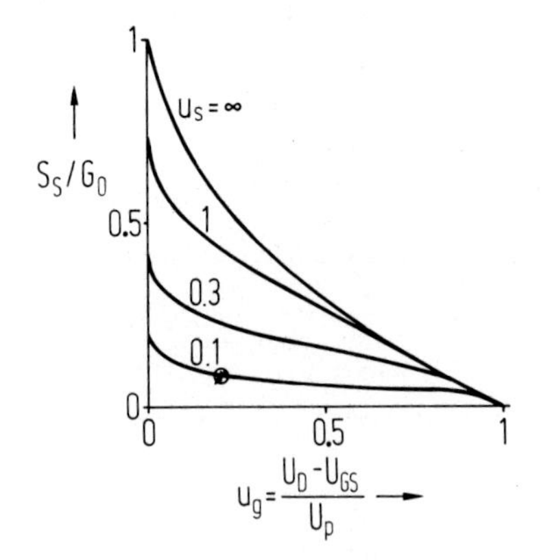

Bild 2.13
Bezogene Steilheit S_S/G_0 im Sättigungsbereich als Funktion der normierten Gate-Spannung u_g mit der normierten Driftsättigungsspannung u_s als Parameter. Das eingetragene x gilt für den Modell-FET nach Gl. (2.20) mit $U_{GS} = 0$.

Wir sehen, daß die Steilheit S_S kleiner ist als der Leitwert G_0 des offenen Kanals. Sie sinkt mit u_g ab; für eine hohe Steilheit, d.h. für eine hohe Verstärkung (s.u.) sollte daher ein Arbeitspunkt mit $U_{GS} = 0$ gewählt werden. Außerdem erkennen wir aus Bild 2.13, daß bei festem u_g wegen $G_0 \sim 1/L$ für große L, d.h. große u_s, sich S_S/G_0 mit u_s kaum ändert, d.h. $S_S \sim 1/L$ ist. Bei kleinem u_s d.h. kleinem L (typisch $L \lesssim 1$ µm) sinkt entsprechend dem etwa gleichen Abstand der Kurven S_S/G_0 etwa proportional mit $u_s \sim L$ ab. Dann hängt S_S nahezu nicht mehr von L ab.

Diskussion

Die Ersatzschaltung des inneren FET nach Bild 2.13 ergänzen wir nun für hohe Frequenzen und berücksichtigen äußere Schaltelemente.
Bei hohen Frequenzen wird die Sperrschichtkapazität c_{gs} der Gate-Diode wirksam. Sie ist mit der grundlegenden Näherung einer langsamen Änderung von t(x) zu berechnen aus

HF-Ersatzschaltung

$$c_{gs} = \varepsilon w \int_0^L dx/t(x) \,. \tag{2.29}$$

c_{gs}

Wird hier mit $dx = dx/du \cdot du$ die normierte Spannung nach Gl. (2.6) als Integrationsvariable eingeführt mit den Integrationsgrenzen u_g und im Sättigungsbereich u_{ds}, so läßt sich mit Gl. (2.2), (2.6) das Integral direkt lösen. Für große u_s, d.h. ein U_{DSS} nach Gl. (2.19) ist

$$c_{gs} = 3c_0 \, (1 - \sqrt{u_g})^2 \,/\, \{1 - 3u_g + 2u_g^{3/2}\} \tag{2.30}$$

mit der Sperrschichtkapazität $c_0 = \varepsilon wL/d$ bei durchgehend gesperrtem

Kanal (t(x) = d). Die Sperrschichtkapazität nach Gl. (2.30) liegt in der Praxis zwischen

$$c_{gs} = (2...3) \cdot \varepsilon wL/d \ . \tag{2.31}$$

Aufgabe 2.5

Bei welchem u_g ist für $U_{DS} = 0$ $c_{gs} = c_o$? Warum wird man für einen n-Kanal Sperrschicht-FET nicht eine Vorspannung $U_{GS} > 0$ wählen ?

---

r_{gs}

In Reihe zu c_{gs} liegt ein Widerstand r_{gs}. Er bildet den Widerstand nach, den Wechselströme zur Umladung der Gate-Kapazität im Kanal finden. Diese fließen natürlich nicht allein in x-Richtung, so daß ein eindimensionales Modell zur Berechnung von r_{gs} nicht ausreicht. Wir können höchstens abschätzen, daß r_{gs} von der Größenordnung $1/G_o$ sein muß. Im Ausgangskreis des inneren FET erscheint unverändert der Ausgangsleitwert g_d, es ist aber für hohe Frequenzen eine Koppelkapazität c_{gd} zwischen Drain und Gate zu beachten. Beim MESFET wird c_{gd} bestimmt durch die recht kleine Streukapazität zwischen dem Drain-Kontakt und der Gate-Diode. Diese Erweiterungen der NF-Ersatzschaltung des inneren FET sind eingetragen in der Ersatzschaltung für hohe Frequenzen nach Bild 2.14. Die Ersatzschaltung des äußeren FET berücksichtigt die Bahnwiderstände R_S und R_D der ungesteuerten Bereiche zwischen Source-Gate und Drain-Gate. Der Gate-Widerstand R_G ist wesentlich bestimmt durch den Längswiderstand des langen, schmalen Gate-Kontaktes unter Einbeziehung des Skineffektes.

g_d

c_{gd}

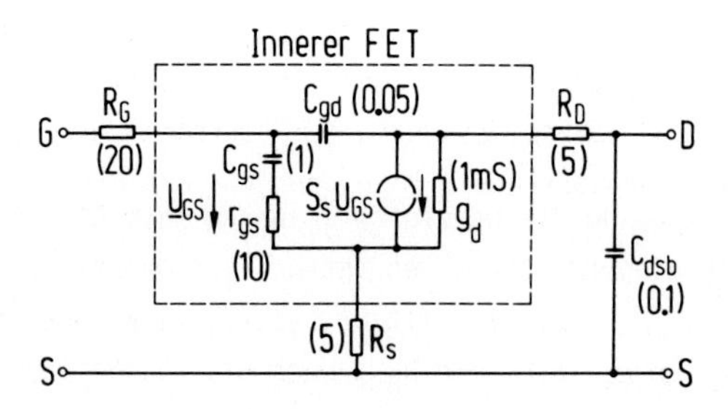

Bild 2.14
Hochfrequenz-Ersatzschaltung eines typischen GaAs-MESFET mit beispielhaften Werten für die einzelnen Elemente (Widerstände in Ω, Kapazitäten in pF, $|\underline{S}_S| \simeq 20$ mS, $\tau_S \simeq 5$ ps). Zuleitungsinduktivitäten und Gehäusekapazitäten sind nicht berücksichtigt.

In der Ersatzschaltung ist eine komplexe Steilheit $\underline{S}_s$ im Sättigungsbereich eingetragen. Sie berücksichtigt die Laufzeit der Elektronen unterhalb der Gate-Elektrode. Wir erwarten, daß die Steilheit absinkt, wenn die Frequenz der Steuerschwingung so hoch wird, daß sie vergleichbar mit dieser Laufzeit ist, da dann die Steuerung unter dem Gate nicht mehr gleichphasig ist. In Anlehnung an den Frequenzgang von $\underline{\alpha}_b$ bipolarer Transistoren aufgrund der Basislaufzeit τ_b führen wir eine komplexe Steilheit $\underline{S}_s$ im Sättigungsbereich ein mit

$\underline{S}_s$
komplex

Laufzeiteffekt

$$\underline{S}_s = S_s/(1 + j\omega\tau_s) \ . \tag{2.32}$$

Wir erwarten, daß bei Drain-Spannungen U_{DS}, bei denen der Kanalbereich mit Driftsättigung kurz ist, in grober Näherung die Laufzeit τ_s gegeben ist durch

Laufzeit
τ_s

$$\tau_s \approx L/\bar{v}_D \ , \quad \overline{v_D} \approx \mu_n U_{DS}/L \ . \tag{2.33}$$

Die Driftzeit τ_s sinkt dann mit dem Quadrat der Gatelänge L ab. Nehmen wir andererseits an, daß die Driftsättigung sich nahezu entlang des ganzen Kanals erstreckt, so gilt

Abhängigkeiten

$$\tau_s \approx L/v_s \ . \tag{2.34}$$

Diese Laufzeit bildet ersichtlich die untere Grenze für τ_s. Sie sinkt nur proportional mit L ab und ist in GaAs um etwa den Faktor zwei kleiner als in Silizium. Entsprechend der Abschätzung nach Gl. (2.33) ist auch in der Ersatzschaltung von Bild 2.14 ein τ_s = 5 ps für eine Gatelänge L = 1 µm eingetragen. In die komplexe Steilheit müßte bei genauer Rechnung auch die Ladezeitkonstante $\tau_g = r_{gs}c_{gs}$ des Gate-Kreises einbezogen werden, denn nur die Spannung über der Kapazität c_{gs} steuert eigentlich den Transistor durch Verändern der Sperrschichtweite. Infolge der Spannungsteilung ist nur die Spannung

$$\underline{U}_{GS}/(1 + j\omega\tau_g) \tag{2.35}$$

als Steuerspannung wirksam.

Aufgabe 2.6

Wie groß ist die Steuerwirkung, wenn τ_s gleich der Periodendauer T der Steuerschwingung ist für den Fall, daß die Driftgeschwindigkeit unter dem Gate konstant ist ?

Die schon recht vollständige Ersatzschaltung nach Bild 2.14 erschwert Rechnungen. Für nicht zu hohe Frequenzen können wir sie vereinfachen, indem r_{gs}, R_S und R_G in einem Ersatzwiderstand r_g zusammengefaßt werden. Wir müssen aber die Gegenkopplung durch R_S beachten. Die Steilheit $\underline{S}_s'$ mit Einbeziehung dieser Gegenkopplung kann wie folgt abgeschätzt werden: Mit $g_d = 0$ und $R_D = 0$ ist die äußere Gate-Wechselspannung wegen des Spannungsabfalls von $\underline{I}_{DS} \simeq \underline{S}_s \underline{U}_{GS}$ an R_S

$$\underline{U}_G \simeq \underline{U}_{GS}\,(1 + \underline{S}_s R_S) \simeq \underline{U}_{GS}\,(1 + S_s R_S)\ .$$

Wenn also $\underline{U}_G$ statt $\underline{U}_{GS}$ als Steuerspannung eingeführt wird, ist die Steilheit $\underline{S}_s'$ des äußeren Transistors gegeben durch

$$\underline{S}_s' \simeq \underline{S}_s/(1 + S_s R_S)\ . \qquad (2.36)$$

Der Gate-Source-Widerstand R_S beeinträchtigt danach mit dem Faktor $S_s R_S$ unmittelbar die Steilheit des FET und damit die Verstärkung. Die so vereinfachte Ersatzschaltung eines Sperrschicht-FET ist in Bild 2.15 gezeigt. Wir werden sie für vereinfachte Berechnungen der Grenzfrequenzen einsetzen.

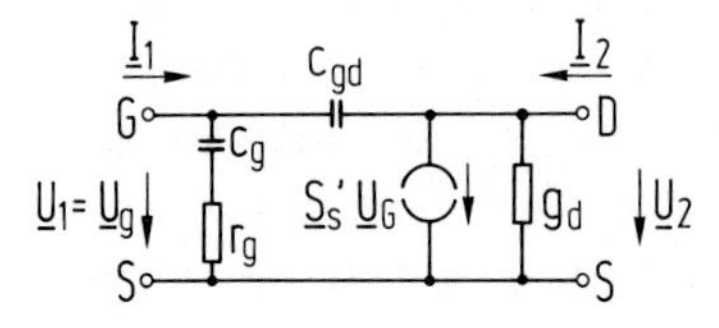

Bild 2.15
Vereinfachte HF-Ersatzschaltung eines FET mit Ersatzelementen r_g, c_g *und* S_s'.

Kurzschlußstromverstärkung $\underline{\alpha}_{KS}$

In Anlehnung an den bipolaren Transistor berechnen wir die Grenzfrequenzen der Stromverstärkung und der Leistungsverstärkung. Die Kurzschlußstromverstärkung in Source-Schaltung

$$\underline{\alpha}_{KS} = \underline{I}_2/\underline{I}_1\Big|_{U_2 = 0} \qquad (2.37)$$

folgt mit der Ersatzschaltung nach Bild 2.15 aus

$$\underline{I}_1 = \underline{U}_1 \left\{ \frac{j\omega c_g}{1 + j\omega c_g r_g} + j\omega c_{gd} \right\}, \quad \underline{I}_2 = \underline{U}_1 \left\{ \underline{S}_s' - j\omega c_{gd} \right\}$$

$$\underline{\alpha}_{KS} = \{\underline{S}_s' - j\omega c_{gd}\} \Big/ \left\{ j\omega c_{gd} + \frac{j\omega c_g}{1 + j\omega r_g c_g} \right\}. \qquad (2.38)$$

Wir vernachlässigen die kleine Koppelkapazität c_{gd}, d.h. es soll $\omega c_{gd} << 1$ sein, dann folgt für $\omega c_g r_g << 1$ und $\omega\tau_g << 1$ bei $R_S = 0$

$$\underline{\alpha}_{KS} \simeq S_s'/j\omega c_g \, . \qquad (2.39)$$

Die Kurzschlußstromverstärkung fällt damit umgekehrt proportional zur Frequenz ab. Wir bezeichnen wieder wie beim bipolaren Transistor die Frequenz f_T, für die $|\underline{\alpha}|_{KS} = 1$ ist, als Transitfrequenz. Nach Gl.(2.39) ist die Transitfrequenz als Sperrschicht-FET

FET-Transit-frequenz

$$f_T \simeq \frac{1}{2\pi} S_s'/c_g \, . \qquad (2.40)$$

Aufgabe 2.7

Warum sinkt anschaulich $|\underline{\alpha}|_{KS}$ mit steigender Frequenz ab ? Was sagt physikalisch Gl. (2.40) aus ?

Verhalten

In Bild 2.16 ist die Näherungsbeziehung (2.40) für die Transitfrequenz - mit Gl. (2.28) für S_s (innerer Transistor) und Gl. (2.30) für c_g berechnet - aufgetragen über der bezogenen Driftsättigungsspannung u_s mit u_g als Parameter. f_T ist hier bezogen auf f_{To} nach

$$2\pi f_{To} = G_o/c_o = \frac{q\mu_n N_D d^2}{\varepsilon L^2} = 2U_p \mu_n / L^2 \, . \qquad (2.41)$$

Beispiel

Wir sehen, daß für große u_s, d.h. große Gatelängen L, f_T proportional mit $1/L^2$ ansteigt. Für starke Driftsättigung, d.h. $u_s < 1$, ist f_T nur noch proportional zu 1/L. Diese Abhängigkeiten von f_T stimmen auch überein mit den unteren Abschätzungen für τ_s nach Gl. (2.33), (2.34), d.h. die vorgenommenen Näherungen ergeben ein konsistentes Bild. Der Modell-FET nach Gl. (2.20) hat ein f_{To} von 530 GHz und ein $f_T \simeq 31$ GHz. Wir sehen, daß die Transitfrequenz hier in einem Bereich liegt, wo sie nur noch linear durch Verringerung von L gesteigert werden kann.

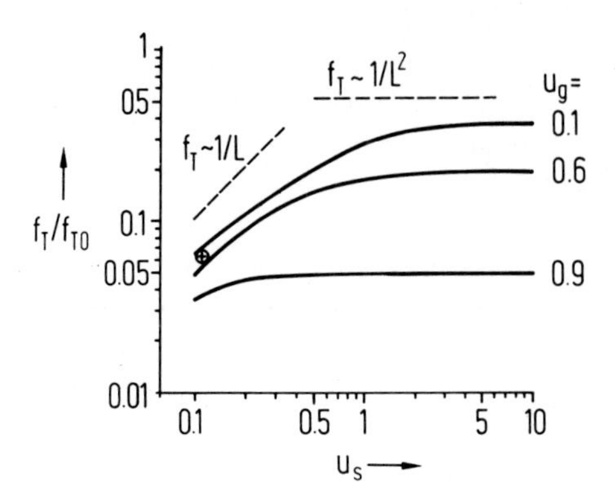

Bild 2.16
Bezogene Transitfrequenz von Sperrschicht-FET in doppelt-logarithmischer Darstellung als Funktion von $u_s = E_s L/U_p$ mit $u_g = (U_D - U_{GS})/U_p$ als Parameter. Das + gilt für den Modelltransistor mit Daten nach Gl. (2.20) für $U_{GS} = 0$.

Schwing-Grenzfrequenz

Neben der Grenzfrequenz der Kurzschlußstromverstärkung geben wir, wie bei bipolaren Transistoren mit der Schwing-Grenzfrequenz, die Frequenzgrenze der Leistungsverstärkung an unter Verwendung der vereinfachten Ersatzschaltung nach Bild 2.15. Ein- und Ausgangskreis sind über c_{gd} verkoppelt. Die Berechnung der maximalen Leistungsverstärkung G_m ist dadurch relativ aufwendig. Zudem kann die Rückwirkung durch c_{gd} zu einer Mitkopplung und instabilem Verhalten führen. Wir müßten daher zusammen mit der Berechnung von G_m das Stabilitätsverhalten untersuchen. Diese Rechnungen, die zweckmäßig mittels Zweitorparameter erfolgen, sollen hier nicht vorgenommen werden (s. Kapitel 3).

neutralisierter FET

Die inneren Verstärkungsmöglichkeiten werden voll genutzt, wenn die Rückwirkung durch c_{gd} durch ein äußeres Netzwerk kompensiert wird. Es wird dann bei Leistungsanpassung die maximale unilaterale Verstärkung G_u erhalten. Wir berechnen hier G_u direkt mit der Ersatzschaltung nach Bild 2.15. Die Kompensation der Rückwirkung (die Kompensation der Rückwirkung wird oft als "Neutralisation" bezeichnet) ist nämlich nach Bild 2.15 beim FET im Prinzip besonders einfach. Es muß dazu nur - wie in Bild 2.17 gezeigt - Gate und Drain durch eine Induktivität $L = 1/\omega^2 c_{gd}$ überbrückt zu werden, die mit c_{gd} einen Parallelschwingkreis bildet und damit in einem schmalen Frequenzband jeweils die Rückwirkung aufhebt.

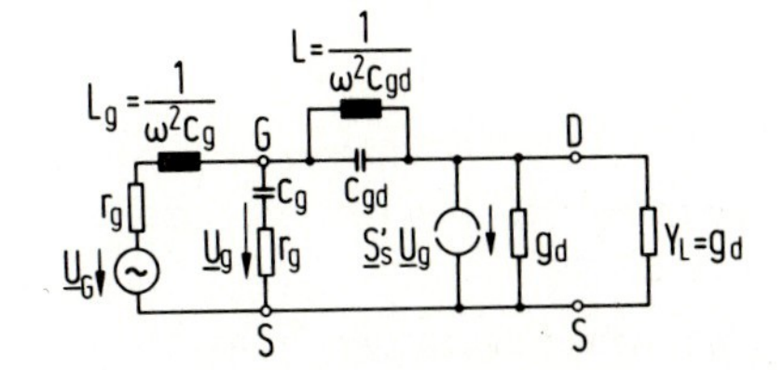

Bild 2.17
Zur Berechnung der maximalen unilateralen Verstärkung G_u eines Sperrschicht-FET

Leistungsanpassung

Für Leistungsanpassung sind als Generatorinnenwiderstand eine Induktivität $L_g = 1/\omega^2 c_g$ zum Herausstimmen von c_g und ein Wirkwiderstand r_g einzuführen. Leistungsanpassung im Ausgangskreis wird bei einem Lastleitwert $Y_L = g_d$ erreicht. Wir beachten, daß erst bei Kompensation der Rückwirkung, d.h. Entkopplung von Ein- und Ausgangskreis, sich diese einfachen Beschaltungen für Leistungsanpassung ergeben.

Die Eingangsleistung ist dann

$$P_E = |\underline{U}_G|^2/4\, r_g$$

und die Ausgangsleistung

$$P_A = |\underline{S}'_s|^2\, |\underline{U}_g|^2/4\, g_d\,.$$

Mit

$$\underline{U}_g = \underline{U}_G \frac{r_g + 1/j\omega c_g}{2r_g + j\,\omega L_g + 1/j\omega c_g} = \underline{U}_G\,(1 + 1/j\omega r_g c_g)/2 \qquad (2.42)$$

ist die maximale unilaterale Verstärkung

$$G_u = \frac{P_A}{P_E} = \frac{S_s^2}{4\omega^2 c_g^2 r_g g_d}\,\frac{1 + \omega^2 r_g^2 c_g^2}{(1 + R_g S_s)^2\,(1 + \omega^2 \tau_s^2)}\,. \qquad (2.43)$$

Für den inneren FET und $\omega\tau_g$, $\omega\tau_s < 1$ ist

$$G_u = \frac{S_s^2}{4\omega^2 c_{gs}^2 r_{gs} g_d} = \frac{\omega_T^2}{4\omega^2 r_{gs} g_d}\,. \qquad (2.44)$$

Die maximale unilaterale Verstärkung G_u fällt mit dem Quadrat der Frequenz ab. Bei

$$\omega_u = \frac{\omega_T}{2\sqrt{r_{gs} g_d}} = 2\pi f_u \qquad (2.45)$$

Schwing-grenz-frequenz f_u

ist die unilaterale Schwing-Grenzfrequenz f_u des inneren FET erreicht.

Abhängigkeiten

In die unilaterale Schwing-Grenzfrequenz gehen neben der Transitfrequenz f_T der Gate-Widerstand r_{gs} und der Ausgangsleitwert g_d ein. Beide sollten daher möglichst klein sein.

Die Kanalbreite w geht auch in f_u nicht ein, da $r_{gs} \sim 1/w$ und $g_d \sim w$ sind. Ohne Beeinträchtigung von f_u kann daher mit der Kanalbreite w die HF-Leistung gesteigert werden, wie beim bipolaren Transistor. Daher auch die grundsätzlich ähnliche interdigitale Kontaktstruktur.
Es ist hier mit Näherungen die unilaterale Schwing-Grenzfrequenz f_u des inneren FET angegeben worden, um grundsätzliche Abhängigkeiten aufzuzeigen. Die Berechnungen werden sehr verwickelt, wenn die vollständige Ersatzschaltung unter Berücksichtigung der Zuleitungen herangezogen wird. Empirisch stellt man fest, daß die Schwing-Grenzfrequenz f_u unter Berücksichtigung aller Schaltelemente gegeben ist durch

experimentelle Werte

$$f_u \simeq \frac{50\ \text{GHz}}{L/\mu\text{m}} \qquad (2.46)$$

für MESFET auf n-GaAs. Wegen der nur halb so großen Sättigungsdriftgeschwindigkeit ist f_u für MESFET auf n-Si um den Faktor 2 kleiner. Praktisch eingesetzte GaAs-MESFET mit $L \simeq 1$ µm erreichen heute entsprechend Gl. (2.46) Schwing-Grenzfrequenzen oberhalb von 50 GHz.

Aufgabe 2.8

Skizzieren Sie die Schaltung für einen NF-Kleinsignalverstärker mit neutralisiertem n-Kanal FET und Versorgungsspannungen.

Aufgabe 2.9

Geben Sie mit der Ersatzschaltung im Bild an

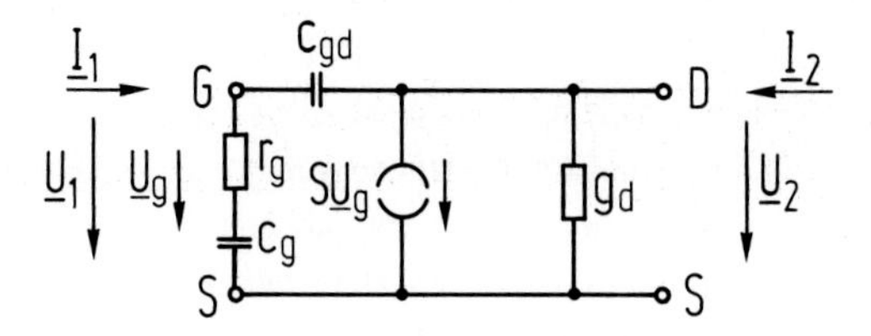

für die Source- und Gate-Schaltung eines FET:

a) bei kurzgeschlossenem Ausgang: Eingangsleitwert und Stromverstärkung $\underline{I}_2/\underline{I}_1$,

b) bei kurzgeschlossenem Eingang: Ausgangsleitwert und Stromverstärkung rückwärts $\underline{I}_1/\underline{I}_2$.

3. Zweitorparameter

In den beiden vorangegangenen Kapiteln wurden Hochfrequenz-Ersatzschaltungen für Transistoren entwickelt und daraus Hochfrequenzeigenschaften abgeleitet. Bei dieser Vorgehensweise wird der Einfluß einzelner Parameter deutlich. Mit derartigen Ersatzschaltungen, die Frequenzabhängigkeiten direkt enthalten, können die Eigenschaften von z.B. Verstärkerschaltungen ohne zu großen Rechenaufwand bestimmt werden. Für Schaltungsanwendungen im Kleinsignal-Bereich ist es aber oft ausreichend, den Transistor als lineares, zeitinvariantes Zweitor aufzufassen, und für feste Arbeitspunkte die Zusammenhänge zwischen Klemmenspannungen und Klemmenströmen anzugeben. Bei linearen Zweitoren sind dann die Verknüpfungen für die entsprechenden Phasoren durch lineare algebraische Gleichungen gegeben. Die Koeffizienten des Gleichungssystems sind die sogenannten Zweitorparameter.

Wir betrachten hier ausführlich die Leitwertparameter und berechnen mit ihnen typische Verstärkerkenngrößen. Besonders wird auf das bei Hochfrequenz-Transistoren wichtige Stabilitätsverhalten eingegangen, und es werden die verschiedenen Definitionen der Leistungsverstärkung erläutert. Wegen ihrer besonderen Bedeutung in Leitungsschaltungen werden anschließend kurz die Kettenparameter dargestellt. Weitere Sätze von Zweitorparametern, erinnert wird hier an die Beschreibung bipolarer NF-Transistoren durch h-Parameter, werden zusammen mit Umrechnungsformeln in Abschnitt 3.6 zum Nachschlagen zusammengefaßt.

Die Darstellung hebt zwar ab auf lineare Transistorverstärker, sie läßt sich aber allgemein übertragen auf lineare, zeitinvariante Zweitore.

Lernzyklus 2 A

Lernziele

Nach dem Durcharbeiten des Lernzyklus 2 A sollen Sie in der Lage sein,

- den Begriff des linearen, zeitinvarianten Zweitores zu erklären;
- die Verknüpfungsgleichungen für die Leitwertparameter, deren physikalische Bedeutung und grundsätzliche meßtechnische Erfassung darzustellen;
- eine Ersatzschaltung für die Leitwertparameter anzugeben;
- einfache Verstärkerkenngrößen durch Zweitorparameter zu berechnen;
- die verschiedenen Definitionen von 'Leistungsverstärkung' zu erläutern und zu vergleichen;
- die Begriffe 'absolute Stabilität', 'maximale Leistungsverstärkung', 'unilaterale Verstärkung' in ihren Bedeutungen zu erklären;
- die Invarianzeigenschaft der unilateralen Verstärkung anzugeben und deren Bedeutung zu erläutern;
- die Zusammenschaltung von Zweitoren mit geeigneten Zweitorparametern zu berechnen.

3.1 Leitwertparameter

Zweitor, *Definition*

Bei einem Zweitor sind die vier Klemmen 1 bis 2' eines allgemeinen Vierpols fest zusammengefaßt zu zwei Klemmenpaaren (Toren) 1-1', 2-2' (s. Bild 3.1). Die Zusammenfassung je zweier Klemmen eines allgemeinen Vierpols zu zwei Toren ist nur dann möglich, wenn Hin- und Rückströme gleich sind. Wenn z.B. bei 1 der Strom $\underline{I}_1$ in das Zweitor hineinfließt, muß bei 1' derselbe Strom $\underline{I}_1$ hinausfließen.

Die inneren Elemente des Zweitores interessieren nicht, sondern seine Eigenschaften werden durch Beziehungen zwischen den Torgrößen (Spannungen und Ströme) wiedergegeben. Wenn das Zweitor linear ist, sind bei allgemeiner Zeitabhängigkeit die Zusammenhänge zwischen $u_1(t)$ bis $i_2(t)$ lineare Differentialgleichungen. Ist das Zweitor auch noch zeitinvariant, d.h. seine Elemente hängen nicht von der Zeit ab, so haben die Differentialgleichungen konstante Koeffizienten. Bei Wechselsignalen mit harmonischer Zeitabhängigkeit und Angabe der Torgrößen durch Phasoren $\underline{U}_1$ bis $\underline{I}_2$ sind diese dann durch lineare algebraische Gleichungen verknüpft.

Aufgabe 3.1

Warum muß ein Zweitor bei einer Beschreibung durch die Phasoren $\underline{U}_1$ bis $\underline{I}_2$ bei der Kreisfrequenz ω linear und zeitinvariant sein ?

Leitwert-parameter

Es können dann zwei Größen als unabhängige Variable betrachtet und die übrigen zwei Größen durch zwei lineare Gleichungen ausgedrückt werden. Es gibt damit 6 ('Wahl 2 aus 4') mögliche Verknüpfungen der 4 Torgrößen. Wir wählen eine Darstellung mit den Torspannungen $\underline{U}_1$ und $\underline{U}_2$ als unabhängige Variable und schreiben

$$\underline{I}_1 = y_{11}\underline{U}_1 + y_{12}\underline{U}_2 \;, \quad \underline{I}_2 = y_{21}\underline{U}_1 + y_{22}\underline{U}_2 \tag{3.1}$$

Definition

oder in Matrixschreibweise

$$\begin{bmatrix} \underline{I}_1 \\ \underline{I}_2 \end{bmatrix} = \begin{bmatrix} y_{11} & y_{12} \\ y_{21} & y_{22} \end{bmatrix} \cdot \begin{bmatrix} \underline{U}_1 \\ \underline{U}_2 \end{bmatrix}, \quad [\underline{I}] = [y]\,[\underline{U}] \,. \tag{3.2}$$

Die Elemente y_{ik} der Koeffizientenmatrix $[y]$ werden als y-Parameter oder Leitwertparameter (Einheit: Siemens) bezeichnet.

Wir haben diese Darstellung gewählt, weil die Kleinsignaleigenschaften von Transistoren bis zu Frequenzen von einigen 100 MHz oft durch Leitwertparameter in Datenblättern charakterisiert werden.

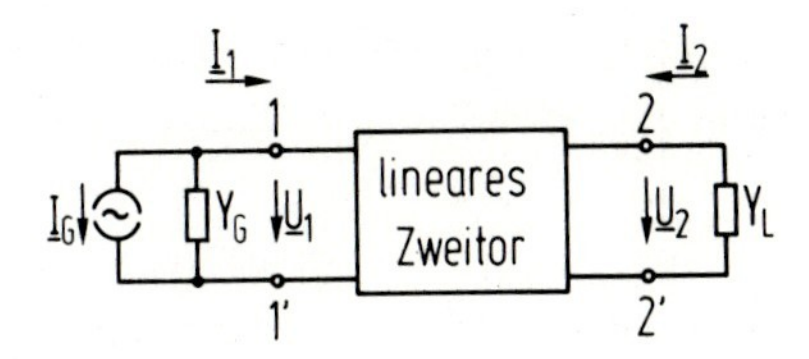

Bild 3.1
Zweitor 1-1' und 2-2' mit Generator (Kurzschlußstrom $\underline{I}_G$, Innenleitwert $Y_G = G_G + jB_G$) und Last $Y_L = G_L + jB_L$

Die Parameter y_{ik} haben im einzelnen folgende Bedeutung

Bedeutung

$$y_{11} = \underline{I}_1/\underline{U}_1 \Big|_{\underline{U}_2 = 0} \quad \text{- Kurzschluß-Eingangsleitwert}$$

$$y_{12} = \underline{I}_1/\underline{U}_2 \Big|_{\underline{U}_1 = 0} \quad \text{- Kurzschluß-Rückwärtssteilheit}$$

$$y_{21} = \underline{I}_2/\underline{U}_1 \Big|_{\underline{U}_2 = 0} \quad \text{- Kurzschluß-Vorwärtssteilheit} \qquad (3.3)$$

$$y_{22} = \underline{I}_2/\underline{U}_2 \Big|_{\underline{U}_1 = 0} \quad \text{- Kurzschluß-Ausgangsleitwert}$$

Meßtechnisch werden die Leitwertparameter entsprechend diesen Bedeutungen auch ermittelt. Es wird jeweils ein Tor durch ausreichend große Kapazitäten wechselstrommäßig kurzgeschlossen, und es werden Verhältnisse von Strom- und Spannungsphasoren mit sogenannten Vektorvoltmetern gemessen.

Messung

Die Leitwertparameter eines Transistors sind abhängig vom Arbeitspunkt, frequenzabhängig und komplex. Wir schreiben entweder mit Real- und Imaginärteil oder in Betrag-Phasen-Darstellung

$$y_{ik} = g_{ik} + jb_{ik} = |y_{ik}| \exp(j\varphi_{ik}) \,. \qquad (3.4)$$

Bild 3.2 zeigt als typisches Beispiel die Leitwertparameter eines bipolaren npn-Transistors. Oft werden y_{11} und y_{22} nach Real- und Imaginärteil dargestellt, aber Vorwärts- und Rückwärtssteilheit nach Betrag und Phase. Diese Darstellungen sind zweckmäßig bei der Berechnung von Verstärkerkenngrößen.

Darstellung

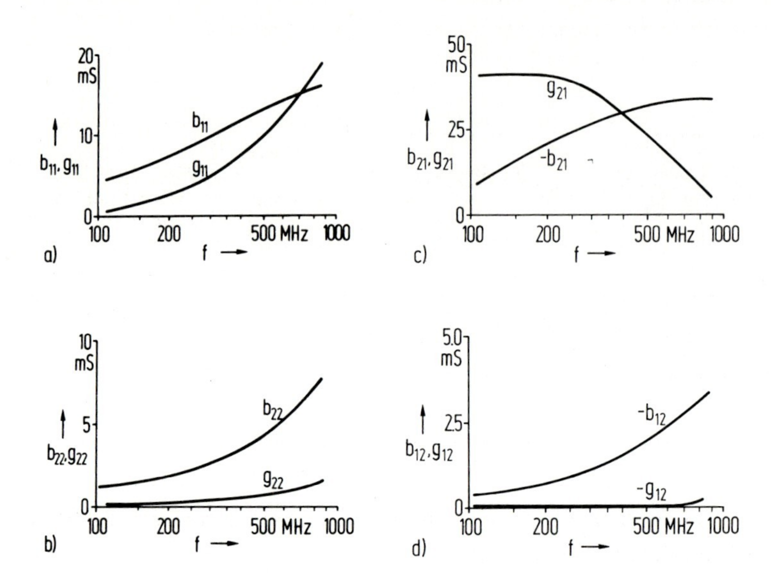

Bild 3.2
Beispielhafte Frequenzgänge (logarithmische Frequenzskala) der Leitwertparameter von Kleinsignal-npn-Transistoren für einen festen Arbeitspunkt. (Hochfrequenz npn-Transistor Motorola 2N 5179, $U_{CE} = 6\,V$, $I_C = 1.5\,mA$.)

Diskussion

Wir erkennen aus Bild 3.2 unter anderem: Die Vorwärtssteilheit y_{21} - sie ist ein wesentliches Maß für die Verstärkung - nimmt dem Betrage nach kontinuierlich mit der Frequenz ab; die - bei Verstärkern unerwünschte - Rückwärtssteilheit y_{12} nimmt hingegen mit der Frequenz zu.

Aufgabe 3.2

Skizzieren Sie anhand weniger berechneter Punkte die Frequenzgänge von y_{21} und y_{12} nach Bild 3.2c,d in einer Betrag-Phasen-Darstellung.

Ersatzschaltungen

Die Definitionsgleichungen (3.1) lassen sich durch die Ersatzschaltung nach Bild 3.3a wiedergeben mit zwei spannungsgesteuerten Stromquellen. Oft ist die äquivalente Ersatzschaltung nach Bild 3.3b mit nur einer gesteuerten Stromquelle am Ausgang zur Darstellung von Transistoren mit Ersatzschaltungen einfacher.

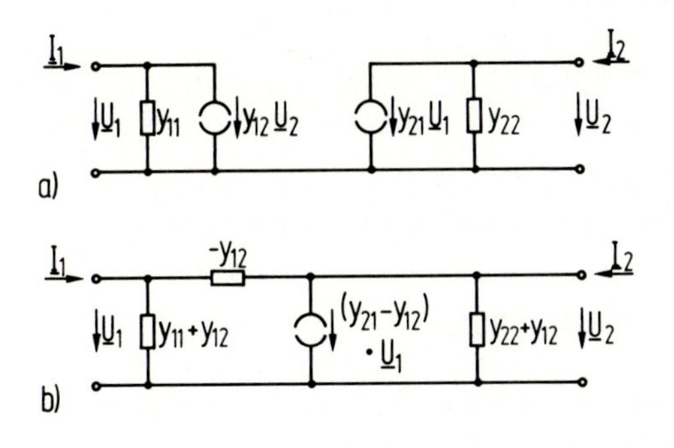

Bild 3.3
a) Ersatzschaltung für die Leitwertparameter mit zwei gesteuerten Quellen
b) Äquivalente Ersatzschaltung mit einer gesteuerten Quelle am Ausgang

---

Aufgabe 3.3

Zeigen Sie unter Verwendung der Definitionsgleichungen die Gültigkeit der Ersatzschaltung Bild 3.3b.

Aufgabe 3.4

Geben Sie die Leitwertparameter eines FET mit den Elementen der Ersatzschaltung nach Bild 2.15 an.

Aufgabe 3.5

Transistoren sind eigentlich Dreipole mit z.B. den Klemmen S, G, D bei FET. Die allgemeine Schaltung der 3x3-Matrix für y-Parameter ist im Bild gezeigt.

a) Leiten Sie mit den Definitionsgleichungen

$$\begin{bmatrix} \underline{I}_1 \\ \underline{I}_2 \\ \underline{I}_3 \end{bmatrix} = \begin{bmatrix} y_{11} & \cdot & y_{13} \\ \cdot & \cdot & \cdot \\ y_{31} & \cdot & y_{33} \end{bmatrix} \begin{bmatrix} \underline{U}_1 \\ \underline{U}_2 \\ \underline{U}_3 \end{bmatrix}$$

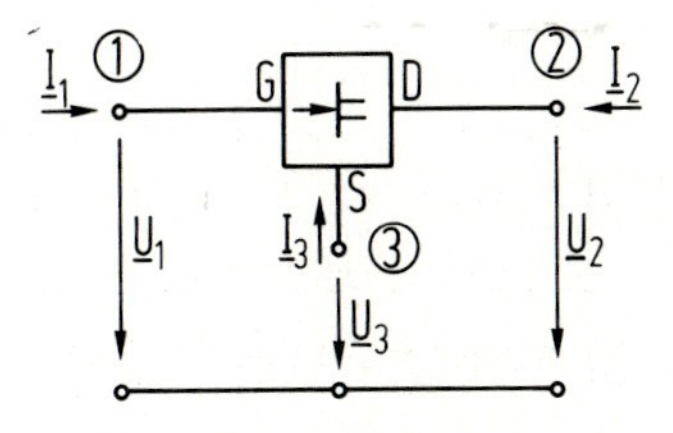

und der Knotengleichung Zusammenhänge zwischen den y_{ik} auf. (Hinweis: Zeigen Sie, daß die Spaltensummen verschwinden und daß auch die Zeilensummen verschwinden.)

b) Die Source-Parameter eines FET sind

$y_{11}^{S} = (1+j1)\,\mathrm{mS}$; $y_{12}^{S} = 1\,\mu\mathrm{S}$; $y_{21}^{S} = 20\,\mathrm{mS}$; $y_{22}^{S} = (30 + j50)\,\mu\mathrm{S}$.

Geben Sie die Leitwertparameter für die Gateschaltung und für die Drainschaltung an.

3.2 Einfache Verstärkerkenngrößen

Am Beispiel der Leitwertparameter wird gezeigt, wie Schaltungs-Kenngrößen von Zweitoren berechnet werden. Sie gelten nach der Einführung auch für lineare Verstärker. Für eine feste Frequenz lassen sich aus Darstellungen wie in Bild 3.2 die Leitwertparameter ablesen und die folgenden Formeln einfach auswerten. Die Rechnungen folgen immer folgendem Schema: Die Definitionsgleichungen (3.1) und die Gleichungen, welche die Beschaltung wiedergeben, lassen sich nach den gesuchten Größen durch einfaches Einsetzen auflösen.

a) Eingangsleitwert Y_E bzw. Eingangswiderstand $Z_E = 1/Y_E$

Der Ausgang des Zweitors sei mit einem Lastleitwert $Y_L = G_L + j\,B_L$ beschaltet (s. Bild 3.1), dann ist der Eingangsleitwert

Eingangs-leitwert

$$Y_E = G_E + j\,B_E = \underline{I}_1/\underline{U}_1$$

mit $-\underline{I}_2 = Y_L\,\underline{U}_2$ und den Beziehungen (3.1) gegeben durch

$$Y_E = 1/Z_E = y_{11} - \frac{y_{21}y_{12}}{y_{22}+Y_L}\,. \tag{3.5}$$

rückwir-kungsfrei

Ohne Rückwirkung ($y_{12} = 0$) ist

$$Y_E = y_{11}\,. \tag{3.6}$$

b) Ausgangsleitwert Y_A bzw. Ausgangswiderstand $Z_A = 1/Y_A$

Ausgangs-leitwert

Auf der Eingangsseite befindet sich ein Generator mit dem Leitwert Y_G

(s. Bild 3.1). Die Stromquelle $\underline{I}_G$ wird durch einen Leerlauf ersetzt, dann liefert das Verhältnis von Ausgangsstrom $\underline{I}_2$ zu Ausgangsspannung $\underline{U}_2$ den Ausgangsleitwert Y_A.

Mit $\underline{I}_1 = -Y_G \underline{U}_1$ ergibt sich

$$Y_A = G_A + j B_A = y_{22} - \frac{y_{21} y_{12}}{y_{11} + Y_G} . \qquad (3.7)$$

Ohne Rückwirkung ($y_{12} = 0$) ist

rückwirkungsfrei

$$Y_A = y_{22} . \qquad (3.8)$$

c) Stromverstärkung $V_i = \underline{I}_2/\underline{I}_1$

Der Ausgang des Zweitors ist mit Y_L beschaltet, dann gilt mit $-\underline{I}_2 = Y_L \underline{U}_2$

Stromverstärkung

$$V_i = \underline{I}_2/\underline{I}_1 = \frac{y_{21} Y_L}{y_{11} (y_{22} + Y_L) - y_{21} y_{12}} . \qquad (3.9)$$

Die Stromverstärkung bei kurzgeschlossenem Ausgang ($Y_L \to \infty$), d.h. die Kurzschluß-Stromverstärkung ist

$$V_i \Big|_{Y_L \to \infty} = \frac{y_{21}}{y_{11}} . \qquad (3.10)$$

d) Spannungsverstärkung $V_u = \underline{U}_2/\underline{U}_1$

Der Ausgang des Zweitors ist mit Y_L beschaltet, die Spannungsverstärkung V_u gibt dann das Verhältnis von Ausgangs- und Eingangsspannung an. Es ist demnach

Spannungsverstärkung

$$V_u = \underline{U}_2/\underline{U}_1 = \frac{-y_{21}}{y_{22} + Y_L} . \qquad (3.11)$$

Bei offenem Ausgang ($Y_L = 0$) ist die Leerlauf-Spannungsverstärkung

$$V_u \Big|_{Y_L = 0} = \frac{-y_{21}}{y_{22}} . \qquad (3.12)$$

e) Leistungsverstärkung $V_p = \mathrm{Re}\{-\underline{U}_2 \underline{I}_2^*\} / \mathrm{Re}\{\underline{U}_1 \underline{I}_1^*\}$

Leistungsverstärkung

Die Leistungsverstärkung V_p, die sich im Betrieb als Verhältnis der an Y_L abgegebenen Ausgangsleistung $P_A = \mathrm{Re}\{\underline{U}_2(-\underline{I}_2^*)\}$ (Zählrichtung von $\underline{I}_2$ beachten!) und der Eingangsleistung $P_E = \mathrm{Re}\{\underline{U}_1 \underline{I}_1^*\}$ ergibt, folgt mit

$$V_p = |\underline{U}_2|^2 G_L / (|\underline{U}_1|^2 G_E) \tag{3.13}$$

und Gl. (3.5), (3.11) zu

$$V_p = \frac{|y_{21}|^2}{|y_{22} + Y_L|^2} \; \frac{G_L}{\mathrm{Re}\left\{y_{11} - \dfrac{y_{21} y_{12}}{y_{22} + Y_L}\right\}} \, . \tag{3.14}$$

Diese Betriebs-Leistungsverstärkung V_p hängt von der Last Y_L ab; es wird $G_E > 0$ vorausgesetzt.

3.3 Stabilität und Leistungsverstärkung

Bevor genauer auf die Leistungsverstärkung eingegangen wird, muß die Stabilität von Zweitoren untersucht werden. Zweitore mit Transistoren, d.h. z.B. Verstärker, enthalten aktive Elemente, die unerwünschte Schwingungen in der Schaltung durch Selbsterregung erzeugen können. Besonders in Schaltungen für hohe Frequenzen können rückkoppelnde Reaktanzen (siehe beispielsweise c_{gd} beim FET) leicht durch Mitkopplung zur Selbsterregung unerwünschter Schwingungen führen. Beim Aufbau von Schaltungen mit aktiven Elementen muß man daher die Bedingungen kennen, unter denen keine unerwünschten Schwingungen auftreten und die Schaltung stabil bleibt.

Vorgehen

Die allgemeinen Stabilitätskriterien der Netzwerktheorie lassen sich regelmäßig nicht anwenden, denn die eingehenden Parameter sind meist weder zu berechnen noch einfach zu messen. Auch Kriterien wie z.B. das Nyquistkriterium oder das Bodediagramm, die in der Elektronik oder Regelungstechnik herangezogen werden, sind für Hochfrequenzschaltungen aus denselben Gründen nicht anwendbar. Wir untersuchen, ob aus den Zweitorparametern - hier beispielhaft den Leitwertparametern - Kriterien für stabiles Verhalten herzuleiten sind.

Wir betrachten Bild 3.1 mit $\underline{I}_G = 0$. Eine Instabilität liegt vor, wenn trotz $\underline{I}_G = 0$ $\underline{U}_1$ und $\underline{U}_2$ ungleich Null sind. Eine Eingangsspannung $\underline{U}_1$ bewirkt nach Gl. (3.11) eine Ausgangsspannung

$$\underline{U}_2 = -\underline{U}_1 \, y_{21} / (y_{22} + Y_L) \; ; \tag{3.15}$$

bei Rückwirkung - ausgedrückt durch y_{12} - hat $\underline{U}_2$ wiederum eine Eingangsspannung

$$\underline{U}_1' = -\underline{U}_2 \, y_{12} / (y_{11} + Y_G) \tag{3.16}$$

zur Folge, wenn in Gl. (3.11) Ein- und Ausgang, d.h. auch die Indizes 1 und 2 ausgetauscht werden. Eine sich selbst erhaltende Schwingung ist vorhanden, wenn $\underline{U}_1' = \underline{U}_1$ ist. Dann muß mit Gl. (3.15), (3.16) gelten

$$1 = \frac{y_{21} y_{12}}{(y_{11} + Y_G)\,(y_{22} + Y_L)} \; . \tag{3.17}$$

Mit Y_E und Y_A nach Gl. (3.5), (3.7) läßt sich diese Schwingbedingung auch schreiben als

$$Y_E + Y_G = 0 \quad \text{oder} \quad Y_A + Y_L = 0 \; . \tag{3.18}$$

Wenn also die Blindleitwerte am Ein- oder Ausgang sich kompensieren, d.h. $B_E + B_G = 0$ oder $B_A + B_L = 0$ ist und für die Wirkleitwerte entweder $G_E + G_G = 0$ oder $G_A + G_L = 0$ gilt, so tritt eine Schwingung bei der Frequenz ω auf, für welche die genannten Beziehungen entweder am Ein- oder Ausgang erfüllt sind.

Instabilität bei ...

Wir halten hier fest, daß wir nur das Kleinsignalverhalten und harmonische Zeitabhängigkeit mit einer Kreisfrequenz ω betrachten. Wir können dann nur feststellen, ob bei einem Wert ω eine ungedämpfte Schwingung auftritt. Aussagen über den Anschwingvorgang können wir auf dieser Basis nicht machen, und wir können auch keine Aussagen über Amplituden machen. Diese Untersuchungen werden in einem späteren Kapitel über Oszillatoren nachgeholt.

Einschränkung

Für eine mögliche Instabilität müssen insbesondere entweder G_E oder G_A kleiner Null werden. Das Zweitor bleibt demnach immer stabil, wenn

$$G_E = \text{Re}\left\{y_{11} - \frac{y_{21}y_{12}}{y_{22} + Y_L}\right\} > 0 \quad \text{und}$$

$$G_A = \text{Re}\left\{y_{22} - \frac{y_{21}y_{12}}{y_{11} + Y_G}\right\} > 0 \tag{3.19}$$

gilt. Diese Bedingungen hängen noch von Y_L bzw. Y_G ab.

absolute Stabilität

Wir bezeichnen ein Zweitor als absolut stabil, wenn für beliebige Y_G und Y_L die Bedingungen $G_E > 0$ und $G_A > 0$ erfüllt sind. Diese absolute Stabilität kann dann nur noch von den Leitwertparametern selbst abhängen, da sie für alle Werte Y_L und Y_G gelten muß. Wir sehen sofort, daß $g_{11} > 0$ und $g_{22} > 0$ gelten muß, nur dann bleiben bei einem Kurzschluß am Aus- oder Eingang G_E und G_A größer Null. Die Bedingungen für G_E und G_A haben dieselbe mathematische Struktur, es genügt daher, die Bedingung für G_E zu untersuchen und anschließend die Indizes 1 und 2 auszutauschen. Die Realteilbildung in Gl. (3.19) ergibt

Berechnung

$$G_E = g_{11} - \frac{\text{Re}\{y_{12}y_{21}(y_{22}^* + Y_L^*)\}}{(b_{22} + B_L)^2 + (g_{22} + G_L)^2}$$

$$= g_{11} - \frac{\text{Re}\{y_{12}y_{21}\}(g_{22}+G_L) + \text{Im}\{y_{12}y_{21}\}(b_{22}+B_L)}{(b_{22} + B_L)^2 + (g_{22} + G_L)^2}$$

und läßt sich nach Multiplikation mit dem Nenner auf der rechten Seite und Bildung vollständiger Quadrate umordnen zu

$$G_E \cdot \{(b_{22}+ B_L)^2 + (g_{22} + G_L)^2\}/g_{11}$$

$$= \left\{G_L + (g_{22} - \frac{1}{2g_{11}} \text{Re}\{y_{21}y_{12}\})\right\}^2 \tag{3.20}$$

$$+ \left\{B_L + (b_{22} - \frac{1}{2g_{11}} \text{Im}\{y_{21}y_{12}\})\right\}^2 - \frac{|y_{21}y_{12}|^2}{4g_{11}^2} .$$

Der Faktor von G_E ist bei $g_{11} > 0$ immer größer Null, so daß für $G_E > 0$ die rechte Seite größer Null sein muß.

Ein Vergleich von Gl. (3.20) mit der Kreisgleichung $(x-a)^2+(y-b)^2=c^2$ zeigt, daß in der G_L - B_L -Ebene alle Werte $G_E < 0$ im Innern eines Kreises liegen mit dem Mittelpunkt (s. Bild 3.4) bei

Ergebnis

$$a = -g_{22} + \frac{\mathrm{Re}\{y_{21}y_{12}\}}{2g_{11}}, \quad b = -b_{22} + \frac{\mathrm{Im}\{y_{21}y_{12}\}}{2g_{11}} \qquad (3.21a)$$

und dem Radius

$$c = \frac{|y_{21}y_{12}|}{2g_{11}}. \qquad (3.21b)$$

Für alle passiven Lastleitwerte muß $G_L > 0$ sein. Dann ist das Zweitor absolut stabil, wenn der Kreis ganz in der linken Y_L-Halbebene liegt. Für kein passives Y_L kann dann $G_E < 0$ werden. Damit muß $-a > c$ sein. Mit Gl. (3.21a,b) muß damit für absolute Stabilität

$$K = \frac{2g_{11}g_{22} - \mathrm{Re}\{y_{21}y_{12}\}}{|y_{21}y_{12}|} > 1, \quad g_{11} > 0 \; , \; g_{22} > 0 \qquad (3.22)$$

sein mit dem Stabilitätsfaktor K. Die Beziehungen (3.22) ändern sich nicht, wenn die Indizes 1 und 2 ausgetauscht werden. Sie sind damit auch die Bedingungen für $G_A > 0$ und damit insgesamt die Bedingungen für absolute Stabilität.

Stabilitätsfaktor K

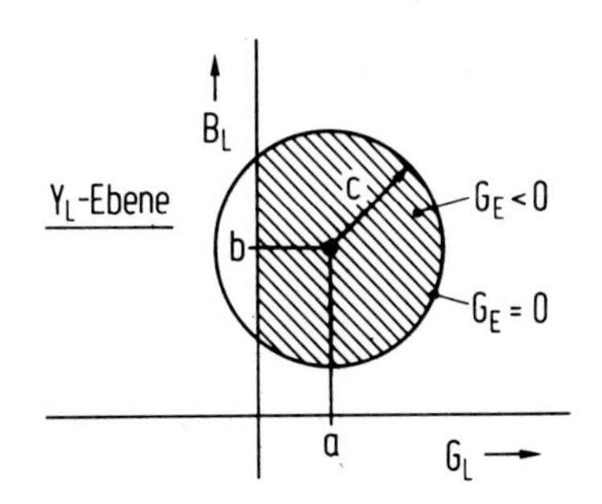

Bild 3.4
Eingangsleitwerte Y_E mit negativem Wirkanteil liegen im Innern eines Kreises in der Y_L-Ebene. Passive Lastleitwerte Y_L im schraffierten Bereich erzeugen ein $G_E < 0$.

Das Ergebnis (3.20) können wir auch so ausdrücken: Die linke Halbebene der Y_E-Ebene ist auf die Y_L-Ebene abgebildet worden, und zwar auf die Fläche des angegebenen Kreises in der Y_L-Ebene. Über die Bedingungen für absolute Stabilität hinaus (in der Praxis ist die Beziehung $K > 1$ wichtig), kann Bild 3.4 auch entnommen werden, für welche Y_L-Werte das

Bedeutung

Zweitor potentiell instabil werden kann, d.h. $G_E < 0$ wird. (Das Zweitor wird nach der Herleitung tatsächlich instabil und erregt sich selbst, wenn ein Y_G mit $Y_G + Y_E = 0$ am Eingang liegt.) Die angeführten Gleichungen lassen sich auch für die Abbildung der linken Y_A-Halbebene auf die Y_G-Ebene übertragen, wenn in Gl. (3.21), (3.22) die Indizes 1 und 2 ausgetauscht werden. Dann kann auch festgestellt werden, für welche Werte Y_G der Ausgangsleitwert gegebenenfalls einen negativen Realteil erhält.

Als Beispiel seien die y-Parameter eines Transistors bei festem Arbeitspunkt und fester Frequenz

Beispiel

$$y_{11} = (20 - j\,13)\,\text{mS} \quad ; \; y_{12} = (-0.015 - j\,0.502)\,\text{mS}$$
$$y_{21} = (41.5 - j\,64)\,\text{mS} \; ; \; y_{22} = (0.25 + j\,1.9)\,\text{mS}\,. \qquad (3.23)$$

Es sind $g_{11} > 0$ und $g_{22} > 0$, aus Gl. (3.21) folgt

$$a = -1.069\ \text{mS} \; ; \quad b = -2.397\ \text{mS} \; ; \quad c = 0.958\ \text{mS}$$

Der zugehörige Kreis liegt nach Bild 3.5 ganz in der linken Y_L-Halbebene, für kein passives Y_L kann $G_E < 0$ werden. Es ist auch $K = 1.25$, der Transistor ist absolut stabil. (Es führt auch kein passives Y_G zu einem $G_A < 0$.) Wird aber $y_{12} = (-\,0.015 + j\,0.502)\,\text{mS}$ gewählt, dann sind $a = 0.538$ mS ; $b = -1.355$ mS ; $c = 0.958$ mS . Lastleitwerte Y_L im schraffierten Bereich in Bild 3.5 bewirken ein $G_E < 0$; der Transistor ist potentiell instabil.

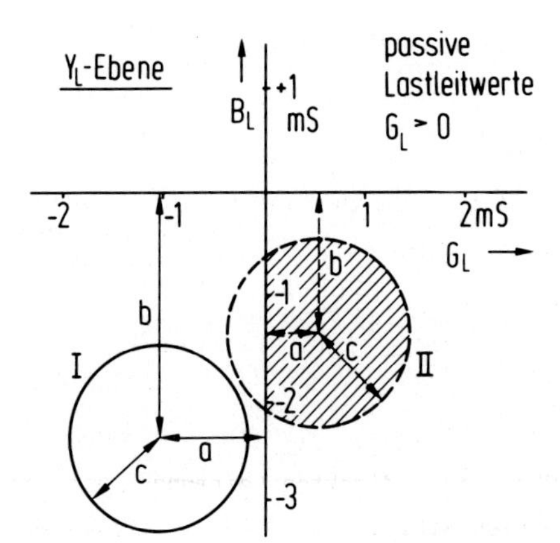

Bild 3.5
Abbildung der linken Y_E-Halbebene auf die Y_L-Ebene für zwei Sätze der Leitwertparameter (I: absolute Stabilität, II: potentielle Instabilität für Y_L im schraffierten Kreisbereich)

Aufgabe 3.6

Durch Umordnung von Gl. (3.5) erhält man $Y_L = -y_{22} - \frac{y_{21}y_{12}}{Y_E - y_{11}}$.

Das ist eine konforme Abbildung der Y_E-Ebene auf die Y_L-Ebene durch eine gebrochen rationale Funktion. Wie wird die Gerade $Y_E = j\,B_E$ abgebildet? Wo liegt die linke Y_E-Halbebene?
(Hinweise: a) Führen Sie die Abbildung schrittweise durch (1.Schritt: Ebene: $Y_E - y_{11}$ etc.), b) Bei Beachtung: konforme Abbildung, gebrochen rationale Funktion kann die Abbildung ohne längere Rechnungen durchgeführt werden.

Nach der Untersuchung der Stabilitätsbedingungen wenden wir uns noch einmal der Leistungsverstärkung zu und geben zuerst an und erläutern die verwendeten Definitionen. Sie werden formelmäßig durch Leitwertparameter ausgedrückt.

Leistungsverstärkung

a) Leistungsverstärkung (Betriebsleistungsverstärkung) V_p

Sie setzt nach $V_p = \mathrm{Re}\{-\underline{U}_2\underline{I}_2^*\} / \mathrm{Re}\{\underline{U}_1\underline{I}_1^*\} = |\underline{U}_2|^2 G_L / |\underline{U}_1|^2 G_E$ die tatsächlichen Aus- und Eingangsleistungen in Beziehung und hängt vom Lastleitwert Y_L ab.

b) Gewinn G

Gewinn

Der Gewinn G ist definiert als Verhältnis von Ausgangsleistung $P_A = \mathrm{Re}\{-\underline{U}_2\underline{I}_2^*\}$ und verfügbarer Generatorleistung P_{Gv}. Die verfügbare Generatorleistung P_{Gv} ist die von einem Generator maximal abgebbare Leistung. Sie stellt sich ein bei konjugiert komplexer Anpassung (Leistungsanpassung) der Last an den Generator (Bild 3.6).

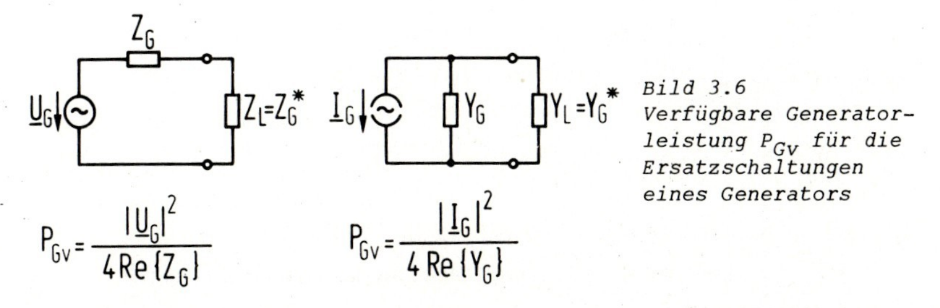

Bild 3.6
Verfügbare Generatorleistung P_{Gv} für die Ersatzschaltungen eines Generators

Die Bezeichnung 'Gewinn' drückt den Vorteil aus, den ein zwischengeschalteter Verstärker gegenüber einer direkten Leistungsanpassung an den Generator bringt. Im Betrieb stellt sich G nur ein, wenn am

Eingang tatsächlich Leistungsanpassung vorliegt, d.h. $Y_G = Y_E^*$ ist. Dazu muß in der Praxis eine Anpaßschaltung zwischen Generator mit vorgegebenem Y_G und dem Verstärker eingefügt werden. Die Bemessung und der Aufbau von Anpaßschaltungen wird in Kapitel 5 behandelt. Wir werden später sehen, daß im Hochfrequenzbereich meist der Gewinn G eines Zweitores angegeben wird. Der Grund hierfür ist, daß regelmäßig Leistungsanpassung am Eingang angestrebt wird, bei Y_G reell ist das gleichbedeutend mit Anpassung, d.h. Reflexionsfreiheit.
Formelmäßig ergibt sich nach

$$G = P_A/P_{Gv} = |\underline{I}_2|^2 G_L/(P_{Gv}|Y_L|^2) = 4\,\frac{|\underline{I}_2|^2}{|\underline{I}_G|^2}\,\frac{G_G G_L}{|Y_L|^2} \tag{3.24}$$

der Beziehung $\underline{I}_G = \underline{I}_1 + \underline{U}_1 Y_G$ und den Definitionsgleichungen (3.1) für die Leitwertparameter durch Einsetzen nach dem Verfahren von Abschnitt 3.2

$$G = \frac{4\,|y_{21}|^2 G_L G_G}{|(y_{11} + Y_G)(y_{22} + Y_L) - y_{21}y_{12}|^2} \,. \tag{3.25}$$

Der Gewinn G ist abhängig von Y_G und von Y_L. Leistungsverstärkung V_p und Gewinn G können nicht weiter verglichen werden, wir sehen nur, daß wegen $P_E = \mathrm{Re}\{\underline{U}_1 \underline{I}_1^*\} \leq P_{Gv}$ immer $V_p \geq G$ gilt. Beide Definitionen führen zu gleichen Werten, wenn wir am Eingang und am Ausgang Leistungsanpassung vornehmen. Dann wird der Gewinn maximal $G = G_m$, weil die Ausgangsleistung am größten wird, und er ist dann gleich der maximalen Leistungsverstärkung V_{pmax}.

Zur Berechnung der Parameter für Leistungsanpassung gehen wir in folgender Weise vor: Zuerst wird der Lastleitwert $Y_L = Y_{Lopt}$ für den maximalen Wert V_{pmax} festgestellt aus den Bedingungen

maximaler Gewinn G_m

$$\partial V_p/\partial G_L = 0 \;, \quad \partial V_p/\partial B_L = 0 \,. \tag{3.26}$$

Mit dem so berechneten Y_{Lopt} wird aus Gl. (3.5) der zugehörige Wert $Y_E = f(Y_{Lopt})$ berechnet. Leistungsanpassung am Ausgang und am Eingang liegen dann bei $Y_{Gopt} = Y_E^*$ und $Y_L = Y_{Lopt}$ vor. Dann sind sowohl am Eingang als auch am Ausgang die Bedingungen für Leistungsanpassung bekannt. (Der skizzierte Weg ist ersichtlich einfacher als die Maximierung von G; dabei müßte die Nullstelle von vier Ableitungen gesucht werden, weil G von Y_G und Y_L abhängt.) Die Rechnungen werden nicht im einzelnen durchgeführt; es ergeben sich quadratische Gleichungen für G_L und B_L aus Gl. (3.26), deren Lösungen explizit angegeben werden können. Die Ergebnisse für Y_L und Y_G bei Leistungsanpassung sind

Leistungsanpassung

$$B_{Lopt} = -b_{22} + \mathrm{Im}\{y_{21}y_{12}\}/(2g_{11}) ,$$
$$B_{Gopt} = -b_{11} + \mathrm{Im}\{y_{21}y_{12}\}/(2g_{22}) \qquad (3.27)$$

$$G_{Lopt} = \frac{|y_{21}y_{12}|}{2g_{11}} \sqrt{K^2 - 1} ,$$
$$G_{Gopt} = \frac{|y_{21}y_{12}|}{2g_{22}} \sqrt{K^2 - 1} . \qquad (3.28)$$

Wir sehen aus Gl. (3.28), daß nur für absolute Stabilität, d.h. für $g_{11} > 0$, $g_{22} > 0$ und $K > 1$, es reelle Lösungen für G_{Lopt} und G_{Gopt} gibt. Damit gilt:

Bedingung

Nur bei absolut stabilen Zweitoren ist eine Leistungsanpassung möglich.

Nach Einsetzen von Gl. (3.27), (3.28) in die Beziehung (3.25) für G ergibt sich für den maximalen Gewinn

$$G_m = V_{pmax} = \left|\frac{y_{21}}{y_{12}}\right| (K - \sqrt{K^2 - 1}) . \qquad (3.29)$$

Der Faktor $|y_{21}/y_{12}|$ wird als maximaler stabiler Gewinn G_{ms} bezeichnet

$$G_{ms} = |y_{21}/y_{12}| . \qquad (3.30)$$

G_{ms} ist zwar für jedes Zweitor mit $|y_{12}| \neq 0$ definiert, praktisch realisiert werden kann aber G_{ms} ($G < G_{ms}$ für $K > 1$) nur - wie ohne Herleitung angegeben wird - bei Zweitoren mit Bereichen Y_G und Y_L für $K < 1$.

G_{ms}

Oft ist die Rückwirkung - ausgedrückt durch y_{12} - so gering, daß für G_m eine einfache rückwirkungsfreie Näherung ausreichend ist. Ohne Rückwirkung gilt nach Gl. (3.6), (3.8) $Y_E = y_{11}$ und $Y_A = y_{22}$. Leistungsanpassung heißt dann $Y_G = y_{11}^*$, $Y_L = y_{22}^*$ und aus Gl. (3.14) oder Gl. (3.25) folgt dann

Näherungen

$$G_m(y_{12}=0) = \frac{|y_{21}|^2}{4g_{11}g_{22}} = V_{pmax}(y_{12}=0) \tag{3.31}$$

Nehmen wir wieder die vorhin schon angegebenen Leitwertparameter Gl. (3.23). Für sie ist K > 1, Leistungsanpassung ist möglich. Aus Gl. (3.27) bis Gl. (3.29) folgt

$$Y_{Lopt} = (0.47 - j\,2.4)\,mS \;;\; Y_G = Y_E^* = (37.6 - j\,53)\,mS \;;$$

$G_m = 94.1 \mathrel{\hat{=}} 19.73$ dB. In der rückwirkungsfreien Näherung ist nach Gl. (3.31) $G_m(y_{12}=0) = 73.3$. Die Abweichung zum exakten Ausdruck ist etwa 20 %, da das gewählte $|y_{12}|$ recht groß ist.

Problem

Der maximale Gewinn G_m hängt nicht von Zuleitungsinduktivitäten oder Gehäusekapazitäten am Ein- und Ausgang ab, weil diese bei Einstellung der Leistungsanpassung wieder herausgestimmt werden. (Die y_{ik} ändern sich, aber Gl.(3.29) ergibt einen unveränderten Wert G_m.)). G_m hängt aber von rückkoppelnden Elementen ab. Im Hochfrequenzbereich ist die Rückwirkung durch parasitäre Elemente oft so groß, daß G_m ein ganz falsches Bild der eigentlich möglichen Leistungsverstärkung des Transistors ergeben kann. Daher suchen wir nach einer Kenngröße für die Leistungsverstärkung, welche unverändert bleibt auch bei rückwirkenden Elementen.

Neutralisation

Zuerst betrachten wir ein Zweitor, bei dem durch ein äußeres Rückkopplungsnetzwerk die innere Rückwirkung kompensiert wird ("Neutralisation"). Ein einfaches Beispiel dafür haben wir schon mit Bild 2.17 kennengelernt. man kann auch wie in Bild 3.7 verfahren.

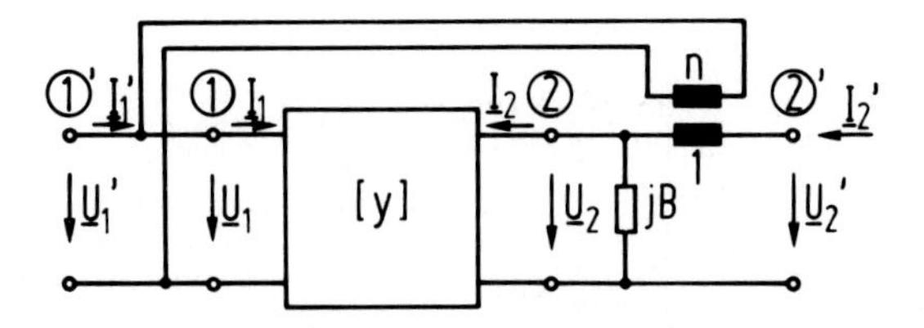

Bild 3.7
Zweitor mit äußerem Netzwerk aus Blindleitwert jB und idealem Transformator zur Kompensation der Rückwirkung

Das äußere Zweitor zwischen den Toren 1' und 2' soll rückwirkungsfrei gemacht werden. Eine Spannung $\underline{U}_2'$ am Ausgang soll kein $\underline{U}_1'$ zur Folge haben, es soll mithin $y_{12}' = 0$ erzeugt werden. Bei kurzgeschlossenem Eingang 1' darf kein Eingangsstrom $\underline{I}_1'$ fließen. Der Blindleitwert jB dreht die Phase des Ausgangsstroms $\underline{I}_2'$, der bei einer Spannung $\underline{U}_2'$ fließt, so, daß $\underline{I}_2'$ in Phase ist mit dem durch $\underline{U}_2$ bewirkten Strom $\underline{I}_1$ am Tor 1. Der ideale Transformator ist dann so bemessen, daß $n\underline{I}_2'$ und $\underline{I}_1'$ sich gerade aufheben. Die Leistungsverstärkung dieser rückwirkungsfreien Schaltung wird rückwirkungsfreie oder unilaterale Verstärkung genannt. Wenn unter diesen Bedingungen konjugiert komplex an den Toren 1' und 2' angepaßt wird mit $Y_G = y_{11}'^*$ und $Y_L = y_{22}'^*$, ergibt sich die maximale unilaterale Verstärkung zu

Schaltung

unilaterale Verstärkung G_u

$$G_u = \frac{|y_{21}'|^2}{4g_{11}'g_{22}'} . \qquad (3.32)$$

Wegen $y_{12}' = 0$ stimmt der Ausdruck für G_u überein mit

$$G_u = \frac{|y_{21}' - y_{12}'|^2}{4\left[g_{11}'g_{22}' - \mathrm{Re}\,\{y_{12}'\} \cdot \mathrm{Re}\,\{y_{21}'\}\right]} . \qquad (3.33)$$

Der Ausdruck für G_u in Gl. (3.33) hat eine - hier nicht bewiesene [1] - wichtige Invarianzeigenschaft:

G_u nach Gl. (3.33) ändert sich nicht bei einer beliebigen reziproken und verlustfreien Beschaltung des Zweitores. Eine derartige allgemeine Beschaltung, die auch rückkoppelnde Elemente enthalten kann, ist in Bild 3.8 durch ein Viertor wiedergegeben.

Eigenschaft

[1] s. z.B. J.M. Rollet, Stability and power-gain invariants of linear two-ports, Proc. Inst. Radio Eng. Bd. 50 (1962)

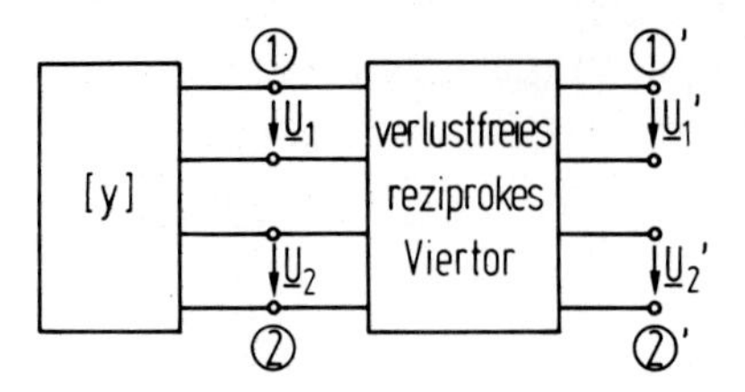

Bild 3.8
Invarianz der maximalen unilateralen Verstärkung G_u gegenüber der Beschaltung durch ein verlustfreies, reziprokes Viertor

Zur Bestimmung von G_u bedarf es daher gar nicht einer Kompensation der Rückwirkung. Es können die gemessenen Leitwertparameter eingesetzt werden, da regelmäßig die äußere Schaltung reizprok und auch nahezu verlustfrei ist. Mit anderen Worten: Die gemessenen Leitwertparameter enthalten die Einflüsse des schaltungstechnischen Aufbaus. Messungen der Leitwertparameter in verschiedenen Meßaufbauten ergeben damit unterschiedliche Werte y_{ik}. Wegen der genannten Invarianzeigenschaft von G_u ergeben sich aber nach Einsetzen der y_{ik} in Gl.(3.33) dieselben Werte für G_u auch wenn rückkoppelnde Elelemente vorhanden sind. Das ist der wesentliche Unterschied zwischen G_u und G_m. Die unilaterale Verstärkung G_u gibt damit für Transistoren die eigentlichen Verstärkungsmöglichkeiten wieder. Zur Realisierung von G_u in einer Schaltung muß natürlich die Rückwirkung kompensiert werden.

Bedeutung

3.4 Zusammenschaltung von Zweitoren

Schaltungen für bestimmte Zwecke (z.B. Gegenkopplungen) werden vielfach durch Zusammenschalten von Zweitoren aufgebaut. Umgekehrt können auch komplexe Schaltungen übersichtlich analysiert werden, wenn man sie als Zusammenschaltung einzelner Blöcke - dargestellt durch Zweitore - auffaßt. Es genügt, die Zusammenschaltung von nur zwei Zweitoren zu betrachten. Die Zweitore können am Ein- und/oder Ausgang in Serie geschaltet oder parallelgeschaltet sein. Sie können weiterhin in Kette verbunden sein. Damit gibt es fünf Möglichkeiten einer Zusammenschaltung. Für jede Art der Zusammenschaltung gibt es einen Satz von Zweitorparametern, der zur Berechnung besonders günstig ist.

Parallel-schaltung

Wir betrachten mit Bild 3.9 eine Parallelschaltung zweier Zweitore am Ein- und Ausgang mit den äußeren Toren 1" und 2".

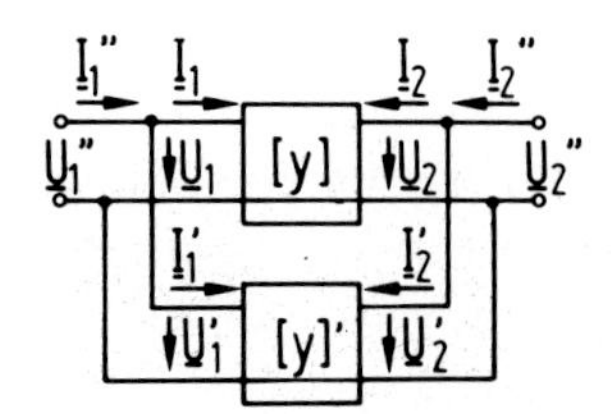

Bild 3.9
Parallelschaltung von zwei Zweitoren und Beschreibung durch Leitwertparameter

Wegen der Parallelschaltung ist $\underline{U}_1'' = \underline{U}_1 = \underline{U}_1'$, $\underline{U}_2'' = \underline{U}_2 = \underline{U}_2'$, und es gilt $\underline{I}_1'' = \underline{I}_1 + \underline{I}_1'$, $\underline{I}_2'' = \underline{I}_2 + \underline{I}_2'$. Dann folgt mit den Definitionsgl. (3.1), daß die Zusammenschaltung durch eine Leitwertmatrix beschrieben werden kann, deren Elemente aus der Addition der beiden Einzelmatrizen folgen

$$[y]'' = [y] + [y]' \quad . \tag{3.34}$$

Bei der Zusammenschaltung muß allerdings beachtet werden, daß für jedes Zweitor weiterhin die Torbedingungen gelten, d.h. weiterhin Hin- und Rückströme bei allen Toren gleich groß bleiben. Im allgemeinen werden zwischen den Klemmen 1'-2' der einzelnen Zweitore verschiedene Spannungen bestehen, so daß nach dem Zusammenschalten ein Ausgleichsstrom fließt, der sich den Torströmen überlagert. Die Torbedingungen sind dann nicht mehr erfüllt.

Bedingung

Wenn die eingetragenen, durchgehenden Verbindungen vorhanden sind, besteht keine Spannung zwischen den Klemmen 1'-2' der einzelnen Zweitore, die Torbedingungen sind sicher erfüllt. Dreipole enthalten in der Zweitordarstellung immer durchgehende Verbindungen. Sie müssen wie im Bild gezeigt liegen, damit nicht bei der Zusammenschaltung Elemente kurzgeschlossen werden. Sonst ändern sich die y-Parameter, und die Beziehung (3.34) gilt nicht mehr.

Wir betrachten dazu ein kurzes Beispiel. Bild 3.10 zeigt einen durch einen Leitwert Y rückgekoppelten Verstärker. Die äquivalente Darstellung in Bild 3.11 ergibt mit den Leitwertparametern $y_{11}' = y_{22}' = Y$, $y_{12}' = y_{21}' = -Y$ die Leitwertparameter der Zusammenschaltung zu

$$y_{11}'' = y_{11} + Y; \; y_{22}'' = y_{22} + Y; \; y_{12}'' = y_{12} - Y; \; y_{21}'' = y_{21} - Y \; .$$

Man kann dann durch geeignete Wahl von Y z.B. $y_{12}'' = 0$ erzeugen, den

Frequenzgang der Leistungsverstärkung formen usw. (Heute werden weitgehend Rechner verwendet, um sofort z.B. ganze Frequenzgänge vorliegen zu haben.) Aus der Elektronik sind Rückkopplungen in Form von Gegenkopplungen wegen ihrer großen Bedeutung z.B. zum Ausgleich von Parameterschwankungen, Unterdrückung von Nichtlinearitäten usw. wohl bekannt.

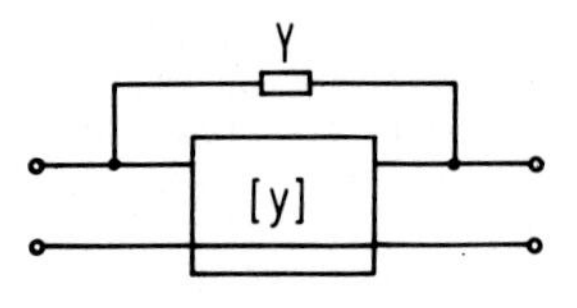

Bild 3.10
Zweitor mit Rückkopplung durch einen Leitwert Y

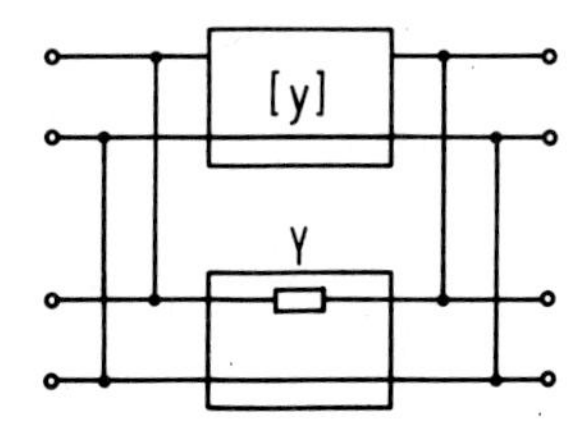

Bild 3.11
Darstellung mit zwei parallelgeschalteten Zweitoren

3.5 Kettenparameter

In hochfrequenztechnischen Schaltungen werden häufig Leitungselemente verwendet, und es treten oft in Kette geschaltete Zweitore auf. Wir betrachten mit den Kettenparametern eine hierzu besonders geeignete Darstellung. Dazu werden die Ausgangsgrößen $\underline{U}_2$ und $\underline{I}_2$ als unabhängige Variable gewählt, und die Definitionsgleichungen der Kettenparameter a_{ik} sind

$$\begin{aligned} \underline{U}_1 &= a_{11}\underline{U}_2 - a_{12}\underline{I}_2 \\ \underline{I}_1 &= a_{21}\underline{U}_2 - a_{22}\underline{I}_2 \end{aligned} \qquad \begin{bmatrix} \underline{U}_1 \\ \underline{I}_1 \end{bmatrix} = \begin{bmatrix} a_{11} & a_{12} \\ a_{21} & a_{22} \end{bmatrix} \cdot \begin{bmatrix} \underline{U}_2 \\ -\underline{I}_2 \end{bmatrix} . \qquad (3.35)$$

Die besondere Wahl des Vorzeichens von $\underline{I}_2$ ist vorteilhaft bei der Kettenschaltung nach Bild 3.12.

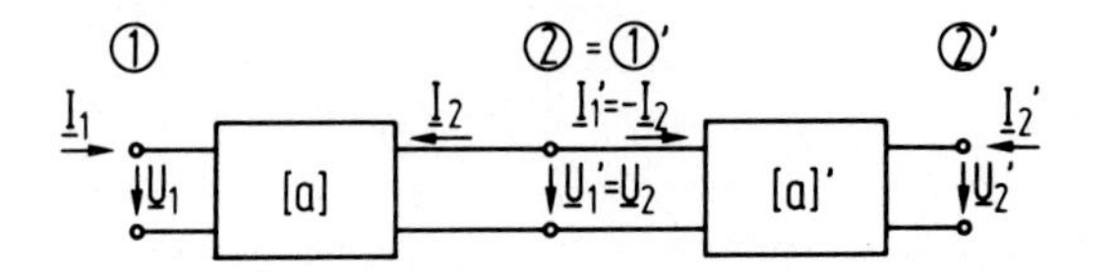

Bild 3.12
Kettenschaltung von zwei Zweitoren

Die Eingangsspannung des zweiten Zweitores $\underline{U}_1'$ ist gleich $\underline{U}_2$, sein Eingangsstrom ist gleich $-\underline{I}_2$. Mit Gl. (3.35) gilt dann

$$\begin{bmatrix} \underline{U}_1 \\ \underline{I}_1 \end{bmatrix} = [a] \cdot [a]' \begin{bmatrix} \underline{U}_2' \\ -\underline{I}_2' \end{bmatrix} . \tag{3.36}$$

Die Kettenmatrix von n in Kette geschalteten Zweitoren ist mithin das Produkt der n einzelnen Kettenmatrizen.

Die Kettenmatrix einer Leitung der Länge l mit dem Wellenwiderstand Z und der Ausbreitungskonstanten $\gamma = \alpha + j\beta$ (Z rein reell und $\gamma = j\beta = j2\pi/\lambda$ bei verlustfreien Leitungen) ist nach der Theorie der Leitungen

Leitung

$$[a] = \begin{bmatrix} \cosh \gamma l & Z \sinh \gamma l \\ \frac{1}{Z} \sinh \gamma l & \cosh \gamma l \end{bmatrix} , \tag{3.37}$$

für verlustfreie Leitungen ist

$$[a] = \begin{bmatrix} \cos \beta l & jZ \sin \beta l \\ \frac{j}{Z} \sin \beta l & \cos \beta l \end{bmatrix} . \tag{3.38}$$

In manchen Schaltungen (z.B. Filterschaltungen) werden Kettenschaltungen aus identischen Zweitoren verwendet. Für die Berechnung des Produktes $[a]^n$ läßt sich dann mit Vorteil ein Theorem der Matrizenrechnung heranziehen:

Ketten-
schaltung

Bei reziproken Zweitoren ist die Kettenmatrix unimodular, d.h. es ist $\det [a] = 1$ (siehe z.B. Gl.(3.37),(3.38)). Dann gilt

$$[a]^n = \begin{bmatrix} a_{11} U_{n-1}(a) - U_{n-2}(a) & a_{12} U_{n-1}(a) \\ a_{21} U_{n-1}(a) & a_{22} U_{n-1}(a) - U_{n-2}(a) \end{bmatrix} . \tag{3.39}$$

Dabei ist

$$a = (a_{11} + a_{22})/2 , \tag{3.40}$$

und $U_n(a)$ sind die Tschebyscheff-Polynome 2. Art nach

$$U_n(a) = \frac{1}{\sqrt{1-a^2}} \sin\left[(n+1) \arccos a\right] . \qquad (3.41)$$

(Sie sind angeführt z.B. im 'Handbook of Mathematical Functions', Dover Publications Inc., New York, 1965, S. 779, 796.)
Es sind z.B. $U_0(a) = 1$; $U_1(a) = 2a$; $U_2(a) = 4a^2 - 1$; $U_3(a) = 8a^3 - 4x$; $U_4(a) = 16a^4 - 12a^2 + 1$; $U_5(a) = 32a^5 - 32x^3 + 6a$; $U_6(a) = 64a^6 - 80a^4 + 24a^2 - 1$.

Anmerkung: Die hier eingeführte Kettenmatrix $[a]$ wirdoft als ABCD-Matrix bezeichnet nach

$$[ABCD] = \begin{bmatrix} A & B \\ C & D \end{bmatrix} . \qquad (3.42)$$

3.6 Widerstandsmatrix und hybride Matrizen

Wir stellen hier zusammen:

a) Definitionsgleichungen für weitere Sätze von Zweitorparametern mit ihren Ersatzschaltungen

b) Umrechnungsformeln zwischen Parametersätzen

c) Einheitliche Darstellung von Zweitorkenngrößen

d) Zusammenschaltungen von Zweitoren und zugehörige Parametersätze.

a1) Widerstandsmatrix $[z]$

$$\begin{bmatrix} \underline{U}_1 \\ \underline{U}_2 \end{bmatrix} = \begin{bmatrix} z_{11} & z_{12} \\ z_{21} & z_{22} \end{bmatrix} \cdot \begin{bmatrix} \underline{I}_1 \\ \underline{I}_2 \end{bmatrix}$$

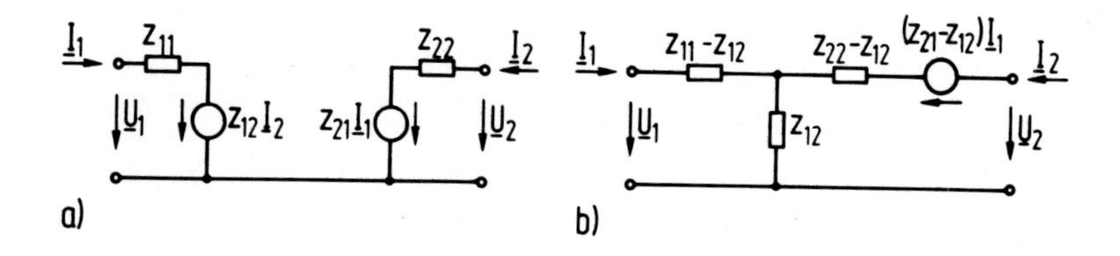

a2) Hybride Matrix [h] , "Stromverstärker-Matrix"

$$\begin{bmatrix} \underline{U}_1 \\ \underline{I}_2 \end{bmatrix} = \begin{bmatrix} h_{11} & h_{12} \\ h_{21} & h_{22} \end{bmatrix} \cdot \begin{bmatrix} \underline{I}_1 \\ \underline{U}_2 \end{bmatrix}$$

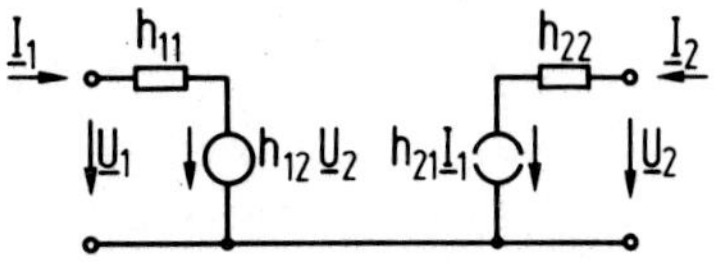

a3) Hybride Matrix [H] , "Spannungsverstärker-Matrix"

$$\begin{bmatrix} \underline{I}_1 \\ \underline{U}_2 \end{bmatrix} = \begin{bmatrix} H_{11} & H_{12} \\ H_{21} & H_{22} \end{bmatrix} \cdot \begin{bmatrix} \underline{U}_1 \\ \underline{I}_2 \end{bmatrix}$$

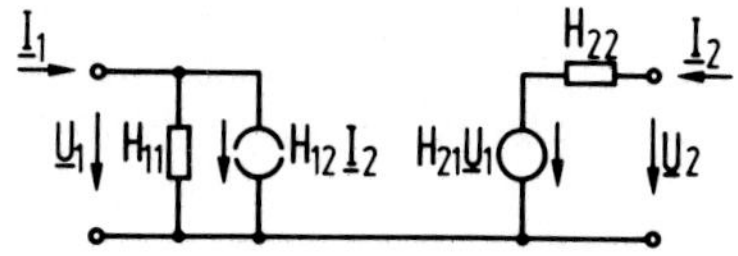

b) Umrechnungstabelle zwischen Zweitorparametern

	[z]	[y]	[H]	[h]	[a]
[z]	$\begin{matrix} z_{11} & z_{12} \\ z_{21} & z_{22} \end{matrix}$	$\begin{matrix} \frac{y_{22}}{\Delta_y} & -\frac{y_{12}}{\Delta_y} \\ -\frac{y_{21}}{\Delta_y} & \frac{y_{11}}{\Delta_y} \end{matrix}$	$\begin{matrix} \frac{1}{H_{11}} & -\frac{H_{12}}{H_{11}} \\ \frac{H_{21}}{H_{11}} & \frac{\Delta_H}{H_{11}} \end{matrix}$	$\begin{matrix} \frac{\Delta_h}{h_{22}} & \frac{h_{12}}{h_{22}} \\ -\frac{h_{21}}{h_{22}} & \frac{1}{h_{22}} \end{matrix}$	$\begin{matrix} \frac{a_{11}}{a_{21}} & \frac{\Delta_a}{a_{21}} \\ \frac{1}{a_{21}} & \frac{a_{22}}{a_{21}} \end{matrix}$
[y]	$\begin{matrix} \frac{z_{22}}{\Delta_z} & -\frac{z_{12}}{\Delta_z} \\ -\frac{z_{21}}{\Delta_z} & \frac{z_{11}}{\Delta_z} \end{matrix}$	$\begin{matrix} y_{11} & y_{12} \\ y_{21} & y_{22} \end{matrix}$	$\begin{matrix} \frac{\Delta_H}{H_{22}} & \frac{H_{12}}{H_{22}} \\ -\frac{H_{21}}{H_{22}} & \frac{1}{H_{22}} \end{matrix}$	$\begin{matrix} \frac{1}{h_{11}} & -\frac{h_{12}}{h_{11}} \\ \frac{h_{21}}{h_{11}} & \frac{\Delta_h}{h_{11}} \end{matrix}$	$\begin{matrix} \frac{a_{22}}{a_{12}} & -\frac{\Delta_a}{a_{12}} \\ -\frac{1}{a_{12}} & \frac{a_{11}}{a_{12}} \end{matrix}$
[H]	$\begin{matrix} \frac{1}{z_{11}} & -\frac{z_{12}}{z_{11}} \\ \frac{z_{21}}{z_{11}} & \frac{\Delta_z}{z_{11}} \end{matrix}$	$\begin{matrix} \frac{\Delta_y}{y_{22}} & \frac{y_{12}}{y_{22}} \\ -\frac{y_{21}}{y_{22}} & \frac{1}{y_{22}} \end{matrix}$	$\begin{matrix} H_{11} & H_{12} \\ H_{21} & H_{22} \end{matrix}$	$\begin{matrix} \frac{h_{22}}{\Delta_h} & -\frac{h_{12}}{\Delta_h} \\ -\frac{h_{21}}{\Delta_h} & \frac{h_{11}}{\Delta_h} \end{matrix}$	$\begin{matrix} \frac{a_{21}}{a_{11}} & -\frac{\Delta_a}{a_{11}} \\ \frac{1}{a_{11}} & \frac{a_{12}}{a_{11}} \end{matrix}$
[h]	$\begin{matrix} \frac{\Delta_z}{z_{22}} & \frac{z_{12}}{z_{22}} \\ -\frac{z_{21}}{z_{22}} & \frac{1}{z_{22}} \end{matrix}$	$\begin{matrix} \frac{1}{y_{11}} & -\frac{y_{12}}{y_{11}} \\ \frac{y_{21}}{y_{11}} & \frac{\Delta_y}{y_{11}} \end{matrix}$	$\begin{matrix} \frac{H_{22}}{\Delta_H} & -\frac{H_{12}}{\Delta_H} \\ -\frac{H_{21}}{\Delta_H} & \frac{H_{11}}{\Delta_H} \end{matrix}$	$\begin{matrix} h_{11} & h_{12} \\ h_{21} & h_{22} \end{matrix}$	$\begin{matrix} \frac{a_{12}}{a_{22}} & \frac{\Delta_a}{a_{22}} \\ -\frac{1}{a_{22}} & \frac{a_{21}}{a_{22}} \end{matrix}$
[a]	$\begin{matrix} \frac{z_{11}}{z_{21}} & \frac{\Delta_z}{z_{21}} \\ \frac{1}{z_{21}} & \frac{z_{22}}{z_{21}} \end{matrix}$	$\begin{matrix} -\frac{y_{22}}{y_{21}} & -\frac{1}{y_{21}} \\ -\frac{\Delta_y}{y_{21}} & -\frac{y_{11}}{y_{21}} \end{matrix}$	$\begin{matrix} \frac{1}{H_{21}} & \frac{H_{22}}{H_{21}} \\ \frac{H_{12}}{H_{21}} & \frac{\Delta_H}{H_{21}} \end{matrix}$	$\begin{matrix} -\frac{\Delta_h}{h_{21}} & -\frac{h_{11}}{h_{21}} \\ -\frac{h_{22}}{h_{21}} & -\frac{1}{h_{21}} \end{matrix}$	$\begin{matrix} a_{11} & a_{12} \\ a_{21} & a_{22} \end{matrix}$

$\Delta_k = k_{11}k_{22} - k_{12}k_{21}$ = Determinante der Matrix

c) Zweitorkenngrößen

Nach dem Schema von Abschnitt 3.2 können jeweils in einfacher Weise $Y_E = 1/Z_E$, $Y_A = 1/Z_A$, V_u, V_i berechnet werden. Auf die Wiedergabe der Formeln wird daher verzichtet.
Der Stabilitätsfaktor K und der maximale Gewinn lassen sich direkt durch z-, h- und H-Parameter ausdrücken, wenn in Gl. (3.22) und (3.29) die y_{ik} durch die entsprechenden anderen Parameter ersetzt werden. Die unilaterale Verstärkung G_u nach Gl. (3.33) läßt sich durch z-Parameter ausdrücken, wenn die y_{ik} durch die z_{ik} ersetzt werden.

d) Zusammenschaltungen

Die möglichen Verknüpfungen von zwei Zweitoren und die zu verwendenden Zweitorparameter zur einfachen Bestimmung der resultierenden Matrix sind für die noch nicht betrachteten Sätze von Zweitorparametern dem nachfolgenden Bild zu entnehmen. Wenn die durchgezogenen Verbindungen in den einzelnen Zweitoren vorhanden sind, sind die Torbedingungen sicher erfüllt.

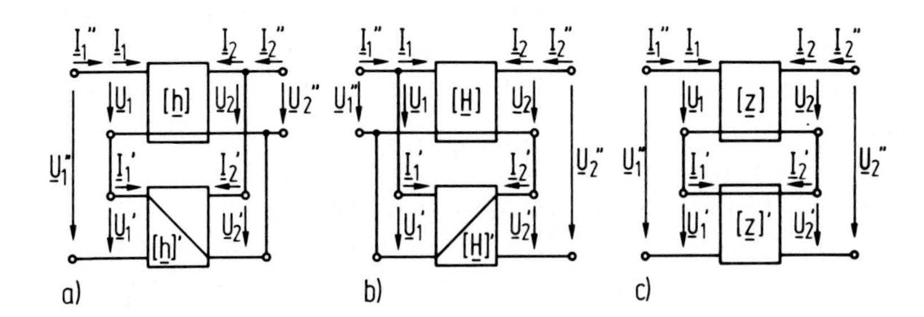

a) eingangsseitige Serienschaltung, ausgangseitige Parallelschaltung: die h-Parameter werden addiert

b) eingangsseitige Parallelschaltung, ausganseitige Serienschaltung: die H-Parameter werden addiert

c) ein- und ausgangsseitige Serienschaltung: die z-Parameter werden addiert

4. Streuparameter

Für den Einsatz in u.a. Verstärkern oder Oszillatoren werden die Kleinsignaleigenschaften von Transistoren, oder allgemeiner von Zweitoren, üblich bei Frequenzen bis zu einigen 100 MHz durch Leitwertparameter charakterisiert. Bei Frequenzen oberhalb von etwa 100 MHz wird die Messung der Leitwertparameter zunehmend ungenau, weil z.B. ein Kurzschluß direkt an den Transistoranschlüssen nicht breitbandig realisiert werden kann. Durch Zuleitungsinduktivitäten entsteht anstelle eines Kurzschlusses ein mit der Frequenz ansteigender Blindwiderstand, die Messungen werden dadurch verfälscht. Die Praxis zeigt außerdem, daß Hochfrequenztransistoren zum Schwingen neigen, wenn sie mit reinen Blindwiderständen, Kurzschlüssen oder Leerläufen beschaltet werden.

Der entscheidende Gesichtspunkt ist, daß regelmäßig Zuleitungen und Verbindungsleitungen in Schaltungen erforderlich sind (bei der Messung der Zweitorparameter z.B. zwischen Zweitor und Meßgerät). Bei hohen Frequenzen darf der Leitungscharakter von Verbindungen nicht vernachlässigt werden, er geht sogar wesentlich ein, wenn die Länge der Leitungen vergleichbar mit der Wellenlänge wird. Aus der Theorie der Leitungen ist bekannt, daß Spannung und Strom auf einer Leitung in komplizierter Weise ortsabhängig sind. Die Länge von Verbindungsleitungen beeinflußt daher bei hohen Frequenzen grundsätzlich die Messung z.B. der Leitwertparameter.

Daher hat sich bei hohen Frequenzen die Charakterisierung von Zweitoren - beispielsweise Transistoren - durch Streuparameter (s-Parameter) durchgesetzt. Streuparameter werden in diesem Kapitel zunächst zur Charakterisierung linearer, zeitinvarianter Zweitore eingeführt. Es wird ihre Bedeutung gerade im Hochfrequenzbereich deutlich werden. Wir berechnen wieder Zweitorkenngrößen durch Streuparameter am Beispiel von Transistoren und gehen dabei wieder besonders auf Stabilität und Leistungsverstärkung ein. Danach werden Streuparameter für lineare n-Tore eingeführt und einige Eigenschaften an Beispielen erläutert. Die Beschreibung von n-Toren durch Streuparameter hat in der Hochfrequenztechnik große Bedeutung.

Lernzyklus 2 B

Lernziele

Nach dem Durcharbeiten des Lernzyklus 2 B sollen Sie in der Lage sein,

- die Definition der Wellengrößen $\underline{a}_i$, $\underline{b}_i$ und die zugehörige Beschaltung des Zweitores anzugeben;

- die Definitionsgleichungen für die Streuparameter anzugeben und ihre Bedeutung zu erläutern;

- das grundsätzliche Meßverfahren zur Bestimmung der Streuparameter zu beschreiben und ihre übliche Darstellung zu erklären;

- Kenngrößen eines Zweitores durch Streuparameter auszudrücken;

- die Bedingungen für die absolute Stabilität durch Streuparameter formelmäßig anzugeben;

- den Vorteil der Transmissionsmatrix zu begründen;

- die Streumatrix eines n-Tores zu erläutern;

- die allgemeinen Eigenschaften eines verlustfreien, reziproken Zweitores und von verlustfreien Dreitoren darzustellen;

- die Streumatrix eines idealen Zirkulators anzugeben;

- die Streumatrix eines idealen Richtkopplers anzugeben und den Aufbau eines einfachen Leitungskopplers zu beschreiben.

4.1 Zweitorcharakterisierung durch Streuparameter

Zur Charakterisierung der Kleinsignaleigenschaften von Transistoren und allgemein von linearen, zeitinvarianten Zweitoren werden bei hohen Frequenzen die Streuparameter oder s-Parameter eingesetzt. Hier werden Ein- und Ausgang des Zweitors durch Leitungen mit dem Wellenwiderstand Z (s. Bild 4.1) beschaltet, die Leitungen können dabei genügend genau als verlustfrei angenommen werden.

Schaltung für s-Parameter

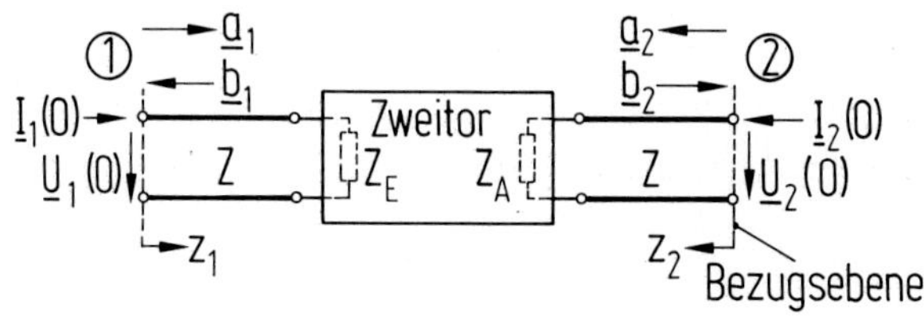

Bild 4.1
Beschaltung eines Zweitors durch Leitungen, Definition von Wellengrößen und Festlegung von Bezugsebenen. Die Tore und die Lage der Bezugsebenen werden durch eingekreiste Ziffern 1 bzw. 2 gekennzeichnet.

Die Leitungen sind dabei an ihrem jeweiligen Ende angepaßt abgeschlossen, so daß frequenzunabhängig an den Toren der Widerstand Z erscheint. (In vielen Fällen wird Z = 50 Ω gewählt.) Bei der Zweitorcharakterisierung durch Streuparameter werden nicht Ströme und Spannungen gemessen, sondern Wellengrößen $\underline{a}_i$ und $\underline{b}_i$ und deren Verhältnisse.

Die Wellengrößen $\underline{a}_i$, $\underline{b}_i$ (i = 1,2) auf den beiden Leitungen sind verknüpft mit den vor- oder rücklaufenden Spannungs-Stromwellen auf den Leitungen gemäß

Wellengrößen

$$\begin{aligned} \underline{a}_i(z) &= \frac{1}{\sqrt{Z}}\,\underline{U}_i^+(z) = \sqrt{Z}\,\underline{I}_i^+(z) \\ \underline{b}_i(z) &= \frac{1}{\sqrt{Z}}\,\underline{U}_i^-(z) = -\sqrt{Z}\,\underline{I}_i^-(z)\,. \end{aligned} \tag{4.1}$$

Die Indizes + und - kennzeichnen hinlaufende (+z-Richtung) und rücklaufende (-z-Richtung) Wellen. Die $\underline{a}_i$ und $\underline{b}_i$ haben die Einheit $\sqrt{\text{Leistung}}$, daher ist auch der Vorfaktor $1/\sqrt{Z}$ eingeführt.
Wir sehen sofort, daß die Beträge $|\underline{a}_i|$, $|\underline{b}_i|$ unabhängig von der Länge der Leitungen sind und durch Leistungsmessungen zu erfassen sind.
Mit der gesamten Spannung $\underline{U}_i(z) = \underline{U}_i^+(z) + \underline{U}_i^-(z)$ und dem Gesamtstrom $\underline{I}_i(z) = \underline{I}_i^+(z) + \underline{I}_i^-(z)$ hängen die $\underline{a}_i$ und $\underline{b}_i$ nach Gl. (4.1) zusammen

entsprechend

$$\underline{a}_i(z) = \frac{1}{2\sqrt{Z}} \{\underline{U}_i(z) + Z\underline{I}_i(z)\}$$
$$\underline{b}_i(z) = \frac{1}{2\sqrt{Z}} \{\underline{U}_i(z) - Z\underline{I}_i(z)\} \, . \tag{4.2}$$

Umgekehrt gilt

$$\underline{U}_i(z) = \sqrt{Z} \{\underline{a}_i(z) + \underline{b}_i(z)\}$$
$$\underline{I}_i(z) = \frac{1}{\sqrt{Z}} \{\underline{a}_i(z) - \underline{b}_i(z)\}. \tag{4.3}$$

Auf beiden Seiten des Zweitores ist derselbe Bezugswiderstand Z gewählt. Damit werden die in der Hochfrequenztechnik üblich auftretenden Verhältnisse erfaßt. (Für n-Tore wird die Darstellung verallgemeinert.)

Die Einführung der Wellengrößen $\underline{a}_i$ und $\underline{b}_i$ ist auch vorteilhaft, weil sie mit Richtkopplern getrennt gemessen werden können und nicht aus - bei hohen Frequenzen schwierig zu messenden - Spannungen und Strömen bestimmt werden müssen. Bis zu Frequenzen von heute etwa 18 GHz werden Leitungskoppler als Richtkoppler eingesetzt. Sie sind in ihrer Grundform aus der Theorie der Mehrfachleitungen bekannt. Bild 4.2 zeigt einen λ/4-Leitungskoppler mit koaxialen Anschlüssen.

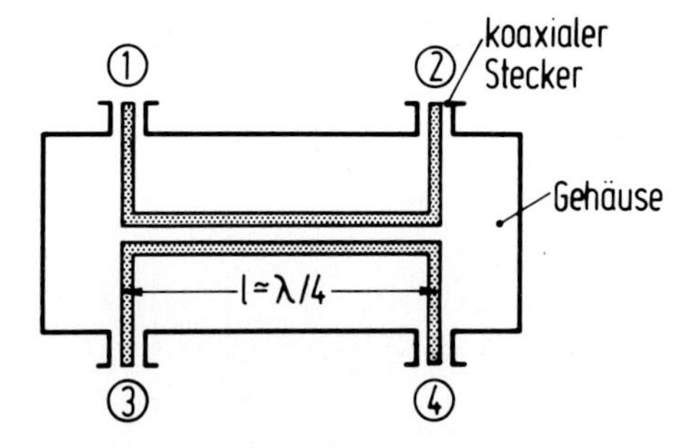

Bild 4.2
Aufsicht eines Leitungskopplers. Die Verbindungen der koaxialen Zuleitungen in einem rechteckförmigen metallischen Gehäuse sind mit einer Koppellänge λ/4 bei der Mittenfrequenz in Aufsicht dargestellt.

Leitungskoppler

Wenn der Leitungskoppler an allen 4 Toren mit Leitungen des Wellenwiderstandes Z beschaltet ist, verschwindet die Eingangsreflexion an allen Toren, wenn die Wellenwiderstände Z_s und Z_a der gekoppelten Leitungen für symmetrische Gleichtakterregung (Index s) und für antisymmetrische Gegentakterregung (Index a) zu $Z = \sqrt{Z_s Z_a}$ gewählt werden. Bei Einspeisung einer vorlaufenden Welle $\underline{U}_1^+$ am Tor 1 verlassen Wellen die anderen Tore mit

$$\underline{U}_3^-/\underline{U}_1^+ = \frac{j\varkappa \sin\beta l}{\sqrt{1-\varkappa^2}\cos\beta l + j\sin\beta l} \quad . \tag{4.4}$$

Dabei ist $\beta l = 2\pi l/\lambda$ die elektrische Länge der Koppelstrecke und $\varkappa$ der Koppelfaktor, der stark vom Abstand der Leiter entlang der Koppelstrecke abhängt. Es ist weiterhin $\underline{U}_4^- = 0$, Tor 4 ist entkoppelt, es entsteht hier kein Signal, und am Tor 2 gilt

$$\underline{U}_2^-/\underline{U}_1^+ = \frac{\sqrt{1-\varkappa^2}}{\sqrt{1-\varkappa^2}\cos\beta l + j\sin\beta l} \quad . \tag{4.5}$$

Wir sehen, daß die Signale an den Toren 2 und 3 unabhängig von $\varkappa$ und βl um 90° außer Phase sind. Für $\beta l = \pi/2$, d.h. $l = \lambda/4$ sind

$$\underline{U}_3^-/\underline{U}_1^+ = \varkappa, \quad \underline{U}_2^-/\underline{U}_1^+ = -j\sqrt{1-\varkappa^2} \quad . \tag{4.6}$$

Der Koppelfaktor hängt vom Kapazitätsbelag C_1' eines Leiters gegen das Gehäuse und der Koppelkapazität/Länge C_{12}' zwischen den Leitern ab nach

$$\varkappa = C_{12}'/(C_1' + C_{12}') = (Z_s - Z_a)/(Z_s + Z_a) \quad . \tag{4.7}$$

Bezugsebenen

In Bild 4.1 sind Bezugsebenen mit $z = 0$ angegeben. Aus der Leitungstheorie ist bekannt, daß wegen der Transformationseigenschaften von Leitungen Bezugsebenen zwingend festgelegt werden müssen.

Während bei der Änderung der Bezugsebenen sich $\underline{U}_i(z)$ und $\underline{I}_i(z)$ in rechnerisch komplizierter Weise verändern, transformieren sich die Wellengrößen $\underline{a}_i(z)$ und $\underline{b}_i(z)$ bei Veränderung der Bezugsebenen um Δz_1, Δz_2 in einfacher Weise nach

$$\begin{aligned} \underline{a}_1 &= \underline{a}_1(o)\exp(-j\beta\Delta z_1); \quad \underline{b}_1 = \underline{b}_1(o)\exp(+j\beta\Delta z_1) \\ \underline{a}_2 &= \underline{a}_2(o)\exp(-j\beta\Delta z_2); \quad \underline{b}_2 = \underline{b}_2(o)\exp(+j\beta\Delta z_2) \quad . \end{aligned} \tag{4.8}$$

Der Zusammenhang zwischen den Größen $\underline{a}_i$ und $\underline{b}_i$ muß bei einem linearen

Zweitor linear sein. Wir schreiben als Definitionsgleichungen für die Streuparameter s_{ik}

Streu-
parameter

$$\underline{b}_1 = s_{11}\underline{a}_1 + s_{12}\underline{a}_2, \quad \underline{b}_2 = s_{21}\underline{a}_1 + s_{22}\underline{a}_2 \qquad \begin{bmatrix} \underline{b}_1 \\ \underline{b}_2 \end{bmatrix} = [s] \begin{bmatrix} \underline{a}_1 \\ \underline{a}_2 \end{bmatrix} \tag{4.9}$$

Streumatrix

mit den vorlaufenden Wellen $\underline{a}_i$ als unabhängige Variable. [s] ist die Streumatrix eines Zweitores.

Diese Verknüpfung der $\underline{b}_i$ mit den $\underline{a}_i$ ist in Bild 4.3 grafisch dargestellt.

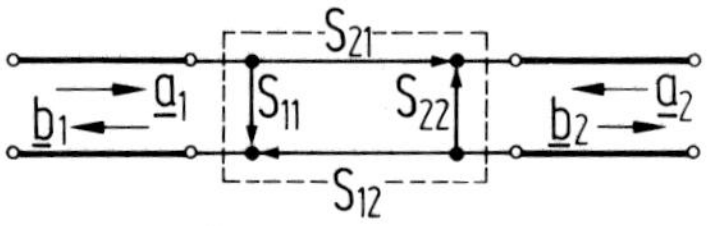

Bild 4.3
Grafische Darstellung der Verknüpfung von rück- und vorlaufenden Wellen $\underline{b}_i$, $\underline{a}_i$

Bedeutung

Die Größen s_{ik} (i, k = 1,2), die im allgemeinen komplex und frequenzabhängig sind, haben folgende Bedeutung

$s_{11} = \underline{b}_1/\underline{a}_1 \big|_{\underline{a}_2 = 0}$ ist der Reflexionsfaktor $(Z_E - Z)/(Z_E + Z)$ am Tor 1 (Eingangsreflexionsfaktor) bei Anpassung der Ausgangsleitung.

$s_{21} = \underline{b}_2/\underline{a}_1 \big|_{\underline{a}_2 = 0}$ ist der Übertragungsfaktor von Eingang auf den Ausgang bei Anpassung der Ausgangsleitung. s_{21} ist bei Verstärkern ein Maß für die Vorwärtsverstärkung.

$s_{22} = \underline{b}_2/\underline{a}_2 \big|_{\underline{a}_1 = 0}$ ist der Reflexionsfaktor $(Z_A - Z)/(Z_A + Z)$ am Tor 2 (Ausgangsreflexionsfaktor) bei Anpassung der Eingangsleitung.

$s_{12} = \underline{b}_1/\underline{a}_2 \big|_{\underline{a}_1 = 0}$ ist der Übertragungsfaktor vom Ausgang auf den Eingang bei Anpassung der Eingangsleitung. s_{12} ist ein Maß für die im Verstärkerbetrieb unerwünschte Rückwirkung.

In Bild 4.4 sind die Bedeutung der s_{ik} und die jeweilige Beschaltung des Zweitors dargestellt.

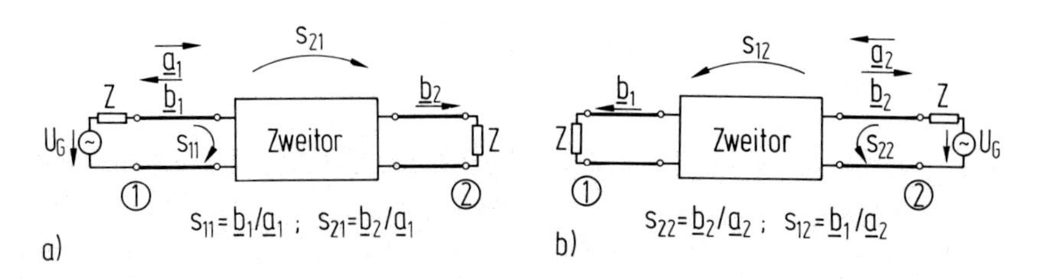

Bild 4.4
Definition der s-Parameter

Wir erkennen noch eine weitere Bedeutung von $|s_{21}|^2$ und $|s_{12}|^2$:
Die verfügbare Leistung des Generators mit dem Innenwiderstand Z ist ersichtlich $P_{Gv} = |\underline{a}_1|^2$ (oder $P_{Gv} = |\underline{a}_2|^2$ in Bild 4.4b), die an die Last Z abgegebenen Leistungen sind $P_A = |\underline{b}_2|^2$ oder in Bild 4.4b $P_A = |\underline{b}_1|^2$, wenn jeweils $Z_L = Z$ ist. Damit haben $|s_{21}|^2$ und $|s_{12}|^2$ auch die Bedeutungen:
$|s_{21}|^2$ = Gewinn G in Vorwärtsrichtung, $|s_{12}|^2$ = Gewinn G in Rückwärtsrichtung bei einem Generatorinnenwiderstand Z und einer Last Z.

Aufgabe 4.1

Geben Sie die Eingangsleistung P_E in Bild 4.4a mit Wellengrößen an.

Aufgabe 4.2

Die Streuparameter eines Längswiderstandes R sind anzugeben.

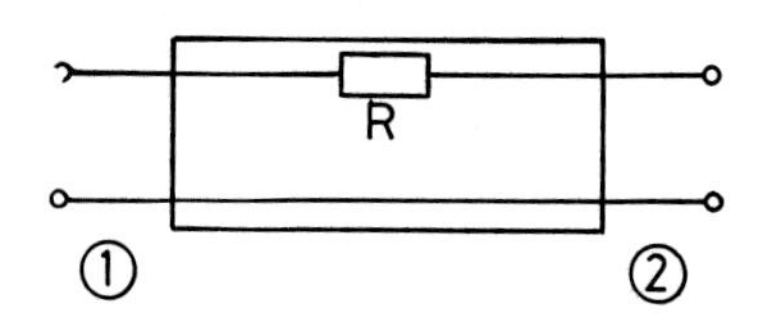

Die Streuparameter s_{ik} lassen sich bis weit in den GHz-Bereich mit einer prinzipiellen Anordnung nach Bild 4.5 genügend genau bestimmen.

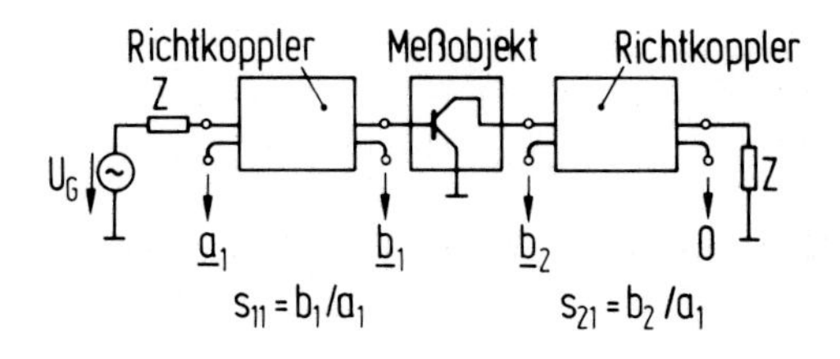

Bild 4.5
Schema einer Meßanordnung zur Bestimmmung der Streuparameter s_{11} und s_{21} eines Zweitores mit zwei Richtkopplern

Meßverfahren

Zur Messung von s_{22} und s_{12} werden Ein- und Ausgang des Meßobjektes vertauscht.

Über Richtkoppler werden jeweils vor- und rücklaufende Wellen ausgekoppelt und ihre Verhältnisse nach Betrag und Phase gemessen. Hierzu werden Netzwerkanalysatoren oder Vektorvoltmeter eingesetzt. Als Richtkoppler werden vorzugsweise die in ihrer Grundform in Bild 4.2 angegebenen Leitungskoppler herangezogen. Der Koppelfaktor $\varkappa$ ist dazu typisch recht klein ($20 \log \varkappa \simeq -20$ bis -30 dB). Entscheidend ist die Richtwirkung, d.h. Entkopplung eines Tores. Bei nicht perfekter Entkopplung (z.B. infolge von Fertigungstoleranzen) enthält z.B. $\underline{b}_1$ noch einen Anteil aus $\underline{a}_1$ und s_{11} wird fehlerbehaftet gemessen (Beispiel: Kopplung -20 dB, Richtwirkung (Entkopplung) -40 dB: dann hat schon dadurch s_{11} einen Fehler von etwa 10 %).

Darstellung

Die Parameter s_{11} und s_{22} werden ihrer Bedeutung als Reflexionsfaktoren entsprechend meist in einem Smith-Diagramm eingetragen. Vorwärts- und Rückwärtsübertragung werden in Betrag-Phasen-Darstellung aufgetragen. (Heute werden für einen rechnergestützten Schaltungsentwurf die Frequenzgänge der s_{ik} von Transistoren oft in Tabellen für feste Arbeitspunkte angegeben.) Die Bezugsebenen liegen üblich direkt am Gehäuse des Transistors. Bild 4.6 zeigt die Streuparameter des npn-Transistors 2N5179 (Motorola), dessen Leitwertparameter schon in Bild 3.2 dargestellt wurden.

Beispiel: npn-Transistor

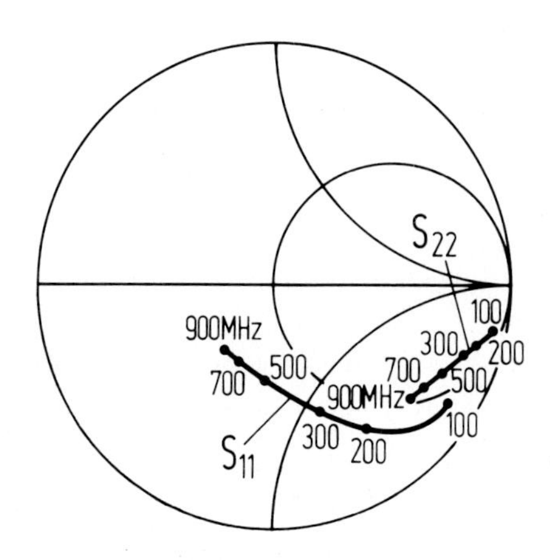

Bild 4.6a
Frequenzgänge der Ein- und Ausgangsreflexion s_{11} und s_{22} für 50 Ω Bezugswiderstand (U_{ce} = 6 V, I_c = 1.5 mA)

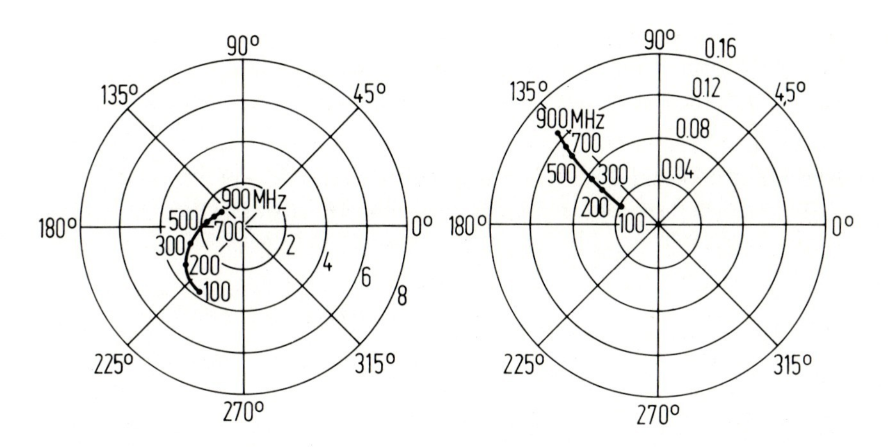

Bild 4.6b
Frequenzgang der Vorwärtsübertragung s_{21} mit Absinken von $|s_{21}|$

Bild 4.6c
Frequenzgang der Rückwärtsübertragung s_{12} mit Anstieg von $|s_{12}|$

Bild 4.7 zeigt die Streuparameter eines ionenimplantierten GaAs-MESFET (Siemens CFY 12, der Aufbau ist in Bild 2.2 gezeigt) im Frequenzbereich 2 - 12 GHz für U_{DS} = 4 V, U_{GS} = 0 V.

Beispiel: GaAs-MESFET

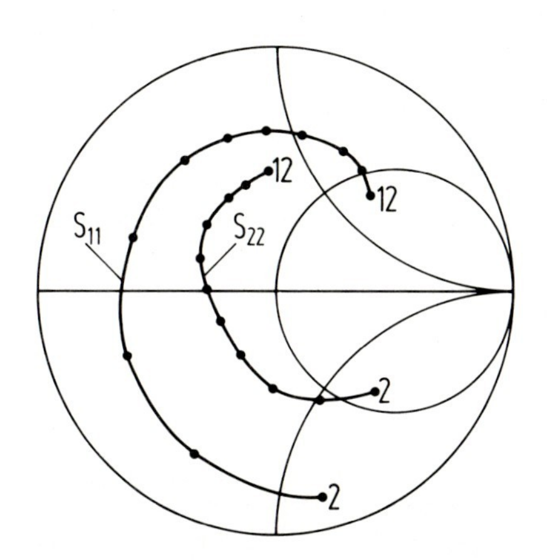

Bild 4.7a
Frequenzgänge von s_{11} und s_{22} eines GaAs-MESFET

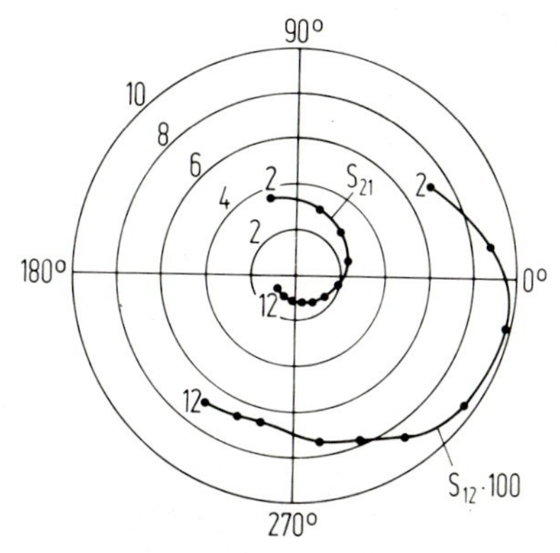

Bild 4.7b
Frequenzgänge von s_{21} und s_{12} eines GaAs-MESFET

Die Frequenzgänge der Streuparameter enthalten bei diesen hohen Frequenzen auch Gehäuseeinflüsse. Der Verlauf von s_{11} in Bild 4.7a läßt sich ersichtlich grob nachbilden durch eine RLC-Serienschaltung mit $R \simeq 10\ \Omega$ und Resonanz bei etwa 4.5 GHz. Die Ausgangsreflexion s_{22} zeigt wegen

Zuleitungsinduktivitäten ein vergleichbares Verhalten.
Die Frequenzgänge von s_{21} und s_{12} (Bild 4.7b) sind ebenfalls durch Zuleitungsinduktivitäten und Gehäusekapazitäten stark beeinflußt.

Änderung der Bezugsebenen

Die Streuparameter nach Gl. (4.9) sind definiert für die Bezugsebenen (z = 0 in Bild 4.1). Bei Änderungen der Bezugsebenen ist die Streumatrix dann gemäß Gl. (4.8), (4.9) zu transformieren nach

$$[s]' = [\Delta z]\,[s]\,[\Delta z]^t, \; [\Delta z] = \begin{bmatrix} \exp(j\beta\Delta z_1) & 0 \\ 0 & \exp(j\beta\Delta z_2) \end{bmatrix} \qquad (4.10)$$

Die Elemente der auf neue Bezugsebenen transformierten Streumatrix sind daher mit reinen Phasenfaktoren behaftet.

Hinweis !

Wir werden bei den weiteren Rechnungen die Länge der Zuleitungen zur Vereinfachung auf Null setzen und die Bezugsebenen direkt an den Toren festlegen.

4.2 Berechnung von Zweitorkenngrößen

Die wesentlichen Kenngrößen beschalteter Zweitore - hier wird besonders auf lineare Verstärker abgestellt - lassen sich ähnlich wie mit den Leitwertparametern aus den Streuparametern berechnen.
Anstelle von Ein- und Ausgangswiderständen werden üblich die zugehörigen Reflexionsfaktoren angegeben. (In Leitungsschaltungen interessieren meist nicht die absoluten Widerstände, sondern die auf den Wellenwiderstand der Leitung bezogenen Werte, oft will man nur Reflexionsfaktoren kennen.)

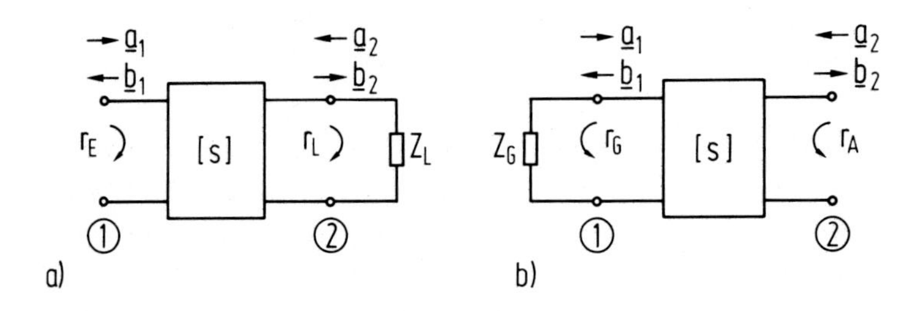

Bild 4.8
Zur Berechnung der Ein- und Ausgangsreflexionen r_E und r_A

Nach Bild 4.8a ist die Eingangsreflexion

Eingangsreflexion r_E bei r_L am Ausgang

$$r_E = (Z_E - Z)/(Z_E + Z) = \underline{b}_1/\underline{a}_1$$

bei einer Lastreflexion

$$r_L = (Z_L - Z)/(Z_L + Z) = \underline{a}_2/\underline{b}_2$$

mit den Gleichungen (4.9)

$$r_E = s_{11} + \frac{s_{21}s_{12}r_L}{1 - s_{22}r_L} \; . \tag{4.11}$$

Daraus kann der Zusammenhang zwischen Z_E und Z_L bestimmt werden. Umgekehrt ist die Ausgangsreflexion

$$r_A = (Z_A - Z)/(Z_A + Z) = \underline{b}_2/\underline{a}_2$$

bei einem Generatorinnenwiderstand Z_G, d.h. bei einem Reflexionsfaktor am Generator

Ausgangsreflexion r_A bei r_G am Eingang

$$r_G = (Z_G - Z)/(Z_G + Z) = \underline{a}_1/\underline{b}_1 \; ,$$

$$r_A = s_{22} + \frac{s_{21}s_{12}r_G}{1 - s_{11}r_G} \; . \tag{4.12}$$

Daraus kann Z_A als Funktion von Z_G bestimmt werden.

Bei vernachlässiger Rückwirkung ($s_{12} = 0$) sind einfach $r_E = s_{11}$ und $r_A = s_{22}$ unabhängig von der Beschaltung des jeweils anderen Tores. Diese Vereinfachungen werden später wichtig sein.

bei $s_{12} = 0$

Spannungs- und Stromverstärkung sind ausgedrückt durch Streuparameter von geringem Interesse. Bei hohen Frequenzen müssen Z_G und Z_L relativ niedrige Wirkanteile haben, damit ist ein sinnvolles Maß allein die Leistungsverstärkung oder der Gewinn, weil Spannungs- und Stromverstärkung dann auch Leistungsverstärkung erfordern. Bevor aber auf diese Größen eingegangen wird, müssen die Stabilitätseigenschaften untersucht und durch Streuparameter charakterisiert werden. Wichtig sind wieder Bedingungen für absolute Stabilität. Dazu müssen immer

Stabilität

$R_E = \text{Re}\{Z_E\}$ und $R_A = \text{Re}\{Z_A\}$ größer Null sein; dann kann keine unerwünschte Schwingung auftreten. Durch Reflexionsfaktoren ausgedrückt lauten diese Bedingungen für absolute Stabilität

$$|r_E| < 1 \quad \text{und} \quad |r_A| < 1 \tag{4.13}$$

für alle $|r_L| < 1$ bzw. $|r_G| < 1$.

Aufgabe 4.3

a) Zeigen Sie, daß $|r_E| > 1$ bedeutet, daß $R_E = \text{Re}\{Z_E\} < 0$ ist.

b) Es sei $Z_E = -|R_E| + jX_E$. Für welches Z_G tritt eine unerwünschte Schwingung auf ?

c) Wann können bei der Messung der s-Parameter Instabilitäten entstehen?

Wir gehen in folgender Weise zur Ableitung der Bedingungen für absolute Stabilität vor: r_E nach Gl. (4.11) hängt von r_L ab. Alle passiven Lastwiderstände liegen im Innern des Kreises $|r_L| = 1$ der r_L-Ebene. Dieser Kreis wird nach Gl. (4.11) abgebildet auf die r_E-Ebene. Wenn die Fläche des Kreises $|r_L| = 1$ nach der Abbildung innerhalb des Kreises mit $|r_E| = 1$ der r_E-Ebene liegt, kann ersichtlich für kein r_L mit $|r_L| < 1$ am Eingang $|r_E| > 1$ werden. Für absolute Stabilität müssen sofort $|s_{11}| < 1$ und $|s_{22}| < 1$ sein, damit auch für $r_L = r_G = 0$ $|r_E| < 1$ und $|r_A| < 1$ gilt.

Zur Durchführung der Abbildung schreiben wir Gl. (4.11) um auf

$$r_E = s_{11} + \frac{s_{21}s_{12}/s_{22}}{1/(s_{22}r_L) - 1} \quad . \tag{4.14}$$

Wir wissen, daß eine Abbildung nach Gl. (4.11) bzw. (4.14) als gebrochen rationale Funktion Kreise in Kreise abbildet und führen ähnlich wie in Übungsaufgabe 3.6 die Abbildung des Kreises $|r_L| = 1$ schrittweise durch. Der Mittelpunkt des Kreises wird jeweils durch den Vektor $\overrightarrow{MP}$ angegeben, der Radius wird mit ρ bezeichnet.

1. $1/(s_{22}r_L)$-Ebene: $\overrightarrow{MP}_1 = 0$; $\rho_1 = 1/|s_{22}|$
2. $\{1/s_{22}r_L) - 1\}$-Ebene: $\overrightarrow{MP}_2 = -1$; $\rho_2 = 1/|s_{22}|$

3. $\dfrac{1}{1/(s_{22}r_L)-1}$ -Ebene: $\vec{MP}_3 = |s_{22}|^2/(1-|s_{22}|^2)$; $\rho_3 = \left|\dfrac{-|s_{22}|}{1-|s_{22}|^2}\right|$

4. $\dfrac{s_{21}s_{12}/s_{22}}{1/(s_{22}r_L)-1}$ -Ebene: $\vec{MP}_4 = \dfrac{s_{21}s_{12}}{s_{22}}\,\dfrac{|s_{22}|^2}{1-|s_{22}|^2}$; $\rho_4 = \left|\dfrac{|s_{21}s_{12}|}{1-|s_{22}|^2}\right|$

In der r_E-Ebene ergibt sich dann ein Kreis mit dem Mittelpunkt $\vec{MP}$ und dem Radius ρ (s. Bild 4.9)

$$\vec{MP} = s_{11} + s_{22}^* \frac{s_{21}s_{12}}{1-|s_{22}|^2}\ ; \quad \rho = \left|\frac{s_{21}s_{12}}{1-|s_{22}|^2}\right| . \tag{4.15}$$

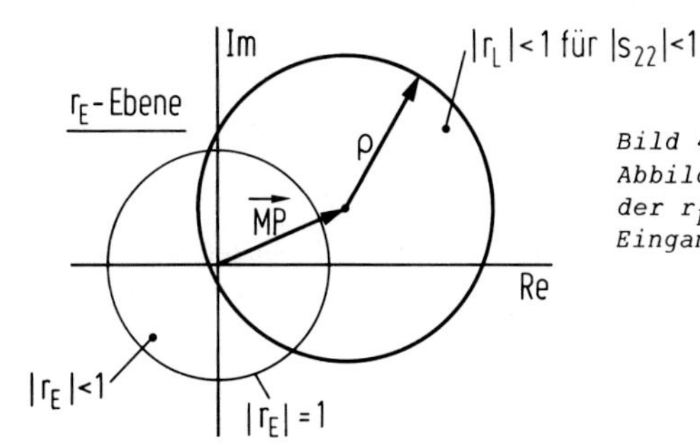

Bild 4.9
Abbildung des Kreises $|r_L| = 1$ der r_L-Ebene auf die Ebene des Eingangsreflexionsfaktors r_E

Wir prüfen nach, wann die Fläche innerhalb des Kreises $|r_L| = 1$ auf die Fläche innerhalb des Kreises mit $\vec{MP}$, ρ in der r_E-Ebene abgebildet wird. Nehmen wir als Test den Punkt $r_L = 0$ in der r_L-Ebene, dafür ist $r_E = s_{11}$, dieser Wert für r_E liegt nach Gl. (4.15) dann innerhalb des Kreises, wenn $|s_{22}| < 1$ ist, wie schon oben für Stabilität verlangt. [1)] Es muß also der abgebildete Kreis für absolute Stabilität innerhalb des Kreises $|r_E| = 1$ liegen. Über die Bedingungen $|s_{11}|$, $|s_{22}| < 1$ hinaus muß also

Bedingung

$$|\vec{MP}| + \rho < 1 \tag{4.16}$$

gelten, damit absolute Stabilität vorliegt. Mit Gl. (4.15) bedeutet diese Bedingung:

$$\left|s_{11} + \frac{s_{21}s_{12}s_{22}^*}{1-|s_{22}|^2}\right| < 1 - \frac{|s_{21}s_{12}|}{1-|s_{22}|^2} . \tag{4.17}$$

1 Wenn äquivalent der Kreis $|r_E|=1$ auf die r_L-Ebene abgebildet wird, ist die Prüfung der Abbildung des Kreisinneren viel umständlicher.

Danach muß sofort gelten

$$|s_{21}s_{12}| < 1 - |s_{22}|^2 \tag{4.18}$$

und nach Umformung von Gl. (4.17) auch

$$K = \frac{1 + |s_{11}s_{22} - s_{12}s_{21}|^2 - |s_{11}|^2 - |s_{22}|^2}{2\,|s_{21}s_{12}|} > 1 \tag{4.19}$$

mit wieder dem Stabilitätsfaktor K, der jetzt durch Streuparameter ausgedrückt ist.

absolute Stabilität

Wir haben hier die Bedingung für $|r_E| < 1$ untersucht. Für $|r_A| < 1$ brauchen nur die Indizes 1 und 2 in den Gl. (4.17) - (4.19) ausgetauscht zu werden. K ändert sich dabei nicht. Damit sind insgesamt die notwendigen und hinreichenden Bedingungen für absolute Stabilität:

$$|s_{11}| < 1, \; |s_{22}| < 1; \; |s_{12}s_{21}| < 1 - |s_{22}|^2; \\ |s_{21}s_{12}| < 1 - |s_{11}|^2; \; K > 1 . \tag{4.20}$$

In der Praxis ist meist die Prüfung von K > 1 von Bedeutung.

G_m

Bei der Berechnung der Bedingungen für Leistungsanpassung am Ein- und Ausgang, d.h. es muß gleichzeitig gelten $r_G = r_E^*$ und $r_L = r_A^*$, stellt man fest, daß nur für absolute Stabilität Leistungsanpassung möglich ist, da nur dann sich Werte $|r_G| < 1$ und $|r_L| < 1$ ergeben. Ohne Rechnung werden hier angegeben:

maximaler Gewinn:
$$G_m = \left|\frac{s_{21}}{s_{12}}\right| \left\{ K \pm \sqrt{K^2 - 1} \right\} \tag{4.21}$$

optimale Generatorreflexion:
$$r_{Gopt} = C_1^* \left\{ \frac{B_1 \pm \sqrt{B_1^2 - 4|C_1|^2}}{2|C_1|^2} \right\} \tag{4.22}$$

optimale Lastreflexion:
$$r_{Lopt} = C_2^* \left\{ \frac{B_2 \pm \sqrt{B_2^2 - 4|C_2|^2}}{2|C_2|^2} \right\} . \tag{4.23}$$

Dabei sind

$$B_1 = 2(1 - |s_{22}|^2 - K|s_{21}s_{12}|),$$
$$C_1 = s_{11} - (s_{11}s_{22} - s_{21}s_{12})s_{22}^* , \qquad (4.24)$$

für B_2 und C_2 sind die Indizes 1 und 2 auszutauschen (1 → 2, 2 → 1).

Für $B_1 > 0$ sind die Minuszeichen in Gl. (4.21), (4.22) zu wählen, bei $B_1 < 0$ die +-Zeichen. Für $B_2 > 0$ gilt das negative Vorzeichen in Gl. (4.23), das +-Zeichen ist bei $B_2 < 0$ zu wählen.

Weiterhin soll nur angegeben werden, daß die maximale unilaterale Verstärkung G_u mit den Streuparametern lautet:

G_u

$$G_u = \frac{1}{2} \frac{|s_{21}/s_{12} - 1|^2}{K|s_{21}/s_{12}| - \mathrm{Re}\{s_{21}/s_{12}\}} \qquad (4.25)$$

Es wird wiederholt: G_u ist auch für potentiell instabile Zweitore definiert. Wenn durch den Schaltungsaufbau die Messung der Streuparameter durch parasitäre Reaktanzen verfälscht wird, ändert sich G_u nicht, auch wenn die Reaktanzen rückkoppelnd wirken. Aus den Bemerkungen zu Bild 4.7 folgt die Bedeutung von G_u gerade bei hohen Frequenzen.

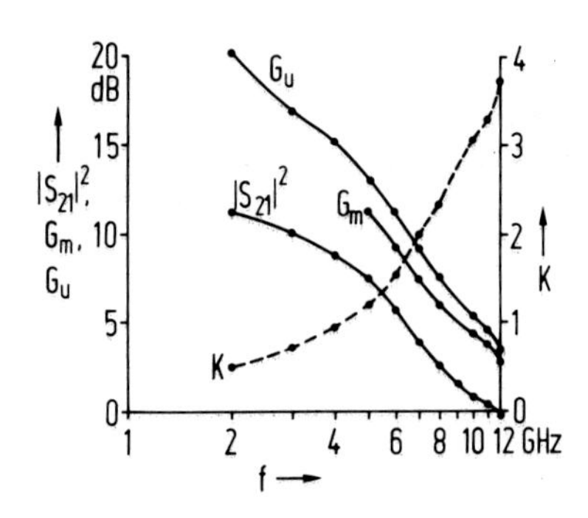

Bild 4.10
Frequenzgänge von $|s_{21}|^2$, G_m, G_u und des Stabilitätsfaktors K für den GaAs-MESFET CFY 12 (Siemens)

Beispiel

Bild 4.10 zeigt die aus den Streuparametern (s. Bild 4.7a,b) eines GaAs-MESFET berechnete Frequenzabhängigkeit von $|s_{21}|^2$, G_m, G_u und des Stabilitätsfaktors K. Wir sehen, daß erst oberhalb von 5 GHz K K>1, damit läßt sich erst für f>5 GHz Leistungsanpassung herstellen und G_m ist definiert. (Es ist im übrigen charakteristisch für HF-Transistoren, daß sie gerade bei niedrigen Frequenzen - bei denen die Verstärkung hoch ist - zu Instabilitäten neigen.) Weiterhin

Diskussion

ist G_m größer als $|s_{21}|^2$, so daß der Gewinn gegenüber einer Beschaltung mit $Z_G = Z_L = 50\ \Omega$ durch Leistungsanpassung erheblich gesteigert werden kann. Die unilaterale Verstärkung ist immer definiert. Wir sehen, daß $G_u > G_m$ ist, die Rückwirkung macht sich also bei hohen Frequenzen als verstärkungsmindernde Gegenkopplung bemerkbar.

Die angeführten Formeln sollen für ein Beispiel ausgewertet werden. Die Streuparameter eines Transistors seien für feste Frequenz und festen Arbeitspunkt

Zahlen-beispiel

$$s_{11} = 0.277 \exp(-j\,59^\circ); \quad s_{22} = 0.848 \exp(-j\,31^\circ)$$

$$s_{12} = 0.078 \exp(j\,93^\circ); \quad s_{21} = 1.920 \exp(j\,64^\circ)\,.$$

Mit diesen Daten ist $K = 1.033$, die Bedingungen in Gl. (4.20) sind erfüllt, der Transistor ist absolut stabil.
Mit Gl. (4.24) sind

$$B_1 = 0.253; \; C_1 = 0.12 \exp(-j\,135.4^\circ);$$

$$B_2 = 1.537; \; C_2 = 0.768 \exp(-j\,33.8^\circ)\,.$$

In den Gleichungen (4.21) - (4.23) sind mithin die $-$-Zeichen zu wählen. Es ergeben sich Generator- und Lastreflexionen für Leistungsanpassung zu

$$r_{Gopt} = 0.73 \exp(j\,135^\circ)\;; \quad r_{Lopt} = 0.95 \exp(j\,39^\circ)\,.$$

Die tatsächlich vorliegenden Generator- und Lastwiderstände (in der Praxis oft gleich $Z = 50\ \Omega$) sind dazu auf diesen Reflexionsfaktoren entsprechende Widerstände zu transformieren. Verfahren dazu werden wir in Kapitel 5 kennenlernen.
Der maximale Gewinn und die maximale unilaterale Verstärkung sind $G_m = 19.1 \mathrel{\hat{=}} 12.1$ dB ; $G_u = 72.3 \mathrel{\hat{=}} 18.6$ dB.

Aufgabe 4.4

Die Streuparameter eines Transistors sind bei 50 Ω Bezugswiderstand
$s_{11} = 0.657 \exp(j\,108^\circ)$; $s_{21} = 1.567 \exp(-j\,34^\circ)$;
$s_{12} = 0.078 \exp(-j\,67^\circ)$; $s_{22} = 0.293 \exp(j\,179^\circ)$.

a) Wie groß ist der Gewinn G bei $Z_G = Z_L = 50\ \Omega$?

b) Wie groß ist die unilaterale Verstärkung G_u ?

c) Ist der Transistor absolut stabil ? Wie groß ist dann G_m ?

4.3 Transmissionsmatrix, Umrechnungen zwischen Ketten- und Streuparametern

Zur einfachen Berechnung der Gesamtmatrix einer Kettenschaltung sind Streumatrizen nicht gut geeignet. Hierfür ist günstiger die Transmissionsmatrix [T] anzuwenden nach den Definitionsgleichungen

$$\begin{aligned} \underline{b}_1 &= T_{11}\underline{a}_2 + T_{12}\underline{b}_2 \\ \underline{a}_1 &= T_{21}\underline{a}_2 + T_{22}\underline{b}_2 \,. \end{aligned} \tag{4.26}$$

Bedeutung

Hier sind wie früher bei der Kettenmatrix die Größen am Tor 2 als unabhängige Variable gewählt. Nach Bild 4.11 ist damit - wie auch für Kettenmatrizen - die Transmissionsmatrix einer Kettenschaltung das Produkt der einzelnen Transmissionsmatrizen.

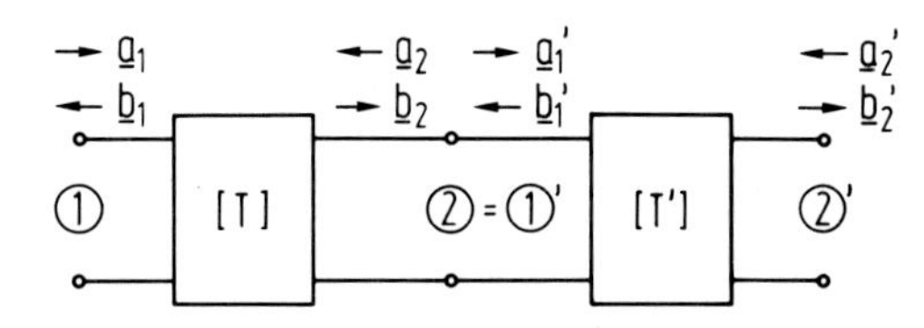

Bild 4.11
Kettenschaltung und Transmissionsmatrizen

Den Elementen T_{ik} der Transmissionsmatrix kommt keine besondere physikalische Bedeutung zu. Sie lauten ausgedrückt durch die Streuparameter s_{ik}

$$\begin{aligned} T_{11} &= s_{12} - s_{11}s_{22}/s_{21} \;;\quad T_{12} = s_{11}/s_{21} \;; \\ T_{21} &= -s_{22}/s_{21} \;;\quad T_{22} = 1/s_{21}. \end{aligned} \tag{4.27}$$

Umrechnung

Umgekehrt gilt

$$\begin{aligned} s_{11} &= T_{12}/T_{22} \;;\quad s_{12} = T_{11} - T_{12}T_{21}/T_{22} \;; \\ s_{21} &= 1/T_{22} \;;\quad s_{22} = -T_{21}/T_{22} \,. \end{aligned} \tag{4.28}$$

Wir geben hier die Umrechnung zwischen Kettenparametern und Streuparametern an, weil diese besonders in Leitungsschaltungen häufig benötigt wird. Wenn in der Kettendarstellung nach Gl.(3.35) Spannungen und Ströme mit Gl.(4.3) durch Wellengrößen ausgedrückt werden, folgt sofort durch Umordnung der Gleichungen:

$$s_{11} = (a_{11} + a_{12}/Z - a_{21}Z - a_{22})/N$$
$$s_{12} = 2(a_{11}a_{22} - a_{21}a_{12})/N$$
$$s_{21} = 2/N; \quad s_{22} = (-a_{11} + a_{12}/Z - a_{21}Z + a_{22})/N \tag{4.29}$$
$$N = a_{11} + a_{12}/Z + a_{21}Z + a_{22} .$$

Umgekehrt gilt:

$$a_{11} = (-\Delta + s_{11} - s_{22} + 1)/(2s_{21})$$
$$a_{12} = Z(\Delta + s_{11} + s_{22} + 1)/(2s_{21})$$
$$a_{21} = \frac{1}{Z}(\Delta - s_{11} - s_{22} + 1)/(2s_{21})$$
$$a_{22} = (-\Delta - s_{11} + s_{22} + 1)/(2s_{21}) \tag{4.30}$$
$$\Delta = s_{11}s_{22} - s_{21}s_{12} .$$

Aufgabe 4.5

Geben Sie die Transmissionsmatrix einer verlustfreien Leitung mit der elektrischen Länge βl an.

4.4 Streuparameter passiver n-Tore

Über die Charakterisierung von Zweitoren hinaus ist die Beschreibung von n-Toren durch Streuparameter in der Hochfrequenztechnik üblich und besonders für die Mikrowellentechnik wichtig. Die Verhältnisse für n-Tore ergeben sich durch Erweiterung des für Zweitore eingeführten Formalismus. Wir betrachten mit Bild 4.12 ein lineares, zeitinvariantes n-Tor und führen wieder Wellengrößen $\underline{a}_i$, $\underline{b}_i$ an den einzelnen Toren ein und legen Bezugsebenen fest.

n-Tore

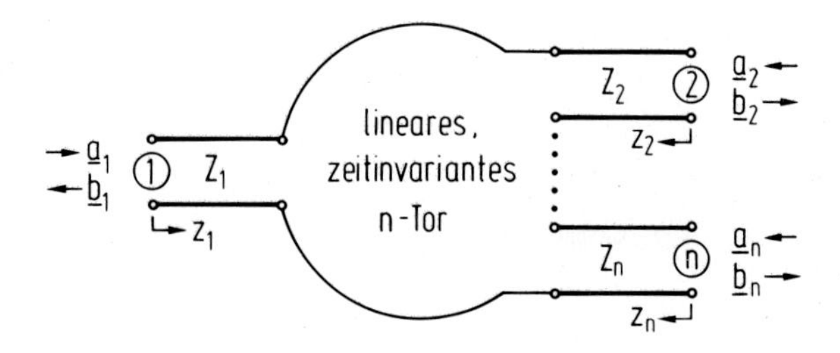

Bild 4.12
Lineares, zeitinvariantes n-Tor mit Wellengrößen $\underline{a}_i$, $\underline{b}_i$, Bezugsebenen $z_i = 0$ und Wellenwiderständen Z_i der Anschlußleitungen

Definition

Es ist jetzt zweckmäßig, für die Zugangsleitungen unterschiedliche Wellenwiderstände Z_i zuzulassen, die Leitungen können aber wieder verlustfrei angenommen werden. Besonders im Mikrowellenbereich ist zu beachten, daß bei Hohlleiteranschlüssen die Bezugsebenen so gewählt werden, daß im n-Tor hervorgerufene nichtausbreitungsfähige Wellen $\underline{b}_n$ nahezu vollständig abgeklungen sind. Weiterhin muß für einen Zugangshohlleiter, der z.B. zwei ausbreitungsfähige Wellen führt, für jede Eigenwelle ein getrenntes Tor eingeführt werden. Ein einfaches Argument dafür ist, daß die Eigenwellen i.a. unterschiedliche Phasenkonstanten haben und die Gesamtleistung sich auf die unabhängigen Eigenwellen aufteilt.

In Verallgemeinerung von Gl. (4.1) werden Wellengrößen

$$\underline{a}_i(z_i) = \frac{1}{\sqrt{Z_i}}\,\underline{U}_i^+(z_i) \quad ; \quad \underline{b}_i(z_i) = \frac{1}{\sqrt{Z_i}}\,\underline{U}_i^-(z_i) \qquad (4.31)$$

eingeführt. Bei Hohlleitern sind bekanntlich für $\underline{U}_i$ die Spannungsamplituden einzusetzen und für Z_i die Feldwellenwiderstände der Eigenwellen. Für lineare, zeitinvariante n-Tore gilt dann

$$\begin{aligned}
\underline{b}_1 &= s_{11}\underline{a}_1 + s_{12}\underline{a}_2 + \dots + s_{1n}\underline{a}_n \\
\underline{b}_2 &= s_{21}\underline{a}_1 + s_{22}\underline{a}_2 + \dots + s_{2n}\underline{a}_n \\
&\vdots \\
\underline{b}_n &= s_{n1}\underline{a}_1 + s_{n2}\underline{a}_2 + \dots + s_{nn}\underline{a}_n
\end{aligned} \qquad (4.32)$$

als Definitionsgleichung der nxn-Streumatrix $[s]$. Entsprechend den

Streumatrix

Bedeutungen der s_{ik} für ein Zweitor sind die Elemente

$$s_{ii} = \underline{b}_i/\underline{a}_i \Big|_{\underline{a}_m = 0,\ m \neq i} \tag{4.33}$$

die Eingangsreflexionen am Tor i, wenn alle anderen Tore $m \neq i$ angepaßt abgeschlossen sind. Die Elemente

$$s_{ik} = \underline{b}_i/\underline{a}_k \Big|_{\underline{a}_m = 0,\ m \neq k} \tag{4.34}$$

sind die Übertragungsfaktoren vom Tor k zum Tor i, wenn alle Tore mit $m \neq k$ angepaßt abgeschlossen sind.

Aufgabe 4.6

Wie ist die Streumatrix zu transformieren, wenn die Bezugsebenen $z_i = 0$ an den Zuleitungen mit Phasenkonstanten β_i um Δz_i verschoben werden ?

Während wir vorher bei der Betrachtung von Zweitoren besonders auf lineare und aktive Zweitore, d.h. Zweitore mit zum Beispiel inneren gesteuerten Quellen, abgestellt hatten, sollen jetzt passive n-Tore betrachtet werden.

Eigen-schaften

Zuerst werden zwei Eigenschaften der Streumatrix von n-Toren angeführt.

Symmetrie

a) Ohne Beweis wird angegeben: Die Streumatrix eines reziproken n-Tores ist symmetrisch, d.h. es gilt $s_{ik} = s_{ki}$. In Matrixschreibweise heißt das

$$[s] = [s]^t . \tag{4.35}$$

(Das hochgestellte t kennzeichnet die transponierte Matrix.) Für praktische Hochfrequenzschaltungen setzt Reziprozität voraus, daß das n-Tor zeitinvariant ist, keine gesteuerten Quellen und keine Ferrite zusammen mit äußeren Magnetfeldern enthält. Mit Gl. (4.35) sagt anschaulich Reziprozität (Übertragungssymmetrie), daß die Übertragung vom Tor i zum Tor k gleich der Übertragung vom Tor k zum Tor i ist. (Damit Reziprozität gilt, muß nicht etwa der Aufbau des n-Tores symmetrisch sein bzgl. der Tore i und k.)

b) Viele passive n-Tore (u.a. Filter, Richtkoppler) können genügend genau verlustfrei angenommen werden. Dann muß die aus allen Toren austretende Wirkleistung gleich der gesamten zugeführten Wirkleistung sein. Durch Wellengrößen ausgedrückt lautet die Bedingung für Verlustfreiheit

$$\sum_{i=1}^{n} |\underline{b}_i|^2 = \sum_{i=1}^{n} |\underline{a}_i|^2 . \qquad (4.36)$$

oder in Matrixschreibweise

$$[\underline{b}]^t \, [\underline{b}]^* = [a]^t \, [a]^* \quad . \qquad (4.37)$$

Auf der linken Seite dieser Bedingung wird die Beziehung $[\underline{b}] = [s]\,[\underline{a}]$ eingesetzt, dann lautet Gl. (4.37)

$$[\underline{a}]^t \, [s]^t \, [s]^* \, [\underline{a}]^* = [\underline{a}]^t \, [\underline{a}]^* . \qquad (4.38)$$

Damit muß gelten

$$[s]^t \, [s]^* = [s]^{*t} \, [s] = [1] \qquad (4.39)$$

Unitarität

mit der Einheitsmatrix $[1]$. Matrizen mit der durch Gl. (4.39) ausgedrückten Eigenschaft nennt man unitäre Matrizen. Für unitäre Matrizen gilt

$$\sum_{k=1}^{n} s_{ki} s_{km}^* = \begin{cases} 0 \text{ für } i \neq m \\ 1 \text{ für } i = m \quad . \end{cases} \qquad (4.40)$$

Das Produkt einer Spalte mit dem konjugiert komplexen Wert einer anderen Spalte verschwindet, wenn zwei verschiedene Spalten i und m gewählt werden; bei gleichen Spalten (i=m) wird es eins.

Anwendungen

Die unter a) und b) angegebenen Eigenschaften lassen sich zur Ableitung allgemeiner Eigenschaften heranziehen. Wir betrachten einige Beispiele:

1. Verlustfreies, reziprokes Zweitor

Hier liefert Gl. (4.40) die Beziehungen

$$|s_{11}|^2 + |s_{21}|^2 = 1, \quad |s_{12}|^2 + |s_{22}|^2 = 1, \quad s_{11}s_{12}^* + s_{21}s_{22}^* = 0 \; .$$

$S_{\nu\mu} = S_{\mu\nu}$

Bei Reziprozität ist außerdem $s_{12} = s_{21}$. Dann gelten die Zusammenhänge

$$|s_{11}| = |s_{22}| \; , \quad |s_{21}| = |s_{12}| = \sqrt{1 - |s_{11}|^2} \tag{4.41}$$

Zweitor

Die Beträge der Eingangsreflexionen sind gleich, der Betrag der Übertragungsfaktoren folgt aus $|s_{11}|$. (Das Zweitor muß für $|s_{11}| = |s_{22}|$ nicht symmetrisch bzgl. der beiden Tore aufgebaut sein!) Bei einem Zweitor wird oft $|s_{21}|$ aus dem einfacher zu berechnenden $|s_{11}|$ bestimmt.

2. Dreitore

Dreitore

2.1 Beispiel: Symmetrische Zusammenschaltung von drei Leitungen

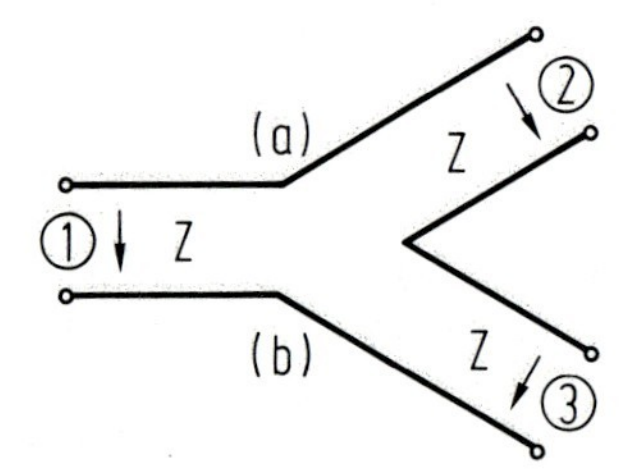

Bild 4.13
Serien-Leitungsverzweigung

Bei Vernachlässigung der Leitungslängen l gilt wegen der Symmetrie $s_{11} = s_{22} = s_{33} = 1/3$, weil z.B. eine Welle $\underline{a}_1$ am Tor 1 den Widerstand 2 Z wegen der Serienschaltung 'sieht'. Der Reflexionsfaktor ist dafür $(2Z - Z)/(2Z + Z) = 1/3$. An der Verzweigungsstelle steht die Spannung $4\sqrt{Z}\,\underline{a}_1/3$ an, auf den in Serie liegenden Leitungen 2 und 3 sind dann Wellen $\underline{b}_2 = \underline{b}_3 = 2\underline{a}_1/3$ vorhanden. Mithin gilt $s_{31} = s_{21} = 2/3$. Wegen der symmetrischen Anordnung ist dann unter Vorzeichenbeachtung $s_{13} = -s_{32} = -s_{23} = s_{12} = 2/3$.

2.2 Verlustfreie, reziproke Dreitore

Bei Reziprozität muß gelten $s_{12} = s_{21}$, $s_{31} = s_{13}$, $s_{32} = s_{23}$. Mit Hilfe von Gl. (4.40) kann gezeigt werden, daß die Eingangsreflexionen s_{11}, s_{22}, s_{33} nicht alle verschwinden können, da sonst Widersprüche zwischen den Gleichungen folgen. Es ist damit nicht möglich, ein verlustfreies, reziprokes Dreitor an allen Toren (allseits) reflexionsfrei aufzubauen. Allseits reflexionsfrei soll heißen, daß der Reflexionsfaktor an einem Tor bei angepaßtem Abschluß der anderen Tore verschwindet.

Aufgabe 4.7

Zeigen Sie, daß ein verlustfreies, reziprokes Dreitor nicht allseits angepaßt werden kann.

Leitungsverzweigungen werden oft benötigt, sie sollen zumeist auch reflexionsfrei sein. Dann können sie nicht mehr verlustfrei sein. Es müssen zusätzliche Wirkwiderstände eingeführt werden. Die Verzweigung in Bild 4.13 wird zumindest für das Tor 1 reflexionsfrei, wenn zwischen den Punkten (a) und (b) ein Widerstand 2Z geschaltet wird. Die Verluste sind dann ersichtlich 3 dB für eine Einspeisung in Tor 1. Für eine allseits reflexionsfreie Serien-Leitungsverzweigung müssen die in Bild 4.14 eingetragenen Wirkwiderstände eingefügt werden.

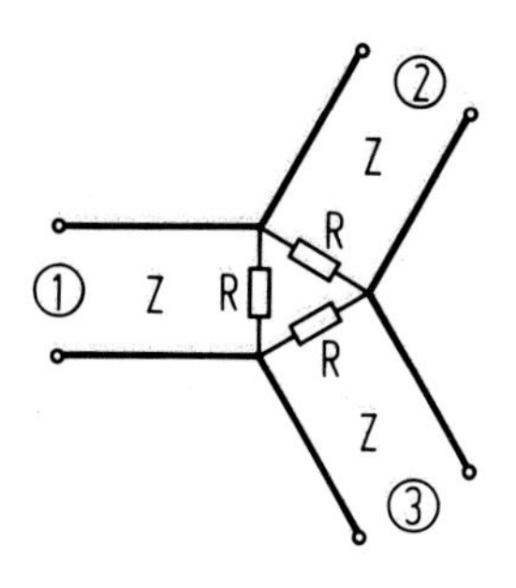

Bild 4.14
Reflexionsfreie Serien-Leitungsverzweigung mit Wirkwiderständen R = 3Z und 6dB Verlusten

Aufgabe 4.8

Mit welchen Wirkwiderständen muß eine reflexionsfreie Parallel-Leitungsverzweigung beschaltet werden ?

2.3 Verlustfreie, nichtreziproke Dreitore

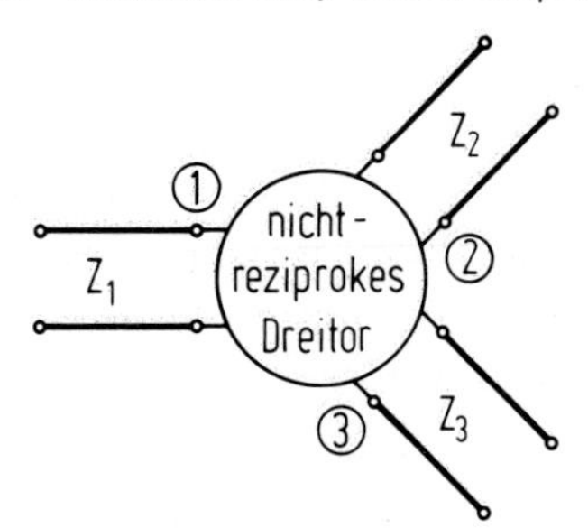

Bild 4.15
Nichtreziprokes, verlustfreies Dreitor

Das Dreitor soll nichtreziprok sein, d.h. es ist $s_{ik} \neq s_{ki}$ für $i \neq k$. Wir nehmen an, daß es an allen drei Toren reflexionsfrei ist, d.h. es soll $s_{11} = s_{22} = s_{33} = 0$ gelten. Die Unitarität der Streumatrix bei Verlustfreiheit liefert dann mit Gl. (4.40) die Beziehungen

$$|s_{21}|^2 + |s_{31}|^2 = 1, \quad |s_{12}|^2 + |s_{32}|^2 = 1, \quad |s_{13}|^2 + |s_{23}|^2 = 1 \tag{4.42}$$

$$s_{32}^* s_{31} = s_{21}^* s_{23} = s_{12}^* s_{13} = 0 \,. \tag{4.43}$$

Setzen wir eine Übertragung von Tor 1 zum Tor 2 voraus, $s_{21} \neq 0$, so folgt aus Gl. (4.43) $s_{23} = 0$ und aus Gl. (4.42) $|s_{13}| = 1$. Dann muß nach Gl. (4.42), (4.43) weiterhin gelten $s_{12} = 0$, $|s_{13}| = 1$, $s_{31} = 0$, $|s_{21}| = 1$. Die resultierende Streumatrix lautet demnach

$$s = \begin{bmatrix} 0 & 0 & s_{13} \\ s_{21} & 0 & 0 \\ 0 & s_{32} & 0 \end{bmatrix}, \quad |s_{21}| = |s_{13}| = |s_{32}| = 1 \tag{4.44}$$

Diese Struktur der Streumatrix zeigt: Bei Einspeisung z.B. am Tor 1 erscheint ein Signal $\underline{b}_2 = s_{21}\underline{a}_1$ mit voller Leistung am Tor 2, am Tor 3 tritt kein Signal auf ($s_{31} = 0$). Wird hingegen am Tor 2 eingespeist, so erscheint das Signal jetzt am Tor 3 mit $\underline{b}_3 = s_{32}\underline{a}_2$ und voller Leistung, am Tor 1 tritt wegen $s_{12} = 0$ kein Signal auf. Ein derartiges verlustfreies, nichtreziprokes und allseits angepaßtes Dreitor ist ein idealer Zirkulator.

Zirkulator

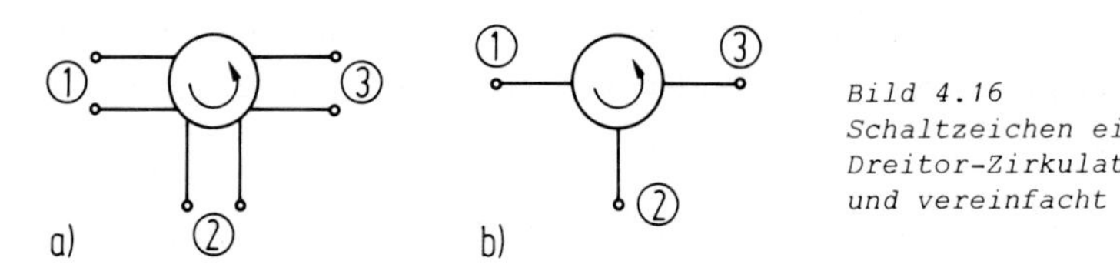

Bild 4.16 Schaltzeichen eines Dreitor-Zirkulators (a) und vereinfacht (b)

Wir werden später sehen, daß Zirkulatoren für viele Zwecke in Hochfrequenzschaltungen eingesetzt werden. Die durchgeführten Rechnungen zeigen, daß ein verlustfreies, nichtreziprokes Dreitor an allen 3 Toren angepaßt werden kann und dann ein idealer Zirkulator ist. Zur Realisierung sagt die Theorie der n-Tore nichts aus.

3. Verlustfreie, reziproke Viertore

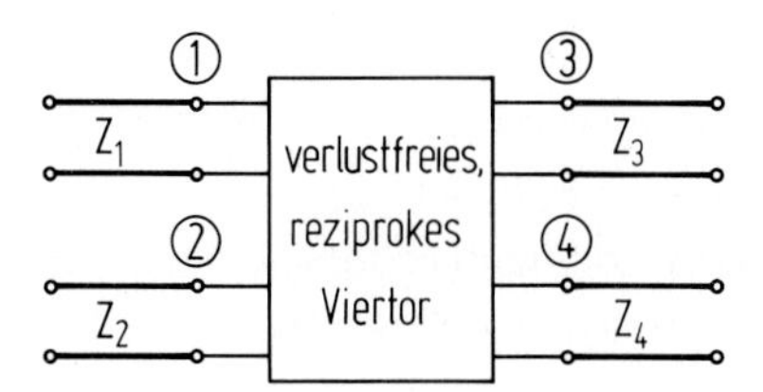

Bild 4.17
Verlustfreies reziprokes Viertor mit Bezugsebenen direkt am Viertor

Das Viertor soll reziprok sein, es soll also $s_{ik} = s_{ki}$ gelten. Setzen wir eine Übertragung von Tor 1 nach Tor 2 und Tor 3 voraus, s_{12} und $s_{13} \neq 0$, so stellt man nach Prüfung der Unitaritätsbeziehungen (4.40) fest:

- Die Vorgabe allseitiger Reflexionsfreiheit $s_{11} = s_{22} = s_{33} = s_{44} = 0$ führt nicht zu Widersprüchen. Ein verlustfreies, reziprokes Viertor kann also - im Unterschied zum Dreitor - allseits reflexionsfrei aufgebaut werden.
- Dann sind weiter $|s_{24}| = |s_{13}|$, $|s_{34}| = |s_{12}|$ und insbesondere

$$s_{14} = s_{23} = 0, \qquad |s_{13}|^2 = |s_{24}|^2 = 1 - |s_{12}|^2 . \tag{4.45}$$

Wird also z.B. am Tor 1 ein Signal $\underline{a}_1$ eingespeist, so erscheint am Tor 2 ein Signal $\underline{b}_2 = s_{12}\underline{a}_1$ und am Tor 3 eine Welle mit $|\underline{b}_3|^2 = (1 - |s_{12}|^2)|\underline{a}_1|^2$, am Tor 4 entsteht kein Signal. Nach den obigen Zusammenhängen gilt Entsprechendes bei Einkopplung an einem anderen Tor.

Richtkoppler

Ein verlustfreies, reziprokes Viertor kann damit allseits reflexionsfrei aufgebaut werden, es ist dann ein idealer Richtkoppler. Eine Realisierung haben wir schon mit dem Leitungskoppler nach Bild 4.2 kennengelernt.

Aufgabe 4.9

Geben Sie die Streuparameter des Leitungskopplers nach Bild 4.2 an.

---

5. Anpaßschaltungen für Hochfrequenztransistoren

Beim Entwurf von Transistorverstärkern müssen je nach der vorgesehenen Anwendung unterschiedliche Anforderungen erfüllt werden. Hinsichtlich der Frequenzcharakteristik wird z.B. gefordert, daß nur Signale in einem schmalen Frequenzband verstärkt werden sollen und Signale außerhalb dieses Bandes unterdrückt werden. Die Entwurfsgrundlagen derartiger selektiver Verstärker mit Bandpässen werden in der Elektronik behandelt. Eine dem entgegengesetzte Anforderung hinsichtlich der Frequenzcharakteristik besteht darin, eine konstante Verstärkung über breite Frequenzbereiche zu verlangen. Beispielhaft ist hier der Entwurf von mehrstufigen RC-gekoppelten Breitbandverstärkern, er wird ebenfalls in der Elektronik behandelt.

Wir greifen hier diese Problemkreise nicht wieder auf, sondern beschränken uns auf das spezielle Problem der Anpaßschaltungen für Transistorverstärker bei hohen Frequenzen. Bei Hochfrequenzverstärkern wird meist Leistungsanpassung am Ein- und Ausgang und in mehrstufigen Verstärkern Leistungsanpassung zwischen den einzelnen Verstärkerstufen verlangt. Dazu müssen geeignete Anpaßschaltungen entworfen werden.

Der Entwurf und der Aufbau von Anpaßschaltungen oder Transformationsschaltungen, in denen über vorgegebene Frequenzbereiche z.B. ein Widerstand Z_1 in einen anderen Widerstand Z_2 verlustfrei transformiert werden soll, tritt vielfältig in hochfrequenztechnischen Schaltungen auf. Hier werden Verfahren am Beispiel des Transistor-Kleinsignalverstärkers für hohe Frequenzen behandelt.

Wir ziehen die Streuparameter für den Entwurf von Anpaßschaltungen heran und zeigen zunächst, daß man für jeweils eine Frequenz die Anpaßschaltung einfach grafisch finden kann. Dabei wird gleichzeitig das Rechnen mit Streuparametern verdeutlicht. Anschließend wird an einem Beispiel der Entwurf eines Breitbandverstärkers gezeigt. Heute sind rechnergestützte Schaltungsentwürfe hochentwickelt und zeitgemäß, die hier angeführten grafischen Verfahren sollen auf grundsätzliche Lösungen aufmerksam machen und die prinzipiellen Verhältnisse veranschaulichen.

Lernzyklus 3 A

Lernziele

Nach dem Durcharbeiten des Lernzyklus 3 A sollen Sie in der Lage sein,

- den Gewinn eines Zweitores,ausgedrückt durch Streuparameter und Reflexionsfaktoren,abzuleiten;

- den maximalen Gewinn eines rückwirkungsfreien Zweitores mit Streuparametern anzugeben;

- Anpaßschaltungen mit konzentrierten Elementen und Leitungselementen für eine feste Frequenz zu bemessen;

- die Kompensation des Frequenzganges von $|s_{21}|^2$ in Breitbandverstärkern zu erläutern.

5.1 Leistungsanpassung

Die Streuparameter werden angewendet, um den Gewinn G eines Zweitores zu berechnen und um die Bedingungen für Leistungsanpassung festzulegen. Dabei wird die Länge der Anschlußleitungen mit dem Wellenwiderstand gleich dem Bezugswiderstand Z für die Streuparameter wieder vernachlässigt.

Wir wollen zunächst die verfügbare Generatorleistung, die Ausgangsleistung und den Gewinn durch Streuparameter und Reflexionsfaktoren ausdrücken.

Zunächst betrachten wir eine einzelne Transistorstufe, die direkt beschaltet ist mit einer Last Z_L und einem Generator mit dem Innenwiderstand Z_G (s. Bild 5.1a). Zur Bestimmung des Gewinns $G = P_A/P_{Gv}$ drücken wir die Wirkleistung in der Last durch Streuparameter aus. Nach Bild 5.1b ist

$$P_A = |\underline{b}_2|^2 - |\underline{a}_2|^2 = |\underline{b}_2|^2 (1 - |r_L|^2) \tag{5.1}$$

mit dem Reflexionsfaktor $r_L = \underline{a}_2/\underline{b}_2$ der Last.

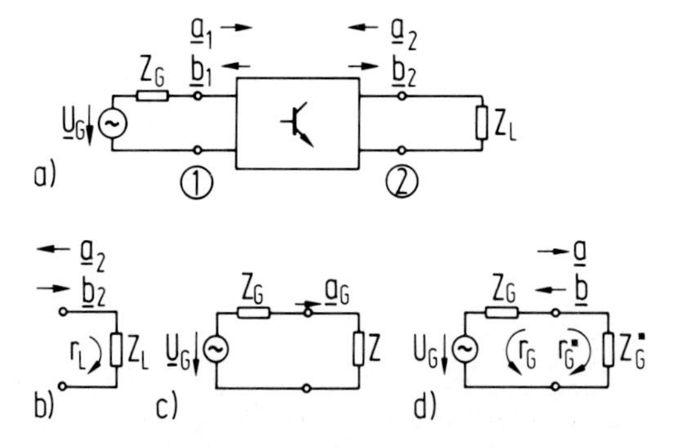

Bild 5.1
Transistorverstärker mit Generator und Last (a) und Darstellung der Ausgangsleistung und der verfügbaren Generatorleistung mit Wellengrößen (b) - (d)

Zur Ableitung der verfügbaren Generatorleistung wird Bild 5.1c,d herangezogen. Zunächst sei der Generator mit dem Bezugswiderstand Z beschaltet, dann gibt es nur eine vorlaufende Welle, mit $\underline{a}_G$ bezeichnet. Bei einer Beschaltung mit Z_G^* für Leistungsanpassung folgt dann aus

$$\underline{a} = \underline{a}_G + \underline{b}\, r_G, \quad \underline{b} = \underline{r}_G^* \underline{a}$$

$$P_{Gv} = |\underline{a}|^2 - |\underline{b}|^2 = |\underline{a}_G|^2/(1 - |r_G|^2) \tag{5.2}$$

bei einem Reflexionsfaktor r_G des Generatorinnenwiderstandes.

Aufgabe 5.1

a) Zeigen Sie, daß Gl. (5.2) der bekannten Beziehung
$P_{Gv} = |\underline{U}_G|^2/4\,\mathrm{Re}\{Z_G\}$ entspricht.

b) Geben Sie mit Wellengrößen die vom Generator an eine Last Z_L abgegebene Leistung an.

c) Wie groß ist die Eingangsleistung P_E der Schaltung in Bild 5.1a ?

Damit ist der Gewinn

$$G = \frac{|\underline{b}_2|^2}{|\underline{a}_G|^2}(1 - |r_L|^2)(1 - |r_G|^2) . \tag{5.3}$$

Der Zusammenhang zwischen $\underline{b}_2$ und $\underline{a}_G$ wird aus den Gleichungen (s. Bild 5.1 a)

$$\begin{aligned} &\underline{a}_1 = \underline{a}_G + r_G\underline{b}_1 , \quad \underline{b}_1 = s_{11}\underline{a}_1 + s_{12}\underline{a}_2 \qquad &\text{(Tor 1)} \\ &\underline{b}_2 = s_{21}\underline{a}_1 + s_{22}\underline{a}_2 , \quad \underline{a}_2 = r_L\underline{b}_2 \qquad &\text{(Tor 2)} \end{aligned} \tag{5.4}$$

gewonnen. Diese Gleichungen lassen sich nach dem in Gl. (5.3) benötigten Verhältnis $\underline{b}_2/\underline{a}_G$ auflösen. Der Gewinn folgt dann zu

$$\begin{aligned} G = {} & |s_{21}|^2(1 - |r_G|^2)(1 - |r_L|^2)/ \\ & |(1 - s_{11}r_G)(1 - s_{22}r_L) - s_{12}s_{21}r_Gr_L|^2 . \end{aligned} \tag{5.5}$$

Anpassungsschaltungen lassen sich nur dann einfach entwerfen, wenn Ein- und Ausgang entkoppelt sind. Danach muß nach Gl. (4.11), (4.12) $s_{21} = 0$ oder $s_{12} = 0$ sein, dann sind immer $r_E = s_{11}$ und $r_A = s_{22}$. Bei Verstärkern ist natürlich nur die Näherung $s_{12} = 0$ sinnvoll. In dieser rückwirkungsfreien Näherung ist der Gewinn - mit G' bezeichnet -

rückwirkungsfreie Näherung für G

$$G' = \frac{1 - |r_G|^2}{|1 - s_{11}r_G|^2}\,|s_{21}|^2\,\frac{1 - |r_L|^2}{|1 - s_{22}r_L|^2} \tag{5.6}$$

und natürlich von der unilateralen Verstärkung G_u zu unterscheiden, die für ein neutralisiertes Zweitor erhalten wird. G' ist in drei Faktoren aufgespalten nach

$$G' = G_G \, G_o \, G_L \; . \tag{5.7}$$

Dabei gibt $G_o = |s_{21}|^2$ den Gewinn für $Z_G = Z_L = Z$ wieder.
Der Faktor

$$G_G = (1 - |r_G|^2)/|1 - s_{11} r_G|^2 \tag{5.8}$$

gibt an, in welcher Weise durch ein $Z_G \neq Z$, d.h. $r_G \neq 0$, der Gewinn erhöht oder ggf. auch vermindert werden kann. Entsprechendes gilt für den Faktor

$$G_L = (1 - |r_L|^2)/|1 - s_{22} r_L|^2 \; . \tag{5.9}$$

(G_L ist hier nicht mit dem Realteil eines Leitwertes Y_L zu verwechseln.)

Der maximale Gewinn ergibt sich bei konjugiert komplexer Anpassung am Ein- und Ausgang. In der rückwirkungsfreien Näherung bedeutet das einfach

$$r_G^* = s_{11} \quad \text{und} \quad r_L^* = s_{22} \; . \tag{5.10}$$

Gleichung (5.10) besagt, daß für Leistungsanpassung z.B. s_{11} nach r_G^* zu transformieren ist. Äquivalent dazu ist die Transformation $r_G \rightarrow s_{11}^*$.

Dann ist der maximale Gewinn nach Gl. (5.6) mit

$$G_{Gm} = \frac{1}{1 - |s_{11}|^2} \, , \quad G_{Lm} = \frac{1}{1 - |s_{22}|^2} \tag{5.11}$$

$$G'_m = \frac{1}{1 - |s_{11}|^2} \, |s_{21}|^2 \, \frac{1}{1 - |s_{22}|^2} \; . \tag{5.12}$$

Bei Beschreibung der Leistungen durch Wellengrößen kann man zeigen, daß

$$G_G/G_{Gm} = P_E/P_{Gv} \, , \quad G_L/G_{Lm} = P_A/P_{Av} \tag{5.13}$$

ist mit der verfügbaren Ausgangsleistung P_{Av} des Transistors bei $r_L = s_{22}^*$.

Der Fehler, den man mit der Näherung $s_{12} = 0$ begeht, kann durch einen Vergleich von Gl. (5.12) und Gl. (5.5) (mit $r_G^* = s_{11}$, $r_L^* = s_{22}$) abgeschätzt werden. Danach gilt

$$(1 - u)^2 \leq G_m'/G_m \leq (1 + u)^2 \tag{5.14}$$

mit

$$u = |s_{11}s_{22}s_{21}s_{12}|/\{(1 - |s_{11}|^2)(1 - |s_{22}|^2)\} . \tag{5.15}$$

Der Verstärker muß absolut stabil sein, damit G_m existiert.

In Schaltungen sind Z_G und Z_L vorgegeben, so daß geeignete Anpaßschaltungen einzuführen sind zur Erfüllung von Gl. (5.10).

schmalbandige Anpassung

Bei vernachlässigter Rückwirkung läßt sich für eine feste Frequenz (Schmalband-Anpassung) eine geeignete Anpaßschaltung mit Hilfe des Smith-Diagramms einfach finden. Aus der Leitungstheorie ist die Bemessung von Anpaßschaltungen aus Leitungen mit dem Smith-Diagramm bekannt. Wir ziehen das Smith-Diagramm hier heran für Schaltungen aus konzentrierten Elementen und wählen als Beispiel einen einstufigen Transistorverstärker mit einem Generatorinnenwiderstand $Z_G = Z = 50\ \Omega$ und einem Lastwiderstand $Z_L = Z = 50\ \Omega$ (Bild 5.2). Der Transistor habe bei einer Frequenz f = 300 MHz die Streuparameter

Beispiel

$$s_{11} = 0.67 \exp(j\ 169^\circ)$$
$$s_{22} = 0.44 \exp(j\ 30^\circ)$$
$$|s_{12}| = 0.1$$
$$|s_{21}| = 5$$

bei dem Bezugswiderstand $Z = 50\ \Omega$. Er ist mit diesen Werten absolut stabil. Anpaßschaltungen werden mit $s_{12} = 0$ bestimmt.

Prinzip

Wir wählen Z als Bezugswiderstand des Smith-Diagramms. Nach Gl. (5.10) bedeutet Leistungsanpassung, daß die Punkte s_{11} und s_{22} in den Anpassungspunkt zu transformieren sind. Mit verlustfreien Schaltungselementen bewegt man sich bei der Transformation im Smith-Diagramm als Widerstandsdiagramm auf Kreisen konstanten Wirkwiderstandes, oder im Smith-Diagramm als Leitwertdiagramm auf Kreisen konstanten Wirkleitwertes. Im Prinzip muß immer folgendermaßen vorgegangen werden: Durch Zuschalten eines ersten Blindelementes muß der Kreis mit dem bezogenen Wirkanteil 1 erreicht werden. Je nach Lage von s_{11} bzw. s_{22} muß dazu im Widerstandsdiagramm oder im Leitwertdiagramm gearbeitet werden. Der verbleibende Blindanteil wird danach durch einen entgegengesetzt gleichgroßen Wert kompensiert. Dabei muß regelmäßig das Smith-Diagramm als Widerstands- und Leitwertdiagramm herangezogen werden. Bekanntlich hängen beide Diagramme durch eine Drehung um 180^{0} zusammen. Man sollte sich hier Widerstands- und Leitwertdiagramm um 180^{0} gegeneinander verdreht übereinandergelegt denken.

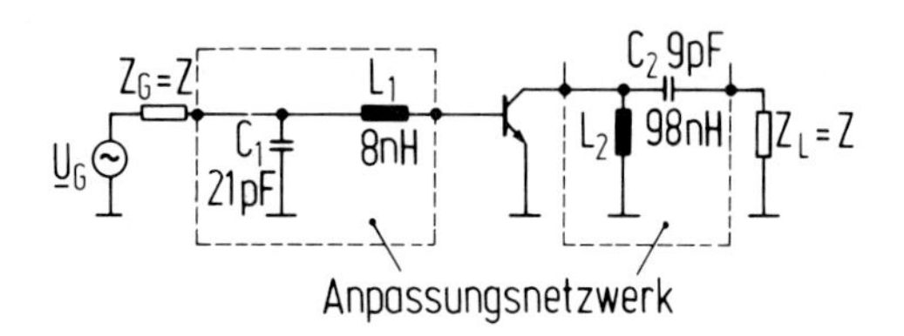

Bild 5.2
Transistorverstärker mit schmalbandiger Anpassung am Ein- und Ausgang

Transformationsschritte

In Bild 5.3 ist gezeigt, wie s_{11} durch Zuschalten eines Blindwiderstandes in Serie zunächst auf den Kreis konstanten Wirkleitwertes 1/Z im Widerstandsdiagramm transformiert wird. Der erforderliche Blindwiderstand ergibt sich aus den abgelesenen Werten zu $jX_1 = (0.4 - 0.1)Z = j0.3Z$ und wird durch eine Induktivität L_1 mit $\omega L_1 = 0.3Z$ realisiert. Bei f = 300 MHz ist dann ein $L \simeq 8$ nH zu wählen. Zur Bestimmung des verbleibenden Blindleitwertes wird durch Inversion (im Bild: (1) → (1')) vom Widerstands- zum Leitwertdiagramm übergegangen. Im Beispiel wird ein induktiver Blindleitwert $jB_1 = -j2/Z$ abgelesen, der durch Parallelschaltung einer Kapazität C_1 nach $\omega C_1 = j2/Z$ kompensiert wird. Bei f = 300 MHz folgt ein $C_1 = 21$ pF, Diese Parallelschaltung mit C_1 wird im Bild dadurch wiedergegeben, daß der Punkt (1') im Leitwertdiagramm auf dem Kreis mit konstantem Wirkleitwert 1/Z in den Anpassungspunkt transformiert wird.

Entsprechend der Lage von s_{22} wird man am Ausgang des Transistors so vorgehen, daß zunächst ins Leitwertdiagramm übergegangen wird (s_{22} → (2)). Durch Parallelschaltung eines Blindleitwertes erreicht man auf einem Kreis konstanten Wirkleitwertes den Kreis mit dem konstanten Wirkwiderstand Z im Leitwertdiagramm. Aus den abgelesenen Werten folgt hier $jB_2 = j(-0.5-(-0.23))/Z = -j0.27/Z$. Dieser induktive Blindleitwert wird durch ein $L_2 = 98$ nH (s. bild 5.2) realisiert. Zur Kompensation des verbleibenden Blindwiderstandes wird durch Inversion (2') → (2") wieder ins Widerstandsdiagramm zurückgegangen. Abgelesen wird hier ein induktiver Blindwiderstand jX_2 = j1.1Z, der durch eine in Serie geschaltete Kapazität C_2 nach $\omega C_2 = 1/X_2$ kompensiert werden kann. Zahlenmäßig folgt daraus ein C_2 = 9 pF. Die vollständige Schaltung ist in Bild 5.2 dargestellt.

Bild 5.4 verdeutlicht, welche Widerstandstransformationen durchgeführt wurden.

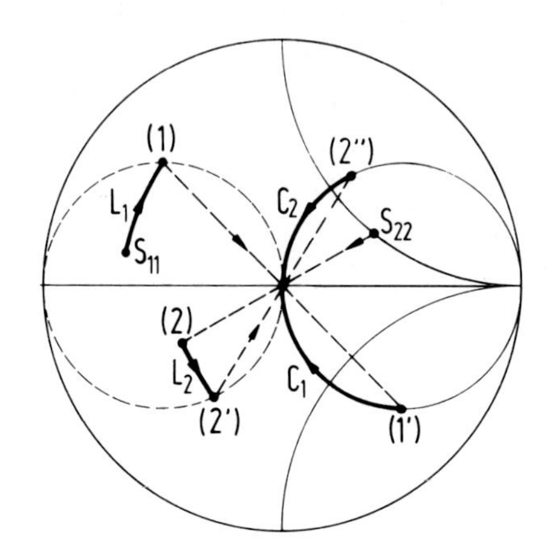

Bild 5.3 Anpaßtransformation ($s_{11} \rightarrow r_G^* = 0$ und $s_{22} \rightarrow r_L^* = 0$) im Smith-Diagramm für Anpassungsnetzwerke aus Blindelementen

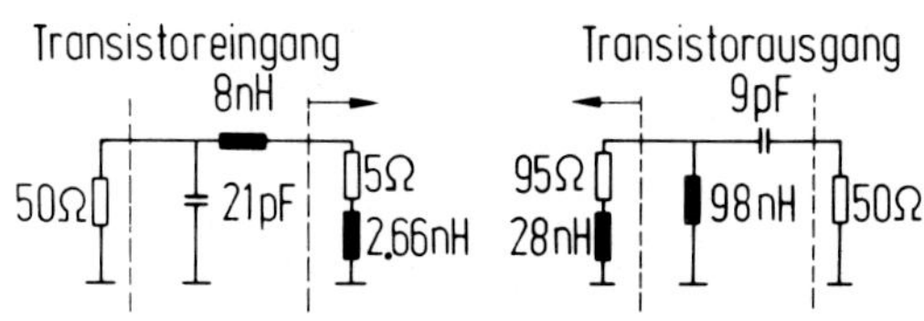

Bild 5.4 Widerstandstransformationen mit Ein- und Ausgangswiderstand des Transistors aus s_{11} und s_{22}

Aufgabe 5.2

a) Warum muß nach Bild 5.3 am Ausgang des Transistors zuerst in das Leitwertdiagramm übergegangen werden ?

b) Führen Sie die angegebenen Transformationen im Smith-Diagramm selbst durch und prüfen Sie die Werte X_1, B_1, X_2 und B_2 nach.

Aufgabe 5.3

Unter Berücksichtigung der Rückwirkung für Leistungsanpassung berechnete Werte sind $r_{Gopt} = 0.73 \exp(j\,135^\circ)$ und $r_{Lopt} = 0.95 \exp(j\,39^\circ)$ (s. Seite 100). Durch Transformationsschaltungen mit Leitungen soll Anpassung an $Z_G = Z_L = Z = 50\ \Omega$ eingestellt werden. Die Leitungen haben den Wellenwiderstand Z. Bestimmen Sie mit dem Smith-Diagramm die bezogenen Leitungslängen l/λ für den Fall, daß nur eine Parallelschaltung von Leitungen erlaubt ist.

Aus diesem Beispiel ist ersichtlich, daß es beliebig viele Möglichkeiten gibt, derartige Anpaßschaltungen zu entwerfen. Generell sollte so verfahren werden, daß die Transformationswege möglichst kurz sind, damit die Anpassung möglichst wenig von der Frequenz abhängt. Damit wird auch grundsätzlich die Transformationsschaltung umso schmalbandiger, je stärker die ineinander zu transformierenden Widerstände voneinander abweichen. Es muß aber darauf geachtet werden, daß die Schaltelemente Werte haben (typisch: C >> 1 pF, L >> 1 nH), die deutlich über parasitären Blindelementen des Schaltungsaufbaus liegen.

Wir prüfen noch anhand der Zahlenwerte mit Gl. (5.11) nach, wie weit durch diese Anpaßschaltungen der Gewinn erhöht wurde. Danach ist

$$\begin{aligned} G_o &= |s_{21}|^2 = 25 \\ G_{Gm} &= 1/(1 - |s_{11}|^2) = 1.8 \\ G_{Lm} &= 1/(1 + |s_{22}|^2) = 1.24. \end{aligned} \qquad (5.16)$$

Dementsprechend ist der Gewinn ohne Anpaßschaltungen G' = 25 und mit Anpaßschaltungen $G' = G_m' \simeq 56$. Im logarithmischen Maß bedeutet dies eine Erhöhung des Gewinns von $G_o \simeq 14$ dB auf $G_m' \simeq 17.5$ dB. Den Fehler schätzen wir mit u = 0.33 aus Gl. (5.14) ab zu

$$0.45\, G_m \leq G_m' \leq 1.78\, G_m \;;$$

die rückwirkungsfreie Näherung für G_m' weicht maximal um etwa 3 dB vom genauen Wert G_m ab.

allgemeiner Fall

Wir haben den - oft auftretenden - Fall $Z_G = Z_L = Z$ betrachtet. Bei Transformationen auf allgemeinere Werte Z_G und Z_L ändert sich das Verfahren im Grundsatz nicht. Es sind s_{11} und s_{22} auf Z_G^*/Z bwz. Z_L^*/Z zu transformieren. Bei Leitungsschaltungen müssen s_{11} und s_{22} ggflls. umnormiert werden.

Diese Umnormierung von s_{11}, s_{22} auf einen neuen Bezugswiderstand ist wegen der vernachlässigten Rückwirkung zulässig, da dann s_{11} und s_{22} den Ein- und Ausgangswiderstand unabhängig von der Beschaltung des jeweils anderen Tores angeben. Sonst gehen die weiteren Parameter s_{21},s_{12} ein, und die Umrechnung der Streuparameter auf neue Bezugswiderstände wird umständlich.

Beispiel für breitbandige Transformation

Für Breitbandverstärker mit konstanter Verstärkung über breite Frequenzbänder sind diese einfachen Anpaßschaltungen nicht ausreichend. Hinzu kommt bei Hochfrequenzverstärkern für weite Frequenzbereiche, daß neben der Widerstandstransformation für Leistungsanpassung zwischen den einzelnen Stufen und am Ein- und Ausgang durch Anpaßschaltungen auch der Frequenzgang der Leistungsverstärkung der Transistoren kompensiert werden muß. Die Stromverstärkung in der meist verwendeten Emitterschaltung (oder Sourceschaltung) nimmt zu hohen Frequenzen hin stetig ab (etwa mit ω^2), damit sinkt auch der Gewinn. Diese Abnahme des Gewinns mit wachsender Frequenz wird deutlich am Frequenzgang von $|s_{21}|^2$. Durch die Anpassungsnetzwerke muß dann der Frequenzgang von $|s_{21}|^2$ kompensiert werden zur Einstellung eines frequenzunabhängigen Gewinns. Hierzu sind komplexere Anpassungsnetzwerke erforderlich, und es muß auf netzwerktheoretische Verfahren oder rechnergestützte Entwurfstechniken zurückgegriffen werden.

Die Problemstellung und eine grundsätzliche Lösungsmöglichkeit soll anhand eines zahlenmäßigen Beispiels mit vernachlässigter Rückwirkung behandelt werden, bei dem zur Lösung wieder das Smith-Diagramm herangezogen wird.

	150 MHz	250 MHz	400 MHz
(a)	$s_{11} = 0.31\,e^{-j\,36^\circ}$ $s_{12} = 0$ $\lvert s_{21}\rvert = 5$ $s_{22} = 0.91\,e^{-j\,6^\circ}$	$s_{11} = 0.29\,e^{-j\,55^\circ}$ $s_{12} = 0$ $\lvert s_{21}\rvert = 4$ $s_{22} = 0.86\,e^{-j\,15^\circ}$	$s_{11} = 0.25\,e^{-j\,76^\circ}$ $s_{12} = 0$ $\lvert s_{21}\rvert = 2.8$ $s_{22} = 0.81\,e^{-j\,26^\circ}$
(b)	$G_o = 25$ (14 dB) $G_{Gm} = 1.1$ (0.45dB) $G_{Lm} = 5.8$ (7.6dB) $G'_m = 160$ (22 dB)	$G_o = 16$ (12 dB) $G_{Gm} = 1.1$ (0.45dB) $G_{Lm} = 3.8$ (5.8dB) $G'_m = 67$ (18.5dB)	$G_o = 7.9$ (9 dB) $G_{Gm} = 1.1$ (0.45dB) $G_{Lm} = 2.9$ (4.6dB) $G'_m = 25$ (14 dB)
(c)	$G_L = -2$ dB $G_{Lm}/G_L = 9.6$ dB $\lvert r_A\rvert = 0.945$	$G_L = 0$ dB $G_{Lm}/G_L = 5.8$ dB $\lvert r_A\rvert = 0.865$	$G_L = 3$ dB $G_{Lm}/G_L = 1.6$ dB $\lvert r_A\rvert = 0.6$

Es soll ein einstufiger Breitbandverstärker für den Frequenzbereich 150 - 400 MHz entworfen werden für einen Generatorinnenwiderstand $Z_G = 50\,\Omega$ und einen Lastwiderstand $Z_L = 50\,\Omega$. Die Streuparameter des Transistors sind für 50 Ω Bezugswiderstand in Tabelle a) zusammengestellt; die Rückwirkung wird vernachlässigt, $s_{12} = 0$. Aus den Leistungsverstärkungen in Tabelle b) bei f = 150, 250, 400 MHz erkennen wir folgende Verhältnisse:

- Bei 400 MHz ist G_m' auf etwa 14 dB abgesunken, ein höherer Gewinn kann also nicht gefordert werden.

- Die Eingangsreflexion s_{11} ist klein, so daß G_{Gm} immer dicht bei 1 liegt, eine Leistungsanpassung am Eingang wirkt sich kaum aus. Der Eingang wird daher direkt mit dem Generator verbunden.

- Der Frequenzgang von G_0 kann dann nur noch durch einen geeigneten Frequenzgang von G_L kompensiert werden.

Es wird verlangt, daß bei allen drei Frequenzen der Gewinn $G' = 16$ (12 dB) beträgt, wobei für einen ausreichend glatten Frequenzgang der Streuparameter dann $G' \simeq 12$ dB im gesamten Frequenzbereich 150 - 400 MHz zu erwarten ist. Eine Transformationsschaltung am Ausgang muß für $G' = 12$ dB dann Werte G_L erzeugen, wie sie in Tabelle c) angegeben sind. Dazu darf s_{22} nicht jeweils in den Anpassungspunkt transformiert werden, sondern es muß mit einer Ausgangsreflexion r_A fehlangepaßt werden. Mit Bild 5.5 und dem hier gegebenen Verhältnis von an Z abgegebener Leistung $P_A = |\underline{b}_A|^2$ und verfügbarer Ausgangsleistung $P_{Av} = |\underline{b}_A|^2/(1-|r_A|)^2$ muß danach s_{22} auf einen Kreis konstanter Fehlanpassung um den Ursprung des Smith-Diagramms mit einem Radius $|r_A|$ aus

$$1 - |r_A|^2 = P_A/P_{Av} = G_L/G_{Lm} \qquad (5.17)$$

transformiert werden. Alle Punkte auf diesem Kreis ergeben einen konstanten Wert G_L/G_{Lm}.

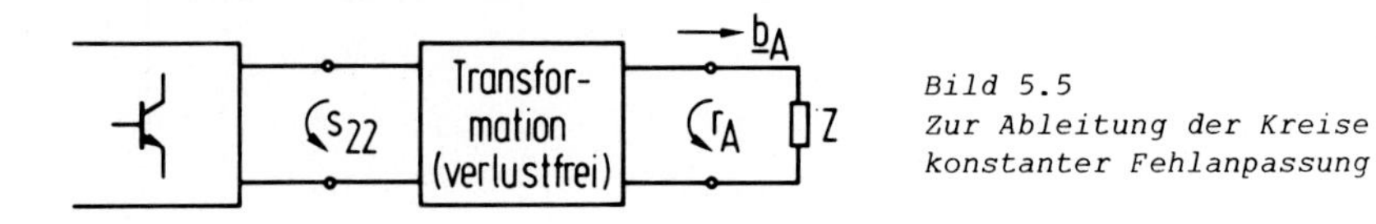

Bild 5.5
Zur Ableitung der Kreise konstanter Fehlanpassung

Bei einer geforderten Leistungsverstärkung G' = 16 ist mit $G_G = 1$ und den Werten von G_o aus Tabelle b) ein $G_L = 16/25$ bei 150 MHz zu wählen, für 250 MHz ein $G_L = 1$ und für 400 MHz ein $G_L = 16/7.9$. Die damit nach Gl. (5.17) berechneten Werte $|r_A|$ sind in Tabelle c) eingetragen und in Bild 5.6 gestrichelt eingezeichnet die dazugehörigen Kreise konstanter Fehlanpassung.

In Tabelle c) ist zusätzlich noch eingetragen die Verringerung G_{Lm}/G_L des Gewinns G' durch Fehlanpassung am Ausgang.

Es muß danach eine Schaltung entworfen werden, durch die gleichzeitig s_{22}(150 MHz) auf den Kreis mit $|r_A| = 0.945$, s_{22}(250 MHz) auf den Kreis mit $|r_A| = 0.865$ und s_{22}(400 MHz) auf den Kreis mit $|r_A| = 0.6$ transformiert werden. Für diese Anforderungen muß die Schaltung in der Regel wenigstens drei Elemente enthalten. Es muß probiert werden, wie die Schaltung aussehen muß. Ein Ergebnis ist in Bild 5.7 dargestellt. Die entsprechenden Transformationen sind in Bild 5.6 eingetragen. Im ersten Schritt wird ein $L_1 = 26.5$ nH in Serie geschaltet, die Transformation durch das parallelgeschaltete $L_2 = 100$ nH wird im Leitwertdiagramm durchgeführt, danach wieder im Widerstandsdiagramm die Transformation durch ein $L_3 = 30.8$ nH. Ersichtlich werden recht genau nach Ausführung der Transformationen die jeweiligen Kreise getroffen.

Wir haben hier als Beispiel einer breitbandigen Transformationsschaltung die Glättung des Verstärkungs/Frequenzganges eines Transistorverstärkers herangezogen. In ähnlicher Weise, d.h. mit mehreren Transformationsschritten, wird man vorgehen, wenn z.B. die breitbandige Transformation eines Widerstandes Z_1 in einen anderen Widerstand Z_2 verlangt wird. Bei Normierung des Smith-Diagramms auf Z_2 wird man dann fordern, daß nach der Transformation die transformierten Werte Z_1 innerhalb eines vorgegebenen Kreises um den Anpassungspunkt liegen. Der Kreisradius bestimmt sich aus der Größe der noch erlaubten Fehlanpassung.

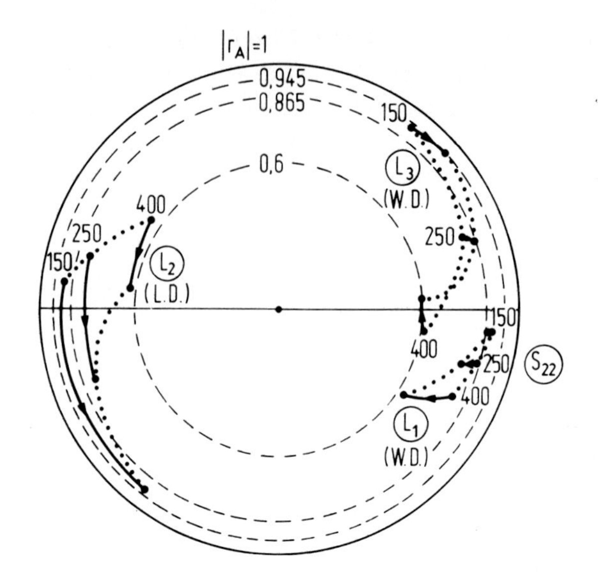

Bild 5.6
Transformation der Ausgangsreflexionen s_{22} bei 150 MHz, 250 MHz und 400 MHz auf Kreise konstanter Fehlanpassung zur Kompensation des Frequenzganges von $|s_{21}|^2$

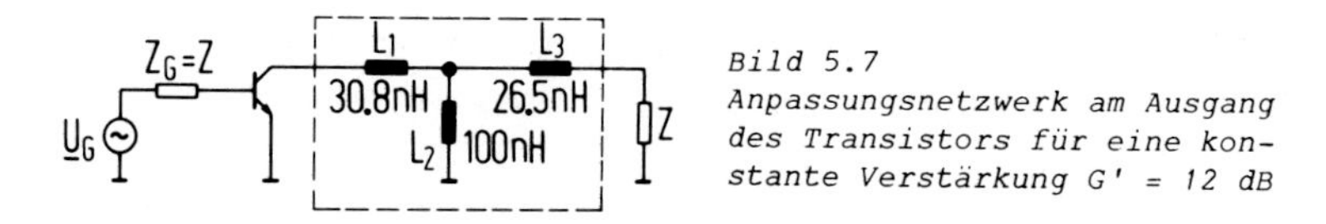

Bild 5.7
Anpassungsnetzwerk am Ausgang des Transistors für eine konstante Verstärkung G' = 12 dB

Aus diesem Beispiel wird aber auch ersichtlich, daß diese grafischen Verfahren zwar anschaulich sind, aber bei komplizierteren Problemen recht unhandlich werden und viel Erfahrung erforderlich ist.

Man wird dann besser auf netzwerktheoretische Verfahren oder auf numerische Verfahren zurückgreifen. Die Anwendung netzwerktheoretischer Verfahren, z.B. das Heranziehen von Filterkatalogen bei Transformationsschaltungen aus Blindelementen, ist aber im wesentlichen beschränkt auf die Transformation zwischen zwei Wirkwiderständen. Auch aus diesem Grunde setzen sich immer stärker rechnergestützte Verfahren beim Entwurf von Hochfrequenzschaltungen durch. Man bezeichnet diese Verfahren abgekürzt mit "CAD" nach computer aided design. Heute ist oft schon ein Tischrechner für einfache CAD-Probleme ausreichend.

Es wird hier ein CAD-Verfahren am Beispiel[1)] eines dreistufigen Transistorverstärkers für den Frequenzbereich 2 GHz bis 4 GHz betrachtet. Die Schaltung soll in Streifenleitungstechnik ausgeführt werden mit einem Mikrowellentransistor (Texas Instruments L-194) der Transitfrequenz $f_T \approx 3$ GHz.
Die einzelnen Schritte sind:

a) Element-Charakterisierung
Es werden die Streuparameter in einem festen Arbeitspunkt in Abhängigkeit von der Frequenz bestimmt. Mit den daraus berechneten Werten K, G_u und G_m können das Stabilitätsverhalten und der maximale Gewinn bestimmt werden. Im Beispiel zeigt sich, daß ein Gewinn G = 8 dB im Bereich 2 GHz bis 4 GHz sicher erreichbar ist bei einem dreistufigen Verstärker.

b) Schaltungskonfiguration und Schaltungsanalyse
Bevor mit CAD eine Optimierung vorgenommen werden kann, muß die Schaltungskonfiguration vorgegeben werden. Hier sollen die Anpaßschaltungen zwischen den in Kette geschalteten Stufen und am Ein- und Ausgang mit Leitungselementen aufgebaut werden. Es werden keine Gegenkopplungen verwendet. Diese setzen den Gewinn - der bei hohen Frequenzen nicht groß ist - oft zu sehr herab und können Instabilitäten bewirken.

Durch Testrechnungen wird geprüft, wieviel Elemente bei jeder Stufe mindestens erforderlich sind. In Bild 5.8 ist angegeben, wie mit wachsender Elementzahl der Verstärkungsgang immer besser geglättet werden kann - bei bekanntes Verhalten. Um die Verluste niedrig zu halten, sollten aber möglichst wenig Elemente verwendet werden. Hier sollen je zwei Elemente am Ein- und Ausgang ausreichen.

---

[1] Nach V.G. Gelnovatch, I.L. Chase, IEEE Journal of Solid State Circuits, Dezember 1970

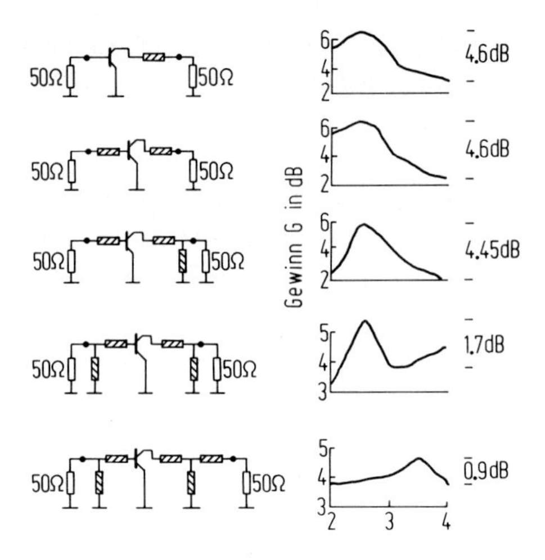

Bild 5.8
Frequenzgang des Gewinns für Anpaßschaltungen aus Leitungselementen mit verschiedener Zahl von Leitungselementen, die hier schraffiert gekennzeichnet sind

Zur Schaltungsanalyse wird man jede Komponente durch eine geeignete Zweitormatrix charakterisieren. In der vorliegenden Kettenschaltung bietet sich die Darstellung durch Kettenmatrizen an (s. Bild 5.9), durch Aufmultiplizieren der Einzelmatrizen wird die Gesamtkettenmatrix gewonnen, daraus können dann die Schaltungseigenschaften bestimmt werden.

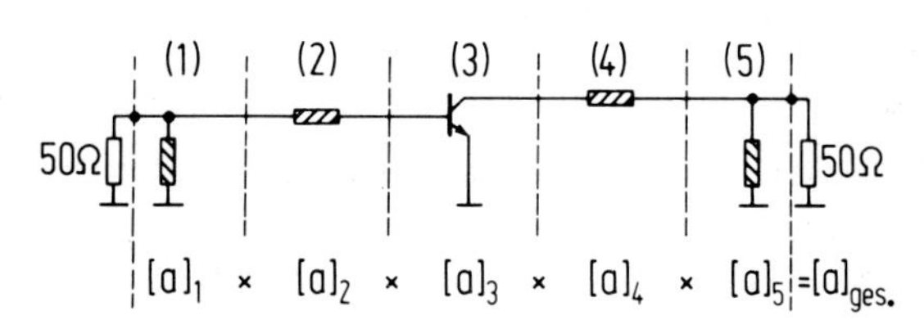

Bild 5.9
Analyse einer Verstärkerstufe über Kettenmatrizen, die Transistor-Streuparameter werden dazu umgerechnet

c) Bewertungsfunktion und Optimierung

Die Schaltungsoptimierung erfolgt im Hinblick auf geeignete Bewertungskriterien. Vielfach wird die Summe der Fehlerquadrate herangezogen in einer Bewertungsfunktion BWF der Gestalt

$$BWF = \sum_{f_n} \{G_d(f_n) - G_b(f_n)\}^2$$

wenn nur auf eine konstante Leistungsverstärkung abgestellt wird. Dabei sind f_n die diskreten Frequenzen der s-Parametermessung, G_d

sind die verlangten Werte (hier $G_d(f_n)$ = 8 dB) und $G_b(f_n)$ sind die bei der Optimierung berechneten Werte der Leistungsverstärkung. Als Bewertung der Optimierung wird ein minimaler Wert BWF verlangt.

Die Entwicklung geeigneter Optimierungsverfahren ist ein mathematisches Problem, es gibt eine Vielzahl von Rechenprogrammen und numerischen Verfahren hierzu. Ein sehr einfaches, aber numerisch sehr zeitaufwendiges Verfahren ist offenbar, die Netzwerkelemente in kleinen Schritten abzurastern über vorgegebene Wertebereiche, jeweils BWF zu berechnen und als optimal den Parametersatz mit den kleinsten BWF-Werten anzusehen.

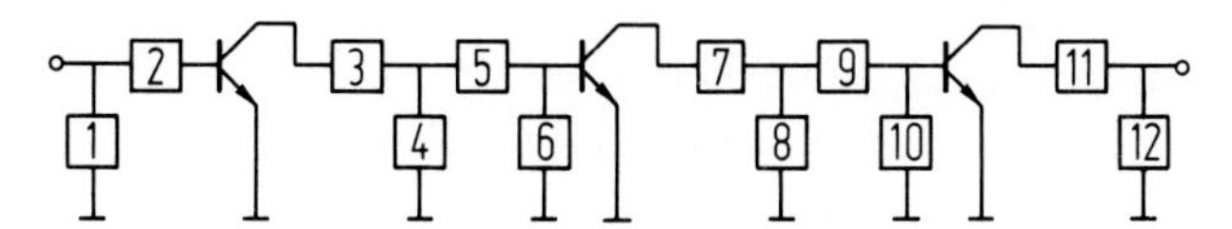

Bild 5.10
Konfiguration eines dreistufigen Transistorverstärkers mit Anpaßschaltungen aus den Leitungselementen 1 - 12 in Streifenleitungstechnik

Bild 5.10 zeigt die Konfiguration des dreistufigen Verstärkers. Jedes Leitungselement enthält als freie Parameter den Wellenwiderstand und die Leitungslänge, so daß hier insgesamt 24 Parameter in die Optimierung eingehen.

In Bild 5.11 ist das Ergebnis der Optimierung und ein Meßergebnis des aufgebauten Verstärkers zu sehen.

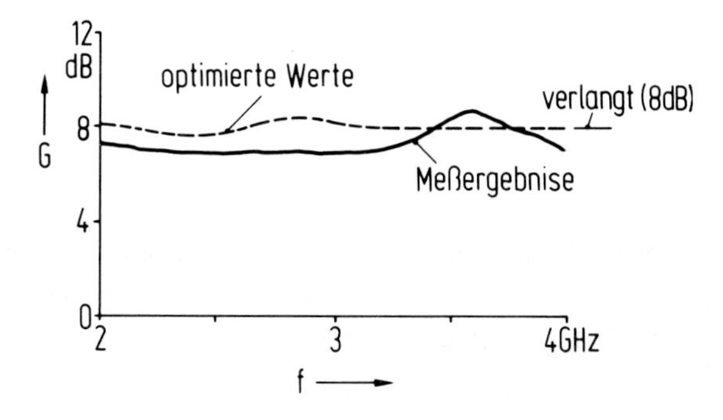

Bild 5.11
Ergebnis des Schaltungsentwurfs mit CAD und Meßergebnis am aufgebauten Verstärker

6. Hochfrequenzschaltungen mit Streifenleitungen

Hochfrequenzschaltungen werden heute bis weit in den GHz-Bereich in planarer Technik auf Substraten aus Kunststoffen oder keramischen Materialien aufgebaut, ähnlich den gedruckten Schaltungen der Elektronik. Die Schaltungen sind dabei in gemischter Technik als Hybridschaltungen aufgebaut. Mit dem Begriff Hybridschaltungen ist gemeint, daß Komponenten wie Widerstände, Induktivitäten, Kapazitäten und insbesondere Leitungen einheitlich erstellt werden, aber Halbleiter-Bauelemente wie Dioden und Transistoren anschließend mit besonderen Einbautechniken eingefügt werden.

Hochfrequenzschaltungen mit einheitlicher Technologie für alle Komponenten in Gestalt monolithisch integrierter Schaltungen erreichen heute auf Silizium den unteren GHz-Bereich. Monolithisch integrierte Schaltungen auf GaAs erreichen Frequenzen bis über 20 GHz. Die Technik der monolithisch integrierten Mikrowellenschaltungen (MMIC nach monolithic microwave integrated circuit) entwickelt sich besonders auf GaAs sehr schnell. Monolithisch integrierte Mikrowellenschaltungen erfordern einen sehr hohen - nur bei großen Stückzahlen vertretbaren - Entwicklungs- und Herstellungsaufwand.

Aus diesen Gründen ist heute noch die hybride Schaltungstechnik bei hohen Frequenzen vorherrschend. Auch auf diese Schaltungen wird meist der Überbegriff "integrierte Schaltungen" angewendet, die verwendete Technik wird vielfach auch als MIC-Technik bezeichnet (nach microwave integrated circuit).

Neben wirtschaftlichen und fertigungstechnischen Gründen war maßgebend für die Entwicklung von Hochfrequenzschaltungen in integrierter Technik eine Anpassung der Größe der passiven Schaltelemente an die Abmessungen von Halbleiterbauelementen, Schaltungsaufbauten mit Hohlleitern sind hierfür nur sehr wenig geeignet und erfordern einen hohen Fertigungsaufwand. Sie werden nur dann verwendet, wenn sehr geringe Leitungsverluste gefordert werden. Mit Koaxialleitungen lassen sich zwar Schaltungen mit kleinen Abmessungen aufbauen, der geschlossene Aufbau von Koaxialleitungen erschwert aber Einbau von Bauelementen erheblich. Hinzu kommt wieder ein recht hoher Aufwand bei der Fertigung, die aufwendige mechanische Arbeiten verlangt.Wesentliche Vorteile bringt hier die Verwendung von Streifenleitungen, deren günstige Eigenschaften zu Beginn der fünfziger Jahre erkannt wurden.

Lernzyklus 3 B

Lernziele

Nach dem Durcharbeiten des Lernzyklus 3 B sollen Sie in der Lage sein,

- Ausführungsformen von Streifenleitungen zu skizzieren und besondere Eigenschaften anzugeben;
- Substratmaterialien für Streifenleitungen anzugeben;
- die wesentlichen Schritte bei der Herstellung von Streifenleitungsschaltungen in Dickfilmtechnik und in Dünnfilmtechnik darzustellen;
- einige Bauformen von Hochfrequenzbauelementen zu charakterisieren, und das Anbringen von Verbindungen durch Bonden zu beschreiben;
- den Aufbau und die Eigenschaften eines Hybridring-Kopplers darzustellen;
- beispielhaft den Aufbau von Filtern aus Leitungselementen zu skizzieren und zu erläutern;
- die wesentlichen Eigenschaften von Ferriten zu erklären;
- den Aufbau und die Funktionsweise von YIG-Resonatoren und von Y-Zirkulatoren zu erklären.

6.1 Streifenleitungen

grundsätzlicher Aufbau

Streifenleitungen werden allgemein in Form flacher leitender Streifen ausgeführt. Die Gegenelektrode zu den Streifen besteht aus einer oder mehreren ausgedehnten dünnen leitenden Ebenen, die mittels eines dielektrischen Trägermaterials (Substrat) parallel zum Streifen geführt werden.

Triplate-Leitung

In Bild 6.1 sind verschiedene wichtige Arten von Streifenleitungen dargestellt. Die symmetrische Streifenleitung oder Triplate-Leitung besteht aus einem streifenförmigen Leiter der Breite w und der Dicke t, der umgeben von einem Dielektrikum zwischen den sehr breiten Gegenelektroden eingebettet ist. Wesentliche Kenngrößen sind das Verhältnis w/h von Streifenbreite und Abstand der Gegenelektroden und die Dielektrizitätszahl ε_r des Dielektrikums. Die Leiterdicke t bestimmt wesentlich nur die Leiterverluste. Zu beachten ist, daß das Dielektrikum über dem Querschnitt homogen ist, die Triplate-Leitung führt daher TEM-Wellen.

Mikrostrip-Leitung

Die unsymmetrische Streifenleitung oder auch Mikrostrip-Leitung ist die heute wichtigste Form der Streifenleitungen. Ihre wesentlichen Kenngrößen sind wie bei der Triplate-Leitung das Verhältnis w/h und die Dielektrizitätszahl ε_r des Substrats. Die Mikrostrip-Leitung hat den entscheidenden Vorteil, daß sie sich zur Herstellung miniaturisierter integrierter Hochfrequenzschaltungen besonders eignet, da die Schaltungen in einer Ebene aufgebaut werden können. Wegen ihrer großen Bedeutung wird die Mikrostrip-Leitung hier genauer betrachtet.

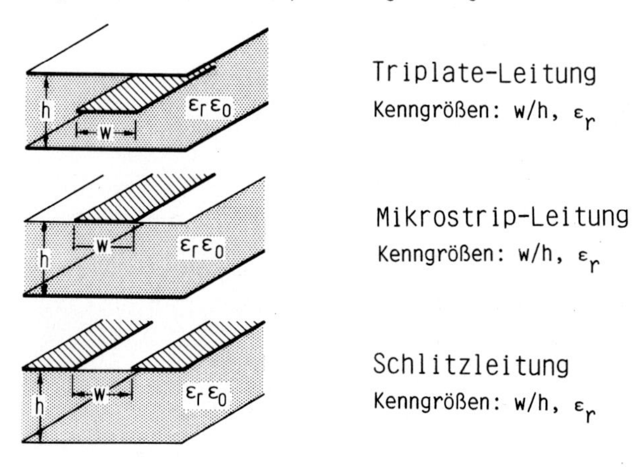

Bild 6.1
Verschiedene Arten von Streifenleitungen

Aus Bild 6.1 folgt, daß die Mikrostrip-Leitung nicht zu den TEM-Leitungen gehört, da das Dielektrikum über dem Querschnitt nicht homogen ist. Bis zu Frequenzen von einigen GHz können jedoch die Leitungseigenschaften in der quasi-TEM-Näherung aus den statischen Feldverteilungen berechnet werden. Die Berechnungsverfahren z.B. auf der Basis konformer Abbildungen oder numerischer Verfahren sind aber auch dann noch so aufwendig, daß sie hier nicht behandelt werden können.

führt keine TEM-Welle

Bei der Bemessung von Schaltungen aus Mikrostrip-Leitungen werden der Wellenwiderstand und die Leitungswellenlänge λ benötigt.

Der Wellenwiderstand Z der Mikrostrip-Leitung in der quasi-TEM-Näherung ist bei vernachlässigter Leiterdicke t in guter Näherung zu bestimmen aus

$$Z \simeq \frac{60\,\Omega}{\sqrt{\varepsilon_{eff}}} \ln\{8h/w + w/(4h)\} \quad \text{für } w/h \leq 1$$

$$Z \simeq \frac{377\,\Omega}{\sqrt{\varepsilon_{eff}}} \left\{w/h + 2.41 - 0.44\,h/w + (1 - h/w)^6\right\}^{-1} \quad \text{für } w/h \geq 1\,. \tag{6.1}$$

Wellenwiderstand Z

Die effektive Dielektrizitätskonstante

λ aus ε_{eff}

$$\varepsilon_{eff} = (\lambda_0/\lambda)^2 \tag{6.2}$$

ist definiert als das Verhältnis der Quadrate von freier Wellenlänge $\lambda_0 = 1/(f\sqrt{\varepsilon_0\mu_0})$ und Leitungswellenlänge λ.

Es gilt in guter Näherung die Beziehung

$$\varepsilon_{eff} \simeq \frac{\varepsilon_r + 1}{2} + \frac{\varepsilon_r - 1}{2}\{1 + 10\,h/w\}^{-1/2}\,. \tag{6.3}$$

$\varepsilon_{eff} = (\varepsilon_r + 1)/2$ ist eine erste Abschätzung, wenn angenommen wird, daß die Felder sich gleichmäßig auf das Substrat mit ε_r und auf das umgebende Medium mit $\varepsilon_r = 1$ aufteilen.

In Bild 6.2 ist der Wellenwiderstand Z in Abhängigkeit von w/h aufgetragen mit der Dielektrizitätszahl ε_r des Substrats als Parameter. Für einen geforderten Wellenwiderstand von z.B. $Z = 50\,\Omega$ ist bei

$\varepsilon_r \simeq 2$ $w/h \simeq 3$, bei $\varepsilon_r \simeq 10$ ist $w/h \simeq 1$.

In Bild 6.3 ist das Verhältnis von freier Wellenlänge λ_0 zur Leitungswellenlänge λ in Abhängigkeit von w/h mit ε_r als Parameter dargestellt.

Wie oben erwähnt, ist eine TEM-Welle auf einer Mikrostrip-Leitung mit $\varepsilon_r \neq 1$ nicht möglich. Aus den Maxwellschen Gleichungen folgt dann, daß die Mikrostrip-Leitung dispersiv ist.

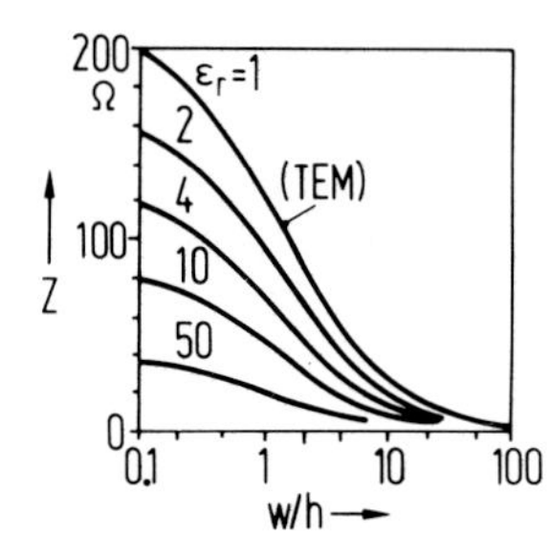

Bild 6.2
Wellenwiderstand Z verlustfreier Mikrostrip-Leitungen als Funktion von w/h mit ε_r als Parameter. Die Leiterdicke t ist vernachlässigt.

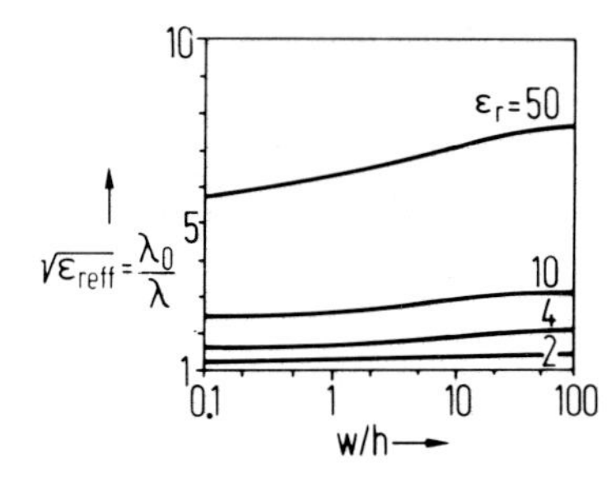

Bild 6.3
$\sqrt{\varepsilon_{eff}} = \lambda_0/\lambda$ als Funktion von w/h mit ε_r als Parameter für Mikrostrip-Leitungen bei vernachlässigter Leiterdicke t.

Aufgabe 6.1

a) Warum ist in Bild 6.2 die Kurve für $\varepsilon_r = 1$ mit 'TEM' bezeichnet ?

b) Welche Leitungsform ergibt sich aus der Mikrostrip-Leitung für sehr große Werte w/h? Welche Beziehungen ergeben sich dann für Z und ε_{eff}?

Dispersion

In Bild 6.4 ist die Frequenzabhängigkeit von ε_{eff} und Z für eine typische Mikrostrip-Leitung dargestellt. Die Frequenzabhängigkeit von λ und von Z wird bei einzelnen Leitungen erst oberhalb einiger GHz bedeutsam. Sie wirkt sich aber sehr nachteilig aus in Leitungsschaltungen wie Filtern und Leitungskopplern und schränkt insbesondere deren Bandbreite ein. Daher hat die Triplate-Leitung trotz ihres größeren Fertigungsaufwandes immer noch Bedeutung, da sie bei sehr breiten Gegenelektroden nahezu dispersionsfrei ist.

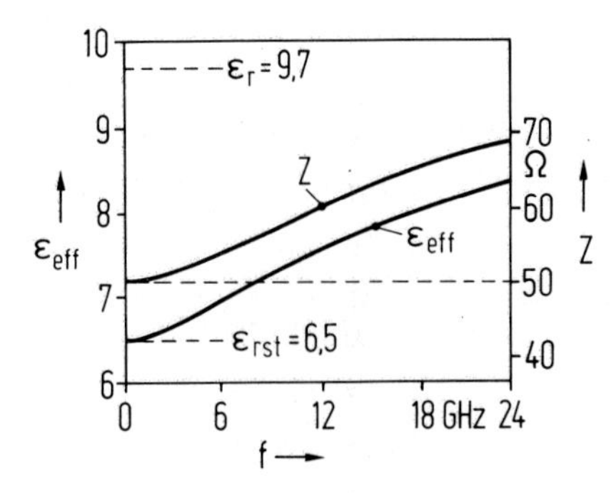

Bild 6.4
Frequenzabhängigkeit von Wellenwiderstand Z und effektiver Dielektrizitätskonstante $\varepsilon_{eff} = \lambda_o^2/\lambda^2$ einer Mikrostrip-Leitung auf einem Substrat mit $\varepsilon_r = 9.7$ (Al_2O_3), $h = 0.6$ mm und $w/h = 1.06$.

Schaltungen mit Mikrostrip-Leitungen werden in der Regel an koaxiale Zuleitungen angeschlossen mit einer Anordnung nach Bild 6.5, die auch noch im GHz-Bereich sehr reflexionsarm ist, wenn die Wellenwiderstände von Koaxialleitung und Mikrostrip-Leitung übereinstimmen. (Die Triplate-Leitung wird in entsprechender Weise mit Koaxialleitungen verbunden.)

Anschluß an koax. Leitungen

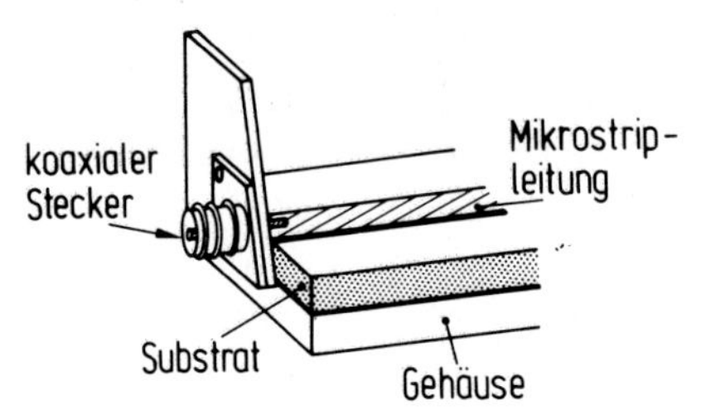

Bild 6.5
Übergang von Koaxialstecker und Mikrostrip-Leitung

Neben der Mikrostrip-Leitung hat seit einigen Jahren die Schlitzleitung (s. Bild 6.1) Bedeutung gewonnen für Schaltungen im GHz-Bereich. Ihre Eigenschaften können nicht über eine TEM-Näherung berechnet werden, da die Feldverteilung auch nicht näherungsweise transversal elektromagnetisch ist im Hochfrequenzbereich.

Schlitzleitung

Die Schlitzleitung hat aus folgenden Gründen Bedeutung erlangt:

- Von ihrem Aufbau her können Bauelemente leicht parallel geschaltet werden, was bei der Mikrostrip-Leitung ein Durchbohren des Substrats bedeuten würde.

Eigenschaften

- Die Schlitzleitung kann über geeignete Übergänge (s. Bild 6.6) reflexionsarm an Hohlleiter angeschlossen werden. Das ist von Bedeutung im Bereich der mm-Wellen ($f > 30$ GHz), bei denen Streifenleitungsschaltungen an Hohlleiter anzuschließen sind.

- Auf der 'Unterseite' des Substrates können Metallstreifen für Mikrostrip-Leitungen angebracht werden. Diese können bei geeignetem Aufbau an die 'oben' liegenden Schlitzleitungen angekoppelt werden. Recht komplexe Schaltungen werden damit möglich (u.a. Serien- und Parallelschaltungen von Bauelementen).

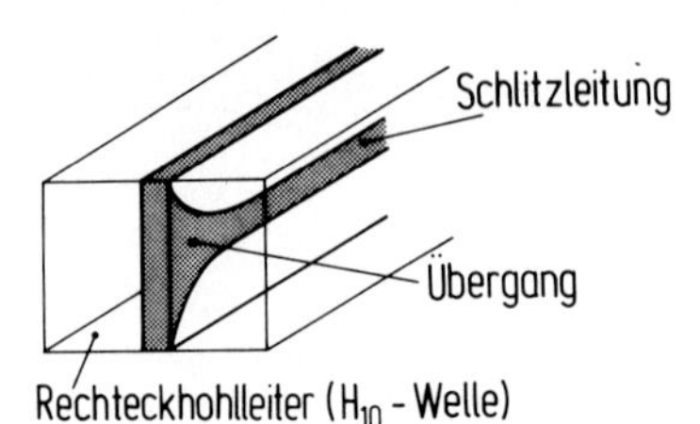

Bild 6.6
Übergang zwischen Rechteckhohlleiter und Schlitzleitung

6.2 Technologie von Streifenleitungsschaltungen

Unter Verzicht auf Einzelheiten der technologischen Prozesse werden die wesentlichen Gesichtspunkte bei der Herstellung von Streifenleitungsschaltungen angesprochen. Beispielhaft werden wegen ihrer Bedeutung Schaltungen mit Mikrostrip-Leitungen herangezogen.

6.2.1 Substratmaterialien

Anforderungen

Die Substrate für Streifenleitungen dienen zum einen als Träger der Leitungsstruktur, sie müssen daher von hoher mechanischer Stabilität sein und mit gut reproduzierbaren Abmessungen zu fertigen sein. Zum anderen sollte das elektromagnetische Feld möglichst eng an den Leitungen geführt werden, die Dielektrizitätszahl ε_r sollte daher relativ hoch sein (genauere Rechnungen zeigen, daß die optimalen Werte für ε_r hierfür etwa bei $\varepsilon_r \cong 8...16$ liegen). Außerdem sollen die dielektrischen Verluste klein sein, um die elektromagnetische Welle möglichst wenig zu dämpfen. Der dielektrische Verlustwinkel δ_e solllte daher möglichst klein sein, denn in grober Abschätzung (in der Näherung einer TEM-Welle im Substrat) gilt für die Dämpfungskonstante aufgrund dielektrischer Verluste

$$\alpha \sim \omega \tan \delta_e \, . \tag{6.4}$$

Einige wichtige Substratmaterialien und ihre elektrischen Daten sind in der folgenden Tabelle zusammengefaßt.

Material	ε_r (bei 1 GHz)	$\tan\delta_e$ (bei 1 GHz)
"Kunststoffe"	2 ... 5	10^{-3} ... 10^{-2}
Teflon (glasfaserverstärkt)	2.55	$< 10^{-3}$
Aluminiumoxid Al_2O_3 (99.5 % Reinheit)	9.7	$< 10^{-4}$

Es sind dies einmal die zusammenfassend mit "Kunststoffe" bezeichneten Substrate aus verschiedenartigen Kunststoffmaterialien, die ein typisches ε_r zwischen 2 und 5 und relativ große Verlustwinkel haben. Diese Materialien werden auch für die gedruckten Schaltungen der Elektronik verwendet. Sie sind für Hochfrequenzschaltungen meist nicht geeignet, da ε_r und δ_e nicht spezifiziert sind und damit Leitungen nicht zu bemessen sind.

Bei Frequenzen bis zu einigen GHz wird wegen seiner guten elektrischen Eigenschaften und Hitzebeständigkeit (bei Lötarbeiten) bis ca. 550 K als Substratmaterial oft Teflon eingesetzt. Es ist allerdings mit Glasfasern oder Quarzfasern verstärkt, da reines Teflon zum Fließen neigt und eine geringe mechanische Stabilität hat.
Am häufigsten wird - insbesondere für integrierte Mikrowellenschaltungen - Aluminiumoxid (Al_2O_3)-Keramik eingesetzt. Substrate aus Aluminiumoxid werden aus Al_2O_3-Pulver unter Zugabe von Bindemitteln durch Sintern (bei 1800 - 2000 K) oder Heißpressen (bei 2200 K) hergestellt. Substrate für hohe Frequenzen haben eine Reinheit besser als 99.5 % und eine Dielektrizitätszahl von etwa $\varepsilon_r \approx 9.7$. Typisch sind bei Substraten aus Al_2O_3 Dicken h von 0.6 ... 1.5 mm.

6.2.2 Herstellungsverfahren

Der technologische Aufwand bei der Herstellung von Streifenleitungsschaltungen ist am geringsten bei Verwendung von "kupferkaschierten" Kunststoffsubstraten. Plattenförmige Kunststoffsubstrate oder glasfaserverstärkte Teflonsubstrate mit einer beidseitigen ca. 30 µm dicken Beschichtung aus Kupfer sind im Handel erhältlich. Vielfach

kupferkaschierte Kunststoffsubstrate

ist auch eine zusätzliche Beschichtung mit lichtempfindlichem Fotolack auf beiden Seiten vorhanden.

Technologie

In einem Fotoprozess wird durch eine Maske hindurch belichtet. Die unbelichteten Stellen bleiben beim Entwickeln stehen. (Das gilt bei Verwendung von "Positiv-Fotolack".) Nach dem Fixieren und evtl. Aushärten des Fotolacks wird die ungeschützte Kupferbeschichtung in z.B. einer Eisen-3-chlorid ($FeCl_3$)-Lösung abgeätzt.
Die Kantengenauigkeit ist nicht wesentlich besser als die Dicke der Kupferbeschichtung (≈ 30 µm), da stets eine nicht völlig gleichmäßige Unterätzung entsteht, die vergleichbar ist mit der Dicke der Metallschicht. Dementsprechend wird auch keine hochgenaue Fotomaske benötigt. In vielen Fällen ist es daher ausreichend, eine vergrößerte Vorlage der Leitungsstruktur anzufertigen und mit einer Plattenkamera zu fotografieren. Die Fotoplatte wird dann als Maske beim Belichten verwendet.

Industriell werden Hochfrequenzschaltungen vorwiegend in zwei verschiedenen Techniken hergestellt, der Dickfilmtechnik und der Dünnfilmtechnik.

Dickfilmtechnik

In der Dickfilmtechnik werden Leiterbahnen, Widerstände, Dielektrika oder Elektroden mit Hilfe von Einbrennpasten hergestellt. Diese Pasten bestehen aus Metallpulvern, Glaspulver und einem organischen Lösungsmittel, welches die Komponenten zusammenhält.
Als Substratmaterial wird in der Dickfilmtechnik fast ausschließlich Aluminiumoxid (s. Tabelle) verwendet.

Siebdrucktechnik

Bei geringen Anforderungen an die Kantengenauigkeit wird zum Aufbringen der Schaltung insbesondere für die Massenproduktion die Siebdrucktechnik herangezogen. In Bild 6.7 ist das Prinzip der Siebdrucktechnik dargestellt. Es wird ein Siebrahmen verwendet, in dem ein Stahl- oder Nylonsieb mit einer Maschenzahl bis zu etwa 1000 je cm^2 eingespannt ist. Das Sieb ist mit einer lichtempfindlichen Emulsion belegt, die Schaltungsstruktur wird durch einen Fotoprozess (s. oben) freigelegt. Mit Hilfe einer sogenannten Rakel werden die Einbrennpasten durch das Sieb auf das Substrat gedruckt. Dabei läßt sich kaum vermeiden, daß durch die Maschenstruktur die Berandungen recht unregelmäßig werden. Die Herstellung einer Schaltung erfordert im allgemeinen einen Satz verschiedener Masken für das Drucken der verschiedenen Komponenten.

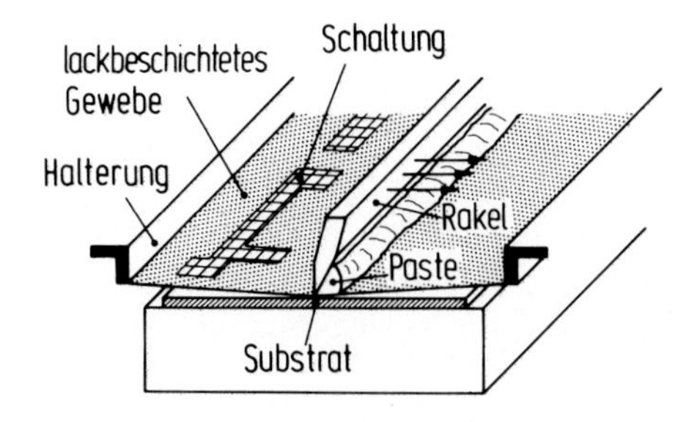

Bild 6.7
Prinzip der Siebdrucktechnik

Beispiel

In Bild 6.8 ist beispielhaft der Aufbau einer Leiterstruktur gezeigt mit einem Widerstand und einer Kapazität in integrierter Form.

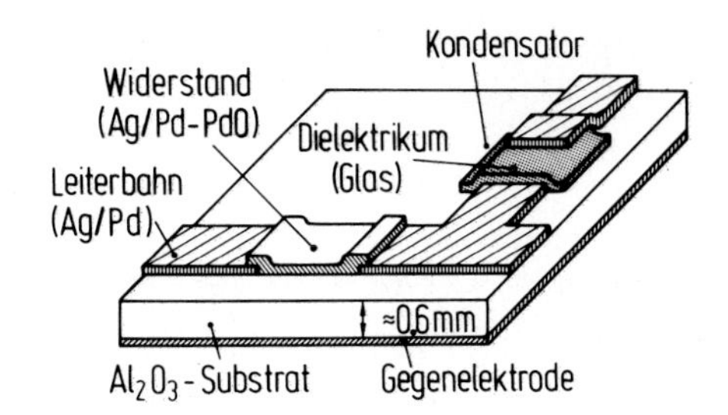

Bild 6.8
Beispiel einer Dickfilmschaltung mit Widerstand und Kondensator

Im ersten Druckvorgang werden die Leiterbahnen mit einer typischen Dicke von etwa 20 µm aufgebracht. Leiterbreiten bis herab zu 100 µm lassen sich realisieren. Die Pasten hierfür enthalten als Metalle meist Mischungen aus Silber (Ag) und Palladium (Pd). In einem weiteren Druckvorgang werden die Pasten für die Widerstände aufgebracht. Diese Pasten enthalten z.B. Mischungen aus Silber, Palladium und Palladiumoxid (PdO). Anschließend werden die Pasten bei 1000 K eingebrannt. Es ist insbesondere wichtig, die Widerstände reproduzierbar einzustellen. Das ist mit Mischungen aus Ag, Pd und PdO möglich, da ein Gleichgewicht zwischen Pd, PdO und Sauerstoff beim Einbrennen sich einstellt mit definierten spezifischen Widerständen.

Widerstände

Abhängig von den Anteilen des Palladiums und des Palladiumoxids in der Paste kann ein sehr großer Bereich des spezifischen Widerstandes ρ der Widerstände abgedeckt werden mit 10^{-2} Ωcm < ρ < 10^{3} Ωcm. Damit können auch hohe Widerstandswerte bei kleinen Längen der Widerstände erreicht werden.

Kapazitäten

Beim Aufbau integrierter Kondensatoren wird in einem neuen Druckprozess eine dielektrische Paste aufgebracht und anschließend die Deckelektrode. Zum Schutz (Passivierung) der Schaltung wird nach dem letzten Einbrennprozess die Schaltung bis auf Kontaktöffnungen mit einer

Glaspaste bedruckt. Diese Glasschicht wird bei 800 K eingebrannt, also bei einer niedrigeren Temperatur als bei den vorangegangenen Einbrennvorgängen, so daß sich die Widerstände nicht mehr ändern. Im letzten Schritt werden meist Anschlußkontakte für diskrete Bauelemente durch Verzinnen von Leiterbahnflächen hergestellt.

Abgleich

Realistische Werte für die Toleranzen von Dickschichtwiderständen liegen bei etwa 20 %. Daher ist meist ein Abgleich erforderlich. Die Schaltungen werden dazu in Meßautomaten eingesetzt und durch Einschnitte (s. Bild 6.9) der Widerstandswert erhöht. (Die Widerstände müssen bei der Herstellung daher Werte unterhalb der Sollwerte haben.) Zunehmend werden hier Laser hoher Leistung eingesetzt, mit denen das Widerstandsmaterial an den vorgesehenen Stellen verdampft wird.

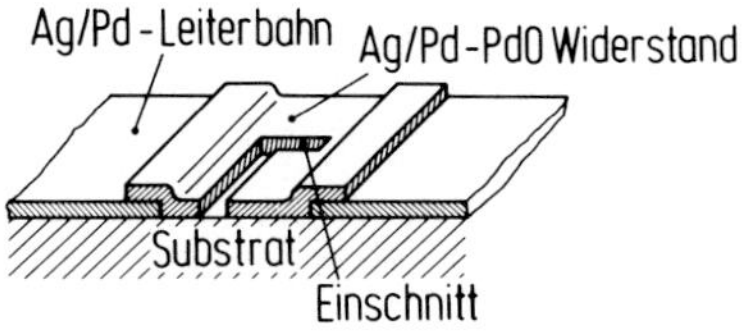

Ag/Pd-Leiterbahn
Ag/Pd-PdO Widerstand
Substrat
Einschnitt

Bild 6.9
Widerstandsabgleich durch Anbringen eines L-förmigen Einschnitts im Dickfilmwiderstand

Dünnfilmtechnik

Die Dünnfilmtechnik unterscheidet sich von der Dickfilmtechnik nicht durch die Schichtdicke - wie man eigentlich dem Namen nach erwarten würde - sondern durch die Herstellungsverfahren der Schaltung. Die Dünnfilmtechnik wird insbesondere im Mikrowellenbereich eingesetzt, wo es auf eine hohe Kantengenauigkeit (s.u.) ankommt.

Bei der Dünnfilmtechnik wird das Substrat ganzflächig meist durch Aufdampfen mit einer Folge dünner Schichten für Widerstände, Dielektrika und Leiterbahnen bedeckt. Aus den ganzflächigen Schichten werden die erforderlichen Strukturen selektiv herausgeätzt. Dazu wird wieder in einer Fotolackbeschichtung nach Belichtung durch eine Fotomaske die gewünschte Struktur erzeugt.

Technologie

Nach den Ätzprozessen werden die Leiterbahnen galvanisch verstärkt, um ihren Widerstand klein zu halten. Man sollte die Dünnfilmtechnik daher genauer als Dünnfilm-Galvanisierungs-Technik bezeichnen. Die wesentlichen Prozeßschritte dieser Technik bei der Fertigung von Hochfrequenzschaltungen sind in Bild 6.10 dargestellt am Beispiel der Herstellung von Leiterbahnen.

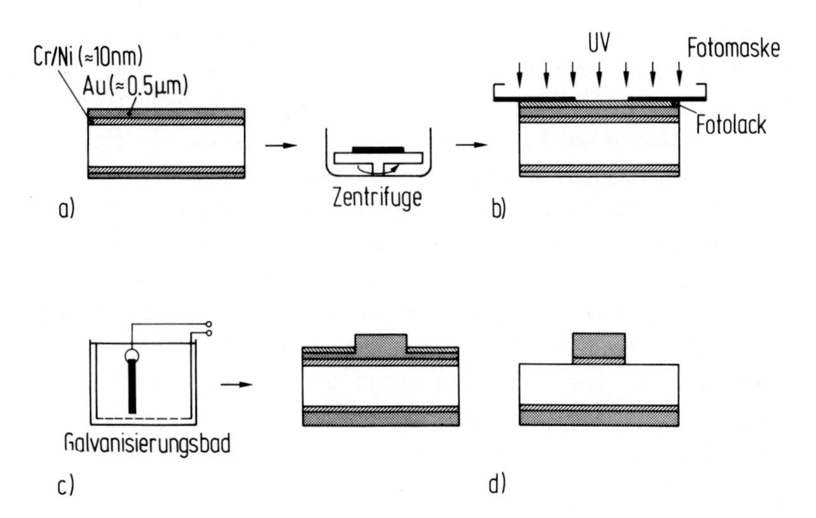

Bild 6.10
Technologische Prozesse bei der Dünnfilmtechnik

Als Substratmaterial wird überwiegend Al_2O_3-Keramik mit hohem Reinheitsgrad verwendet. Beidseitig wird meist durch Aufdampfen zuerst eine nur einige 10 nm dicke Haftschicht aus z.B. Chrom-Nickel (Cr/Ni) aufgebracht und danach eine etwa 0.5 µm dicke Schicht aus Gold. (Derart beschichtete Al_2O_3-Substrate sind auch im Handel erhältlich.) Nach einem Reinigungsprozeß wird mittels einer Zentrifuge eine etwa 1 µm dicke Schicht aus Fotolack aufgebracht. Nach dem Trocknen dieser Schicht wird der Fotolack durch eine Fotomaske hindurch belichtet. Nach dem Entwickeln, fixieren und Aushärten des Fotolacks werden die nicht durch Fotolack bedeckten Bereiche in einem Galvanisierungsbad elektrolytisch verstärkt auf Dicken zwischen etwa 5 µm und 20 µm. Anschließend wird der verbliebene Fotolack entfernt und die sehr dünnen aufgedampften Gold- und Chrom/Nickelschichten abgeätzt in zwei unterschiedlichen Ätzvorgängen. Wenn zwischen diesen beiden Ätzprozessen ein Fotoprozess zwischengeschaltet wird, kann nach Abätzen der Goldschicht die Chrom/Nickelschicht zur Herstellung von Widerständen herangezogen werden. Derartige Dünnfilmwiderstände sind aber nicht mit hohen Leistungen belastbar. Sie haben eine beträchtliche Länge, d.h. sie beanspruchen viel Substratfläche, wenn hohe Widerstandswerte erforderlich sind wegen des relativ niedrigen spezifischen Widerstandes der Cr/Ni-Schicht. Aus diesem Herstellungsverfahren wird deutlich, daß eine sehr hoche Kantengenauigkeit möglich ist, da nur sehr dünne Metallschichten abzuätzen sind. (Die Kantengenauigkeit geht nur wenig beim elektrolytischen Verstärken verloren.) Es sind dann auch sehr genaue Strukturen in der Fotomaske erforderlich zur vollen Ausnutzung dieser Genauigkeit. Es werden zu deren Herstellung vergrößerte Vorlagen angefertigt, die mit einer Präzisionsplattenkamera fotografiert werden. Die Fotoplatten dienen wiederum als Masken. Die hohe Kantengenauigkeit ist im Mikrowellenbereich erforderlich, die Ströme fließen hier an der Oberfläche in Schichten, die nur von der Dicke entsprechend etwa 3 Skineindringtiefen sind, d.h. bei hohen Frequenzen nur einige Mikrometer dick sind. (Die Skineindringtiefe bei Gold ist etwa 1.6 µm bei 2 GHz und etwa 0.7 µm bei 10 GHz.) Eine Rauhigkeit der Leiterberandung verlängert die Stromwege beträchtlich und erhöht entsprechend den Widerstand. Es muß daher auch das Substrat sehr glatte Oberflächen haben. Für Streifenleitungsschaltungen im Mikrowellenbereich kommt aus diesem Grunde die Siebdrucktechnik weniger in Betracht.

6.2.3 Bauformen und Einbau von passiven und aktiven Bauelementen

Wie eingangs erwähnt, ermöglicht es der heutige Entwicklungsstand meist noch nicht, Schaltungen für hohe Frequenzen - besonders für Mikrowellen - in monolithischer Technik aus einem Halbleitersubstrat herzustellen. Daher werden aktive Bauelemente wie Dioden und Transistoren, aber auch passive Bauelemente wie Widerstände und Kondensatoren nachträglich in die Schaltung eingesetzt. Es sind hierfür eine Vielzahl spezieller Bauformen entwickelt worden, die auf die Erfordernisse der Streifenleitungstechnik abgestellt sind, sehr kleine Zuleitungsinduktivitäten und Gehäusekapazitäten haben und damit bis weit in den GHz-Bereich einsetzbar sind.

Anforderungen

Die Abmessungen der Schaltelemente können so klein gehalten werden, daß sie auch im Mikrowellenbereich noch sehr klein gegen $\lambda/4$ sind und somit auch im Mikrowellenbereich noch Schaltungen aus konzentrierten Elementen möglich sind.

Wegen der großen Mannigfaltigkeit von Bauformen und Schaltungstechniken können hier nur Grundzüge und einige Beispiele behandelt werden.

Anschluß-formen

Widerstände und Kondensatoren sind mit induktivitätsarmen bandförmigen Anschlüssen versehen (Bild 6.11), die auf die Streifenleiter aufgelötet oder mit Leitkleber geklebt werden, wenn die Temperaturbelastung der Komponenten im Betrieb gering bleibt.

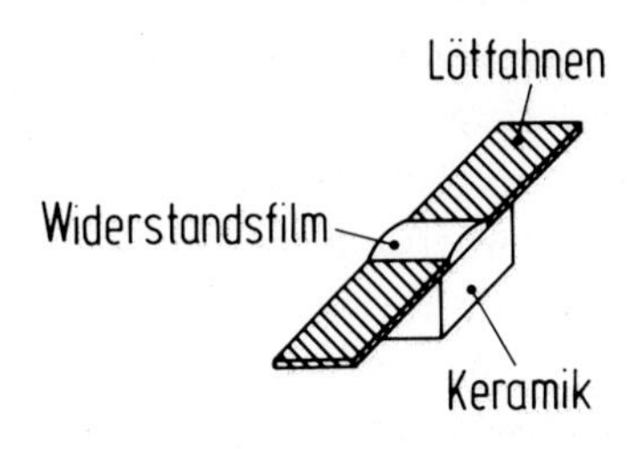

Bild 6.11a
Bauformen von Widerständen und Kondensatoren für Streifenleitungsschaltungen bei hohen Frequenzen

S G D Gehäuse

Bild 6.11b
FET mit bandförmigen Anschlüssen zum Gehäuse aus Kunststoff oder Metall/Keramik

In ähnlicher Weise werden im Gehäuse gekapselte Halbleiterbauelemente mit bandförmigen induktivitätsarmen Zuleitungen versehen und in eine Schaltung eingebaut (Bild 6.11b). Die Halbleiterbauelemente werden mit den Gehäuseanschlüssen meist durch Bonden verbunden. Diese Verbindungstechnik ist schematisch in Bild 6.12 gezeigt.

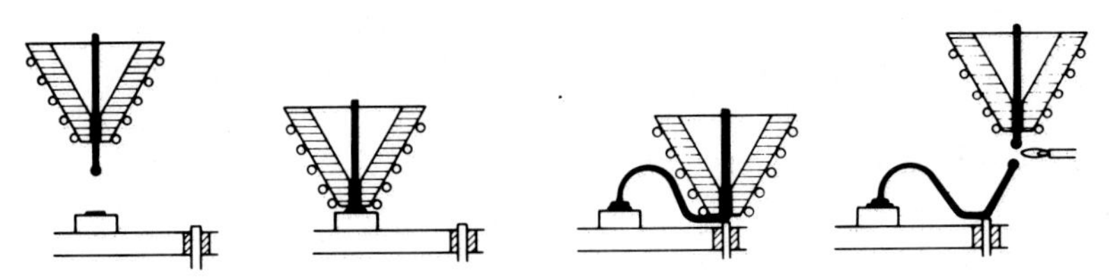

a) Thermokompressionsbonden

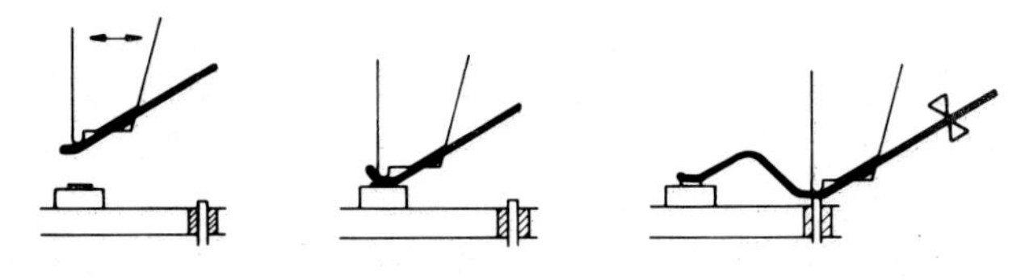

b) Ultraschallbonden

Bild 6.12
Schematische Darstellung des Thermokompressions- und des Ultraschallbondens

Bonden

Beim Thermokompressionsbonden werden dünne Golddrähte (Ø ≈ 25...100 µm), die an ihrem Ende durch Abschmelzen kugelförmig verdickt sind, unter Druck bei erhöhter Temperatur (≈ 500 - 600 K) durch Thermokompression (Kaltverschweißung unter erhöhter Temperatur und Druck) angebracht. Die Kontaktflächen bestehen hier üblich aus Gold. Im Bild ist angedeutet, wie ein Halbleiterbauelement z.B. ein Transistor, der mit einem Kontakt (z.B. Kollektor) großflächig am Gehäuse angelötet ist, durch Bonden mit den äußeren Anschlüssen verbunden wird. Ein anderes gebräuchliches Verfahren ist das Ultraschallbonden. Hier wird durch eine über einen Ultraschallgenerator erzeugte Vibration der Spitze, unter der der Draht geführt wird, eine plastische Verformung von Anschlußdraht und Kontaktmaterial bewirkt, welche dann unter Anwendung von Druck zur Kaltverschweißung führt. Störende Oxidschichten werden beim Ultraschallbonden durchstoßen. Üblich ist hier die Verwendung von Drähten aus Aluminium.

Für Schaltungen im GHz-Bereich - hier kommt nur die Dünnfilmtechnik mit Leiterbahnen aus Gold in Betracht - müssen Gehäusekapazitäten und innere Zuleitungsinduktivitäten extrem klein sein. Dazu werden oft nackte Halbleiter-'chips' direkt in die Schaltung eingesetzt. Das geschieht entweder durch Bonden (Bild 6.13), dabei werden oft statt dünner Drähte Bänder wegen ihrer kleineren Induktivität eingesetzt.

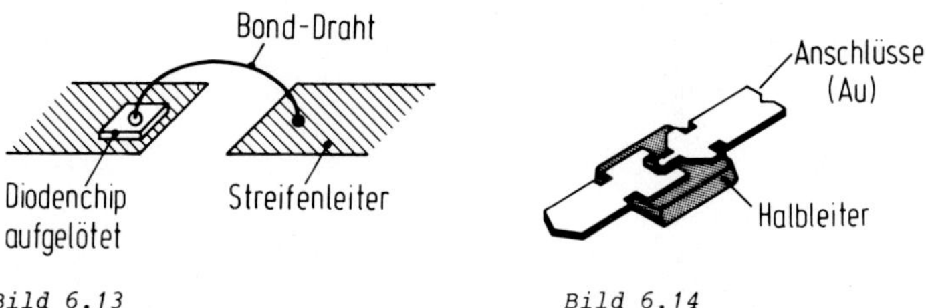

Bild 6.13
Einbau eines Diodenchips mit Verbindung durch Bonden

Bild 6.14
Beam-Lead-Diode

beam-lead-Technik

Als Alternative wird die beam-lead-Technik herangezogen. Hierbei werden die Kontaktflächen elektrolytisch mit Gold verstärkt auf eine Dicke von ca. 10 µm. Der Halbleiter wird nach Einbettung in einer geeigneten Schutzschicht chemisch abgeätzt, so daß die verstärkten Kontaktflächen in Gestalt von ca. 0.1 mm breiten Streifen als Anschlußflächen überstehen. Der Halbleiter wird von den verstärkten Leiterbahnen getragen. Daher rührt auch die Bezeichnung beam (Träger) - lead (Zuleitung)-Technik.

Bild 6.14 zeigt schematisch eine beam-lead-Diode; die Anschlüsse werden meist durch Thermokompression mit den Streifenleitern verbunden.

Beispiel

Am Beispiel eines Breitbandverstärkers soll abschließend der derzeitige Entwicklungsstand beim Aufbau hybrider Hochfrequenzschaltungen gekennzeichnet werden und eine technische Ausführung vorgestellt werden. Bild 6.15 zeigt den Aufbau eines einstufigen Breitbandverstärkers für Kleinsignalanwendungen. (Verstärker GPD-401 der Firma Avantek, von der Schaltung wurde nach Auftrennen des Gehäuses ein Foto angefertigt, das als Vorlage für Bild 6.15 diente.)

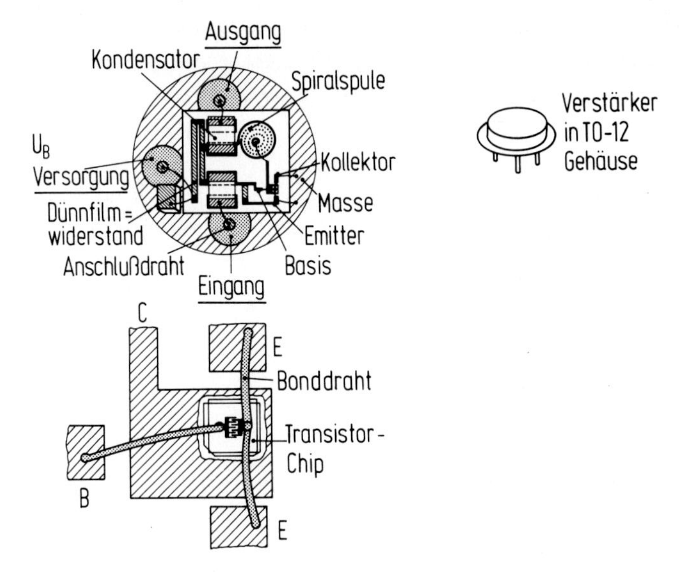

Bild 6.15
Aufbau eines breitbandigen Transistorverstärkers in Dünnfilmtechnik. Der Verstärker ist eingebaut in ein TO-12 Gehäuse (Ø ≃ 10 mm). Vergrößert herausgezeichnet ist der aufgelötete Chip des bipolaren Transistors mit interdigitaler Kontaktstruktur und Anschlüsse durch Bonden

Die Leistungsverstärkung beträgt 13 dB ± 1 dB im Frequenzbereich 5 MHz bis oberhalb 400 MHz (bei einer Rauschzahl $F \simeq 2.8$), Ein- und Ausgangswiderstand sind 50 Ω, so daß Ein- und Ausgang direkt z.B. mit entsprechenden Mikrostrip-Leitungen verbunden werden können.

Die Schaltung ist in Dünnfilmtechnik auf einem Substrat aus Saphir aufgebaut. (Das Saphir-Substrat ist synthetisch aus Al_2O_3 hergestellt, und es wird hier einfacher Al_2O_3-Keramik wegen der besseren Oberflächenqualität vorgezogen.) Das Substrat ist ganzflächig auf dem Schaltungsgehäuse aufgelötet. Die Widerstände R_1, R_2 und R_3 (s. Bild 6.16) sind als Dünnfilmwiderstände ausgeführt und in Bild 6.15 durch Schraffur gekennzeichnet. Die Leiterbahnen (in Bild 6.15 schwarz dargestellt) bestehen aus einer Haftschicht und Gold. Die Kondensatoren C_1, C_2 und C_3 (s. Bild 6.16) bestehen aus dielektrischen Blöcken mit schraffiert dargestellten Kontaktflächen und sind induktivitätsarm direkt auf entsprechenden Kontaktflächen aufgelötet. Weitere Verbindungen sind durch Thermokompressionsbonden hergestellt.

Infolge der hohen Transitfrequenz des verwendeten Transistors sind die Schaltungen am Ein- und Ausgang trotz der hohen Bandbreite recht einfach. Zur Glättung der Verstärkung wird vermutlich nur die Spiralspule L und C_2 herangezogen. Die Spiralspule ist in Bild 6.15 durch einen punktierten Leiterbahnverlauf angedeutet.

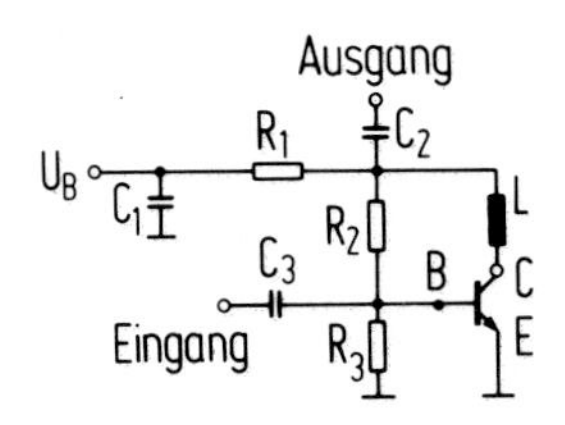

Bild 6.16
Schematisches Schaltbild des Verstärkers in Bild 6.15

6.3 Komponenten für Leitungsschaltungen

Wir haben einige Beispiele für die Ausführung diskreter Bauelemente für Hochfrequenzschaltungen behandelt. Aus der Vielzahl der Komponenten aus Leitungselementen sollen einige Beispiele, die in praktisch jeder Schaltung für hohe Frequenzen ($\gtrsim$ 1 GHz) verwendet werden, herausgegriffen und genauer behandelt werden.

6.3.1 Richtkoppler

In HF-Schaltungen werden häufig Richtkoppler benötigt. Wir werden später einige wichtige Anwendungen von Richtkopplern behandeln. Sie werden eingesetzt, wenn z.B. aus einer Leitung ein Teil der Leistung verlustlos ausgekoppelt werden soll oder wenn die Signale zweier Leitungen zusammengefaßt werden sollen. Wir haben in Kapitel 4 den Leitungskoppler angeführt.

In Streifenleitungsschaltungen wird vielfach wegen des einfachen Aufbaus der Hybridring-Koppler verwendet. Bild 6.17 zeigt seine Ausführung in Mikrostrip-Technik. Zwischen den Zugangsleitungen mit dem Wellenwiderstand Z sind längs geschaltet Leitungen mit dem Wellenwiderstand $Z/\sqrt{2}$, und quer dazu sind die Leitungen 1 - 2 und 3 - 4 über Leitungen mit dem Wellenwiderstand Z verbunden. Alle Verbindungsleitungen haben eine Länge von $\lambda/4$. Diese Anordnung bildet somit ein Viertor, das folgende Eigenschaften hat:

Hybridring-Koppler

a) An jedem Tor liegt Anpassung vor, d.h. der Eingangswiderstand ist gleich Z, wenn die übrigen Tore mit Z abgeschlossen sind.

Eigenschaften

Bei Einspeisung an einem Tor - wir wählen das Tor 1 - mit einem Wechselsignal mit dem Phasor $\underline{U}_1^+$ und einer Frequenz, bei der die Länge der Verbindungsleitungen gerade gleich $\lambda/4$ ist,

b) entsteht am Tor 3 kein Signal, d.h. das Tor 3 ist entkoppelt, und die eingespeiste Leistung teilt sich zur Hälfte (3-dB-Koppler) auf die Tore 2 und 4 auf,

c) die Signale an den Toren 2 und 4 sind um 90^0 in der Phase gegeneinander verschoben.

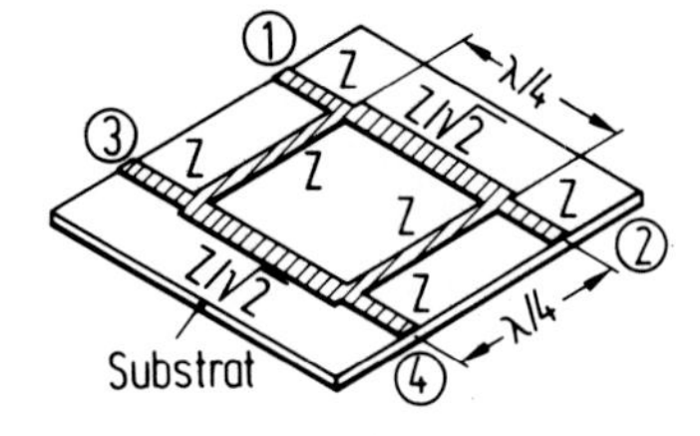

Bild 6.17
3 dB-Hybridring-Koppler mit Mikrostrip-Leitungen

Wir beweisen diese Verhältnisse, indem wir bei Einspeisung am Tor 1 zunächst die Entkopplung des Tores 3 voraussetzen. Dann kann Tor 3 beliebig beschaltet werden. Die Verhältnisse werden am einfachsten, wenn Tor 3 kurzgeschlossen wird. Wegen der Transformationseigenschaften von $\lambda/4$-Leitungen ist das Tor 4 dann nur mit Z belastet, Tor 2 mit $Z||Z = Z/2$, und dieser Widerstand wird über die $\lambda/4$-Leitung zwischen 1 und 2 auf Z transformiert. Am Tor 1 liegt damit Anpassung vor. Wir setzen dabei voraus, daß die Tore 2 und 4 angepaßt abgeschlossen sind.

Beweis

Wegen der Anpassung an Tor 1 und der symmetrischen Belastung von Tor 2 durch $Z||Z$ teilt sich die eingespeiste Leitung zur Hälfte auf die Tore 2 und 4 auf. Unter Berücksichtigung der Phasendrehungen zwischen den Toren 1 und 2 (90^0) bzw. 1 und 4 (180^0) entstehen dann an den Toren 2 und und 4 Spannungen mit den Phasoren

$$\underline{U}_2^- = -j\,\underline{U}_1^+/\sqrt{2} \tag{6.5}$$

$$\underline{U}_4^- = -\underline{U}_1^+/\sqrt{2} \quad . \tag{6.6}$$

Wir prüfen nun nach, ob die gemachte Voraussetzung richtig ist, d.h. Tor 3 tatsächlich entkoppelt ist. Es muß dazu der Kurzschlußstrom $\underline{I}_3$ am Tor 3 Null sein.

Am Tor 1 steht die Spannung $\underline{U}_1^+$ an, sie bewirkt am Ende der $\lambda/4$-Leitung nach den Leitungsgleichungen einen Strom (die 'Endspannung' der Leitung ist wegen des Kurzschlusses Null) $\underline{I}_3^{(1)} = -j\,\underline{U}_1^+/Z$; entsprechend führt die Spannung $\underline{U}_4^-$ am Tor 4 zu einem Strombeitrag $\underline{I}_3^{(4)} = -j\,\underline{U}_4^-\sqrt{2}/Z$.

Die Stromsumme am kurzgeschlossenen Tor 3 ist damit

$$\underline{I}_3 = -j\,\underline{U}_1^+/Z - j\,\underline{U}_4^-\sqrt{2}/Z \tag{6.7}$$

und verschwindet mit $\underline{U}_4^-$ nach Gl.(6.6). Die Tore 1 und 3 sind also tatsächlich entkoppelt.

Wegen der Symmetrie der Anordnung ergeben sich entsprechende Verhältnisse, wenn an den Toren 2, 3 oder 4 eingespeist wird.

Richtkoppler werden in Hochfrequenzverstärkern unter anderem zur Parallelschaltung zweier Transistoren in einer Verstärkerstufe und zur rückwirkungsfreien Hintereinanderschaltung mehrerer Stufen verwendet.

Anwendungsbeispiel

Bild 6.18 zeigt den Aufbau einer Verstärkerstufe mit einer Parallelschaltung zweier Transistoren über Richtkoppler.

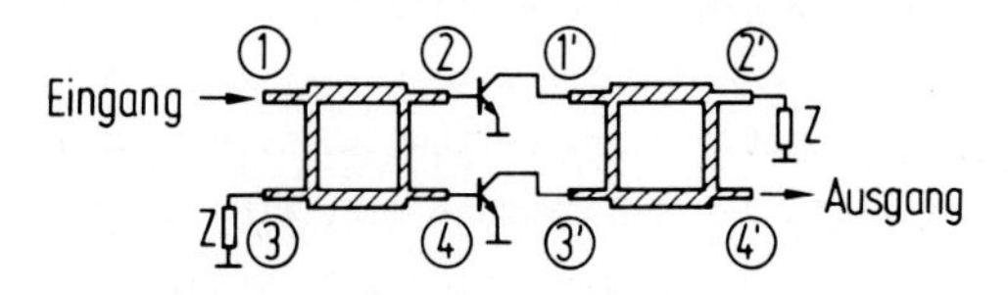

Bild 6.18
Zweistufiger Transistorverstärker mit 3 dB Hybridring-Kopplern

Wir setzen voraus, daß beide Transistoren identische Reflexionsfaktoren am Eingang und Ausgang haben, d.h. identische Ein- und Ausgangswiderstände und identische Verstärkungseigenschaften haben. Dann erkennt man aufgrund der Richtkopplereigenschaften unter Beachtung der Phasenlagen in Gl.(6.5), (6.6) folgende Verhältnisse:

a) Bei Einspeisung am Tor 1 wird von jedem Transistor die halbe eingespeiste Leistung verstärkt, und die verstärkte Eingangsleistung erscheint am Tor 4'. Es kann damit die doppelte zulässige Leistung eines Transistors verarbeitet werden.

b) Bei gleichen Eingangsreflexionen der Transistoren erscheint das reflektierte Eingangssignal am Tor 3, fällt also nicht in den Eingang zurück. Am Eingangstor 1 liegt damit Anpassung vor.

c) Entsprechend gilt bei gleichen Ausgangsreflexionen der Transistoren, daß am Ausgangstor 4' Anpassung vorliegt.

Es können damit mehrere Verstärkerstufen rückwirkungsfrei hintereinander geschaltet werden.

Aufgabe 6.2

Ein 3 dB-Hybridring-Koppler soll für f = 2 GHz auf einem Al_2O_3-Substrat mit ε_r = 10 und h = 0.6 mm mit Mikrostrip-Leitungen gefertigt werden. Geben Sie für Z = 50 Ω unter Verwendung von Bild 6.2, 6.3 die Abmessungen an.

Aufgabe 6.3

Begründen Sie die oben angeführten Aussagen a) - c).

6.3.2 Leitungsfilter

Filter werden in den meisten Hochfrequenzschaltungen benötigt für Aufgaben wie das scharfe Aussieben eines gewünschten Frequenzbereiches durch ein Bandpaßfilter oder das Unterdrücken höherer Frequenzen mit Tiefpässen. Die Bemessung von Filtern mit konzentrierten Induktivitäten und Kapazitäten lehrt die Netzwerktheorie. Bei hohen Frequenzen haben

aber vor allem Spulen zu hohe Verluste, d.h. zu geringe Güten, dadurch wird z.B. die Flankensteilheit der Filter beeinträchtigt.
Aus der Theorie der Leitungen ist bekannt, daß durch Leitungselemente Reaktanzen mit geringen Verlusten realisiert und Leitungen als Resonatoren hoher Güte eingesetzt werden können. Im Hochfrequenzbereich werden daher bevorzugt Filter mit Leitungselementen aufgebaut. Ihr Entwurf für vorgegebene Eigenschaften ist aufwendig. Es werden daher nur typische Eigenschaften an zwei Beispielen hier erläutert.

Beispiel: Tiefpaßfilter

Es soll ein Tiefpaßfilter aus Leitungen aufgebaut werden. Man kann die Transformationseigenschaften von Leitungen ausnutzen und ein Filter mit einer Struktur nach Bild 6.19 aufbauen, das aus in Kette geschalteten Leitungen abwechselnd hohen und niedrigen Wellenwiderstandes besteht.

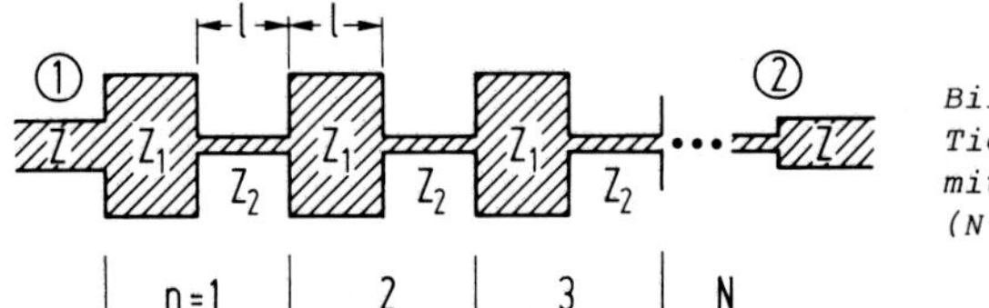

Bild 6.19
Tiefpaß-Leitungsfilter mit 2N Leitungselementen (N Einheiten) der Länge l

Die Struktur in Bild 6.19 zeigt z.B. den Durchmesser des Innenleiters bei koaxialer Ausführung oder den Streifenleiter der Triplate- oder Mikrostrip-Leitung. (Im letzteren Fall muß die Abhängigkeit von Z und ε_{eff} von w beachtet werden.) Die Anordnung ist ein Tiefpaß, da bei $\omega = 0$ Durchgang besteht. Ist die Frequenz aber so hoch, daß die elektrische Länge $\beta l = \omega l/v_p$ (v_p = Phasengeschwindigkeit) der Elemente $\pi/2$ ist, diese also gerade $\lambda/4$ lang sind, so sind Eingangswiderstand Z_E und Eingangsreflexion s_{11} gemäß den Eigenschaften von $\lambda/4$-Transformatoren

$$Z_E = Z(Z_2/Z_1)^{2N} = Z \cdot x^{2N} \; ; \; s_{11} = (x^{2N} - 1)/(x^{2N} + 1) \, . \tag{6.8}$$

Die Vorwärtsübertragung ist dem Betrage nach mit Gl.(4.41)

$$|s_{21}|^2 = 1 - |s_{11}|^2 = 1 - (x^{2N} - 1)^2/(x^{2N} + 1)^2 \, . \tag{6.9}$$

Angenähert gilt dann

$$|s_{21}| \simeq \begin{cases} 4x^{2N} & \text{für} \quad x < 1 \\ 4/x^{2N} & \text{für} \quad x > 1 \end{cases} \, . \tag{6.10}$$

Für 6 Elemente (N = 3) und x = 10 oder x = 1/10 ist damit $|s_{21}|^2_{l=\lambda/4}$ = -54 dB. Die Sperrdämpfung ist endlich.

Wird die Frequenz hingegen so groß, daß $l = \lambda/2$ gilt, so folgt wegen der Transformationseigenschaft von $\lambda/2$-Leitungen $Z_E = Z$ und $|s_{21}| = 1$. Wir erkennen schon eine Grundeigenschaft von Filtern allein aus Leitungselementen: sie sind frequenzperiodisch.

Aufgabe 6.4

Leiten Sie Gl.(6.8) her.

Bild 6.20 zeigt die Übertragung $|s_{21}|^2$ eines Tiefpaßfilters mit N = 4 und $Z_1 = Z/3$, $Z_2 = 3Z$. Die Werte sind berechnet, indem die Kettenmatrix einer Einheit mit Gl.(3.36), (3.37) berechnet und über Gl.(3.39) die resultierende Kettenmatrix bestimmt wurde. s_{21} wird dann durch Kettenparameter ausgedrückt.

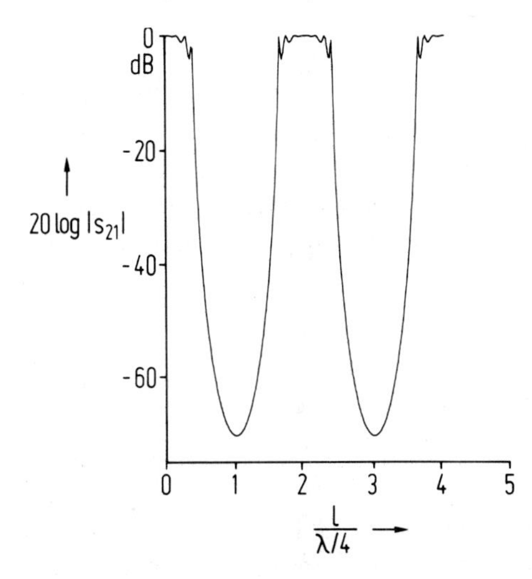

Bild 6.20
Vorwärtsübertragung eines Tiefpaßfilters nach Bild 6.19 mit 4 Einheiten ($Z_1 = Z/3$, $Z_2 = 3Z$)

Wir erkennen aus Bild 6.20 die endliche Sperrdämpfung und das frequenzperiodische Verhalten. Nachteilig ist der relativ schmale Sperrbereich. Einfache Abhilfe schafft hier ein nachgeschaltetes Filter mit einer Leitungslänge l/2. Dessen Sperrbereich liegt dann gerade im zweiten Durchlaßbereich des ersten Filters etc. Bild 6.21 zeigt $|s_{21}|^2$ für diese Anordnung wieder mit N = 4 und $Z_1 = Z/3$, $Z_2 = 3Z$.

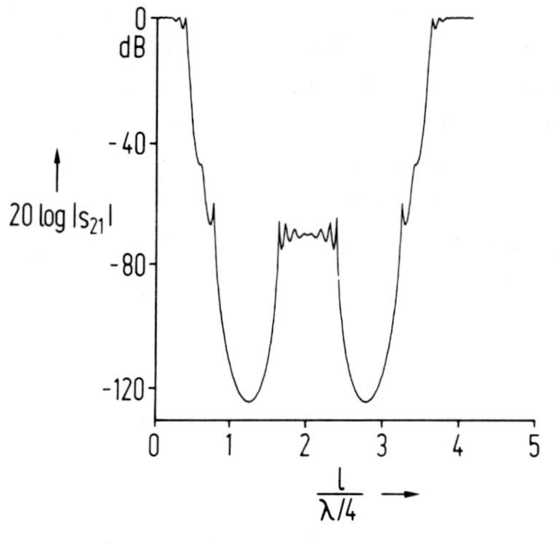

Bild 6.21
Vorwärtsübertragung eines Tiefpaßfilters mit erweitertem Sperrbereich durch Hintereinanderschalten zweier Filter (s.Bild 6.20) mit dem Verhältnis 2:1 der Leitungslängen

Man kann so in recht einfacher Weise Übertragungsfunktionen mit Filtern aus gleichen Einheiten formen. Für höhere Ansprüche muß auf Syntheseverfahren zurückgegriffen werden. Dabei ergeben sich Filter mit unterschiedlich abgestuften Wellenwiderständen der Einheiten und auch unterschiedlichen Leitungslängen.

Beispiel: Bandsperre

Die begrenzte Sperrdämpfung einer Anordnung wie in Bild 6.19 kann behoben werden, wenn Dämpfungspole eingeführt werden. Eine einfache Anordnung für eine Bandsperre mit Dämpfungspolen zeigt Bild 6.22. Wir können Bild 6.22 wieder als Verlauf des Innenleiters in einer koaxialen Anordnung oder als Aufsicht auf den Streifenleiter in einer Triplate- oder Mikrostrip-Leitung auffassen.

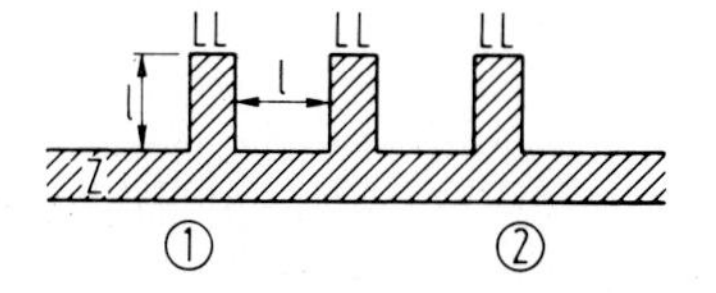

Bild 6.22
Bandsperre mit parallelgeschalteten Stichleitungen, die am Ende leerlaufen (LL). Die Leitungen haben einheitlich den Wellenwiderstand Z.

Auch hier werden wieder gleiche Leitungslängen l der Stichleitungen und damit übereinstimmende Abstände l für einfache Berechnungen verwendet. (Syntheseverfahren liefern unterschiedliche Längen und Abstände.)

Die Wirkung der Anordnung als Bandsperre folgt wieder aus der Theorie der Leitungen. Die Länge l wird so eingestellt, daß sie bei der gegebenen Frequenz gerade $\lambda/4$ ist. Dann erscheint am Eingang der Stichleitungen ein Kurzschluß, verbunden mit völliger Sperrung. Die Anordnung mit mehreren Stichleitungen verbreitert den Sperrbereich.

Bild 6.23 zeigt den Verlauf von $|s_{21}|^2$ für 3 Stichleitungen. ($|s_{21}|^2$ wird über s_{11} analytisch berechnet.) Wir erkennen wieder das frequenzperiodische Verhalten. Auch hier kann man durch Hintereinanderschalten von Filtern mit verschiedenen Werten l den Verlauf von $|s_{21}|^2$ formen. Höhere Ansprüche erfordern Syntheseverfahren.

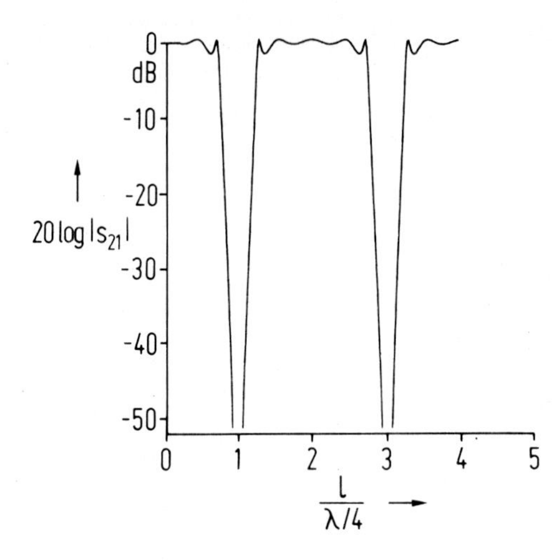

Bild 6.23
Vorwärtsübertragung $|s_{21}|$ einer Bandsperre mit 3 parallelgeschalteten Stichleitungen (siehe Bild 6.22) als Funktion der bezogenen Leitungslänge $l/(\lambda/4)$

6.4 Ferrite

Eigenschaften

Ferrite sind keramische oder einkristalline Stoffe mit oft der chemischen Zusammensetzung $MeO \cdot (Fe_2O_3)_x$ wobei Me für ein zweiwertiges Metall wie z.B. Fe, Mg, Mn, seltene Erden oder Mischungen aus diesen Elementen steht. Ferrite haben typisch eine Dielektrizitätszahl ε_r von etwa 5 - 20, ihre Anwendungen basieren auf ihren magnetischen Eigenschaften mit großen Werten für die Permeabilitätszahl μ_r - oft weit über 1000 - und auf den besonderen Frequenzgängen von μ_r. Im Unterschied zu Ferromagnetika sind Ferrite extrem hochohmig, so daß keine Wirbelstromverluste auftreten, Hochfrequenzfelder tief in den Ferrit eindringen und mit ihm wechselwirken. Dadurch sind erst Hochfrequenzanwendungen möglich.

Ferrite werden vielseitig eingesetzt, bekannt ist ihre Verwendung in Übertragern für hohe Frequenzen (bis etwa 1 GHz). Es werden neben den - vereinfacht dargestellten - Grundlagen zwei für Hochfrequenzschaltungen wichtige Anwendungen behandelt. Zum einen werden magnetisch abstimmbare Resonatoren hoher Güte mit großem Abstimmbereich und hoher Abstimmlinearität beschrieben. Zum anderen wird als wichtigstes Beispiel für nichtreziproke Komponenten der Zirkulator betrachtet, und es wird seine Wirkungsweise erklärt.

6.4.1 Hochfrequenzeigenschaften

Elektronen-Spin

Die magnetischen Eigenschaften von Ferriten werden hervorgerufen durch das magnetische Dipolmoment m_B freier oder ungepaarter Metallelektronen. Jedes Elektron hat einen Drehimpuls ('Spin') vom Betrag

$$S = h/4\pi \tag{6.11}$$

mit dem Planckschen Wirkungsquantum h. Das rotierende Elektron hat wegen seiner Ladung -q ein magnetisches Dipolmoment m_B, das entgegengesetzt zu S gerichtet ist

$$\vec{m}_B = -\mu_0 q\vec{S}/m_0 \tag{6.12}$$

Dipolmoment

mit der Ruhemasse m_0. Wenn sich das Elektron in einem Magnetfeld $\vec{H}_0$ befindet, greift an dem magnetischen Dipolmoment das Drehmoment $\vec{D} = \vec{m}_B \times \vec{H}_0$ an. Aufgrund seines Drehimpulses führt das Elektron wie ein Kreisel eine rechtshändige Präzessionsbewegung um $\vec{H}_0$ aus (s. Bild 6.24). Diese Präzession folgt aus der Bewegungsgleichung, nach der die zeitliche Änderung des Drehimpulses gleich dem angreifenden Drehmoment ist

Bewegungsgleichung

$$-\frac{d\vec{S}}{dt} = \vec{D} = \vec{m}_B \times \vec{H}_0 \quad . \tag{6.13}$$

Mit Gl.(6.11), (6.12) läßt sich auch schreiben

$$d\vec{m}_B/dt = \Gamma\vec{H}_0 \times \vec{m}_B \tag{6.14}$$

gyromagnetisches Verhältnis

mit dem gyromagnetischen Verhältnis

$$\Gamma = -m_B/S = 2\pi \cdot 35.2 \, \frac{\text{kHz}}{\text{A/m}} \, . \tag{6.15}$$

Die Präzession hat nach Gl.(6.14) eine Winkelgeschwindigkeit

$$\omega_0 = \Gamma H_0 \, . \tag{6.16}$$

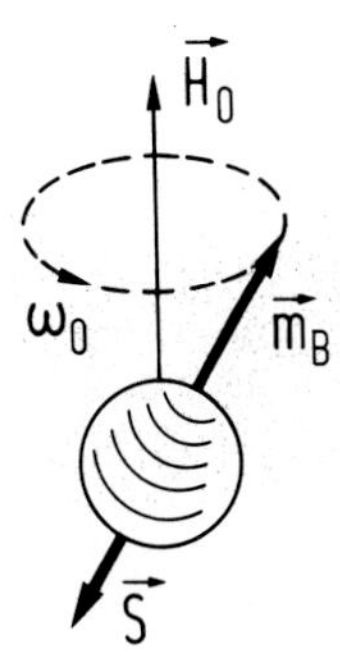

Bild 6.24
Präzession eines Elektrons in einem Magnetfeld $\vec{H}_o$

In einem Ferrit sind die magnetischen Dipolmomente freier oder ungepaarter Metallelektronen durch Austauschkräfte fest gekoppelt. Ein Ferrit verhält sich damit unter dem Einfluß von Magnetfeldern wie ein einziger großer 'Kreisel'. Wir müssen allerdings beim Aufstellen einer Bewegungsgleichung zwei Effekte einbeziehen:

a) Entmagnetisierung

In einem magnetisierten Stoff ist das innere Magnetfeld $\vec{H}_i$ durch die Entmagnetisierung verschieden vom außen angelegten homogenen Feld $\vec{H}_o$. Einfach Verhältnisse ergeben sich - wie aus der Magnetostatik bekannt - für Ferrite in der Gestalt eines Ellipsoids.

Ellipsoid

Dann ist das innere Feld $\vec{H}_i$ ebenfalls homogen und hängt bei einer Magnetisierung $\vec{M}$ mit $\vec{H}_o$ in Komponentendarstellung zusammen nach

$$\vec{H}_i = \begin{bmatrix} H_{ix} \\ H_{iy} \\ H_{iz} \end{bmatrix} = \begin{bmatrix} H_{ox} \\ H_{oy} \\ H_{oz} \end{bmatrix} - \begin{bmatrix} N_x M_x \\ N_y M_y \\ N_z M_z \end{bmatrix} \tag{6.17}$$

mit den Entmagnetisierungsfaktoren N_x, N_y und N_z, für die bei einem Ellipsoid gilt

$$N_x + N_y + N_z = 1 \; . \tag{6.18}$$

(Wir verwenden ausdrücklich SI-Einheiten, es ist die magnetische Induktion $\vec{B} = \mu_o(\vec{H}_o + \vec{M})$.)
Besonders einfach sind die Verhältnisse für die Grenzfälle eines Ellipsoids mit Anordnungen nach Bild 6.25. Diese Ferritformen sind auch von praktischem Interesse.

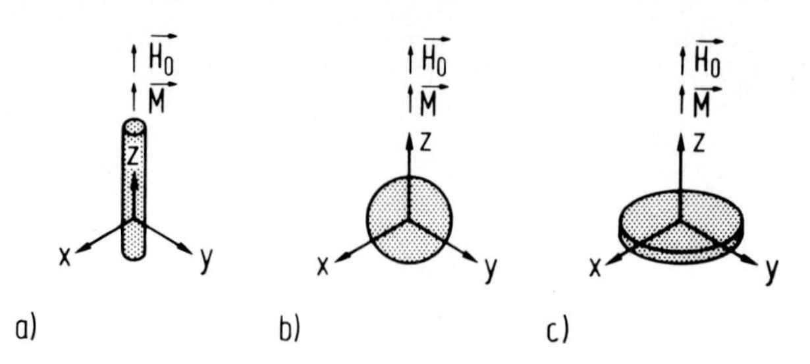

Bild 6.25
a) Schlanker Ferritstab mit Entmagnetisierungsfaktoren $N_z = 0$, $N_x = N_y = 1/2$
b) Ferritkugel mit $N_x = N_y = N_z = 1/3$
c) Dünne Ferritscheibe mit $N_z = 1$, $N_x = N_y = 0$

b) Dämpfung

Die Präzessionsbewegung ist in einem Ferrit durch Wechselwirkungen der Elektronen-Spins mit den atomaren Momenten gedämpft, so daß in die Gl.(6.14) entsprechende Bewegungsgleichung

$$d\vec{M}/dt = \Gamma\vec{H}_i \times \vec{M} + \vec{D}_D \tag{6.19}$$

ein dämpfendes Drehmoment $\vec{D}_D$ einzuführen ist. Es ist so gerichtet, daß die Magnetisierung in Richtung $\vec{H}_i$ gedrückt wird. Alle einzelnen Dipole in einem Ferrit richten sich damit parallel zu $\vec{H}_i$ aus, und es stellt sich - solange $\vec{H}_i$ nicht verschwindet - die Sättigungsmagnetisierung $\vec{M}_s$ ein.

Wir wollen jetzt das magnetische Gleichfeld $\vec{H}_0$ mit einem magnetischen Wechselfeld $\underline{\vec{H}}$ überlagern. Weil sich die Sättigungsmagnetisierung $\vec{M}_s$ in Richtung $\vec{H}_0$ bei Anordnungen in Bild 6.25 einstellt, ist nur ein Wechselfeld senkrecht zu $\vec{H}_0$ von praktischem Interesse.

Eingedenk der Kreiseleigenschaften von $\vec{M}$ betrachten wir ein linear polarisiertes Wechselfeld $\underline{\vec{H}}$ als Überlagerung von rechts- und linksdrehenden, zirkular polarisierten Feldern $\underline{\vec{H}}^+$, $\underline{\vec{H}}^-$. $\vec{H}_0$ soll entlang der z-Achse liegen, $\underline{\vec{H}}$ liegt damit in der x-y-Ebene und soll parallel zur x-Achse gerichtet sein. Dann gilt in Komponentendarstellung (s. Bild 6.26a)

Drehfeld

$$\underline{\vec{H}} = \underline{\vec{H}}^+ + \underline{\vec{H}}^- \qquad \begin{bmatrix} \underline{H} \\ 0 \\ 0 \end{bmatrix} = \frac{1}{2}\begin{bmatrix} \underline{H} \\ j\underline{H} \\ 0 \end{bmatrix} + \frac{1}{2}\begin{bmatrix} \underline{H} \\ -j\underline{H} \\ 0 \end{bmatrix} \tag{6.20}$$

Die Wechselmagnetisierung $\underline{\vec{M}}$ kann nur in der x-y-Ebene liegen, wir beschreiben sie ebenfalls durch eine Überlagerung zirkular polarisierter Magnetisierungen $\underline{\vec{M}}^+$, $\underline{\vec{M}}^-$. Diese Felddarstellungen, die einfache Ergebnisse zeigen, sind sinnvoll, wenn $N_x = N_y$ ist, der Ferritkörper also axialsymmetrisch bezüglich der Richtung von $\vec{H}_0$ ist.

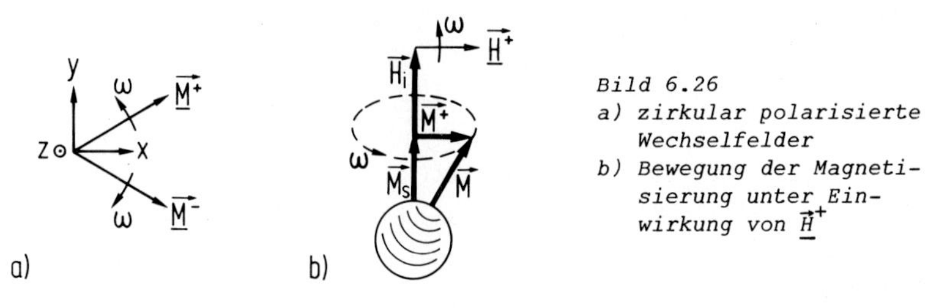

Bild 6.26
a) zirkular polarisierte Wechselfelder
b) Bewegung der Magnetisierung unter Einwirkung von $\underline{\vec{H}}^+$

Im stationären Zustand muß $\underline{\vec{M}}^\pm$ synchron zu $\underline{\vec{H}}^\pm$ mit der Winkelgeschwindigkeit ω umlaufen.
Die Bewegungsgleichung (6.19) lautet dann mit Bild 6.26

$$\frac{d}{dt}(\vec{M}_s + \underline{\vec{M}}^\pm) = \Gamma(\vec{H}_i + \underline{\vec{H}}^\pm) \times (\vec{M}_s + \underline{\vec{M}}^\pm) - \alpha\underline{\vec{M}}^\pm + \vec{D}_D , \qquad (6.21)$$

wobei noch eine Dämpfungskonstante α für die Bewegung von $\underline{\vec{M}}^\pm$ eingeführt wurde, um die Gitterwechselwirkung auch hier einzubeziehen. Gl.(6.21) ist eine nichtlineare Gleichung, wir vernachlässigen in linearer Näherung das Produkt von Wechselgrößen. Bei $\underline{\vec{H}}^\pm$ muß gleichfalls die Entmagnetisierung beachtet werden mit

$$2\underline{\vec{H}}_i^\pm = \begin{bmatrix} \underline{H} \\ \pm j\underline{H} \\ 0 \end{bmatrix} - \begin{bmatrix} N_x\underline{M} \\ \pm jN_x\underline{M} \\ 0 \end{bmatrix} \qquad N_x = N_y \ . \qquad (6.22)$$

Die Bewegungsgleichung (6.21) liefert dann nach Hinschreiben in Komponentendarstellung sofort

$$\underline{\vec{M}}^\pm = \frac{\omega_m}{\omega_r \mp (\omega - j\alpha)} \underline{\vec{H}}^\pm \ . \qquad (6.23)$$

Dreh-magneti-sierungen

Dabei sind ω_m und ω_r Kreisfrequenzen nach

$$\omega_m = \Gamma M_s \qquad (6.24)$$

$$\omega_r = \Gamma\{H_0 + (N_x - N_z)M_s\} \quad . \qquad (6.25)$$

Die Permeabilitätszahlen μ_r für die rechts- und linksdrehenden Wechselfelder sind damit nach

$$\underline{\vec{M}}^{\pm} = (\mu_r^{\pm} - 1)\,\underline{\vec{H}}^{\pm} \qquad (6.26)$$

Permeabilitätszahlen $\mu_r^{\pm}$

$$\mu_r^{\pm} = 1 + \omega_m/\{\omega_r \mp (\omega - j\alpha)\} \quad . \qquad (6.27)$$

Eigenschaften

Bild 6.27 zeigt Realteil und Imaginärteil von $\mu_r^{\pm}$ für $\alpha = 0.01$ (1/s) und $\omega_m = \omega$. Charakteristisch ist der Resonanznenner von μ_r^{+} mit einem scharfen Resonanzverhalten für kleine α in der Umgebung von ω_r. Die Permeabilitätszahl μ_r^{-} für linkszirkulare Polarisation zeigt nahezu keinen Frequenzgang.

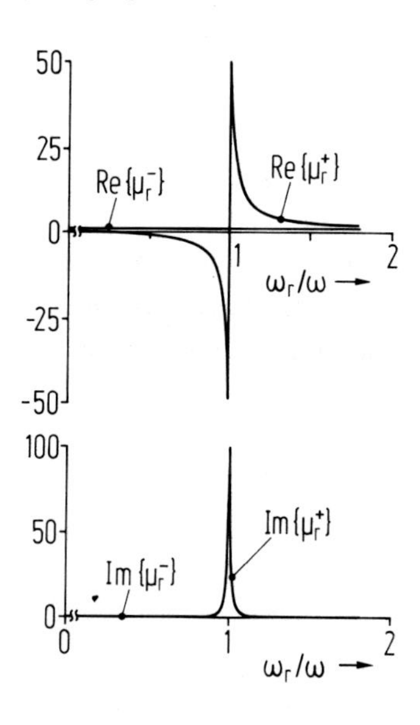

Bild 6.27
Real- und Imaginärteil von μ_r^{+} und μ_r^{-} als Funktion von ω_r/ω mit einer Dämpfungskonstanten $\alpha = 0.01$ (1/s) und $\omega_m = \omega$. (ω ist fest, ω_r d.h. H_0 wird über die Resonanz durchgestimmt.) Das Bild zeigt den Resonanzverlauf von μ_r^{+} und Re $\{\mu_r^{-}\}$, Im $\{\mu_r^{-}\} \simeq 0$.

Aufgabe 6.5

Eine homogene ebene Welle der Kreisfrequenz ω breitet sich entlang $\vec{H}_0$ in einem Ferrit aus. Sie soll linear polarisiert sein.

a) Um welchen Winkel dreht sich die Polarisationsebene entlang einer Strecke l ? (Es soll $\alpha = 0$ und $\omega \neq \omega_r$ sein.)

b) Welche Drehung ergibt sich bei umgekehrter Ausbreitungsrichtung ?

6.4.1 YIG-Resonatoren und -Filter

Als erste Anwendung des Frequenzganges von $\mu_r^{\pm}$ betrachten wir einen hochgenau kugelförmigen Ferrit aus dem einkristallinen Material YIG. YIG steht für yttrium iron garnet, das ist Yttrium-Eisen-Granat $Y_3Fe_5O_{12}$; mit Granat wird eine bestimmte Kristallstruktur benannt.

YIG-Resonator

Mit einer YIG-Kugel kann in der einfachsten Filteranordnung ein Durchgangsresonator mit koaxialen Anschlüssen nach dem Schema von Bild 6.28 aufgebaut werden.

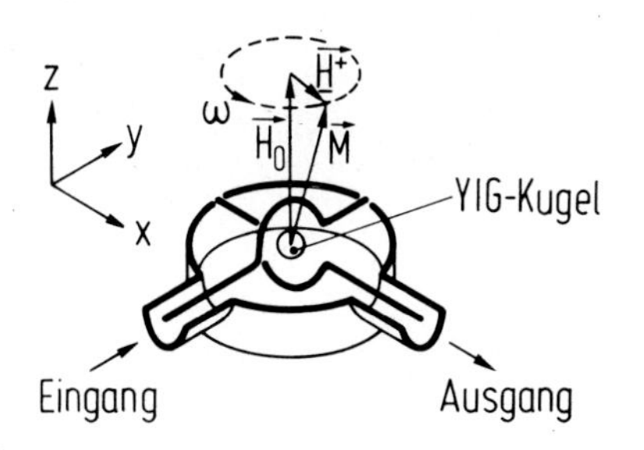

Bild 6.28
Durchgangsresonator mit YIG-Kugel zwischen orthogonalen Koppelschleifen und Abstimmung über ein Magnetfeld H_o

Eigenschaften

Das linear polarisierte magnetische Wechselfeld der Eingangs-Koppelschleife erzeugt ohne Vormagnetisierung der YIG-Kugel kein Signal in der orthogonal angeordneten Ausgangskoppelschleife. Bei Anlegen eines Magnetfeldes H_0 wird resonanzartig sehr stark eine rechtsdrehend zirkular polarisierte Magnetisierung

$$\underline{\vec{M}}^{+} = \frac{1}{2}\begin{bmatrix} \underline{M} \\ -j\underline{M} \\ 0 \end{bmatrix} \tag{6.28}$$

angeregt, wenn das Magnetfeld auf $\omega_r = \omega$ eingestellt wird mit (s. Gl.(6.25))

$$\omega_r = 2\pi f_r = \Gamma\{H_0 + (N_x - N_z)M_s\} \; .$$

Die linksdrehende zirkulare Polarisation wird kaum angeregt (vgl. Bild 6.27)). Die Sättigungsmagnetisierung $M_s \simeq 142$ kA/m von YIG ist stark temperaturabhängig, für eine Kugel mit $N_x = N_z$ geht M_s nicht ein, so daß die Resonanzfrequenz

$$f_r = \Gamma H_0/2\pi = 35.2\ \text{kHz} \cdot \frac{H_0}{A/m} \tag{6.29}$$

linear mit H_0, d.h. mit dem Spulenstrom eines äußeren Magneten verändert werden kann. Die rotierende Magnetisierung $\underline{\vec{M}}^+$ erzeugt mit Gl.(6.28) jetzt ein - gegenüber dem Eingangssignal - um 90^0 phasenverschobenes Ausgangssignal. Die Anordnung wirkt als linear abstimmbares Bandpaß-Filter mit der sehr kleinen relativen Bandbreite entsprechend einer Resonatorgüte von etwa 10^4, da YIG eine sehr geringe Dämpfungskonstante $\alpha \approx 10^{-4}$ 1/s hat.
Der Abstimmbereich ist nach oben hin im wesentlichen durch das erzeugbare Magnetfeld H_0 beschränkt, die untere Frequenzgrenze ergibt sich aus der Bedingung $H_i > 0$. Nach Gl.(6.17) verschwindet das innere Feld, wenn

$$H_i = H_0 - N_z M_s = 0 \tag{6.30}$$

gilt. Damit hat H_0 für eine YIG-Kugel eine untere Grenze von 47.3 kA/m entsprechend einer unteren Frequenzgrenze

$$f_r \simeq 1.67\ \text{GHz} . \tag{6.31}$$

Anwendungen

Mit derartigen YIG-Resonatoren können somit breitbandig abstimmbare Filter aufgebaut werden. Sie werden heute auch in breitbandig abstimmbaren Oszillatoren eingesetzt.

Aufgabe 6.6

Welche Phasenverschiebung zwischen Ein- und Ausgangssignal tritt auf, wenn in Bild 6.28 Ein- und Ausgang vertauscht werden ?

6.4.2 Zirkulatoren

Mit magnetisierten Ferriten lassen sich nichtreziproke Komponenten aufbauen. Diese sind für viele Anwendungen von großer Bedeutung. Nichtreziprok, d.h. nicht-übertragungssymmetrisch heißt anschaulich, daß ein Vorgang oder eine Wechselwirkung Richtungssinn hat. Bei Ferriten ist es die unterschiedliche Permeabilitätszahl $\mu_r^{\pm}$ für rechts- und linksdrehende Polarisation, die nichtreziprokes Verhalten bewirkt.

Die wichtigste nichtreziproke Ferritschaltung ist der Zirkulator.

Y-Zirkulator

Wir betrachten den - nach seinem Aufbau bezeichneten - Y-Zirkulator in Streifenleitungstechnik nach Bild 6.29.

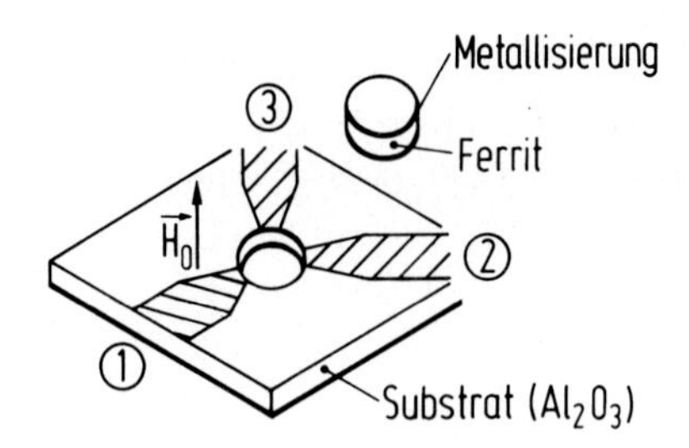

Bild 6.29
Schema eines Y-Zirkulators in Streifenleitungstechnik

Eine dünne magnetisierte Ferritscheibe ist an drei symmetrisch angeordnete Mikrostrip-Leitungen angekoppelt. Die Ferritscheibe wirkt als Resonator. Wir wollen hier nicht Feldberechnungen durchführen, sondern die Wirkungsweise anschaulich erläutern. Zuerst soll das äußere Magnetfeld Null sein. Es folgt dann eine Feldverteilung der Grundschwingung der Ferritscheibe als Resonator, wie sie qualitativ in Bild 6.30a skizziert ist.

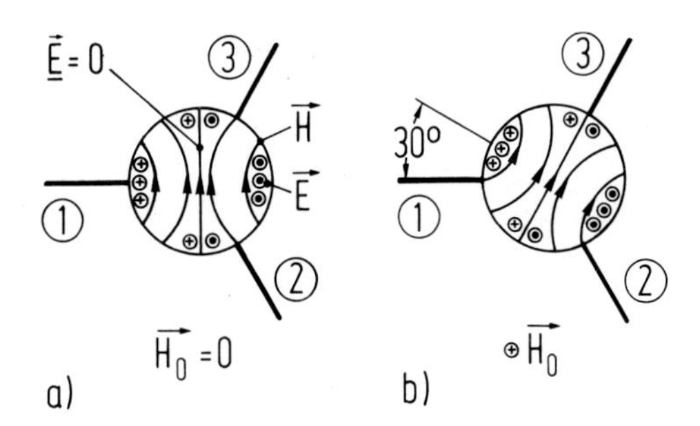

Bild 6.30
Feldverläufe der Schwingung eines Resonators aus einer oben und unten metallisierten Ferritscheibe ohne angelegtes Magnetfeld (a) und bei einem Magnetfeld für 30° Drehung der Feldverteilung (b)

Das Wechselfeld ist an jedem Punkt linear polarisiert, damit läßt sich die Feldverteilung wieder als Überlagerung einer rechts- und einer linksdrehenden Feldverteilung darstellen. Wird jetzt ein Magnetfeld $\vec{H}_0$ angelegt, so sind die Permeabilitätszahlen μ_r^+ und μ_r^- für beide Drehrichtungen verschieden. Der Ferrit hat für beide Drehrichtungen unterschiedliche Stoffeigenschaften, die Resonanzfrequenzen des Resonators unterscheiden sich dann. Wir erinnern nun an das bekannte Verhalten angeregter Schwingkreise (Resonatoren): Die erzwungene Schwingung ist

Funktionsweise

innerhalb der Grenzen ± 90^0 phasenverschoben gegenüber der Phase der Anregungsschwingung, wenn die Resonanzfrequenz durchgestimmt wird. Setzen wir nun die Anregungsfrequenz der Ferritscheibe zwischen die Resonanzfrequenzen für rechts- und linksdrehende Polarisation, so sind die zugehörigen Feldverteilungen gegeneinander phasenverschoben, so daß die Überlagerung einer Drehung der Feldverteilung entspricht. Dieses Verhalten ist in Bild 6.31 schematisch dargestellt.

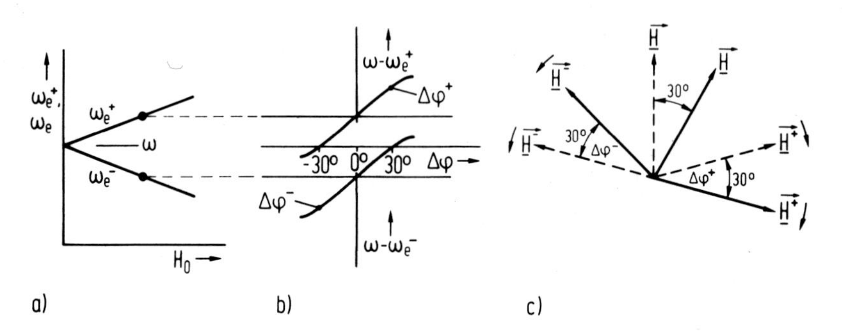

Bild 6.31
a) Aufspaltung der Resonanzfrequenzen für links- und rechtsdrehende Polarisation in einem Ferrit-Resonator
b) Phasendrehung zwischen Schwingung und Anregung bei einem Schwingkreis bei $\omega \neq \omega_e^{\pm}$
c) Drehung der resultierenden linear polarisierten Feldverteilung als Überlagerung der links- und rechtsdrehenden, gegeneinander phasenverschobenen Felder. Es ist eine Drehung um 30^0 *dargestellt. (gestrichelt:* $H_o = 0$*; durchgezogen:* H_o *für* 30^0 *Drehung von* $\vec{H}$*)*

Das Magnetfeld H_0 wird bei gegebener Frequenz ω so eingestellt, daß gerade eine Drehung der Feldverteilung um 30^0 folgt. Wir sehen dann aus Bild 6.30b, daß dann am Tor 3 gerade kein elektrisches Feld über der Mikrostrip-Leitung entsteht. Am Tor 3 entsteht kein Signal, es ist entkoppelt und das gesamte Eingangssignal erscheint am Tor 2.

Bei einer Einspeisung in andere Tore gilt Entsprechendes. Wir haben hier eine Realisierung des schon in Abschnitt 4.4 bei Betrachtung der Streuparameter von n-Toren angeführten Dreitor-Zirkulators vorgestellt. Dort wurde festgestellt, daß eine Anpassung der Tore für Zirkulatorverhalten gegeben sein muß. Zur Herstellung der Anpassung werden üblich die Streifenleitungen dicht an der Ferritscheibe geeignet geformt. Dies ist in Bild 6.29 durch eine Verringerung der Streifenbreite angedeutet.

Aufgabe 6.7

Zwei Verstärkerstufen sollen über einen Zirkulator rückwirkungsfrei verbunden werden. Skizzieren Sie die Anordnung.

7. Rauschen

Rauschvorgänge sind von entscheidender Bedeutung, wenn es um den Empfang und die Messung sehr kleiner Signale geht. Den Signalen sind nämlich immer regellose störende Schwankungen (Rauschen) überlagert. Wenn die Signalamplituden zu klein sind, gehen sie in den regellosen Schwankungen unter; Rauschvorgänge setzen daher prinzipielle Grenzen für den Empfang und die Messung schwacher Signale.

Wir betrachten hier Rauschvorgänge in Hochfrequenzschaltungen, insbesondere die Rauscheigenschaften linearer Empfangsstufen. Bei linearen Schaltungen genügt eine Kenntnis der zu den Rauschvorgängen gehörenden Frequenzspektren oder äquivalent der zugehörigen Korrelationsfunktionen. Man kann mit diesen Größen das Rauschen linearer Schaltungen nach der gewohnten Wechselstromrechnung bestimmen, es müssen allerdings bei der Überlagerung von Rauschvorgängen Korrelationen beachtet werden.

Zuerst werden charakteristische Größen zur Beschreibung von Rauschvorgängen eingeführt und es wird das Rechnen mit Rauschgrößen in linearen Schaltungen ausführlich dargestellt. Danach werden die wichtigsten Rauschquellen in elektronischen Schaltungen (thermisches Rauschen, Schrotrauschen, 1/f-Rauschen) beschrieben und es werden ihre Frequenzspektren angegeben. Anschließend wird besonders auf das Rauschen linearer Zweitore eingegangen, und es werden die Rauschzahl und die Rauschtemperatur zu ihrer Charakterisierung eingeführt. Die Rauschquellen und die Rauschzahl von FET-Verstärkern werden beispielhaft berechnet. Abschließend wird ein Meßverfahren zur Bestimmung der Rauschzahl dargestellt.

Lernzyklus 4 A

Lernziele

Nach dem Durcharbeiten des Lernzyklus 4 A sollen Sie in der Lage sein,

- darzustellen, wann Rauschvorgänge von Bedeutung sind;
- anzugeben, durch welche Größen Rauschvorgänge im Zeit- und Frequenzbereich beschrieben werden;
- die Überlagerung von Rauschvorgängen zu charakterisieren und die Eigenschaften der Kreuzkorrelationsfunktion und des Kreuzspektrums zu erläutern;
- die Rauscheigenschaften linearer Schaltungen mit bekannten Rauschquellen zu berechnen;
- die wesentlichen Rauschquellen in elektronischen Schaltungen zu erläutern und die spektralen Leistungsdichten anzugeben;
- einige Darstellungen mit Ersatzquellen für das Eigenrauschen linearer Zweitore zu skizzieren;
- mehrere äquivalente Definitionen für die Rauschzahl linearer Zweitore anzugeben und darzustellen, in welcher Weise die Rauschzahl vom Generatorinnenwiderstand abhängt;
- den Zusammenhang zwischen Rauschtemperatur und Rauschzahl anzugeben;
- die Rauschzahl einer Kettenschaltung aus linearen Zweitoren abzuleiten und die Bedeutung des Rauschmaßes zu erläutern;
- das FET-Rauschen durch Rauschquellen darzustellen und die Berechnungsverfahren zu skizzieren;
- ein Meßverfahren zur Bestimmung der Rauschzahl zu beschreiben.

7.1 Rauschen und Störabstand

Bild 7.1 zeigt am Schema einer Funkübertragung, wie Rauschvorgänge die Güte einer Signalübertragung mindern. Das Signal wird vom Sender nahezu rauschfrei abgestrahlt.

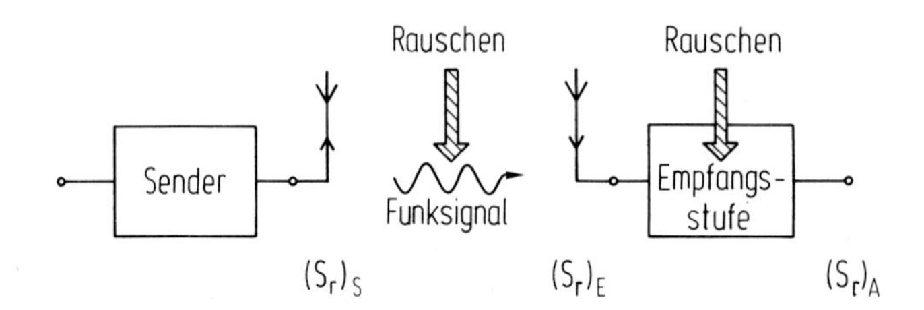

Bild 7.1
Funkübertragung mit gestörtem Eingangssignal am Empfänger und innerem Rauschen der Empfangsstufe

Am Senderausgang ist der Störabstand $(S_r)_S$ nach

Störabstand

$$S_r = \frac{\text{Signalleistung im Frequenzband B}}{\text{Rauschleistung im Frequenzband B}} \tag{7.1}$$

sehr groß. Das Signal wird auf dem Übertragungsweg gedämpft, gleichzeitig wird es durch regellose Schwankungen überlagert. (Diese Schwankungen rühren bei der Funkübertragung her u.a. von atmosphärischen Störungen, durch Blitzentladungen oder durch Wärmestrahlung. Sie werden in einem späteren Kapitel betrachtet.) Der Störabstand $(S_r)_E$ am Eingang der Empfangsstufe ist damit viel kleiner als $(S_r)_S$. Es entstehen aber auch im Innern der Empfangsstufe störende Strom- und Spannungsschwankungen. Neben vermeidbaren Effekten wie Netzbrumm oder mechanische Störschwingungen entstehen auch unvermeidliche Störungen regelloser Natur. Ihre Ursachen sind z.B. die regellose Wärmebewegung von Ladungsträgern und regellose Stromschwankungen infolge des Stromtransportes durch diskrete Ladungsträger. Für alle diese regellosen Schwankungen, für die keine Zeitfunktionen angegeben werden können, die aber durch statistische Größen charakterisiert werden können, hat sich von der akustischen Wahrnehmung in Tonverstärkern die Bezeichnung Rauschen geprägt.

innere Störungen

Rauschen

Diese inneren Schwankungen sind besonders wichtig in Empfangsstufen, denn hier ist das Signal am kleinsten. Am Ausgang der linearen Empfangsstufe erscheinen gleichmäßig verstärkt das Signal und die Eingangsschwankungen. Es treten aber hinzu regellose Schwankungen durch das Rauschen der Eingangsstufe. Der Störabstand $(S_r)_A$ am Ausgang der Empfangsstufe ist damit immer kleiner als der Störabstand $(S_r)_E$ am Eingang.

Lineare Verstärker vergrößern zwar Signalamplituden, der Störabstand wird aber verkleinert. Das hochfrequenztechnische Problem ist es, den Unterschied zwischen $(S_r)_A$ und $(S_r)_E$ möglichst klein zu halten.

Aufgabe

Wir beschränken die Betrachtungen auf diese Problemstellung. Die eher nachrichtentechnischen Aspekte einer geeigneten Modulation und Demodulation im Hinblick auf eine Verbesserung des Störabstandes werden nicht einbezogen.

7.2 Rauschgrößen

7.2.1 Schwankungsquadrat

Signalspannungen oder -ströme werden in Schaltungen durch regellose Schwankungen überlagert. Bei linearen Schaltungen gilt das Überlagerungsprinzip, wir können Rauscheinflüsse unabhängig von anstehenden Signalen berechnen, sofern das Rauschen nicht vom Signal abhängt. Eine Rauschspannung u(t) oder ein Rauschstrom i(t) - wir betrachten im Folgenden eine Rauschspannung u(t) - lassen sich nur durch statistische Eigenschaften kennzeichnen. Dazu gehören insbesondere die zeitlichen Mittelwerte bestimmter Funktionen von u(t).
Der arithmetische (lineare) Mittelwert

$$\langle u(t) \rangle = \lim_{\theta \to \infty} \frac{1}{\theta} \int_{t_0}^{t_0+\theta} u(t)dt \qquad (7.2)$$

einer Schwankungsgröße verschwindet, $\langle u(t) \rangle = 0$, da im zeitlichen Mittel positive und negative Werte u(t) sich aufheben. Der quadratische Mittelwert, das Schwankungsquadrat

Schwankungsquadrat

quadr. Mittelwert od. Schwankungs-Quadrat

$$\langle u^2(t) \rangle = \lim_{\theta \to \infty} \frac{1}{\theta} \int_{t_0}^{t_0+\theta} u^2(t)dt \tag{7.3}$$

Bedeutung

ist hingegen eine charakteristische Größe des Rauschvorganges. Er ist ein Maß für die Leistung des Rauschvorganges. Mit ihm ist die an einen Widerstand R abgegebene Rauschleistung $\langle u^2(t)\rangle/R$.

Der Effektivwert einer Rauschspannung ist damit auch

$$u_{eff} = \{\langle u^2(t)\rangle\}^{1/2} . \tag{7.4}$$

stationäres Rauschen

Die zeitlichen Mittelungen in Gl.(7.2), (7.3) hängen noch vom Zeitpunkt t_0 ab. Bei sogenannten stationären Schwankungsvorgängen hängen die zeitlichen Mittelwerte nicht vom Anfangszeitpunkt t_0 der Mittelung ab. Wir betrachten nur solche stationären Rauschvorgänge.

Experimentell kann die Mittelung nicht über eine unbegrenzt lange Zeit erfolgen. Man muß feststellen, ab welcher Zeitdauer θ sich $\langle u^2(t)\rangle$ praktisch nicht mehr ändert. Weiterhin ist experimentell das Frequenzband B, mit dem u(t) registriert werden kann, begrenzt. Es kann damit das Schwankungsquadrat des Rauschvorganges nur in einem Band B bestimmt werden. Diese Einschränkung führt gleich zu der Überlegung, die spektrale Verteilung des Schwankungsquadrates einzuführen. Dazu wird man experimentell Bandpässe verwenden und deren Durchlaßbreite Δf solange verringern, bis der Quotient

$$\langle u^2(t)\rangle/\Delta f = W_u(f) \tag{7.5}$$

spektrale Leistungsdichte

konstant bleibt. Diesen zunächst experimentell begründeten Grenzwert nennt man spektrale Leistungsdichte $W_u(f)$ mit der Einheit V^2/Hz, er wird im allgemeinen von der Mittenfrequenz f des Bandpasses abhängen. Beim Grenzübergang verschwindender Bandbreite Δf, $\Delta f \to 0$, kann als genauere Definition der spektralen Leistungsdichte geschrieben werden

$$\langle u^2(t)\rangle = \int_0^\infty W_u(f)df . \tag{7.6}$$

Wir haben hier zeitliche Mittelwerte insbesondere für das Schwankungsquadrat eingeführt. In der Nachrichtentechnik und Hochfrequenztechnik interessieren besonders zeitliche Verläufe und zeitliche Mittelwerte.

anderes Vorgehen

Die aus der Statistik bekannte alternative Vorgehensweise der Charakterisierung regelloser Vorgänge legt eine Schar von Rauschspannungen $u_k(t)$ (k = 1, 2, 3...), die durch identische Quellen erzeugt werden, zugrunde (stochastischer Prozeß) und bildet Scharmittelwerte von Funktionen von $u_k(t)$ zu festen Zeitpunkten t_1, d.h. es wird über die Mitglieder einer Schar gemittelt. Bei stationären Vorgängen hängen diese Scharmittelwerte, üblich durch ein < >-Symbol bezeichnet, nicht vom Zeitpunkt t_1 ab. Stimmen nun zeitliche Mittelwerte und Scharmittelwerte eines Schwankungsvorganges überein, so nennt man den Vorgang ergodisch. Er muß dazu notwendig stationär sein. Bei ergodischen Vorgängen ist damit ein Mitglied $u_k(t)$ einer Schar repräsentativ. Nur solche ergodischen Schwankungsvorgänge werden hier betrachtet. Wir haben daher auch schon die zeitlichen Mittelwerte durch das < >-Symbol gekennzeichnet.

ergodisches Rauschen

Hinweis!

Wir halten noch einmal fest: Im folgenden werden stationäre, ergodische Rauschvorgänge betrachtet, der arithmetische Mittelwert ist Null.

7.2.2 Autokorrelation und spektrale Leistungsdichte

Das Schwankungsquadrat gibt den zeitlichen Mittelwert von $u^2(t)$ an, zeitlich gemittelte Zusammenhänge zwischen u(t) und dem zeitverschobenen Vorgang $u(t+\tau)$ werden durch die Autokorrelationsfunktion (AKF) $\varphi_{uu}(\tau)$ nach

Autokorrelationsfunktion (AKF)

$$\varphi_{uu}(\tau) = \langle u(t)u(t+\tau)\rangle = \lim_{\theta\to\infty} \frac{1}{2\theta} \int_{-\theta}^{\theta} u(t)u(t+\tau)dt \qquad (7.7)$$

beschrieben. Die AKF hängt nicht von der realen Zeit t, sondern von der Zeitverschiebung τ ab. Die AKF hat folgende hier wichtige Eigenschaften:

Eigenschaften

- Es ist nach Gl.(7.3), (7.7)

$$\varphi_{uu}(0) = \langle u^2(t)\rangle \, , \qquad (7.8)$$

  die AKF hat für $\tau = 0$ ihr Maximum, das gleich dem Schwankungsquadrat ist.

- Die Substitution $t \to t - \tau$ in Gl.(7.7) zeigt, daß $\varphi_{uu}(\tau)$ eine gerade

Funktion ist

$$\varphi_{uu}(-\tau) = \varphi_{uu}(\tau) \ . \tag{7.9}$$

Wenn $\varphi_{uu}(\tau)$ schon bei geringen Zeitverschiebungen τ stark abfällt, bedeutet das anschaulich, daß u(t) sich sehr schnell ändert, der Vorgang also Komponenten bei hohen Frequenzen enthält. Ändert sich $\varphi_{uu}(\tau)$ nur langsam, so ändert sich auch u(t) zeitlich nur langsam. Die AKF muß also verknüpft sein mit der spektralen Verteilung der Rauschspannung u(t). Wir erinnern daran, daß u(t) nicht durch eine Fourierreihe dargestellt werden kann, weil u(t) nicht periodisch ist. Es existiert auch kein Fourierintegral, da das Integral

$$\lim_{\theta \to \infty} \int_{-\theta}^{\theta} u^2(t)dt$$

divergiert. (u(t) hat begrenzte Leistung, aber eine unbegrenzte Energie.) Man kann aber zeigen (Wiener-Khintchine-Theorem)[1], daß für stationäre Schwankungsvorgänge die Autokorrelationsfunktion $\varphi_{uu}(\tau)$ und die zweiseitige spektrale Leistungsdichte $w_u(f)$ ein Paar von Fouriertransformierten sind nach

Wiener-Khintchine-Theorem

$$w_u(f) = \int_{-\infty}^{\infty} \varphi_{uu}(\tau) \exp(-j2\pi f\tau)d\tau \tag{7.10a}$$

$$\varphi_{uu}(\tau) = \int_{-\infty}^{\infty} w_u(f) \exp(j2\pi f\tau)df \ . \tag{7.10b}$$

Weil $\varphi_{uu}(\tau)$ eine reelle, gerade Funktion von τ ist, muß $w_u(f)$ eine gerade und reelle Funktion von f sein, $w(f) = w^*(f) = w(-f)$. Die einseitige spektrale Leistungsdichte $W_u(f)$ ist damit gleich $2w_u(f)$.
Damit kann für Gl.(7.10) auch geschrieben werden

$$W_u(f) = 4 \int_{0}^{\infty} \varphi_{uu}(\tau) \cos(2\pi f\tau)d\tau \tag{7.11a}$$

$$\varphi_{uu}(\tau) = \int_{0}^{\infty} W(f) \cos(2\pi f\tau)df \ . \tag{7.11b}$$

---

[1] s. z.B. H. Bittel. L. Storm, Rauschen, Springer Verlag 1971

Man kann die schon mit Gl.(7.5) experimentell begründete einseitige (d.h. nur für positive Frequenzen definierte) spektrale Leistungsdichte $W_u(f)$ als Fouriertransformierte der AKF bestimmen. Für das Schwankungsquadrat gilt dann mit Gl.(7.10b)

$$\langle u^2(t)\rangle = \varphi_{uu}(0) = \int_{-\infty}^{\infty} w_u(f)df = \int_{0}^{\infty} W_u(f)df \; . \qquad (7.12)$$

Diese Beziehung erläutert die Bezeichnung spektrale Leistungsdichte (s. Gl.(7.6)).

In manchen Fällen ist es experimentell einfacher (wenn z.B. $W_u(f)$ sich nur über sehr niedrige Frequenzen erstreckt), die AKF zu messen und mit Gl. (7.11a) die spektrale Leistungsdichte zu berechnen. Weiterhin entsteht oft eine Rauschspannung durch die Überlagerung vieler unabhängiger Einzelvorgänge, die einen bekannten Zeitverlauf g(t) haben. Wenn diese Einzelvorgänge mit der Rate ν (Zahl/Zeit) auftreten, so ist nach dem Theorem von Campbell - dessen Beweis wir hier übergehen[1] - die AKF der resultierenden Rauschspannung

$$\varphi_{uu}(\tau) = \nu \int_{-\infty}^{\infty} g(t)g(t+\tau)dt \; , \qquad (7.13)$$

Campbell-Theorem

d.h. durch die AKF des Einzelvorganges bestimmt. Der besondere Wert von Gl.(7.13) liegt darin, daß beliebige Überlappungen der Einzelvorgänge g(t) zulässig sind.

Aufgabe 7.1

Skizzieren Sie schematisch eine Meßvorrichtung zur Bestimmung von $\langle u(t)u(t+\tau)\rangle$.

Aufgabe 7.2

Eine Rauschspannung u(t) hat die AKF $\varphi_{uu}(\tau) = \exp\{-(\tau/t_o)^2\}$ [V^2].
Welche spektrale Leistungsdichte $W_u(f)$ hat u(t) ?
Wie groß ist der Effektivwert der Rauschspannung ?

---

[1] s. z.B. H. Bittel, L. Storm, Rauschen, Springer Verlag 1971

7.2.3 Übertragung von Rauschspannungen durch lineare Zweitore

Wir betrachten ein lineares, zeitinvariantes Zweitor mit einer Last Y_l (Bild 7.2). Das Zweitor und Y_L sollen rauschfrei sein.

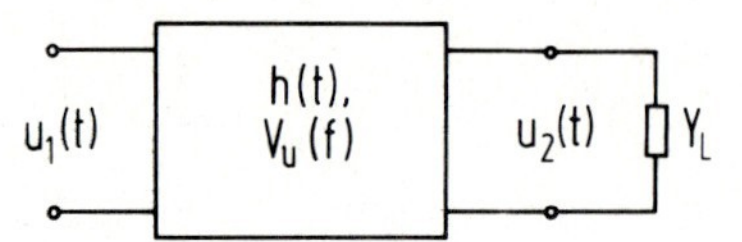

Bild 7.2
Lineares, zeitinvariantes Zweitor mit Impulsantwort h(t) bzw. Spannungsverstärkung $V_u(f)$

Impulsantwort h(t)

Im Zeitbereich werden für Signale die Übertragungseigenschaften durch seine Impulsantwort h(t) wiedergegeben. Für Signale $u_1(t)$ und $u_2(t)$ gilt bekanntlich

$$u_2(t) = \int_{-\infty}^{\infty} h(t')u_1(t-t')dt' \quad ,$$

die Ausgangsspannung $u_2(t)$ folgt aus $u_1(t)$ durch Faltung mit der Impulsantwort h(t). Nach einer Fouriertransformation folgt für die Phasoren $\underline{U}_2(f)$ und $\underline{U}_1(f)$

$$\underline{U}_2(f) = V_u(f)\underline{U}_1(f) \ , \quad V_u(f) = \int_{-\infty}^{\infty} h(t)\exp(-j2\pi ft)dt \ .$$

Wenn am Eingang eine Rauschspannung $u_1(t)$ anliegt, so kann für die Ausgangsspannung geschrieben werden

$$u_2(t)u_2(t+\tau) = \int_{-\infty}^{\infty}\int_{-\infty}^{\infty} h(t')h(t'')u_1(t-t')u_1(t-t''+\tau)dt'dt'' \ . \quad (7.14)$$

Bei Mittelung und Vertauschen der Integrationsreihenfolge ergibt sich dann

$$\varphi_{u2u2}(\tau) = \int_{-\infty}^{\infty}\int_{-\infty}^{\infty} h(t')h(t'')\varphi_{u1u1}(t'-t''+\tau)dt'dt'' \ . \quad (7.15)$$

Die AKF der Ausgangsrauschspannung folgt nach Gl.(7.15) durch zweifache Faltung der Eingangs-AKF mit der Impulsantwort des Zweitores.

Im Frequenzbereich wird das Übertragungsverhalten des Zweitores beschrieben durch die Spannungsverstärkung $V_u(f)$, wobei $V_u(f)$ die Fouriertransformierte der Impulsantwort h(t) ist. Es ist $V_u(-f) = V_u^*(f)$, da h(t) eine reelle Funktion ist. Die spektrale Leistungsdichte $W_{u2}(f)$ am Ausgang kann nach Gl.(7.10a) durch Fouriertransformation von Gl.(7.15) gewonnen werden.

Aus der Schreibweise

$$w_{u2}(f) = \int_{-\infty}^{\infty} d\tau \int_{-\infty}^{\infty} dt' \int_{-\infty}^{\infty} dt'' \; h(t') \exp(j2\pi ft') h(t'') \exp(-j2\pi ft'') \cdot$$

$$\cdot \; \varphi_{u1u1}(t' - t'' + \tau) \exp(-j2\pi f(t' - t'' + \tau)) ,$$

bei der die Exponentialfunktionen $\exp(j2\pi ft')$ und $\exp(-j2\pi ft'')$ bei den Impulsantworten als Faktoren eingeführt werden und mit dem Faktor der Eingangs-AKF sich wieder wegheben, erkennt man:
Die Integration über τ liefert die spektrale Leistungsdichte $w_{u1}(f)$ am Eingang; die Integration über t'' liefert die Spannungsverstärkung $V_u(f)$; die Integration über t' liefert $V_u(-f) = V_u^*(f)$. Damit gilt

$$w_{u2}(f) = V_u(f) V_u^*(f) w_{u1}(f) = |V_u(f)|^2 w_{u1}(f) . \qquad (7.16)$$

Die einseitigen spektralen Leistungsdichten gehorchen ersichtlich derselben Beziehung. Die spektralen Leistungsdichten am Aus- und Eingang sind durch das Betragsquadrat der Übertragungsfunktion, hier der Spannungsverstärkung, des Zweitores verknüpft.
Für gewöhnliche Wechselspannungen ist

$$\underline{U}_2 = V_u \underline{U}_1 , \qquad (7.17)$$

und z.B. durch y-Parameter (s. Gl.(3.11)) ausgedrückt

$$V_u = -y_{21}/(y_{22} + Y_L) . \qquad (7.18)$$

Man kann daher die Übertragung von Rauschgrößen durch lineare Zweitore, oder allgemeiner die Berechnung der Rauscheigenschaften linearer Schaltungen, so vornehmen, daß für die Rauschgrößen Phasoren eingeführt werden nach

Einführung von Rauschphasoren

$$\underline{U}(f) = \sqrt{W_u(f)df} , \quad \underline{I}(f) = \sqrt{W_i(f)df} . \qquad (7.19)$$

Mit diesen Phasoren kann nach den bekannten Regeln der Wechselstromrechnung z.B. ein Ausgangsphasor einer Schaltung mit Rauschquellen berechnet werden. Durch Bildung von Betragsquadraten erhält man die spektralen Leistungsdichten und nach Integration über ein gegebenes Band B folgt das Schwankungsquadrat bzw. der Effektivwert der Rauschspannung in diesem Band.

Beispiel

Die bisherigen Betrachtungen sollen an einem einfachen Beispiel erläutert werden (Bild 7.3). Eine Rauschspannungsquelle mit der spektralen Leistungsdichte W_u arbeitet auf einem ausgangsseitig leerlaufenden Tiefpaß aus einer RC-Kombination. Der Widerstand R soll rauschfrei sein.

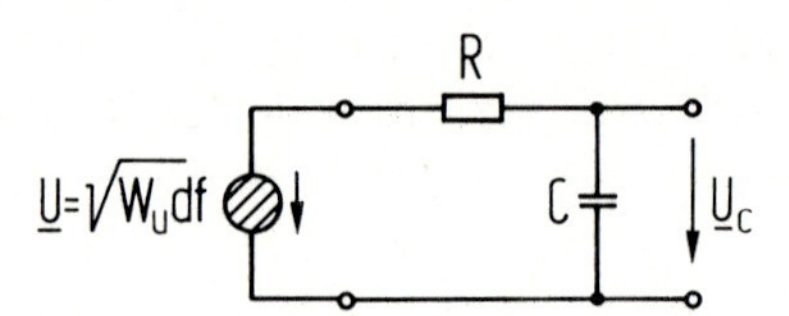

Bild 7.3
Rauschspannungsquelle (durch Schraffur gekennzeichnet) mit RC-Tiefpaß

Wir führen gemäß Gl.(7.19) einen Phasor $\underline{U} = \sqrt{W_u df}$ für die Rauschspannung ein. (Die Zählpfeile sind hier ohne Belang.) Die Impulsantwort und die Spannungsverstärkung des Tiefpasses sind

$$h(t) = \frac{1}{RC} \exp(-t/RC) \text{ für } t \geq 0, \quad h(t) = 0 \text{ für } t < 0 .$$

(Für eine realisierbare Schaltung muß generell $h(t) = 0$ für $t < 0$ gelten.)

$$V_u(f) = 1/(1 + j2\pi fRC) .$$

Die spektrale Leistungsdichte W_u soll bis $f \to \infty$ konstant sein (in der Realität ist das wegen $\langle u^2 \rangle \to \infty$ nicht möglich), dann ist die Eingangs-AKF eine δ-Funktion $\varphi_{uu}(\tau) = w_u \delta(\tau)$. Die Autokorrelationsfunktion am Ausgang ist nach Gl.(7.15)

$$\varphi_{ucuc}(\tau) = \frac{w_u}{R^2C^2} \int_{-\infty}^{\infty} \int_{-\infty}^{\infty} \exp(-t'/RC) \exp(-t''/RC)\, \delta(t'-t''+\tau)\, dt'dt'' .$$

Die Integration über t' liefert mit den Eigenschaften einer δ-Funktion

$$\varphi_{ucuc}(\tau) = \frac{w_u}{R^2C^2} \int_{-\infty}^{\infty} \exp(-(t''+\tau)/RC) \; \exp(-t''/RC)\, dt'' .$$

Bei der Integration über t" muß $h(t) = 0$ für $t < 0$ beachtet werden, für $\tau < 0$ ist die tatsächliche untere Integrationsgrenze -0, für $\tau > 0$ (entsprechend einer Zeitverzögerung) ist sie $-\tau$. Damit ist

$$\varphi_{ucuc}(\tau) = \frac{w_u}{2RC} \exp(-|\tau|/RC) . \tag{7.20}$$

Man erkennt, daß bei einer völlig unkorrelierten Eingangsrauschspannung die Rauschspannung $u_c(t)$ stark korreliert ist etwa bis zu Werten τ entsprechend der Zeitkonstanten RC des Tiefpasses.

Im Frequenzbereich berechnen wir direkt $\underline{U}_c = \underline{V}_u \underline{U}$. danach ist die spektrale Leistungsdichte der Rauschspannung über der Kapazität

$$W_{uc} = |V_u|^2 W_u = W_u / \{1 + (2\pi fRC)^2\} \quad .$$

Das Rauschen wird durch den Tiefpaß gefiltert, das Schwankungsquadrat in einem Band B entspricht der Fläche unter der Kurve in Bild 7.4.

$$\langle u_c^2 \rangle_B = \int_0^B W_u / \{1 + (2\pi fRC)^2\} df = \frac{W_u}{2\pi RC} \int_0^B \frac{dz}{1+z^2}$$

$$\langle u_c^2 \rangle_B = \frac{W_u}{2\pi RC} \operatorname{arctg}(B) \; .$$

Das gesamte Schwankungsquadrat $(B \to \infty)$ folgt daraus zu

$$\langle u_c^2 \rangle = \frac{W_u}{4RC} = \varphi_{ucuc}(0) \; . \tag{7.21}$$

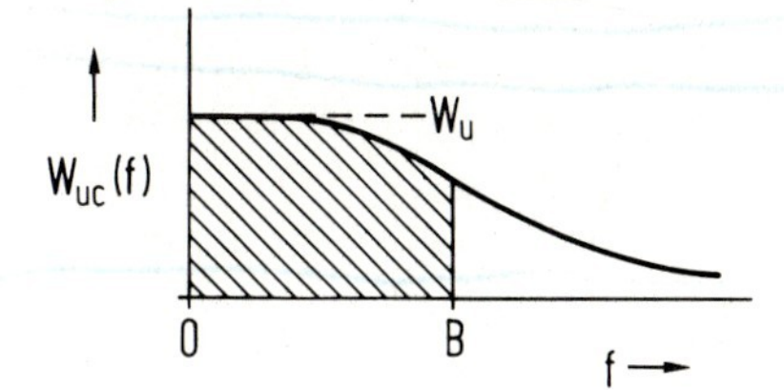

Bild 7.4
Spektrale Leistungsdichte $W_{uc}(f)$ am Ausgang eines RC-Tiefpasses

---

Aufgabe 7.3

Am Eingang eines idealen Tiefpasses mit $V_u(f) = 1$ für $f \leq f_g$, $V_u(f) = 0$ für $f > f_g$ liegt eine Rauschspannung mit konstanter spektraler Leistungsdichte W_{u1}. Welchen Verlauf hat die AKF der Ausgangsrauschspannung ?

Aufgabe 7.4

Eine Rauschspannung mit der frequenzunabhängigen spektralen Leistungsdichte W_u liegt an einem Serienschwingkreis. (Der Widerstand R soll rauschfrei sein.)

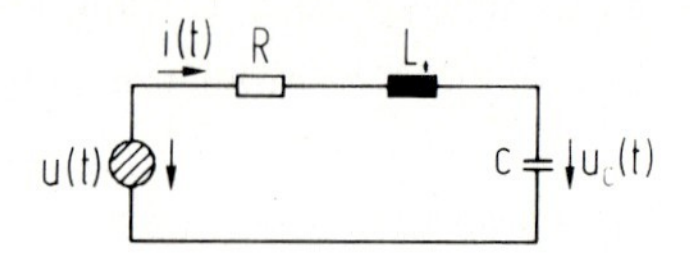

a) Berechnen und skizzieren Sie die spektralen Leistungsdichten $W_i(f)$ und $W_{uc}(f)$ des Stromes i(t) und der Spannung $u_c(t)$?

b) Welchen Wert hat $<u_c^2(t)>$? (Die Berechnung soll für große Schwingkreisgüten Q durchgeführt werden.)

7.2.4 Überlagerung von Rauschvorgängen

In Schaltungen treten üblich mehrere Rauschquellen auf. Man muß dann wissen, wie ihre Überlagerung zu berechnen ist. Nehmen wir an, daß sich zwei Rauschspannungen $u_1(t)$ und $u_2(t)$ addieren, so folgt für das Schwankungsquadrat der resultierenden Spannung sofort

Überlagerung

$$<(u_1 + u_2)^2> = <u_1^2> + <u_2^2> + 2<u_1 u_2> . \qquad (7.22)$$

Wenn keine Zusammenhänge zwischen $u_1(t)$ und $u_2(t)$ bestehen, beide Rauschspannungen unkorreliert sind, treten in dem Produktbeitrag $<u_1 u_2>$ positive und negative Anteile gleich häufig auf, es ist dann $<u_1 u_2> = 0$.

unkorreliert

Bei der Überlagerung unkorrelierter Rauschspannungen ist daher das resultierende Schwankungsquadrat die Summe der einzelnen Schwankungsquadrate, bzw. es sind die einzelnen spektralen Leistungsdichten zu addieren.

Voneinander unabhängige Rauschvorgänge haben keine innere Verwandtschaft, sie sind unkorreliert. Wir erkennen im übrigen sofort aus Gl.(7.12), daß Rauschspannungen, die bei verschiedenen Frequenzen entstehen, unkorreliert sind.

Korrelation

Wenn die beiden Rauschspannungen innere Zusammenhänge haben, muß bei der Überlagerung die Korrelation berücksichtigt werden. Wir fassen zunächst die Korrelation zweier Rauschspannungen $u_1(t)$ und $u_2(t)$ formelmäßig durch die Kreuzkorrelationsfunktion (KKF)

$$\varphi_{u1u2}(\tau) = \langle u_1(t)u_2(t+\tau)\rangle = \lim_{\Theta\to\infty} \frac{1}{2\Theta} \int_{-\Theta}^{\Theta} u_1(t)u_2(t+\tau)dt \ . \quad (7.23)$$

Kreuzkorrelationsfunktion

Die Kreuzkorrelationsfunktion ist im Unterschied zur AKF im allgemeinen keine gerade Funktion, es gilt aber $\varphi_{u1u2}(-\tau) = \varphi_{u2u1}(\tau)$. Durch eine Fouriertransformation von Gl.(7.23) folgt das zweiseitige Kreuzspektrum

$$w_{u1u2}(f) = \int_{-\infty}^{\infty} \varphi_{u1u2}(\tau) \exp(-j2\pi f\tau)d\tau \ . \quad (7.24)$$

Kreuzspektrum

Das Kreuzspektrum ist im allgemeinen komplex. Weil die KKF eine reelle Funktion ist, muß $w_{u1u2}(-f) = w^{*}_{u1u2}(f)$ gelten. Wenn in Gl.(7.24) f durch -f und τ durch $-\tau$ ersetzt werden, so folgt

$$w_{u1u2}(-f) = w_{u2u1}(f) = w^{*}_{u1u2}(f) \ . \quad (7.25)$$

Üblich ist die Einführung eines normierten Kreuzspektrums

$$r_{u1u2}(f) = w_{u1u2}(f)/\{w_{u1}(f)\cdot w_{u2}(f)\}^{1/2} \ . \quad (7.26)$$

Mit Gl.(7.24) gilt $|r_{u1u2}| = 1$, wenn $u_1(t) = u_2(t)$ ist, beide Vorgänge also zeitidentisch und völlig korreliert sind; für fehlende Korrelation ist $|r_{u1u2}| = 0$.

Die Überlagerung zweier Rauschspannungen hat die AKF

$$\begin{aligned}\langle\{u_1(t)+u_2(t)\}\{u_1(t+\tau)+u_2(t+\tau)\}\rangle &= \varphi_{u1u1}(\tau)+\varphi_{u2u2}(\tau)+\\ &+\langle u_1(t)u_2(t+\tau)\rangle+\langle u_2(t)u_1(t+\tau)\rangle \ .\end{aligned} \quad (7.27)$$

Nach einer Fouriertransformation ist die resultierende spektrale Leistungsdichte $w_{ur}(f)$

$$\begin{aligned} w_{ur}(f) &= w_{u1}(f) + w_{u2}(f) + w_{u1u2}(f) + w_{u2u1}(f) \\ W_{ur}(f) &= W_{u1}(f) + W_{u2}(f) + 2\{w_{u1u2}(f) + w_{u2u1}(f)\} \ .\end{aligned} \quad (7.28)$$

Da wir zumeist mit den einseitigen spektralen Leistungsdichten rechnen, ist der Faktor 2 in Gl.(7.28) eingeführt.

Ein Vergleich mit dem Betragsquadrat der Summe zweier Phasoren

$$|\underline{U}_1 + \underline{U}_2|^2 = |\underline{U}_1|^2 + |\underline{U}_2|^2 + \underline{U}_1^*\underline{U}_2 + \underline{U}_1\underline{U}_2^* \tag{7.29}$$

zeigt, daß auch bei Korrelation von Rauschspannungen mit äquivalenten Phasoren gerechnet werden kann, wenn neben

Phasor-darstellung

$$|\underline{U}_1|^2 = W_{u1}df \ , \quad |\underline{U}_2|^2 = W_{u2}df$$

(s. Gl.(7.19)) für das Produkt $\underline{U}_1^*\underline{U}_2$ das Kreuzspektrum herangezogen wird nach

$$\underline{U}_1^*\underline{U}_2 = 2w_{u1u2}df \ . \tag{7.30}$$

Bedeutung

Wir haben daher einen einfachen Weg gefunden für Rauschberechnungen in linearen, zeitinvarianten Schaltungen, wenn die spektralen Leistungsdichten und die Kreuzspektren bekannt sind. Dabei ist nach Gl.(7.28), (7.29) zu beachten, daß der zum ersten Index des Kreuzspektrums gehörende Phasor konjugiert komplex zu setzen ist. Oft ist es günstig, bei einer Rauschspannung $u_2(t)$, die korreliert ist mit $u_1(t)$, den Anteil herauszuziehen, der bis auf eine Zeitverschiebung τ völlig korreliert ist mit $u_1(t)$. Diese Aufteilung

Aufteilung

$$u_2(t) = u_2'(t) + \gamma(\tau)u_1(t+\tau) \tag{7.31}$$

mit einem Faktor $\gamma(\tau)$ ist formal immer möglich. Die besondere Bedeutung - und eine Veranschaulichung der KKF - liegen darin, daß bei der Wahl

$$\gamma(\tau) = \varphi_{u1u2}(\tau)/\varphi_{u1u1}(\tau), \ \gamma(0) = \varphi_{u1u2}(0)/\langle u_1^2\rangle \tag{7.32}$$

der Anteil $u_2'(t)$ völlig unkorreliert mit $u_1(t)$ ist.
Es verschwindet nämlich

$$\langle u_2'(t)u_1(t+\tau)\rangle = \langle u_2(t)u_1(t+\tau)\rangle - \gamma(\tau)\langle u_1(t+\tau)u_1(t)\rangle$$

bei einem $\gamma(\tau)$ nach Gl.(7.32). Die Kreuzkorrelationsfunktion kann damit so veranschaulicht werden, daß sie bei Normierung auf $\varphi_{u1u1}(\tau)$ den Anteil von $u_2(t)$ mißt, der zeitidentisch mit der zeitverschobenen Rauschspannung $u_1(t+\tau)$ ist.

In gleicher Weise folgt die Bedeutung des Kreuzspektrums aus einer Zerlegung des äquivalenten Phasors $\underline{U}_2(f)$ nach

$$\underline{U}_2(f) = \underline{U}_2'(f) + \Gamma(f)\,\underline{U}_1(f) \qquad (7.33)$$

mit

$$\Gamma(f) = 2w_{u1u2}(f)/W_{u1}(f) = \underline{U}_1^*\underline{U}_2/|\underline{U}_1|^2 \,. \qquad (7.34)$$

Dann gilt nach

$$\underline{U}_1^*\underline{U}_2' = \underline{U}_1^*\underline{U}_2 - \Gamma(f)|\underline{U}_1|^2 \,,$$

daß für ein $\Gamma(f)$ nach Gl. (7.34) $\underline{U}_1^*\underline{U}_2'$ verschwindet. Der Faktor $\Gamma(f)$ gibt den Anteil von $\underline{U}_2(f)$ wieder, der ggfs. nach einer Phasendrehung identisch mit $\underline{U}_1(f)$ ist.

Statt des Kreuzspektrums $w_{u1u2}(f)$ oder ggfs. des normierten Kreuzspektrums wird vielfach der Korrelationskoeffizient $\Gamma(f)$ angegeben. Mit ihm gilt für die Überlagerung zweier Rauschphasoren

$$|\underline{U}_1 + \underline{U}_2|^2 = |\underline{U}_1 + \underline{U}_2' + \Gamma\underline{U}_1|^2 = |\underline{U}_1|^2\,|1 + \Gamma|^2 + |\underline{U}_2'|^2 . \qquad (7.35)$$

Vorzeichen

Wie bei Netzwerkberechnungen mit Phasoren üblich, werden Zählpfeile für die Phasoren der Rauschspannungen bzw. Rauschströme eingeführt. Ihre Richtung kann beliebig festgelegt werden. Vorzeichen gehen ersichtlich bei den spektralen Leistungsdichten,d.h. Betragsquadraten, nicht ein, sie sind aber bei Korrelationen zu beachten. Einmal festgelegte Zählrichtungen für Rauschspannungen bzw. Rauschströme müssen in Rechnungen beibehalten werden.

Aufgabe 7.5

Berechnen Sie das Kreuzspektrum und die Kreuzkorrelationsfunktion der Rauschspannungen $u(t)$ und $u_c(t)$ für die Anordnung nach Bild 7.3 bei einer frequenzunabhängigen spektralen Leistungsdichte W_u.

7.3 Rauschquellen in elektronischen Schaltungen

7.3.1 Thermisches Rauschen

Ursache

Thermisches Rauschen ist ein fundamentaler Rauschmechanismus. Jedes verlustbehaftete System im thermodynamischen Gleichgewicht zeigt Schwankungserscheinungen. In Bauelementen werden sie hervorgerufen

Nyquist-Beziehungen

durch die regellose Wärmebewegung von Ladungsträgern. Nach Nyquist hat jeder Wirkwiderstand R = 1/G eine spektrale Leistungsdichte

$$W_u = 4\ kTR\ [V^2/Hz] \qquad (7.36a)$$

der Leerlaufrauschspannung bzw. eine spektrale Leistungsdichte des Kurzschlußrauschstroms

$$W_i = 4kTG\ [A^2/Hz]\ . \qquad (4.36b)$$

Dabei ist $k = 1.38 \cdot 10^{-23}$ Ws/K die Boltzmannkonstante und T die absolute Temperatur. Bei der Bezugstemperatur $T = T_0 = 290$ K ist

$$kT_0 = 4 \cdot 10^{-21}\ Ws\ . \qquad (7.37)$$

weißes Rauschen

W_u und W_i sind hier frequenzunabhängig. Man bezeichnet allgemein Rauschen mit frequenzunabhängigen spektralen Leistungsdichten als 'weißes' Rauschen in Analogie zur Bezeichnung 'weißes' Licht in der Optik.

Ein thermisch rauschender Widerstand R bzw. Leitwerte G = 1/R kann nach Gl.(7.36) durch die in Bild 7.5 dargestellten Ersatzquellen dargestellt werden.

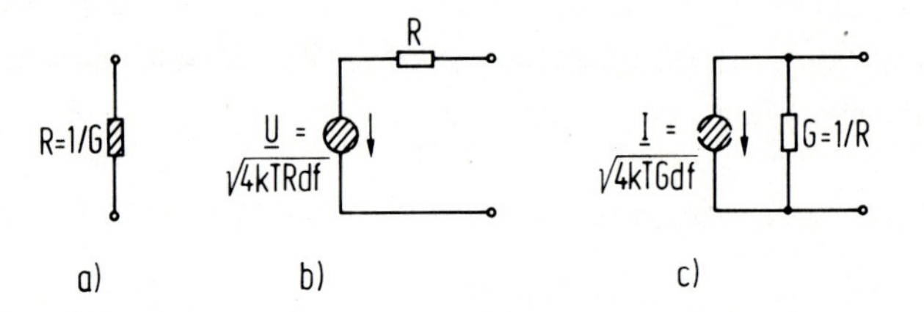

Bild 7.5
a) Thermisch rauschender Wirkwiderstand R = 1/G, Rauschquellen werden durch Schraffur gekennzeichnet
b) Ersatzschaltung mit Spannungsquelle
c) Ersatzschaltung mit Stromquelle

W_u und W_i sind frequenzunabhängig, die Schwankungsquadrate von Leerlaufspannung bzw. Kurzschlußstrom in einem Band B sind dann einfach

$$\langle u^2 \rangle_B = 4kTRB\ , \quad \langle i^2 \rangle_B = 4kTGB \qquad (7.38)$$

Die verfügbare Rauschleistung P_{rv}, die von einem Widerstand in einem Band B abgegeben werden kann an einen gleichgroßen Widerstand, ist

$$P_{rv} = kTB \tag{7.39}$$

und hängt nur von der Temperatur T, nicht aber von R ab. Wegen dieser Unabhängigkeit werden auch Zweipole, die nicht thermisch rauschen, durch eine Rauschtemperatur T_r charakterisiert. T_r ist dabei entsprechend Gl.(7.39) über eine äquivalente verfügbare thermische Rauschleistung definiert.

Rausch-
temperatur

Die Nyquist-Beziehungen (7.36) wollen wir gleich verallgemeinern: Wir betrachten dazu einen thermisch rauschenden Widerstand R_1, der über einen idealen Bandpaß mit der schmalen Breite Δf mit einem komplexen Widerstand Z(f) beschaltet ist (Bild 7.6).

*Verallge-
meinerung*

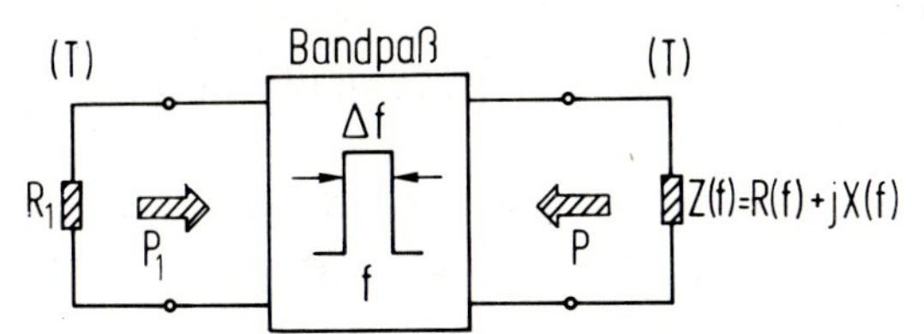

Bild 7.6
Rauschender Widerstand R_1 über einen idealen Bandpaß verbunden mit einem komplexen Widerstand Z(f)

R_1 und Z(f) sollen sich auf derselben Temperatur T befinden, der Bandpaß ist verlustfrei, rauscht also selbst nicht. Im thermodynamischen Gleichgewicht müssen die Rauschleistungen im Band Δf P_1, die R_1 an Z abgibt und P, die Z(f) an R_1 abgibt, gleich groß sein. (Es würde sich sonst ein Widerstand erwärmen, der andere sich abkühlen.)
Es muß also gelten

$$P_1 = 4kTR_1\Delta f \frac{R(f)}{|R_1 + Z(f)|^2} = P = 4kTR(f)\Delta f \frac{R_1}{|R_1 + Z(f)|^2} . \tag{7.40}$$

Daraus folgt, daß der komplexe Widerstand Z(f) = 1/Y(f) thermisch rauscht mit spektralen Leistungsdichten

$$W_u(f) = 4kTR(f) = 4kT \,\mathrm{Re}\{Z(f)\} \tag{7.41a}$$

$$W_i(f) = 4kTG(f) = 4kT \,\mathrm{Re}\{Y(f)\} . \tag{7.41b}$$

Diese verallgemeinerten Nyquist-Beziehungen zeigen, daß das thermische Rauschen eines beliebigen passiven, linearen Zweipols an seinen Klemmen durch Re{Z} bzw. Re{Y} wiedergegeben werden kann. Entsprechend können die Ersatzschaltungen in Bild 7.5 verallgemeinert werden.

Ableitung

Die Nyquist-Beziehungen sollen hier nur andeutungsweise abgeleitet werden. Aus der Thermodynamik ist bekannt, daß jeder Freiheitsgrad (Energiespeicher) in einem System homogener Temperatur eine thermische Energie von kT/2 aufnimmt. Das gilt z.B. auch für die Eigenschwingungen eines Hohlraumresonators. In einem Serienschwingkreis (Bild 7.7) der Güte $Q = \omega_0 L/R$, mit einem thermisch rauschenden Widerstand R, bilden L und C Energiespeicher.

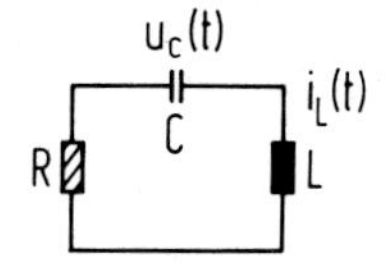

Bild 7.7
Serienschwingkreis mit thermisch rauschendem Widerstand R

Nach Einstein muß dann gelten

$$C\langle u_C^2(t)\rangle/2 = kT/2, \quad L\langle i_L^2(t)\rangle/2 = kT/2 \ . \tag{7.42}$$

Bei hoher Schwingkreisgüte Q ist die spektrale Leistungsdichte $W_{uC}(f)$ im wesentlichen konzentriert um die Umgebung der Resonanzfrequenz, man erhält (s. Aufgabe 7.4)

$$\langle u_C^2(t)\rangle = W_u(f_0)/(4RC) \tag{7.43}$$

und daraus mit Gl.(7.42)

$$W_u = 4kTR$$

unabhängig von der Resonanzfrequenz f_0.

Frequenzgang, Quanteneffekt

Physikalisch können die spektralen Leistungsdichten W_u und W_i nicht konstant bleiben bis zu beliebig hohen Frequenzen. Nach Planck sind die Nyquist-Beziehungen unter Einbeziehung von Quanteneffekten zu ersetzen durch

$$W_u(f) = 4Rhf/\{\exp(hf/kT) - 1\} \tag{7.44}$$

mit der Planckschen Konstanten $h = 6.6 \cdot 10^{-34}\ Ws^2$.
Das Verhältnis von thermischer Energie kT und Quantenenergie hf ist mit

$$kT/hf \simeq 21 \quad \frac{T/K}{f/GHz} \tag{7.45}$$

üblich so groß, daß im Hochfrequenzbereich $hf \ll kT$ gilt. Dann folgt aus Gl.(7.44) wieder Gl.(7.36a). Für $hf > kT$ fällt aber $W_u(f)$ exponentiell ab. (In diesem Bereich überwiegt im übrigen das 'Quantenrauschen' aufgrund der Quantennatur elektromagnetischer Schwingungen wesentlich das thermische Rauschen.)

Aufgabe 7.6

Berechnen Sie die spektrale Leistungsdichte der Spannung $u_L(t)$ im Bild für einen thermisch rauschenden Widerstand R auf zwei Wegen.

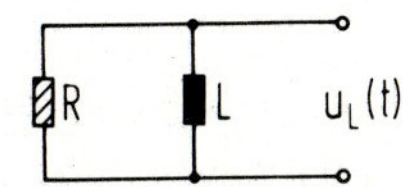

7.3.2 Schrotrauschen

Ursache

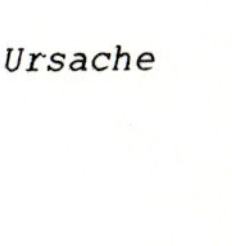

Schrotrauschen beruht auf dem Stromtransport durch diskrete Ladungsträger, es tritt immer dann auf, wenn Ladungsträger unbeeinflußt voneinander Potentialbarrieren überqueren. Regellose Fluktuationen der Ladungsträgerzahl führen zu einer regellosen Schwankung des Stromes. Das Schrotrauschen wurde 1918 von Schottky theoretisch für Röhrendioden abgeleitet.

Beispiel

Wir wählen hier als Beispiel den in Sperrichtung vorgespannten pn-Übergang eines npn-Transistors, vernachlässigen den Kollektorreststrom und beziehen uns auf Betrachtungen zur Kollektorlaufzeit τ_C in Abschnitt 1.4. Jedes Elektron, das die Kollektorsperrschicht erreicht und sie mit Sättigungsdriftgeschwindigkeit v_S durchläuft, influenziert im Kollektorkreis einen rechteckförmigen Stromimpuls der Breite $\tau_C = d_C/v_S$ und der Ladung q (s. Bild 1.14a). Der Kollektorstrom besteht aus einer Vielzahl voneinander unabhängiger (sofern Raumladungseffekte vernachlässigt werden) Stromimpulse. Sie treten bei einem Gleichstrom I_C mit der Rate ν (Zahl/Zeit) aus

$$I_C = \nu q \tag{7.46}$$

auf. Jeder einzelne Stromimpuls hat die Form

$$g(t) = q/\tau_C \quad \text{für} \quad 0 \leq t \leq \tau_C \quad . \tag{7.47}$$

Die regellose Überlagerung der Stromimpulse führt zu einer Stromschwankung mit einer AKF nach Gl.(7.13)

$$\varphi_{ii}(\tau) = \nu \int_0^{\tau_c} g(t)g(t+\tau)dt \ .$$

Die AKF einer Rechteckfunktion ergibt eine um $\tau = 0$ symmetrische Dreieckfunktion der Breite $2\tau_c$ mit dem Spitzenwert q^2/τ_c. Formelmäßig ist mit ν aus Gl.(7.46)

$$\varphi_{ii}(\tau) = I_c q(\tau_c - |\tau|)/\tau_c^2, \ |\tau| \leq \tau_c; \quad \varphi_{ii}(\tau) = 0, \ |\tau| > \tau_c \ . \tag{7.48}$$

Die spektrale Leistungsdichte $W_i(f)$ folgt als Fouriertransformierte einer Dreieckverteilung zu

$$W_i(f) = 2qI_c \left[\frac{\sin \pi f \tau_c}{\pi f \tau_c}\right]^2 \ . \tag{7.49}$$

Für Frequenzen $f \lesssim 1/\tau_c$, bei denen Laufzeiteffekte vernachlässigt werden können, gilt die bekannte Schottky-Formel für das Schrotrauschen

Schottky-Formel

$$W_i = 2qI_c \ . \tag{7.50}$$

Die spektrale Leistungsdichte W_i für den Kurzschlußstrom des Schrotrauschens ist abhängig vom Gleichstrom I_c und bei genügend niedrigen Frequenzen frequenzunabhängig.

Anmerkung: Bei Wechselströmen ist damit das Schrotrauschen nicht stationär, da seine Stärke von der Stromamplitude abhängt. In linearen Schaltungen, besonders Empfangsstufen, können wir aber den Einfluß von Wechselsignalen übergehen und Gl.(7.50) beibehalten, weil die Gleichströme immer viel größer als die Signalamplituden sind. Ausnahmen - bei denen genauer mit nichtstationärem Rauschen gerechnet werden muß - sind u.a. Mischer mit Dioden und Transistoren (s. Abschnitt 9.7) oder Photodioden.

Wir wollen noch weiter beim bipolaren Transistor bleiben und beispielhaft hier die Nützlichkeit des Formalismus von Abschnitt 7.2 aufzeigen. Die Emitter-Basis-Diode zeigt ebenfalls volles Schrotrauschen entsprechend dem Gleichstrom I_e. (Wir setzen die Emitterergiebigkeit $\gamma = 1$.) In einer Rauschersatzschaltung können wir damit über Emitter- und

Schrotrauschen bip.Trans.

Kollektorzweig Rauschstromquellen $\underline{I}_{re} = \sqrt{2qI_e df}$, $\underline{I}_{rc} = \sqrt{2qI_c df}$ anordnen. Wir wählen die Zählrichtungen wie für I_e und I_c (vgl. Bild 1.11). Beide Rauschquellen sind nun notwendig korreliert, denn ein elementarer Stromimpuls der Emitter-Basis-Strecke erzeugt einen verzögerten und abgeschwächten Stromimpuls in der Basis-Kollektorstrecke. Diese Verzögerung und Abschwächung ist für nicht zu hohe Frequenzen im Frequenzbereich durch $\underline{\alpha} = \alpha/(1 + j\omega\tau_b)$ gegeben (s. Gl.(1.37)). Ein Vergleich mit Aufgabe 7.5 liefert sofort das Kreuzspektrum zu $w_{ieic} = -w_{ie}\underline{\alpha}$. (Das Vorzeichen rührt von den Vorzeichen bei $\underline{I}_{re}$, $\underline{I}_{rc}$ her.) Damit folgt (s. Gl.(7.30)) $\underline{I}^*_{re}\underline{I}_{rc} = -\underline{\alpha}|\underline{I}_{re}|^2$. Wenn wir noch das thermische Rauschen des Basisbahnwiderstandes r_b berücksichtigen, gewinnen wir eine schon recht vollständige Darstellung des inneren Transistors durch Rauschquellen.

Wir haben hier einen Stromtransport nur durch Elektronen betrachtet. Schrotrauschen tritt in elektronischen Schaltungen besonders bei pn-Übergängen in Erscheinung. Jede unabhängige Stromkomponente rauscht für sich dabei gemäß Gl.(7.50). Wir betrachten dazu eine pn-Diode bei so niedrigen Frequenzen, daß Diffusionslaufzeiten noch keine Rolle spielen. Exponentiell von der angelegten Spannung U hängen ab die Diffusionsströme der Elektronen und Löcher

pn-Diode

$$I_{nDiff} = I_{ns} \exp(qU/kT), \quad I_{pDiff} = I_{ps} \exp(qU/kT)$$

bei einer Vorspannung U. Der Gesamtstrom I setzt sich zusammen aus den Diffusionsströmen und den Sättigungsströmen I_{ns} und I_{ps} der Elektronen und Löcher gemäß

$$I = I_{nDiff} - I_{ns} + I_{pDiff} - I_{ps} \quad . \tag{7.51}$$

Die Kennliniengleichung lautet damit

$$I = I_s \{\exp(qU/kT) - 1\}, \quad I_s = I_{ns} + I_{ps} \, . \tag{7.52}$$

Die einzelnen Stromkomponenten in Gl.(7.51) sind unabhängig voneinander und jede für sich rauscht gemäß Gl.(7.50). Damit überlagern sich die entsprechenden spektralen Leistungsdichten zu

$$W_i = 2qI_s + 2qI_s \exp(qU/kT) = 2q\,I_s\{\exp(qU/kT) + 1\} \quad . \tag{7.53}$$

Nur für $U \gg kT/q$ gilt $W_i = 2qI$. In Sperrichtung ($U < 0$) ist $W_i = 2qI_s$.

Ohne angelegte Spannung liegt thermodynamisches Gleichgewicht vor, der pn-Übergang muß dann thermisch rauschen entsprechend seinem Leitwert. Mit Gl.(7.53) folgt für $U = 0$, $W_i = 4qI_s$. Der differentielle Leitwert ist für $U = 0$ $g = I_s q/kT$, damit ist auch

$$W_i = 4kTg \quad \text{für } U = 0 . \qquad (7.54)$$

(Es ist der differentielle, bezüglich des Rauschens lineare Leitwert g zu verwenden.)
Bei starker Vorspannung in Flußrichtung folgt aus $W_i = 2qI$ wieder unter Verwendung des Leitwertes g eine spektrale Leistungsdichte

$$W_i = 2kTg . \qquad (7.55)$$

Das Schrotrauschen kann daher durch ein äquivalentes thermisches Rauschen von g mit der Temperatur T/2 ausgedrückt werden. Man sagt auch, die in Flußrichtung vorgespannte Diode hat eine äquivalente Rauschtemperatur $T_r = T/2$.
Anmerkung: Das Schrotrauschen mit einer spektralen Leistungsdichte nach Gl.(7.50) ist gebunden an die Unabhängigkeit der Einzelvorgänge. Bei hohen Ladungsträgerdichten (z.B. metallischer Leiter) tritt es nicht in Erscheinung, da jede Fluktuation der Ladungsträgerzahl durch Raumladungskräfte innerhalb der dielektrischen Relaxationszeit $\sigma/\varepsilon \approx 10^{-16}$ s ausgeglichen wird.

7.3.3 1/f-Rauschen

Alle Halbleiterbauelemente zeigen bei Stromfluß ein stark vom Aufbau und der Technologie abhängiges Stromrauschen, dessen spektrale Leistungsdichten W_u und W_i mit 1/f ansteigen. Es wird zusammengefaßt als 1/f-Rauschen bezeichnet und ist bei niedrigen Frequenzen besonders wirksam. Das 1/f-Rauschen überwiegt in bipolaren Halbleiterbauelementen die anderen Rauschquellen bis zu Frequenzen von typisch 1 kHz, in MOS-Bauelementen kann es bis herauf zu mehr als 100 kHz vorherrschen. Das 1/f-Rauschen mag zunächst für die Hochfrequenztechnik bedeutungslos sein. Tatsächlich ist es aber wichtig bei der Detektion von Hochfrequenzschwingungen niedriger Amplitude. Das 1/f-Rauschen ist ein Grund, warum Überlagerungsempfang eingesetzt wird. Wir werden 1/f-Rauschen daher später genauer bei Detektordioden einbeziehen.

Ursachen

An stromdurchflossenen Kohleschicht- oder Metallfilmwiderständen beobachtet man ebenfalls ein hohes 1/f-Rauschen, das bei niedrigen Frequenzen das thermische Rauschen um mehrere Größenordnungen übersteigt.
Das 1/f-Rauschen wird auch durch ein äquivalentes thermisches Rauschen mit einer Rauschtemperatur $T_r \sim 1/f$ beschrieben.

7.4 Zweitorrauschen

Ersatz-Rauschquellen

Das Eigenrauschen von Zweitoren wird durch äußere Rauschquellen wiedergegeben, das Zweitor selbst wird als rauschfrei angenommen.

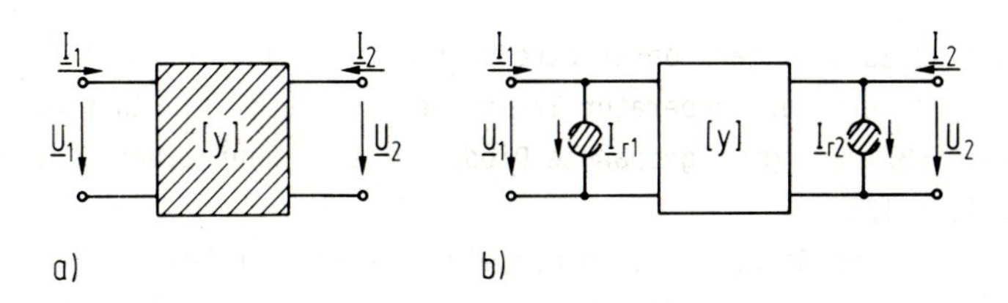

Bild 7.8
Rauschendes Zweitor (a) und rauschfreies Zweitor (b) mit Rauschersatzquellen $\underline{I}_{r1}$ und $\underline{I}_{r2}$

Das lineare Zweitor soll durch y-Parameter beschrieben sein. Wenn es ein- und ausgangsseitig kurzgeschlossen wird, so würden bei Rauschfreiheit mit $\underline{U}_1 = \underline{U}_2 = 0$ auch die Ströme $\underline{I}_1$ und $\underline{I}_2$ verschwinden. Tatsächlich bewirken aber die inneren Rauschquellen des Zweitores noch Kurzschlußströme $\underline{I}_{r1}$ und $\underline{I}_{r2}$, die wir nach

$$\begin{bmatrix} \underline{I}_1 \\ \underline{I}_2 \end{bmatrix} = [y] \begin{bmatrix} \underline{U}_1 \\ \underline{U}_2 \end{bmatrix} + \begin{bmatrix} \underline{I}_{r1} \\ \underline{I}_{r2} \end{bmatrix} \tag{7.56}$$

in der Ersatzschaltung nach Bild 7.8b durch Rauschstromquellen

$$\underline{I}_{r1} = \sqrt{W_{r1}df} \ , \quad \underline{I}_{r2} = \sqrt{W_{r2}df} \ , \quad \underline{I}^*_{r1}\underline{I}_{r2} = 2w_{i1i2}(f)df \tag{7.57}$$

bzw. den spektralen Leistungsdichten unter Einbeziehung einer Korrelation wiedergeben.

Bedeutung

Für jede Beschaltung des Zweitores kann mit diesen Ersatzquellen das

Rauschverhalten bestimmt werden. Die inneren Rauschquellen des Zweitores müssen dazu auf $\underline{I}_{r1}$ und $\underline{I}_{r2}$ umgerechnet werden. Die angeführten Ersatzquellen sind günstig u.a. zur Charakterisierung des FET-Rauschens (s. S. 198).

Das Eigenrauschen von Zweitoren muß immer durch zwei Ersatzquellen dargestellt werden, damit diese das Rauschen bei jeder Beschaltung wiedergeben. Die beiden Ersatzquellen können eingangsseitig und/oder ausgangsseitig als Strom- oder Spannungsquellen angeordnet werden, es gibt damit insgesamt 6 Darstellungsmöglichkeiten mit Rauschersatzquellen. Besonders geeignet ist die Darstellung nach Bild 7.9, bei der das Eigenrauschen des Zweitores durch vorgeschaltete Ersatzquellen $\underline{U}_r$ und $\underline{I}_r$ beschrieben wird.

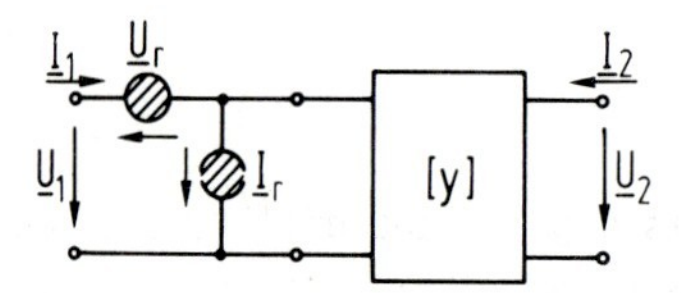

Bild 7.9
Zweitor mit vorgeschalteten Rauschersatzquellen $\underline{U}_r$ und $\underline{I}_r$

Die Ersatzquellen $\underline{U}_r$ und $\underline{I}_r$ können aus den Ersatzquellen $\underline{I}_{r1}$, $\underline{I}_{r2}$ von Bild 7.8 umgerechnet werden. Werden die Gl.(7.56) nach $\underline{U}_1$ und $\underline{I}_1$, d.h. in eine Kettendarstellung aufgelöst, so folgt aus

$$\underline{U}_1 = -\frac{y_{22}}{y_{21}}\underline{U}_2 + \frac{1}{y_{21}}\underline{I}_2 - \frac{1}{y_{21}}\underline{I}_{r2}$$
$$\underline{I}_1 = \frac{y_{11}y_{22} - y_{12}y_{21}}{y_{21}}\underline{U}_2 + \frac{y_{11}}{y_{21}}\cdot\underline{I}_2 + \underline{I}_{r1} - \frac{y_{11}}{y_{21}}\underline{I}_{r2} \qquad (7.58)$$

für die Ersatzquellen $\underline{U}_r$ und $\underline{I}_r$

$$\underline{U}_r = -\frac{1}{y_{21}}\underline{I}_{r2}\,; \quad \underline{I}_r = \underline{I}_{r1} - \frac{y_{11}}{y_{21}}\underline{I}_{r2}\;. \qquad (7.59)$$

Man sieht aus dieser Umrechnung, daß für jede Darstellung die Ersatzquellen sich ändern. Es ändert sich auch die Korrelation. Selbst wenn $\underline{I}_{r1}$ und $\underline{I}_{r2}$ unkorreliert sind, gilt für $\underline{U}_r$ und $\underline{I}_r$

$$\underline{U}_r^* \underline{I}_r = \frac{y_{11}}{|y_{21}|^2} \, |\underline{I}_{r2}|^2 ,$$

$\underline{U}_r$ und $\underline{I}_r$ sind dennoch korreliert. Wir werden diese Darstellung des Zweitorrauschens im nächsten Abschnitt zur Berechnung des Rauschens beschalteter Zweitore heranziehen.

Im Mikrowellenbereich hat sich die Charakterisierung linearer Zweitore durch die Streuparameter als besonders geeignet gezeigt. Auch das Zweitorrauschen läßt sich durch Wellengrößen darstellen und mit Vorteilen z.B. in Schaltungen anwenden, die Verbindungsleitungen enthalten. Das Eigenrauschen des linearen Zweitores wird durch Rauschwellen $\underline{b}_{r1}$ und $\underline{b}_{r2}$ wiedergegeben mit den Definitionsgleichungen

Rauschwellen

$$\begin{aligned} \underline{b}_1 &= s_{11}\underline{a}_1 + s_{12}\underline{a}_2 + \underline{b}_{r1} \\ \underline{b}_2 &= s_{21}\underline{a}_1 + s_{22}\underline{a}_2 + \underline{b}_{r2} . \end{aligned} \tag{7.60}$$

Die Rauschwellen haben die Einheit {Leistung im Band df}$^{1/2}$, wie aus den zugehörigen Spannungen bzw. Strömen (s. Gl.(4.1)) folgt.

In der Schaltung nach Bild 7.10 sind beide Zuleitungen mit dem Wellenwiderstand Z abgeschlossen.

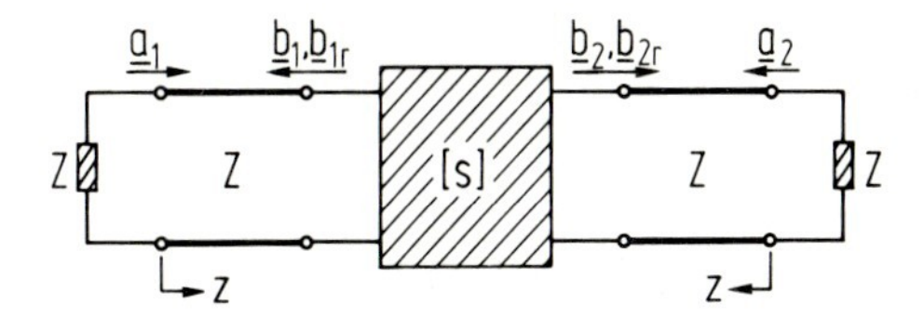

Bild 7.10
Darstellung des Zweitorrauschens durch Rauschwellen $\underline{b}_{1r}$ und $\underline{b}_{2r}$

Falls das Zweitor thermisch rauscht und die Anordnung sich auf einheitlicher Temperatur befindet, lassen sich $|\underline{b}_{1r}|^2$ und $|\underline{b}_{2r}|^2$ einfach finden: Die Abschlußwiderstände Z rauschen thermisch mit $|\underline{a}_1|^2 = |\underline{a}_2|^2 = kTdf$. (Der 'Generatorinnenwiderstand' ist Z, es wird in den vorlaufenden Wellen $\underline{a}_1$, $\underline{a}_2$ mithin die verfügbare Rauschleistung von Z übertragen.) Im Gleichgewichtszustand muß gelten $|\underline{b}_1|^2 = |\underline{a}_1|^2$ und $|\underline{b}_2|^2 = |\underline{a}_2|^2$. Damit folgt aus Gl.(7.60)

$$|\underline{b}_1|^2 = |s_{11}|^2|\underline{a}_1|^2 + |s_{12}|^2|\underline{a}_2|^2 + |\underline{b}_{r1}|^2 + 2\,\mathrm{Re}\{s_{11}s_{12}^*\underline{a}_1\underline{a}_2^*\} + \\ + 2\,\mathrm{Re}\{s_{11}\underline{a}_1\underline{b}_{1r}^*\} + 2\,\mathrm{Re}\{s_{12}\underline{a}_2\underline{b}_{1r}^*\} = |\underline{a}_1|^2 = kTdf \; . \tag{7.61}$$

Die Rauschwellen $\underline{a}_1$ und $\underline{a}_2$ entstehen unabhängig voneinander, ebenso sind $\underline{a}_1$ und $\underline{b}_{1r}$ bzw. $\underline{a}_2$ und $\underline{b}_{2r}$ voneinander unabhängig. Es verschwinden daher die gemischten Terme in Gl.(7.61) und es verbleibt

$$|\underline{b}_{1r}|^2 = kTdf\ \{1 - |s_{11}|^2 - |s_{12}|^2\}\ . \tag{7.62a}$$

Entsprechend wird berechnet

$$|\underline{b}_{2r}|^2 = kTdf\ \{1 - |s_{22}|^2 - |s_{21}|^2\}\ . \tag{7.62b}$$

Die Korrelation $\underline{b}_{1r}^*\underline{b}_{2r}$ ist umständlicher zu berechnen. Es ist[1]

$$\underline{b}_{1r}^*\underline{b}_{2r} = -kTdf\{s_{11}^*s_{21} + s_{12}^*s_{22}\}\ . \tag{7.63}$$

Aufgabe 7.7

Berechnen Sie für die gezeigte Schaltung mit drei bei der einheitlichen Temperatur T thermisch rauschenden Leitwerten:

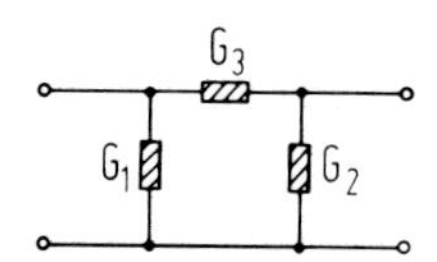

a) die Betragsquadrate der Ersatzquellen $\underline{I}_{r1}$ und $\underline{I}_{r2}$ (s. Bild 7.8b);

b) die Korrelation $\underline{I}_{r1}^*\underline{I}_{r2}$ bzw. das zugehörige Kreuzspektrum

c) die Werte der Ersatzquellen $\underline{I}_r$ und $\underline{U}_r$ (s. Bild 7.9)

d) die Korrelation $\underline{I}_r^*\underline{U}_r$.

Aufgabe 7.8

Ein rauschendes Zweitor (s. Bild) wird charakterisiert durch die Rauschwellen $\underline{b}_{1r}(1)$ und $\underline{b}_{2r}$ mit $\underline{b}_{1r}(1)\ \underline{b}_{2r}^* \neq 0$, der Generatorinnenwiderstand

---

[1] s. B. Schiek, Meßsysteme der Hochfrequenztechnik, Dr. Alfred Hüthig Verlag, Heidelberg, 1984

Z_G soll thermisch rauschen bei einer Temperatur T_G, das Rauschen des Abschlußwiderstandes Z am Ausgang wird vernachlässigt. Die Leitungen haben die Phasenkonstante β. Berechnen Sie die an Z abgegebene Rauschleistung in einem Band df. Diskutieren Sie das Ergebnis.

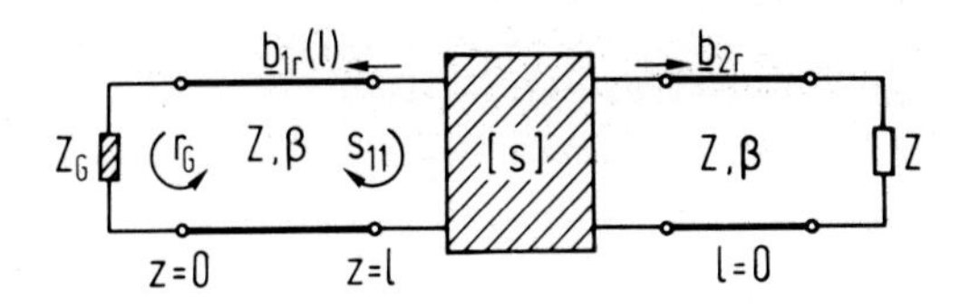

Aufgabe 7.9

Berechnen Sie die Rauschwellen $\underline{b}_{1r}$ und $\underline{b}_{2r}$ an den Toren 1 und 2 der im Bild gezeigten Schaltung mit einem thermisch rauschenden Serienwiderstand Z.

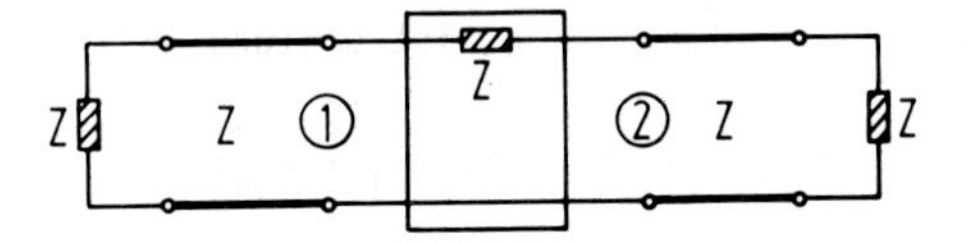

Aufgabe 7.10

Die Transistoren in der Verstärkerschaltung mit Hybridringkopplern nach Bild 6.18 erzeugen korrelierte Rauschwellen $\underline{b}_{r1}$ und $\underline{b}_{r2}$. Zeigen Sie unter Verwendung der Eigenschaften der Koppler (s. Gl.(6.5),(6.6)), daß das Rauschen an den Toren 1 und 4' unkorreliert ist.

7.5 Rauschzahl und Rauschtemperatur linearer Zweitore

Das Rauschverhalten beschalteter linearer Zweitore wird für die meisten Anwendungen ausreichend durch die Kenngröße 'Rauschzahl' beschrieben. Wir betrachten mit Bild 7.11 ein mit Generator ($\underline{U}_G$, Z_G) und und Last (Z_L) beschaltetes Zweitor. Das Rauschen des Lastwiderstandes Z_L wird nicht einbezogen (s. Abschnitt 7.6). Der Generatorwiderstand soll thermisch mit der Bezugstemperatur T_0 = 290 K rauschen, $\underline{U}_{rG} = \{4kT_0 \operatorname{Re}\{Z_G\} df\}^{1/2}$.

Rauschzahl

Voraussetzungen

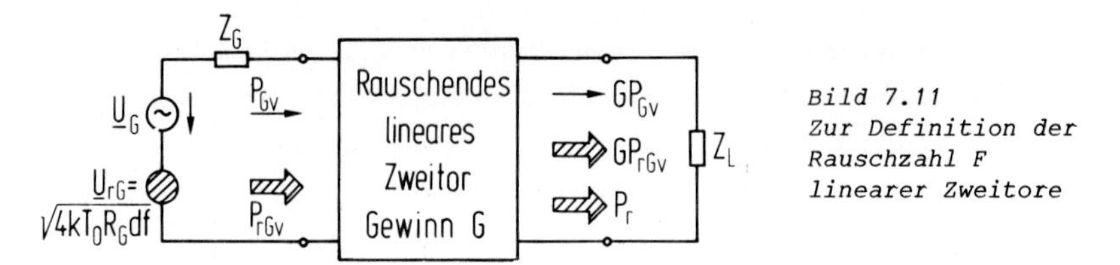

Bild 7.11
Zur Definition der Rauschzahl F linearer Zweitore

Am Ausgang des linearen Zweitores mit dem Gewinn G erscheinen die verstärkte Signalleistung, das verstärkte Generatorrauschen $GP_{rGv} = GkT_0df$ und die Ausgangsrauschleistung P_r des Zweitores mit einer spektralen Leistungsdichte W_r. (Beachten Sie, daß gemäß der Definition von G die verfügbare Generatorleistung zu verwenden ist. Eine Fehlanpassung beeinflußt Signal und Generatorrauschen gleichmäßig, daher darf man mit verfügbaren Leistungen rechnen, auch wenn keine Leistungsanpassung vorliegt.)

Die Rauschzahl F bei einer festen Frequenz f ist dann äquivalent definiert durch:

Definitionen

a) F = Ausgangsrauschleistung/verstärktes Generatorrauschen =

$$= \frac{GP_{rGv} + P_r}{GP_{rGv}} = \frac{GkT_0 + W_r}{GkT_0} = 1 + \frac{W_r}{GkT_0} \,. \tag{7.64a}$$

(Generatorrauschen und Zweitorrauschen sind naturgemäß voneinander unabhängig d.h. auch unkorreliert.)

b) $$F = \frac{\text{Ausgangsrauschleistung}}{\text{Ausgangsrauschleistung bei rauschfreiem Zweitor}} = \frac{GkT_0 + W_r}{GkT_0} \tag{7.64b}$$

c) Werden Zähler und Nenner in Gl.(7.64a,b) durch GP_{Gv} dividiert, folgt

$$F = \left\{ \frac{GP_{rGv} + P_r}{GP_{Gv}} \right\} \Big/ \left\{ \frac{GP_{rGv}}{GP_{Gv}} \right\} = (S_r)_E/(S_r)_A \,. \tag{7.64c}$$

Die Rauschzahl F beschreibt daher das Verhältnis von ein- und ausgangsseitigem Störabstand bei einer Rauschtemperatur des Generators gleich der Bezugstemperatur T_0 und kennzeichnet für diesen Fall die in Abschnitt 7.1 aufgezeigte Problemstellung.

Ein rauschfreies Zweitor hat die Rauschzahl 1. Wir sehen auch, daß mit einem linearen Verstärker zwar Signalamplituden vergrößert werden, der Störabstand wird aber verringert.

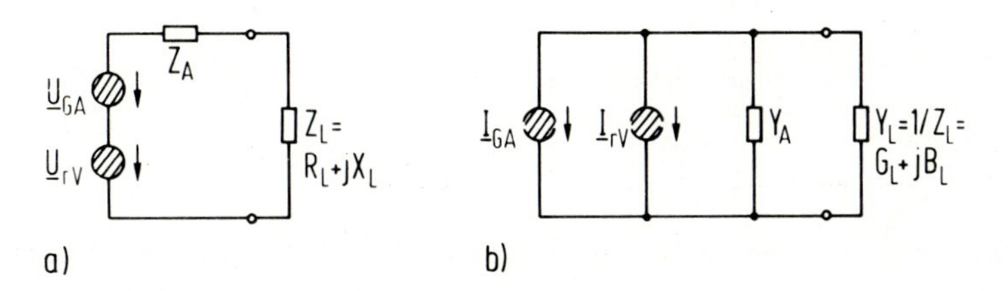

Bild 7.12
Ersatzzweipolquellen für das Ausgangsrauschen des Zweitores

Abhängigkeiten

Die Rauschzahl F hängt nicht von der Last Z_L ab, wie man aus den beiden Zweipolersatzschaltungen für den Ausgang des Zweitores in Bild 7.12 erkennt, bei denen das Generatorrauschen am Ausgang durch eine Spannungsquelle $\underline{U}_{GA}$ bzw. Stromquelle $\underline{I}_{GA}$ und das Eigenrauschen des Zweitores durch $\underline{U}_{rV}$ bzw. $\underline{I}_{rV}$ wiedergegeben werden.

Die Rauschleistungen in einem Band df sind

$$P_{rGA} = |\underline{U}_{GA}|^2 R_L / |Z_A + Z_L|^2 = |\underline{I}_{GA}|^2 G_L / |Y_A + Y_L|^2$$
$$P_{rV} = |\underline{U}_{rV}|^2 R_L / |Z_A + Z_L|^2 = |\underline{I}_{rV}|^2 G_L / |Y_A + Y_L|^2 \quad . \qquad (7.65)$$

Die spektrale Rauschzahl F folgt dann aus Gl.(7.64a,b) zu

$$F = 1 + |\underline{U}_{rV}|^2 / |\underline{U}_{GA}|^2 = 1 + |\underline{I}_{rV}|^2 / |\underline{I}_{GA}|^2 \qquad (7.66)$$

unabhängig von Z_L. Diese Unabhängigkeit von Z_L liegt anschaulich daran, daß durch eine Fehlanpassung am Ausgang das verstärkte Generatorrauschen und das Zweitorrauschen gleichmäßig beeinflußt werden. Gl.(7.66) hat gelegentlich Vorteile bei der Berechnung von F, da man hierfür nur die Leerlaufspannungen bzw. Kurzschlußströme von Generator- und Zweitorrauschen am Ausgang berechnen muß.

Die Rauschzahl F hängt jedoch vom Generatorinnenwiderstand Z_G ab, man definiert sie absichtlich nicht für Leistungsanpassung am Eingang, denn F ist im allgemeinen am kleinsten bei einer gewissen Fehlanpassung. Wir erkennen die allgemeine Abhängigkeit $F(Z_G)$ am einfachsten mit der Darstellung von Bild 7.9 mit vorgeschalteten Rauschersatzquellen $\underline{U}_r$, $\underline{I}_r$. In Bild 7.13 ist das Zweitor jetzt rauschfrei.

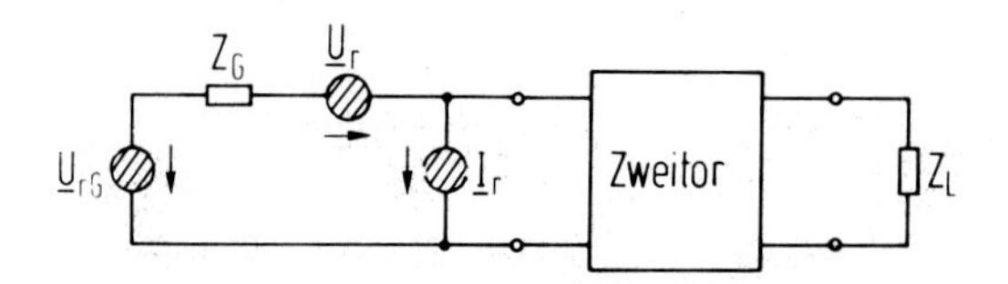

Bild 7.13
Beschaltetes Zweitor mit vorgeschalteten Rauschersatzquellen $\underline{U}_r$ und $\underline{I}_r$

Die Eingangsrauschleistung des Generators P_{rEG} und die gesamte Eingangsrauschleistung P_{rE} sind für $Z_E = R_E + jX_E = f(Z_L)$

$$P_{rEG} = |\underline{U}_{rG}|^2 R_E/|Z_E + Z_G|^2 .$$

$$P_{rE} = \{|\underline{U}_{rG}|^2 + |\underline{U}_r + Z_G \underline{I}_r|^2\} R_E/|Z_E + Z_G|^2 . \tag{7.67}$$

Beide Rauschleistungen werden gleichmäßig in einem linearen Zweitor verstärkt, damit ist die Rauschzahl

$$F = \{4kT_0 R_G df + |\underline{U}_r + Z_G \underline{I}_r|^2\}/\{4kT_0 R_G df\} \tag{7.68a}$$

$$F = \{4kT_0 R_G df + |\underline{U}_r'|^2 + |\underline{I}_r|^2 |Z_G + Z_k|^2\}/\{4kT_0 R_G df\} . \tag{7.68a}$$

In der zweiten Beziehung ist die normalerweise mit $\underline{I}_r$ korrelierte Rauschspannung $\underline{U}_r$ aufgespalten nach

$$\underline{U}_r = \underline{U}_r' + Z_k \underline{I}_r , \quad Z_k = \underline{I}_r^* \underline{U}_r/|\underline{I}_r|^2 = 2w_{irur}/W_{ir} \tag{7.69}$$

(s.Gl.(7.33),(7.34)). $\underline{U}_r'$ ist unkorreliert mit $\underline{I}_r$, der Koeffizient Z_k (Einheit Ohm) wird als Korrelationswiderstand bezeichnet. Die in Z_E implizit enthaltene Abhängigkeit von Z_L hat sich bei der Bildung von Gl.(7.68) herausgehoben.

Rauschanpassung

Schreiben wir $Z_G = R_G + jX_G$, $Z_k = R_k + jX_k$, so erkennen wir aus Gl.(7.68), daß $F = F(R_G, X_G)$ für einen Blindanteil $X_G = -X_k$ des Generatorinnenwiderstandes Z_G ein relatives Minimum $F(R_G)$ annimmt und in der Umgebung von $X_G = -X_k$ quadratisch von X_G abhängt. Wenn der Imaginärteil von Z_G so festliegt, zeigt F in Abhängigkeit von $R_G = \mathrm{Re}\{Z_G\}$ die Verläufe $F \sim 1/R_G$ für kleine R_G, $F \sim R_G$ für große R_G. Diese allgemeinen Abhängigkeiten sind in Bild 7.14 skizziert.

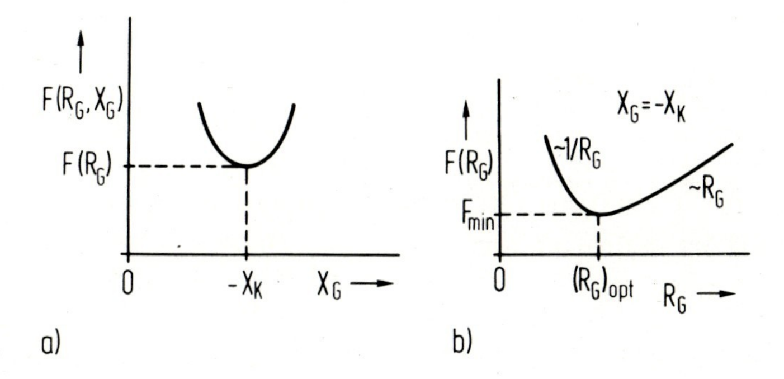

Bild 7.14
Allgemeine Abhängigkeit der spektralen Rauschzahl F vom Imaginärteil X_G des Generatorinnenwiderstandes (a) und allgemeine Abhängigkeit vom Realteil R_G mit minimaler Rauschzahl F_{min} für $X_G = -X_k$ und $R_G = (R_G)_{opt}$

Aus Gl.(7.68) berechnet man einen Realteil R_G des Generatorinnenwiderstandes, der zusammen mit $X_G = -X_k$ ein absolutes Minimum F_{min} der Rauschzahl liefert, aus $\partial F/\partial R_G = 0$ zu

$$(R_G)_{opt} = \{|\underline{U}_r'|^2/|\underline{I}_r|^2 + R_k^2\}^{1/2} = \{|\underline{U}_r|^2/|\underline{I}_r|^2 - X_k^2\}^{1/2}. \quad (7.70)$$

Mit den Werten $X_G = -X_k$ und $R_G = (R_G)_{opt}$ ist für diese sogenannte Rauschanpassung

$$F_{min} = 1 + 2|\underline{I}_r|^2\{R_k + (R_G)_{opt}\}/\{4kT_0 df\} \quad (7.71)$$

und die Rauschzahl kann in übersichtlicher Abhängigkeit von Z_G geschrieben werden als

$$F = F_{min} + \frac{|\underline{I}_r|^2}{4R_G kT_0 df}|Z_G - (Z_G)_{opt}|^2, \; (Z_G)_{opt} = (R_G)_{opt} - jX_k. \quad (7.72)$$

$(Z_G)_{opt}$ hängt ersichtlich vom Eigenrauschen des Zweitores ab, Rauschanpassung und Leistungsanpassung sind im allgemeinen voneinander verschieden. Um nun die Abhängigkeit auch der Leistungsverstärkung von Z_G zu erkennen, suchen wir hierfür eine Definition, die nur von Z_G abhängt. Wir haben bei einem Zweitor für eine Definition zur Verfügung die Eingangsleistung $P_E = |\underline{I}_1|^2 \operatorname{Re}\{Z_E\} = f(Z_L)$, die Ausgangsleistung $P_A = |\underline{I}_2|^2 \operatorname{Re}\{Z_L\} = f(Z_L)$, die verfügbare Generatorleistung $P_{Gv} = f(Z_G)$ und die verfügbare Ausgangsleistung $P_{Av} = |\underline{U}_2|^2/(4 \operatorname{Re}\{Z_A\}) = f(Z_G)$, die die maximal abgebbare Ausgangsleistung des Zweitores beschreibt. Man sieht aus diesen Größen, daß im Zusammenhang mit den Rauscheigenschaf-

verfügbarer Gewinn

ten geeignet ist der sogenannte verfügbare Gewinn

$$G_v = P_{Av}/P_{Gv} = f(Z_G) \ . \tag{7.73}$$

Der Ausgangswiderstand $Z_A = 1/Y_A$ und das Verhältnis $\underline{U}_2/\underline{U}_G$ können nach dem Vorgehen von Abschnitt 3.2 durch y-Parameter ausgedrückt werden, der verfügbare Gewinn ist dann

$$G_v = \frac{|y_{21}|^2 \ \mathrm{Re}\{Y_G\}}{\mathrm{Re}\{(y_{11}y_{22} - y_{12}y_{21} + y_{22}Y_G)\ (y_{11}^* + Y_G^*)\}}$$

und hängt wie angeführt nur von $Y_G = 1/Z_G$ ab.

Die Definition (7.73) kann mit den beiden schon früher eingeführten Größen V_p (s. Gl.(3.14)) und G (s. Gl.(3.25)) nicht weiter verglichen werden bis auf $G_v \geq G$ wegen $P_{Av} \geq P_A$. Für den Fall ein- und ausgangsseitiger Leistungsanpassung mit $Z_G = Z_E^*$, $Z_L = Z_A^*$ (nur bei absoluter Stabilität des Zweitores möglich) wird G_v maximal $G_v = G_{vm}$ und ist mit $G_m = V_{pmax}$ identisch.

Die Variation der 'Leistungsverstärkung' mit Z_G läßt sich damit geeignet durch den verfügbaren Gewinn G_v beschreiben.

Gl.(7.72) zeigt, daß die Kurven F = const. Kreise in der komplexen Z_G-Ebene sind, dann sind die Kurven F = const. auch Kreise im Smith-Diagramm. Man kann zeigen, daß auch Kurven G_v = const. in der Z_G-Ebene und im Smith-Diagramm Kreise sind. Diese grafischen Darstellungen werden bei HF-Transistoren gewählt, um übersichtlich Z_G-Abhängigkeiten darzustellen.

Die Rauschzahl F in Gl.(7.64) war definiert für eine feste Frequenz f und wird genauer als spektrale Rauschzahl bezeichnet. Gelegentlich wird u.a. für Breitbandverstärker unter Berücksichtigung von Frequenzgängen G(f) und $P_{rv}(f)$ die integrale Rauschzahl definiert nach

integrale Rauschzahl

$$F_{int} = 1 + \int_0^\infty P_r(f)df \ / \int_0^\infty kT_0 G(f)df \ . \tag{7.74}$$

(Heute wird aber bei rauscharmen Breitbandverstärkern oft auch auf einen glatten Frequenzgang der spektralen Rauschzahl F abgestellt.)

Die Rauschzahl F in Gl.(7.64) ist weiterhin definiert für einen mit der Bezugstemperatur $T_0 = 290$ K rauschenden Generator, nur dafür gilt die anschauliche Beziehung (7.64c). Die Verhältnisse für eine Rauschtemperatur T_G des Generators mit $T_G \neq T_0$ - das tritt häufig bei Antennen auf - erfassen wir, indem wir das Rauschen des Zweitores formal wiedergeben durch eine vorgeschaltete Rauschquelle mit der verfügbaren Rauschleistung $P_{rv} = (F-1)kT_0 df$ bei einem Innenwiderstand Z_G (s. Bild 7.15).

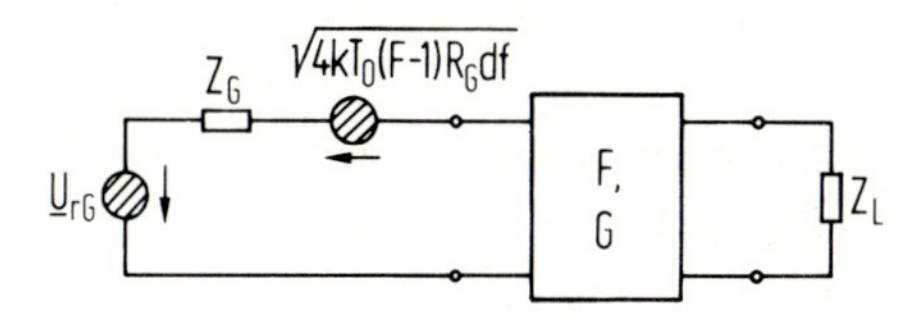

Bild 7.15
Rauschfreies Zweitor mit vorgeschalteter Rauschquelle der verfügbaren Rauschleistung $P_{rv} = (F-1)kT_0 df$ im Band df

Dabei ist F die für $T_G = T_0$ definierte Rauschzahl des Zweitores, für $T_G = T_0$ folgt für die gesamte Ausgangsrauschleistung wieder $G\{kT_0 + (F-1)kT_0 df\} = FGkT_0 df$. Bei $T_G \neq T_0$ ist die Ausgangsrauschleistung $G \cdot k \cdot \{T_G + (F-1)T_0\} df$, das Eingangssignal wird ebenfalls entsprechend G verstärkt. Wenn wir nun eine Rauschtemperatur

Rausch-temperatur

$$T_r = (F-1)T_0 \tag{7.75}$$

des Zweitores definieren, so ist bei jetzt rauschfreiem Zweitor für jedes T_G die äquivalente verfügbare Eingangsrauschleistung im Band df zu beschreiben durch eine System-Temperatur

$$T_s = T_G + T_r = T_G + (F-1)T_0 \ . \tag{7.76}$$

Gl.(7.76) enthält die bei einem Z_G für $T_G = T_0$ definierte Rauschzahl F und gibt ein $T_G \neq T_0$ wieder - Z_G bleibt hierbei natürlich gleich. Nehmen wir weißes Rauschen mit T_s im Band B an und eine verfügbare Signalleistung P_{Gv} im Band B, so ist der äquivalente Störabstand am Eingang = Störabstand am Ausgang gegeben durch

Bedeutung

$$(S_r)_A = P_{Gv}/\{kT_s B\} \ . \tag{7.77}$$

T_s enthält also das Rauschen der Eingangsstufe in Bild 7.1 umgerechnet auf den Eingang.

Hinweis: Wir beachten, daß bei der Definition der Rauschzahl Linearität des Zweitores vorausgesetzt wurde. Es muß aber nicht zeitinvariant sein. Auch bei linearen, zeitvarianten Zweitoren beschreibt die Rauschzahl F das Rauschverhalten, Eingangs- und Ausgangsrauschleistungen liegen ggfs. bei verschiedenen Frequenzen (s. Abschnitt 9.7).

Aufgabe 7.11

Berechnen Sie die Rauschzahl eines Zweitores bestehend aus einem thermisch (T_o) rauschenden Serienwiderstand R auf verschiedenen Wegen.

Aufgabe 7.12

Berechnen Sie mit Gl.(7.68) die Rauschzahl der Anordnung Aufgabe 7.7. Für welches Z_G wird F minimal ? Die Schaltung ist auf einheitlicher Temperatur T_o.

Aufgabe 7.13

Berechnen Sie die Rauschzahl einer Leitung mit einheitlicher Temperatur T_o der Länge l und einer Dämpfungskonstanten α. Die Leitungsverluste sollen so gering sein, daß der Wellenwiderstand Z der Leitung reell ist (gute Näherung für HF-Leitungen). Der Generatorinnenwiderstand ist Z und rauscht thermisch mit T_o. Wie groß ist die Rauschtemperatur der Leitung?

7.6 Rauschzahl von Kettenschaltungen, Rauschmaß

Hochfrequenztechnische Schaltungen lassen sich oft durch eine Zusammenschaltung einzelner linearer Zweitore darstellen. Mit den Beschreibungen der einzelnen Zweitore durch Rauschersatzquellen (s. Abschnitt 7.4) läßt sich das Rauschverhalten und die Rauschzahl der Schaltung berechnen. In der Praxis sind besonders wichtig Kettenschaltungen z.B. einzelner Verstärkerstufen. Man muß dann wissen, welchen Beitrag jede Stufe zur Rauschzahl der Schaltung liefert. Es ist ausreichend, zwei in Kette geschaltete Zweitore zu betrachten, die Ergebnisse lassen sich sofort auf

Kettenschaltung

N = 3, 4... kaskadierte Zweitore verallgemeinern. Wir betrachten mit Bild 7.16 zwei in Kette geschaltete Zweitore.

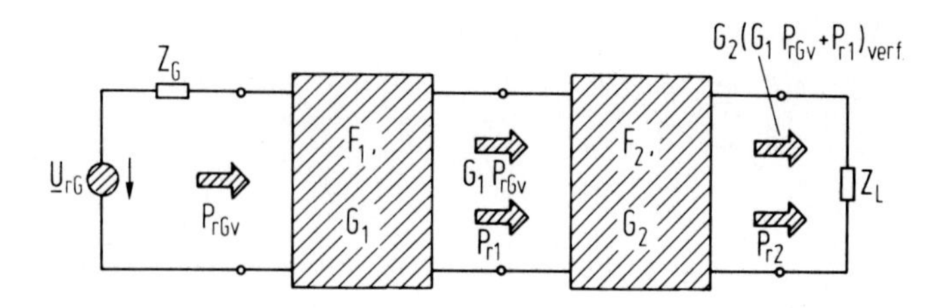

Bild 7.16
Zur Rauschzahl zweier in Kette geschalteter Zweitore

Das erste Zweitor hat den Gewinn G_1 und eine Rauschzahl F_1 bei Z_G. Das folgende Zweitor hat den Gewinn G_2 und eine Rauschzahl F_2 bei einem Generatorinnenwiderstand = Ausgangswiderstand des ersten Zweitores. Am Ausgang des ersten Zweitores erscheinen die verstärkte verfügbare Rauschleistung des Generators G_1P_{rGv} und das Rauschen P_{r1} des Zweitores. Am Ausgang des folgenden Zweitores entstehen die verstärkte verfügbare Rauschausgangsleistung $G_2(G_1P_{rGv}+P_{r1})_{verf}$ des ersten Zweitores und das Rauschen P_{r2} des zweiten Zweitores. Die Rauschzahl der Kettenschaltung ist nach der Definition (7.64a)

$$F = \frac{G_2(G_1P_{rGv}+P_{r1})_{verf} + P_{r2}}{G_2(G_1P_{rGv})_{verf}} \quad .$$

Im Nenner ist entsprechend der Bedeutung des Gewinns die am Ausgang des ersten Zweitores verfügbare Generatorrauschleistung $(G_1P_{rGv})_{verf}$ einzusetzen. Es ist mit der Definition (7.73) für den verfügbaren Gewinn

$$(G_1P_{rGv})_{verf} = G_{1v}P_{rGv} \ .$$

Mit der Definition für die Rauschzahl der ersten Stufe

$$F_1 = 1 + \frac{P_{r1}}{G_1P_{rGv}} = 1 + \frac{(P_{r1})_{verf}}{(G_1P_{rGv})_{verf}}$$

(eine Fehlanpassung am Ausgang des ersten Zweitores beeinflußt beide Rauschleistungen gleichmäßig) und

$$F_2 = 1 + \frac{P_{r2}}{G_2 P_{rGv}}$$

folgt für die Rauschzahl der Kettenschaltung

Rauschzahl

$$F = F_1 + \frac{F_2 - 1}{G_{1v}} . \tag{7.78}$$

Bedeutung

Diese wichtige Beziehung zeigt, daß die Rauschzahl F_1 der ersten Stufe voll eingeht, während die Rauschzahl F_2 der zweiten Stufe einen Beitrag $(F_2 - 1)/G_{1v}$ liefert, der insbesondere um den verfügbaren Gewinn der ersten Stufe reduziert ist.
Die Rauschtemperatur der Kettenschaltung folgt aus Gl.(7.78), wenn wir links und rechts 1 subtrahieren zu

$$T_r = T_{r1} + T_{r2}/G_{1v} . \tag{7.79}$$

Wir sehen hier auch, daß es bei der Definition der Rauschzahl zweckmäßig war, das Rauschen der Last nicht zu berücksichtigen. In üblich mehrstufigen Anordnungen ist die Last des ersten Zweitores der Eingangswiderstand der zweiten Stufe. In mehrstufigen Empfängern ist am Ausgang die Signalamplitude so groß, daß der 'letzte' Lastwiderstand mit seinem Rauschen in das Gesamtrauschen nicht mehr eingeht.

Beispiel

Als Anwendungsbeispiel von Gl.(7.78), (7.79) betrachten wir eine Leitung der Länge l, die einem Verstärker mit der Rauschzahl F_2 vorgeschaltet ist. Die Leitung hat eine einheitliche Temperatur T_0, eine Dämpfungskonstante α und einen näherungsweise rein reellen Wellenwiderstand Z. Am Anfang der Leitung befindet sich ein Generator mit dem Innenwiderstand Z, der mit der Temperatur T_G rauscht. (Die Rauschzahl F_2 gilt hier also für $Z_G = Z$.) Die verlustbehaftete Leitung hat die Rauschzahl $F_1 = \exp(2\alpha l)$ (s. Aufgabe 7.13). Der verfügbare Gewinn G_{1v} folgt aus $P_{Gv} = |\underline{U}_G|^2/4Z$, $P_{Av} = |\underline{U}_G|^2 \exp(-2\alpha l)/4Z$ zu $G_{1v} = \exp(-2\alpha l)$ (der Ausgangswiderstand ist Z.) Dann sind Rauschzahl und Rauschtemperatur der Anordnung

$$F = \exp(2\alpha l) + (F_2 - 1)\exp(2\alpha l) = F_2 \exp(2\alpha l)$$

$$T_r = T_G + \{\exp(2\alpha l) - 1\}T_0 + (F_2 - 1)T_0 \exp(2\alpha l) = \tag{7.80}$$

$$= T_G + (F_2 - 1)\exp(2\alpha l) .$$

Man sieht , in welch starker Weise verlustbehaftete passive Schaltungen (u.a. Leitungen, Dämpfungsglieder) die Rauschzahl von Empfangsstufen beeinträchtigen.

Im Hochfrequenzbereich ist oft der verfügbare Gewinn von Verstärkern nicht groß, es ist dann zu fragen, in welcher Reihenfolge zwei Verstärkerstufen angeordnet werden müssen, um F am kleinsten zu halten. Wir wollen annehmen, daß die Reihenfolge 1,2 die kleinere Rauschzahl hat, also

$$F_1 + (F_2 - 1)/G_{1v} < F_2 + (F_1 - 1)/G_{2v}$$

gilt. Diese Ungleichung verknüpft auf beiden Seiten Eigenschaften beider Zweitore und ist so noch nicht als Kriterium brauchbar. Nach Multiplikation der Ungleichung mit $G_{1v}G_{2v}$ folgt aber die Ungleichung

$$\frac{F_1 - 1}{1 - 1/G_{1v}} < \frac{F_2 - 1}{1 - 1/G_{2v}} ,$$

die auf jeder Seite getrennt Größen der Zweitore enthält. Dabei soll $G_{1v}, G_{2v} > 1$ gelten. Es muß damit dasjenige Zweitor vorangeschaltet werden, dessen sogenanntes Rauschmaß

Rauschmaß

$$M = \frac{F - 1}{1 - 1/G_v} \tag{7.81}$$

am kleinsten ist. Das Entscheidungskriterium Rauschmaß enthält Rauschzahl und verfügbaren Gewinn. Praktische Bedeutung hat M aber nur dann, wenn bei Vertauschen der Zweitore die einzelnen Werte für Rauschzahl und Gewinn sich nicht ändern, also die Ausgangswiderstände gleich sind.

Anmerkung: Gelegentlich wird auch das logarithmische Maß für die Rauschzahl nach F/dB = 10 log F als Rauschmaß bezeichnet.

Aufgabe 7.14

a) Geben Sie die Rauschzahl von 3 in Kette geschalteten Zweitoren an.

b) Wie groß ist die Rauschzahl sehr vieler in Kette geschalteter identischer Zweitore ?

7.7 FET-Rauschen

In rauscharmen Hochfrequenzverstärkern werden zunehmend FET eingesetzt, im GHz-Bereich zeigen GaAs-MESFET die niedrigsten Rauschzahlen. Wir wollen hier als Beispiel für das Eigenrauschen von Transistoren das Rauschen von Sperrschicht-FET vereinfacht berechnen. Generell muß beim Rauschen von Halbleiterbauelementen auf die physikalisch wirksamen Rauschmechanismen zurückgegangen werden, diese sind dann durch Ersatzquellen zu modellieren.

Ableitung

Das FET-Rauschen wird bei Frequenzen oberhalb des 1/f-Rauschens bestimmt durch das thermische Rauschen des leitenden Kanals zwischen Source und Drain. Für $U_{GS} < 0$ ist der Gate-Strom so gering, daß sein Schrotrauschen hier nicht beachtet werden muß. Nur für kleine Spannungen U_{DS} bildet der Kanal einen linearen Widerstand entsprechend $1/g_d$ mit g_d nach Gl.(2.25) und rauscht mit $\underline{I}_{rDS} = \{4kTg_d df\}^{1/2}$. Beim üblichen Betrieb im Sättigungsbereich bildet aber der Kanal einen nichtlinearen Widerstand, es ist zu überlegen, wie jetzt das thermische Rauschen zu berechnen ist. Einen Weg liefert das Zwei-Transistor-Modell für den inneren FET nach Bild 7.17.

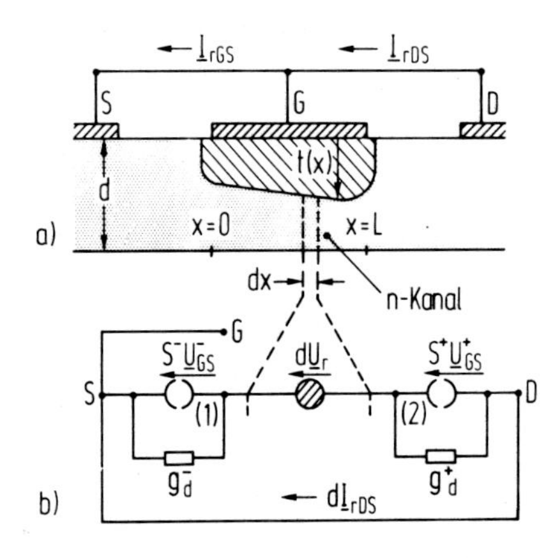

Bild 7.17
a) Sperrschicht-FET mit wechselstrommäßigem Kurzschluß zwischen Source, Gate und Drain und Rauschkurzschlußstrom $\underline{I}_{rDS}$ durch Kanalrauschen
b) Zwei-Transistor-Modell zur Berechnung des Beitrages $d\underline{I}_{rDS}$ durch ein Kanalelement dx

In einem infinitesimalen Kanalabschnitt dx am Ort x entsteht thermisches Rauschen mit

Zwei-Transistor-Modell

$$d\underline{U}_r = \{4kTdfdR\}^{1/2} , \qquad (7.82)$$

dabei ist

$$dR = \frac{dx}{\mu_n q N_D w(d - t(x))} = \frac{dx}{LG_o(1 - \sqrt{u(x)})} \qquad (7.83)$$

mit der normierten Spannung $u(x) = (U_D - U_{GS} - U(x))/U_p$ (s.Gl.(2.6)) der Widerstand des Kanalelementes dx. Die Spannungsquelle $d\underline{U}_r$ liegt zwischen zwei FET. Der FET^- hat wegen des Kurzschlusses S-G ein $\underline{U}_{GS} = 0$, seine Stromquelle wird nicht ausgesteuert und ist wirkungslos. Der FET^+ wird angesteuert durch eine Gate-'Source'-Spannung-$d\underline{U}_r$, vermindert um den Spannungsabfall von $d\underline{I}_{rDS}$ an g_d^-. Die Vorspannung U_{DS} soll nur wenig größer als U_{DSS} sein, der Kanalbereich mit Driftsättigung ist nur kurz. Der Transistor FET^+ ist dann immer gesättigt, der Transistor FET^- befindet sich immer unterhalb der Sättigung.
Es ist dann nach Gl.(2.25)

$$g_d^- = G_o \frac{L}{x} \{1 - \sqrt{u(x)}\} \quad . \tag{7.84}$$

Bei unbegrenzt hoher Driftgeschwindigkeit ist die Steilheit S^+ des FET^+ mit der 'Länge' L - x nach Gl.(2.26)

$$S^+ = \frac{G_o L}{L - x} \{1 - \sqrt{u(x)}\} \ , \tag{7.85}$$

sein Ausgangsleitwert ist Null, $g_d^+ = 0$. Der Kanalbereich dx liefert damit einen Beitrag

$$d\underline{I}_{rDS} = -S^+(d\underline{U}_r + d\underline{I}_{rDS}/g_d^-) = -dU_r/\{1/S^+ + 1/g_d^-\} \ . \tag{7.86}$$

Die Beiträge der einzelnen Kanalelemente dx sind unkorreliert, da sie an verschiedenen Orten entstehen, es gilt damit nach Gl.(7.82) - (7.86)

$$|\underline{I}_{rDS}|^2 = \int_0^L 4kTdfG_o\{1 - \sqrt{u(x)}\}dx/L. \tag{7.87}$$

Mit Gl.(2.3) wird dx durch du ersetzt, dann folgt

$$|\underline{I}_{rDS}|^2 = 4kTdfG_o^2U_p/I_{DS} \int_{u_g}^{1} (1 - \sqrt{u})^2 du \ . \tag{7.88}$$

Das Integral läßt sich elementar lösen und das Ergebnis als

$$|\underline{I}_{rDS}|^2 = 4kTdfS_sP(u_g) \tag{7.89}$$

darstellen. Bei starker Vorspannung im Sättigungsbereich, $u_g \approx 1$, ist der Kanal fast durchgehend abgeschnürt ($t(x) \approx d$), mit $P(1) = 2/3$ folgt als einfaches Ergebnis

$$|\underline{I}_{rDS}|^2 = \frac{8}{3} kTS_s df \ . \tag{7.90}$$

Der Kanal eines Sperrschicht-FET rauscht thermisch wie ein Leitwert von zwei Drittel der Steilheit S_s im Sättigungsbereich.

Wir haben an dem Rechengang gesehen, daß abgesehen von der elementaren Rauschformel (7.82) normale Wechselstromrechnungen durchgeführt wurden.

Ergänzungen Genauere Betrachtungen des FET-Rauschens müssen noch folgende Effekte einbeziehen:

a) Bei höheren Frequenzen erzeugt das thermische Kanalrauschen einen kapazitiven Rauschkurzschlußstrom $\underline{I}_{rGS}$ im Gate-Source-Kreis (induziertes Gate-Rauschen). Wir erwarten, daß daher $|\underline{I}_{rGS}| \sim \omega$ ist. Die Berechnung von $\underline{I}_{rGS}$ erfolgt wie oben, wenn zwischen Gate G und den Punkten (1) und (2) in Bild 7.17b Kapazitäten c_{gs}^- und c_{gs}^+ der FET^- und FET^+ eingeführt werden. Die Berechnung ergibt dann

$$|\underline{I}_{rGS}|^2 \simeq \frac{4}{3} kTS_s df(\omega/\omega_T)^2 \sim \omega^2 \tag{7.91}$$

mit der Transitfrequenz $\omega_T = S_s/c_{gs}$ (s. Gl.(2.40) des FET. $\underline{I}_{rDS}$ und $\underline{I}_{rGS}$ sind miteinander korreliert, da sie beide als gemeinsame Ursache das thermische Kanalrauschen haben. Es gilt

$$\underline{I}_{rDS}\underline{I}_{rGS}^* \simeq j\,0.4\,\{|\underline{I}_{rGS}|^2 |\underline{I}_{rGS}|^2\}^{1/2} \ . \tag{7.92}$$

Die Korrelation ist rein imaginär, da $\underline{I}_{rGS}$ ein kapazitiver Strom ist.

b) Wir haben in Gl.(7.82) für $d\underline{U}_r$ eine Temperatur T eingesetzt. Beim Betrieb des FET im Sättigungsbereich stellt sich die Sättigungsdriftgeschwindigkeit ein, die Elektronen befinden sich nicht mehr auf Gittertemperatur, sondern es muß ihnen eine mehrfach höhere Elektronentemperatur zugeordnet werden.

c) Wie die Verstärkungseigenschaften werden beim GaAs-MESFET für hohe Frequenzen auch die Rauscheigenschaften durch parasitäre Widerstände stark beeinflußt. Der Wechselstromwiderstand der langen schmalen Gate-Elektroden und die Widerstände R_S und R_D (s. Bild 2.9) der ungesteuerten Kanalbereiche sind in einer vollständigen Ersatzschaltung durch unkorrelierte thermische Rauschquellen darzustellen. Eine Rausch-Ersatzschaltung des Sperrschicht-FET sieht damit wie in Bild 7.18 aus

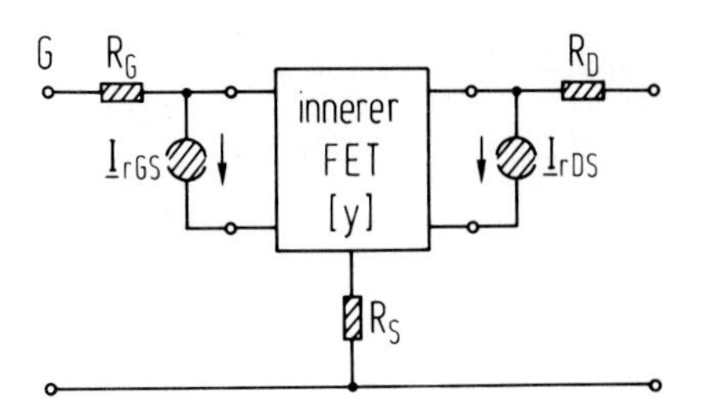

Bild 7.18
Rausch-Ersatzschaltung eines FET mit äußeren Widerständen

FET Rauschzahl

Für den inneren FET läßt sich die Rauschzahl mit dem Verfahren von Abschnitt 7.5 sofort berechnen. Vernachlässigen wir für $\omega \ll \omega_T$ und nicht zu große Werte $|Z_G|$ den Beitrag von $\underline{I}_{rGS}$, so nimmt F für ein reelles $Z_G = R_G$ ein relatives Minimum an mit

$$F = 1+3\ S_s/R_G\{|1+y_{11}R_G|^2/|y_{21}|^2\} \simeq 1+3\ \frac{1+\omega^2 c_{gs}^2 R_G^2}{R_G S_s} \qquad (7.93)$$

für $y_{11} \simeq j\omega c_{gs}$, $y_{21} \simeq S_s$. Man erkennt, daß grundsätzlich sehr niedrige Rauschzahlen erreichbar sind.

Anstelle einer vollständigen Berechnung der Rauschzahl, die aus Bild 7.18 mit Verfahren der Wechselstromrechnung möglich ist, soll mit Bild 7.19 der heutige Stand des Rauschverhaltens von GaAs-MESFET charakterisiert werden.

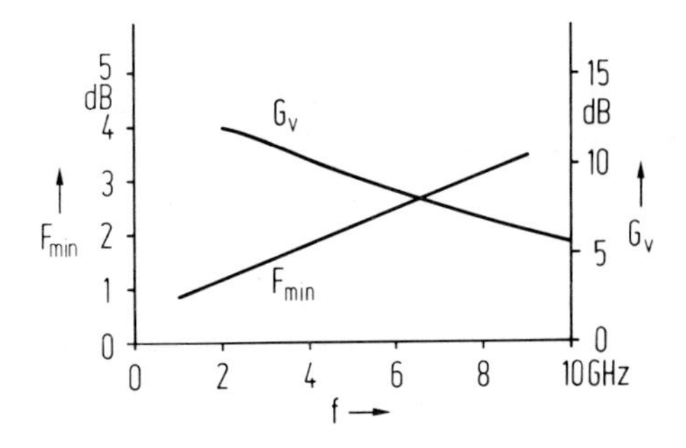

Bild 7.19
Minimale Rauschzahl F_{min} und verfügbarer Gewinn G_V in Abhängigkeit von der Frequenz für den GaAs-MESFET CFY 12 (Siemens) bei $U_{DS} = 4$ V und $I_{DS} = 0.15\ I_{DSS}$

7.8 Messung der Rauschzahl

Die spektrale Rauschzahl läßt sich u.a. mit einer Anordnung nach Bild 7.20 für relativ niedrige Frequenzen messen.

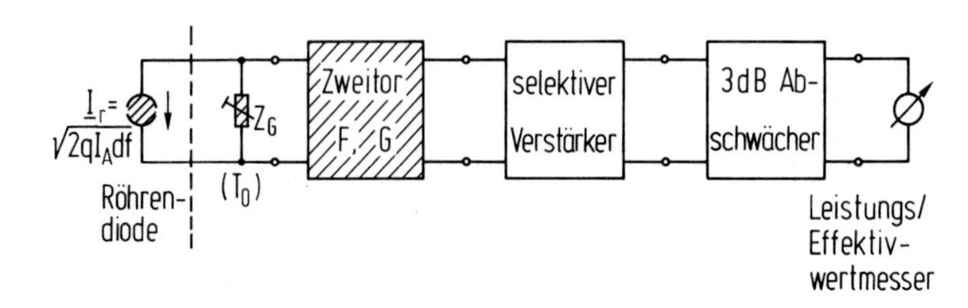

Bild 7.20
Messung der Rauschzahl mit Rauschgenerator

Meß-verfahren

Es wird eine Rauschquelle z.B. eine Röhrendiode dem Meßobjekt vorgeschaltet mit einem Rauschstrom $\underline{I}_r = \sqrt{2qI_A df}$ bei einem Anodenstrom I_A. Die Röhrendiode zeigt volles Schrotrauschen, wenn sie bei so hohen Spannungen betrieben wird, daß der Sättigungsstrom sich einstellt. I_A kann dann noch über die Heizleistung der Kathode verändert werden. Der differentielle Widerstand der Diode ist so groß, daß er gegenüber einem einstellbaren Widerstand Z_G vernachlässigt werden kann. Hinter dem Meßobjekt befindet sich ein selektiver Verstärker mit ausreichend hoher Empfindlichkeit und Verstärkung, ein einschaltbarer 3 dB-Abschwächer und eine Anzeige für die Ausgangsleistung bzw. den Effektivwert des Ausgangssignals. Die Rauschzahl läßt sich dann durch zwei Meßvorgänge bestimmen. Im ersten Schritt wird die Röhrendiode nicht eingeschaltet und das Ausgangssignal abgelesen. Im zweiten Schritt wird ein Anodenstrom I_A eingestellt derart, daß der Effektivwert am Ausgang um den Faktor $\sqrt{2}$ ansteigt, d.h. die Ausgangsleistung sich verdopppelt. Die Messung wird unabhängig von der Linearität des Anzeigegerätes und des Verstärkers, wenn vor der zweiten Messung ein 3 dB-Abschwächer zugeschaltet wird und die Anzeige der ersten Messung neu eingestellt wird.

Bei der ersten Messung wird eine Rauschleistung

$$P_{r1} = GP_{rGv} + P_r$$

mit $P_{rGv} = kT_0 df$ angezeigt.

Die Diode gibt eine verfügbare Rauschleistung

$$P_{rDv} = |\underline{I}_r|^2 R_G/4 = \frac{1}{2} qI_A R_G df$$

ab. Bei Verdoppelung der Anzeige ist gerade

$$P_{r1} = GP_{rDv}$$

Auswertung

und damit die Rauschzahl

$$F = \frac{P_{r1}}{GP_{rGv}} = \frac{GP_{rDv}}{GP_{rGv}} = \frac{qI_A R_G}{2kT_0} .$$

Durch Einstellung von Z_G kann die Abhängigkeit $F(Z_G)$ gemessen werden und durch Einstellung der Mittenfrequenz des selektiven Verstärkers der Frequenzgang $F(f)$.

8. Leistungsverstärker mit Transistoren

Die Eingangsstufen eines Verstärkers haben die Aufgabe, meist schwache Eingangssignale ausreichend zu verstärken. Das Rauschverhalten ist hier maßgeblich.

Am Ausgang eines Verstärkers wird hingegen z.B. für die Ansteuerung einer Sendeantenne eine möglichst hohe Ausgangsleistung gefordert unter Beachtung und Ausnutzung der absoluten Grenzdaten der Bauelemente. Während bei Verstärkern für kleine Signale die zugeführte Gleichleistung nicht von Bedeutung ist, ist in den Leistungs- oder Endstufen, die mit großen Signalen ausgesteuert werden und für hohe Leistungen auszulegen sind, der Wirkungsgrad $\eta = P_A/-P_B$ wichtig. Er gibt an, in welchem Maße die zugeführte Gleichleistung $-P_B$ umgesetzt wird in die abgegebene Ausgangsleistung P_A. Wir werden feststellen, daß der Wirkungsgrad wesentlich durch die Wahl des Arbeitspunktes bestimmt ist.

Leistungsstufen werden mit großen Amplituden ausgesteuert, eine Berechnung und Dimensionierung mittels linearer Modelle und Ersatzschaltung ist damit nicht möglich. Es müssen auch Signalverzerrungen bei der Aussteuerung über nichtlineare Bereiche besonders berücksichtigt werden.

Der Entwurf von Leistungsverstärkern für hohe Frequenzen ist sehr aufwendig wegen des starken Einflusses nichtlinearer Effekte, u.a. der Abhängigkeitder Parameter von der Aussteuerung. Man ist daher angewiesen auf empirische Verfahren oder auf rechnergestützte Verfahren mit nichtlinearen Modellen für die aktiven Bauelemente (bip. Transistor, FET, Röhren).

Die angeführten Problemkreise - Ausgangsleistung und Wirkungsgrad, Signalverzerrungen - werden zur Vereinfachung getrennt voneinander betrachtet. Zunächst werden grundlegende Zusammenhänge bezüglich der erreichbaren Ausgangsleistung und des erreichbaren Wirkungsgrades für niedrige Frequenzen abgeleitet. Hier können die stationären Kennlinien herangezogen werden.

Wir betrachten dazu beispielhaft Leistungsverstärker mit bipolaren Transistoren. Bipolare Transistoren werden bevorzugt in Leistungsstufen eingesetzt. Man erreicht heute damit Ausgangsleistungen bis zu 1 kW für Frequenzen von einigen 10 MHz, bis über 1 GHz hinaus werden mehrere

10 W Ausgangsleistung erreicht. Die grundsätzlichen Ergebnisse sind auf Verstärker mit FET oder Röhren übertragbar.

Anschließend wird dargestellt, welche Auswirkungen eine Ansteuerung über nichtlineare Bereiche hat, welche Kenngrößen zur Kennzeichnung von Signalverzerrungen eingeführt sind und welche Maßnahmen zur Linearisierung möglich sind.

Lernzyklus 4 B

Lernziele

Nach dem Durcharbeiten des Lernzyklus 4 B sollen Sie in der Lage sein,

- die Funktionsweise von Leistungsverstärkern mit Transistoren im A-Betrieb darzustellen, einige Grenzbedingungen anzugeben und Bemessungsgrundlagen über die stationären Kennlinien zu beschreiben;

- die Betriebsarten von Leistungsverstärkern (A-Betrieb, B-Betrieb, C-Betrieb) zu erläutern, die Lage des Arbeitspunktes und die grundsätzlichen Schaltungen anzugeben;

- die Wirkungsgrade der drei Betriebsarten abzuleiten;

- anzugeben, durch welches mathematische Vorgehen Signalverzerrungen in Leistungsverstärkern beschrieben werden können;

- die Begriffe Klirrfaktor, Intermodulation und Kreuzmodulation zu erläutern;

- zwei grundsätzliche Maßnahmen zur Linearisierung zu erläutern.

8.1 Betriebsarten und Wirkungsgrade

An einem typischen Beispiel wird zunächst entwickelt, wie ein Leistungsverstärker zu bemessen ist. Bild 8.1 zeigt das vereinfachte Schema eines Transistor-Leistungsverstärkers mit einem npn-Transistor in Emitterschaltung.

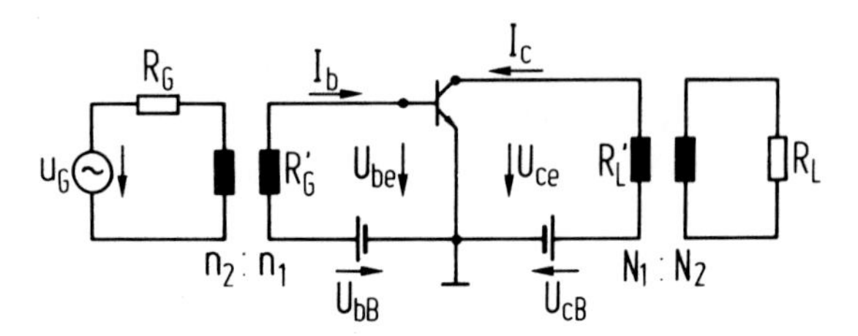

Bild 8.1
Transistor-Leistungsverstärker in Emitterschaltung mit transformatorischer Ankopplung von Generator und Last

Anpassungs- oder Transformationsschaltungen am Ein- und Ausgang haben für HF-Verstärker grundsätzlich einen Aufbau, wie er in Kapitel 5 behandelt wurde. Für niedrige Frequenzen können wie im Bild gezeigt Übertrager für eine Widerstandstransformation herangezogen werden. Eine transformatorische Ankopplung besonders der Last hat zudem den Vorteil, daß der Ruhestrom keine Gleichleistung in R_L umsetzt. (Auch für HF-Anpassungsschaltungen muß das beachtet werden.) Die Übertrager transformieren $u_G(t)$ in $u_G'(t) = u_G(t)n_1/n_2$, R_G in $R_G' = R_G n_1^2/n_2^2$ und R_L in $R_L' = R_L N_1^2/N_2^2$.

Die Basis ist durch U_{bB} vorgespannt mit einem Ruhestrom I_b^0, mit der Vorspannung U_{cB} des Kollektors liegt dann der Arbeitspunkt AP mit dem Kollektorgleichstrom I_c^0 fest (s. Bild 8.2a,b). Bei Aussteuerung entsteht ein Wechselstrom $i_b(t)$ mit $I_b = I_b^0 + i_b(t)$ durch Scherung der Eingangskennlinie gemäß $u_{be}(t) = u_G' - R_G' i_b(t)$, im Ausgangskennlinienfeld sind $i_c(t)$ und $u_{ce}(t)$ mit $I_c = I_c^0 + i_c(t)$, $U_{ce} = U_{cB} + u_{ce}(t)$ verknüpft über die Wechselstrom-Arbeitsgerade mit der Steigung $-1/R_L'$ gemäß $u_{ce}(t) = -R_L' i_c(t)$.

Anforderungen

Die Wahl des Arbeitspunktes, der Arbeitsgeraden und die Aussteuerungsgrenzen bestimmen sich nach folgenden Maßgaben:

- Der Arbeitspunkt muß unter der Verlusthyperbel $P_m \simeq (U_{ce}I_c)_{max}$

liegen. Die zulässige Verlustleistung P_m ist abhängig von der Umgebungstemperatur und dem Einbau des Transistors.

- Die Kollektor-Emitterspannung darf den Grenzwert U_{ce0} (bei $I_b = 0$) nicht überschreiten.

- Der Kollektorstrom I_c darf einen Grenzwert I_{cm} nicht überschreiten.

- Zur Vermeidung übermäßiger Verzerrungen darf auf der Arbeitsgeraden nicht in den Sperrbereich und nicht in den Sättigungsbereich ausgesteuert werden.

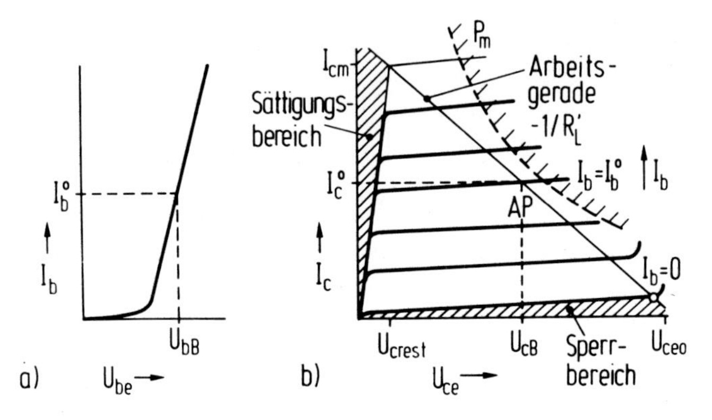

Bild 8.2
a) Eingangskennlinie mit Vorspannung U_{bB} (die Rückwirkung ist vernachlässigt)
b) Ausgangskennlinienfeld mit dem Arbeitspunkt AP, der Arbeitsgeraden mit der Steigung $-1/R_L'$, den Aussteuerungsgrenzen I_{cm}, U_{ceo} und der Verlusthyperbel $P_m \simeq (U_{ce} \cdot I_c)_{max}$

In Bild 8.2b ist eine diesen Anforderungen genügende Wahl von U_{bB}, U_{cB} und R_L' eingetragen. Aus Bild 8.2a und 8.2b läßt sich punktweise die sogenannte Durchgangskennlinie konstruieren. Sie beschreibt den Zusammenhang zwischen Eingangsgröße (wir wählen die Spannung U_E einer Quelle, die den Transistor ansteuert) und Ausgangsgröße (wir wählen I_c). Dabei sind die jeweiligen Scherungen durch R_G' bzw. R_L' zu beachten. Bild 8.3a deutet die Kontruktion der Durchgangskennlinie an für ein $u_G' = \hat{u}_G' \cos \omega t$.

Durchgangskennlinie

Wir wollen den Wirkungsgrad der Schaltung berechnen. Dazu vernachlässigen wir die Steuerleistung und die Gleichleistung am Eingang, da diese meist ausreichend klein sind. Weiterhin nehmen wir lineare Verhältnisse an, die Durchgangskennlinie soll im zulässigen Aussteuerungsbereich eine Gerade sein.

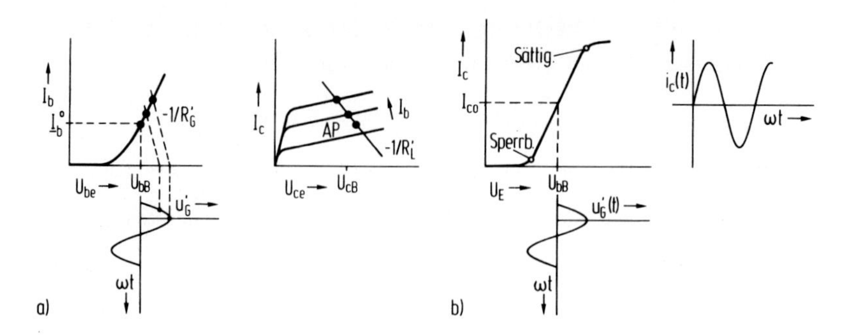

Bild 8.3
a) Konstruktion der Durchgangskennlinie $I_C = f(U_E)$
b) Aussteuerung der Durchgangskennlinie mit Grenzen durch Sperrbereich und Sättigungsbereich

Bei harmonischer Aussteuerung sind dann

$$I_c = I_c^o + \hat{i}_c \cos \omega t, \quad U_{ce} = U_{cB} - \hat{i}_c R_L' \cos \omega t \; . \tag{8.1}$$

Mit den Zählrichtungen von Bild 8.1 ist dann die Leistung der Versorgungsquelle U_{cB}

$$P_B = \frac{1}{2\pi} \int_0^{2\pi} U_{cB}(-I_c) d(\omega t) = -U_{cB} I_c^o < 0 \; . \tag{8.2}$$

Die Leistung P_B wird zugeführt, sie ist daher kleiner 0. Die an R_L abgegebene Leistung folgt aus

$$P_A = \frac{1}{2\pi} \int_0^{2\pi} u_{ce}(t) i_c(t) d(\omega t) = \hat{i}_c^2 R_L'/2 > 0 \; . \tag{8.3}$$

Der Transistor nimmt eine Verlustleistung P_{ce} auf, die aus $P_B + P_A + P_{ce} = 0$ zu

$$P_{ce} = U_B I_c^o - \hat{i}_c^2 R_L'/2 \tag{8.4}$$

folgt. P_{ce} ist am größten bei fehlender Aussteuerung; P_{ce} darf höchstens gleich P_m sein. Der Wirkungsgrad

$$\eta = P_A / -P_B \tag{8.5}$$

ist dann

$$\eta = \frac{1}{2} \frac{\hat{i}_c^2 R_L'}{U_B I_c^0} . \tag{8.6}$$

Die Sättigungsspannung bipolarer Transistoren liegt unter 1 V, so daß nahezu mit $\hat{u}_{ce} = \hat{i}_c R_L' \simeq U_{cB}$ und $\hat{i}_c \simeq I_c^0$ durchgesteuert werden kann. Damit ist der maximale Wirkungsgrad

$$\eta_{max} \simeq 50\ \% . \tag{8.7}$$

Legt man den Arbeitspunkt AP gerade auf die Verlusthyperbel P_m, so kann nach Gl.(8.4) der Transistor bestenfalls eine Wechselleistung abgeben, die gleich der halben zulässigen Verlustleistung P_m ist.

Aufgabe 8.1

Skizzieren Sie im I_c - U_{ce} -Diagramm die Arbeitsgerade bei voller Aussteuerung zwischen U_{ce0} und I_{cm} ($I_c \simeq 0$ bei $I_b = 0$, $U_{crest} \simeq 0$) und den optimalen Arbeitspunkt für eine Verstärkerstufe, bei der R_L direkt (d.h. ohne transformatorische Ankopplung) an den Transistor geschaltet ist. Wie groß ist in diesem Fall der maximale Wirkungsgrad $\eta = P_A/-P_B$?

Aufgabe 8.2

Welche Grenzdaten muß ein bipolarer Transistor zumindest haben und welches Übersetzungsverhältnis $N_1:N_2$ nach Bild 8.1 muß ein idealer Übertrager am Ausgang haben, wenn bei voller Aussteuerung im A-Betrieb gefordert wird $P_A = 10$ W, $R_L = 50\ \Omega$, $U_{cB} = 12$ V .

A-Betrieb

Man bezeichnet die Betriebsart einer Leistungsstufe mit der im Bild 8.3b skizzierten symmetrischen Lage des Arbeitspunktes bezüglich der Aussteuerungsgrenzen als A-Betrieb.

Diese Betriebsart ist ersichtlich eine direkte Erweiterung der Kleinsignalverstärkung. Man stellt daher auch meist die Anpaßschaltungen für einen maximalen Gewinn G_m ein. Es schränkt aber offensichtlich der Wirkungsgrad $\eta \leq 0.5$ die erreichbare Ausgangsleistung ein, da die zulässige Verlustleistung P_m eine charakteristische Größe für einen gegebenen Transistor ist. Durch eine andere Wahl des Arbeitspunktes kann jedoch der Wirkungsgrad erhöht werden und damit für einen gegebenen Transistor die erreichbare Ausgangsleistung gesteigert werden.

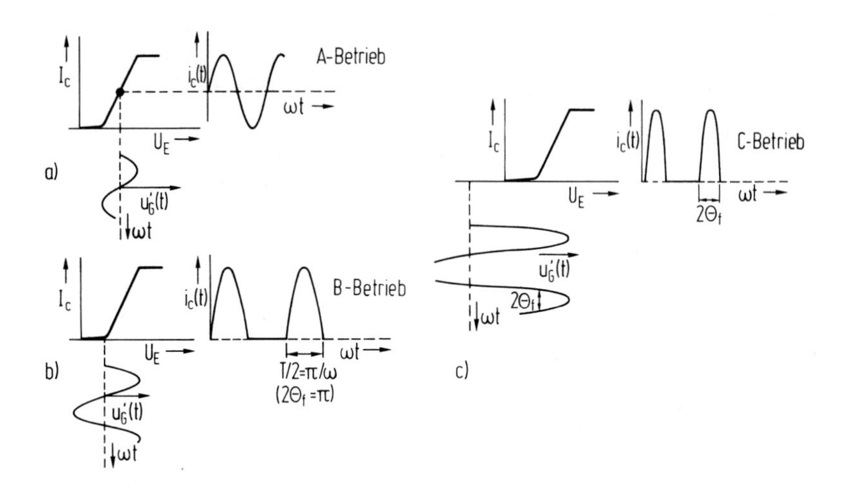

Bild 8.4
Betriebsarten von Leistungsstufen
a) A-Betrieb mit symmetrischer Wahl des Arbeitspunktes bezüglich der Aussteuerung
b) B-Betrieb mit einem Arbeitspunkt derart, daß nur jeweils eine Halbwelle den Transistor aussteuert
c) C-Betrieb mit einem Arbeitspunkt weit im Sperrbereich derart, daß nur 'kurze' Ausgangsimpulse entstehen

B-Betrieb

In Bild 8.4 sind anhand der Durchgangskennlinien zwei weitere Betriebsarten dargestellt. Zunächst stellen wir fest, daß im sogenannten B-Betrieb der Arbeitspunkt in den unteren Knick der Durchgangskennlinie gelegt wird. Bei Verstärkerstufen mit einem bipolaren Transistor wird praktisch $|U_{bB}|$ etwa gleich der Diffusionsspannung des Emitter-Basis-Überganges gewählt, es erreicht nämlich erst oberhalb dieser Spannung der Kollektorstrom ausreichend große Werte. Nur die positiven Halbwellen von u_{be} (bei npn-Transistoren) steuern den Transistor aus, daher erscheinen am Ausgang nur jeweils Halbwellen der Ausgangsgröße.

C-Betrieb

Im sogenannten C-Betrieb wird der Arbeitspunkt so weit in den Sperrbereich gelegt, daß der Transistor nur kurzzeitig ausgesteuert wird durch die Spitzen des Eingangssignals und am Ausgang eine Folge kurzer Impulse entsteht. Aus dem zeitlichen Verlauf der Ausgangsgröße erkennt man aber, daß nur durch besondere Maßnahmen eine ausreichend geringe Signalverzerrung gewährleistet ist.

Gegentakt-Betrieb

Für eine verzerrungsarme Verstärkung im B-Betreib werden dazu zwei Transistoren im Gegentakt geschaltet (s. Bild 8.5).

Mit Bild 8.5 erkennt man, daß (bei npn-Transistoren) die positive Halbwelle den Transistor T1 aussteuert und die negative Halbwelle den Transistor T2. Insgesamt ergibt sich nach Bild 8.6b, daß eine verzerrungsarme Verstärkung möglich ist, da an der Last beide Halbwellen des Ausgangssignals erscheinen. Für die Berechnung des Wirkungsgrades ist wegen der symmetrischen Anordnung die Betrachtung eines Transistors ausreichend.

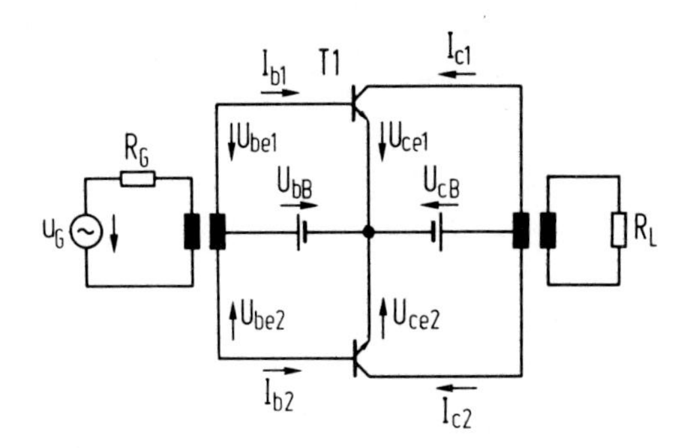

Bild 8.5
Grundsätzliche Schaltung eines Verstärkers mit npn-Transistoren im Gegentakt-B-Betrieb mit Transformatorkopplung von Generator und Last

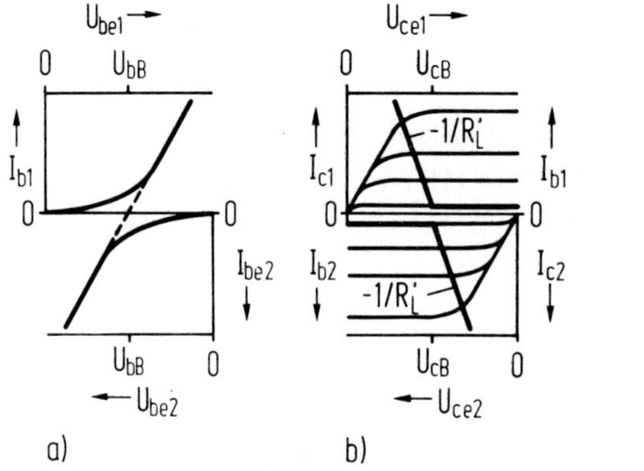

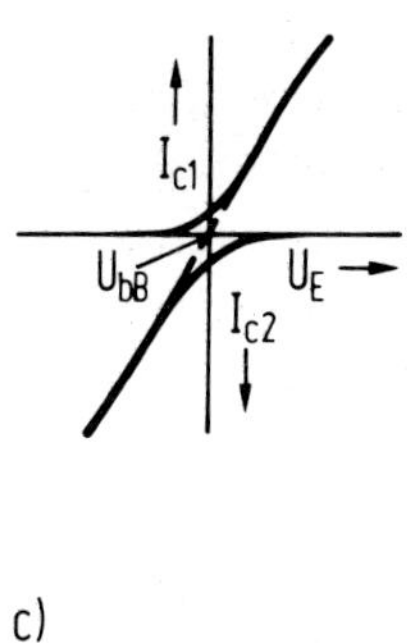

Bild 8.6
a) Eingangskennlinie für Gegentakt-B-Betrieb
b) Ausgangskennlinienfelder mit Arbeitskennlinien
c) Schematische Durchgangskennlinie für Gegentakt-B-Betrieb

Dann sind die zugeführte Gleichleistung mit $I_C^0 = 0$ für den Transistor T1

$$P_B = \frac{1}{2\pi} \int_0^{\pi} -U_{cB}\hat{i}_{c1} \cos(\omega t)d(\omega t) = -U_{cB}\hat{i}_{c1}/\pi < 0 \qquad (8.8)$$

und die Ausgangsleistung

$$P_A = \frac{1}{2\pi} \int_0^{\pi} \{-\hat{u}_{ce1} \cos \omega t\} \{-\hat{i}_{c1} \cos \omega t\} d(\omega t) = \hat{u}_{ce1}\hat{i}_{c1}/4 > 0. \quad (8.9)$$

Die Verlustleistung in einem Transistor ist

$$P_{ce} = \frac{1}{2\pi} \int_0^{\pi} \{U_{cB} - \hat{u}_{ce1} \cos \omega t\} \{\hat{i}_{c1} \cos \omega t\} d(\omega t) = -P_B - P_A \;, \quad (8.10)$$

wie es nach der Leistungsbilanz auch sein muß.

Wirkungsgrad B-Betrieb

Der Wirkungsgrad eines Transistors, d.h. auch der Wirkungsgrad der Gegentaktschaltung, ist damit

$$\eta = P_A/-P_B = \frac{\pi}{4} \frac{\hat{u}_{ce1}}{U_{cB}} \;. \quad (8.11)$$

Bei Vernachlässigung der Kollektor-Restspannung ist dann bei voller Aussteuerung der erreichbare Wirkungsgrad im B-Betrieb

$$\eta_{max} = \pi/4 \simeq 79\ \% \;, \quad (8.12)$$

d.h. beträchtlich höher als im A-Betrieb. Mit einem maximalen Wirkungsgrad von ca. 80 % ist bei Ausnutzung der Grenzleistung P_m der Transistoren die Ausgangsleistung einer Gegentakt-B-Stufe etwa einen Faktor $2 \cdot 5 = 10$ höher als bei einem Verstärker im A-Betrieb. Ohne Ansteuerung verschwinden Versorgungs- und Verlustleistung. Nach Bild 8.6c darf die Versorgungsspannung U_{cB} höchstens halb so groß sein wie die Kollektorgrenzspannung U_{ce0}.

Wir sehen aus Bild 8.6c, daß die Gegentaktschaltung die Durchgangskennlinie linearisiert (s. Abschnitt 8.2), daß aber die starken Krümmungen der einzelnen Durchgangskennlinien bei $I_b \simeq 0$ zu einer starken Verzerrung von $i_c(t)$ in der Umgebung der Nulldurchgänge führt. Man spannt daher mit $I_b > 0$ vor und bezeichnet diesen so modifizierten B-Betrieb als AB-Betrieb.

AB-Betrieb

Ein Nachteil der Gegentakt-B-Schaltung nach Bild 8.5 ist der besonders bei hohen Leistungen teure und aufwendige Ausgangsübertrager. Daher haben sich insbesondere für relativ niedrige Frequenzen Gegentakt-B-Schaltungen mit komplementären npn- und pnp-Transistoren durchgesetzt.

Sie benötigen keine Übertrager. Der Aufbau und die Wirkungsweise von Gegentakt-B-Schaltungen mit komplementären Transistoren wird in der Elektronik behandelt. In HF-Gegentakt-B-Verstärkern - auch solchen mit komplementären Transistoren - werden dennoch Übertrager mit Ferriten eingesetzt u.a. für Widerstandstransformation, denn der Eingangs- und Ausgangswiderstand der Leistungsstufe ist recht niedrig und muß auf festgelegte Werte, z.B. $Z = 50\ \Omega$, transformiert werden.

Wählt man nach Bild 8.4c den Arbeitspunkt so weit im Sperrbereich, daß nur kurze Ausgangsimpulse mit einem Stromflußwinkel $\Theta_f < \pi/2$ entstehen, so liegt C-Betrieb vor. Wir werden gleich sehen, daß sich dann ein Wirkungsgrad $\eta_{max} \simeq 1$ ergibt. Der C-Betrieb mit seiner periodischen Folge kurzer Impulse eignet sich aber nur für eine verzerrungsarme Verstärkung in einem schmalen Frequenzband, wenn durch einen Schwingkreis die Grundschwingung ausgesiebt wird. Bild 8.7 zeigt das Schema eines schmalbandigen Verstärkers für C-Betrieb.

C-Betrieb

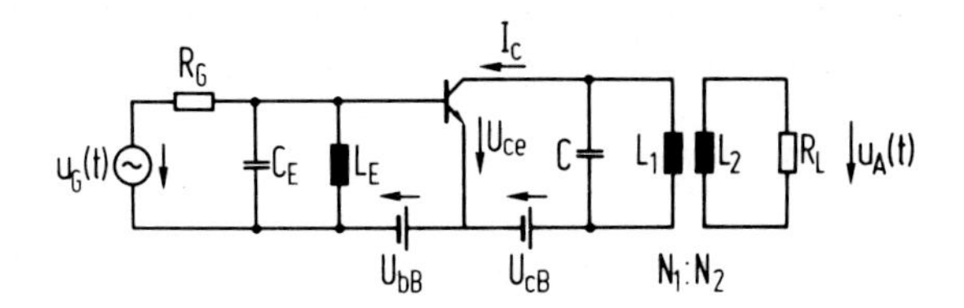

Bild 8.7
Schema eines Transistor-Verstärkers für C-Betrieb mit Abstimmung der Resonanzkreise auf die Frequenz der Steuerschwingung und Übertrager zur Widerstandstransformation am Ausgang

Den Wirkungsgrad berechnen wir mit den Fourierkomponenten der periodischen Impulsfolge. Sie hat eine Gleichkomponente nach

$$I_C^0 = \frac{1}{2\pi} \int_{-\Theta_f}^{\Theta_f} i_C(t)\, d(\omega t) \tag{8.13}$$

eine Grundschwingung mit der Amplitude

$$\hat{i}_{C1} = \frac{1}{\pi} \int_{-\Theta_f}^{\Theta_f} i_C(t) \cos(\omega t)\, d(\omega t) \tag{8.14}$$

und Oberschwingungen mit den Amplituden

$$\hat{i}_{cn} = \frac{1}{\pi} \int_{-\theta_f}^{\theta_f} i_c(t) \cos(n\omega t) d(\omega t) \; . \tag{8.15}$$

Wenn der Ausgangskreis eine hohe Güte hat und auf die Steuerschwingung ω abgestimmt ist, verursacht $i_c(t)$ einen sinusförmigen Spannungsverlauf $u_A'(t)$ am transformierten Widerstand R_L' mit

$$u_A'(t) = -\hat{u}_A' \cos\omega t = -\hat{u}_{ce} \cos\omega t = R_L' \hat{i}_{c1} \cos\omega t \; . \tag{8.16}$$

(Das Minuszeichen folgt aus dem zeitlichen Verlauf von $u_A'(t)$ in Bild 8.8.)

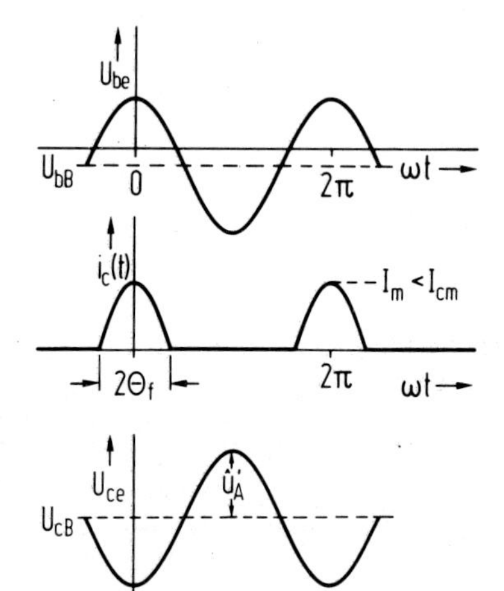

Bild 8.8
Strom- und Spannungsverläufe u_{be}, $i_c(t)$, $u_{ce}(t)$ bei auf ω abgestimmten Resonanzkreisen

Die zugeführte Versorgungsleistung P_B und die Ausgangsleistung P_A sind damit

$$P_B = -U_{cB} I_C^0 , \; P_A = \frac{1}{2\pi} \int_{-\pi}^{\pi} \{-\hat{i}_{c1} \cos\omega t\} u_A'(t) d(\omega t) = \frac{1}{2} \hat{u}_A' \hat{i}_{c1} \; . \tag{8.17}$$

Daraus folgt der Wirkungsgrad

$$\eta = P_A/-P_B = \frac{1}{2} \frac{\hat{u}_A' \hat{i}_{c1}}{U_{cB} I_C^0} \; . \tag{8.18}$$

$\theta_f \to 0$

$\eta_{max} \simeq 1$

Ohne genauere Kenntnis der Durchgangskennlinie erkennen wir schon aus Gl.(8.13), (8.14) und (8.18), daß für sehr kurze Impulse, $\theta_f \ll \pi/2$, bei denen $\cos\omega t \simeq 1$ im Integranden von Gl.(8.14) gesetzt werden kann, der Wirkungsgrad

$$\eta = \hat{u}_A'/U_{cB} \tag{8.19}$$

wird. Bei vernachlässigter Restspannung und einer Spannungsaussteuerung mit $\hat{u}_A' = U_{cB} = U_{ce0}/2$ wird dann der Wirkungsgrad nahezu 1, $\eta_{max} \approx 1$.

Man sieht im übrigen auch, daß bei Abstimmung des Ausgangsschwingkreises auf eine Oberschwingung $n\omega$ der C-Betrieb eine Frequenzvervielfachung ermöglicht, die im Idealfall ebenfalls den Wirkungsgrad $\eta_{max} = 1$ hat.

Für quantitative Betrachtungen nehmen wir eine lineare Durchgangskennlinie an, dann hat $i_c(t)$ den Verlauf einer 'abgeschnittenen' cosinus-Funktion mit einem Maximalwert I_m (s. Bild 8.8).

$$i_c(t) = \frac{I_m}{1-\cos\theta_f}\{\cos\omega t - \cos\theta_f\},\ -\theta_f \leq \omega t \leq \theta_f\ . \tag{8.20}$$

(Der Nenner ist in Gl.(8.20) eingeführt, damit tatsächlich der Maximalwert von $i_c(t)$ gleich I_m ist.) Die Fourierkoeffizienten sind dafür

$$\begin{aligned} I_c^0 &= \frac{I_m}{\pi(1-\cos\theta_f)}\{\sin\theta_f - \theta_f\cos\theta_f\}\ , \\ \hat{i}_{c1} &= \frac{I_m}{\pi(1-\cos\theta_f)}\{\theta_f - \sin\theta_f\cos\theta_f\}\ . \end{aligned} \tag{8.21}$$

Mit der Stromaussteuerung $s = \hat{i}_{c1}/I_c^0$ und der Spannungsausnutzung $p = \hat{u}_A'/U_{cB}$ läßt sich der Wirkungsgrad auch schreiben als

$$\eta = \frac{1}{2}ps = \frac{p}{2}\,\frac{\theta_f - \sin\theta_f\cos\theta_f}{\sin\theta_f - \theta_f\cos\theta_f}\ . \tag{8.22}$$

Bild 8.9 zeigt den Verlauf von η/p in Abhängigkeit von θ_f. Man erkennt, daß auch noch bis herauf zu Stromflußwinkeln $2\theta_f \approx 60^o$ der bezogene Wirkungsgrad η/p nur wenig unter 1 liegt. Wenn der Kollektorstrom auf einen Maximalwert begrenzt ist - was üblich der Fall ist - zeigt die Kurve für i_{c1}/I_m im Bild, daß für $\theta_f \to 0$ $\hat{i}_{c1}$ gegen Null geht. Man muß daher einen Kompromiß zwischen Ausgangsleistung und Wirkungsgrad schließen.

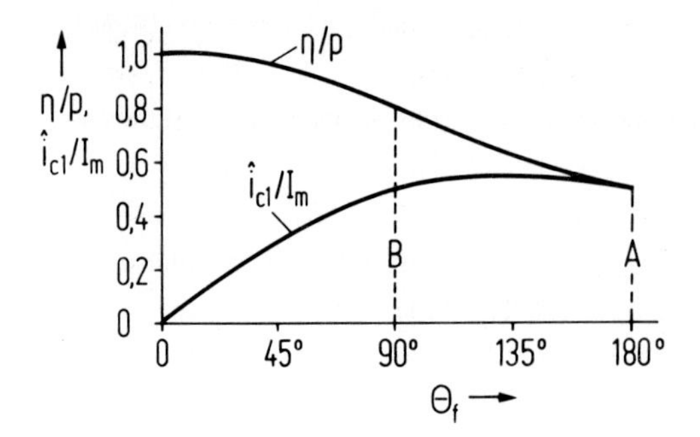

Bild 8.9
Bezogener Wirkungsgrad η/p und normierte Amplitude $\hat{i}_{c1}/I_m$ der Grundschwingung des Kollektor-Wechselstroms in Abhängigkeit vom Stromflußwinkel Θ_f für eine lineare Durchgangskennlinie

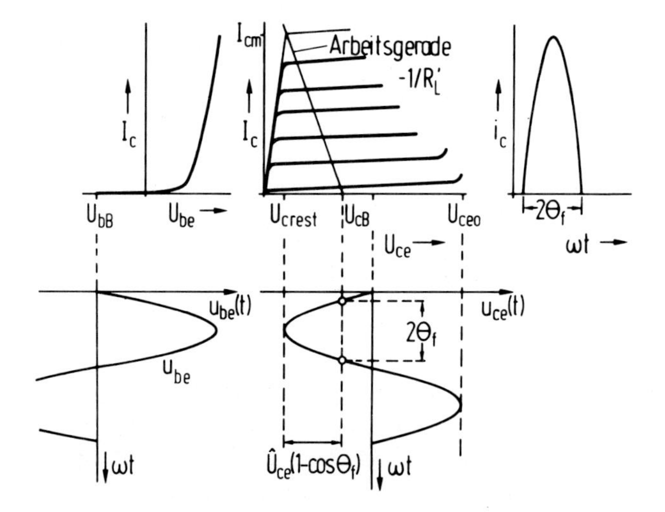

Bild 8.10
C-Betrieb eines bipolaren Transistors mit Ein- und Ausgangskennlinien

Bild 8.10 zeigt schematisch die Verhältnisse im C-Betrieb anhand der Kennlinien. Dem Ausgangskennlinienfeld entnimmt man für gegebenes Θ_f einen Lastwiderstand R_L' nach

$$R_L' = (U_{cB} - U_{crest})/\hat{i}_{c1} \quad . \tag{8.23}$$

Bipolare Leistungstransistoren haben große Werte I_{cm}, so daß R_L' typisch recht klein ist und Anpaßschaltungen für Widerstandstransformation und ausreichende Filterung entworfen werden müssen. Aus der Eingangskennlinie kann die für ein Θ_f erforderliche Vorspannung U_{bB} abgelesen werden.

Auf der Basis der stationären Kennlinien sind grundsätzliche Abhängigkeiten aufgezeigt worden, die erste Anhaltspunkte für einen Schaltungsentwurf liefern. Wie angeführt, ist eine genaue Dimensionierung von Leistungsstufen sehr aufwendig.

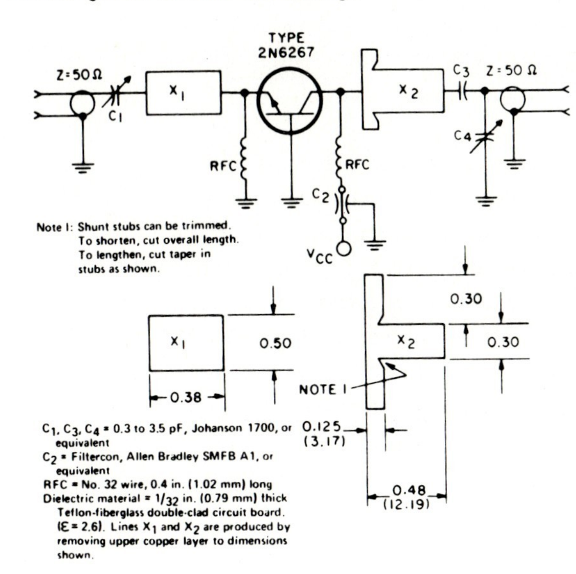

Bild 8.11
Schaltbild eines 2 GHz-Leistungsverstärkers mit 50 Ω Ein- und Ausgangswiderstand

Bild 8.11 zeigt das Schaltbild[1)] eines 2 GHz Leistungsverstärkers mit bis zu 10 W Ausgangsleistung. Die detaillierten Angaben zum Aufbau der Schaltung verdeutlichen, daß Leistungsstufen meist nach genauer Herstellerspezifikation aufgebaut werden müssen. Die Anpassungsnetzwerke am Ein- und Ausgang bestehen aus den eingezeichneten Kondensatoren und den Mikrostrip-Leitungselementen X_1 und X_2. Zu beachten sind die mit RFC bezeichneten Induktivitäten, die den Transistor bei niedrigen Frequenzen kurzschließen. Das muß praktisch immer bei Leistungsstufen gemacht werden, um Instabilitäten bei niedrigen Frequenzen zu vermeiden.

GaAs-MESFET für Leistungsstufen im GHz-Bereich finden heute besonderes Interesse u.a. als Ersatz für Leistungsröhren. Mit Drainströmen von etwa 100 mA je mm Gatebreite und ungefähr 500 mW - 1 W Ausgangsleistung je mm Gatebreite und Werten U_{DS} bis zu 10 - 15 V sind für große Gatebreiten w hohe Ausgangsleistungen möglich (heute etwa 30 W bei 6 GHz, 10 W bei 10 GHz). Bild 8.12 zeigt die schon aus Kapitl 1.2 bekannte

[1]Entnommen aus der Schrift der Firma RCA: RCA Microwave Power Transistors, Design Features, Circuit Applications

interdigitale Elektrodenstruktur eines Leistungs-GaAs-MESFET; durch die Parallelschaltung werden bis über 40 mm Gatebreite erzielt. Die inselförmigen Drainkontakte und die Verbindungen der Source- und Gateelektroden werden durch Bonden mit äußeren Anschlüssen verbunden. Auch bei Leistungs-GaAs-MESFET ist der Entwurf von Anpaßschaltungen schwierig, da insbesondere der Eingangswiderstand einen sehr niedrigen Wirkanteil ($< 1\,\Omega$) hat.

Heute werden oft intern angepaßte Leistungstransistoren eingesetzt. Sie enthalten (Bild 8.13) Induktivitäten von Bonddrähten und z.B. durch MOS-Kondensatoren realisierte Kapazitäten. Derartige Anpaßschaltungen auf z.B. $50\,\Omega$ sind besonders wichtig am üblich sehr niederohmigen Eingang. Die Bemessung erfolgt nach Verfahren von Kapitel 5, es müssen allerdings z.B. die s-Parameter bei Großsignalaussteuerung gemäß den in Anwendungen vorgesehenen Leistungen verwendet werden. Diese Großsignalparameter weichen typisch recht stark von den Kleinsignal-s-Parametern ab.

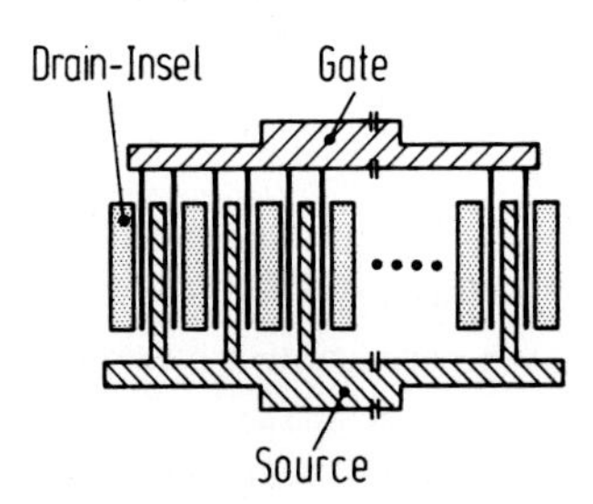

Bild 8.12
Kontaktstruktur eines Leistungs-GaAs-MESFET

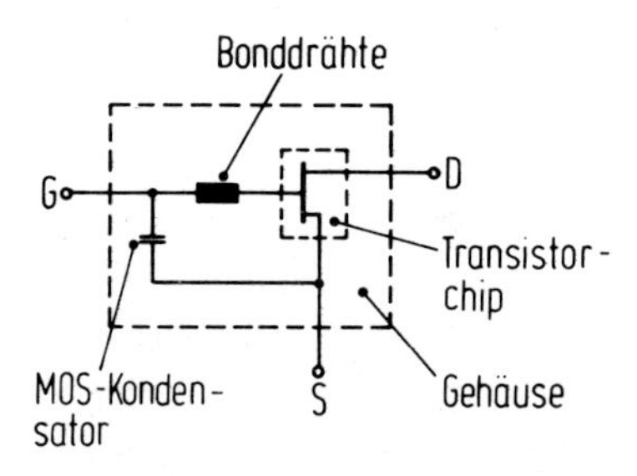

Bild 8.13
Einfaches Schema eines intern am Eingang angepaßten Leistungstransistors

---

Aufgabe 8.3

Ein Transistor hat die Grenzdaten $I_{cm} = 8$ A ($U_{crest} = 2$ V), $U_{ce0} = 60$ V. Er soll im C-Betrieb mit $\theta_f = 60^o$ betrieben werden. Wie groß sind $\hat{i}_{c1}$ und R_L' ? Welche Werte haben L_1, $N_1:N_2$, C bei $R_L = 50\,\Omega$, Güte Q = 20, Frequenz f = 30 MHz.

8.2 Verzerrungen und Linearisierung

Im Vorhergehenden wurde die Durchgangslinie linear angenommen. Tatsächlich ist sie aber gekrümmt, und der Zusammenhang zwischen Ein- und Ausgangssignal ist nichtlinear. Der zeitliche Verlauf des Ausgangssignals wird dadurch gegenüber dem Eingangssignal verzerrt. Man spricht hierbei von nichtlinearen Verzerrungen oder Amplitudenverzerrungen.

nichtlineare Verzerrungen

Wenn die Durchgangskennlinie nur schwach gekrümmt ist, bietet sich eine Polynomdarstellung an. (Im vorangegangenen Abschnitt haben wir am Beispeil des C-Betriebs gezeigt, daß bei einer Aussteuerung über starke Nichtlinearitäten Fourierentwicklungen sich eignen.) Für das weitere ist es ausreichend, eine Darstellung nach

$$y = y_0 + a_1(x - x_0) + a_2(x - x_0)^2 + a_3(x - x_0)^3 \qquad (8.24)$$

zu wählen, die Beiträge bis zur dritten Potenz enthält. Dabei bezeichnet $y(t)$ die Ausgangsgröße, $x(t)$ die Eingangsgröße. Um den Arbeitspunkt y_0, x_0 wird ausgesteuert, die Koeffizienten a_i sollen zeitunabhängig sein (statische Nichtlinearität).
Wir betrachten ein Eingangssignal

$$x = A_1 \cos\omega_1 t + A_2 \cos\omega_2 t \ , \qquad (8.25)$$

das aus zwei Sinussignalen zusammengesetzt ist.

Neben den Frequenzen ω_1 und ω_2 des Eingangssignals entstehen durch die Nichtlinearität der Durchgangskennlinie mit Gl.(8.24) und den Beziehungen

$$\cos^2\alpha = \{1 + \cos 2\alpha\}/2, \qquad \cos^3\alpha = \{\cos 3\alpha + 3\cos\alpha\}/4$$
$$\cos\alpha_1 \cos\alpha_2 = \{\cos(\alpha_1 - \alpha_2) + \cos(\alpha_1 + \alpha_2)\}/2$$

11 weitere Frequenzkomponenten. In Bild 8.14 sind alle Frequenzkomponenten einschließlich der Gleichkomponente aufgelistet. Wir ziehen Bild 8.14 heran, um einige Auswirkungen einer nichtlinearen Kennlinie zu behandeln und geeignete Kenngrößen zu deren Beschreibung einzuführen.

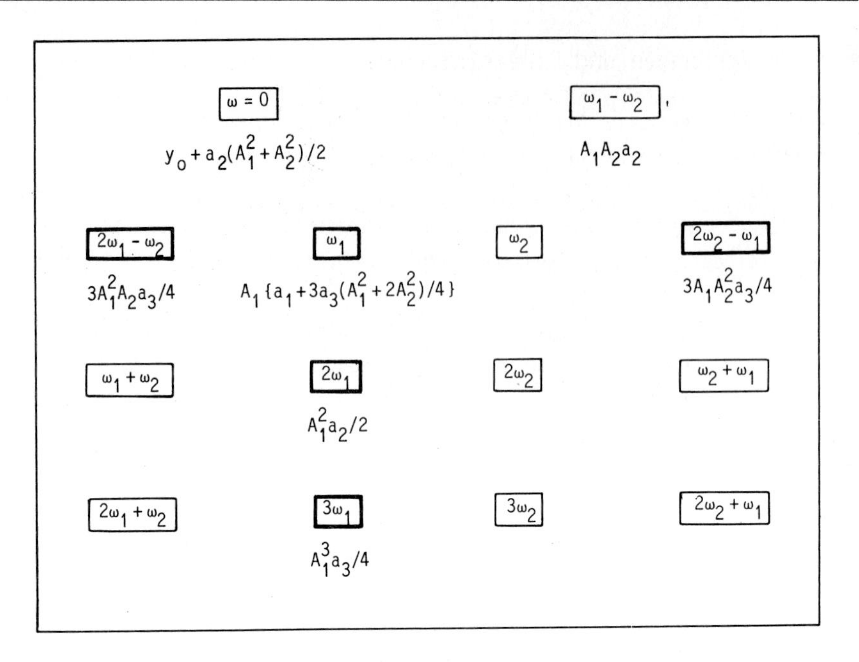

Bild 8.14
Frequenzkomponenten bei Aussteuerung einer kubischen Kennlinie durch zwei Signale mit den Frequenzen ω_1 und ω_2. Die stark umrandeten Frequenzkomponenten werden besonders betrachtet.

Zuerst nehmen wir an, daß nur mit einem monofrequenten Signal bei ω_1 ausgesteuert wird, dann entstehen am Ausgang neben der Grundschwingung die 1. Oberschwingung mit $2\omega_1$ mit der Amplitude $y_1 = A_1^2a_2/2$ und die 2. Oberschwingung mit $3\omega_1$ und der Amplitude $y_2 = A_1^3a_3/4$. Bei einer Polynomdarstellung mit noch höheren Potenzen entstehen entsprechend weitere Oberschwingungen. Die Amplituden y_n der n-ten Oberschwingung enthalten ersichtlich den Faktor A_1^n.

Ein Maß für die Größe der nichtlinearen Verzerrung sind offenbar die Amplituden der Oberschwingungen. Man definiert als Kenngröße den sogenannten Klirrfaktor K über die Beziehung

Klirrfaktor

$$K = \left\{ \frac{y_2^2 + y_3^2 + \dots}{y_1^2 + y_2^2 + y_3^2 + \dots} \right\}^{1/2} . \qquad (8.26)$$

Anstelle der Amplituden können auch die Effektivwerte $y_{neff} = \frac{1}{\sqrt{2}} y_n$ eingesetzt werden.

Dann ist der Klirrfaktor gleich dem Verhältnis des Effektivwertes aller Oberschwingungen zum Effektivwert der Gesamtschwingung. *Definition*

Man erkennt, daß bei gegebener Polynomdarstellung der Klirrfaktor in der Regel stark mit der Aussteuerungsamplitude A_1 ansteigt.

Weitere Auswirkungen einer nichtlinearen Kennlinie erkennt man, wenn nach Gl.(8.25) mit einem Signal ausgesteuert wird, das zwei Frequenzen ω_1 und ω_2 enthält. Dann entstehen neben den Oberschwingungen auch noch Kombinationsfrequenzen.

Ein Signal, das in der Amplitude moduliert ist, enthält neben der Grundschwingung noch weitere Frequenzen dicht an der Grundfrequenz. Nehmen wir als Grundfrequenz (Trägerfrequenz) ω_1 an, und es ist ω_2 eine dicht bei ω_1 liegende Frequenz. Dann liegen z.B. die Frequenzkomponenten $2\omega_1 - \omega_2$ und $2\omega_2 - \omega_1$ mit Amplitude nach Bild 8.14 wieder dicht bei der Frequenz mit ω_1. Das führt zu Verzerrungen des modulierten Signals. Man bezeichnet diese Auswirkung einer nichtlinearen Kennlinie als Intermodulation. Sie entsteht hier durch den kubischen Term. (Bei weiteren Termen in Gl.(8.24) liefert die fünfte Potenz wieder einen Beitrag zur Intermodulation.) Die Intermodulation ist eine wichtige Kenngröße linearer Sendeverstärker. Zu ihrer Bestimmung wird mit zwei eng benachbarten, nicht kommensurablen Frequenzen angesteuert und mit einem Spektrumanalysator werden die Frequenzkomponenten bei z.B. $2\omega_1 - \omega_2$ (Intermodulations-Verzerrung 3. Ordnung) und weiteren Mischprodukten gemessen. Intermodulation

Nach Bild 8.14 hat die Grundschwingung die Amplitude

$$A_1\{a_1 + 3a_3(A_1^2 + 2A_2^2)/4\} \quad . \tag{8.27}$$

Nehmen wir an, daß die Amplitude A_2 der Schwingung bei ω_2 sich zeitlich ändert, so überträgt sich diese Amplitudenänderung, mit dem Koeffizienten a_3 der Polynomdarstellung behaftet, auf die Amplitude der Grundschwingung. Diesen Effekt bezeichnet man dementsprechend mit Kreuzmodulation. Sie ist beim Funkempfang von Bedeutung, wenn mehrere amplitudenmodulierte Sender einfallen. Kreuzmodulation

Abschließend sollen zwei wichtige Maßnahmen zur Linearisierung der Ver-

Gegentakt-Schaltung

stärkung beschrieben werden. Ein Verfahren, nämlich die Anwendung von Gegentakt-Schaltungen, wurde schon beim Verstärker im B-Betreib behandelt.

In Bild 8.15 sind noch einmal die Durchgangskennlinien $y_1 = f(x_1)$ und $y_2 = f(x_2)$ der Einzeltransistoren eingetragen und die Durchgangskennlinie $y = f(x)$ der Gegentaktschaltung. Man erkennt unmittelbar die Verbesserung der Linearität.

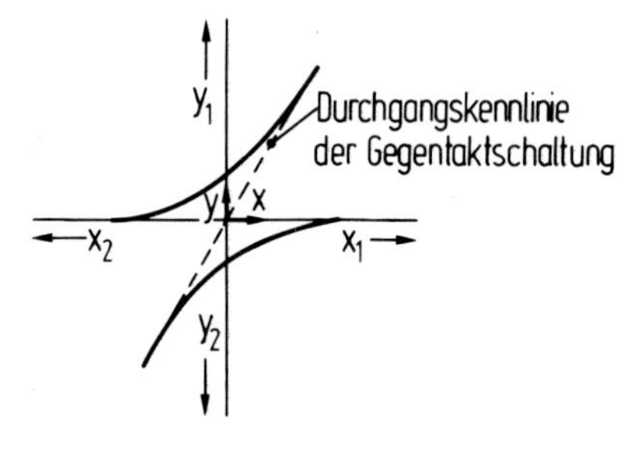

Bild 8.15
Linearisierung der Durchgangskennlinie durch eine Gegentaktschaltung. $y = f(x)$ ist ungerade bezügl. x, die Potentreihenentwicklung von f(x) enthält nur ungerade Potenzen von x.

Die Durchgangskennlinie $y = f(x)$ der Gegentaktschaltung ist ungerade bezüglich x, eine Polynomdarstellung enthält damit nur ungerade Potenzen von x. Gegentakt-Schaltungen verringern nicht Intermodulation und Kreuzmodulation, wir finden diese recht einfache Schaltungsmaßnahme aber oft in Hochfrequenzschaltungen.

Gegen-kopplung

Signalverzerrungen in Verstärkern können auch durch Gegenkopplung vermindert werden. Insbesondere werden in den Verstärkern der Trägerfrequenz-Übertragungstechnik und in Verstärkern von Hochfrequenzsystemen Signalverzerrungen durch Gegenkopplung unterdrückt. Gegenkopplungen werden in der Elektronik und in der Regelungstechnik zusammen mit Stabilitätsbetrachtungen ausführlich betrachtet. Wir erinnern hier nur mit Bild 8.16 an ihren Linearisierungseffekt.

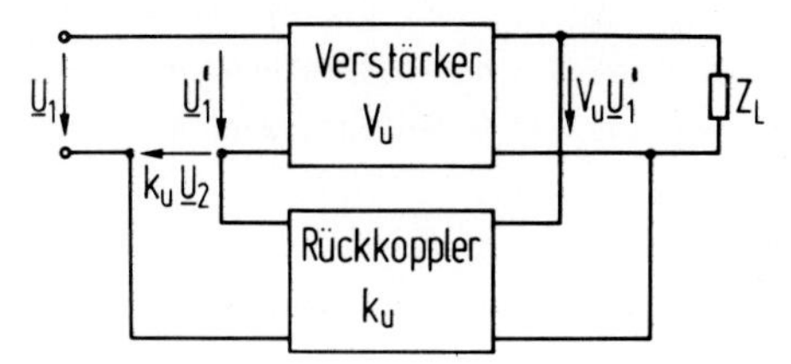

Bild 8.16
Schema einer Spannungsgegenkopplung

Nehmen wir an, daß neben der Grundschwingung mit dem Phasor $V_u \underline{U}_2$ am Ausgang durch nichtlineare Effekte ein Störsignal mit dem Phasor $\underline{U}_3$ entsteht. Dann gilt am Ausgang

$$\underline{U}_2 = V_u \underline{U}_1' + \underline{U}_3$$

und am Eingang

$$\underline{U}_1 = \underline{U}_1' + k_u \underline{U}_2 \ .$$

Damit ist

$$\underline{U}_2 = \underline{U}_1 \frac{V_u}{1 + k_u V_u} + \underline{U}_3 \frac{1}{1 + V_u k_u} \ . \qquad (8.28)$$

Wenn die Gegenkopplung derart gewählt wird, daß der Rückkopplungsgrad

$$|1 + V_u k_u| \gg 1$$

ist, so wird die Störschwingung stark unterdrückt. Dabei müssen V_u und k_u im zweiten Beitrag bei der zu $\underline{U}_3$ gehörenden Frequenz eingesetzt werden.

9. Mischer

Die Mischung von Signalen verschiedener Frequenzen, die Frequenzvervielfachung und -teilung sowie die Modulation gehören zu dem Gebiet der Frequenzumsetzung, das in der Hochfrequenztechnik von allgemeiner Bedeutung ist. Bei allen diesen Verfahren werden in einer Schaltung neue Frequenzkomponenten erzeugt, die Schaltung muß also notwendig nichtlineare oder zeitvariante Komponenten enthalten.

In diesem Kapitel werden als Mischer bezeichnete Anordnungen betrachtet, mit denen ein Signal amplituden- und phasengetreu in eine andere Frequenzlage umgesetzt werden kann. Bei hohen Frequenzen werden vorzugsweise Schottky-Dioden aufgrund ihrer nichtlinearen Strom-Spannungskennlinie in Mischerschaltungen eingesetzt. Der Aufbau und die Wirkungsweise von Schottky-Dioden werden daher zuerst beschrieben und auch gleich ihre Anwendung als HF-Gleichrichter. Die Frequenzumsetzung mit nichtlinearen Widerständen - wie auch mit den im folgenden Kapitel betrachteten nichtlinearen Reaktanzen - läßt sich für eine Reihe von Anwendungen einheitlich durch eine parametrische Rechnung analysieren; sie wird hier eingeführt. Verschiedene Ausführungsformen von Abwärtsmischern werden anschließend dargestellt, dazu gehören neben Transistor-Mischstufen insbesondere Dioden-Mischer im Eintakt- und Gegentaktbetrieb.

Lernzyklus 5 A

Lernziele

Nach dem Durcharbeiten des Lernzyklus 5 A sollen Sie in der Lage sein,

- den grundsätzlichen Aufbau einer Schottky-Diode darzustellen;
- den wesentlichen Unterschied zwischen Schottky-Dioden und pn-Dioden zu erläutern;
- die Strom-Spannungscharakteristik einer Schottky-Diode formelmäßig anzugeben und zu erläutern, wie sie zustandekommt;
- die Grenzfrequenz einer Schottky-Diode zu beschreiben und anzugeben, welche Maßnahmen zu einer hohen Grenzfrequenz führen;
- die grundsätzliche Funktionsweise des Hochfrequenz-Gleichrichters zu erklären.

9.1 Frequenzumsetzung

Die einleitend angesprochenen Formen der Frequenzumsetzung mit nichtlinearen oder zeitvarianten Schaltungskomponenten sind in Bild 9.1 zusammengestellt. Frequenzvervielfachung von f_1 auf nf_1 mit n = 2,3... (s. Bild 9.1a) wird durch Ausfiltern einer Harmonischen der Steuerfrequenz f_1 bewirkt. Der umgekehrte Prozeß der Frequenzteilung $f_1 \rightarrow f_1/n$ ist nicht ohne weiteres möglich, da hier Subharmonische von f_1 in der Schaltung erzeugt werden müssen. Aufwärtsmischer (Bild 9.1b) setzen ein Signalfrequenzband bei f_1 durch Überlagerung mit einer hochfrequenten Schwingung bei f_2 um auf entweder die Summenfrequenz $f_1 + f_2$ (Gleichlageaufwärtsmischer) oder die Differenzfrequenz $f_2 - f_1$ (Kehrlageaufwärtsmischer).

Beispiele

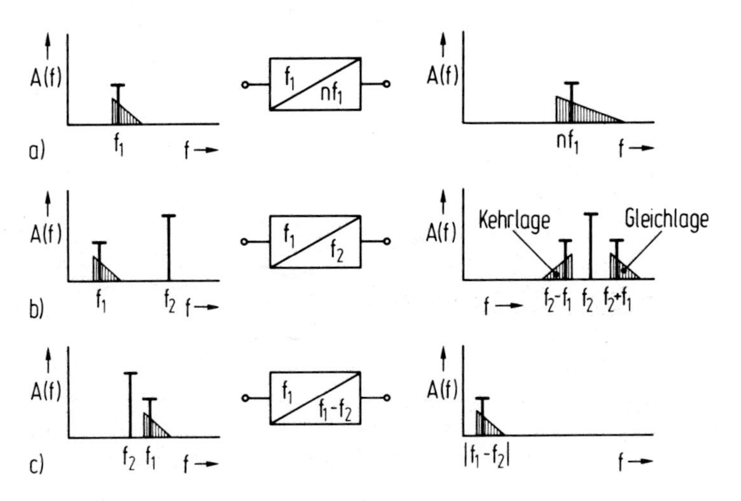

Bild 9.1
Spektrale Darstellung der Frequenzumsetzung mit (a) Frequenzvervielfachung, (b) Aufwärtsmischung (Modulation), (c) Abwärtsmischung in Gleichlage ($f_1 > f_2$)

Mit Modulation (z.B. Amplituden- oder Frequenzmodulation) bezeichnet man eine Frequenzumsetzung, wenn f_1 klein ist. Gleich- und Kehrlage gehen dabei in oberes und unteres Seitenband über. Abwärtsmischer (Bild 9.1c) setzen umgekehrt im Frequenzband bei der hohen Frequenz f_1 durch Überlagerung mit einer ebenfalls hochfrequenten Schwingung bei f_2 um auf die relativ niedrige Differenzfrequenz oder Zwischenfrequenz ZF (im Englischen intermediate frequency IF). Aufwärts- und Abwärtsmischer treten in praktisch jeder Hochfrequenzanordnung für u.a. die Funkübertragung auf. Wichtig ist für die meisten Anwendungen, daß Amplitude und Phase der Signalschwingungen linear umgesetzt werden.

9.2 Schottky-Dioden

Metall-Halbleiterübergänge, an denen sich eine Sperrschicht ausbildet und die damit verbunden eine nichtlineare Strom-Spannungscharakteristik haben, werden als Schottky-Dioden bezeichnet nach dem Physiker Schottky, der 1938 als erster das Bändermodell und die Strom-Spannungscharakteristik sperrschichtbehafteter Metall-Halbleiterübergänge theoretisch beschrieb. Bei der Aussteuerung einer Schottky-Diode in Flußrichtung werden Majoritätsträger aus dem Halbleiter in das Metall injiziert. Dieser Mechanismus führt dazu, daß Schottky-Dioden eine formal ähnliche Strom-Spannungscharakteristik wie pn-Dioden haben, mit dem prinzipiellen Unterschied aber, daß bei Aussteuerung in Flußrichtung Minoritätsträger keine Rolle spielen. Unter praktischen Verhältnissen ist die Schottky-Diode ein reines Majoritätsträgerbauelement. Darum gibt es im Gegensatz zu pn-Dioden keine Speichereffekte bei Betrieb in Flußrichtung und damit verbunden auch keine Umladeverzögerungen bei der Umschaltung zwischen Flußbereich und Sperrbereich. Vor allem wegen dieses Vorzuges wird die Schottky-Diode als nichtlinearer Widerstand oder Varistor (nach variable resistor) bei hohen Frequenzen eingesetzt und hat vielseitige Anwendung gefunden, u.a. zur Gleichrichtung von HF-Schwingungen, zur Abwärtsmischung und zur Modulation.

Varistor

9.2.1 Bändermodell und Strom-Spannungscharakteristik des Schottky-Überganges

Zur Ableitung des Bändermodells und der Strom-Spannungscharakteristik einer Schottky-Diode betrachten wir zuerst eine Grenzfläche Metall-Vakuum, wobei wir eine ideale Metalloberfläche ohne angelagerte Grenzschichten (z.B. Oxide) annehmen (Bild 9.2). Die Elektronenenergie W_{el} wird nach oben positiv gezählt, mit W_{FM} wird das Ferminiveau des Metalls bezeichnet, mit W_{LM} die Leitungsbandkante des Metalls. Als neue Größe wird hier die Austrittsarbeit W_M des Metalls eingeführt. W_M hat typisch Werte von einigen Elektronenvolt ($W_M \approx 2 - 6$ eV).

Austrittsarbeit

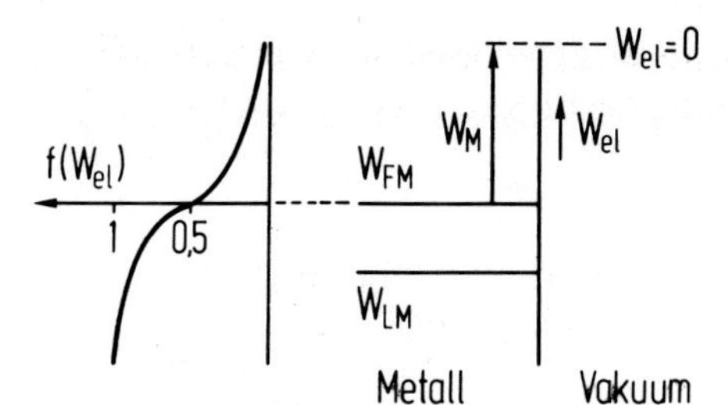

Bild 9.2
Grenzfläche Metall-Vakuum mit Bändermodell

Die Austrittsarbeit W_M bedeutet die energetische Differenz zwischen einem Elektron, das sich im Metall befindet und gerade die Energie des Fermi-Niveaus W_{FM} hat und einem Elektron, das sich in unendlicher Entfernung von der Metalloberfläche auf dem Energieniveau $W_{el} = 0$ befindet. Beim Austritt von Elektronen aus dem Metall muß im Mittel die Energie W_M von den Elektronen aufgewendet werden.
Die eingetragene Fermiverteilung

$$f(W_{el}) = 1/\{1 + \exp((W_{el} - W_{FM})/kT)\} \qquad (9.1)$$

soll qualitativ veranschaulichen, daß Elektronen im Metall energetische Zustände einnehmen können, die einen Austritt aus dem Metall ermöglichen (thermische Emission).

Aufgabe 9.1

Wie groß ist bei W_{FM} = -2eV die Wahrscheinlichkeit bei T = 300 K und T = 1500 K dafür, daß der energetische Zustand W_{el} = 0 von einem Metallelektron besetzt ist ?

Bändermodell

Schottky-Dioden sind sperrschichtbehaftete Metall-Halbleiter-Übergänge. Wir betrachten dabei n-dotierte Halbleiter, da wegen der höheren Beweglichkeit der Elektronen im Vergleich zu Löchern bei den hier wichtigen Materialien Silizium und Galliumarsenid ausschließlich Schottky-Dioden mit n-dotierten Halbleitern verwendet werden.

keine Grenzflächenzustände

Das Bändermodell einer Schottky-Diode wird zunächst für den einfachen Fall einer idealen Halbleiteroberfläche ohne Grenzflächenzustände entsprechend Bild 9.3a bestimmt. Bei einer Halbleiteroberfläche, die frei von Grenzflächenzuständen ist, verlaufen die Bandkanten unverändert bis zur Oberfläche (Bild 9.3a1). Mit W_H ist die Austrittsarbeit des Halbleiters bezeichnet.

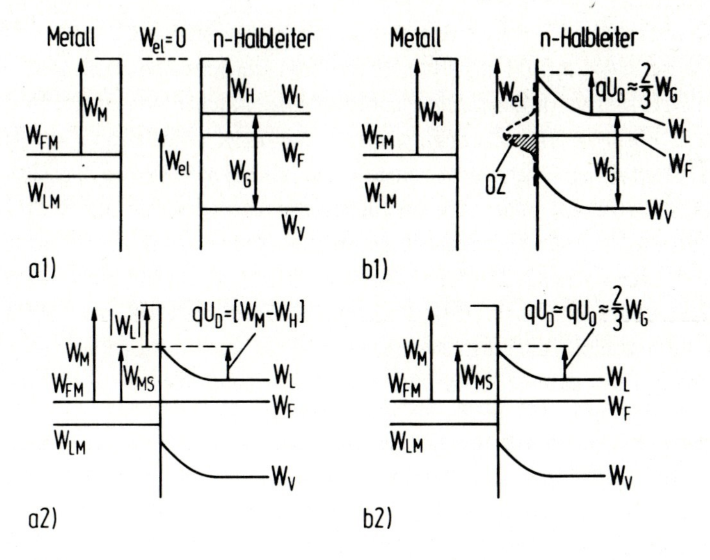

Bild 9.3
Zur Ableitung des Bändermodells eines sperrschichtbehafteten Metall-Halbleiterüberganges (Schottky-Übergang)
a) Halbleiteroberfläche ohne Oberflächenzustände, die Diffusionsspannung $qU_D = (W_M - W_H)$ ist durch die Differenz der Austrittsarbeiten festgelegt ($W_M > W_H$)
b) Halbleiteroberfläche mit einem Maximum der Oberflächenzustandsdichte OZ bei 1/3 W_G oberhalb des Valenzbandes. Hier ist die Diffusionsspannung $qU_D = 2W_G/3$.

Wir nehmen an, daß die Austrittsarbeit des Metalls W_M größer ist als die Austrittsarbeit des Halbleiters W_H, wobei in Bezug auf die positive Zählrichtung der Elektronenenergie W_{el} gilt $W_M = -W_{FM}$, $W_H = -W_F$. Befinden sich das Metall und der Halbleiter auf gleicher Temperatur, so gilt als Bedingung für den Gleichgewichtszustand, daß die Lage der Ferminiveaus von Metall und Halbleiter gleich sein muß. Zur Einstellung des Gleichgewichtszustandes gehen dabei Elektronen vom Material mit der geringeren Austrittsarbeit, d.h. hier vom Halbleiter, über in das Material mit der höheren Austrittsarbeit, d.h. dem Metall, so lange, bis sich beide Ferminiveaus angeglichen haben. Das Metall lädt sich dabei negativ auf, im Halbleiter entsteht eine positive Ladung (Zur Einstellung dieses Gleichgewichtszustandes ist eine leitende, äußere Verbindung zwischen Metall und Halbleiter nicht notwendig, da der Ausgleich der Ferminiveaus auch durch die unterschiedlichen thermischen Emissionsströme herbeigeführt werden kann.) Durch den Übergang von Elektronen aus dem Halbleiter in das Metall bildet sich zwischen Metall und Halbleiter eine Potentialdifferenz $qU_0 = W_M - W_H$ aus, verbunden mit einer Feldstärke $E = -U_0/a$ vom Halbleiter zum Metall zeigend. Der Abstand a zwischen Metall und Halbleiter soll zunächst so groß sein, daß die im Halbleiter influenzierte positive Oberflächenladungsdichte $Q' = -\varepsilon_0 E = \varepsilon_0 U_0/a$ vernachlässigbar ist. Bei einer Annäherung von Metall und Halbleiter auf atomare Abstände (z.B. durch Aufdampfen des Metalls auf den Halbleiter) führt die influenzierte Ladung wegen der relativ geringen Ladungsträgerkonzentration im Halbleiter zu einer in den Halbleiter hineinreichenden Raumladungszone, die sich im Bändermodell durch eine Bandaufwölbung ausdrückt. Die Potentialdifferenz $(W_M - W_H)/q$ aufgrund der unterschiedlichen Austrittsarbeiten wird aufgenommen von der Raumladungszone im Halbleiter. Damit ist die Bandaufwölbung qU_0 gegeben durch

$$qU_0 = W_M - W_H \; . \tag{9.2}$$

Diffusionsspannung

Die Spannung U_0 wird in Anlehnung an die Verhältnisse beim pn-Übergang als Diffusionsspannung U_D bezeichnet. Aus dem Vergleich von Bild 9.3a1 und Bild 9.3a2 folgt für die Energiebarriere W_{MS}, welche die Elektronen beim Übergang vom Metall in den Halbleiter überwinden müssen

$$W_{MS} = W_M - |W_L| \; , \tag{9.3}$$

wobei W_L die Leitungsbandkante im Halbleiterinnern ist. (Die Betragsbildung rührt daher, daß $W_L < 0$ ist, alle Energien sind hier auf das Niveau $W_{el} = 0$ eines freien Elektrons bezogen.)

Aufgabe 9.2

Welche Eigenschaften hat unter den beschriebenen Verhältnissen ein Metall-Halbleiterübergang bei einem n-dotierten Halbleiter und $W_M < W_H$?

Unter den beschriebenen Verhältnissen müßten demnach die Eigenschaften eines derartigen Metall-Halbleiterübergangs festgelegt sein durch die Austrittsarbeiten. Das steht jedoch nicht in Übereinstimmung mit experimentellen Ergebnissen. Die Ursache dafür ist der Einfluß von Grenzflächenzuständen.

Wegen der sehr hohen Zahl der Ladungsträger im Metall brauchen bei ihm Grenzflächenzustände nicht berücksichtigt zu werden. Sie müssen aber einbezogen werden beim Halbleiter mit einer relativ geringen Zahl von Ladungsträgern (typisch sind Dotierungen mit $N_D \approx 10^{16}$ cm^{-3}). Wir haben im Vorherigen eine Halbleiteroberfläche angenommen, die frei von Grenzflächenzuständen ist. Das ist physikalisch nicht möglich, da die Oberfläche eine Störung der Kristallperiodizität darstellt und die Bandstruktur des Halbleiters mit der Aufspaltung in Leitungs- und Valenzband und der verbotenen Zone eine Folge der Periodizität des Kristallgitters ist. Die Störung der Periodizität durch die Oberfläche bewirkt zusätzliche energetische Zustände für Elektronen, die auch innerhalb der verbotenen Zone liegen können. Die Dichte der Grenzflächenzustände kann in einfacher Weise grob abgeschätzt werden. Bei einer Atomdichte von etwa 10^{23} cm^{-3} befinden sich an der Oberfläche etwa 10^{15} Atome pro cm^2 mit nicht abgesättigten Bindungen. Man wird daher Grenzflächenzustandsdichten in der Größenordnung von 10^{15} cm^{-2} erwarten. (Die Grenzfläche Silizium-Siliziumdioxid stellt mit einer Dichte von nur etwa 10^{10} - 10^{11} Grenzflächenzuständen pro cm^2 einen -technisch wichtigen - ausgezeichneten Fall dar.) Experimentell stellt man bei n-Silizium und n-Galliumarsenid fest, daß ein ausgeprägtes Maximum von Grenzflächenzuständen innerhalb der verbotenen Zone etwa 1/3 W_G oberhalb des Valenzbandes vorliegt (Bild 9.3b1). Diese Grenzflächenzustände haben somit Akzeptorcharakter.

Grenzflächenzustände

energetische Lage

Diese Grenzflächenzustände füllen sich mit Elektronen. Ihre Zahl ist so groß, daß sie allein die Lage des Ferminiveaus an der Oberfläche festlegen (siehe Bild 9.3b1, durch Schraffur ist gekennzeichnet, daß die Oberflächenzustände sich bis zum Ferminiveau mit Elektronen füllen).

Durch diese negative Ladung der Grenzflächenzustände werden Elektronen aus der Randzone verdrängt, es bildet sich eine Raumladungszone aus mit einer Bandaufwölbung um

$$qU_0 \approx 2W_G/3 \; . \tag{9.4}$$

Hierbei wird zusätzlich angenommen, daß bei ausreichend hohen Dotierungen die Energiedifferenz zwischen Leitungsbandkante und Ferminiveau des Halbleiters relativ klein ist. Genauer müßte Gl.(9.4) lauten $qU_0 = 2W_G/3 - (|W_F| - |W_L|)$. Bei hohen Dotierungen ($N_D \approx 10^{16} - 10^{17}$ cm^{-3}) liegt das Ferminiveau dicht an der Leitungsbandkante mit

Auswirkung

$|W_L| - |W_F| \approx 0.1$ eV. Wird unter diesen Bedingungen nun ein Metall-Halbleiterkontakt hergestellt, wie es in Bild 9.3b2 dargestellt ist, und ist die Zahl der Grenzflächenzustände sehr hoch, so führt die influenzierte Ladung infolge einer Differenz der Austrittsarbeiten nur zu einer Umladung einer vergleichsweise kleinen Zahl von Grenzflächenzuständen, so daß sich unter diesen Verhältnissen unabhängig von der Art des Metalls eine Diffusionsspannung U_D einstellt gemäß

$$qU_D \approx qU_0 \ . \tag{9.5}$$

Werte U_D Si, GaAs

Diese Ergebnisse stehen in Übereinstimmung mit Messungen, nach denen Schottky-Dioden auf n-Silizium mit einer Bandlücke $W_G \approx 1.1$ eV Barrierehöhen $W_{MS} \approx 0.6 - 0.8$ eV haben und Schottky-Dioden auf n-Galliumarsenid mit $W_G \approx 1.4$ eV typische Werte $W_{MS} \approx 0.8 - 1$ eV haben. Die Diffusionsspannung U_D hat damit bei hohen Dotierungen, wie sie bei Schottky-Dioden für HF-Anwendungen auch üblich sind, Werte $U_D \approx 0.5 - 0.7$ V auf n-Silizium und Werte $U_D \approx 0.7 - 0.9$ V auf n-Galliumarsenid. (Experimentell stellt man auch fest, daß besonders auf n-GaAs aufgebrachte Metalle zu einem Schottky-Kontakt führen und nur in Sonderfällen bei Einlegieren sich ohmsche Kontakte bilden (s. Abschnitt 2.1).)

Bild 9.4 zeigt den Bandverlauf eines Schottky-Übergangs auf einem n-dotierten Halbleiter.

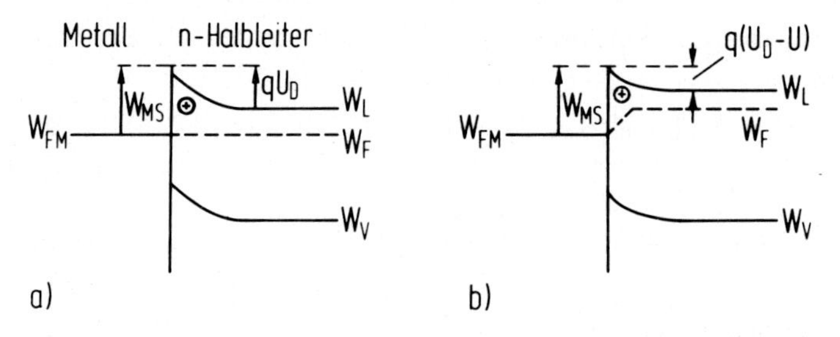

Bild 9.4
Bändermodell eines Schottky-Überganges auf einem n-Halbleiter ohne angelegte Spannung (a) und bei einer Spannung $U > 0$ am Metall (Flußrichtung) (b)

Man sieht, daß im Halbleiter mit einer Raumladungszone durch die ionisierten Donatoren (im Bild durch ⊕ gekennzeichnet) sich Bandverläufe wie bei einem pn-Übergang einstellen. Wenn die Bandaufwölbung nur etwa 2/3 der Bandlücke W_G beträgt, ist an der Grenzfläche zum Metall der energetische Abstand zwischen dem Ferminiveau und der Valenzbandkante mit etwa $W_G/3$ so groß, daß die Dichte der Löcher an der Grenzschicht noch sehr klein bleibt. Bei den weiteren Überlegungen zur Strom-Spannungscharakteristik brauchen somit die Löcher, d.h. die Minoritätsträger, nicht einbezogen zu werden.

kein Minoritätsträgereinfluß

Aufgabe 9.3

Der Bandverlauf im n-Halbleiter stimmt nach dem bisherigen überein mit dem eines abrupten pn-Überganges und $N_A/N_D \to \infty$.
Geben Sie den Verlauf des elektrischen Feldes E(x), des Potentials $\Phi(x)$ an und die (differentielle) Sperrschichtkapazität c(U). x ist dabei die Ortskoordinate und wird von der Grenzfläche aus in den Halbleiter hinein positiv gezählt.

Die Strom-Spannungscharakteristik eines Schottky-Überganges gewinnen wir durch folgende Überlegungen: Der stromlose Zustand ohne äußere Spannung ist wie beim pn-Übergang aufzufassen als eine Kompensation zweier gleichgroßer, entgegengerichteter Ladungsträgerströme. Zum einen diffundieren Elektronen aus dem Halbleiterinneren infolge des Konzentrationsgradienten zum Kontakt, zum andern fließt, bedingt durch das Driftfeld in der Raumladungszone ein Elektronenstrom vom Metall zum Halbleiter. Bei Anlegen einer äußeren Spannung ändert sich der Elektronenstrom vom Metall zum Halbleiter praktisch nicht, denn er wird bestimmt durch die nahezu spannungsunabhängige Energiebarriere W_{MS}, welche die Metallelektronen überwinden müssen, um in den Halbleiter zu gelangen. Dagegen hängt der Elektronenstrom vom Halbleiter zum Metall von der angelegten Spannung ab.

I-U-Kennlinie: *Grundgedanke*

Der Elektronenstrom aus dem Halbleiter in das Metall wird unter der Annahme bestimmt, daß die Weite w der Raumladungszone klein ist gegen die freie Weglänge l_e der Elektronen zwischen 2 Stößen mit Phononen. Dann durchqueren Elektronen, deren kinetische Energie größer ist als die Energiebarriere $q(U_D - U)$ zwischen Halbleiter und Metall, die Sperrschicht ohne Stöße und werden in das Metall emittiert. Dieser Vorgang entspricht der eingangs beschriebenen thermischen Emission. Die Annahme $w < l_e$ ist insbesondere bei der praktisch wichtigen Aussteuerung in Flußrichtung eine gute Näherung, ihre Anwendung ist im

Emissionstheorie

Zusammenhang zu sehen damit, daß der Schottky-Übergang ein ideal abrupter Übergang ist im Unterschied zu einem pn-Übergang, der z.B. durch Diffusionstechnik hergestellt wird. Wegen dieser eben beschriebenen Annahme über den Mechanismus des Stromflusses vom Halbleiter zum Metall bezeichnet man den im folgenden beschriebenen Berechnungsgang auch als Emissionstheorie. Dann ist bei einer Querschnittsfläche A der Diode der Elektronenstrom I_{HL-M} vom Halbleiter zum Metall

$$I_{HL-M} = K \cdot A \exp\{-q(U_D - U)/kT\} \tag{9.6}$$

mit einer Konstanten K, die wir hier nicht genauer berechnen wollen und dem entscheidenden Exponentialfaktor, der als Boltzmann-Faktor angibt, welcher Anteil der Halbleiter-Elektronen die Energiebarriere $q(U_D - U)$ überwinden kann. Ohne angelegte Spannung, d.h. im Gleichgewichtszustand, muß der Elektronenstrom I_{M-HL} vom Metall zum Halbleiter entgegengesetzt gleich groß sein, $I_{M-HL} = -I_{HL-M}$ für $U = 0$. Bei einer äußeren Spannung $U \neq 0$ bleibt nun der Strom I_{M-HL} unverändert, da er durch die fast spannungsunabhängige Energiebarriere W_{MS} (s. Bild 9.4) bestimmt ist. Die Überlagerung beider Stromkomponenten ergibt damit eine Strom-Spannungs-Kennlinie der Schottky-Diode gemäß

$$I = I_S \{\exp(qU/kT) - 1\} . \tag{9.7}$$

Der Sättigungsstrom $I_S = KA$ ist nach diesen Überlegungen unabhängig von der Spannung, er hängt exponentiell von W_{MS} ab.
Eine verfeinerte Theorie muß hier vernachlässigte Effekte einbeziehen. Diese lassen sich zusammenfassen in einer Kennlinie der Form

Kennlinien-gleichung

$$I = I_S \{\exp(qU/(\nu kT)) - 1\} \tag{9.8}$$

mit einem sogenannten Idealitätsfaktor ν, der für Schottky-Dioden auf n-Si und n-GaAs typisch bei $\nu \simeq 1.01 - 1.1$ liegt. Formal stimmt nach Gl.(9.7) oder (9.8) die Strom-Spannungscharakteristik einer Schottky-Diode mit der einer pn-Diode überein. Aus der Herleitung ergibt sich aber der grundsätzliche Unterschied, daß bei Schottky-Dioden nur Majoritätsträger, d.h. hier die Elektronen des n-Halbleiters, eine Rolle spielen.

Aufgabe 9.4

Wie groß ist etwa die freie Weglänge l_e der Elektronen in Silizium bei 300 K und einer Beweglichkeit μ_n = 1500 cm^2/Vs ?

Bild 9.5 zeigt die Kennlinien einer typischen Schottky-Diode für hohe Frequenzen bei Diodentemperaturen von 25°C und 100°C. Bis hin zu recht hohen Strömen, d.h. bis der Spannungsabfall an parasitären Bahnwiderständen noch nicht wesentlich eingeht, steigt der Strom I exponentiell mit der Flußspannung an.

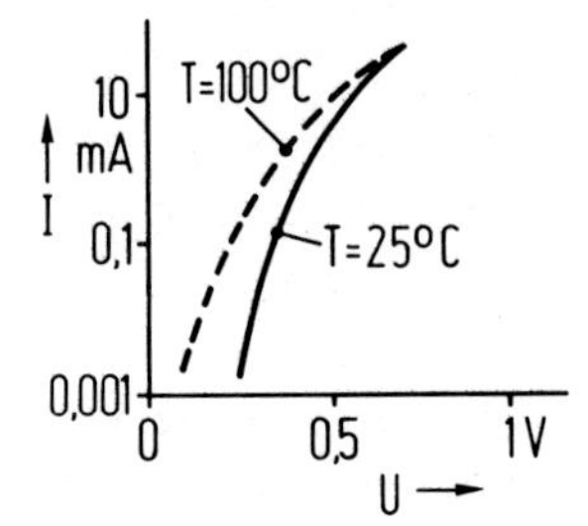

Bild 9.5
Strom-Spannungskennlinien einer typischen Schottky-Diode für HF-Anwendungen bei 25°C und 100°C Diodentemperatur

9.2.2 Aufbau und Kenngrößen von Schottky-Varistoren

Bei der Aussteuerung in Flußrichtung bildet der Schottky-Übergang nach Gl. (9.8) einen nichtlinearen Widerstand, dessen Funktion im Unterschied zum pn-Übergang nicht durch Speichereffekte beeinträchtigt wird.
Durch die Minoritätsspeicherung bei einer Aussteuerung in Flußrichtung wirkt ein pn-Übergang für kleine Signale wie die Parallelschaltung eines Widerstandes mit der Diffusionskapazität c_D. Nur bei Frequenzen f mit $2\pi f\tau \ll 1$ bei einer Lebensdauer τ der injizierten Minoritätsträger wirkt ein pn-Übergang wie ein nichtlinearer Widerstand. Bei Silizium muß dazu die Frequenz in der Regel wesentlich niedriger als 1 MHz sein. Bei höheren Frequenzen wird die Funktion des nichtlinearen Widerstandes durch die parallelgeschaltete Diffusionskapazität immer stärker beeinträchtigt. Speichereffekte begrenzen auch bei einer Aussteuerung mit großen Signalen die Geschwindigkeit, mit der vom Flußbereich in den Sperrbereich umgeschaltet werden kann, damit werden u.a. Gleichrichteranwendungen von pn-Dioden beeeinträchtigt.

Bei einer Schottky-Diode liegt hingegen parallel zum Wechselstromwiderstand

$$r = \frac{dU}{dI} = \frac{\nu kT}{q(I + I_S)} \tag{9.9}$$

Kleinsignal-ersatz-schaltung

nach Gl.(9.8) nur die relativ kleine Sperrschichtkapazität und es treten keine Speichereffekte auf. Neben dem Bahnwiderstand r_b wirken sich bei hohen Frequenzen noch Zuleitungsinduktivitäten L_p und Gehäusekapazitäten C_p aus, und es ist eine Ersatzschaltung nach Bild 9.6 zu verwenden.

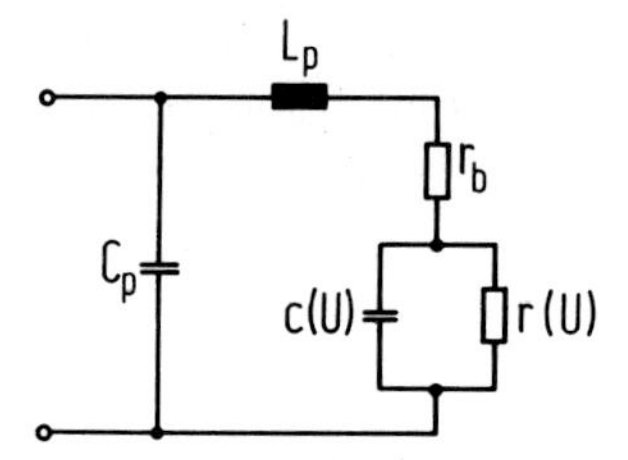

Bild 9.6
Kleinsignal-Ersatzschaltung einer Schottky-Diode mit Sperrschichtkapazität c(U), differentiellem Widerstand r(U), Bahnwiderstand r_b, Zuleitungsinduktivität L_p und Gehäusekapazität C_p

Der Bahnwiderstand r_b sollte so klein wie möglich sein, denn er beeinträchtigt wesentlich das HF-Verhalten. Aus diesem Grund werden Schottky-Dioden auf einer epitaxialen Halbleiterschicht hergestellt (s.Bild 9.7), die sich auf einem hochdotierten, gut leitenden Substrat befindet. Die Dicke d der Epitaxieschicht wird so bemessen, daß ohne Vorspannung die Sperrschicht durch die Diffusionsspannung U_D gerade bis zum Substrat reicht ($d \simeq 0.5$ µm bei $N_D \simeq 10^{16}$ cm^{-3}).

Für sehr hohe Frequenzen werden Schottky-Dioden in Streifenleitungsschaltungen in Gestalt 'nackter' Halbleiterchips durch Bonden eingefügt, oder sie werden in beam-lead-Technik ausgeführt (s. Bild 9.8, vergl. Abschnitt 6.2.3).

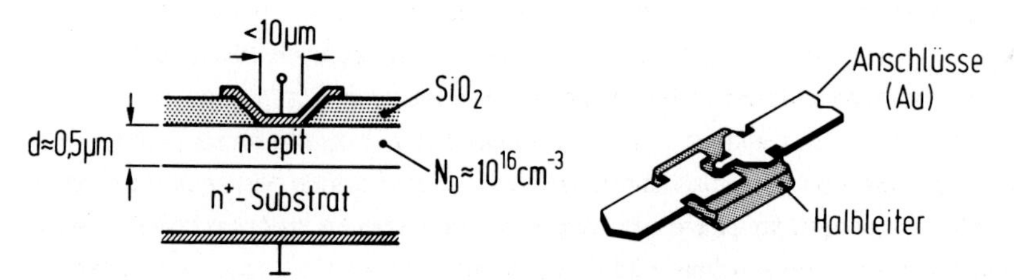

Bild 9.7
Aufbau einer epitaxialen Schottky-Diode

Bild 9.8
Schottky-Diode für hohe Frequenzen mit beam-lead-Anschlüssen

In Anwendungen wird der nichtlineare Widerstand r(U) der Schottky-Diode ausgenutzt. Bei hohen Frequenzen wird dies durch die parallel geschaltete Sperrschichtkapazität c(U) beeinträchtigt. Die Sperrschichtkapazität nimmt ihren minimalen Wert c_{min} an, wenn die Raumladungszone durch die gesamte epitaktische Schicht reicht. Dann gilt für ein ebenes Modell $c_{min} = A\varepsilon/d$. Dabei ist A die Fläche des Schottky-Kontaktes, d die Dicke und ε die Dielektrizitätskonstante der epitaktischen Schicht. Der Bahnwiderstand r_b erhält in diesem ebenen Modell den maximalen Wert $r_{bmax} = d/(A\sigma)$. Dabei ist $\sigma = qN_D\mu_n$ die spezifische Leitfähigkeit der Epitaxieschicht. Der Bahnwiderstand des Substrates wird dabei vernachlässigt. Wir wollen unabhängig von U eine Grenzfrequenz f_c definieren, bei der der kapazitive Widerstand $1/\omega c_{min}$ und Bahnwiderstand r_{bmax} gleich groß sind. Mit dieser Festlegung ist

Grenzfrequenz

$$f_c = \frac{1}{2\pi c_{min} r_{bmax}} = \frac{\sigma}{2\pi\varepsilon} . \tag{9.10}$$

Bei Vernachlässigung von Bahnverlusten im Substratmaterial und für ein ebenes Modell hängt die Grenzfrequenz also nicht von der Fläche A ab. Sie ist gleich der dielektrischen Relaxationsfrequenz $\sigma/2\pi\varepsilon$ der epitaxialen Schicht. Bekanntlich können sich Raumladungen nicht schneller als die Zeitkonstante ε/σ ändern. Die Leitfähigkeit σ der epitaktischen Schicht wird man durch hohe Dotierung N_D möglichst groß wählen, ohne daß die Durchbruchspannung U_B zu niedrig wird. Um dann aber das Impedanzniveau der Diode nicht unzweckmäßig niedrig werden zu lassen, da sonst Anpassungsprobleme auftreten, muß man dann die Fläche A möglichst klein wählen.

Technisch geht man bei Schottky-Dioden für höchste Frequenzen herab bis zum Kontaktdurchmesser von nur wenigen µm. Diese Vorschrift für den Aufbau einer Schottky-Diode führt letztlich zu ihrer ursprünglichen Form, nämlich der Spitzendiode, bei der ein Anschlußdraht mit extrem feiner Spitze auf einem Halbleiter aufgesetzt wird. Die Spitzendiode war die typische Bauform einer Schottky-Diode, bevor durch geeignete Entwicklung der Fotoätztechnik und der Halbleitertechnologie Schottky-Dioden mit reproduzierbaren, aufgedampften Kontakten hergestellt werden konnten. Dabei haben Schottky-Dioden auf n-GaAs wegen der höheren Elektronenbeweglichkeit kleinere Werte r_{bmax} als Dioden auf n-Si bei gleichem N_D. Die Durchbruchsfeldstärke in n-GaAs ist auch noch etwas größer als in n-Si (s. Tabelle II im Anhang).

GaAs-Varistor

Wie man zeigen kann, wird in vielen Anwendungen die wirksame Grenzfrequenz f_c nicht durch vorgeschaltete verlustfreie Kapazitäten und Induktivitäten wie L_p und C_p (Bild 9.6) beeinträchtigt. Praktisch sollten Gehäuse- und Zuleitungsblindwiderstände jedoch möglichst klein sein, wenn man hohe Betriebsfrequenzen erreichen will.

9.3 HF-Gleichrichter mit Schottky-Dioden

Der nichtlineare Widerstand der Schottky-Dioden, dessen Funktion nicht durch Speichereffekte beeinträchtigt ist, wird ausgenutzt zur Gleichrichtung hochfrequenter Schwingungen. Schottky-Dioden können für diesen Zweck bis hinauf zu ihrer Grenzfrequenz, d.h. bis zu Frequenzen von etwa 1000 GHz bei Schottky-Dioden auf Galliumarsenid, eingesetzt werden. Man wird immer dann HF-Gleichrichter mit Schottky-Dioden zur Detektion von HF-Schwingungen einsetzen müssen, wenn z.B. die Frequenz so hoch ist, daß keine andere Möglichkeit besteht.

HF-Gleichrichter

Wir werden feststellen, daß bei der Gleichrichtung kleiner HF-Schwingungen das Ausgangssignal proportional ist zur HF-Leistung. Außerdem werden wir feststellen, daß die Empfindlichkeit eingeschränkt ist durch den Einfluß des 1/f-Rauschens.

Eigenschaft

Schaltung

Die Ersatzschaltung eines Gleichrichters für hohe Frequenzen mit einer Schottky-Diode ist in Bild 9.9 gezeigt.

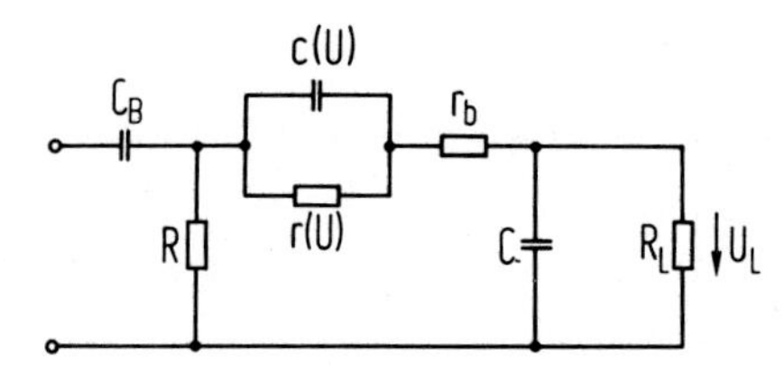

Bild 9.9
Kleinsignal-Ersatzschaltung eines HF-Gleichrichters. Zuleitungsinduktivitäten und Gehäusekapazitäten sind nicht berücksichtigt.

Der Kondensator C_B trennt HF- und Gleichstromkreis, der Kondensator C schließt die HF-Schwingung kurz. Der differentielle Widerstand der Schottky-Diode ist meist so groß, daß sich eine sehr schlechte Anpassung an die HF-Schwingung ergibt. Anpaßschaltungen sind damit auch nur schmalbandig. Vielfach wird daher eine Zwangsanpassung mit dem Widerstand R (R ≈ Wellenwiderstand Z, meist R = 50 Ω) vorgenommen. Damit erreicht man - unter Verzicht auf höchste Empfindlichkeit - heute einen Frequenzbereich von etwa 10 MHz (Grenzfrequenz des ausgangsseitigen Tiefpasses) bis über 18 GHz.

Wir untersuchen hier nur das grundsätzliche Verhalten und vernachlässigen den Bahnwiderstand r_b und die Sperrschichtkapazität c(U) der Diode. Für große Werte r(U) ist die Einspeisung niederohmig und wir können mit einer Spannung $u(t) = U_L + \hat{u}\cos\omega t$ über r(U) rechnen mit der Gleichspannung U_L und dem Scheitelwert $\hat{u}$ der HF-Schwingung. Der Stromverlauf ist dann mit Gl.(9.8)

$$i(t) = I_s\left\{\exp\left(\frac{U_L}{U_T}\right)\cdot\exp\left(\frac{\hat{u}}{U_T}\cos\omega t\right) - 1\right\}. \tag{9.11}$$

Dabei haben wir mit

$$U_T = \nu kT/q \tag{9.12}$$

die Temperaturspannung ($U_T \simeq 26$ mV bei T = 300 K) eingeführt. Die Exponentialfunktion mit periodischem Exponenten in Gl.(9.11) läßt sich als Fourierreihe darstellen nach

$$e^{x\cos\omega t} = \tilde{I}_0(x) + 2\sum_{n=1}^{\infty}\tilde{I}_n(x)\cos(n\omega t). \tag{9.13}$$

Dabei sind die $\tilde{I}_n(x)$ die modifizierten Besselfunktionen, die wir zur Unterscheidung von einem Strom I durch die Tilde kennzeichnen. Für die modifizierten Besselfunktionen gilt die Reihenentwicklung

$$\tilde{I}_n(x) = \left(\frac{x}{2}\right)^n\left\{1 + \frac{x^2}{4(n+1)!} + \ldots\right\}, \quad |x| \ll 1, \tag{9.14}$$

für große Werte |x| gilt die asymptotische Entwicklung

$$\tilde{I}_n(x) = \frac{\exp(x)}{\sqrt{2\pi x}}\left\{1 - \frac{4n^2-1}{8x} + \ldots\right\}. \tag{9.15}$$

Hier ist die Richtspannung U_L von Interesse. Aus $U_L + R_L I_0 = 0$ folgt mit Gl.(9.11), (9.14) für $U_L/U_T \ll 1$, $\hat{u}/U_T \ll 1$

$$-\left(1 + \frac{U_T}{I_s R_L}\right)\frac{U_L}{U_T} \simeq \frac{1}{4}\left(\frac{\hat{u}}{U_T}\right)^2. \tag{9.16}$$

Für $\hat{u}/U_T \ll 1$ ist damit der Zusammenhang zwischen U_L und $\hat{u}$ quadratisch, die Gleichrichterspannung ist proportional zur HF-Leistung.

quadratische Charakteristik

Aufgabe 9.5

Welche Charakteristik $U_L = f(\hat{u})$ hat der Gleichrichter für $\hat{u} >> U_T$?

Bild 9.10 zeigt eine typische Abhängigkeit der Richtspannung U_L in Abhängigkeit von der HF-Leistung für einen Breitbanddetektor mit Zwangsanpassung. (dBm ist bekanntlich ein logarithmisches Leistungsmaß mit 1 mW Bezugsleistung, d.h. z.B. 0 dBm ≙ 1 mW, -30 dBm ≙ 1 µW.)

Die quadratische Abhängigkeit $U_L = f(\hat{u})$ für $\hat{u}/U_T << 1$ führt zu einem geringen dynamischen Bereich, der außerdem noch besonders durch das 1/f-Rauschen der Diode eingeschränkt wird.

Rauschen

Wir stellen bezüglich des Rauschens fest, daß für einen Gleichrichter im Bereich der quadratischen Charakteristik keine Rauschzahl definiert werden kann, da Ein- und Ausgangsgrößen nicht linear miteinander verknüpft sind. Man kann nur so vorgehen, daß die Ausgangsrauschleistung berechnet oder gemessen wird und zur Angabe der Empfindlichkeit die HF-Leistung angegeben wird, die im Band B eine Ausgangsleistung = Rauschleistung erzeugt.

Dem 1/f-Rauschen ordnen wir eine Rauschtemperatur T_r zu über die verfügbare Rauschleistung im Band df nach

$$P_{rv} = \mathrm{const} \cdot df/f = kT_r df, \quad T_r \sim 1/f \;. \tag{9.17}$$

Bild 9.11 zeigt beispielhaft eine spektrale Verteilung der bezogenen Rauschtemperatur T_r/T_o mit $T_o = 290$ K für einen Gleichrichter mit Schottky-Diode. Man erkennt, wie durch den Einfluß des 1/f-Rauschens die Ausgangsrauschleistung bei niedrigen Frequenzen um Größenordnungen über der thermischen Rauschleistung des Widerstandes der Schottky-Diode liegt.

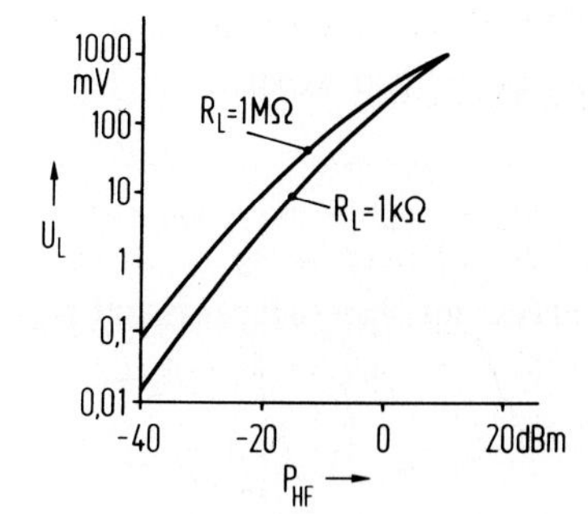

Bild 9.10
Gleichrichterspannung U_L in Abhängigkeit von der HF-Leistung P_{HF} für einen typischen Gleichrichter mit Schottky-Dioden bei zwei verschiedenen Werten des Lastwiderstandes R_L.

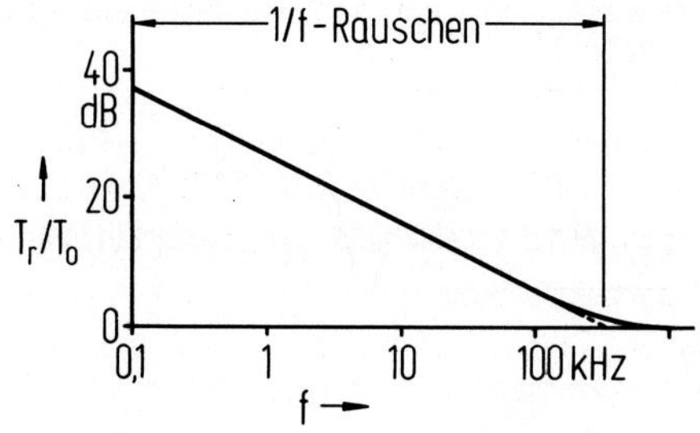

Bild 9.11
Spektrale Verteilung der bezogenen Rauschtemperatur T_r/T_o einer typischen Schottky-Diode

Lernzyklus 5 B

Lernziele

Nach dem Durcharbeiten des Lernzyklus 5 B sollen Sie in der Lage sein

- das Blockschema und die wesentlichen Vorzüge des Überlagerungsempfangs darzustellen;
- die Verhältnisse für parametrische Schaltungen zu erläutern, die Grundgleichung anzugeben, die Frequenzkomponenten zu skizzieren;
- mit Konversionsmatrizen bzw. den zugehörigen Ersatzschaltungen parametrische Schaltungen zu berechnen;
- einfache Schaltungen für Abwärtsmischer mit Transistoren darzustellen;
- die wesentlichen Eigenschaften von Diodenmischern zu berechnen;
- darzustellen, wie das Rauschen von Diodenmischern berechnet wird;
- das Schema und die Vorteile von Gegentaktmischern zu erläutern;
- den Aufbau von Gegentaktmischern mit Hybridring-Kopplern zu skizzieren.

9.4 Überlagerungsempfang

Zum Empfang schwacher HF-Signale wird das aus dem Rundfunk bekannte Überlagerungs- oder Superheterodynverfahren herangezogen. Dabei wird das Eingangssignal mit der Frequenz f_s zusammen mit einer anderen hochfrequenten Schwingung bei der Frequenz f_p einem nichtlinearen Bauelement zugeführt. Eine Mischung mit der Aussteuerung eines nichtlinearen Bauelementes durch zwei überlagerte Schwingungen wird als additive Mischung bezeichnet. Die Überlagerung zweier Schwingungen an einem nichtlinearen Bauelement erzeugt im allgemeinen alle Kombinationsfrequenzen $|\pm nf_p \pm mf_s|$ mit m, n = 0, 1, 2, 3.... Wenn aber die Amplitude der Signalschwingung bei f_s sehr klein ist, so entstehen am nichtlinearen Element nur Kombinationsfrequenzen

Überlagerungsempfang

additive Mischung

$$|nf_p \pm f_s| \text{ mit } n = 0, 1, 2, \ldots.$$

Es treten keine Oberschwingungen von f_s auf. Die Frequenz der Überlagerungsschwingung wird so eingestellt, daß die Differenz $|f_p - f_s|$ gleich einer fest eingestellten Zwischenfrequenz f_z wird, $f_z = |f_p - f_s|$.

Die Überlagerungsschwingung wird von einem Oszillator am Ort des Empfängers (Lokaloszillator) erzeugt. Beim Empfang von Schwingungen bei verschiedenen Frequenzen f_s wird die Frequenz des Lokaloszillators immer so eingestellt, daß $|f_p - f_s| = f_z$ gilt. Zur Bildung der Zwischenfrequenz f_z ist es gleichgültig, ob die Frequenz f_p der Überlagerungsschwingung oberhalb oder unterhalb der Signalfrequenz f_s liegt. Wenn $f_p > f_s$ ist, gilt $f_z = f_p - f_s$, eine Erhöhung von f_s verringert f_z, es liegt Mischung in Kehrlage vor. Für $f_s > f_p$ ist $f_z = f_s - f_p$, eine Erhöhung von f_s vergrößert auch f_z, die Mischung erfolgt in Gleichlage. Meist wird jedoch f_p höher als f_s gewählt, da dann die Frequenz der Überlagerungsschwingung zur Einstellung auf verschiedene Signalfrequenzen f_s über eine kleinere relative Bandbreite verändert wird.

Lokaloszillator

Die Vorteile eines Abwärtsmischers zum Empfang von HF-Signalen werden anhand der Prinzipschaltung eines Rundfunk-Überlagerungsempfängers nach Bild 9.12 verdeutlicht.

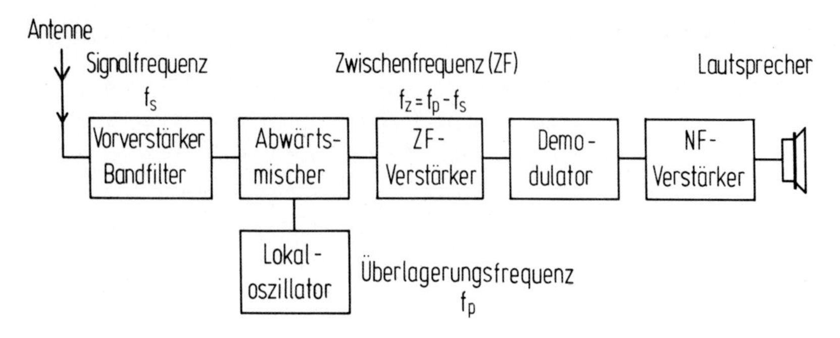

Bild 9.12
Prinzip eines Rundfunk-Überlagerungsempfängers

Beispiel

Es wird dabei das Eingangssignal mit der Frequenz f_s durch einen HF-Verstärker ggfs. vorverstärkt und durch ein Bandfilter mit relativ großer Bandbreite vorgesiebt. Das Eingangssignal wird dann zusammen mit dem Signal des Lokaloszillators auf einen Abwärtsmischer gegeben. Das Ausgangssignal des Abwärtsmischers bei der festen Zwischenfrequenz (ZF) wird weiter verstärkt und durch Bandfilter weiter gesiebt. Anschließend wird im Demodulator das der Sendeschwingung durch die jeweilige Modulationsart aufgeprägte Nachrichtensignal zurückgewonnen, in einer Niederfrequenz-Leistungsstufe auf die gewünschte Signalleistung verstärkt und damit der Lautsprecher ausgesteuert.

Aus dieser Schaltung ergeben sich die wesentlichen Vorzüge des Überlagerungsempfangs:

Vorteile

- Für den Empfang verschiedener Sendefrequenzen braucht beim Überlagerungsverfahren nur der Lokaloszillator entsprechend der vorgegebenen Zwischenfrequenz abgestimmt zu werden zusammen mit den Eingangsbandfiltern mit ihrer relativ großen Bandbreite. Die eigentliche Verstärkung und geforderte Siebung des Eingangssignals für eine Trennung dicht in der Frequenz beieinanderliegender Sender erfolgt bei der fest eingestellten Zwischenfrequenz.

- Wir werden feststellen, daß in einem Abwärtsmischer das HF-Signal linear auf die Zwischenfrequenz umgesetzt wird. Ein Abwärtsmischer ist deshalb viel empfindlicher als ein Gleichrichter mit seiner quadratischen Charakteristik.

- Die Zwischenfrequenz f_z wird so hoch gewählt, daß das 1/f-Rauschen keinen Einfluß mehr hat. Auch aus diesem Grunde ist ein Abwärtsmischer viel empfindlicher als ein Gleichrichter.

Bei der Schaltungsauslegung ist zu beachten, daß die Umsetzung in die Zwischenfrequenz mehrdeutig werden kann. Wenn nur die Grundschwingung f_p des Lokaloszillators am Mischvorgang beteiligt ist und f_p und f_z gemäß $f_s = f_p - f_z$ eingestellt werden ($f_p > f_s$), dann wird auch die sogenannte Spiegelfrequenz $f_{sp} = f_p + f_z = 2f_p - f_s$ auf f_z umgesetzt. (Bei Mischung in Gleichlage, $f_s > f_p$, tritt als Spiegelfrequenz $f_{sp} = f_p - f_z$ auf.) Für einen eindeutigen Empfang muß daher dem Mischer ein Filter vorgeschaltet werden, das die Spiegelfrequenz sperrt.

Spiegelfrequenz

Als nichtlineares Element kann im Prinzip jedes Bauelement mit nichtlinearer Charakteristik verwendet werden. Bei Frequenzen bis zu einigen 100 MHz kommen für eine Abwärtsmischung auch Transistoren in Betracht. Bis weit in den GHz-Bereich haben sich vor allem Abwärtsmischer mit Schottky-Dioden bewährt.

Bevor aber auf Ausführungsformen und Eigenschaften von Abwärtsmischern genauer eingegangen wird, soll ein Berechnungsverfahren vorgestellt werden, das wir mit Vorteil auch in Kapitel 11 bei der Frequenzumsetzung mit nichtlinearen Reaktanzen heranziehen werden.

9.5 Parametrische Rechnung

Die Berechnung und die Bemessung von Schaltungen mit nichtlinearen Elementen erfordern Grundlagen der Berechnung nichtlinearer Schaltungen.

Bei der Bestimmung von Signalverzerrungen wurde die Polynomdarstellung einer nichtlinearen Charakteristik benutzt. Dieses Verfahren kommt hier kaum in Betracht, da gerade die Nichtlinearität ausgenutzt wird, diese also möglichst stark sein sollte.

In einer Reihe praktischer Fälle setzt sich die Aussteuerung an einem nichtlinearen Element aus einer großen Steueramplitude und kleinen Signalgrößen zusammen. Die Aussteuerung durch die große Steueramplitude verschiebt den Arbeitspunkt, um den durch die kleinen Signale

parametrische Schaltungen

ausgesteuert wird. Der Zusammenhang zwischen den kleinen Signalen ist dann in jedem Arbeitspunkt linear. Es verändern sich aber im Takte des großen Steuersignals mit dem Arbeitspunkt bestimmte Parameter der Schaltung. Man bezeichnet nichtlineare Schaltungen unter diesen Verhältnissen als parametrische Schaltungen.

Wir betrachten zur Ableitung der besonderen Eigenschaften parametrischer Schaltungen eine nichtlineare, eindeutige Strom-Spannungs-Kennlinie $I = I(U)$. Sie wird ausgesteuert mit einer Schwingung $u_p(t)$ großer Amplitude (der Index p steht für Pumpschwingung) und einem kleinen Signal $\Delta u(t)$. Wenn $\Delta u(t)$ sehr klein gegenüber $u_p(t)$ ist, gilt in guter Näherung die Ausgangsgleichung für parametrische Schaltungen

Grund-
gleichung

$$I(u_p(t)+\Delta u(t)) = I(u_p(t)) + \left.\frac{dI}{dU}\right|_{u_p(t)} \Delta u(t) = I(u_p(t)) + \Delta i(t). \quad (9.18)$$

Die Kleinsignalspannung $\Delta u(t)$ bewirkt demnach einen Kleinsignalstrom

$$\Delta i(t) = g(u_p(t)) \cdot \Delta u(t), \quad g = dI/dU \quad (9.19)$$

mit dem differentiellen Leitwert $g(u_p(t))$ der Kennlinie. Der momentane Leitwert $g(u_p(t))$ hängt ab von $u_p(t)$ und ist der Parameter, der durch die Schwingung großer Amplitude verändert wird. Wichtig ist, daß Δi und Δu linear miteinander verknüpft sind über den zeitabhängigen Leitwert $g(u_p(t))$. Es gilt mithin das Überlagerungsprinzip für Kleinsignalgrößen. Es treten aber durch das zeitvariante Element $g(u_p(t))$ neue Frequenzkomponenten auf. Wir erkennen die Zusammenhänge zwischen einzelnen Frequenzkomponenten beim Übergang zur Phasordarstellung. Bei einer periodischen Pumpschwingung mit der Kreisfrequenz ω_p ist auch $g(u_p(t))$ periodisch und läßt sich als Fourierreihe gemäß

harmonische
Aussteuerung

$$g(u_p(t)) = \sum_{n=-\infty}^{\infty} g_n \exp(jn\omega_p t),$$
$$g_n = \frac{1}{2\pi} \int_{-\pi}^{\pi} g(u_p(t)) \exp(-jn\omega_p t)\, d(\omega_p t) \quad (9.20)$$

darstellen mit $g_{-n} = g_n^*$, weil $g(u_p(t))$ eine reelle Funktion ist.

Nehmen wir zunächst an, daß $\Delta u(t)$ monofrequent mit der Kreisfrequenz ω_s

ist, so sehen wir aus Gl.(9.19), (9.20), daß $\Delta i(t)$ alle Kombinationsfrequenzen $|f_s \pm nf_p|$ enthält. Die Kleinsignalnäherung wirkt sich also so aus, daß Oberschwingungen von f_s nicht auftreten. Die Ströme bei den verschiedenen Frequenzen bewirken aber an den äußeren Schaltungen neue Komponenten der Spannung.

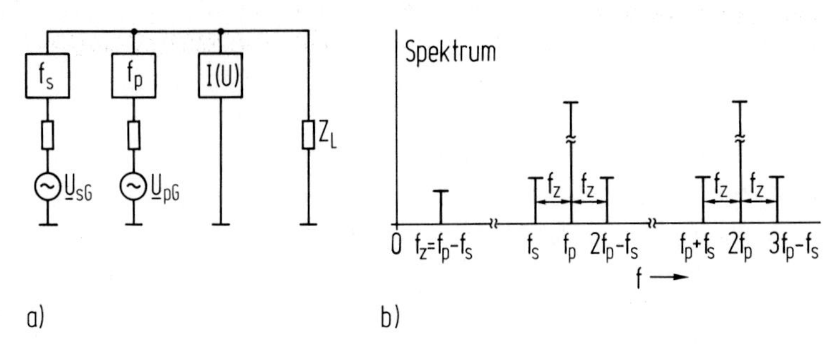

Bild 9.13
a) Aussteuerung einer nichtlinearen Kennlinie I(U) durch zwei Generatoren bei f_p und f_s mit $|\underline{U}_{pG}| >> |\underline{U}_{sG}|$ (parametrische Aussteuerung)
b) Spektrum der Spannungen/Ströme bei Z_L. Die Linien f_p, $2f_p$ etc. gehören zu $I(u_p(t))$.

Diese Verhältnisse sind in Bild 9.13 skizziert, wenn die Kennlinie I(U) durch ein großes Signal bei f_p und ein Kleinsignal bei $f_s < f_p$ ausgesteuert wird. (Man beachte, daß bei einer Großsignalaussteuerung bei f_p und f_s auch Oberschwingungen von f_s auftreten.) Durch Wahl eines Z_L vorgeschalteten Bandpasses, z.B. bei der Zwischenfrequenz f_z, fließen nur Ströme bei f_s, f_p und f_z durch das nichtlineare Element und bewirken einen Leistungsumsatz von f_s auf f_z (Abwärtsmischung). Entsprechend kann Z_L auf eine andere Kombinationsfrequenz eingestellt werden (Aufwärtsmischung).

Wir wollen im Zusammenhang mit Abwärtsmischern zulassen, daß neben dem Strom bei der Signalfrequenz f_s noch ein Strom bei der Differenzfrequenz $f_z = f_s - f_p$ durch das nichtlineare Element fließt. In Phasordarstellung ist dann bei Wiedergabe der Realteilbildung

$$\Delta i(t) = \sqrt{2} \cdot \frac{1}{2} \left\{ \underline{I}_s \, e^{j\omega_s t} + \underline{I}_s^* \, e^{-j\omega_s t} + \underline{I}_z \, e^{j\omega_z t} + \underline{I}_z^* \, e^{-j\omega_z t} \right\}. \quad (9.21)$$

Nur Spannungsphasoren bei f_s und f_z ergeben eine Wirkleistung am nichtlinearen Element, wir schreiben daher für $\Delta u(t)$ analog

$$\Delta u(t) = \frac{1}{\sqrt{2}} \left\{ \underline{U}_s e^{j\omega_s t} + \underline{U}_s^* e^{-j\omega_s t} + \underline{U}_z e^{j\omega_z t} + \underline{U}_z^* e^{-j\omega_z t} \right\}. \tag{9.22}$$

Nach Einsetzen von Gl.(9.21). (9.22) in Gl.(9.19), Benutzung von Gl.(9.20) und Sortieren der Frequenzkomponenten folgt die Gleichung

Konversionsmatrix

$$\begin{bmatrix} \underline{I}_s \\ \underline{I}_z \end{bmatrix} = \begin{bmatrix} g_0 & g_1 \\ g_1^* & g_0 \end{bmatrix} \begin{bmatrix} \underline{U}_s \\ \underline{U}_z \end{bmatrix} = [g] \begin{bmatrix} \underline{U}_s \\ \underline{U}_z \end{bmatrix} \tag{9.23}$$

mit der Konversionsmatrix $[g]$. Wir erkennen, daß wie bei einem linearen Zweitor Strom- und Spannungsphasoren linear miteinander verknüpft sind, es gehören aber im Unterschied zu linearen und zeitinvarianten Zweitoren die Phasoren mit den Indizes s und z zu verschiedenen Frequenzen f_s und f_z. Die Amplitude der Pumpschwingung tritt nicht mehr explizit auf. Sie ist in den Koeffizienten g_n enthalten. Wir sehen weiter, daß die Spannung $\underline{U}_s$ bei f_s einen Kurzschlußstrom $\underline{I}_z$ bei der Zwischenfrequenz f_z bewirkt, der linear die Amplitude und Phase von $\underline{U}_s$ enthält.

Wird im übrigen anders als oben $f_z = f_p - f_s$ gewählt, so gilt

$$\begin{bmatrix} \underline{I}_s \\ \underline{I}_z^* \end{bmatrix} = \begin{bmatrix} g_0 & g_1 \\ g_1^* & g_0^* \end{bmatrix} \begin{bmatrix} \underline{U}_s \\ \underline{U}_z^* \end{bmatrix}. \tag{9.24}$$

Der Kurzschlußstrom $\underline{I}_z$ enthält jetzt die Phase von $\underline{U}_s$ mit anderem Vorzeichen. Wenn die Zeitfunktion $u_p(t)$ gerade ist bei $t = 0$, was bei sinusförmigem $u_p(t)$ ohne Einschränkung der Allgemeinheit angenommen werden kann, so sind die Fourierkoeffizienten g_n in Gl.(9.20) reell. Die Konversionsmatrix ist dann symmetrisch, die Schaltung also reziprok.

Verallgemeinerung

Entsprechend dem gezeigten Weg ergeben sich bei Zulassen weiterer Kombinationsfrequenzen in $\Delta i(t)$ und $\Delta u(t)$ lineare Gleichungen zwischen den Phasoren. Diese Gleichungen können durch Ersatzschaltungen wiedergegeben werden, wie in Bild 9.14 beispielhaft für Gl.(9.23), (9.24) gezeigt ist.

Derartige Ersatzschaltungen sind für das nichtlineare Element unter parametrischen Bedingungen in die Schaltung für Berechnungen einzufügen. Wir sehen auch anschaulich an diesen Ersatzschaltungen, daß wir den in

Kapitel 3 angeführten Formalismus für Zweitorparameter voll anwenden können z.B. im Hinblick auf Ein- und Ausgangswiderstand, Verstärkung, Stabilität etc.

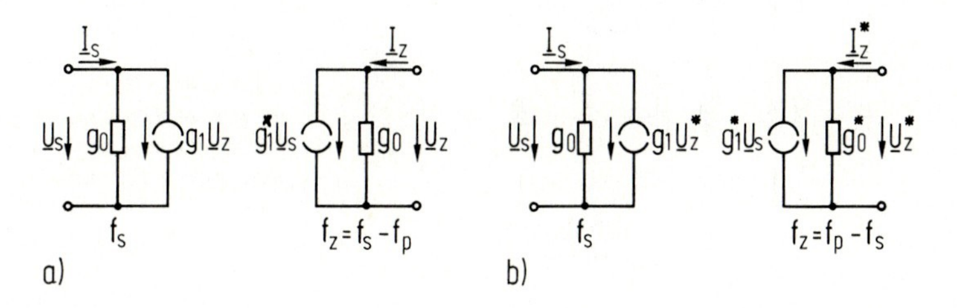

Bild 9.14
Ersatzschaltungen für eine nichtlineare Kennlinie $I = I(U)$ bei parametrischer Aussteuerung durch f_p für Kleinsignalkomponenten bei f_s, $f_z = f_s - f_p$ (a) und f_s, $f_z = f_p - f_s$ (b)

Aufgabe 9.6

Welche der in Bild 8.14 aufgeführten Frequenzkomponenten sind bei einem parametrischen Betrieb mit f_p und f_s und einer kubischen Kennlinie I(U) von Bedeutung ?

Aufgabe 9.7

Geben Sie die Konversionsmatrix und die Ersatzschaltung für eine Kennlinie I(U) an, wenn neben $f_z = f_p - f_s$ und f_s auch noch bei $2f_p - f_s$ ein Leistungsumsatz stattfindet.

9.6 Abwärtsmischer mit FET

In Empfangsstufen für den Hör- und Fernsehrundfunk mit Frequenzen bis etwa 1 GHz werden Abwärtsmischer vorzugsweise mit Transistoren aufgebaut. Bei bipolaren Transistoren wird die stark nichtlineare Eingangskennlinie $I_e = f(U_{be})$ herangezogen. In Feldeffekttransistoren, die zunehmend eingesetzt werden, wird die spannungsabhängige Steilheit $S(U_{GS})$ ausgenutzt. Eine vereinfachte additive Mischstufe mit einem FET ist in Bild 9.15 dargestellt. Der Lokaloszillator kann auch additiv zur Signalspannung auf das Gate geschaltet werden. Es ist aber in der Funktechnik allgemein zu beachten, daß die Schwingung des Lokaloszillators nur sehr wenig in den Signalzweig überkoppelt, damit sie nicht über die

Empfangsantenne störend abgestrahlt wird.

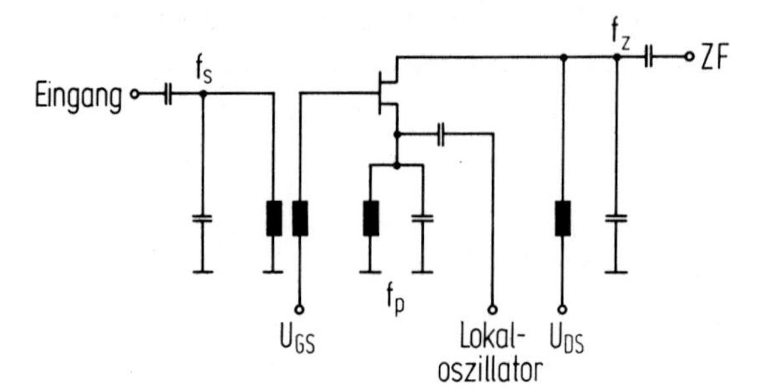

Bild 9.15
Einfaches Schema einer additiven Mischstufe mit FET zum Abwärtsmischen

Wir betrachten einen n-Kanal Sperrschicht-FET (die prinzipiellen Ergebnisse können auch auf MOSFET übertragen werden). Für große Kanallängen L ist die Steilheit im Sättigungsbereich nach Gl.(2.26)

$$S_s = G_o\{1 - [(U_D - U_{GS})/U_{po}]^{1/2}\} \ . \tag{9.25}$$

Zur Unterscheidung von der Pumpspannung wird hier die pinch-off-Spannung mit U_{po} bezeichnet.)
Wir erhalten einfache Ergebnisse, wenn für eine Übersicht der gekrümmte Verlauf $S_s(U_{GS})$ durch eine Gerade ersetzt wird. Aus Bild 9.16 wird deutlich, daß wir die Fourierkomponenten von S_s, die wir mit g_o, g_1... bezeichnen, aus Abschnitt 8.1 übernehmen können.

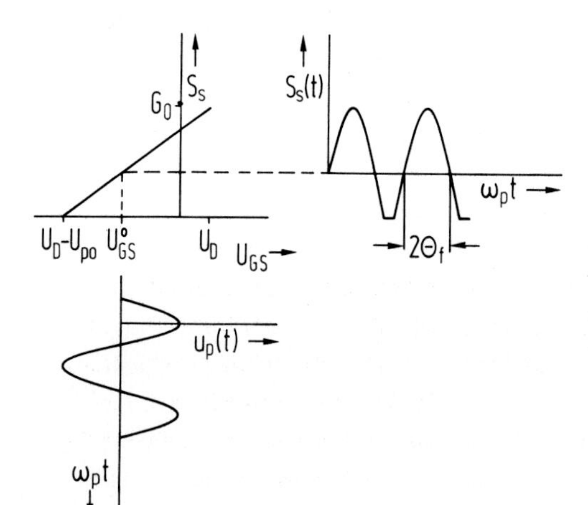

Bild 9.16
Zeitverlauf der FET-Steilheit S_s für eine Spannung $U^o_{GS} + \hat{u}_p \cos\omega_p t$ zwischen Gate und Source bei einem linearen Verlauf $S_s(U_{GS})$

Bei einem 'Stromflußwinkel' mit $\cos\theta_f = (U_D - U_{po} - U^o_{GS})/\hat{u}_p$ folgen g_o und g_1 aus Gl.(8.21), wenn wir I_m durch G_o ersetzen. Aus Bild 8.9 erkennt man, daß für große Werte g_1 höchstens mit $U^0_{GS} \approx U_D - U_{po}$ negativ vorgespannt werden sollte, dann ist $g_1 \approx G_0/2$, d.h. halb so groß wie die maximal mögliche Steilheit des FET. Für praktische Arbeitspunkte, die unter Beachtung der Krümmung des $S_s(U_{GS})$-Verlaufs dicht bei $U_D - U_{po}$ liegen, ist $g_1 \approx S_s/3$.

passive FET-Mischer

Bei Betrieb des FET-Mischers im aktiven Betrieb des FET ist mit dem Drain-Source-Strom I_{DS} ein hohes 1/f-Rauschen verbunden, das bei GaAs-MESFET bis über 30MHz wirksam ist. Es erhöht für niedrige Zwischenfrequenzen drastisch das ZF-Rauschen. Günstiger ist ein FET-Mischer im passiven Betrieb nach Bild 9.17. Er arbeitet ohne Drainvorspannung, $U_{DS}=0$. Die Pumpschwingung steuert den nichtlinearen Drain-Source-Leitwert g_d nach Gl.(2.25) durch.

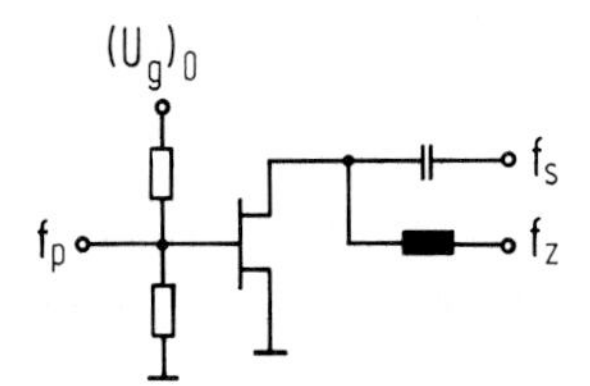

Bild 9.17
Passiver FET-Mischer mit $U_{DS}=0$. Die Pumpschwingung bei f_p steuert den Drain-Source-Leitwert g_d. Signal- und Zwischenfrequenz werden durch eine einfache LC-Weiche getrennt.

Die Berechnung des passiven FET-Mischers mit gesteuertem Leitwert g_d entspricht vollständig der Analyse des Diodenmischers im folgenden Abschnitt.

Passive FET-Mischer sind unkritisch bzgl. ihrer Stabilität. Sie haben typisch Konversionsverluste von 5-8dB und Rauschzahlen ebenfalls zwischen 5 und 8dB. FET-Mischer im aktiven FET-Betrieb haben eine vergleichbare Rauschzahl. Sie erzielen mit GaAs-MESFET einen Konversionsgewinn bis etwa 10dB für Signalfrequenzen bis weit in den GHz-Bereich.

Bild 9.18 zeigt schematisch den Aufbau eines Abwärtsmischers mit GaAs-MESFET für den GHz-Bereich in Mikrostrip-Technik. Signal- und Lokaloszillator werden über einen Leitungskoppler zugeführt. (Beachten Sie die Abschwächung beider Schwingungen durch den Koppler; s. dazu auch den folgenden Abschnitt.) Die Filter sind hier nach Verfahren aufgebaut, die wir in Abschnitt 6.3 kennengelernt haben. Einen Anhaltspunkt für die Eigenschaften von MESFET-Mischern mit Signalfrequenzen bis etwa 10 GHz und ZF-Frequenzen bis etwa 1 GHz liefert Bild 9.19. Man erreicht einen beträchtlichen Konversionsgewinn, die Rauschzahl (s. Abschnitt 9.7) der MESFET-Mischer ist aber heute noch erheblich größer als von MESFET-Verstärkern. Derartige MESFET-Mischer sind von zukünftigem Interesse beim Aufbau monolithischer Mikrowellenempfänger auf GaAs u.a. für das 12 GHz-Fernsehen.

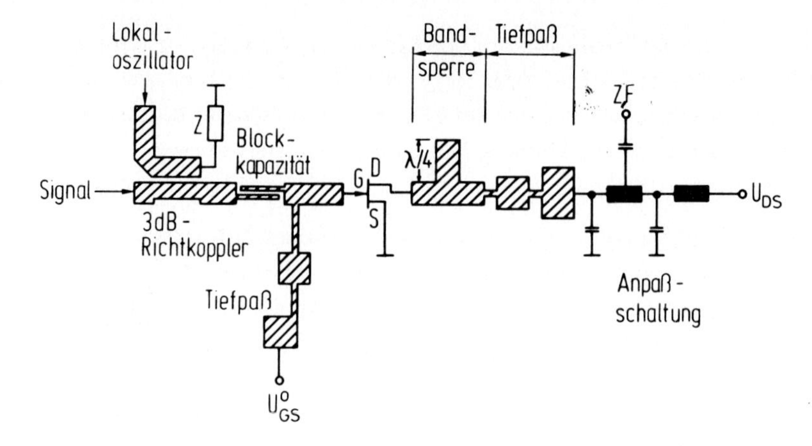

Bild 9.18
Beispiel für den Aufbau eines MESFET-Mischers in Mikrostrip-Technik für den Mikrowellenbereich

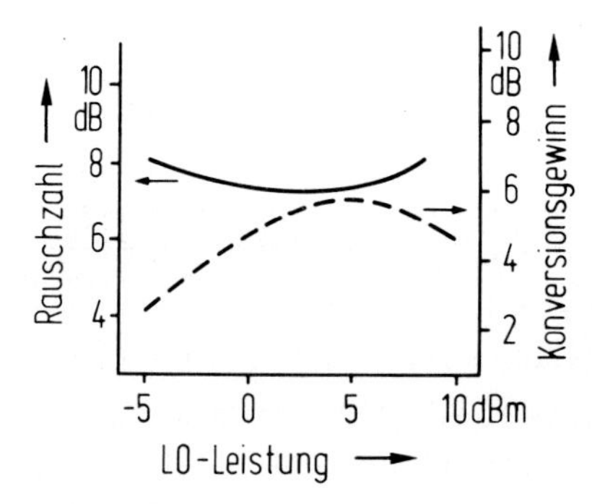

Bild 9.19
Typischer Konversionsgewinn und typische Rauschzahl von MESFET-Mischern

---

Aufgabe 9.8

Berechnen Sie die Abwärtsmischung mit FET aus der Kennliniengleichung $I_{DS}(U_{GS})$ im Sättigungsbereich. Dabei soll die Kennliniengleichung entsprechend der linearen Näherung von Gl.(9.25) vereinfacht werden.

9.7 Abwärtsmischer mit Schottky-Dioden

Für den Überlagerungsempfang bei Signalfrequenzen oberhalb etwa 1 GHz werden heute bevorzugt Abwärtsmischer mit Schottky-Dioden eingesetzt. Sie eigenen sich aufgrund ihrer extrem hohen Grenzfrequenz und ihrer ausgeprägten Nichtlinearität (s. Abschnitt 9.2) bis zu Frequenzen von etwa 300 GHz.

Die grundsätzliche Schaltung eines Abwärtsmischers mit einer Schottky-Diode ist in Bild 9.20 gezeigt. Die Parallelschwingkreise lassen nur Spannungen $\underline{U}_s$, $\underline{U}_p$, $\underline{U}_z$ über der Diode zu. Alternativ kann auch durch Serienschwingkreise eine Stromaussteuerung vorgesehen werden. Wir haben aber in Abschnitt 9.5 die Spannungen als unabhängige Variable gewählt.

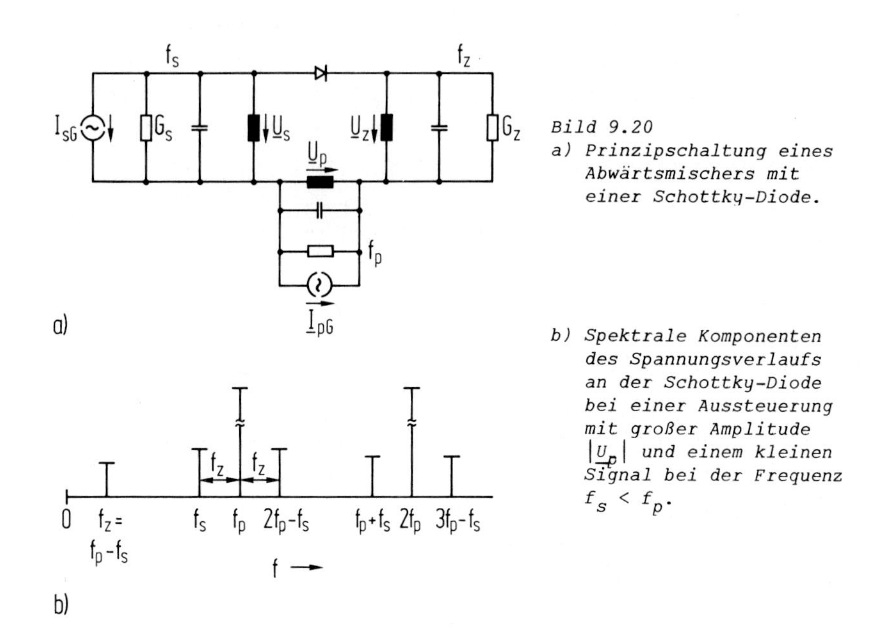

Bild 9.20
a) Prinzipschaltung eines Abwärtsmischers mit einer Schottky-Diode.

b) Spektrale Komponenten des Spannungsverlaufs an der Schottky-Diode bei einer Aussteuerung mit großer Amplitude $|\underline{U}_p|$ und einem kleinen Signal bei der Frequenz $f_s < f_p$.

Der Spannungsverlauf an der Schottky-Diode hat nach Bild 9.20b Frequenzkomponenten bei Vielfachen der Frequenz f_p der starken Überlagerungsschwingung. Von der kleinen Signalschwingung bei f_s und ihren Kombinationsschwingungen mit $|nf_p \pm f_s|$ wird die Schottky-Diode nur über lineare Bereiche ausgesteuert.

Eigentlich sind zum Abwärtsmischen nur die Frequenzkomponenten bei der Überlagerungsfrequenz f_p, der Signalfrequenz f_s und der Zwischenfrequenz f_z erforderlich. Tatsächlich liegen aber die Überlagerungsfrequenz f_p und die Signalfrequenz f_s bei niedrigen Zwischenfrequenzen so dicht zusammen, daß die sogenannte Spiegelfrequenz $2f_p - f_s = f_p + f_z$ so dicht bei f_s liegt, daß sie durch Filter nicht zu sperren ist. Unter diesen Verhältnissen müßte ein weiterer Kreis für die Spiegelfrequenz eingetragen werden, der für niedrige Zwischenfrequenzen mit dem Innen-

Spiegelfrequenz

Auswirkungen

widerstand $R_{Sp} \simeq R_s = 1/G_s$ der Signalquelle belastet ist. Wenn die Spiegelfrequenz nicht gesperrt werden kann, wird damit im Abwärtsmischer die Signalleistung nicht allein auf die gewünschte Zwischenfrequenz umgesetzt, sondern auch auf die Spiegelfrequenz, die für $f_z << f_p$ mit dem Widerstand R_s belastet ist. Damit werden die Umsetzungsverluste vergrössert, da ein Teil der Signalleistung dadurch verlorengeht.

Die Spiegelfrequenz kann in Rundfunk- oder Fernsehempfängern störend wirken, wenn der Empfänger abgestimmt ist auf einen Sender bei der Frequenz f_s und gleichzeitig das Signal eines Senders bei der Spiegelfrequenz $2f_p - f_s = f_p + f_z$ einfällt. Es werden nach Bild 9.20 ersichtlich beide Sendesignale auf die Zwischenfrequenz umgesetzt. Dadurch wird der Empfang gestört. Durch die Eingangsbandfilter muß der unerwünschte Empfang eines zweiten Senders mit der Spiegelfrequenz verhindert werden.

vereinfachte Berechnung

Die Eigenschaften des Abwärtsmischers mit einer Schottky-Diode werden für folgende vereinfachte Verhältnisse bestimmt:
Es wird eine Sperrung der Spiegelfrequenz angenommen, der Bahnwiderstand r_b, die Sperrschichtkapazität c und Schaltungsreaktanzen werden vernachlässigt. Die Schottky-Diode wird nur durch die Schwingung des Lokaloszillators über nichtlineare Bereiche ausgesteuert, hinsichtlich der kleinen Schwingungen bei der Signalfrequenz f_s und der Zwischenfrequenz f_z liegt damit ein parametrischer Kreis vor.
Nach Gl.(9.24) erhält man folgenden Zusammenhang zwischen den Spannungs- und Stromphasoren bei den Frequenzen f_s und f_z

$$\underline{I}_s = g_0 \underline{U}_s + g_1 \underline{U}_z^* \tag{9.26}$$

$$\underline{I}_z^* = g_1^* \underline{U}_s + g_0^* \underline{U}_z^* \tag{9.27}$$

mit den Fourierkoeffizienten

$$g_n = \frac{1}{2\pi} \int_{-\pi}^{\pi} g(t) \exp(-jn\omega_p t) d(\omega_p t) \tag{9.28}$$

des periodischen Verlaufs des Leitwertes g(t) der Schottky-Diode.
In praktischen Mischern kann mit einer reinen Spannungssteuerung der Diode durch den Lokaloszillator gerechnet werden, d.h. der Widerstand der Diode ist wesentlich größer als der Innenwiderstand des Lokaloszillators. Dann steht über der Schottky-Diode die Spannung

$$u(t) = U_0 + \hat{u}_p \cos\omega_p t \tag{9.29}$$

an bei einer Vorspannung U_0. u(t) können wir bei harmonischer Aussteuerung mit Gl.(9.29) als gerade Zeitfunktion ansetzen, dann sind alle Fourierkoeffizienten g_n rein reell, $g_n^* = g_n$, und es gilt mit der exponentiellen Strom-Spannungscharakteristik aus Gl.(9.8), der Temperaturspannung $U_T = \nu kT/q$ (s. Gl.(9.12)) unter Beachtung, daß g(t) eine gerade Funktion ist

Fourierkoeffizienten g_n

$$g_n = \frac{I_s}{U_T} \exp(U_0/U_T) \left\{ \frac{1}{\pi} \int_0^{\pi} \exp\left(\frac{\hat{u}_p}{U_T} \cos\omega_p t \right) \cos n\omega_p t \; d(\omega_p t) \right\}. \tag{9.30}$$

Das bestimmte Integral in Gl.(9.30) stellt die modifizierten Besselfunktionen n-ter Ordnung $\tilde{I}_n(\hat{u}_p/U_T)$ dar. (Vgl. die Reihenentwicklung Gl.(9.13).)
Mit dem vorspannungsabhängigen Bezugsleitwert

$$g^0 = \frac{I_s}{U_T} \exp(U_0/U_T) \tag{9.31}$$

hängen die Fourierkoeffizienten g_n nach

$$g_n = g^0 \tilde{I}_n(\hat{u}_p/U_T) \tag{9.32}$$

nur noch vom Scheitelwert $\hat{u}_p$ der Lokaloszillator-Schwingung ab. Bild 9.21 zeigt schematisch den g(t)-Verlauf und verdeutlicht die exponentielle Abhängigkeit von g(t) und der Fourierkoeffienten g_n von $\hat{u}_p$.

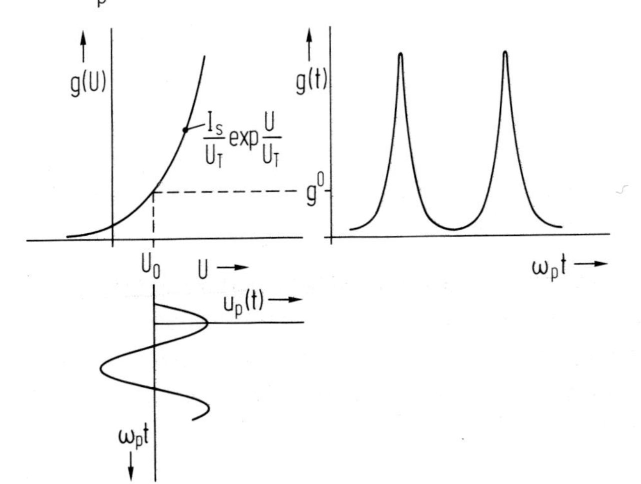

Bild 9.21 Zeitverlauf g(t) des Leitwertes einer Schottky-Diode bei harmonischer Spannungssteuerung

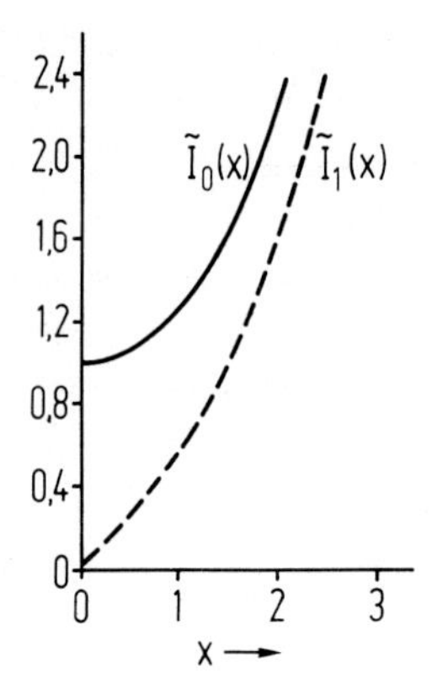

Bild 9.22
Verlauf der modifizierten Besselfunktionen $\tilde{I}_o(x)$ und $\tilde{I}_1(x)$ mit exponentieller Abhängigkeit und $\tilde{I}_o(x) \approx \tilde{I}_1(x)$ für große x

Diese Abhängigkeit wird auch deutlich am Verlauf der modifizierten Besselfunktion $\tilde{I}_0(x)$ und $\tilde{I}_1(x)$ in Bild 9.22. Wir sehen aus diesen beiden Bildern schon, daß für $\hat{u}_p >> U_T$ die Diode impulsartig ausgesteuert wird und wissen aus den Betrachtungen zum C-Betrieb in Kapitel 8, daß dann die Fourierkoeffizienten von g(t) nahezu gleich groß werden.

Ersatzschaltung

Mit Bild 9.13b gilt die parametrische Ersatzschaltung nach Bild 9.23, bei der eine Signalquelle mit $\underline{I}_{SG}$ und Leitwert G_S sowie ein Lastleitwert G_Z bei der Zwischenfrequenz eingeführt sind. (Die Darstellung mit Leitwerten ist entsprechend der Struktur von Gl.(9.26), (9.27) günstig.)

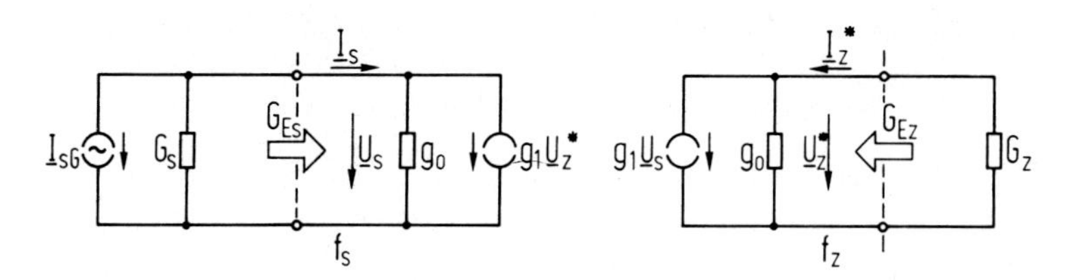

Bild 9.23
Parametrische Ersatzschaltung eines Dioden-Abwärtsmischers für $f_p > f_s$ mit gesperrter Spiegelfrequenz. Der Bahnwiderstand r_b, die Sperrschichtkapazität c der Diode und Schaltungsreaktanzen sind vernachlässigt. Die Fourierkomponenten g_o und g_1 sind reell

Mit dieser Ersatzschaltung werden der Gewinn des Abwärtsmischers und die Werte G_S und G_Z für Leistungsanpassung berechnet. Dabei wenden wir die schon aus Kapitel 3 bekannten Verfahren an. Es sind hier gleich Wirkleitwerte G_S, G_Z angesetzt, da die Rechnung rein reelle Werte für Leistungsanpassung liefert.

Wir führen die beiden Gleichungen $\underline{I}_s = -I_{sG} - G_s\underline{U}_s$ und $\underline{I}_Z^* = -G_Z\underline{U}_Z^*$, die ein- und ausgangsseitige Beschaltung wiedergeben, in Gl.(9.26), (9.27) ein und erhalten das Gleichungssystem

$$-\underline{I}_{sG} = (G_s + g_0)\underline{U}_s + g_1\underline{U}_Z^* \quad (9.33)$$

$$0 = g_1\underline{U}_s + (G_Z + g_0)\underline{U}_Z^* . \quad (9.34)$$

Der Eingangsleitwert G_{EZ} des ZF-Kreises folgt, wenn $\underline{U}_s$ mit Gl.(9.33) durch $\underline{U}_Z^*$ ausgedrückt wird ($\underline{I}_{sG}$ ist hierbei durch einen Leerlauf zu ersetzen) und in Bild 9.23 für den ZF-Kreis eingesetzt wird. Dann ist sofort

$$G_{EZ} = \underline{I}_Z/\underline{U}_Z = g_0 - g_1^2/(g_0 + G_s) . \quad (9.35)$$

(G_{EZ} ist reell, wenn G_s reell ist.) Wenn entsprechend $\underline{U}_Z^*$ mit Gl.(9.34) durch $\underline{U}_s$ ausgedrückt und in den Signalkreis von Bild 9.23 eingeführt wird, folgt der Eingangsleitwert zu

$$G_{Es} = \underline{I}_s/\underline{U}_s = g_0 - g_1^2/(g_0 + G_Z) . \quad (9.36)$$

(G_{Es} ist reell, wenn G_Z reell ist.) Aus Gl.(9.35), (9.36) ist sofort zu sehen, daß für absolute Stabilität ($G_{EZ} > 0$, $G_{Es} > 0$) gelten muß

Stabilität

$$g_0 > 0, \quad g_0^2 - g_1^2 > 0 . \quad (9.37)$$

Diese Bedingungen sind nach Gl.(9.32) erfüllt. Es ist damit auch Leistungsanpassung möglich.

Nach Einsetzen von $\underline{U}_s$ aus Gl.(9.34) in Gl.(9.33) folgt weiterhin mit $\underline{I}_Z^* = -G_Z\underline{U}_Z^*$

$$\underline{I}_Z^* = \underline{I}_{sG}G_Z g_1/\{(g_0 + G_s)(g_0 + G_Z) - g_1^2\} . \quad (9.38)$$

Man sieht wieder, daß das Signal $\underline{I}_{sG}$ linear umgesetzt wird auf das ZF-Signal $\underline{I}_Z^*$, daß aber die Phase bei Mischung in Kehrlage invertiert wird, weil $\underline{I}_Z$ konjugiert komplex auftritt. Der Gewinn des Abwärtsmischers ist als Verhältnis von Ausgangsleistung $|\underline{I}_Z|^2/G_Z$ zu verfügbarer Generatorleistung $|\underline{I}_{sG}|^2/(4G_s)$

Gewinn

$$G = 4G_sG_Zg_1^2/\{(g_0 + G_s)(g_0 + G_Z) - g_1^2\}^2 . \quad (9.39)$$

G hängt - wie bekannt - von G_s und G_z ab und ist hier symmetrisch in G_s und G_z.

verfügbarer Gewinn

Bei Mischern wird üblich auch der verfügbare Gewinn G_v (s. Abschnitt 7.5) herangezogen als Verhältnis von verfügbarer Ausgangsleistung und verfügbarer Generatorleistung. Die verfügbare Ausgangsleistung folgt, wenn $G_z = G_{Ez}$ gewählt wird. Mit Gl.(9.35) für G_{Ez} in Gl.(9.38) eingesetzt sind die verfügbare Ausgangsleistung $|\underline{I}_z|^2/G_{Ez}$ und

$$G_v = \frac{|\underline{I}_z|^2/G_{Ez}}{|\underline{I}_{sG}|^2/(4G_s)} = \frac{G_s g_1^2}{(G_s + g_0)\{g_0(G_s + g_0) - g_1^2\}} . \qquad (9.40)$$

Der verfügbare Gewinn hängt nur vom Generatorleitwert G_s ab. In Mischern wird an Stelle von G_v meist herangezogen der Konversionsverlust

Konversionsverlust L

$$L = 1/G_v . \qquad (9.41)$$

G und G_v werden maximal zu $G = G_m = G_{vmax} = 1/L_{min}$, wenn ein- und ausgangsseitig Leistungsanpassung angesetzt wird. Es müssen dazu $(G_s)_{opt} = G_{Es}((G_z)_{opt})$ und $(G_z)_{opt} = G_{Ez}((G_s)_{opt})$ sein. Die Kombination von Gl.(9.35), (9.36) liefert als Lösung für die optimalen Generator- und Lastleitwerte

$$(G_s)_{opt} = (G_z)_{opt} = \{g_0^2 - g_1^2\}^{1/2} . \qquad (9.42)$$

Anpassung

Im Signalkreis - und im ZF-Kreis - treten dieselben Werte für Leistungsanpassung auf.
Mit Gl.(9.42) wird schließlich

G_m, L_{min}

$$G_m = G_{vmax} = 1/L_{min} = \frac{g_1^2}{g_0^2} \Big/ \left\{ 1 + \sqrt{1 - g_1^2/g_0^2} \right\}^2 . \qquad (9.43)$$

Der maximale Gewinn hängt nur vom Verhältnis $g_1/g_0 < 1$ der Fourierkoeffizienten g_0, g_1 ab. G_m ist immer kleiner 1, d.h. es tritt immer ein Konversionsverlust $L_{min} > 1$ auf (z.B. $G_m = 0.5 \hat{=} -3$ dB: $L_{min} = 2 \hat{=} 3$ dB). G_m nähert sich 1 für $\hat{u}_{p\sim} \gg U_T$, da dann $g_1 \simeq g_0$ wird (vgl. die asymptotische Entwicklung von I_n in Gl.(9.15) und Bild 9.22.) Die Vorspannung U_0 geht in G_m nicht ein. Sie erscheint in dem Vorfaktor g^0 (s.Gl.(9.31)) in Gl.(9.42) und kann herangezogen werden, um gewünschte Werte $(G_s)_{opt} = (G_z)_{opt}$ einzustellen.

Diodenmischer mit gesperrter Spiegelfrequenz haben typisch einen Konversionsverlust $L_{min} \approx 3 - 6$ dB, da der hier nicht beachtete Bahnwiderstand r_b zusätzliche Verluste bewirkt.

Wenn in Mischern für breitere Frequenzbereiche die Spiegelfrequenz nicht gesperrt werden kann, so ist eine Schaltung nach Bild 9.24 zugrunde zu legen, die neben den parametrischen Gleichungen

$$\begin{bmatrix} \underline{I}_s^* \\ \underline{I}_z \\ \underline{I}_{sp} \end{bmatrix} = \begin{bmatrix} g_0 & g_1 & g_2 \\ g_1 & g_0 & g_1 \\ g_2 & g_1 & g_0 \end{bmatrix} \begin{bmatrix} \underline{U}_s^* \\ \underline{U}_z \\ \underline{U}_{sp} \end{bmatrix} \tag{9.44}$$

drei Schaltungsgleichungen $-\underline{I}_{sG} - G_s\underline{U}_s - \underline{I}_s = 0$, $\underline{I}_z = -G_z\underline{U}_z$, $\underline{I}_{sp} = -G_{sp}\underline{U}_{sp}$ liefert.

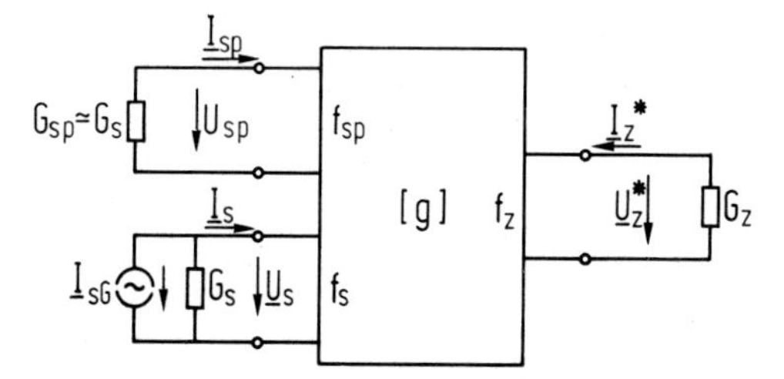

Bild 9.24
Ersatzschaltung für einen Abwärtsmischer ($f_p > f_s$) mit Spiegelfrequenz $f_{sp} = 2f_p - f_s$

Praktisch liegt die Spiegelfrequenz - hier $f_{sp} = 2f_p - f_s$, da wir $f_p > f_s$ gewählt haben - so dicht neben f_s, daß wir $G_{sp} = G_s$ setzen können. Eine vollständige Berechnung ist entsprechend dem oben gezeigten Weg für den Fall gesperrter Spiegelfrequenz möglich. Wichtig ist das Ergebnis, daß der Konversionsverlust wenigstens 3 dB beträgt. Das läßt sich auch einfach aus der Symmetrie der Matrix in Gl.(9.44) folgern. Der Mischer ist damit reziprok, eine Umsetzung von f_s auf f_z erfolgt mit demselben Faktor wie die Umsetzung von f_z auf f_s, wenn also auf der ZF-Seite eingespeist wird. In diesem umgekehrten Betrieb teilt sich wegen $G_{sp} = G_s$ die eingespeiste Leistung je zur Hälfte auf die Signalfrequenz f_s und auf die Spiegelfrequenz f_{sp} auf entsprechend 3 dB Verlusten für die Umsetzung von f_z auf f_s.

mit Spiegelfrequenz

Die Empfindlichkeit eines Abwärtsmischers beim Empfang schwacher HF-Signale wird nicht allein durch seine Konversionsverluste begrenzt, sondern maßgebend für die Empfindlichkeit ist das Rauschen. Im Abwärtsmischer wird das Eingangssignal linear auf die Zwischenfrequenz umgesetzt, dementsprechend bildet der Abwärtsmischer ein lineares Zweitor. Für einen Abwärtsmischer kann damit im Unterschied zum Gleichrichter die Rauschzahl als Kenngröße für das Rauschverhalten herangezogen werden.

Rauschen

Den wesentlichen Beitrag zum Eigenrauschen liefert das Schrotrauschen der Schottky-Diode. Wir haben früher (s. Abschnitt 7.3.2) festgestellt, daß bei Gleichstrombetrieb das Schrotrauschen durch eine äquivalente Rauschtemperatur $\nu T_D/2$ wiedergegeben werden kann, wenn die Diode sich auf der Temperatur T_D befindet. Beim Mischer aber wird die Diode durch den Lokaloszillator mit einem starken Wechselsignal durchgesteuert, das Rauschen ist mithin nichtstationär und daher nicht einfach zu berechnen. Wir ziehen hier ohne Beweis[1)] folgende Äquivalenz heran: Das Schrotrauschen der gepumpten Schottky-Diode läßt sich darstellen durch ein thermisch rauschendes Zweitor mit der einheitlichen Temperatur $\nu T_D/2$, die Leitwertmatrix ist durch Gl.(9.26), (9.27) (bei Mischung in Kehrlage) definiert. Zur Berechnung der Rauschzahl ziehen wir dann (s. Bild 7.8b) die Ersatzschaltung nach Bild 9.25 heran.

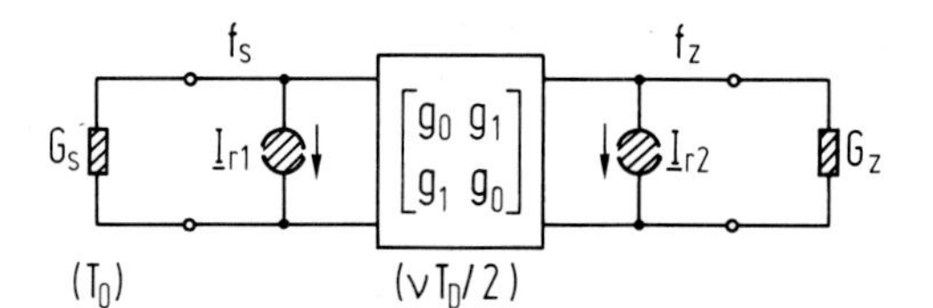

Bild 9.25 Rauschersatzschaltung eines Abwärtsmischers für $r_b = 0$ und gesperrter Spiegelfrequenz mit thermisch ($\nu T_D/2$) rauschendem Zweitor

Die Betragsquadrate von $\underline{I}_{r1}$ und $\underline{I}_{r2}$ folgen bei dem mit $\nu T_D/2$ thermisch rauschenden Zweitor aus dem Nyquisttheorem sofort bei einem Kurzschluß am Ausgang bzw. Eingang zu

$$|\underline{I}_{r1}|^2 = 4k\,\frac{\nu T_D}{2}\,\mathrm{Re}\{y_{11}\}\,, \quad y_{11} = g_0 \tag{9.45}$$

$$|\underline{I}_{r2}|^2 = 4k\,\frac{\nu T_D}{2}\,\mathrm{Re}\{y_{22}\}\,, \quad y_{22} = g_0\,. \tag{9.46}$$

---

1 B.Schiek, Rauschen in Hochfrequenzschaltungen, Dr.Alfred Hüthig Verlag, Heidelberg, 1990

Die Berechnung der Korrelation $\underline{I}^*_{r1}\underline{I}_{r2}$ bzw. des Kreuzspektrums ist aufwendiger. Man kann dazu $\underline{I}^*_{r1}\underline{I}_{r2}$ aus Gleichungen bestimmen, wenn am Ausgang bzw. Eingang eine andere Beschaltung (z.B. ein Leerlauf) vorgegeben wird und jeweils der Rauschstrom am Eingang bzw. Ausgang berechnet wird. Das Ergebnis ist

$$\underline{I}^*_{r1}\underline{I}_{r2} = 2k \frac{\nu T_D}{2} (y^*_{12} + y_{21}) = 2k\nu T_D g_1 , \; (y_{12} = y_{21} = g_1) . \qquad (9.47)$$

Wir können gemäß dem Verfahren von Abschnitt 7.3.2 und 7.5 $\underline{I}_{r1}$ und $\underline{I}_{r2}$ umrechnen in zwei vorgeschaltete Rauschquellen $\underline{U}_r$, $\underline{I}_r$ (s.Gl.(7.59)) und daraus die Rauschzahl F berechnen (s. Gl.(7.68)) mit dem Ergebnis

$$F = 1 + \frac{\nu T_D}{2T_o} \left\{ \frac{g_o}{G_s} \left[1 + \frac{(G_s + g_o)^2}{g_1^2} \right] - 2 \frac{G_s + g_o}{G_s} \right\} . \qquad (9.48)$$

F hat ein relatives Minimum für rein reelle G_s, weil die Korrelation (s. Gl.(9.47)) hier rein reell ist und zeigt die bekannten Abhängigkeiten $F \sim 1/G_s$ für kleine G_s, $F \sim G_s$ für große G_s. Ein übersichtliches Endergebnis folgt durch Umformung im Hinblick auf Gl.(9.40) zu

$$F = 1 + \frac{\nu T_D}{2T_o} (L - 1) . \qquad (9.49)$$ [1]

Die minimale Rauschzahl stellt sich ersichtlich ein für $L = L_{min}$, Rauschanpassung und Leistungsanpassung fallen also zusammen. (Das giltim übrigen immer für mit einheitlicher Temperatur rauschende Zweitore.) Aus

$$F_{min} = 1 + \frac{\nu T_D}{2T_o} (L_{min} - 1) \qquad (9.50)$$

sieht man, daß im Idealfall $L_{min} = 1$ die Rauschzahl $F_{min} = 1$ wird, der Mischer weist dann auch keine Verluste auf, muß also rauschfrei sein.

Wenn die Spiegelfrequenz nicht gesperrt ist, wird auch das Rauschen von

---

[1] Für den passiven FET-Mischer ist in Gl.(9.49) $\nu T_D/2$ durch durch T_o zu ersetzen.

$G_{sp} \simeq G_s$ auf die ZF umgesetzt und die Rauschzahl wird größer. Formelmäßig folgt dann

$$F = 2 + \frac{\nu T_D}{2T_o} (L - 2) . \qquad (9.51)$$

Im Idealfall ist hier L = 2 (s.o.), die minimale Rauschzahl unter Einbeziehung der Spiegelfrequenz ist F_{min} = 3 dB. Technisch werden Rauschzahlen bis herab zu etwa 6 dB erreicht.

Wir erkennen aus den Überlegungen zum Konversionsverlust und zur Rauschzahl, daß mit Abwärtsmischern sehr empfindliche Empfangsstufen aufgebaut werden können. (Sie werden nur übertroffen durch GaAs-MESFET-Verstärker oder parametrische Verstärker.) Abwärtsmischer mit Schottky-Dioden bieten besonders im GHz-Bereich Vorteile, da sie ohne aufwendige, empfindliche HF-Vorverstärker vielfach schon ausreichen.

Aus der Beziehung (7.78) für die Rauschzahl einer Kettenschaltung sehen wir, daß für hohe Empfindlichkeit die Rauschzahl des nachfolgenden ZF-Verstärkers ganz wesentlich eingeht wegen $G_v < 1$. Betrachten wir die Werte $F_1 = 4$, L = 4, $F_2 = 2$ (ZF-Verstärker), so ergibt Gl.(7.78) eine Gesamtrauschzahl F = 4 + 4 = 8 ≃ 9 dB. Empfindliche Transistorverstärker haben heute bis zu Frequenzen von einigen 100 MHz Rauschzahlen von nur etwa 1.5. Sie sind nach dem eben Gesagten auch notwendig für empfindliche Empfangsstufen mit Abwärtsmischern.

Im weiteren werden einige typische Ausführungsformen von Diodenmischern für den Mikrowellenbereich skizziert. Besonders einfach im Aufbau ist der Ein-Dioden-Mischer nach Bild 9.26 mit einer Schottky-Diode, die hier in Serie zwischen dem Hochpaß des HF-Kreises und dem Tiefpaß des ZF-Kreises liegt. Der Tiefpaß muß das HF-Signal kurzschließen, der Hochpaß muß für das ZF-Signal einen Kurzschluß bilden. (Die duale Schaltung mit einer parallelgeschalteten Schottky-Diode verlangt jeweils Leerläufe.) Bei der Auslegung der Filter, die ähnlich wie beim FET-Mischer nach Bild 9.18 in Mikrostrip-Technik ausgeführt werden, muß darauf geachtet werden, daß der Gleichstromkreis für den Richtstrom der Diode geschlossen ist. Das ist in Bild 9.26 durch die Masseverbindungen angedeutet.

Ein-Dioden-Mischer

Aufbau

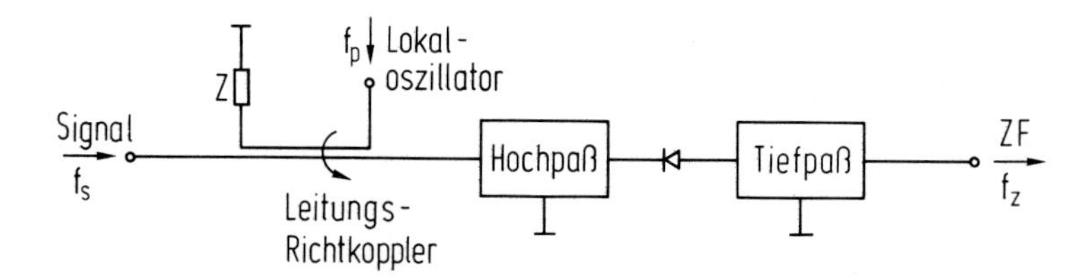

Bild 9.26
Ein-Dioden-Mischer mit Serienschaltung der Schottky-Diode

Der Richtstrom, der wesentlich durch die starke Schwingung des Lokaloszillators bewirkt wird, muß fließen können. Andernfalls baut sich eine Spannung in Sperrichtung so weit auf, bis der Sperrstrom der Diode und der Richtstrom sich kompensieren. Die Stabilität der Diode und das Rauschverhalten werden beeinträchtigt, wenn die Diode nahezu im Durchbruch betrieben wird.

Die Signalschwingung und die Schwingung des Lokaloszillators werden über einen Richtkoppler vereint und der Diode zugeführt. Daraus folgt schon ein Nachteil dieser einfachen Schaltung: Der Richtkoppler schwächt auch das Signal, bei z.B. einem 10 dB-Koppler wird das Signal um ca. 0.5 dB geschwächt, das Signal des Lokaloszillators um 10 dB. Jede Signaldämpfung im Richtkoppler erhöht entsprechend die Rauschzahl des Mischers. Schwache Kopplung (z.B. 20 dB- oder 30 dB-Koppler) verringern zwar diesen Nachteil, praktische Lokaloszillatoren erzeugen im Mikrowellenbereich kaum mehr als 10 mW Leistung ohne allzu großen Aufwand. Daher verbietet sich der Einsatz von Kopplern starker Koppeldämpfung, da für eine genügend starke Aussteuerung der Diode typisch 1 mW HF-Leistung verlangt werden.

Nachteile

Weiterhin ist sehr nachteilig, daß auch das Amplitudenrauschen des Lokaloszillators die Empfindlichkeit beeinträchtigt. Durch Rauschvorgänge schwingt der Oszillator nicht bei einer festen Frequenz sondern mit einem endlich breitem Spektrum von Frequenzen. Die Breite des Spektrums hängt von der Güte des Schwingkreise (s. S. 351) ab. Frequenzkomponenten der Oszillatorschwingung, die im Abstand f_z von der Mittenfrequenz liegen, werden wie ein Signal auf die Zwischenfrequenz umgesetzt und erhöhen das ZF-Rauschen. Zur Unterdrückung dieses Rauschbeitrages muß der Oszillator eine sehr hohe Schwingkreisgüte haben. Das kann sehr aufwendig sein.

Rauschen des Lokaloszillators

In der Praxis geht man daher einen einfacheren Weg, indem Gegentaktschaltungen mit zwei identischen Schottky-Dioden verwendet werden. Das Prinzip eines Gegentakt-Abwärtsmischers ist in Bild 9.27a dargestellt.

Gegentaktschaltung

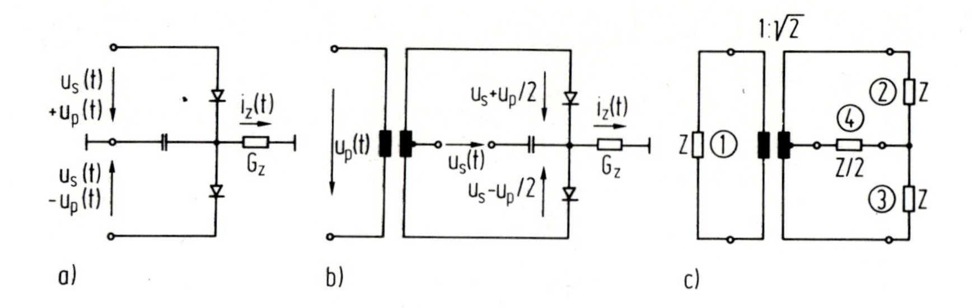

Bild 9.27
Prinzip eines Gegentakt-Diodenmischers (a), Ausführung mit Differentialübertrager (b) und Kopplereigenschaften des Differentialübertragers (c)

Dabei werden zwei Schottky-Dioden gegensymmetrisch geschaltet und eine Schottky-Diode durch die Summe von Signalspannung $u_s(t)$ und Lokaloszillatorspannung $u_p(t)$ ausgesteuert und die andere durch die Differenz beider Spannungen. Durch den ZF-Leitwert G_z fließt damit ein Strom $i_z(t)$ nach

$$\begin{aligned} i_z &= i(u_s + u_p) - i(-(u_s - u_p)) \\ i_z &= i(u_p + u_s) - i(u_p - u_s). \end{aligned} \quad (9.52)$$

Ohne Signalspannung u_s fließt damit kein Strom im ZF-Kreis. Jegliche Schwankung der Amplitude des Lokaloszillators wird im ZF-Kreis unterdrückt, ebenso wie überhaupt jeder Strom vom Lokaloszillator allein. Bis zu Frequenzen von etwa 1 GHz werden, wie in Bild 9.27b angedeutet, Differentialübertrager mit Ferrit-Ringkernen zur Überlagerung von Signalschwingung und Lokaloszillator herangezogen. Aus Symmetriegründen beeinflussen $u_p(t)$ und $u_s(t)$ sich nicht, Tor 1 und Tor 4 in Bild 9.27c sind entkoppelt. Bei der gezeigten Beschaltung liegt allseitige Anpassung vor, der Differentialübertrager verhält sich wie ein Richtkoppler, bei Einspeisung am Tor 1 erscheinen gegenphasige Signale mit jeweils halber Eingangsleistung an den Toren 2 und 3, dasselbe gilt für die Einspeisung am Tor 4. (Wegen der Gegenphasigkeit wirkt der nach Bild 9.27c beschaltete Differentialübertrager wie ein 180°-3dB-Richtkoppler.)

Transformatorkoppler

Wir erkennen außerdem, daß über den Vorteil eines verschwindenden Einflusses des Amplitudenrauschens des Lokaloszillators hinaus auch keine Einbuße der zugeführten Signal- bzw. Lokaloszillatorleistung wie beim Ein-Dioden-Mischer auftritt. Dieser Vorteil wird deutlich mit der

Schaltung eines Gegentakt-Diodenmischers nach Bild 9.28a.

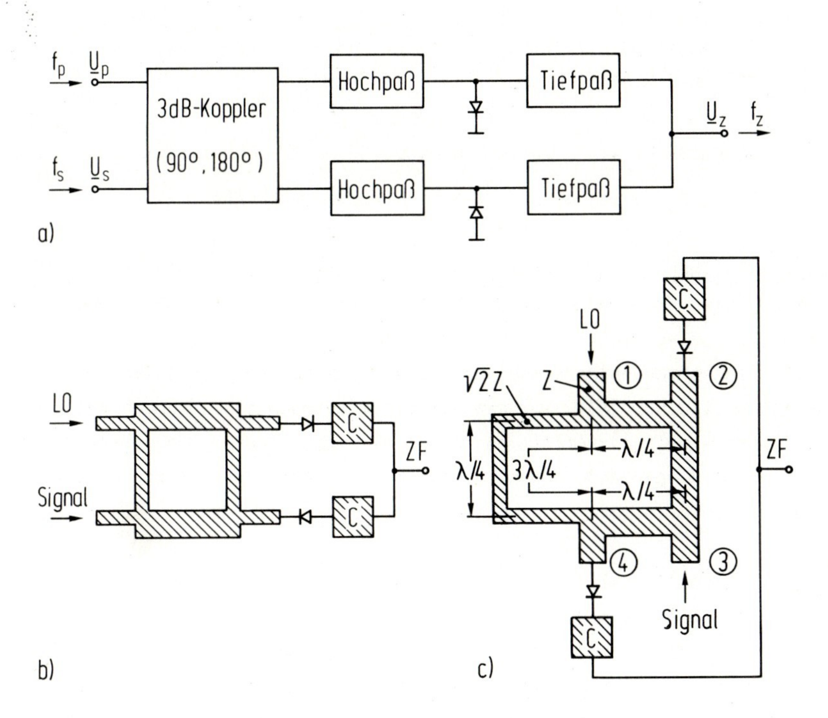

Bild 9.28
a) Gegentakt-Diodenmischer mit 3 dB 90° oder 180° Richtkopplern und Parallelschaltung der Schottky-Dioden
b),c) Realisierung in Mikrostrip-Technik mit Hybridring-Koppler (90°-Koppler) und Ring-Koppler (180°-Koppler)

Nehmen wir als Beispiel einen 90°-3dB-Koppler, den wir früher schon am Beispiel des Hybridring-Kopplers kennenlernten und betrachten wir bei gesperrter Spiegelfrequenz zur Klarlegung die Zeitfunktionen

$$u_s(t) = \hat{u}_s \cos(\omega_s t + \varphi_s),\; u_p(t) = \hat{u}_p \cos\omega_p t\,. \tag{9.53}$$

Die Nullphase φ_s kann beliebig sein, sie geht in das Ergebnis nicht ein. Mit den Kopplereigenschaften stehen an den beiden Dioden die Spannungen

$$\begin{aligned} u_1(t) &= \{-\hat{u}_s \cos(\omega_s t + \varphi_s) + \hat{u}_p \cos(\omega_p t - 90^\circ)\}/\sqrt{2} \\ u_2(t) &= \{\hat{u}_s \cos(\omega_s t + \varphi_s - 90^\circ) - \hat{u}_p \cos\omega_p t\}/\sqrt{2} \end{aligned} \tag{9.54}$$

an. Wenn beide Dioden identische Eigenschaften haben, folgen wegen der Gegentaktschaltung der Dioden (Umpolung der Diode 2) ZF-Ströme für $f_p > f_s$ (Umsetzung mit Invertierung der Phasendifferenz zwischen Lokaloszillator und Signal)

$$\begin{aligned} &\text{Diode 1:} \quad i_z(t) = -g_1 \hat{u}_s \cos(\omega_z t - \varphi_s + 90^\circ)/\sqrt{2} \\ &\text{Diode 2:} \quad i_z(t) = -g_1 \hat{u}_s \cos(\omega_z t - \varphi_s + 90^\circ)/\sqrt{2}. \end{aligned} \tag{9.55}$$

Beide ZF-Signale sind amplituden- und phasengleich, sie addieren sich zum gesamten ZF-Signal. Man sieht aus dieser einfachen Betrachtung, daß kein Verlust an Signalleistung und Lokaloszillator-Leistung auftritt. Beide Dioden müssen dazu möglichst gleiche Eigenschaften haben, sie sollen balanciert sein. Nur dann wirken sich auch Schwankungen der Lokaloszillator-Leistung (Amplitudenrauschen) nicht aus. Der Gegentakt-Mischer wird wegen dieser Anforderung oft auch als balancierter Mischer (im Engl. balanced mixer) bezeichnet.

balancierter Mischer

Zwei einfach zu realisierende Anordnungen für Gegentakt-Mischer in Mikrostrip-Technik sind in Bild 9.28b,c dargestellt. Die Konfiguration 9.28b mit einem Hybridring-Koppler (90°-3dB-Koppler) haben wir oben herangezogen. Das ZF-Filter ist hier in sehr einfacher Weise durch eine ausreichend große Kapazität C gegen Masse realisiert. Sie soll die HF-Schwingung kurzschließen, der ZF-Schwingung aber nahezu einen Leerlauf anbieten. Dieser Aufbau des ZF-Kreises eignet sich ersichtlich nur für große Frequenzabstände zwischen f_s und f_z.

Die Anordnung in Bild 9.28c zeigt als Koppler einen Ringkoppler (180°-3dB-Koppler, im Engl. rat race coupler). Seine Eigenschaften entsprechen denen des Hybridring-Kopplers bis auf die 180° Phasendifferenz der Signale in den übergekoppelten Toren. (Die Eigenschaften des Ringkopplers lassen sich in der im Abschnitt 6.3 skizzierten Weise ableiten; bei Einspeisung z.B. am Tor 1 ist Tor 3 entkoppelt, das eingespeiste Signal teilt sich in der Leistung zur Hälfte mit 180° Phasendifferenz auf die Tore 2 und 4 auf. Als einfache Merkregel zur Bestimmung des entkoppelten Tores gilt für beide Kopplerarten: Es ist gegenüber dem eingespeisten Tor dasjenige Tor entkoppelt, das die 'links' und 'rechts' herum laufenden Wellen mit $\lambda/2$-Wegunterschied, d.h. 180° Phasendifferenz erreichen und sich durch Interferenz auslöschen.)

Ringkoppler

Beide gezeigten Kopplerformen haben eine - für die meisten Anwendungen z.B. der Funktechnik ausreichende - relative Bandbreite von etwa 10 %. Beide Koppler unterdrücken das Amplitudenrauschen des Lokaloszillators und vermeiden Signalverluste. Sie haben jedoch unterschiedliche Eigenschaften im Hinblick auf Reflexionen der HF-Signale an den Dioden, wenn diese nicht exakt den Wellenwiderstand Z anbieten. Beim Hybridring-Koppler erscheinen reflektierte HF-Schwingungen jeweils am anderen Eingangstor, Lokaloszillator-Kreis und Signalkreis sind daher bei nicht angepaßten Schottky-Dioden nicht entkoppelt. So wird das Lokaloszillator-Signal in den Signalarm zurückgeworfen und z.B. in der Funktechnik störend abgestrahlt. Dafür aber sind bei balancierten Dioden (s. Aufgabe 6.3) Signaltor und Lokaloszillator-Tor gut angepaßt. Demgegenüber erscheinen beim 180°-3dB-Koppler Reflexionen am einspeisenden Tor, die Entkopplung ist bei balancierten Dioden immer gegeben, aber die Anpassung ist schlechter. Je nach Anwendung ist zu entscheiden, welche Anforderung schärfer ist, d.h. welche Art Koppler zu wählen ist.

Aufgabe 9.9

Zeigen Sie die Richtkopplereigenschaften des Ringkopplers mit der Vorgehensweise von Abschnitt 6.3.

Man erkennt auch, daß der Stromkreis für den Richtstrom in Gegentakt-Mischern automatisch vorhanden ist. Es sind weiterhin keine Vorspannungen der Dioden eingeführt. Bei ausreichend großen Leistungen des Lokaloszillators (typisch mehr als etwa 2 mW) stellt sich über den Richtstrom ein Arbeitspunkt für ein genügend großes Verhältnis g_1/g_0, d.h. für kleine Konversionsverluste, ein. Nur wenn die Leistung des Lokaloszillators beträchtlich unter 1 mW liegt, muß ein Vorstrom den Dioden aufgeprägt werden.

Vorstrom

Grundlage der bisherigen Betrachtungen sind parametrische Verhältnisse, die Signalschwingung ist so klein, daß in jedem Arbeitspunkt $I(u_p(t))$ die nichtlineare Kennlinie bezüglich des Signales durch die Tangente angenähert werden kann. Die Frequenzumsetzung ist dann verzerrungsfrei. Diese Verhältnisse sind regelmäßig in Empfangsmischern gegeben. Oft will man aber auch Signale größerer Amplitude verzerrungsfrei auf die Differenzfrequenz oder in Aufwärtsmischern auf die Summenfrequenz um-

Umsetzung größerer Signale $u_s(t)$

setzen. Dann kommen auch höhere Potenzen einer Reihenentwicklung der nichtlinearen Charakteristik im jeweiligen Arbeitspunkt ins Spiel, und die Umsetzung ist nicht mehr linear. Wir sehen sofort, daß die Gegentaktschaltung auch hier gegenüber dem Ein-Dioden-Mischer Vorteile bietet, denn durch die Differenzbildung gehen nur ungerade Potenzen der Reihenentwicklung ein. Erst der kubische Term führt hier zu Verzerrungen. Der Gegentaktmischer kann für eine verzerrungsarme Umsetzung stärker ausgesteuert werden als der Ein-Dioden-Mischer, bei dem schon das quadratische Glied wirkt. Noch günstiger ist der Doppel-Gegentakt-Diodenmischer oder doppelt balancierter Mischer mit 4 Schottky-Dioden. Die Prinzipschaltung mit Differentialübertragern ist in Bild 9.29a dargestellt.

Doppel-Gegentakt-Mischer

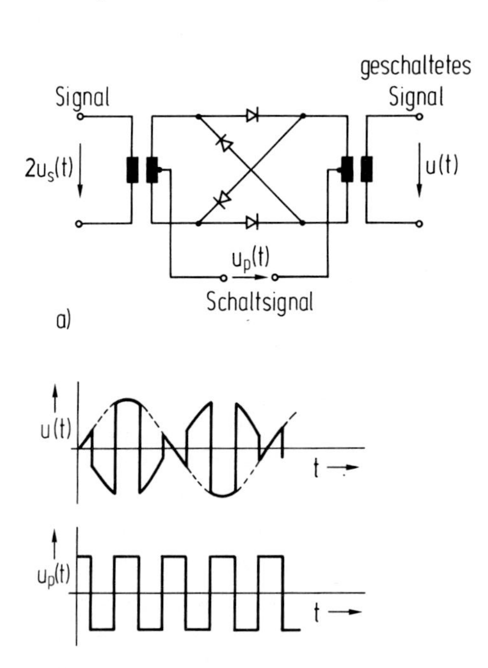

Bild 9.29
a) Prinzip eines Doppel-Gegentakt-Diodenmischers mit Dioden-Quartett und Differentialübertragern
b) Funktion des Doppel-Gegentakt-Diodenmischers als Polaritätsmodulator mit zur Vereinfachung rechteckförmigem Schaltsignal $u_p(t)$

Funktionsweise, idealisiert

Die Funktionsweise überblickt man am einfachsten, wenn ein starkes Schaltsignal $u_p(t)$ angesetzt wird, das die Dioden zwischen Leerlauf und Kurzschluß schaltet. Dann werden bei jeder Halbwelle immer 2 Dioden in Flußrichtung durchgeschaltet derart, daß am Ausgang ein geschaltetes Signal u(t) ansteht, das aus $u_s(t)$ durch fortwährende Polaritätsumkehr im Takte von $u_p(t)$ hervorgeht. (Siehe den durchgezogenen Verlauf u(t) in Bild 9.29b.) Unter diesen idealisierten Verhältnissen gilt dann mit dem Schaltsignal s(t), das im Takte von $u_p(t)$ zwischen +1 und -1 springt (periodische Rechteckfunktion)

$$u(t) = u_s(t) \cdot s(t), \quad s(t) = \sum_{n=1,3,5...}^{\infty} \cos(n\omega_p t) \quad . \tag{9.56}$$

Mit $u_s(t) = \hat{u}_s \cos\omega_s t$ und der Anwendung trigonometrischer Additionstheoreme erkennt man, daß nur Summen und Differenzfrequenzen in u(t) mit

$$|f_s \pm nf_p| \; , \quad n = 1, 3, 5,... \tag{9.57}$$

auftreten. Wie unter parametrischen Verhältnissen treten keine Oberschwingungen von f_s auf, die Umsetzung auf die gewünschte Frequenz nach Gl.(9.57), die einfach ausgefiltert werden kann, erfolgt linear.

Multiplizierer

Die gezeigte Anordnung bildet unter den dargestellten idealisierten Verhältnissen (die Dioden sind ideale Schalter) einen Multiplizierer von $u_p(t)$ und $u_s(t)$. (Diese Eigenschaft haben wir schon in Gl.(9.56) eingesetzt.)

Verzerrungen

Wir erkennen die grundsätzlich verzerrungsarme Umsetzung auch aus dem Verhalten einer Doppel-Gegentakt-Anordnung. Das Ausgangssignal folgt bei identischen Dioden nämlich unter Beachtung der Umpolung aus

$$u(t) \sim I(u_p + u_s) - I(u_p - u_s) + I(-u_p - u_s) - I(-u_p + u_s) \; . \tag{9.58}$$

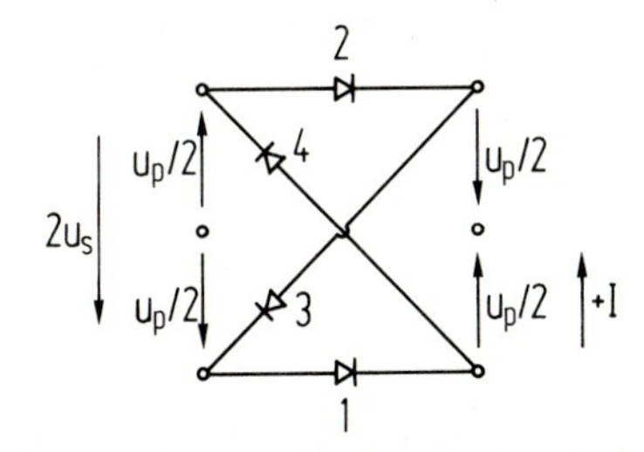

Bild 9.30
Zur Erläuterung von Gl.(9.58)

Bild 9.30 zeigt, wie Gl.(9.58) entsteht. Über Diode 1 steht die Spannung $u_p + u_s$ an, der Strom fließt in positiver Zählrichtung. Über Diode 2 steht die Spannung $u_p - u_s$ an, der Strom fließt in umgekehrter Richtung durch den Ausgangsübertrager. Diode 3 ist umgepolt, hat also die Kennlinie I(-U), es steht die Spannung $u_p + u_s$ an, der Strom fließt in positiver Richtung. Für Diode 4 gilt entsprechend $-I(-(u_p - u_s))$.

Der erste und dritte Beitrag in Gl.(9.58) bilden nun zusammen eine gerade Funktion $f(u_p + u_s) = I(u_p + u_s) + I(-u_p - u_s) = f(-(u_p + u_s))$, ebenso ist die Summe aus dem zweiten und vierten Beitrag eine gerade Funktion $f(u_p - u_s) = I(u_p - u_s) + I(u_s - u_p)$. Die Potenzreihe einer geraden Funktion enthält nur geradzahlige Potenzen $f(x) = a_o + a_2x^2 + a_4x^4 + \ldots$ Aus

$$u(t) \sim f(u_p + u_s) - f(u_p - u_s) = 4a_2u_pu_s + 8a_4u_pu_s(u_p^2 + u_s^2) \qquad (9.59)$$

folgt dann, daß erst dann nicht mehr ideal multipliziert wird und Verzerrungen auftreten, wenn $\hat{u}_s$ so groß wird, daß die vierte Potenz einer Reihenentwicklung wichtig wird. (Erinnerung: Beim Ein-Dioden-Mischer geht schon das quadratische Glied ein.)

Ring-
modulator

Derartige Doppel-Gegentakt-Diodenmischer werden meist zur Frequenzumsetzung für größere Signale herangezogen. Sie lassen sich breitbandig realisieren. Wenn man im übrigen in Bild 9.29a die Diodenanordnung beginnend bei einer Dreieckspitze durchläuft, ergibt sich eine ringförmige Anordnung. Daher heißt die Schaltung auch Ringmodulator. Die vier Dioden sind normalerweise auf einem einheitlichen Halbleiterchip zusammen hergestellt, um identische Eigenschaften zu erzielen.

Ringmodulatoren werden nicht nur - wie hier betrachtet - zur Abwärtsmischung herangezogen, sondern auch zur Umsetzung auf die Summenfrequenz $f_s + f_p$. Auch hier geht der Umsetzungsleitwert g_1 ein. Die Konversionsverluste sind damit gleich denen bei der Abwärtsmischung.

Aufgabe 9.10

Die Kennlinie I(U) einer Mischdiode sei durch eine Knick-Kennlinie mit

$$I = g_dU \quad \text{für} \quad U \geq 0; \qquad I = 0 \quad \text{für} \quad U < 0$$

angenähert. (Gegenüber der im Text verwendeten Exponentialkennlinie ist die Knick-Kennlinie günstiger bei starker Aussteuerung; es ist $g_d \approx 1/r_b$.)

a) Berechnen Sie für $u_p(t) = -U_o + \hat{u}_p \cos\omega_p t \; (U_o > 0)$ die Fourierkoeffizienten g_n. (Hinweis: Stromflußwinkel θ einführen.)

b) Berechnen Sie die Werte G_s und G_z für Leistungsanpassung und den maximalen Gewinn G_m.

---

10. Varaktordioden

Im vorangegangenen Kapitel wurde die Frequenzumsetzung mit nichtlinearen Widerständen - im Mikrowellenbereich vorzugsweise in Gestalt der Schottky-Diode - dargestellt. Jetzt sollen Frequenzumsetzung und Frequenzvervielfachung mit nichtlinearen Reaktanzen betrachtet werden. Dazu wird die aus der Elektronik wohlbekannte pn-Diode in ihrer Funktion als Varaktor (nach: Variable Reaktanz) aufgrund ihrer nichtlinearen Ladungs-Spannungs-Charakteristik behandelt. Zuerst werden der Aufbau und die Kenngrößen von Varaktoren mit einer Aussteuerung allein im Sperrbereich der pn-Diode (Sperrschicht-Varaktor) vorgestellt. Dazu wird ausgegangen von einem einfachen abrupten pn-Übergang und anschließend wird gezeigt, wie durch geeignete Wahl des Dotierungsprofils die nichtlineare Charakteristik geformt werden kann.

Bei einer Aussteuerung auch in Flußrichtung wird die Speicherung der injizierten Minoritätsträger zur Erzeugung stark nichtlinearer Reaktanzen ausgenutzt und die umsetzbare HF-Leistung läßt sich steigern. Die Funktionsweise und die Eigenschaften derartiger Speicher-Varaktoren (im Engl. snap-off- oder step-recovery-diodes) werden vereinfacht hergeleitet, da eine analytische Berechnung aufwendig ist.

Anwendungen von Varaktordioden werden dann im folgenden Kapitel beschrieben.

Lernzyklus 6 A

Lernziele

Nach dem Durcharbeiten des Lernzyklus 6 A sollen Sie in der Lage sein,

- die Kapazitäts-Spannungs-Charakteristik und die Elastanz-Ladungscharakteristik eines abrupten pn-Überganges anzugeben und zu skizzieren;
- die Sperrschichtkapazität einer pn-Diode bei beliebigem Dotierungsprofil zu berechnen;
- die Ladungs-Spannungs-Charakteristik bei einem einseitig abrupten Potenzprofil anzugeben;
- den Aufbau und die Grenzfrequenz von Sperrschicht-Varaktoren zu erläutern;
- vereinfacht die Funktionsweise und die Eigenschaften von Speicher-Varaktoren darzustellen.

10.1 Sperrschicht-Varaktoren

Wir beschränken uns auf eine Vorspannung des pn-Überganges einer Diode in Sperrichtung und auf eine Aussteuerung nur im Sperrbereich.

Sperrschicht-Varaktor

Der pn-Übergang bildet dann eine Kapazität, die von der Aussteuerung in Sperrichtung abhängt. Wir kennzeichnen diese Verhältnisse mit dem Begriff Sperrschicht-Varaktor.

abrupter pn-Übergang

Zuerst betrachten wir einen abrupten pn-Übergang mit konstanten Dotierungen der n- und p-Bereiche. Dann können Ergebnisse direkt übernommen werden, wie sie aus der Elektronik bekannt sind.

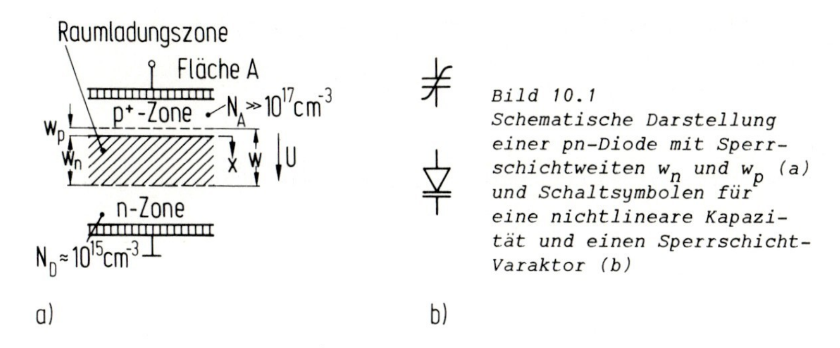

Bild 10.1
Schematische Darstellung einer pn-Diode mit Sperrschichtweiten w_n und w_p (a) und Schaltsymbolen für eine nichtlineare Kapazität und einen Sperrschicht-Varaktor (b)

Bild 10.1 zeigt schematisch eine pn-Diode mit einem abrupten pn-Übergang und konstanten Dotierungen N_D und N_A. Die p-Zone ist üblich wesentlich höher dotiert als das n-Gebiet, $N_A \gg N_D$, dann gilt für die gesamte Sperrschichtweite $w = w_n + w_p$ (s. Bild 10.1)

$$w \simeq w_n \simeq \left\{\frac{2\varepsilon}{qN_D}\left(U_D - U\right)\right\}^{1/2} \gg w_p \qquad (10.1)$$

mit der Dielektrizitätskonstanten $\varepsilon = \varepsilon_r\varepsilon_0$ des Halbleiters und der Diffusionsspannung

$$U_D = \frac{kT}{q} \ln\left(N_A N_D / n_i^2\right) \quad . \qquad (10.2)$$

Die Ladung der ionisierten Donatoren des n-Gebietes ist bei einer Querschnittsfläche A

$$Q_{n-HL} = qAN_D w_n = A\{2\varepsilon q N_D U_D\}^{1/2}\{1 - U/U_D\}^{1/2} \quad , \qquad (10.3)$$

für U = 0 ist

$$Q_{n-HL} = Q_D = A\{2\varepsilon q N_D U_D\}^{1/2} . \tag{10.4}$$

Festlegungen U_{sp}, Q

Die Ladung der ionisierten Akzeptoren $-qAN_Aw_p$ im p-Halbleiter ist dem Betrage nach gleich groß. Zur Bestimmung der Sperrschichtkapazität führen wir die Sperrspannung $U_{sp} = -U$ ein, und wir ziehen die Überschußladung $Q - Q_D$ eines Vorzeichens heran. Wir wählen $Q = Q_{n-HL} - Q_D$ mit $Q = 0$ für $U_{sp} = 0$ und $Q > 0$ für $U_{sp} > 0$. Die differentielle Sperrschichtkapazität $c(U_{sp})$ ist damit

differentielle Sperrschichtkapazität

$$c(U_{sp}) = \frac{dQ}{dU_{sp}} = \frac{Q_D}{2U_D} \frac{1}{\sqrt{1+U_{sp}/U_D}} . \tag{10.5}$$

Ganz allgemein gilt die Formel für einen Plattenkondensator

$$c(U_{sp}) = \varepsilon A/w(U_{sp}) . \tag{10.6}$$

(In Gl.(10.1) wurde wegen $N_A >> N_D$ $w \cong w_n$ verwendet.)

Die Beziehung für die Überschußladung Q läßt sich mit Gl.(10.3), (10.4) schreiben als

$$Q(U_{sp}) = Q_D \{\sqrt{1+U_{sp}/U_D} - 1\} \tag{10.7}$$

und in einfacher Weise invertieren zu

$$U_{sp}(Q) = U_D\left\{\left[\frac{Q+Q_D}{Q_D}\right]^2 - 1\right\} . \tag{10.8}$$

Aus Gründen, die wir gleich erläutern, wird für Anwendungen von Sperrschicht-Varaktoren als nichtlineare Reaktanzen meist Gl.(10.8) anstelle von Gl.(10.7) herangezogen, und es wird auch statt der differentiellen Kapazität $c(U)$ die sogenannte differentielle Elastanz $s = 1/c$ als Funktion der Ladung verwendet.[1)] Mit Gl.(10.8) ist dann

Elastanz

$$s(Q) = 1/c = \frac{dU_{sp}}{dQ} = \frac{2U_D}{Q_D} (Q+Q_D) . \tag{10.9}$$

[1] Im weiteren lassen wir den Zusatz 'differentiell' wegfallen.

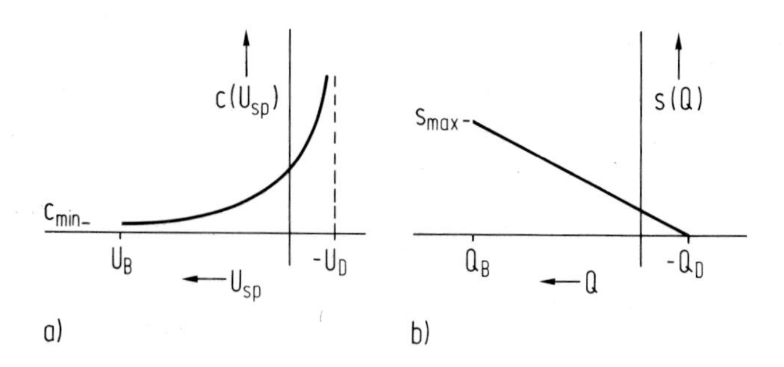

Bild 10.2
Spannungsabhängigkeit der differentiellen Sperrschichtkapazität (a) und Ladungsabhängigkeit der Elastanz (b) für einen abrupten pn-Übergang mit konstanten Dotierungen N_D und N_A

Bild 10.2a,b zeigt den Verlauf $c(U_{sp}) \sim 1/\sqrt{1+U_{sp}/U_D}$ der Sperrschichtkapazität eines abrupten pn-Überganges und den zugehörigen linearen Elastanzverlauf $s(Q) \sim Q$. Die Kapazität bzw. Elastanz der Sperrschicht folgt Spannungsänderungen fast beliebig schnell, weil es sich beim Auf- und Abbau der Raumladungszonen um einen Majoritätsträgereffekt handelt. (Eine Abschätzung der Zeitkonstanten liefert das Verhältnis w/v_s von Sperrschichtweite und Sättigungsdriftgeschwindigkeit.) Die Aussteuerung in den Sperrbereich ist begrenzt durch die - entsprechend der Vorzeichenfestlegung - positive Durchbruchspannung U_B. Bei einem abrupten pn-Übergang mit $N_A >> N_D$ gilt mit der maximalen Feldstärke E_{max} bei $x = 0$ nach

Aussteuerungsbereich

$$U_{sp} = \frac{\varepsilon}{2qN_D} E_{max}^2$$

für die Durchbruchspannung U_B

$$U_B = \frac{\varepsilon}{2qN_D} E_B^2 \, . \qquad (10.10)$$

Die Durchbruchfeldstärke E_B hängt nur schwach von der Dotierung ab und ist für Silizium etwa

$$E_B \simeq 3 \cdot 10^5 \text{ V/cm } (N_D = 10^{15} \text{ cm}^{-3});$$
$$E_B \simeq 5 \cdot 10^5 \text{ V/cm } (N_D \simeq 10^{17} \text{ cm}^{-3}) \, . \qquad (10.11)$$

Damit ist der Aussteuerungsbereich eines Sperrschicht-Varaktors beschränkt auf

$$-U_D < U_{sp} < U_B \ . \tag{10.12}$$

Die Ersatzschaltung eines Sperrschicht-Varaktors ist in Bild 10.3 dargestellt.

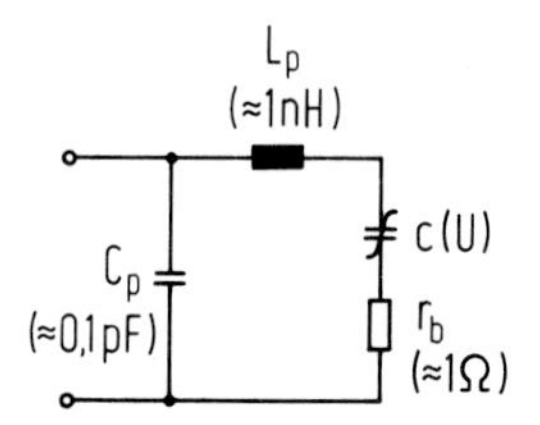

Bild 10.3
Ersatzschaltung eines Sperrschicht-Varaktors mit c(U), Bahnwiderstand r_b, Gehäusekapazität C_p und Zuleitungsinduktivität L_p. Die Zahlenwerte sind typisch bei Varaktoren im Mikrowellengebiet.

Die Funktion des Varaktors wird wesentlich beeinträchtigt durch den Bahnwiderstand r_b der pn-Diode. r_b rührt maßgeblich her von den Bahngegebieten auf beiden Seiten der Raumladungszone. Der sehr geringe Sperrstrom bzw. ein Widerstand parallel zu c(U) ist zu vernachlässigen. (Vergl. den Unterschied zum Schottky-Varistor.)

Man wird die Diode so auslegen, daß bei maximaler Aussteuerung, d.h. für $U_{sp} = U_B$, die Sperrschicht bis zu den Kontakten reicht. Hergestellt werden Sperrschicht-Varaktoren wieder in überwiegender Planartechnik. Auf einem hochdotierten n^+-Substrat wird eine n-dotierte Schicht epitaktisch aufgewachsen. Zur Herstellung der p^+-Zone werden anschließend Akzeptoren mit hoher Konzentration eindiffundiert. Für hohe Durchbruchspannungen und geringe Sperrströme hat sich am besten bewährt die Bauform der Mesadiode [1] (s. Bild 10.4). Hierbei wird nach der p^+-Diffusion die Epitaxieschicht bis auf kreisförmige Bereiche abgeätzt. Diese Bereiche werden anschließend mit metallischen Kontakten versehen. Diese Bauform verlangt zwar einen - sonst in der Planartechnik unüblichen - Prozeß des Abätzens. Mesadioden haben aber den Vorteil, daß an den seitlichen Rändern der Sperrschicht das elektrische Feld homogen bleibt. Bei einfachen eindiffundierten pn-Dioden führt die Krümmung des N_A-Profils an den Maskenrändern (vergl. Bild 1.1b) zu einer starken Felderhöhung, die Durchbruchspannung sinkt dadurch beträchtlich ab.

Mesadiode

[1] 'Mesa' nach dem spanischen Wort für Tafelberg

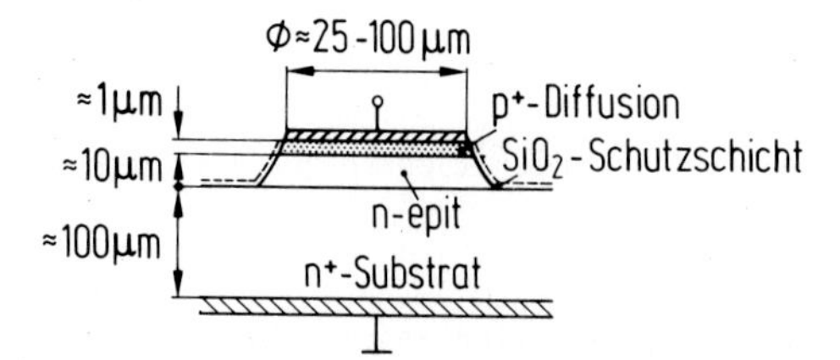

Bild 10.4
Querschnitt durch eine epitaxiale Mesadiode mit typischen Abmessungen

Wenn bei maximaler Aussteuerung die Sperrschicht gerade bis zum Substrat reicht, ist wegen der geringen zusätzlichen Widerstände der Bahnwiderstand r_b in dieser Bauform sehr niedrig.

Bei der Spannung $U = U_D$ ist der Bahnwiderstand r_b maximal mit

$$r_{bmax} \simeq \frac{d}{\sigma A} \quad . \tag{10.13}$$

Dabei geht nach Bild 10.4 wesentlich die niedrig dotierte n-Zone mit der Dicke d und der Leitfähigkeit $\sigma = q\mu_n N_D$ ein.

Die Funktion des Sperrschicht-Varaktors beruht auf der aussteuerungsabhängigen Kapazität c(U). Diese kommt aber nur bei solchen Frequenzen noch zum Tragen, bei denen $1/\omega c >> r_b$ ist. Man führt daher als Kenngröße die Grenzfrequenz

Kenngröße: Grenzfrequenz f_c

$$f_c = \frac{1}{2\pi} \frac{1}{c r_b} \tag{10.14}$$

ein. Die Grenzfrequenz ist wegen $c \sim A$ und $r_b \sim 1/A$ unabhängig von der Fläche A des Varaktors. Dabei sind allerdings c und r_b noch abhängig von der Aussteuerung. Die Kapazität des Sperrschicht-Varaktors wird minimal für $U_{sp} = U_B$ mit dem Wert c_{min}. Die Grenzfrequenz wird üblich fest definiert als diejenige Frequenz, bei der der Bahnwiderstand r_{bmax} und der kapazitive Blindwiderstand $1/(2\pi f_c c_{min})$ gleich groß sind mit

Festlegung

$$f_c = \frac{1}{2\pi} \frac{1}{c_{min} r_{bmax}} \quad . \tag{10.15}$$

Unter idealen Bedingungen mit $r_{bmax} = d/\sigma A$ und $c_{min} = A\varepsilon/d$ ist

Grenzwert für f_c

$$f_c = \frac{1}{2\pi} \frac{\sigma}{\varepsilon} = f_d \tag{10.16}$$

und stimmt überein mit der dielektrischen Relaxationsfrequenz f_d des Halbleitermaterials.

Dieser obere Wert für die Grenzfrequenz läßt sich anschaulich so begründen: Der Reziprokwert $1/f_d$ der dielektrischen Relaxationsfrequenz gibt die Zeit an, innerhalb der Raumladungen - z.B. eine künstlich erzeugte Anhäufung von Elektronen - in einem Material sich ausgleichen. Damit kann die Weite der Raumladungszone abrupten Änderungen der Vorspannung erst innerhalb einer Zeit von etwa $1/f_d$ folgen. Das bedeutet auch, daß bei Frequenzen oberhalb von f_d die Änderung der Raumladungszone dem Steuersignal nicht mehr folgen kann. Der nichtlineare Effekt geht verloren, und der Varaktor verhält sich dann wie eine lineare und verlustbehaftete Kapazität.

Bei harmonischer Aussteuerung mit einer Frequenz f wird neben der Grenzfrequenz f_c oft auch die Güte

Güte Q

$$Q = \frac{f_c}{f} \tag{10.17}$$

als Kenngröße herangezogen.

Nach Gl.(10.16) sollte das Material eine möglichst hohe Leitfähigkeit haben. Andererseits sollte nach Gl.(10.10) auch die Durchbruchspannung hoch sein und damit die Dotierung des n-Gebietes niedrig. Es muß daher die Beweglichkeit der Ladungsträger groß sein. Aus diesem Grunde wäre GaAs als Halbleitermaterial heranzuziehen. Es werden aber meist wegen der gut beherrschten Technologie Varaktoren aus Silizium hergestellt mit Grenzfrequenzen oberhalb von 100 GHz.

Die Serienschaltung von variabler Kapazität und Bahnwiderstand r_b für die Varaktordiode nach Bild 10.3 legt es nahe, den Strom durch die Diode oder damit zusammenhängend die Ladung als unabhängige Variable zu wählen. Dann gilt für die Spannung $u_g(t)$ über der Serienschaltung von $c(U)$ und r_b

$$\begin{aligned} u_g(t) &= r_b i(t) + u(Q(t)) \\ i(t) &= dQ/dt, \quad u = \int dQ/c(Q) \ . \end{aligned} \tag{10.18}$$

Mit u(t) wird wie bisher im statischen Fall die Spannung über der Sperrschicht allein bezeichnet.

Dann wird man die Beschaltung der Diode auch so auslegen, daß nur die gewünschten Ströme fließen, d.h. Stromaussteuerung anstreben. Unnötige Stromkomponenten führen im Bahnwiderstand r_b zu zusätzlichen Stromwärmeverlusten. Die Ströme laden die Varaktorkapazität auf, und zwar ist die Ladung das zeitliche Integral des Gesamtstromes. Stromaussteuerung ist damit gleichbedeutend mit Ladungsaussteuerung.

Stromaussteuerung

entspr. Ladungsaussteuerung

Diese Betriebsweise der Stromaussteuerung begründet die Einführung der Elastanz s(Q) bzw. der Spannungs-Ladungs-Charakteristik $U_{sp}(Q)$.

Aufgabe 10.1

Wie groß sind bei einer Varaktor-Diode aus Silizium ($N_A >> N_D$, $N_D = 10^{15}$ cm^{-3}, $\mu_n = 1500$ cm^2/Vs) die Durchbruchspannung U_B, die Sperrschichtweite $w \simeq w_n$ für $U_{sp} = U_B$ und die Grenzfrequenz f_c (Gl.(10.16)?

Wir haben bisher für eine einfache Übersicht zurückgegriffen auf den aus der Elektronik bekannten abrupten pn-Übergang und dabei eine Sperrschichtkapazität $c \sim 1/\sqrt{U_{sp}}$ und einen parabolischen Verlauf $U_{sp}(Q)$ festgestellt. Wir wollen jetzt untersuchen, ob durch bestimmte Dotierungsprofile $N(x) = N_D(x) - N_A(x)$ der Kapazitätsverlauf $c(U_{sp})$ geeignet geformt werden kann. Diese Fragestellung ist nicht nur von Interesse für Anwendungen der Sperrschicht-Varaktoren als nichtlineare Reaktanzen. Auch für lineare Anwendungen der spannungsabhängigen Kapazität in Form von Kapazitätsdioden u.a. für Oszillatoren mit spannungsgesteuerter Frequenz (VCO: voltage controlled oscillator) müssen bestimmte Verläufe $c(U_{sp})$ eingestellt werden.

allgemeines Profil N(x)

Kapazitätsdiode

Mit Bild 10.5a betrachten wir eine pn-Diode mit allgemeinem Dotierungsprofil $N(x) = N_D(x) - N_A(x)$. Der Nullpunkt der Ortskoordinate x, der eigentliche pn-Übergang, ist durch N(x) = 0 festgelegt. w_n und $-w_p$ sind wieder die als scharf angenommenen Grenzen der Raumladungszone.

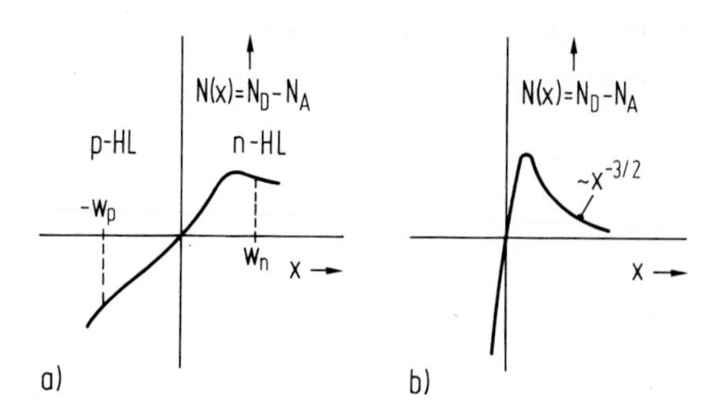

Bild 10.5
pn-Übergang mit allgemeinem Dotierungsprofil N(x) (a) und einseitig abrupter pn-Übergang (b)

Die Poissongleichung für das Potential $\Phi(x)$ mit $E = -d\Phi/dx$ lautet dann

Rechnung

$$\varepsilon\, d^2\Phi/dx^2 = -qN(x) \; . \qquad (10.19)$$

Mit der Näherung scharfer Raumladungsgrenzen, d.h. $E(-w_p) = 0$, $E(w_n) = 0$ liefert im ersten Schritt die einmalige Integration einen Feldverlauf

$$E = -d\Phi/dx = \frac{q}{\varepsilon} \int_{-w_p}^{x} N(x')dx' \; . \qquad (10.20)$$

Aus $E(w_n) = 0$ folgt die Neutralitätsbedingung

$$\int_{-w_p}^{w_n} N(x')dx' = 0 \; ; \qquad (10.21)$$

sie liefert eine erste Gleichung für die Weiten w_p und w_n bei bekanntem N(x)-Verlauf. Eine nochmalige Integration von Gl.(10.20) liefert für den Potentialverlauf

$$\Phi(x) - \Phi(-w_p) = -\frac{q}{\varepsilon} \int_{-w_p}^{x} \left(\int_{-w_p}^{x''} N(x')dx' \right) dx'' \qquad (10.22)$$

und angewendet auf den rechten Sperrschichtrand w_n

$$\Phi(w_n) - \Phi(-w_p) = U_D - U = U_D + U_{sp} = -\frac{q}{\varepsilon} \int_{-w_p}^{w_n} \left(\int_{-w_p}^{x''} N(x')dx' \right) dx'' . \qquad (10.23)$$

Eine partielle Integration liefert dann mit der Kettenregel und Gl.(10.21) eine zweite Gleichung für w_p, w_n

$$U_D + U_{sp} = \frac{q}{\varepsilon} \int_{-w_p}^{w_n} xN(x)dx \,. \tag{10.24}$$

Die Beziehungen (10.21) und (10.24) erlauben eine Berechnung von w_p und w_n für gegebene Daten. Die Sperrschichtkapazität wird entsprechend den vorherigen Festlegungen aus $Q = Q_{n-HL} - Q_D$, $dQ/dU_{sp} = dQ_{n-HL}/dU_{sp}$ ermittelt nach

$$Q_{n-HL} = qA \int_0^{w_n} N(x)dx \,, \quad c(U_{sp}) = \frac{dQ_{n-HL}/dw_n}{dU_{sp}/dw_n} \,, \tag{10.25}$$

weil Zähler und Nenner dann mit Gl.(10.24), (10.25) einfach lauten

$$dQ_{n-HL}/dw_n = qAN(w_n), \; dU_{sp}/dw_n = \frac{q}{\varepsilon}\{w_nN(w_n) - w_pN(-w_p)\}. \tag{10.26}$$

Wird noch $N(w_n)dw_n + N(-w_p)dw_p = 0$ nach Gl.(10.21) herangezogen, so gilt die Plattenkondensator-Formel

$$c(U_{sp}) = \varepsilon A/\{w_n + w_p\} \tag{10.27}$$

für jedes Dotierungsprofil.

Die Integrale in Gl.(10.21), (10.24) lassen sich meist analytisch lösen, ihre Auflösung nach den gesuchten Werten w_p, w_n ist oft aber nur numerisch möglich. Praktische Varaktordioden oder Kapazitätsdioden werden durch Diffusion oder Ionenimplantation in epitaxialen Schichten hergestellt. Den praktischen Verhältnissen wird man in guter Näherung gerecht, wenn ein einseitig abrupter pn-Übergang mit einem Potenzprofil für $N_D(x)$ angenommen wird. Es soll also gelten (s. Bild 10.5b)

Potenzprofil

$$N_A(x) \simeq \text{const.} \gg N_D(x) \text{ für } x < 0, \quad N(x) = gx^n \text{ für } x > 0. \tag{10.28}$$

Bei einem pn-Übergang mit $N_A \gg N_D$ fällt die Spannung fast vollständig über der Raumladungszone $0 \leq x \leq w_n$ im n-Halbleiter ab; es sind dann auch $w = w_n + w_p \simeq w_n$ und $w_p \simeq 0$. Mit diesen Näherungen folgt aus Gl.(10.24)

$$U_D + U_{sp} = \frac{qg}{\varepsilon(n+2)} w^{n+2} . \qquad (10.29)$$

Die Sperrschichtweite und die Sperrschichtkapazität sind dann

$$w = w_0 \{1+U_{sp}/U_D\}^{1/(n+2)} \; ; \; w_0 = \left\{ \frac{\varepsilon(n+2)U_D}{qg} \right\}^{1/(n+2)} \qquad (10.30)$$

Kapazität

$$c(U_{sp}) = c_0 \{1+U_{sp}/U_D\}^{-1/(n+2)} \; ; \; c_0 = \varepsilon A/w_0 . \qquad (10.31)$$

Ein Potenzprofil für die Dotierung $N_D(x)$ des einseitig abrupten pn-Überganges führt zu einem Potenzgesetz für die Sperrschichtkapazität mit dem Exponenten $-1/(n+2)$. Die Ladungs-Spannungs-Kennlinie läßt sich mit $Q_{n-HL}(U_{sp})$ nach Gl.(10.25) berechnen. Wenn wir die Ladungen Q_D bei $U_{sp} = -U_D$ und Q_B bei der Durchbruchspannung $U_{sp} = U_B$ einführen und mit $Q = Q_{n-HL} - Q_D$ wieder die Überschußladung bezeichnen, läßt sich in normierter Darstellung die Beziehung

Spannung/ Ladung

$$\frac{U_{sp} + U_D}{U_B + U_D} = \left\{ \frac{Q + Q_D}{Q_B + Q_D} \right\}^{\frac{n+2}{n+1}} \qquad (10.32)$$

direkt herleiten.

Für jeweils konstante Dotierungen mit N_A, N_D = const. ist mit n = 0 wie schon vorher $c(U_{sp}) \sim 1/\sqrt{U_{sp}}$, $U_{sp} \sim Q^2$. Bei sehr steilen Dotierungsprofilen, d.h. bei großen Werten n sind $c(U_{sp}) \simeq$ const. und $U_{sp} \sim Q$.

Für lineare Anwendungen, d.h. für Kapazitätsdioden mit vorspannungsabhängiger Kapazität, ist der $c(U_{sp})$-Verlauf von Bedeutung. Ein Potenzprofil $N_D(x) \sim x^n$ liefert eine Abhängigkeit $c(U_{sp}) \sim U_{sp}^{-1/(n+2)}$. Für eine lineare Abstimmcharakteristik, d.h. eine lineare Abhängigkeit der Resonanzfrequenz $\omega = 1/\sqrt{LC}$ des Schwingkreises eines Oszillators von der Abstimmspannung U_{sp} wird ersichtlich $c(U_{sp}) \sim (1+U_{sp}/U_D)^{-2}$ verlangt. Dafür muß nach Gl.(10.30) ein Dotierungsprofil mit n = -3/2 eingestellt werden. Das läßt sich wenigstens näherungsweise durch mehrfache Diffusionsprozesse oder durch Ionenimplantation realisieren. Solche Profile, die einseitig abrupt von p-Leitung auf n-Leitung übergehen und bei denen $N_D(x)$ danach sogar wieder abfällt, nennt man hyperabrupte pn-Übergänge. Solch ein Übergang ist in Bild 10.5b schon skizziert.

hyperabrupte pn-Übergänge

Aufgabe 10.2

a) Berechnen Sie mit Gl.(10.20) - (10.24) den Feldstärke- und Potentialverlauf für einen abrupten pn-Übergang mit N_A, N_D = const.

b) Zeigen Sie an diesem Beispiel, daß für $N_A >> N_D$ der Spannungsabfall über dem p-Gebiet zu vernachlässigen ist.

Aufgabe 10.3

Wie lautet die $c(U_{sp})$-Kennlinie für einen pn-Übergang mit linearem Dotierungsprofil $N(x) = gx$?

10.2 Speicher-Varaktoren

In Sperrschicht- Varaktoren ist der Aussteuerungsbereich beschränkt auf $-U_D < U_{sp} < U_B$. Die umsetzbare Leistung ist wesentlich begrenzt durch die Durchbruchspannung U_B. Weiterhin ist u.a. für eine Frequenzvervielfachung mit hohem Vervielfachungsgrad die Nichtlinearität der Spannungs-Ladungs-Kennlinie nicht ausreichend scharf. Daher wird jetzt auch eine Aussteuerung in Flußrichtung ins Auge gefaßt. Dabei werden Minoritätsträger in die Bahngebiete injiziert und zunächst dort gespeichert, bis sie nach Maßgabe ihrer Lebensdauer τ rekombinieren und einen Leitungsstrom bewirken. Wenn nur kurzzeitig in Flußrichtung gesteuert wird und nach einer Zeit $t << \tau$ wieder zurückgeschaltet wird, rekombinieren nur wenige Minoritätsträger, die Verluste sind gering, und die Diode wirkt als nahezu idealer Ladungsspeicher. Weil unter diesen Bedingungen einer idealen Ladungsspeicherung die Flußspannung bei U_D stehen bleibt, ist die Kapazität in Flußrichtung unbegrenzt groß. Man bezeichnet eine pn-Diode für diese Verhältnisse als Speicher-Varaktor oder auch als Speicher-Schaltdiode (im Engl. snap-off- oder step-recovery-diode; zur Erläuterung dieser Bezeichnungen s. unten).

Prinzip

ideale Verhältnisse

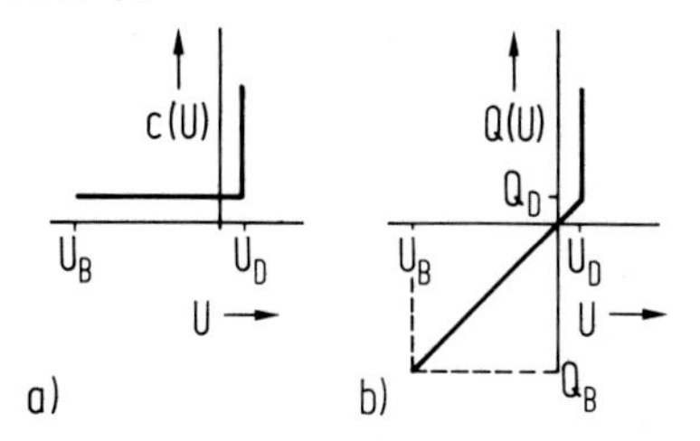

Bild 10.6
Kapazitäts-Spannungs-Kennlinie c(U) (a) und Ladungs-Spannungs-Kennlinie Q(U) (b) eines idealen Speicher-Varaktors

Wenn genügend stark in Flußrichtung ausgesteuert wird, ist der nichtlineare Effekt durch die Ladungsspeicherung so groß, daß demgegenüber die Spannungsabhängigkeit der Sperrschichtkapazität vernachlässigt umd mit stückweise linearen Kennlinien nach Bild 10.6 gerechnet werden kann. (Die Sperrschichtkapazität ist auch für die Dotierungsprofile praktischer Speicher-Varaktoren tatsächlich nahezu konstant.)

Verhalten

Im weiteren soll das Verhalten von Speicher-Varaktoren nur qualitativ beschrieben werden im Hinblick auf Funktionsweise und Aufbauanforderungen. (Analytische Berechnungen sind recht umfangreich.) Wir betrachten dazu mit Bild 10.7 einen Speicher-Varaktor mit sinusförmiger Stromsteuerung durch einen aufgeprägten Strom i(t).

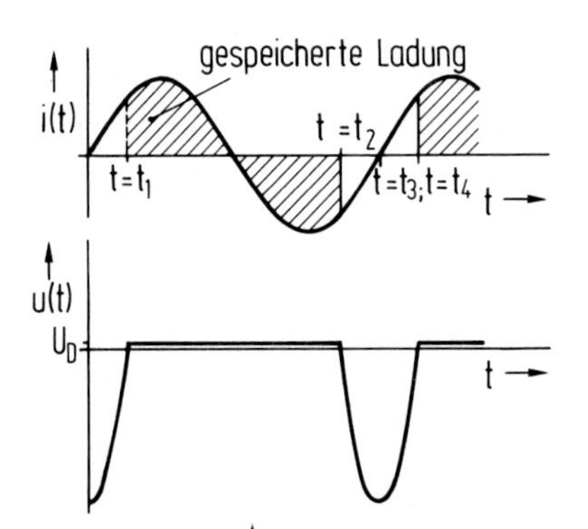

Bild 10.7
Zeitverlauf der gespeicherten Ladung (schraffierte Flächen) mit Schaltzeitpunkten t_1 bis t_4 für einen Speicher-Varaktor mit abruptem Stromabriß für einen eingeprägten, sinusförmigen Strom i(t) und zugehöriger Spannungsverlauf u(t)

Zum Zeitpunkt t_1 wird in den Flußbereich geschaltet, die Spannung liegt dann fest bei U_D. Während der positiven Halbwelle wird eine Ladung Q entsprechend der Fläche unter dem Stromverlauf injiziert und gespeichert. (Üblich ist $N_A >> N_D$, so daß Q die Ladung der in das n-Bahngebiet injizierten Löcher wiedergibt.) Während der negativen Halbwelle fließt zunächst die injizierte Ladung Q wieder ab. Damit nicht schon während der Speicherung Verluste auftreten, muß die Frequenz f wesentlich größer sein als $1/\tau$ mit der Rekombinationslebensdauer τ der injizierten Minoritätsträger. Für Speicher-Varaktoren kommt heute nur Silizium in Betracht mit Lebensdauern der Minoritätsträger zwischen 0.1 und 1 µs. Der Halbleiter GaAs ist insbesondere wegen der kurzen Lebensdauer $\tau \simeq 1$ ns nicht geeignet.

Wenn bei $t = t_2$ der Strom der rückfließenden Ladungsträger den eingeprägten Strom i(t) nicht mehr tragen kann, schaltet die Diode in Sperrrichtung. Dann wird i(t) getragen durch den kapazitiven Ladestrom der Sperrschichtkapazität. Die Spannung u(t) erreicht in diesem Bereich daher hohe negative Werte und verläuft für eine konstante Sperrschichtkapazität sinusförmig. Bei $t = t_3$ ist die Sperrschichtkapazität aufgeladen, bei $t = t_4$ wieder entladen; die Diode schaltet danach wieder in Flußrichtung und ein neuer Zyklus beginnt.

Das wesentliche - Speicher-Varaktoren von gewöhnlichen pn-Gleichrichterdioden unterscheidende - Merkmal dieses Vorganges ist, daß der Rückstrom der gespeicherten Ladung bei $t = t_2$ nahezu abrupt abreißt und fast keine injizierte Restladung danach verbleibt. Bei gewöhnlichen pn-Dioden, z.B. solchen mit konstanten Dotierungen N_A, N_D, diffundieren die injizierten Minoritätsträger weit in die Bahngebiete während der Flußphase. Das Umschalten in den Sperrbereich senkt schnell die Konzentration der Minoritätsträger bei $x = 0$ auf Null ab, der Rückstrom - er ist ein Diffusionsstrom - wird bestimmt durch den Konzentrationsgradienten bei $x = 0$. Wenn dieser nur klein ist, trägt er schon frühzeitig nicht mehr den aufgeprägten Strom, die Diode schaltet in Sperrrichtung. Dann verbleibt aber eine beträchtliche Restladung der injizierten Minoritätsträger, die recht langsam abklingend während der Sperrphase noch abfließt. Der Speichereffekt für Speicher-Varaktoren und allgemein die Gleichrichtereigenschaften gewöhnlicher pn-Dioden für hohe Frequenzen leiden dadurch entscheidend.

Anforderungen

Für kurze Abrißzeiten des Leitungsstromes beim Umschalten in den Sperrbereich muß das Dotierungsprofil nahe dem pn-Übergang geeignet geformt werden. Es kommt darauf an, die injizierten Minoritätsträger - bei $N_A >> N_D$ die injizierten Löcher - möglichst dicht am pn-Übergang zu halten. Dazu wird ein Dotierungsprofil nach Bild 10.8a eingestellt, dessen N_A- bzw. N_D-Verläufe von $x = 0$ ausgehend ansteigen und ein eingebautes Driftfeld erzeugen, das die Minoritätsträger dicht am pn-Übergang hält und nicht weit in die Bahngebiete diffundieren läßt. (Beachten Sie den Gegensatz zum N_A-Profil der Basis von npn-Drifttransistoren nach Bild 1.3 bzw. die Beschreibung von S. 14.)

Aufbau

Speicher-Varaktoren werden hergestellt durch eine p^+-Diffusion in eine dünne n-leitende epitaxiale Schicht auf einem n^+-Substrat. Während des Diffusionsprozesses diffundieren gleichzeitig Donatoren aus dem Substrat in die n-Zone, so daß bei richtiger Einstellung von Temperatur und Diffusionszeit gerade Profile entsprechend Bild 10.8a sich einstellen. Dann verlaufen die Dotierungsprofile $N_D(x)$, $N_A(x)$ sehr steil entsprechend einem großen Wert n des Exponenten in Gl.(10.28), so daß die

Herstellung

Sperrschichtkapazität mit Gl.(10.31) nur wenig von der Spannung abhängt.

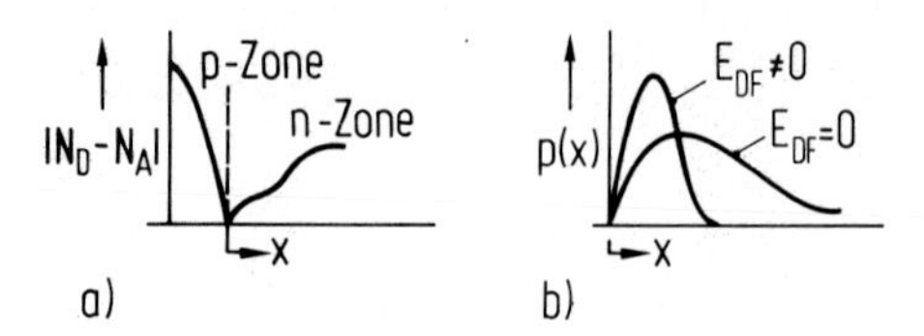

Bild 10.8
a) Dotierungsprofil $|N(x)| = |N_A - N_D|$ *von Speicher-Varaktoren mit ansteigenden Dotierungen* N_A *bzw.* N_D
b) Schematische Verteilung der injizierten Löcherdichte $p(x)$ *beim Umschalten in den Sperrbereich mit* $p(x=0) \simeq 0$ *für konstante* N_D*-Dotierung (*$E_{DF} = 0$*) und eingebautem, rücktreibendem Driftfeld* $E_{DF} \neq 0$

Die Abriß- bzw. Übergangszeiten guter Speicher-Varaktoren liegen unter 100 ps. Sie heißen von dieser Eigenschaft her auch snap-off- oder step-recovery- (sprunghafte Erholung) - Dioden.

Puls-generator

Wir werden Speicher-Varaktoren für Frequenzvervielfacher noch in Abschnitt 11.3 behandeln. Der Spannungsverlauf in Bild 10.7 eröffnet Anwendungen für Pulsgeneratoren mit extrem kurzen Impulsen (heute bis herab zu 10 ps) hoher Amplitude (heute über 30 V bei 50Ω Ausgangswiderstand) und hoher Wiederholfrequenz f (heute bis über 500 MHz bei etwa 1 W Eingangsleistung).

11. Varaktoranwendungen

PN-Dioden werden unter Ausnutzung ihrer nichtlinearen Ladungs-Spannungs-Charakteristik für eine Reihe hochfrequenztechnischer Anwendungen eingesetzt. Wie in Abschnitt 10.1 schon angeführt, wird die spannungsabhängige Sperrschichtkapazität ausgenutzt für die unter allen Anwendungen am häufigsten auftretende Funktion als Kapazitätsdiode in elektronisch abstimmbaren Filtern und Oszillatoren.

Anwendungsbeispiele

Die Varaktoreigenschaft von Sperrschicht- bzw. Speicherdioden hat sich praktisch bewährt

- in parametrischen Verstärkern mit besonders geringem Rauschen zur Verstärkung sehr kleiner Signale

- in Frequenzumsetzern der Funktechnik, insbesondere in Aufwärtsmischer zur Umsetzung einer Signalschwingung auf eine hohe Sendefrequenz

- in Frequenzvervielfachern bei hohen Frequenzen und hohen Leistungen. Vor allem für Zwecke der Nachrichtenübertragung wird verlangt, daß die Oszillatoren stabil schwingen und ihre Frequenz konstant bleibt. Quarzstabilisierte Transistoroszillatoren, wie sie aus der Elektronik bekannt sind, lassen sich aber nur bis zu Frequenzen von etwa 100 MHz realisieren. Quarzstabilisierte Schwingungen bei hohen Frequenzen werden durch Frequenzvervielfachung erzeugt. Dabei ist der Wirkungsgrad bei der Vervielfachung von besonderer Bedeutung. Weiterhin werden Frequenzvervielfacher eingesetzt, wenn z.B. mit Transistoren bei hohen Frequenzen die geforderte Leistung nicht mehr erreicht werden kann. Bei einer Subharmonischen der gewünschten Frequenz wird man dann genügend Leistung erzeugen und mit möglichst geringen Verlusten, d.h. mit möglichst hohem Wirkungsgrad auf die gewünschte hohe Ausgangsfrequenz umsetzen.

Die Frequenzumsetzung und -vervielfachung mit nichtlinearen Reaktanzen soll hier genauer untersucht werden. Zunächst soll eine grundsätzliche Aussage über nichtlineare Reaktanzen für die Anwendungen abgeleitet werden - der Leistungsverteilungssatz von Manley und Rowe. Wir haben in Kapitel 9 sofort nichtlineare Widerstände betrachtet, ohne vorher klarzulegen, ob sie für Frequenzumsetzer in allen Fällen optimal sind. Diese Überlegungen werden jetzt nachgeholt.

Neben den prinzipiellen Möglichkeiten für Frequenzumsetzung und Frequenzvervielfachung zeigt der Leistungsverteilungssatz, daß auch Verstärker mit nichtlinearen Reaktanzen möglich sind. Der bestrickende Vorzug dieser sogenannten parametrischen Schaltungen liegt darin, daß sie Wechselleistung in Wechselleistung umsetzen. Sie sind also - wenigstens im Prinzip - frei von den mit Gleichströmen verbundenen Rauschmechanismen wie u.a. dem Schrotrauschen (s. Abschnitt 11.2).

Frequenzumsetzer hoher Leistung und Frequenzvervielfacher für hohe Frequenzen lassen sich am besten mit nichtlinearen Reaktanzen realisieren. Abschnitt 11.3 wird aber zeigen, daß sie schaltungstechnisch nicht einfach zu realisieren sind und sie nur für die eingangs erwähnten Anwendungen in Betracht kommen.

Lernzyklus 6 B

Lernziele

Nach dem Durcharbeiten des Lernzyklus 6 B sollen Sie in der Lage sein,

- die Herleitung des Leistungsverteilungssatzes zu skizzieren und ihn für zwei Generatoren formelmäßig anzugeben;
- Folgerungen aus dem Leistungsverteilungssatz für Frequenzumsetzer darzustellen;
- das Funktionsprinzip, das Berechnungsverfahren, den Aufbau und einige wichtige Eigenschaften parametrischer Verstärker zu erläutern;
- die Funktionsweise und einige Anwendungen von Frequenzvervielfachern darzustellen.

11.1 Leistungsverteilungssatz

Varaktordioden werden unter Benutzung ihrer nichtlinearen Ladungs-Spannungs-Charakteristik für die oben genannten Anwendungen herangezogen. Die nichtlineare Kapazität der Diode bildet einen nichtlinearen Energiespeicher, infolge der Nichtlinearität können bei Aussteuerung mit harmonischen Signalen Schwingungsenergien auf andere Frequenzen z.B. Kombinationsfrequenzen oder Vielfache einer Eingangsschwingung umgesetzt werden. Diese Umsetzung kann bei einem nichtlinearen Energiespeicher im Prinzip verlustfrei geschehen, wohingegen in nichtlinearen Energieverbrauchern (z.B. bei einem nichtlinearen Widerstand) grundsätzlich Verlustleistungen durch Stromwärmeverluste auftreten.

Leistungsverteilungssatz

Grundlage von Varaktoranwendungen ist der Leistungsverteilungssatz von Manley und Rowe. Er sagt aus, in welcher Weise bei einem nichtlinearen Energiespeicher die Leistungen sich auf die beteiligten Frequenzen verteilen. Der Leistungsverteilungssatz beinhaltet daher mehr als die Aussage, daß in einem verlustfreien Energiespeicher die Summe der zeitlich gemittelten Leistungen, d.h. die Summe der Wirkleistungen Null sein muß. Zur Ableitung des Leistungsverteilungssatzes am Beispiel einer nichtlinearen Kapazität gehen wir aus von Bild 11.1.

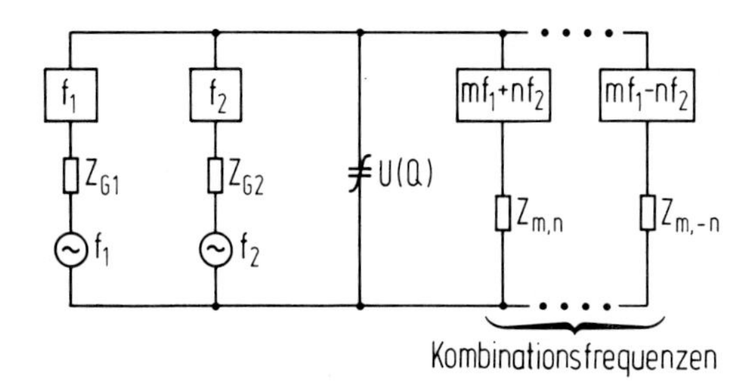

Bild 11.1
Zur Ableitung des Leistungsverteilungssatzes. Die nichtlineare Reaktanz U(Q) wird durch zwei Generatoren bei den Frequenzen f_1 und f_2 angesteuert; sie ist bei den Kombinationsfrequenzen $mf_1 + nf_2$ (n, m = 0, 1, 2...) mit Widerständen Z_{mn} beschaltet.

Voraussetzungen

Es wird vorausgesetzt, daß die nichtlineare Kapazität verlustfrei ist und der Zusammenhang zwischen Ladung und Spannung eineindeutig ist, d.h. die U(Q)-Charakteristik soll eindeutig umkehrbar sein, sie soll also auch keine Hysterese zeigen.

Schaltung

Die nichtlineare Kapazität wird angesteuert durch zwei Generatoren mit den Frequenzen f_1 und f_2. (Eine Beschränkung auf nur zwei Generatoren ist für das weitere ausreichend.) Die Frequenzen f_1 und f_2 sollen nicht kommensurabel sein, d.h. nicht rationale Vielfache voneinander sein. Weiterhin soll die nichtlineare Kapazität mit einer Reihe von Widerständen beschaltet sein, die Leistungen aufnehmen. Jeder einzelnen Frequenzkomponente wird über die idealen Bandpässe ein Belastungswiderstand zugeordnet. Durch [f] ist in Bild 11.1 ein idealer Bandpaß gekennzeichnet mit dem Widerstand Null bei f und einem unendlich hohen Widerstand bei allen anderen Frequenzen. Die Widerstandswerte und Leerlaufspannungen der Generatoren gehen nicht im Leistungsverteilungssatz ein. Die Herleitung wird zeigen, daß die Art der Beschaltung - hier eine Parallelschaltung - ebenfalls das Ergebnis nicht beeinflußt. Der Zusammenhang zwischen Ladung und Spannung bei der nichtlinearen Kapazität muß weiterhin nicht explizit bekannt sein.

Frequenzen

Im allgemeinen werden bei einer Ansteuerung durch zwei Generatoren mit den Frequenzen f_1 und f_2 infolge der nichtlinearen Kapazität alle Frequenzen $mf_1 + nf_2$ entstehen mit ganzzahligen $m,n = 0, \pm 1, \pm 2..$, und es wird ein Leistungsumsatz zwischen der Kapazität und ihrer Beschaltung bei allen diesen Frequenzen stattfinden. Die Ladung auf der Kapazität, der Strom und die anstehende Spannung können durch doppelte Fourierreihen dargestellt werden.

Fourierdarstellungen

Mit den Abkürzungen

$$2\pi f_1 t = \omega_1 t = x, \quad 2\pi f_2 t = \omega_2 t = y \tag{11.1}$$

gilt für die Ladung Q(t) die doppelte Fourierreihe

$$Q(t) = \frac{1}{\sqrt{2}} \sum_{m=-\infty}^{\infty} \sum_{n=-\infty}^{\infty} \underline{Q}_{mn} \exp(jmx + jny) , \tag{11.2}$$

wobei wir positive und negative Frequenzen benutzen. Da Q(t) reell ist, gilt $\underline{Q}_{-m-n} = \underline{Q}^*_{mn}$; der Vorfaktor $1/\sqrt{2}$ stellt den geforderten Zusammenhang zwischen Zeitfunktion und Phasor her, dann gilt nämlich für eine Komponente von Q(t)

$$Q_{mn}(t) = \frac{1}{\sqrt{2}} \{\underline{Q}_{mn} \exp(jmx + jny) + \underline{Q}^*_{mn} \exp(-jmx - jny)\}$$

$$Q_{mn}(t) = \sqrt{2} \; \mathrm{Re} \{\underline{Q}_{mn} \exp(jmx + jny)\} .$$

Bei gleichmäßiger Konvergenz der Reihe (11.2) können wir gliedweise differenzieren und für den Strom I(t) schreiben

$$I(t) = dQ/dt = \frac{1}{\sqrt{2}} \sum_{m=-\infty}^{\infty} \sum_{n=-\infty}^{\infty} \underline{I}_{mn} \exp(jmx + jny) \qquad (11.3)$$

mit

$$\underline{I}_{mn} = j(m\omega_1 + n\omega_2)\underline{Q}_{mn} \; , \quad \underline{I}_{-m-n} = \underline{I}^*_{mn} \; .$$

Für eine eineindeutige Spannungs-Ladungs-Charakteristik U(Q) ist für doppelt periodische Q(t) die Spannung U(t) über der Reaktanz ebenfalls doppelt periodisch $U = U\{Q(x,y)\} = U(x,y)$ und läßt sich ebenfalls als doppelte Fourierreihe darstellen mit

$$U(t) = \frac{1}{\sqrt{2}} \sum_{m=-\infty}^{\infty} \sum_{n=-\infty}^{\infty} \underline{U}_{mn} \exp(jmx + jny) \qquad (11.4)$$

mit wieder $\underline{U}_{-m-n} = \underline{U}^*_{mn}$, da U(t) reell ist.

Die Fourierkoeffizienten $\underline{Q}_{mn}$, $\underline{I}_{mn}$ und $\underline{U}_{mn}$ mit beispielsweise

$$\underline{U}_{mn} = \frac{1}{4\pi^2} \int_0^{2\pi} dy \int_0^{2\pi} dx \; U(x,y) \exp(-jmx - jny) \qquad (11.5)$$

hängen wie bei jeder Fourierentwicklung nicht explizit von den Frequenzen f_1 und f_2 ab. Sie sind hier aber implizit von f_1 und f_2 abhängig, da die Widerstände Z_{G1}, Z_{G2}, Z_{mn} in Bild 11.1 frequenzabhängig sind und damit bei Frequenzänderungen andere Ströme und Spannungen über der Reaktanz folgen.

Die Wirkleistung P, die in der Reaktanz U(Q) umgesetzt wird, ist der zeitliche Mittelwert des Produktes U(t)I(t). Mit Gl.(11.3), (11.4) gilt

Wirkleistung

$$P = \frac{1}{2} \sum_{m=-\infty}^{\infty} \sum_{n=-\infty}^{\infty} \underline{U}_{mn} \underline{I}^*_{mn} \; . \qquad (11.6)$$

Wir haben bislang Darstellungen mit positiven und negativen Frequenzen eingeführt. Physikalische Bedeutung haben nur positive Frequenzen. Die Wirkleistung ist

$$P_{mn} = \mathrm{Re}\{\underline{U}_{mn} \underline{I}^*_{mn}\} = (\underline{U}_{mn} \underline{I}^*_{mn} + \underline{U}^*_{mn} \underline{I}_{mn})/2 \qquad (11.7)$$

mit einer Kombinationsfrequenz $mf_1 + nf_2 > 0$.
Unter Beachtung des Zusammenhangs zwischen den Fourierkomponenten für positive und negative Frequenzen (z.B. $\underline{I}_{-m-n} = \underline{I}^*_{mn}$) fassen wir jeweils Kombinationsfrequenzen $mf_1 + nf_2 > 0$ und $mf_1 + nf_2 < 0$ zusammen und berücksichtigen jede Zusammenfassung in der Summenbildung von (11.6) nur einmal. Dann kann man schreiben

$$P = \sum_{m=0}^{\infty} \sum_{n=-\infty}^{\infty} P_{mn} = \sum_{m=-\infty}^{\infty} \sum_{n=0}^{\infty} P_{mn} . \tag{11.8}$$

Es läßt sich leicht nachprüfen, daß Gl.(11.8) mit Gl.(11.6) unter Beachtung von Gl.(11.7) übereinstimmt. (Beachten Sie die unterschiedlichen Summationsgrenzen in Gl.(11.8).)

Für eine verlustfreie Reaktanz verschwindet natürlich die Wirkleistung P. Wir haben bislang also die Bedingung P = 0 durch die Wirkleistungen bei den auftretenden Kombinationsfrequenzen ausgedrückt und damit keine neue Einsicht gewonnen. Weitergehende Zusammenhänge - und den Leistungsverteilungssatz - erhalten wir, wenn die Voraussetzungen Verlustfreiheit und Hysteresefreiheit von U(Q) enger beachtet werden. Beide Voraussetzungen lassen sich ausdrücken durch die Tatsache, daß die Integrale

Herleitung

$$\int_{Q(0,y)}^{Q(2\pi,y)} U(x,y)\,dQ = 0 \quad , \quad \int_{Q(x,0)}^{Q(x,2\pi)} U(x,y)\,dQ = 0 \tag{11.9}$$

verschwinden. Diese Integrale sagen aus, daß für einen festen Wert y bzw. einen festen Wert x die Energie, die der Reaktanz während einer Periode von f_1 bzw. von f_2 zugeführt wird, Null sein muß wegen der Hysteresefreiheit und Verlustfreiheit von U(Q).

Die Integrale (11.9) lassen sich mit

$$dQ\Big|_{y=\text{const.}} = \frac{\partial Q}{\partial x}\,dx \quad , \quad dQ\Big|_{x=\text{const.}} = \frac{\partial Q}{\partial y}\,dy \tag{11.10}$$

durch Fourierreihen darstellen. Wir betrachten nur das erste Integral, für $\partial Q/\partial x$ folgt aus Gl.(11.2)

$$\begin{aligned} \frac{\partial Q}{\partial x} &= \frac{1}{\sqrt{2}} \sum_{m=-\infty}^{\infty} \sum_{n=-\infty}^{\infty} jm\underline{Q}_{mn} \exp(jmx + jny) \\ &= \frac{1}{\sqrt{2}} \sum_{m=-\infty}^{\infty} \sum_{n=-\infty}^{\infty} \frac{m\underline{I}^*_{mn}}{2\pi(mf_1 + nf_2)} \exp(-jmx - jny) . \end{aligned} \tag{11.11}$$

Wir merken an, daß nach der Phase $\omega_1 t$ differenziert wird und nicht nach der Frequenz. Wir multiplizieren nun Gl.(11.5) mit $m\underline{I}^*_{mn}/(m\omega_1 + n\omega_2)$, summieren über alle m und n und vertauschen die Reihenfolge von Summation und Integration, dann folgt mit Gl.(11.11)

$$\sum_{m=-\infty}^{\infty}\sum_{n=-\infty}^{\infty}\frac{m\underline{I}^*_{mn}\underline{U}_{mn}}{m\omega_1 + n\omega_2} = \frac{1}{4\pi^2}\int_0^{2\pi} dy \int_0^{2\pi} dx\, \frac{\partial Q}{\partial x}\, U(x,y)$$
$$= \frac{1}{4\pi^2}\int_0^{2\pi} dy \int_{Q(0,y)}^{Q(2\pi,y)} U dQ \,. \tag{11.12}$$

Damit haben wir die schärfer gefaßten Voraussetzungen nach Gl. (11.9) durch eine Fourierdarstellung erfaßt. Es muß also gelten mit f_1, f_2 statt ω_1, ω_2

$$\sum_{m=-\infty}^{\infty}\sum_{n=-\infty}^{\infty}\frac{m\underline{I}^*_{mn}\underline{U}_{mn}}{mf_1 + nf_2} = 0 \,. \tag{11.13}$$

Wird das zweite Integral in Gl.(11.9) auf gleiche Weise ausgenutzt, folgt

$$\sum_{m=-\infty}^{\infty}\sum_{n=-\infty}^{\infty}\frac{n\underline{I}^*_{mn}\underline{U}_{mn}}{mf_1 + nf_2} = 0 \,. \tag{11.14}$$

Gl.(11.13) formen wir um in Hinblick auf P_{mn} nach Gl.(11.7)

$$\sum_{m=-\infty}^{\infty}\sum_{n=-\infty}^{\infty}\frac{m\underline{U}_{mn}\underline{I}^*_{mn}}{mf_1 + nf_2} = \sum_{m=0}^{\infty}\left\{\sum_{n=-\infty}^{\infty}\frac{m\underline{U}_{mn}\underline{I}^*_{mn}}{mf_1 + nf_2} + \sum_{n=-\infty}^{\infty}\frac{-m\underline{U}_{-mn}\underline{I}^*_{-mn}}{-mf_1 + nf_2}\right\} =$$

$$\sum_{m=0}^{\infty}\sum_{n=-\infty}^{\infty}\left\{\frac{m\underline{U}_{mn}\underline{I}^*_{mn}}{mf_1 + nf_2} + \frac{m\underline{U}_{-m-n}\underline{I}^*_{-m-n}}{-mf_1 - nf_2}\right\} = 2\sum_{m=0}^{\infty}\sum_{n=-\infty}^{\infty}\frac{mP_{mn}}{mf_1 + nf_2} \,.$$

In gleicher Weise wird Gl.(11.14) dargestellt. Wir erhalten als Ergebnis den Leistungsverteilungssatz von Manley und Rowe[1] mit

Ergebnis

$$\sum_{m=0}^{\infty}\sum_{n=-\infty}^{\infty}\frac{mP_{mn}}{mf_1 + nf_2} = 0 \tag{11.15a}$$

$$\sum_{m=-\infty}^{\infty}\sum_{n=0}^{\infty}\frac{nP_{mn}}{mf_1 + nf_2} = 0 \,. \tag{11.15b}$$

[1] J.M. Manley, H.W. Rowe, Some general properties of nonlinear elements - part I general energy relations, Proc. IRE 44 (1956), S. 904 - 913

Es verschwindet nicht allein die Summe der Leistungen P_{mn} - bei Verlustfreiheit eine triviale Aussage - sondern es sind auch die beiden Summationen mit gewichteten Werten P_{mn} für sich schon Null.

Anwendungen

Die Bedeutung dieser Gleichungen wird an einigen Beispielen verdeutlicht. Hierbei müssen Vorzeichen für der Reaktanz zugeführte bzw. von ihr abgegebene Leistungen P_{mn} eingeführt werden. Wie in Kapitel 8 sind zugeführte Leistungen (U(t) und I(t) sind entgegengerichtet) kleiner Null.

a) Frequenzvervielfachung

Es soll von nur einem Generator bei der Frequenz f_1 Leistung zugeführt, und nur bei einer Frequenz nf_1 soll Leistung abgegeben werden; es ist $m = 0$. Aus Gl.(11.15b) wird dann erhalten

$$\frac{P(f_1)}{f_1} + \frac{nP(nf_1)}{nf_1} = 0, \quad P(nf_1) = -P(f_1) > 0 \; . \tag{11.16}$$

Mit einer verlustfreien Reaktanz ist im Prinzip ein Wirkungsgrad von 100 % bei der Frequenzvervielfachung möglich. (Für diese Aussage brauchen wir den Leistungsverteilungssatz nicht, denn sie folgt schon aus der Leistungserhaltung.) Wird zur Frequenzvervielfachung hingegen ein nichtlinearer Leitwert mit $dI/dU > 0$ (positiver Leitwert) eingesetzt, so gilt der hier nicht bewiesene Zusammenhang[1)]

$$P(nf_1) \leq -P(f_1)/n^2 \; .$$

b) Frequenzumsetzer

Eine Schaltung, wie sie schematisch in Bild 11.2 dargestellt ist, soll als Frequenzumsetzer dienen. Ein Eingangssignal, wir wählen das Signal mit der Frequenz f_1, soll in eine andere Frequenzlage umgesetzt werden. Dazu wird die nichtlineare Reaktanz mit einem Signal der Frequenz $f_2 > f_1$ zusätzlich angesteuert. Der Resonanzkreis am Ausgang soll nur bei einer Frequenz f_3 eine Leistung P_3 aufnehmen, die von der Reaktanz abgegeben wird, d.h. es ist $P_3 > 0$. Dabei soll die Resonanzfrequenz f_3 entweder $f_3 = f_2 + f_1$ oder $f_3 \doteq f_2 - f_1$ sein.

[1] C.H. Page, Harmonic generation with ideal rectifiers, Proc. IRE 46 (1958), S. 1738 - 1740

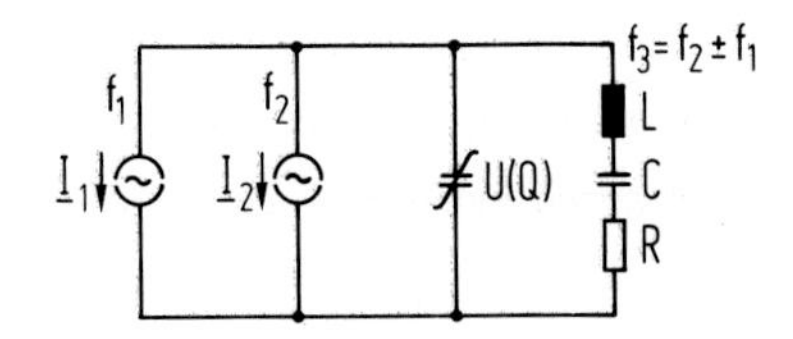

Bild 11.2
Frequenzumsetzung auf die Summenfrequenz $f_3 = f_2 + f_1$ oder auf die Differenzfrequenz $f_3 = f_2 - f_1$ mit $f_2 > f_1$

Damit kann m, n die folgenden Kombinationen annehmen:
$m = 0,\ n = 1;\quad m = 1,\ n = 0;\quad m = \pm 1,\ n = 1.$
Bei allen weiteren Frequenzkomponenten soll voraussetzungsgemäß keine Leistung umgesetzt werden. Mit den Bezeichnungen $P_{01} = P_2$ (< 0), $P_{10} = P_1$ (< 0), $P_{\pm 1\,1} = P_3$(> 0) lautet Gl.(11.15a,b)

$$\frac{P_2}{f_2} + \frac{P_3}{f_2 \pm f_1} = 0 \tag{11.17}$$

$$\frac{P_1}{f_1} + \frac{P_3}{f_2 \pm f_1} = 0\ . \tag{11.18}$$

Bei einer Umsetzung des Signales bei f_1 auf die Summenfrequenz $f_3 = f_2 + f_1$ (Gleichlage-Aufwärtsmischung, s. Bild 9.1) ist nach Gl.(11.18) der Zusammenhang

Gleichlage-Aufwärtsmischung

$$-P_3 = \frac{f_2 + f_1}{f_1} P_1\ . \tag{11.19}$$

Die Ausgangsleistung ist beim Aufwärtsmischen also um das Verhältnis der Frequenzen größer als die Eingangsleistung. Die Differenz der Leistungen wird nach Gl.(11.17) von der Quelle bei f_2 zugeführt. Wir vermuten, daß $-P_3/P_1 = (f_2 + f_1)/f_1$ den maximalen Gewinn G_m angibt für eine - vorausgesetzt - verlustfreie Reaktanz, da - wie üblich - allgemeine Theoreme nur Grenzwerte liefern.

Wird umgekehrt ein Signal mit der Leistung $P_3 < 0$ bei der hohen Frequenz $f_3 = f_2 + f_1$ zugeführt und am Ausgang bei der niedrigeren Frequenz f_1 eine Leistung $P_1 > 0$ abgegeben (Abwärtsmischung),so gilt

Abwärtsmischung

$$-P_1 = \frac{f_1}{f_1 + f_2} P_3\ . \tag{11.20}$$

In dem Maße, in dem beim Aufwärtsmischen eine Leistungsverstärkung erzielt werden kann, muß beim Abwärtsmischen ein Leistungsverlust

Nachteil

in Kauf genommen werden. Man verwendet daher nichtlineare Raktanzen nicht zum Abwärtsmischen, sondern zieht hierzu nichtlineare Widerstände heran (s. Kapitel 9). Beim Aufwärtsmischen auf die Summenfrequenz $f_3 = f_2 + f_1$ bleiben, wie in Bild 9.1b dargestellt, Seitenbänder auf derselben Seite, man spricht genauer von Gleichlage-Aufwärtsmischung.

Kehrlage-Aufwärtsmischung

Wird hingegen auf die Differenzfrequenz $f_3 = f_2 - f_1$ umgesetzt, so kehrt sich die Lage der Seitenbänder um. Man spricht dann von Kehrlage-Aufwärtsmischung. In diesem Fall ist nach Gl.(11.18)

$$P_3 = \frac{f_2 - f_1}{f_1} P_1 \tag{11.21}$$

parametrischer Verstärker

Bei der Frequenz $f_3 = f_2 - f_1$ wird Leistung abgegeben, $P_3 > 0$, Gl.(11.21) zeigt, daß dann auch $P_1 > 0$ ist, d.h. es wird auch an die Quelle bei f_1 Leistung abgegeben. Die Anordnung wirkt also auch als Verstärker für das Signal bei f_1. Die Leistung wird wieder der Schwingung bei f_2 entzogen. Das ist das Prinzip des parametrischen Verstärkers, der als nächstes behandelt werden soll. Eine theoretische Grenze der Signalverstärkung können wir aus Gl.(11.21) nicht ermitteln.

11.2 Parametrische Verstärker

Vorteil: Rauscharmut

Nachteil: technischer Aufwand

Das Prinzip der parametrischen Verstärkung von Schwingungen z.B. bei mechanischen Anordnungen ist seit 1831 (Lord Rayleigh) bekannt. Technische Bedeutung erlangten parametrische Verstärker erst seit etwa 20 Jahren mit der Entwicklung von Varaktordioden mit hohen Grenzfrequenzen. Parametrische Verstärker sind ganz besonders rauscharm. Sie werden im Hochfrequenzbereich eingesetzt in Satelliten-Bodenempfängern, im Richtfunk und in hochempfindlichen Radargeräten. Es werden parametrische Verstärker immer nur dann eingesetzt, wenn sie wegen ihres geringen Rauschens unumgänglich sind, da der technische Aufwand relativ groß ist, weil u.a. ein hochstabilisierter Oszillator bei sehr hohen Frequenzen (s.u.) eingesetzt werden muß. Man ist daher bestrebt, sie durch weniger komplizierte Empfangsstufen (u.a. MESFET-Verstärker oder rauscharme Abwärtsmischer (s. Abschnitt 9.7) zu ersetzen.

Aufgabe 11.1

Ein einfaches mechanisches Beispiel für die parametrische Verstärkung einer Schwingung ist die Kinderschaukel. Welchen "Parameter" verändert ein schaukelndes Kind und wie oft wird er während einer Schaukelschwingung verändert ?

Vor einer Bestimmung der Eigenschaften des parametrischen Verstärkers soll dessen Funktionsweise anhand einer steuerbaren Kapazität anschaulich beschrieben werden. Die grundsätzliche Wirkungsweise wird mit Bild 11.3 verdeutlicht.

Änderung der Bezeichnungen!

Dabei wurden die Indizes der beteiligten Frequenzen gegenüber Abschnitt 11.1 geändert, damit gleich ihre Funktion erkannt wird. Die Eingangsfrequenz f_1 bezeichnen wir als Signalfrequenz f_s, die Frequenz f_2 des zweiten Generators wird Pumpfrequenz f_p genannt, die Frequenz $f_3 = f_2 - f_1$ nennen wir Hilfsfrequenz f_h. Zugehörige Größen erhalten entsprechende Indizes.

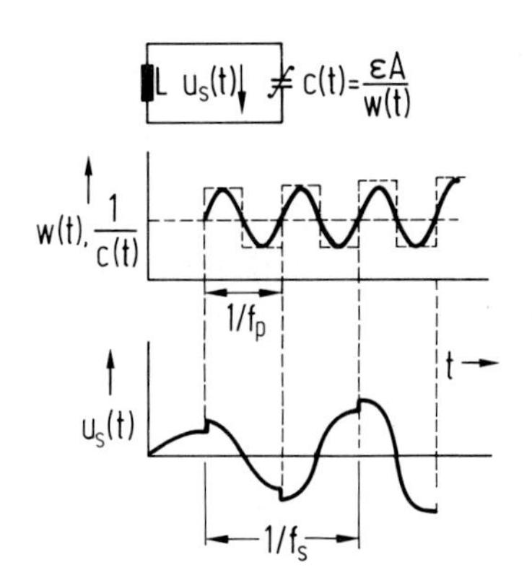

Bild 11.3
Zum Prinzip des parametrischen Verstärkers. Die Bedingung für Schwingungsverstärkung ist $f_p = 2f_s$ *oder* $T_p = T_s/2$

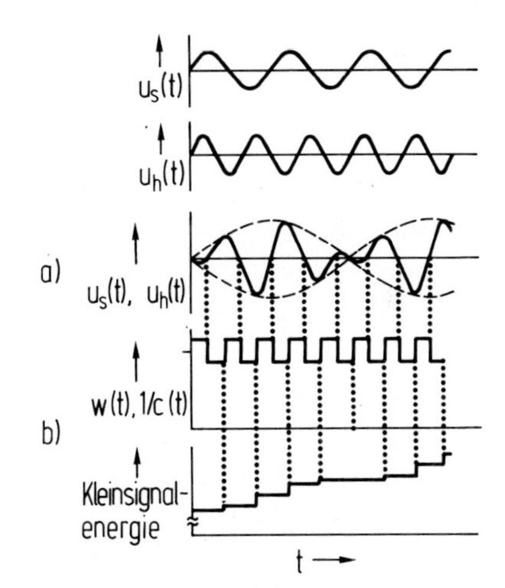

Bild 11.4
a) Überlagerung von Signalschwingung $u_s(t)$ *und Hilfsschwingung* $u_h(t)$
b) Kapazitätsvariation mit der Frequenz $f_p = f_h + f_s$ *und Verstärkung von* $u_s(t) + u_h(t)$

Wir nehmen einen Schwingungskreis mit einer steuerbaren Kapazität c(t) an. Wenn in einem Spannungsmaximum der Plattenabstand so schnell vergrößert wird, daß kein Ladungsausgleich stattfindet, erhöht sich bei konstanter Ladung die Spannung und damit der Energieinhalt $W = Q_s u_s$ der Kapazität im Verhältnis der Plattenabstände. Jedesmal, wenn die anliegende Spannung $u_s = 0$ ist, kann der Plattenabstand auf das ursprüngliche Maß zurückgeführt werden.

Prinzip

Infolge dieser periodischen Abstandsänderung ergibt sich eine anwachsende Schwingung mit der Frequenz f_s. Die notwendige Energie wird der Steuerschwingung für die Kapazität entnommen. Die Steuerschwingung muß nicht- wie im Bild gestrichelt gezeigt - rechteckförmig sein, aber sie muß bezüglich der Signalschwingung bei f_s die richtige Phasenlage und die richtige Frequenz haben, und zwar muß für die Frequenz gelten $f_p = 2f_s$. Eine derartige Anordnung kann nur zur Verstärkung dienen, wenn Phasenlage und Frequenz des zu verstärkenden Signals genau bekannt sind. Im allgemeinen sollen aber bis auf besondere Fälle u.a. in der Radartechnik Signale verstärkt werden, deren Phasenlage und genaue Frequenz man gar nicht kennt, die also bezüglich der Steuerschwingung eine beliebige Phasenlage und eine von $f_p/2$ verschiedene Frequenz haben.

Verhältnis bei $f_p/2 \neq f_s$

Wir nehmen an, daß die Signalfrequenz $f_s \neq f_p/2$ ist. Zu einem Zeitpunkt $t = t_0$ soll gerade die richtige Phasenlage zwischen der Steuerschwingung mit f_p und der Signalschwingung mit f_s herrschen. Dann wird die Signalschwingung zunächst verstärkt. Ist aber wegen $f_s \neq f_p/2$ die Phasendrehung $2\pi(f_p/2 - f_s)(t - t_0)$ zwischen $f_p/2$ und f_s bei einem Zeitpunkt $t > t_0$ bis auf π angewachsen, so wird gerade zu falschen Zeiten der Plattenabstand vergrößert. Die Signalschwingung klingt dann ab. Zu einem Zeitpunkt t_1 mit $(f_p/2 - f_s)(t - t_1) = 1$ ist der Ausgangspunkt wieder erreicht. Die Signalschwingung wächst wieder an. Verstärkung und Dämpfung der Signalschwingung wiederholen sich damit periodisch. Die Periodendauer T' eines Verstärkungs- und Dämpfungsvorganges bestimmt sich danach zu

$$T' = (f_p/2 - f_s) \ . \qquad (11.22)$$

Auch bei beliebigem Zeitverlauf des Verstärkungs- und Dämpfungsvorganges läßt sich zumindest bzgl. der Grundschwingung dieser Vorgang als Schwebung zwischen der Signalschwingung mit der Frequenz f_s und einer Schwebungsfrequenz

Schwebung

$$f' = 1/T' = f_p/2 - f_s \qquad (11.23)$$

darstellen. Diese Schwebungsfrequenz entsteht aus der Überlagerung der Signalschwingung mit f_s und einer weiteren Schwingung mit einer Frequenz f, die sich bei einer Schwebung bestimmt aus $(f - f_s)/2 = f'$. Mit Gl.(11.23) ist gerade $f = f_h = f_p - f_s$.

zweite Frequenz $f_h = f_p - f_s$

Zusammen mit der Signalschwingung f_s entsteht damit eine zweite Schwingung $f_h = f_p - f_s$. Die Leistung beider Schwingungen wird im zeitlichen Mittel verstärkt. Die Leistung wird von der Schwingung bei f_p geliefert, welche den Abstand der Kondensatorplatten verändert.

Wir betrachten mit Bild 11.4b umgekehrt das Zusammenwirken der Schwingungen bei f_s und $f_h = f_p - f_s$.

Eine Überlagerung der Signalschwingung $u_s(t) = \hat{u}_s \cos\omega_s t$ und der Hilfsschwingung $u_h(t) = \hat{U}_h \cos\omega_h t = \hat{U}_h \cos(\omega_p - \omega_s)t$ ergibt für den rechnerisch einfachen Fall $\hat{U}_s = \hat{U}_h = \hat{U}$ mit

$$\cos\alpha_1 + \cos\alpha_2 = 2\cdot\cos\left(\frac{\alpha_1 + \alpha_2}{2}\right)\cos\left(\frac{\alpha_1 - \alpha_2}{2}\right)$$
$$u_s(t) + u_h(t) = 2\hat{U}\cos\left(\frac{\omega_p}{2}t\right)\cos\left(\frac{\omega_p}{2} - \omega_s\right)t \qquad (11.24)$$

und beschreibt den eben dargestellten Schwebungsvorgang.

Wir erkennen aber auch, daß die Nullstellen von $u_s(t) + u_h(t)$ jetzt - abgesehen von der gestrichelt gezeigten Schwebungshüllkurve - durch die Frequenz $f_p/2$ bestimmt sind. Wenn nun mit der Frequenz f_p die Kapazität verändert wird (es ist zur Verdeutlichung wieder ein rechteckförmiger Verlauf c(t) gezeigt), so erfolgt eine Verringerung des Plattenabstandes immer im Nulldurchgang von $u_s(t) + u_h(t)$, die Vergrößerung des Plattenabstandes also immer so, daß die Kleinsignalenergie ständig ansteigt. Die Energie der Schwingungen bei f_s und f_h wird dadurch laufend verstärkt, bei Belasten dieser Schwingungen mit Wirkwiderständen geben diese Schwingungen damit Leistung ab, die von der Pumpschwingung bei f_p geliefert wird. Wir sehen daraus, daß die Bedeutung der Hilfsschwingung darin liegt, daß sich deren Frequenz (das gleiche kann für die Phase gezeigt werden) immer so einstellt, daß die gesamte Kleinsignalschwingung $u_s(t) + u_h(t)$ eine günstige Lage hinsichtlich der Energieaufnahme aus der Pumpschwingung hat.

Bedeutung der Hilfsschwingung

Diese anschauliche Beschreibung steht in Übereinstimmung mit dem Leistungsverteilungssatz, aus dem sich bei einer Leistungsumsetzung bei f_s und $f_h = f_p - f_s$ an einer nichtlinearen Reaktanz gemäß

$$P_s/f_s - P_h/f_h = 0 \quad \text{und} \quad P_p/f_p + P_h/f_h = 0$$

bei einer Leistungszufuhr $P_p < 0$ für f_p an die Schwingungen bei f_h und f_s Leistungen $P_h > 0$ und $P_s > 0$ abgegeben werden.

Hinweis Daraus ergibt sich auch, daß der Hilfskreis nicht verlustfrei sein darf.

Die Berechnung der Eigenschaften parametrischer Verstärker basiert auf der in Abschnitt 9.5 eingeführten parametrischen Rechnung. Gemäß der Serienschaltung einer realen Varaktordiode aus nichtlinearer Kapazität und Bahnwiderstand r_b führen wir Stromsteuerung = Ladungssteuerung ein und schreiben als Ausgangsgleichung (s. Gl.(9.19))

$$\Delta u(t) = s(Q_p(t))\Delta Q(t) \tag{11.25}$$

mit der Elastanz $s(Q) = dQ/dU$ des Varaktors. $\Delta u(t)$ ist hierbei die Kleinsignal-Spannung über der nichtlinearen Kapazität allein. Mit der Fourierentwicklung

$$s(t) = \sum_{n=-\infty}^{\infty} s_n \exp(jn\omega_p t) \tag{11.26}$$

für die Elastanz bei periodischer Aussteuerung bei f_p und einer Phasordarstellung von $\Delta u(t)$ und $\Delta Q(t)$ folgt analog zu Gl.(9.24) für die Phasoren bei f_s und $f_h = f_p - f_s$ (Kehrlage)

$$\begin{bmatrix} \underline{U}_s \\ \underline{U}_h^* \end{bmatrix} = \begin{bmatrix} s_0 & s_1 \\ s_1^* & s_0^* \end{bmatrix} \begin{bmatrix} \underline{Q}_s \\ \underline{Q}_h^* \end{bmatrix} . \tag{11.27}$$

Ohne Einschränkung der Allgemeinheit können wir eine bei $t = 0$ gerade Zeitfunktion $s(t)$ ansetzen, die Fourierkoeffizienten s_n sind dann alle reell. Mit den Strömen

$$\underline{I}_s = j\omega_s \underline{Q}_s \,, \quad \underline{I}_h = j\omega_h \underline{Q}_h \tag{11.28}$$

gelten dann die Zweitorgleichungen in der Widerstandsform

$$\begin{bmatrix} \underline{U}_s \\ \underline{U}_h^* \end{bmatrix} = \begin{bmatrix} s_o/j\omega_s & - s_1/j\omega_h \\ s_1/j\omega_s & - s_o/j\omega_h \end{bmatrix} \begin{bmatrix} \underline{I}_s \\ \underline{I}_h^* \end{bmatrix} \quad . \tag{11.29}$$

für die nichtlineare Reaktanz bei Kehrlage-Abwärtsmischung (parametrische Verstärkung).

Die Beschaltung der nichtlinearen Kapazität für eine parametrische Verstärkung muß, wie in Bild 11.5 gezeigt, eine Stromaussteuerung der Varaktordiode bei den Frequenzen f_s und f_h zulassen, wie sie sich mit den entsprechenden Serienschwingkreisen einstellt. Der Pumpkreis wird hier vereinfacht durch eine Stromquelle bei der Frequenz f_p dargestellt.

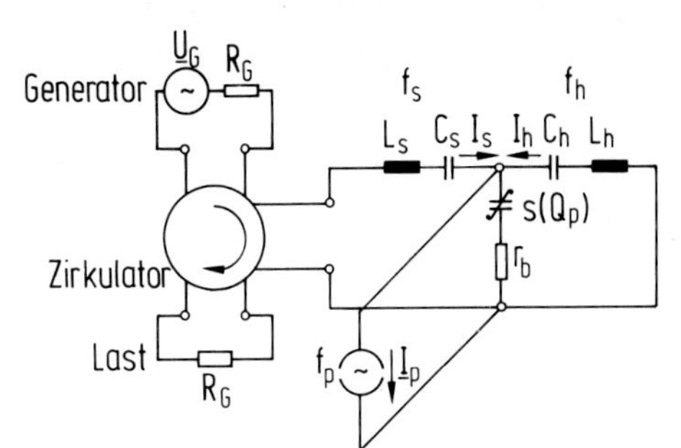

Bild 11.5
Einfache Ersatzschaltung eines parametrischen Verstärkers mit Stromaussteuerung und Zirkulator zur Trennung von einfallendem und verstärktem Signal. Die Kreise bei f_s und f_h sind verlustfrei angenommen. Der Bahnwiderstand r_b wird berücksichtigt.

Die Trennung zwischen eingespeister Signalleistung und abgegebener Signalleistung erfolgt zweckmäßig über einen Zirkulator (s. Abschnitt 6.4). Der Eingangswiderstand der Zirkulatoren und der Wellenwiderstand von Zuleitungen sind gleich dem reellen Generatorwiderstand R_G.

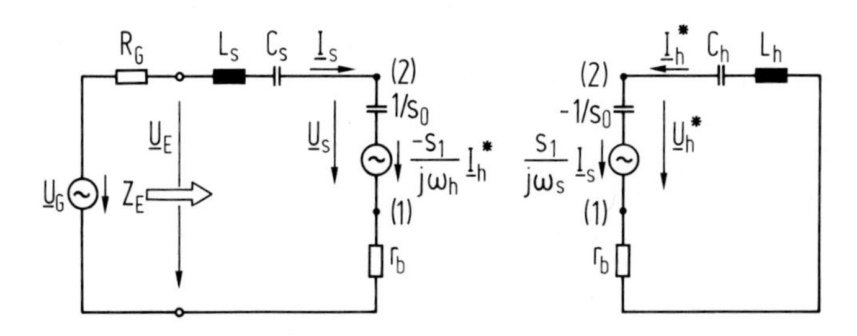

Bild 11.6
Ersatzschaltung eines parametrischen Verstärkers mit verlustfreien Schwingkreisen und Eingangswiderstand Z_E

Ersatzschaltung

Die nichtlineare Kapazität wird dabei unter parametrischen Bedingungen durch eine Ersatzschaltung gemäß Gl.(11.29) wiedergegeben. Deren Elemente sind in Bild 11.6 zwischen den Punkten (1) und (2) eingetragen. Wir erkennen, daß die Serienschaltung von s(Q) und r_b einfach wiedergegeben werden kann, wenn Stromaussteuerung angesetzt wird. Signal- und Hilfskreis sind getrennt darzustellen, r_b wirkt im Signalkreis und im Hilfskreis.

Schaltungsberechnung

Für einen optimalen Wirkleistungsumsatz an der Varaktordiode werden die Schwingkreise für f_s und f_h so abgestimmt, daß sich zusammen mit der Arbeitspunktelastanz $s_o = s(Q_o) = 1/c_o$ Resonanz einstellt, d.h. zum Beispiel $\omega_s^2 = 1/\{L_s(C_s + 1/s_o)\}$ gilt. Unter diesen Verhältnissen liefert die Maschengleichung im Hilfskreis

$$- \frac{s_1}{j\omega_s} \underline{I}_s + r_b \underline{I}_h = 0$$

und damit

$$\underline{I}_h^* = - \frac{s_1}{j\omega_s r_b} \underline{I}_s \ . \tag{11.30}$$

Zur Berechnung der Leistungsverstärkung eines parametrischen Verstärkers mit Zirkulator erweist es sich als zweckmäßig, den Eingangswiderstand

$$Z_E = U_E/\underline{I}_s \tag{11.31}$$

des Signalkreises zu bestimmen. Mit Gl.(11.30) folgt nach Bild 11.6

$$Z_E = r_b - \frac{s_1^2}{\omega_s \omega_h r_b} = r_b \left\{ 1 - \frac{s_1^2}{\omega_s \omega_h r_b^2} \right\} \ . \tag{11.32}$$

Eingangswiderstand

Wir sehen, daß bei abgestimmten Kreisen Z_E rein reell ist, $Z_E = R_E$ und daß R_E negativ ist, wenn

$$\frac{s_1^2}{\omega_s \omega_h r_b^2} > 1 \tag{11.33}$$

wird. Die Leistungsverstärkung durch einen negativen Eingangswiderstand R_E wird aus dem zugehörigen Reflexionsfaktor

$$r_E = \frac{R_E - R_G}{R_E + R_G} \tag{11.34}$$

berechnet. Für $R_E < 0$ ist $|r_E| > 1$, die reflektierte Leistung ist somit größer als die einfallende Leistung.

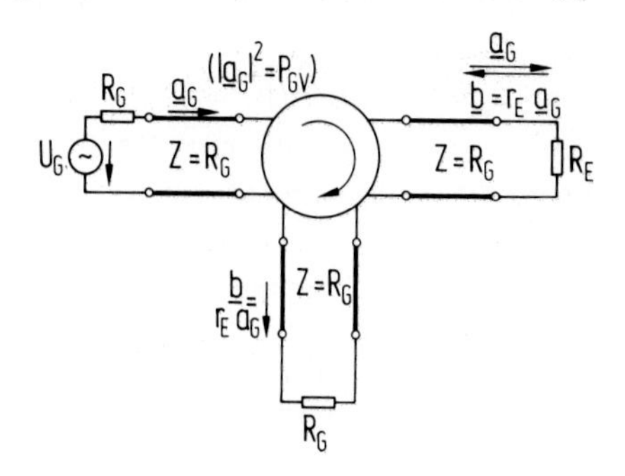

Bild 11.7
Zur Bestimmung der Leistungsverstärkung durch einen negativen Wirkwiderstand R_E

Der Wellenwiderstand Z der Zugangsleitungen und der Eingangswiderstand der Zirkulatortore sind nach Bild 11.7 gleich R_G. Der Generator gibt unter dieser Bedingung seine verfügbare Leistung P_{Gv} ab mit der Wellengröße $\underline{a}_G$ (s. Kapitel 5). Die angepaßte Last R_G nimmt die Leistung

Gewinn

$$P_L = |\underline{b}|^2 = |r_E|^2\, |\underline{a}_G|^2 = |r_E|^2\, P_{Gv} \tag{11.35}$$

auf. Der Gewinn G dieser Anordnung ist damit

$$G = P_L/P_{Gv} = |r_E|^2 = \left| \frac{R_E - R_G}{R_E + R_G} \right|^2 . \tag{11.36}$$

Für $-R_E = R_G$ oder

$$\frac{s_1^2}{\omega_s \omega_h r_b^2} = \frac{R_G}{r_b} \tag{11.37}$$

wächst der Gewinn über alle Grenzen, und der Verstärker wird instabil. In der Praxis stellt man typisch einen Gewinn G = 100 ein, man muß auch die Amplitude der Pumpschwingung, die in s_1^2 eingeht, genau regeln, um die Verstärkung konstant zu halten.

Instabilität bei $-R_E = R_G$

Es besteht ersichtlich die Möglichkeit, durch eine Anpaßschaltung den Generatorwiderstand R_G herunter zu transformieren, um bei sonst festen Werten einen bestimmten Gewinn G einzustellen. Man stellt dabei aber fest, daß die Bandbreite des Verstärkers dabei verringert wird, wie überhaupt die Verstärkungsbandbreite umso kleiner wird, je größer G gemacht wird.

Aufgabe 11.2

Berechnen Sie für kleine Abweichungen Δf_s der Signalfrequenz von der Mittenfrequenz näherungsweise den Frequenzgang des Eingangswiderstandes Z_E und daraus das Produkt aus 3 dB-Verstärkungsbandbreite und der Verstärkung für Abstimmung.

Für parametrische Verstärker kommen wegen der besonderen Bedeutung der Rauscharmut nur Sperrschicht-Varaktoren in Betracht. Bei einem abrupten pn-Übergang haben wir mit Gl.(10.9) einen linearen Elastanz-Ladungs-Verlauf gefunden nach

$$s(Q) = 1/c(Q) = 2U_D(Q + Q_D)/Q_D \ . \tag{11.38}$$

Mit einer harmonischen Aussteuerung durch die Pumpschwingung nach $Q_p(t) = Q_o + \hat{Q}_p \cos \omega_p t$ schwankt die Elastanz dann ebenfalls harmonisch, wenn nicht jenseits von Q_B und Q_D ausgesteuert wird. Über Q_B hinaus darf nicht ausgesteuert werden, da sonst Durchbruch einsetzt. Eigentlich darf auch nur bis $Q = 0$ ausgesteuert werden und nicht in den Flußbereich $Q < 0$, da sonst Schrotrauschen auftritt. Für einfache Beziehungen nehmen wir mit Bild 11.8 eine Aussteuerung bis $-Q_D$ an.

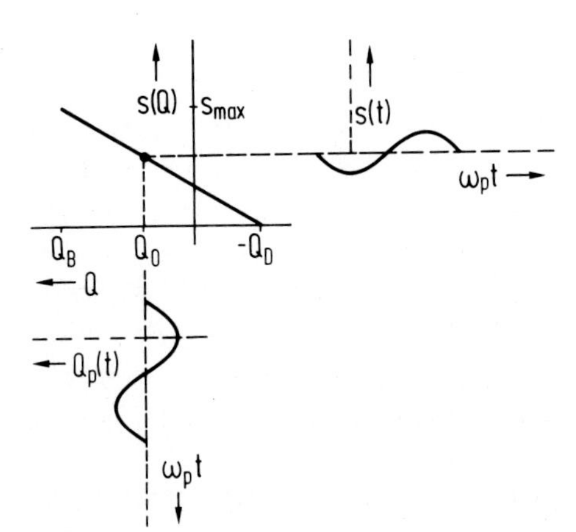

Bild 11.8
Harmonische Aussteuerung der Elastanz-Ladungskennlinie eines abrupten pn-Überganges

Bei voller Aussteuerung muß der Arbeitspunkt zu $Q_0 = (Q_B + Q_D)/2$ gewählt werden und mit $\hat{Q}_p = Q_0$ ausgesteuert werden. Dann folgt mit Bild 11.8 sofort für den Mittelwert s_0 der Elastanz

$$s_0 = s_{max}/2 = 1/(2c_{min}) \qquad (11.39)$$

und die Fourierkoeffizienten $s_1 = s_{-1}$ ergeben sich mit $\cos \omega_p t = \{\exp(j\omega_p t) + \exp(-j\omega_p t)\}/2$ rein reell zu

$$s_1 = s_{-1} = s_{max}/4 = 1/(4c_{min}) \; . \qquad (11.40)$$

Nach Gl.(11.33) muß $s_1^2 > \omega_s \omega_h r_b^2$ gelten, damit $R_E < 0$, d.h. $G > 1$ wird. Wenn hier die Grenzfrequenz f_c nach Gl.(10.15) eingeführt wird und maximal ausgesteuert wird, gilt die Bedingung

$$f_c > \frac{r_b}{r_{bmax}} \; 4 \sqrt{f_s f_h} \qquad (11.41)$$

für Verstärkung. (Beispiel: $f_s = 4$ GHz, $f_h = 26$ GHz, $r_b \approx r_{bmax}$; dann muß eine Varaktordiode mit einer Grenzfrequenz $f_c > 316$ GHz eingesetzt werden.)

Aufgabe 11.3

Wie groß darf nach Gl.(11.41) die Pumpfrequenz f_p bei vorgegebener Signalfrequenz und Grenzfrequenz mit $r_b \approx r_{bmax}$ höchstens sein ?

Rauschen

Während in Verstärkern mit bipolaren Transistoren unvermeidlich Schrotrauschen auftritt und in Verstärkern mit gesteuerten Widerständen - d.h. mit Feldeffekttransistoren - der Verstärkungsvorgang untrennbar mit thermischem Rauschen verbunden ist, erfolgt in parametrischen Verstärkern die Verstärkung über ein verlustfreies, nicht rauschendes Blindelement. Es treten höchstens parasitäre Rauschquellen auf. Dieser Vorzug wird erkauft damit, daß technisch aufwendiger die verstärkte Signalleistung von einer Schwingung geliefert wird, während in anderen Verstärkern einfacher Gleichleistung in Wechselleistung umgesetzt wird.

Rauschberechnung

Für eine einfache Bestimmung der Rauscheigenschaften des parametrischen Verstärkers werden Schaltungsverluste vernachlässigt, und es wird nur das thermische Rauschen des Bahnwiderstandes r_b berücksichtigt. Der Sperrstrom durch die Diode ist so gering, daß das zugehörige Schrotrauschen meist vernachlässigt werden kann. Wenn nicht in den Flußbereich ausgesteuert wird, tritt auch kein mit der Ladungsträgerinjektion verbundenes Schrotrauschen auf. Die betrachteten Frequenzen sollen weiterhin so hoch sein, daß 1/f-Rauschen keine Rolle spielt. Weiterhin soll gleich eine Abstimmung von Signal- und Hilfskreis vorausgesetzt werden, es soll also z.B. $\omega_s = 1/\sqrt{L_s(C_s + 1/s_0)}$ gelten (s. Bild 11.6). Die Formeln werden dadurch einfacher, für diesen Fall ergibt sich auch die minimale Rauschzahl. Dann folgt die im Bild 11.9 dargestellte Rauschersatzschaltung.

Voraussetzungen

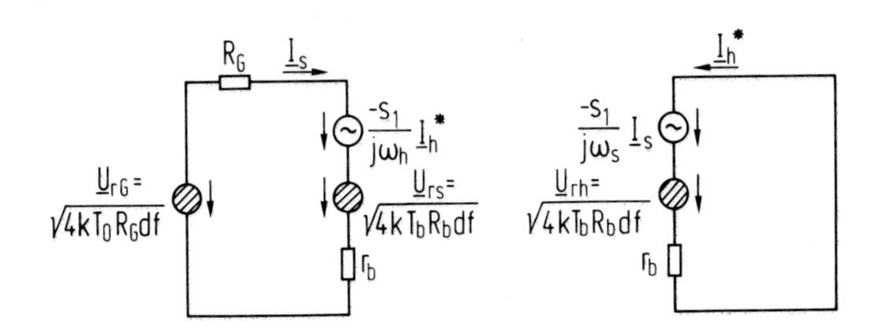

Bild 11.9
Einfache Rauschersatzschaltung eines parametrischen Verstärkers mit abgestimmten Kreisen

Die thermischen Rauschquellen $\underline{U}_{rs}$ und $\underline{U}_{rh}$ im Signal- und Hilfskreis sind nicht korreliert, da sie bei verschiedenen Frequenzen (f_s und f_h) liegen. Die Diode soll sich auf einer Temperatur T_b befinden.
Wir bestimmen die Rauschzahl. Sie ist hier definiert, da der parametrische Verstärker ein lineares Zweitor bildet. Als erstes wird die Rauschleistung P_{rV} der inneren Rauschquellen an R_G berechnet.

Rechengang

Der Rechengang ist analog zur Berechnung der Verstärkung. Zuerst wird $\underline{I}_h$ im Hilfskreis bestimmt. Mit der Maschengleichung

$$r_b\underline{I}_h^* + \underline{U}_{rh} - s_1\underline{I}_s/j\omega_s = 0$$

ist

$$\underline{I}_h^* = -\frac{s_1}{j\omega_s r_b}\underline{I}_s - \frac{\underline{U}_{rh}}{r_b} . \tag{11.42}$$

Damit ergibt die Maschengleichung im Signalkreis ($\underline{U}_{rG}$ wird nicht berücksichtigt, da P_{rV} zu berechnen ist)

$$\underline{I}_s(R_G + r_b) + \underline{U}_{rs} - \frac{s_1^2}{\omega_s \omega_h r_b}\underline{I}_s + \frac{s_1}{j\omega_h r_b}\underline{U}^*_{rh} = 0$$

oder

$$\underline{I}_s\,\{R_G + R_E\} = -\underline{U}_{rs} - \frac{s_1}{j\omega_h r_b}\underline{U}^*_{rh}\,.$$

Die Rauschleistung P_{rV} von r_b im Band df ist damit

$$P_{rV} = |\underline{I}_s|^2 R_G = 4kT_b df \frac{r_b R_G}{|R_G + R_E|^2}\left\{1 + \frac{s_1^2}{\omega_h^2 r_b^2}\right\}. \quad (11.43)$$

Die verstärkte Generatorrauschleistung im Band df ist

$$GP_{rGv} = kT_0 df \left|\frac{R_E - R_G}{R_E + R_G}\right|^2 . \quad (11.44)$$

Damit kann dann nach $F = 1 + P_{rV}/P_{rGv}$ die spektrale Rauschzahl bestimmt werden. Besonders bei parametrischen Verstärkern mit Rauschzahlen F nur wenig größer als 1 ist die Rauschtemperatur T_r aussagekräftiger. Sie ist in Abschnitt 7.5 eingeführt worden über die Beziehung

$$F = 1 + T_r/T_0\,. \quad (11.45)$$

Charakterisierung durch Rauschtemperatur T_r

Die Bedeutung von T_r wird hier kurz wiederholt: Der Verstärker wird rauschfrei angesetzt, sein Eigenrauschen wird wiedergegeben durch eine thermische Rauschquelle mit $|\underline{U}_r|^2 = 4kT_r R_G df$ in Serie zum Generatorwiderstand R_G. Ein rauschfreies Eingangssignal ($T_G = 0$) muß zumindest die verfügbare Leistung $kT_r df$ im Band df haben, damit es am Ausgang des Verstärkers größer als das Rauschsignal ist. Weiterhin erkennt man direkt, daß die Verwendung eines rauscharmen Verstärkers nur dann sinnvoll ist, wenn die äquivalente Rauschtemperatur T_G des Generators nicht wesentlich größer als T_r ist. Ist z.B. das Rauschen des Generators durch ein $T_G = 5000$ K wiederzugeben, so ist es meist ohne Belang, ob der Verstärker z.B. eine Rauschtemperatur $T_r = 200$ K ($F = 1.67$) oder z.B. ein $T_r = 300$ K ($F = 2$) hat, da die gesamte Rauschleistung im Band df am Ausgang $GkT_s df = Gk(T_G + T_r)df$ ist.

Mit Gl.(11.43), (11.44) ist die Rauschtemperatur

$$T_r = \frac{4R_G r_b}{|R_E - R_G|^2} T_b \left(1 + \frac{s_1^2}{\omega_s \omega_h r_b^2}\frac{\omega_s}{\omega_h}\right). \quad (11.46)$$

Bei ausreichend großem Gewinn liegt $-R_E$ dicht bei R_G. Setzt man dementsprechend $R_G \approx -R_E$ in Gl.(11.46) (Hinweis: Diese Näherung G >> 1 ist im weiteren zu beachten), so ist das Verhältnis von Rauschtemperatur und Diodentemperatur

$$T_r/T_b \approx \left\{1 + \frac{s_1^2}{\omega_s\omega_h r_b^2}\,\frac{\omega_s}{\omega_h}\right\} \Big/ \left\{\frac{s_1^2}{\omega_s\omega_h r_b^2} - 1\right\}$$

$$T_r/T_b \approx \frac{\omega_s\omega_h r_b^2}{s_1^2} + \frac{f_s}{f_h} \qquad (11.47)$$

für $\quad s_1^2/(\omega_s\omega_h r_b^2) >> 1$, d.h. $G >> 1$.

Abhängigkeit von f_h

Bei niedrigen Werten f_h ist nach Gl.(11.47) $T_r \sim 1/f_h$, für hohe Hilfsfrequenzen f_h gilt $T_r \sim f_h$. Es gibt damit bei festen Werten s_1, r_b und f_s eine optimale Hilfsfrequenz $f_h = f_p - f_s$ für eine minimale Rauschtemperatur T_{rmin}. Das Minimum liegt bei einer Hilfsfrequenz

$$(f_h)_{opt} = f_s\{\sqrt{1 + s_1^2/(\omega_s^2 r_b^2)} - 1\} \qquad (11.48)$$

und ist

$$T_{rmin} = 2T_b f_s/(f_h)_{opt} \; . \qquad (11.49)$$

Im Bild 11.10 ist der Verlauf von T_{rmin}/T_b über $s_1/\omega_s r_b$ aufgetragen. T_{rmin} sinkt für große Werte von $s_1/\omega_s r_b$ unter die Diodentemperatur T_b.

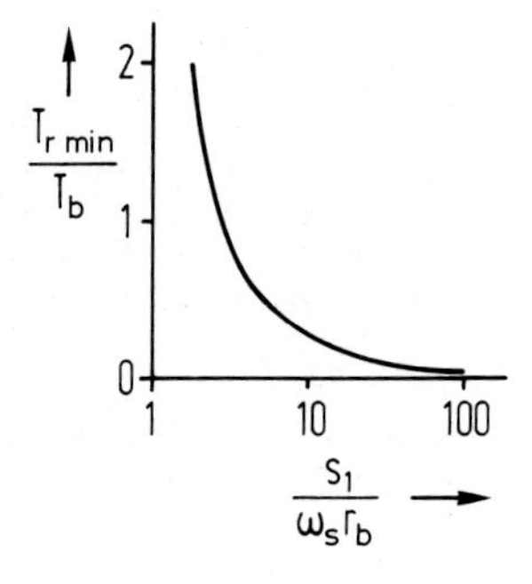

Bild 11.10
Abhängigkeit der bezogenen minimalen Rauschtemperatur T_{rmin}/T_b von $s_1/\omega_s r_b$. Bei einem abrupten pn-Übergang ist für volle Aussteuerung $s_1/\omega_s r_b = f_c/4f_s$, ($r_b \approx r_{bmax}$).

Durch eine Abkühlung des Verstärkers, d.h. durch Erniedrigung von T_b kann die Rauschtemperatur zudem abgesenkt werden. Ungekühlte parametrische Verstärker, wie sie z.B. im Richtfunk oder auch in der Radartechnik eingesetzt werden, haben bei einer Empfangsfrequenz von z.B. 2 GHz eine Rauschtemperatur $T_r \simeq 150 - 200$ K.

Parametrische Verstärker in Satelliten-Bodenstationen werden durch flüssiges Helium bis auf 4.2 K abgekühlt. Man erreicht dadurch bei $f_s \simeq 4$ GHz Rauschtemperaturen $T_r \simeq 5 - 10$ K. (Bei 4.2 K können im übrigen nur Sperrschicht-Varaktoren aus GaAs eingesetzt werden, da die Donatoren in Silizium bei 4.2 K nicht mehr ihre Elektronen an das Leitungsband abgeben.)

gekühlte parametrische Verstärker

Bei der Berechnung des Rauschverhaltens wurde nur das thermische Rauschen des Bahnwiderstandes r_b der Varaktordiode berücksichtigt. In real ausgeführten parametrischen Verstärkern müssen auch Schaltungsverluste berücksichtigt werden. Um diese möglichst gering zu halten, werden rauscharme parametrische Verstärker nicht mit der in Kapitel 6 beschriebenen Streifenleitungstechnik aufgebaut, sondern in einer gemischten Technik aus koaxialen und Hohlleiterbauelementen. Bild 11.11a zeigt eine schematische Schnittzeichnung durch einen parametrischen Verstärker in dieser Technik. Bild 11.11b zeigt die zugehörige vereinfachte Ersatzschaltung.

Schaltungsbeispiel

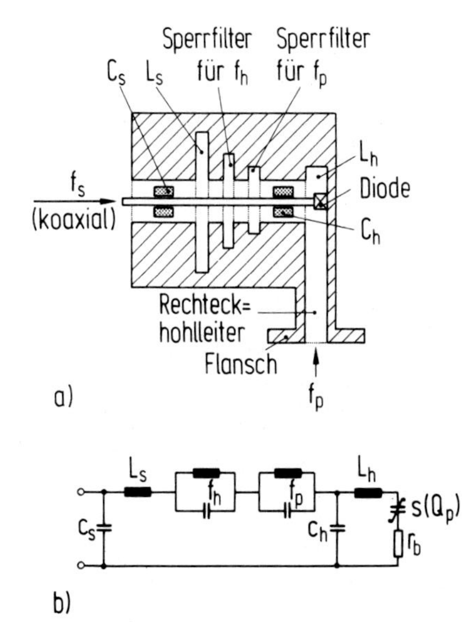

Bild 11.11
a) Schnittzeichnung durch einen parametrischen Verstärker mit koaxialer Signalzuführung und Zuführung der Pumpschwingung über einen Rechteckhohlleiter (H_{10}-Welle, das Bild zeigt die Schmalseite des Hohlleiters)
b) Vereinfachte Ersatzschaltung mit Signal und Hilfskreis und den Sperrkreisen für die Hilfs- und Pumpschwingung

Das Signal wird koaxial zugeführt. Die Blindelemente C_s und L_s im Signalkreis sind hier realisiert einmal durch einen verschiebbaren dielektrischen Einsatz und durch radiale Schlitze im Außenleiter. Um ein Überkoppeln der Hilfs- und Pumpschwingungen in den Signalkreis zu unterdrücken, sind durch 2 weitere Schlitze Sperrfilter für f_h und f_p angeführt.

Die Wirkung der Schlitze wird durch eine einfache leitungstheoretische Überlegung deutlich. Eine am Ende kurzgeschlossene $\lambda/4$-Leitung hat am Eingang einen Leerlauf. Man wird daher die Schlitztiefe der Sperrfilter etwa zu $\lambda_h/4$ und $\lambda_p/4$ wählen. Die Schlitztiefe zur Einstellung von L_s muß ersichtlich etwas kleiner als $\lambda_s/4$ sein.

Die Pumpschwingung wird durch einen Rechteckhohlleiter zugeführt. Der Hilfskreis besteht aus der Kapazität C_h, die wieder durch einen verschiebbaren dielektrischen Einsatz realisiert wird und ein L_h, das durch eine geringfügige Weiterführung des Hohlleiters eingestellt wird.

Die Amplitude der Pumpschwingung geht in s_1 ein und damit letztlich auch in den Gewinn G. Das Amplitudenrauschen des Pumposzillators wird damit umgesetzt auf die Signalfrequenz. Der Pumposzillator muß daher sehr gut stabilisiert sein, damit durch ihn kein zusätzliches Rauschen entsteht. Man erkennt, daß die Entwicklung eines parametrischen Verstärkers außerordentlich aufwendig ist. Hinzu kommt, daß für eine Signalfrequenz von beispielsweise 4 GHz die Frequenz der Pumpschwingung für geringes Rauschen bei etwa 30 GHz liegen und wie angegeben gut stabilisiert sein muß.

Besonders bei tiefgekühlten parametrischen Verstärkern mit nur sehr kleinen Rauschtemperaturen muß nach Abschnitt 7.6 darauf geachtet werden, daß im Signalkreis vorgeschaltete Elemente (z.B. Leitungen, Zirkulator) nur sehr geringe Verluste haben. Der Zirkulator muß dazu ebenfalls gekühlt werden.

Aufgabe 11.4

Ein parametrischer Verstärker ist für f_s = 1 GHz für einen Gewinn G = 20 dB und für minimales Rauschen zu bemessen. Es wird ein Sperrschicht-Varaktor mit $r_{bmax} \approx r_b = 5\,\Omega$ und $c_{min} = 0.2$ pF eingesetzt und durch die Pumpschwingung zwischen Q_B und Q_D voll ausgesteuert.

11.3 Frequenzvervielfacher

Frequenzvervielfacher werden in der Hochfrequenztechnik eingesetzt, wenn die Schwingungserzeugung wegen der geforderten Leistung und/oder der geforderten Frequenzstabilität nicht direkt z.B. durch Transistoroszillatoren erfolgen kann. Es werden z.B. in der Richtfunktechnik bei Frequenzen bis über 10 GHz Leistungen bis über 1W gefordert und eine hohe Frequenzstabilität. Es lassen sich aber quarzstabilisierte Oszillatoren nur für Frequenzen bis ca. 100 MHz realisieren (oberhalb dieser Frequenz werden die Abmessungen der Schwingquarze zu klein für einen praktischen Einsatz). Man kann aber durch wiederholte Frequenzvervielfachung die Hochfrequenzschwingung aus einer quarzstabilisierten Schwingung ableiten. Als nichtlineares Element kann dabei eine Varaktordiode verwendet werden, die im Idealfall einen Wirkungsgrad von 100 % bei der Frequenzvervielfachung ermöglicht.

Die Berechnung eines Frequenzvervielfachers ist aufwendig, da alle beteiligten Schwingungen große Amplituden haben. Es wird daher nicht auf Berechnungen und Bemessungsgrundlagen von Frequenzvervielfachern eingegangen, sondern es werden nur einige grundsätzliche Gesichtspunkte beschrieben.

Frequenzvervielfacher mit Sperrschicht-Varaktor

Wenn zur Frequenzvervielfachung eine Varaktordiode mit abruptem pn-Übergang eingesetzt wird und die Beschaltung der Diode so ausgelegt wird, daß nur bei der Eingangsfrequenz f und bei der gewünschten Oberwelle nf Ströme durch die Diode fließen und ein Leistungsumsatz stattfindet, so ergibt sich aus dem quadratischen Zusammenhang zwischen der Sperrspannung U_{sp} über der nichtlinearen Kapazität und der Ladung Q nach Gl.(10.8)

$$U_{sp}(Q) = U_D\{(Q + Q_D)^2/Q_D^2 - 1\} , \qquad (11.50)$$

daß bei Aussteuerung mit einem Strom $i(t) = \hat{I} \cos\omega t$, d.h. einer Ladung $Q(t) = (\hat{I} \sin\omega t)/\omega$ nur die erste Oberschwingung bei 2f der Spannung U_{sp} neben der Grundschwingung auftritt. Daraus ergibt sich unmittelbar, daß bei einer Varaktordiode mit abruptem pn-Übergang zunächst nur eine Frequenzverdoppelung möglich ist. Eine Frequenzvervielfachung auf Frequenzen 3f, 4f, 5f... kann erreicht werden, wenn die Beschaltung der Diode anders ausgelegt wird. Soll z.B. eine Frequenzverdreifachung von f auf 3f erfolgen, so muß ein Hilfskreis bei 2f vorgesehen werden

Schaltung für n = 3,4,5...

mit einem entsprechenden Stromfluß und Leistungsumsatz an der Diode. Dann führt die Mischung der Grundschwingung bei f mit der ersten Oberschwingung bei 2f an der nichtlinearen Kapazität zu einer Leistungabgabe bei 3f. Bei höheren Vervielfachungsgraden als 3 müssen weitere Hilfskreise angeführt werden. Die Schaltungen werden dadurch so aufwendig, daß man in der Regel nur Frequenzverdoppler und Frequenzverdreifacher mit Sperrschichtvaraktoren aufbaut und höhere Vervielfachungsgrade durch Hintereinanderschalten erzeugt. In Bild 11.12 ist die Prinzipschaltung eines Frequenzverdreifachers mit einem Hilfskreis bei 2f dargestellt. Die Gleichspannung U_0 sorgt für eine geeignete Vorspannung der Varaktordiode. Die Induktivität L_0 verhindert Wechselströme im Vorspannungskreis. Die eingetragenen Wirkwiderstände R_1 und R_3 und die Reaktanzen X_1, X_2 und X_3 müssen optimal im Hinblick auf einen hohen Wirkungsgrad ausgelegt werden.

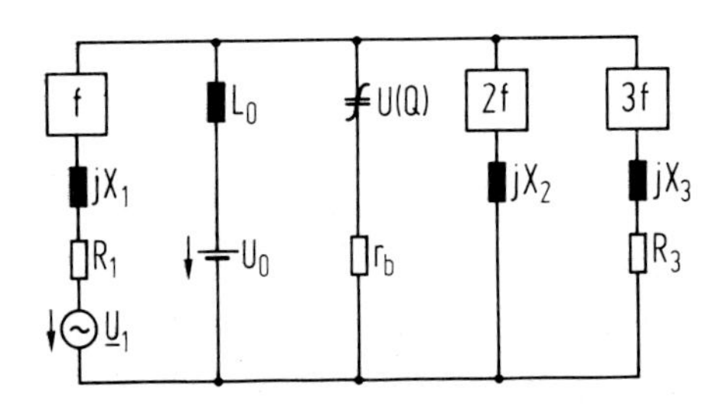

Bild 11.12 Prinzipschaltung eines Frequenzverdreifachers mit Hilfskreis. Durch [f] *sind ideale Bandfilter gekennzeichnet.*

Genauere Berechnungen unter Beachtung der Aussteuerungsgrenzen zeigen, daß unter Vernachlässigung von Schaltungsverlusten sich folgende Wirkungsgrade beispielsweise erzielen lassen: bei einem Frequenzverdoppler mit abruptem pn-Übergang beträgt der Wirkungsgrad etwa 80 % für den Fall, daß die Grenzfrequenz f_c der Diode um den Faktor 100 über der Frequenz f der Grundschwingung liegt. Der Wirkungsgrad liegt unter 10 %, wenn die Grenzfrequenz f_c kleiner wird als 10f. Bei einem Frequenzverdreifacher ergibt sich für eine Grenzfrequenz f_c = 100f ein Wirkungsgrad von etwa 70 %. Man erkennt aus diesen wenigen Daten, daß die Grenzfrequenz der Varaktordiode in Frequenzvervielfachern ganz wesentlich ist.

Wirkungsgrade, f_c geht ein

In Frequenzvervielfachern mit Sperrschicht-Varaktor ist die umsetzbare Leistung begrenzt durch die Durchbruchsspannung. Die theoretische Leistungsgrenze infolge der Verlustleistung am Bahnwiderstand r_b ist aber in der Regel ganz erheblich größer als die Grenzleistung im Hinblick

Grenzleistungen

auf die Aussteuerungsgrenzen.

In Frequenzvervielfachern für hohe Leistungen wird die Diode nicht nur über den Sperrbereich ausgesteuert, sondern es wird auch weit in den Flußbereich hinein ausgesteuert. Bei einer Aussteuerung in den Flußbereich werden Minoritätsträger injiziert. Ist die Frequenz so hoch, daß die Rekombination der Ladungsträger vernachlässigbar ist (dazu muß $\omega\tau \gg 1$ sein mit der Lebensdauer $\tau \approx 1$ µs in Silizium) und daß innerhalb einer Periodendauer die injizierten Ladungsträger noch nicht bis zu den Kontakten diffundiert sind, so bildet die Diode bei Aussteuerung in Flußrichtung einen idealen Ladungsspeicher und wirkt wie eine unendlich große Kapazität. Wenn genügend weit in Flußrichtung ausgesteuert wird, ist der nichtlineare Effekt hervorgerufen durch diese Ladungsspeicherung gegenüber der nichtlinearen Sperrschichtkapazität überwiegend, so daß mit einer stückweise geraden Kapazität-Spannungs- bzw. Ladung-Spannungs-Charakteristik gerechnet werden kann (Bild 10.6).

Speicherdiode

Der Spannungsverlauf über einer stromgesteuerten Speicherdiode enthält nach Bild 10.7 einen hohen Oberwellengehalt. Infolge der starken Oberschwingungen können damit in Frequenzvervielfachern mit Speicherdioden hohe Vervielfachungszahlen realisiert werden. Man verzichtet dabei in einfachen Schaltungen meist auf Hilfskreise und siebt am Ausgang nur die gewünschte Oberschwingung heraus.

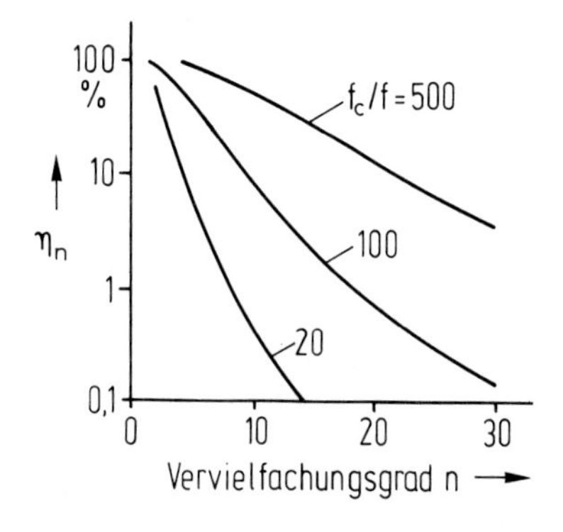

Bild 11.13
Maximaler Wirkungsgrad η_n von Frequenzvervielfachern ohne Hilfskreis mit idealer Speicherdiode in Abhängigkeit vom Vervielfachungsgrad n. Parameter ist die Diodengüte f_c/f.

Bild 11.13 gibt einen Hinweis auf den hohen erreichbaren Wirkungsgrad eines Frequenzvervielfachers auch bei großen Vervielfachungszahlen.

Wirkungsgrad

Es ist dabei eine ideale Speicherdiode mit verschwindender Übergangszeit betrachtet worden. Der Wirkungsgrad wird wieder durch die Grenzfrequenz f_c der Diode im Verhältnis zur Frequenz f der Grundschwingung bestimmt. Dabei wird auch bei Speicherdioden die Grenzfrequenz bestimmt aus minimaler Kapazität c_{min} und maximalem Bahnwiderstand r_{bmax}. Praktisch lassen sich wegen der nicht idealen Übergangszeit Frequenzvervielfacher mit Speicherdioden nur bei Ausgangsfrequenzen bis zu etwa 10 GHz einsetzen. Der Wirkungsgrad nimmt nämlich stark ab, wenn die Abrißzeit vergleichbar mit der Periodendauer der Schwingung wird. Bei höheren Frequenzen muß wieder zurückgegangen werden auf Sperrschicht-Varaktoren.

12. PIN-Dioden

PIN-Dioden sind als Dreischichtstruktur aufgebaut mit einer möglichst eigenleitenden ('intrinsic') i-Mittenzone zwischen hochdotierten p^+- bzw. n^+-Kontaktzonen. Die Anwendungen der PIN-Diode in Hochfrequenzschaltungen beruhen auf folgenden Eigenschaften:

- In Sperrichtung werden die wenigen Ladungsträger der i-Zone schon bei kleinen Sperrspannungen ausgeräumt, die PIN-Diode hat dann eine spannungsunabhängige Sperrschichtkapazität. Bei großen Weiten der i-Zone ist die Kapazität sehr klein, die PIN-Diode bildet damit für HF-Schwingungen eine hohe lineare Reaktanz. Außerdem ist dann die Durchbruchspannung groß, so daß hohe Wechselspannungen anstehen können.

- Bei Betrieb in Flußrichtung wird die i-Zone durch injizierte Minoritätsträger überschwemmt, die dort gespeichert werden und nur langsam entsprechend ihrer Lebensdauer rekombinieren. Die PIN-Diode bildet dann einen vorstromabhängigen Widerstand (Varistor), der sehr kleine Werte annehmen kann. Der wesentliche Unterschied zu anderen Varistoren (z.B. der Schottky-Diode) liegt darin, daß die PIN-Diode auch noch für HF-Schwingungen großer Amplitude einen linearen Widerstand bildet.

- PIN-Dioden können recht schnell, bis herab zu 1 ns, zwischen Sperrrichtung, d.h. nahezu Leerlauf und Flußrichtung, d.h. nahezu Kurzschluß umgeschaltet werden.

PIN-Dioden werden heute eingesetzt für regelbare HF-Abschwächer u.a. in Empfangsstufen für den Rundfunk und Fernsehfunk. Weiterhin werden sie als Schalter oder Umschalter für HF-Schwingungen herangezogen. Zu diesen Schalteranwendungen gehört auch die schnelle Phasentastung hochfrequenter Schwingungen in der Übertragungstechnik und die Phasentastung für eine phasengesteuerte, elektronische Schwenkung der Abstrahlung von Antennengruppen ('phased arrays').

Hier werden zunächst der Aufbau von PIN-Dioden und die stationären Verhältnisse im Sperr- und Flußbereich dargestellt. Das Schaltverhalten wird wie bei Speicher-Varaktoren nur qualitativ erklärt im Hinblick auf grundlegende Zusammenhänge. Abschließend werden Anwendungen in regelbaren HF-Abschwächern und in Amplituden- und Phasenschaltern behandelt.

Lernzyklus 6 C

Lernziele

Nach dem Durcharbeiten des Lernzyklus 6 C sollen Sie in der Lage sein,

- den Aufbau von PIN-Dioden zu beschreiben;
- Raumladungs- und Feldverteilungen bei Betrieb in Sperrichtung zu skizzieren;
- formelmäßig den Flußwiderstand einer PIN-Diode anzugeben und die besonderen Eigenschaften zu erläutern;
- die Ersatzschaltung einer PIN-Diode für Schalterbetrieb anzugeben;
- qualitativ die Verhältnisse beim Umschalten zwischen Fluß- und Sperrbereich zu beschreiben;
- Anordnungen für reflexionsarme HF-Abschwächer mit PIN-Dioden darzustellen;
- grundsätzliche Anordnungen für Amplituden- und Phasenschalter zu skizzieren und deren Funktion zu erläutern;
- Grenzbedingungen für Amplituden- und Phasenschalter zu formulieren.

12.1 Aufbau und stationäre Eigenschaften

Bild 12.1a zeigt schematisch einen Schnitt durch eine PIN-Diode mit abrupten Übergängen und typische Dotierungen. Die Mittenzone der Weite w ist nur ganz schwach und homogen dotiert.

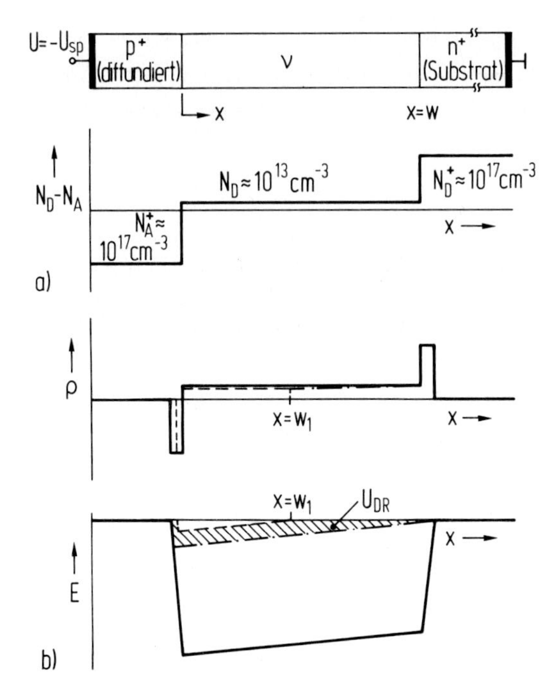

Bild 12.1
a) Aufbau und Dotierungsprofil einer PIN-Diode mit pνn-Struktur mit abrupten Übergängen
b) Verläufe der Raumladung $\rho = q(N_D - N_A)$ und der Feldstärke E bei teilweiser (gestrichelte Kurven) und vollständiger (strichpunktiert $U_{sp} = U_{DR}$, durchgezogen $U_{sp} > U_{DR}$) Ausräumung der ν-Zone

In der Praxis läßt sich Eigenleitung nicht exakt einstellen, es tritt immer Störstellenleitung auf. Es stellt sich entweder eine schwache (Überschuß-)Dotierung mit Donatoren $N_D \lesssim 10^{13}$ cm^{-3} ein (sogenannte ν-Dotierung, pνn-Struktur) oder eine schwache (Überschuß-)Dotierung mit Akzeptoren $N_A \lesssim 10^{13}$ cm^{-3} (sogenannte π-Dotierung, pπn-Struktur). Die Kontaktzonen sind hochdotiert, so daß bei Vorspannung in Sperrichtung die Sperrschichtweiten hier so dünn sind, daß die Sperrspannung U_{sp} praktisch ganz in der i-Zone abfällt. Wie bei abrupten p^+n-Dioden folgt bei Sperrschichtweiten $w_1 < w$ (s. Bild 12.1b) die Sperrschichtweite w_1 aus

pνn-(pπn)-Struktur

Sperrrichtung

$$U_D + U_{sp} = \frac{q}{\varepsilon} N_D \frac{w_1^2}{2} \quad (12.1)$$

mit der Diffusionsspannung

$$U_D = kT \ln(N_A^+ N_D / n_i^2) \quad \text{(pνn-Struktur).} \quad (12.2)$$

Die i-Zone ist gerade vollständig ausgeräumt, wenn $w_1 = w$ wird. Die zugehörige Durchreichspannung (punch through voltage) U_{DR} ist

Durchreich-spannung

$$U_{DR} = \frac{qN_D w^2}{2\varepsilon} - U_D \quad (\text{p}\nu\text{n-Struktur}) . \qquad (12.3)$$

Für größere Sperrspannungen bleibt die Weite der Raumladungszone nahezu bei w, die Feldstärke steigt dann - wie im Bild gezeigt- gleichmäßig an. Durchbruch setzt ein, wenn die Feldstärke am p^+i-Übergang größer als die Durchbruchfeldstärke wird.

Aufgabe 12.1

Eine PIN-Diode mit pνn-Struktur ($N_D = 10^{13}$ cm^{-3}) aus Silizium soll für eine Durchbruchspannung $U_B = 300$ V ausgelegt werden. Wie groß muß w sein, wenn $U_B = U_{DR}$ sein soll ? (Durchbruchfeldstärke $E_B = 2 \cdot 10^5$ V/cm)

Ersatz-schaltung

Die Verhältnisse für Betrieb in Sperrichtung sind in der Wechselstrom-Ersatzschaltung nach Bild 12.2a zusammengefaßt.

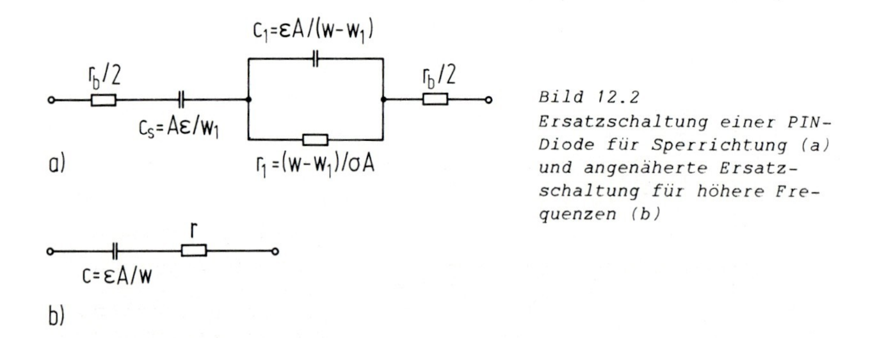

Bild 12.2
Ersatzschaltung einer PIN-Diode für Sperrichtung (a) und angenäherte Ersatzschaltung für höhere Frequenzen (b)

Mit jeweils $r_b/2$ sind die Widerstände der Kontaktzonen bezeichnet. $c_s = A\varepsilon/w_1$ ist die Kapazität der ausgeräumten i-Zone. Der Bereich $w - w_1$ der i-Zone hat einen Widerstand $r_1 = (w - w_1)/\sigma A$, $\sigma = q\mu_n N_D$. Parallel dazu liegt die Kapazität $c_1 = \varepsilon A/(w - w_1)$, die einen Verschiebungsstrom im nicht ausgeräumten Bereich berücksichtigt. Für eine Dotierung von beispielsweise $N_D = 10^{12} - 10^{13}$ cm^{-3} und einer Beweglichkeit von $\mu_n = 1500$ Vs/cm^2 (Silizium) liegt die dielektrische Relaxationsfrequenz der i-Zone $2\pi f_d = \sigma/\varepsilon$ im Bereich von 25 - 250 kHz. Im Hochfrequenzbereich überwiegt dann weit der Verschiebungsstrom, d.h. es ist $1/\omega c_1 > r_1$. Wir können dann $c_1 \parallel r_1$ zusammenfassen zu einem Widerstand

$$z_1 = \frac{1/(j\omega c_1)}{1 + 1/(j\omega c_1 r_1)} \simeq \frac{1}{j\omega c_1} + \frac{1}{\omega^2 c_1^2 r_1} . \qquad (12.4)$$

Der kapazitive Anteil wird mit c_s in Bild 12.2a zusammengefaßt. Dann folgt die vereinfachte Ersatzschaltung in Bild 12.2b mit einem Widerstand r aus Gl.(12.4) und Gl.(12.1) für w_1

$$r = \frac{q\mu_n N_D}{\omega^2 \varepsilon^2 A} \left\{ w - \sqrt{\frac{2\varepsilon}{qN_D}(U_D + U_{sp})} \right\}. \qquad (12.5)$$

Die Reaktanz bleibt danach in Sperrichtung schon weit unterhalb der Durchreichspannung konstant, der äquivalente Widerstand r der nicht ausgeräumten i-Zone ist klein für hohe Frequenzen und sinkt zur Durchreichspannung hin schnell auf Null ab, so daß als Serienwiderstand der Bahnwiderstand r_b (0.5 - 5 Ω) verbleibt.

Die Ersatzschaltung in Bild 12.2b gilt nicht nur für kleine Wechselsignale, sie ist auch gültig für große Wechselsignale, da r_b und c nicht von der Spannung abhängen.

Hinweis

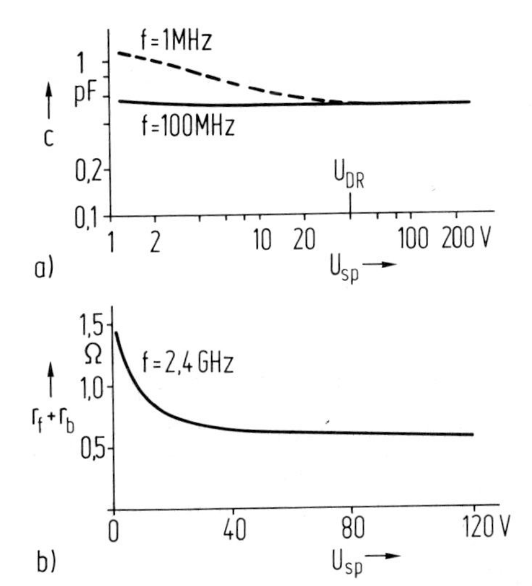

Bild 12.3 Spannungsabhängigkeit der Sperrschichtkapazität (a) und des Serienwiderstandes (b) einer Leistungs-PIN-Diode für Mikrowellenanwendungen (Siemens PIN-Diode BXY 59D)

Bild 12.3 zeigt die Spannungsabhängigkeit der Sperrschichtkapazität und des Serienwiderstandes für eine Leistungs-PIN-Diode (Siemens BXY 59D,

$w \simeq 70\ \mu m$, $U_B = 700$ V, $U_{DR} \simeq 40$ V, c = 0.5 pF, $r_b = 0.5\Omega$). Die angenäherte Ersatzschaltung reicht nur dann nicht aus, wenn die Frequenz vergleichbar mit der dielektrischen Relaxationsfrequenz der i-Zone wird (s. den Verlauf der Sperrschichtkapazität für f = 1 MHz).

Flußrichtung

Bei Betrieb in Flußrichtung werden Minoritätsträger in die i-Zone injiziert. Wegen der hohen Dotierung der Kontaktzonen ist der Strom am p^+i-Übergang nahezu ausschließlich ein Löcherstrom und am in^+-Übergang ein Elektronenstrom. Die injizierten Minoritätsträger haben eine Dichte p bzw. n, die viel größer als die Dotierungskonzentration in der hochreinen i-Zone ist, sie rekombinieren daher bevorzugt miteinander und haben dieselbe Lebensdauer τ. Wegen $n \gg N_D$, $p \gg N_D$ (für eine ν-Zone) folgt aus der Neutralitätsbedingung $n \simeq p$. Es ist damit der Flußstrom, der sich als Verhältnis von gespeicherter Ladung Q eines Vorzeichens und Rekombinationslebensdauer τ bildet,

$$I_f = qnAw/\tau = qpAw/\tau \tag{12.6}$$

bei einer Fläche A der PIN-Diode.

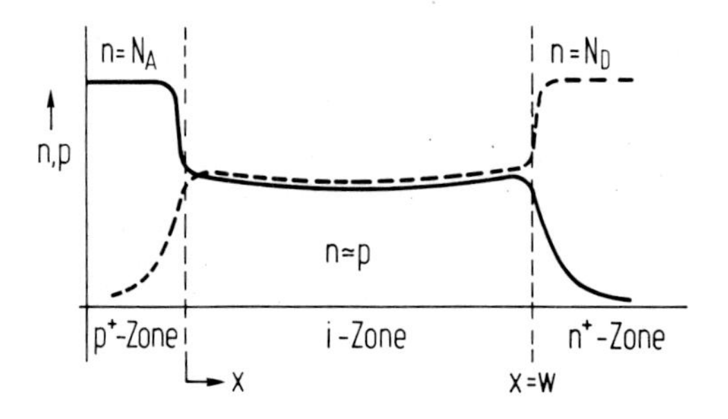

Bild 12.4 Schematische Verteilungen der injizierten Ladungsträger bei einer in Flußrichtung betriebenen PIN-Diode

Bild 10.4 zeigt die Verteilungen der injizierten Ladungsträger für eine PIN-Diode mit hohen Dotierungen der Kontaktzonen und einem großen Verhältnis von Diffusionslänge $L_{n,p} = \sqrt{D_{n,p}\tau}$ und Weite w der i-Zone. Die Rekombination der injizierten Minoritätsträger bewirkt dann nur schwache Gradienten der Ladungsträgerverteilungen, so daß n und p in der i-Zone fast ortsunabhängig sind. Damit diese Verhältnisse praktisch auftreten, kommt heute nur Silizium als Halbleiter in Betracht, da GaAs eine viel zu kleine Lebensdauer τ hat. Zudem wird die Silizium-Technologie weit besser beherrscht.

Der differentielle Widerstand r_f der i-Zone ist mit ihrer Leitfähigkeit

$\sigma = q(n\mu_n + p\mu_p) = qn(\mu_n + \mu_p)$ und n aus Gl.(12.6)

$$r_f = \frac{w}{\sigma A} = \frac{w}{qn(\mu_n + u_p)A} = \frac{w^2}{\tau I_f(\mu_n + \mu_p)} \quad . \qquad (12.7)$$

Abhängigkeiten

Je höher der Flußstrom I_f ist, je mehr Ladungsträger entsprechend Gl.(12.6) also in die i-Zone injiziert werden, umso kleiner wird der Flußwiderstand r_f der i-Zone. Weiterhin muß für niedrige Werte r_f die Lebensdauer τ groß sein, wie oben schon angegeben, werden heute PIN-Dioden aus Silizium gefertigt mit Werten τ bis weit über 1 µs. Weiterhin hängt r_f quadratisch von w ab, wenn also niedrige Widerstände verlangt werden, sollte w möglichst klein sein. Man sollte für Schalteranwendungen beachten, daß die Kapazität für $U_{sp} > U_{DR}$ nur mit 1/w ansteigt.

Ersatzschaltung

Bild 12.5a zeigt die Wechselstrom-Ersatzschaltung für eine PIN-Diode bei Betrieb in Flußrichtung.

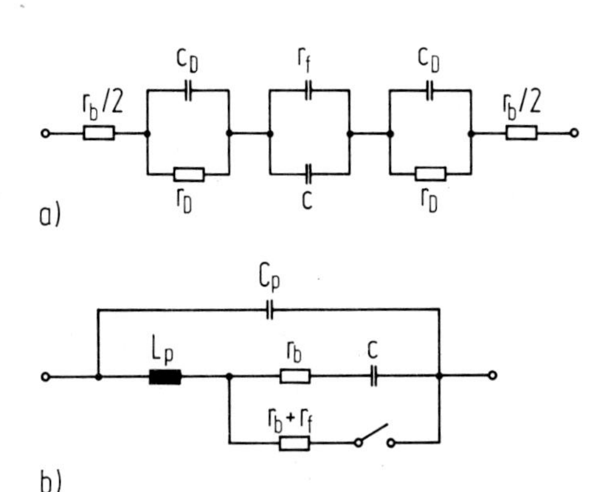

Bild 12.5
a) Wechselstrom-Ersatzschaltung einer PIN-Diode im Flußbereich
b) Zusammengefaßte Ersatzschaltung für Sperrbereich und Flußbereich mit idealem Schalter und Gehäusekapazität C_p und Zuleitungsinduktivität L_p

Neben dem Widerstand r_b der Kontaktzonen und dem Flußwiderstand r_f der i-Zone sind die Speicherung von Minoritätsträgern in den Kontaktzonen und ihre Rekombinationsverluste dort durch Diffusionskapazität c_D und Widerstand r_D berücksichtigt. Dabei gilt wie bei pn-Dioden für Frequenzen f mit $\omega\tau > 1$ (d.h. f $\gtrsim$ 200 kHz in Silizium) für den Leitwert

$$1/r_D + j\omega c_D = \frac{qI_f}{kT} \sqrt{\omega\tau} \;\; (1+j)/2 \; . \qquad (12.8)$$

Er wird im Hochfrequenzbereich so groß, daß wir ihn vernachlässigen können und nur Flußwiderstand r_f und Bahnwiderstand r_b in der Ersatzschaltung verbleiben.

Gemäß Gl.(12.7) kann r_f durch den Vorstrom I_f typisch über mehrere Größenordnungen verändert werden. Für große Werte I_f verbleibt nur noch der Bahnwiderstand r_b.

wesentliche Eigenschaft

Charakteristisch für PIN-Dioden und entscheidend für Anwendungen ist, daß sie auch noch für sehr große Wechselströme einen linearen Widerstand $r_f + r_b$ bilden. Durch den Flußstrom I_f wird die Ladung (eines Vorzeichens) $Q = I_f\tau$ gespeichert. Bei einer zusätzlichen Aussteuerung mit einem Wechselstrom $\hat{I}\sin\omega t$ bleibt die Diode solange im Flußbereich und schaltet nicht in den Sperrbereich, wie die Ladung, die innerhalb der negativen Halbwelle, Dauer $T/2 = 1/(2f)$, ausgeräumt wird, kleiner $I_f\tau$ ist. In der negativen Halbwelle wird die Ladung $\Delta Q = 2\hat{I}/\omega$ bewegt. Die PIN-Diode verhält sich damit bis zu solchen Wechselamplituden $\hat{I}$ linear, für die mit $\Delta Q < Q$

$$\hat{I} < \pi f \tau I_f \tag{12.9}$$

gilt. Mit typischen Rekombinationslebensdauern $\tau \approx 1 - 10\ \mu s$ können für hohe Frequenzen damit Wechselströme gesteuert werden, die um mehrere Größenordnungen über dem Vorstrom I_f liegen. (Für $\tau = 10\ \mu s$, $f = 1$ GHz und $I_f = 100$ mA bleibt der Flußwiderstand nahezu unabhängig vom Wechselstrom bis zu Werten $\hat{I} \approx 30$ A.) Diese Eigenschaft macht die PIN-Diode überlegen für Varistor-Anwendungen und für Schalterfunktionen bei hohen HF-Leistungen.

Bild 12.5b zeigt die Ersatzschaltung einer PIN-Diode, die ihre Eigenschaften im Sperrbereich (Schalter offen) und im Flußbereich (Schalter geschlossen) zusammenfaßt. Für Aufgaben bei hohen Frequenzen sind die Gehäusekapazität C_p und die Zuleitungsinduktivität L_p - wie bei anderen Bauelementen auch - zu berücksichtigen.

Wir wiederholen die wesentliche Eigenschaft, daß diese lineare Ersatzschaltung auch bei sehr hohen Wechselamplituden gilt.

Schaltverhalten

Einschaltvorgang

Das Verhalten der PIN-Diode bei Umschalten zwischen Sperr- und Flußrichtung ist besonders für Amplituden- und Phasenschalter wichtig. Das Schaltverhalten soll hier - wie beim Speichervaraktor - nur qualitativ dargestellt werden, und es sollen nur Grenzen der Schaltgeschwindigkeit aufgezeigt werden. Wir betrachten zuerst den Einschaltvorgang, bei $t=0$ wird abrupt der PIN-Diode ein Flußstrom I_f aufgeprägt. Dann werden vom p^+i-Übergang Löcher in die i-Zone injiziert und mit gleicher Stärke Elektronen vom n^+i-Übergang. Wenn I_f groß ist, baut sich sehr schnell ein so hohes Feld auf, daß die injizierten Ladungsträger mit Sättigungsdriftgeschwindigkeit wandern. Es laufen damit vom p^+i- bzw. n^+i-Übergang aus stufenförmige Löcher- bzw. Elektronenverteilungen aufeinander zu (s. Bild 12.6a) mit einer Sättigungsdriftgeschwindigkeit v_s, die für Elektronen und Löcher gleich groß angesetzt wird. Bei vernachlässigtem Verschiebungsstrom ist dann angenähert $I_f = qApv_s = qAnv_s$ für eine Querschnittsfläche A der Diode.

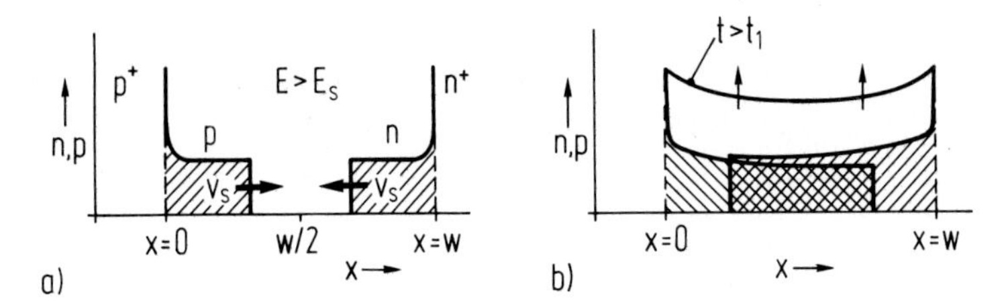

Bild 12.6
a) Verteilung der injizierten Ladungsträger bei Umschalten in Flußrichtung für $t < w/2v_s$
b) Verteilung der Ladungsträger für $t > w/2v_s$ *und für* $t > t_1 \approx w/v_s$

Zur Zeit $t \simeq w/2v_s$ treffen beide Ladungsträgerwolken aufeinander und durchdringen sich anschließend. Nehmen wir an, daß das Feld dann immer noch größer als die Feldstärke E_s für Sättigungsdriftgeschwindigkeit in der i-Zone bleibt, neutralisiert sich bei $t_1 \simeq w/v_s$ die i-Zone mit $n \simeq p$. Anschließend steigt die Ladungsträgerzahl langsam mit einer Zeitkonstanten τ auf den einen Wert $Q = Awp$ nach $Q = \tau I_f$ an, wie der Flußstrom es im stationären Zustand verlangt. Dabei ist aber das Feld über der i-Zone, d.h. die Spannung über der Diode, schon soweit abgesunken, so daß bei

$$t = t_1 \approx w/v_s \qquad (12.10)$$

Ergebnis

der Einschaltvorgang nahezu beendet ist und die PIN-Diode praktisch schon in Flußrichtung arbeitet. Je größer die Weite w der i-Zone ist, je größer also die Durchbruchspannung ist, umso größer wird die Einschaltzeit t_1 (vergl. den Zusammenhang zwischen Kollektorspannung und Grenzfrequenz beim Bipolartransistor in Abschnitt 1.4).

Ausschaltvorgang

Bei $t = 0$ schaltet der Generator, der einen sehr großen Innenwiderstand haben soll, also nahezu als Stromquelle wirkt, in Sperrichtung um mit einer Leerlaufspannung U_{sp} (Bild 12.7a).

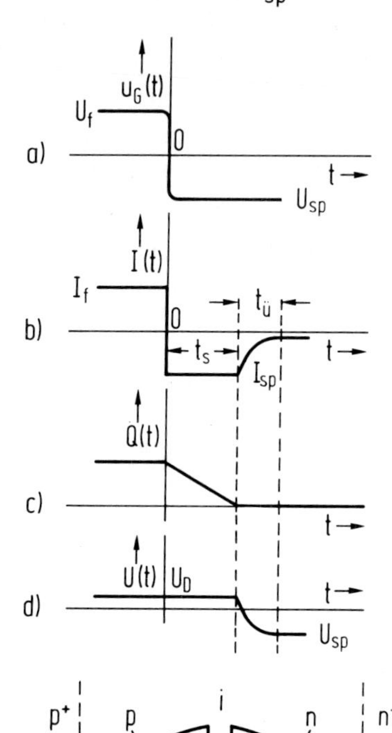

Bild 12.7
Zum Ausschaltvorgang einer PIN-Diode mit Zeitverlauf der Generatorspannung $u_G(t)$ (a), Stromverlauf $I(t)$ mit Speicherzeit t_s und Übergangszeit $t_ü$ (b), Zeitverläufe der Ladung $Q(t)$ (c) und Spannung $U(t)$ über der Diode (d). (e) zeigt schematisch die Verteilungen der injizierten Ladungsträger beim Umschalten in den Sperrbereich.

Dadurch werden die injizierten Ladungsträger n bzw. p zu den n^+i- bzw. p^+i-Übergängen gezogen. Der aufgeprägte Sperrstrom I_{sp} wird von den rückströmenden Ladungsträgern getragen bis zu einer Speicherzeit t_s (s. Bild 12.7b,c) nach

Speicherzeit

$$t_s \simeq \tau I_f / I_{sp} , \tag{12.11}$$

dann ist die gespeicherte Ladung eines Vorzeichens τI_f etwa aufgebraucht. Die Spannung über der Diode bleibt bis $t \simeq t_s$ bei der Diffusionsspannung stehen. Es verbleibt aber beim Umschalten in den Sperrbereich eine gewisse Restladung, die Diode schaltet nicht abrupt bei $t = t_s$ in Sperrichtung. Die Spannung über der Diode steigt schnell an, wenn die rückströmenden Ladungsträgerwolken sich trennen (Bild 12.7e). Die Übergangszeit $t_ü$ der PIN-Diode liegt daher etwa bei

$$t_{ü} \simeq w/2v_s \ . \qquad (12.12)$$

Übergangszeit

Erst nach $t \simeq t_s + t_{ü}$ steht U_{sp} über der Diode an. Man muß also für kurze Speicherzeiten mit großen Rückströmen I_{sp} schalten, die Übergangs- oder Abrißzeit ist wieder durch Sättigungsdriftgeschwindigkeit und Weite w der i-Zone festgelegt.

PIN-Dioden für kurze Schaltzeiten haben Weiten w der i-Zone von nur 0.5 - 1 µm, sie ähneln dann den vorher schon betrachteten Speichervaraktoren. Wenn für große Durchbruchspannungen Werte w bis zu 100 µm verlangt werden, ist notwendig die Schaltgeschwindigkeit begrenzt. Bei $v_s = 5 \cdot 10^6$ cm/s für Löcher in Silizium und w = 100 µm sind grob t_1, $t_{ü} \approx 50$ ns.

PIN-Dioden werden ähnlich den Varaktor-Dioden in Gestalt der Mesa-Diode aufgebaut. Wenn bei großen Weiten w besonders niedrige Dotierungen und große Werte der Rekombinationslebensdauer τ gefordert sind, werden nach Bild 12.8 in dünne Siliziumscheiben die p^+- und n^+-Kontaktzonen eindiffundiert und die Dioden für hohe Verlustleistungen auf Wärmesenken aufgelötet.

Aufbau

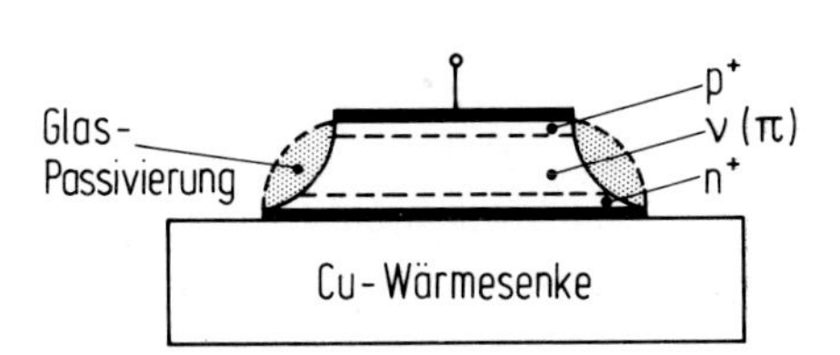

Bild 12.8
Aufbau einer PIN-Diode mit großer Weite w der i-Zone in Mesa-Technik

12.2 HF-Abschwächer mit PIN-Dioden

Zur elektronisch gesteuerten und geregelten Abschwächung von HF-Schwingungen u.a. in den Empfangsstufen ('Tunern') für den Hör- und Fernsehrundfunk werden heute bevorzugt Schaltungen mit PIN-Dioden eingesetzt. Sie haben nach dem Vorhergehenden niedrige Verzerrungen auch bei großen HF-Amplituden. Gesteuerte Dämpfungsglieder mit PIN-Dioden haben einen großen Regelbereich, da r_f durch den Vorstrom I_f über Größenordnungen verändert werden kann. Dämpfungsglieder sollen aber auch reflexionsarm sein. Ein- und ausgangsseitige Anpassung verlangt dann eine Anordnung mit wenigstens drei Elementen. Bild 12.6a zeigt schematisch ein PIN-Dioden-Dämpfungsglied mit π-Struktur. (Äquivalent dazu ist eine T-Struktur.)

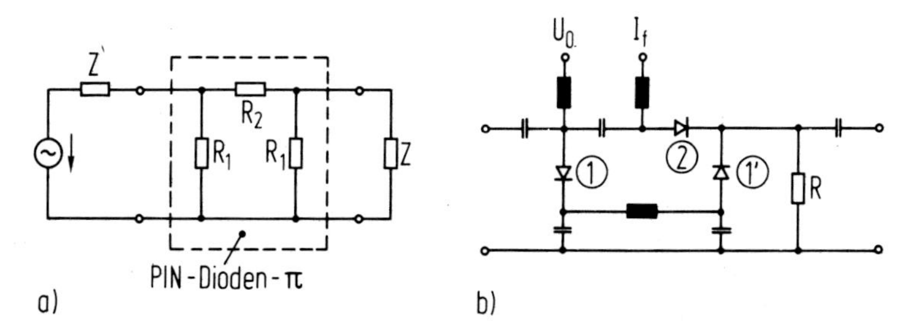

Bild 12.9
a) HF-Abschwächer mit 3 PIN-Dioden in π-Struktur für Reflexionsfreiheit
b) Reflexionsarme HF-Abschwächer mit einem Steuerstrom I_f

Beispiel

Der Aufbau ist symmetrisch mit 3 PIN-Dioden, die im Bild durch die Widerstände R_1 und R_2 wiedergegeben sind. (Die Bezeichnung mit Großbuchstaben soll auf lineare Verhältnisse auch bei großen Signalen hinweisen.) Die Anordnung soll beidseitig angepaßt sein, es muß also $s_{11} = s_{22} = 0$ gelten mit dem Bezugswiderstand Z. Der Eingangswiderstand Z_E des Dämpfungsgliedes bei Z am Ausgang kann direkt berechnet werden. Aus der Bedingung $s_{11} = (Z_E - Z)/(Z_E + Z) = 0$ folgt der Zusammenhang

$$Z/R_2 = \frac{1 - (Z/R_1)^2}{2Z/R_1} \qquad (12.13)$$

zwischen R_2 und R_1 für beidseitige Anpassung. (Wegen der Symmetrie ist mit $s_{11} = 0$ auch $s_{22} = 0$). Die Vorwärtsübertragung s_{21} läßt sich für Reflexionsfreiheit (für R_2 wird Gl. (12.13) eingesetzt) dann einfach aus dem Verhältnis von aus- und eingangsseitiger Spannung bestimmen zu

$$s_{21} = (1 - Z/R_1)/(1 + Z/R_1), \quad 0 \leq s_{21} \leq 1 . \qquad (12.14)$$

Umgekehrt folgt in Abhängigkeit von s_{21} ein Verhältnis

$$Z/R_1 = (1 - s_{21})/(1 + s_{21}) . \qquad (12.15)$$

Für einen vorgeschriebenen Wert s_{21}, z.B. $s_{21} = 0.1 \triangleq -20$ dB, liegt damit $Z/R_1 \sim I_{f1}$ fest und dann nach Gl.(12.13) auch $Z/R_2 \sim I_{f2}$. (Anmerkung: Praktische PIN-Dioden zeigen eine Abhängigkeit $r_f \sim 1/I_f^{0.8-0.9}$, weil die Lebensdauer τ von n,p abhängt und die Übergänge nicht ideal abrupt sind.) Zur präzisen Erfüllung von Gl.(12.13), (12.15) müssen zwei Vorströme I_{f1} und I_{f2} mit einer in Bild 12.7 skizzierten Verknüpfung herangezogen werden. (Für $s_{21} = 0$ muß $R_1 = Z$ und $R_2 = \infty$ eingestellt werden, für $s_{21} = 1$ muß $R_1 = \infty$, $R_2 = 0$ gelten.)

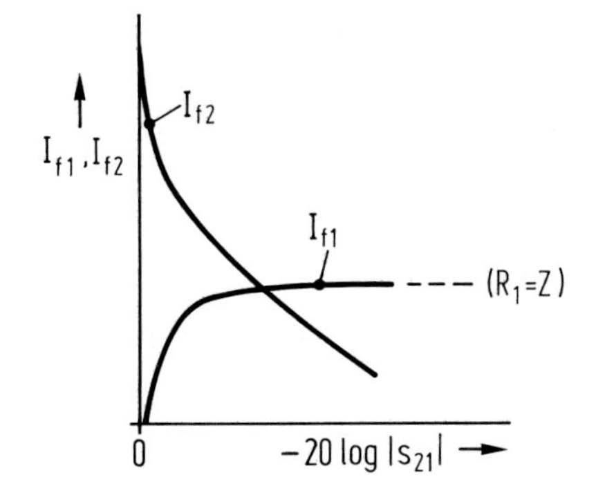

Bild 12.10
Schematische Verläufe der Vorströme I_{f1} und I_{f2} in Abhängigkeit von der Dämpfung $-20 \log |s_{21}|$ bei gleichzeitiger Reflexionsfreiheit

Eine einfache Schaltung, die nur einen Steuer/Regelstrom I_f benötigt und oft schon ausreichend reflexionsarm ist, ist in Bild 12.9b gezeigt. Die feste Vorspannung U_0 fällt über den Dioden 1, 1' und dem Widerstand R ($R \gtrsim 1$ kΩ) ab und wird so gewählt, daß $R_1 \simeq Z$ ist. Durch Steigerung von I_f wird die Diode 2 immer stärker leitend, der Spannungsabfall von I_f an R verringert die Wirkung von U_0, so daß gleichzeitig die Dioden 1, 1' hochohmiger werden. Näherungsweise stellen sich dann Ströme I_{f1} und I_{f2} ein, wie sie nach Bild 12.10 verlangt werden. (Die eingetragenen Kapazitäten sind so groß, daß sie für die HF-Schwingung Kurzschlüsse bilden, die Induktivitäten blocken HF-Schwingungen ab.)

12.3 HF-Schalter mit PIN-Dioden

PIN-Dioden werden vielseitig eingesetzt in Amplituden- oder Phasenschaltern. Sie werden dabei zwischen ihrem niedrigen Flußwiderstand und ihrer kleinen Sperrschichtkapazität umgeschaltet. In beiden Schaltzuständen sind sie linear auch bei großen Signalen. In Sperrichtung kann die Durchbruchspannung U_B hohe Werte (bis über 1000 V) für große Weiten w der i-Zone annehmen, in Flußrichtung können hohe HF-Ströme fließen. Grundsätzlich lassen sich damit große HF-Leistungen schalten. Diese Anforderung tritt besonders in der Funktechnik auf, die Ein/Aus-Schalter oder Mehrwegeschalter verlangt u.a. bei der Ansteuerung von Antennen oder für Sende/Empfangsweichen. Die heutige Radartechnik arbeitet mit elektrisch schwenkbaren Antennen (phased arrays), bei denen die Phasenlagen der Steuerschwingungen einer Vielzahl von Einzelstrahlern verändert werden und dadurch die Richtung der Abstrahlung geschwenkt werden kann. Vorzugsweise wird dazu ein Variationsbereich von z.B. 180^0 der Phasendrehung aus 2^n-Stufen mit n kombinierten Phasenschiebern (typisch n = 4 - 8) zusammengesetzt. Dazu werden digitale Phasenschieber für hohe Leistungen benötigt.

Anwendungen

Bild 12.11 zeigt einen einpoligen Einwegschalter (im Engl. SPST, single pole single through) mit einer PIN-Diode in Reihen- oder Parallelschaltung.

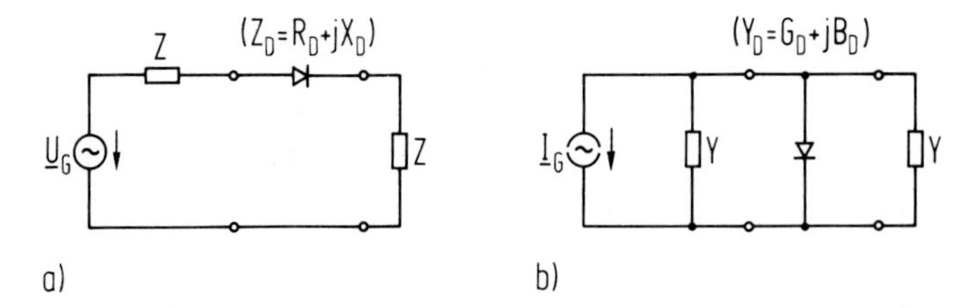

Bild 12.11
Einpoliger Schalter in Reihenschaltung (a) und in Parallelschaltung (b)

Bild 12.12 zeigt beispielhaft für Phasenschalter zwei Ausführungsformen einstufiger Reflexionsphasenschalter. In Bild 12.12a wird die PIN-Diode durch die Schaltspannung U_{sch} zwischen nahezu Kurzschluß und nahezu Leerlauf geschaltet, die verlustfreie Transformationsschaltung hat unter anderem (s. dazu unten) die Aufgabe, eine vorgegebene Reflexionsphase einzustellen. Einfallendes und phasenverschobenes reflektiertes Signal werden durch einen Zirkulator getrennt. Die Konfiguration 12.12b zieht

Beispiel

zur Trennung einen 3 dB-90°-Koppler heran. Wenn in beiden Ausgangstoren identische Reflexionen eingestellt werden, trennt - wie schon früher festgestellt - der 90°-Koppler einfallendes und reflektiertes Signal.

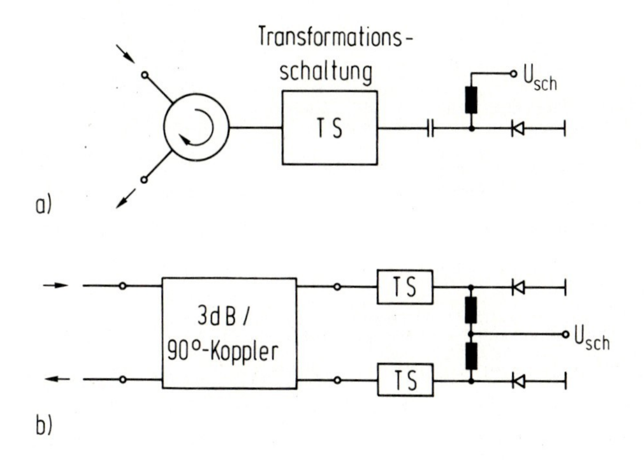

Bild 12.12.
Reflexionsphasenschalter mit PIN-Diode und Zirkulator (a) und mit 2 identischen PIN-Dioden und 3 dB-90°-Koppler (b) zur Trennung von einfallender und reflektierter Welle

In der praktischen Ausführung müssen Wegschalter und Phasenschalter für eine möglichst große schaltbare HF-Leistung ausgelegt werden. Weiterhin sollen meist auch die Verluste möglichst gering sein. Es ist dann wichtig, Grenzbedingungen zu kennen, bevor überhaupt eine spezifische Schaltung ausgewählt wird.

Anforderungen

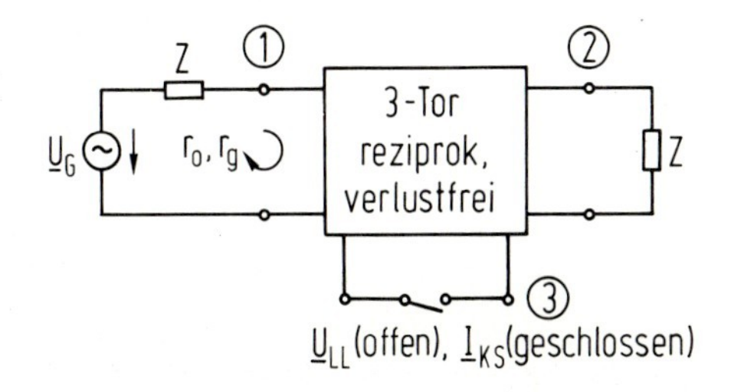

Bild 12.13
Zur Ableitung der maximalen Schaltleistung für Einwegschalter und Phasenschalter

Wir betrachten einen Einwegschalter mit einer verlustfreien PIN-Diode ($r_b + r_f = 0$ in Bild 12.5b) nach Bild 12.13. Der Schalter ist als ein getrenntes Tor dargestellt, die Reaktanzen der PIN-Diode (vergl. Bild 12.5b) werden dem reziproken und verlustfreien Schaltungsnetzwerk zugeschlagen. Der Innenwiderstand des Generators und der Lastwiderstand

Schalttheorem

sollen gleich sein. Für einen Phasenschalter entfällt Tor 2, die Schaltung reduziert sich auf ein Zweitor, der Eingang ist mit z.B. einem Zirkulatorarm nach Bild 12.12a verbunden. Bei geschlossenem Schalter ist r_g der Reflexionsfaktor am Tor 1, der Kurzschlußstrom im Schalter ist $\underline{I}_{KS}$, bei offenem Schalter ist r_o der Reflexionsfaktor am Tor 1, die Leerlaufspannung über dem Schalter ist $\underline{U}_{LL}$. Dann gilt bei Einwegschaltern und bei Phasenschaltern der Zusammenhang[1]

$$\left| r_o - r_g \right| = \left| \frac{\underline{U}_{LL} \underline{I}_{KS}}{2P_{Gv}} \right| \qquad (12.16)$$

zwischen der Differenz der Reflexionsfaktoren $r_o - r_g$ und dem Verhältnis von $\underline{U}_{LL} \cdot \underline{I}_{KS}$ und der verfügbaren Generatorleistung P_{Gv}. Beim Einwegschalter soll im Idealfall gelten $r_o = 1$, $r_g = 0$ (Reihenschaltung in Bild 12.11) oder $r_o = 0$, $r_g = -1$ (Parallelschaltung in Bild 12.11), in beiden Fällen wird P_{Gv} an die Last Z abgegeben. (Man kann übrigens zeigen, daß bei einem verlustfreien Schalter und einem verlustfreien, reziproken 3-Tor sich immer für eine gegebene Frequenz $r_o = 1$ oder $r_g = 1$ einstellen läßt.) Die Leerlaufspannung ist im Effektivwert nun begrenzt auf die Durchbruchspannung U_B der PIN-Diode, $|\underline{U}_{LL}| \leq U_B$, der Kurzschlußstrom $\underline{I}_{KS}$ darf einen wesentlich durch die zulässige Verlustleistung begrenzten Wert I_m nicht überschreiten. Die PIN-Diode wird in ihrer Leistungsfähigkeit gerade dann voll genutzt, wenn durch das 3-Tor-Netzwerk $|\underline{U}_{LL}| = U_B$ und $|\underline{I}_{KS}| = I_m$ eingestellt werden. Mit der über $U_B I_m$ formal definierten Schaltleistung

Schaltleistung

$$P_{max} = U_B I_m \qquad (12.17)$$

folgt das Schalttheorem für Schalter mit verlustfreien PIN-Dioden

Ergebnis

$$|r_o - r_g| \leq \frac{P_{max}}{2P_{Gv}} \quad . \qquad (12.18)$$

Für ideale, d.h. wie angenommen verlustfreie Einwegschalter ist $|r_o - r_g| = 1$, die verfügbare Generatorleistung P_{Gv} darf dann höchstens gleich der halben Schaltleistung $U_B I_m$ sein.

---

[1] M.E. Hines, Fundamental limitations in RF switching and phase shifting using semiconductor diodes, Proc. IEEE Bd. 52, Heft 6, 1964, S. 697 - 708

Wir wollen an einem Beispiel für den Einwegschalter zeigen, daß diese Verhältnisse sich tatsächlich erreichen lassen. Dazu muß die Schaltung so ausgelegt werden, daß je nach Konfiguration (Reihen- oder Parallelschaltung der PIN-Diode) entweder $r_o = 1$, $r_g = 0$ oder $r_o = 0$, $r_g = -1$ gilt und daß $\underline{U}_{LL}$ bzw. $\underline{I}_{KS}$ auf die Grenzwerte U_B bzw. I_m transformiert werden, d.h. eine verfügbare Generatorleistung $P_{Gv} = P_{max}/2$ geschaltet werden kann. Die Schaltung muß dazu immer Abstimmelemente und Übertrager (bzw. Leitungstransformatoren) enthalten. Nach Bild 12.14 setzen wir einen Einwegschalter mit einer PIN-Diode in Parallelschaltung an. Die Ersatzschaltung der verlustfreien PIN-Diode enthält die Sperrschichtkapazität $c = \varepsilon A/w$ und die Zuleitungsinduktivität L_p. Die Gehäusekapazität C_p ist in der Reaktanz jX_2 aufgenommen, die zusammen mit der Reaktanz jX_1 dafür sorgen soll, daß bei offenem Schalter ein Leerlauf entsteht und der geschlossene Schalter Kurzschluß bewirkt.

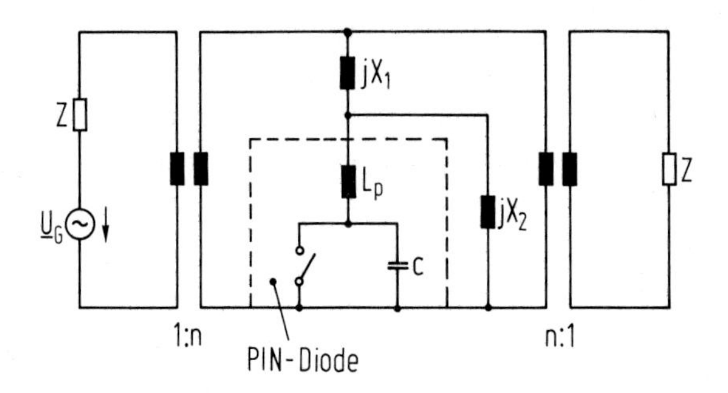

Bild 12.14
Einwegschalter mit parallelgeschalteter verlustfreier PIN-Diode und Reaktanzen jX_1, jX_2 für Leerlauf bei offenem Schalter ($r_o = 0$) bzw. Kurzschluß bei geschlossenem Schalter ($r_g = -1$) und Übertragern für maximale Schaltleistung $P_{Gv} = P_{max}/2$

Wir verfolgen zuerst diese Bedingungen. Aus

$$\begin{aligned} Z_{offen} &= jX_1 + \{jX_2 \cdot j(\omega L_p - 1/\omega c)\}/\{jX_2 + j(\omega L_p - 1/\omega c)\} \\ &= j[X_1 - \{X_2(1 - \omega^2 L_p c)/\omega c\}/\{X_2 - (1 - \omega^2 L_p c)/\omega c\}] \end{aligned} \quad (12.19)$$

Berechnung X_1, X_2

folgt für $Z_{offen} = \infty$ (d.h. $r_o = 0$, die Generatorleistung P_{Gv} wird an Z abgegeben)

$$X_2 = (1 - \omega^2 L_p c)/\omega c \; . \quad (12.20)$$

Bei geschlossenem Schalter ist

$$Z_{geschl} = j\{X_1 + j\omega X_2 L_p/(jX_2 + j\omega L_p)\} \,. \qquad (12.21)$$

Mit Gl.(12.20) tritt Kurzschluß ein, $Z_{geschl} = 0$ (d.h. $r_g = -1$, Generator und Last sind getrennt) für

$$X_1 = -\omega L_p \,(1 - \omega^2 L_p c) \,. \qquad (12.22)$$

Zahlen-beispiel

Zahlenwerte: $L_p = 0.4$ nH, $c = 1$ pF, $C_p = 0.2$ pF, $f = 1$ GHz.
Die Serienresonanzfrequenz von L_p mit c ist 8.5 GHz. X_1 ist dann kapazitiv mit $X_1 = -1/\omega C_1 = -2.47\,\Omega$; es ist demnach $C_1 = 64.5$ pF. jX_2 ist mit $j\,157\,\Omega$ induktiv, $C_p = 0.2$ pF ist in jX_2 enthalten. Wenn der zugehörige Anteil herausgerechnet wird, ist eine Induktivität für $j\,133\,\Omega$ mit $L_2 = 21.2$ nH einzustellen. Bei hohen Frequenzen werden die Reaktanzen zweckmäßig durch Leitungselemente realisiert.

Berechnung Übertrager

Der Eingangsübertrager im Beispiel hat das Windungsverhältnis 1:n, der Ausgangsübertrager hat ein Windungsverhältnis n:1, damit bei offenem Schalter der Generator leistungsangepaßt ist. (Leitungstransformatoren sind entsprechend einer Widerstandstransformation von Z auf n^2Z bzw. n^2Z auf Z auszulegen. Ein einfacher $\lambda/4$-Transformator muß dazu aus einer Leitung mit dem Wellenwiderstand $Z_1 = nZ$ am Eingang und am Ausgang realisiert werden.) Das Windungsverhältnis wird berechnet für die Einstellung der maximalen Schaltleistung, so daß eine verfügbare Generatorleistung $P_{Gv} = P_{max}/2$ nach Gl.(12.18) geschaltet werden kann. Bei geschlossenem Schalter fließt aus der Sekundärseite des Eingangsübertragers der Strom $\underline{I}_S = \underline{U}_G/(nZ)$; durch den PIN-Übergang, d.h. den geschlossenen Schalter, fließt dann der Kurzschlußstrom

$$\underline{I}_{KS} = \underline{I}_S \left(\frac{1}{j\omega L_p}\right) \Big/ \left(\frac{1}{j\omega L_p} + \frac{1}{jX_2}\right) = \frac{\underline{U}_G}{nZ}\,(1 - \omega^2 L_p c) \,, \qquad (12.23)$$

wenn Gl.(12.20) verwendet wird. Bei offenem Schalter ist der Generator mit Z belastet, an den Sekundärklemmen des Eingangsübertragers steht die Spannung $\underline{U}_S = n\underline{U}_G/2$ an. Über dem PIN-Übergang, der Kapazität c, steht dann die Leerlaufspannung

$$\underline{U}_{LL} = \underline{U}_S \left(\frac{1}{j\omega c}\right) \Big/ \left(j\omega L_p + \frac{1}{j\omega c}\right) = \frac{n\underline{U}_G}{2}\,\frac{1}{1 - \omega^2 L_p c} \qquad (12.24)$$

an. (Beachten Sie, daß X_2 gerade für Parallelresonanz mit der Serienschaltung aus L_p und c nach Gl.(12.20) bemessen wurde. Nur die Spannungsteilung zwischen c und der Serienschaltung von c und L_p geht daher ein.)

Ohne Einschränkung der Allgemeinheit kann $\underline{U}_G$ reell angesetzt werden. Die Maximalwerte von $\underline{U}_{LL}$ und $\underline{I}_{KS}$ sind U_B bzw. I_m, das Verhältnis von Gl.(12.24) und (12.23) ergibt dann ein Windungsverhältnis nach

$$n = \sqrt{2 \frac{U_B}{I_m Z}} (1 - \omega^2 L_p c) \ . \tag{12.25}$$

Ergebnis

Für diese Wahl des Windungsverhältnisses kann die verfügbare Generatorleistung $P_{Gv} = P_{max}/2$ sein.

Zahlenbeispiel

Zahlenwerte: U_B = 300 V, I_m = 0.1 A; dann sind P_{max} = 30 W, die PIN-Diode kann eine verfügbare Generatorleistung P_{Gv} = 15 W noch ohne Überlastung schalten. Das Windungsverhältnis ist mit L_p = 0.4 nH, c = 1 pF, f = 1 GHz, Z = 50 Ω dann nach Gl.(12.25) n = 7.6.

Wir haben damit an einem Beispiel das Schalttheorem für verlustfreie PIN-Dioden demonstriert. In der praktischen Ausführung werden - angepaßt an die jeweiligen Anforderungen - eine Vielzahl von Anordnungen herangezogen.

Reflexionsphasenschalter mit verlustfreien PIN-Dioden und verlustlosen Schaltungen ändern den Winkel des Reflexionsfaktors, der Betrag bleibt unverändert bei $|r_o| = |r_g| = 1$.

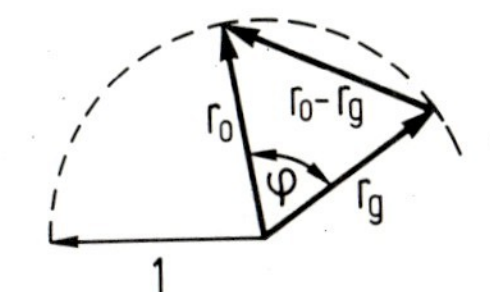

Bild 12.15
Zusammenhang zwischen $r_o - r_g$ und der Phasendrehung φ bei verlustfreien Reflexionsphasenschaltern mit PIN-Dioden

Nach Bild 12.15 gilt der Zusammenhang zwischen $r_o - r_g$ und der Phasendrehung φ des Reflexionsfaktors

$$|r_o - r_g| = |2 \sin(\varphi/2)| \ . \tag{12.26}$$

Aus dem Schalttheorem Gl.(12.18) folgt der Zusammenhang zwischen maximaler zulässiger Generatorleistung $(P_{Gv})_{max}$ und Phasendrehung φ

$$(P_{Gv})_{max} = \frac{P_{max}}{4\,|\sin(\varphi/2)|} \quad . \qquad (12.27)$$

Ein 180°-Phasenschalter ($r_o = 1$, $r_g = -1$ oder $r_o = -1$, $r_g = 1$) kann gerade noch eine verfügbare Generatorleistung von $P_{max}/4$ verarbeiten.

Verluste

Gerade bei Phasenschaltern für hohe Frequenzen, die - wie angegeben - für elektrisch schwenkbare Antennen und auch für die Übertragung mit phasenmodulierten HF-Schwingungen eingesetzt werden, sind Verluste in der PIN-Diode zu beachten.

Letztlich begrenzt der Bahn/Kontaktwiderstand r_b die Verluste. Wenn die Schaltung für gleiche Verluste der PIN-Diode in Fluß- und Sperrrichtung ausgelegt wird, gilt der grundsätzliche Zusammenhang zwischen Verlustleistung P_{verl} der PIN-Diode und verfügbarer Generatorleistung

untere Grenze für Verluste

$$P_{verl}/P_{Gv} = 4\,\frac{f}{f_c}\,\sin(\varphi/2) \qquad (12.28)$$

mit der Grenzfrequenz der PIN-Diode nach

$$2\pi f_c = 1/(r_b c) \quad , \qquad (12.29)$$

Zahlenbeispiel

Nehmen wir eine PIN-Diode mit f_c = 100 GHz und f = 5 GHz Arbeitsfrequenz, dann absorbieren 180°-Phasenschalter schon 20 % der Generatorleistung entsprechend etwa 1 dB Verlust.

Aufgabe 12.2

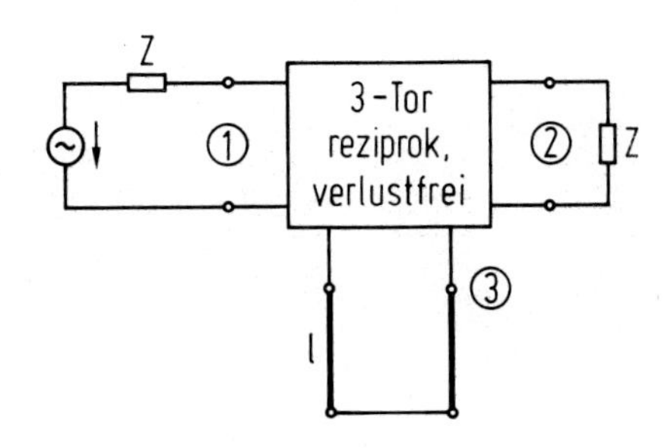

Am Beispiel von Bild 12.14 für einen Einwegschalter mit parallelgeschalteter verlustfreier PIN-Diode haben wir gezeigt, daß bei geschlossenem Schalter Generator und Last perfekt entkoppelt werden können. Zeigen Sie für die im Bild gezeigte Anordnung, daß für eine bestimmte Reaktanz - hier durch einen geschlossenen Schalter und Leitungslänge l realisiert - am Tor 3 des Dreitores Tor 1 und Tor 2 entkoppelt werden können.
(Hinweis: Verwenden Sie eine Leitwertparameter-Darstellung des Dreitores und beachten Sie Reziprozität und Verlustfreiheit.)

Aufgabe 12.3

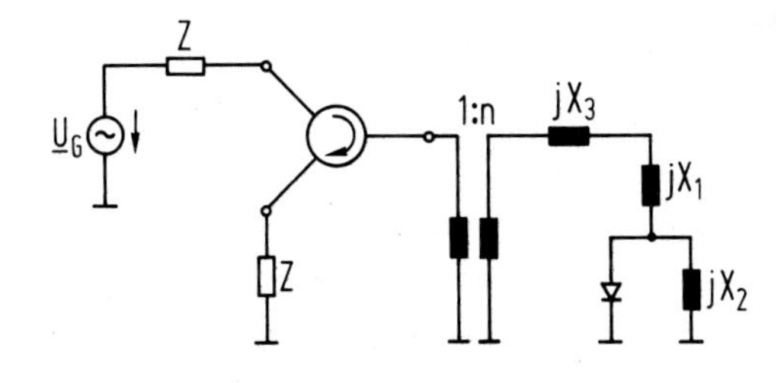

Bestimmen Sie für den gezeigten Reflexionsphasenschieber die Reaktanzen X_1 und X_2 für perfektes Schalten und den Wert X_3 und das Windungsverhältnis n des Übertragers für eine Phasendrehung $\varphi = 60^\circ$ und maximale Schaltleistung. Die verlustfreie PIN-Diode hat die Daten $L_p = 0.4$ nH, $c = 1$ pF, $C_p = 0.2$ pF, $U_B = 300$ V, $I_m = 100$ mA. Weiter sollen $Z = 50\,\Omega$ und $f = 1$ GHz sein.

13. Oszillatoren

Oszillatoren (Schwingungserzeuger) dienen zur Erzeugung ungedämpfter Schwingungen. Sie setzen Gleichleistung in Wechselleistung um. Im Unterschied zu Verstärkern benötigen sie kein Eingangssignal, Oszillatoren arbeiten vielmehr durch Selbsterregung. In der Hochfrequenztechnik haben Oszillatoren mit sinusförmigem Ausgangssignal die größte Bedeutung, wir betrachten nur solche Sinus-Oszillatoren.

Zum Aufbau von Oszillatoren können aktive Zweipole herangezogen werden, die an ihren Klemmen einen negativen Widerstand zeigen. Derartige Zweipoloszillatoren werden zuerst anhand eines einfachen Modells untersucht. Die Bedingungen für Selbsterregung können mit einem linearen Modell bestimmt werden. Oszillatoren sind aber generell nichtlineare Elemente, sonst würde sich u.a. keine Schwingung begrenzter Amplitude einstellen. Daher werden in das Oszillatormodell Nichtlinearitäten einbezogen. Die oft wichtige Synchronisierung von Oszillatoren wird modellhaft gezeigt, und es werden Schwankungen der Oszillatorfrequenz/amplitude (Oszillatorrauschen) charakterisiert.

Im Anschluß an diese Modellrechnungen werden zwei Realisierungen von Zweipoloszillatoren beschrieben. Dazu werden qualitativ die Funktionsweise von Lawinenlaufzeitdioden oder Impatt-Oszillatoren (Impatt nach impact avalanche transit time) und von Gunn-Oszillatoren beschrieben. Diese Oszillatoren werden typisch im Mikrowellenbereich eingesetzt, sie schwingen bis zu etwa 100 GHz.

Sogenannte Zweitoroszillatoren, die aus einem Verstärkerelement und einer äußeren Rückkopplungsschaltung bestehen, werden typisch mit Transistoren aufgebaut. Sie reichen, ausgehend von niedrigen Frequenzen, bis weit in den GHz-Bereich. Die Grundzüge und prinzipiellen Schaltungen von Zweitoroszillatoren werden vereinfacht dargestellt.

Für Anwendungen sind zum einen langzeitstabile Oszillatoren erforderlich, sie werden üblich mit Schwingquarzen ausgeführt. Zum anderen sollen Oszillatoren über relativ breite Frequenzbereiche elektrisch abstimmbar sein. Grundzüge und Modellschaltungen solcher Oszillatoren werden behandelt.

Heute ist wichtig die Technik der Phasenregelkreise zum Aufbau von präzise einstellbaren Oszillatoren. Phasenregelkreise gehören eigentlich zum Gebiet der Regelungstechnik, ihre Behandlung hier stellt die hochfrequenztechnischen Anforderungen in den Vordergrund.

Lernzyklus 7 A

Lernziele

Nach dem Durcharbeiten des Lernzyklus 7 A sollen Sie in der Lage sein,

- anhand eines Oszillatormodells mit einem negativen Widerstand oder einem negativen Leitwert die Bedingungen für Selbsterregung zu berechnen;
- die Einbeziehung nichtlinearer Effekte bei sinusförmigen Schwingungen zu erläutern;
- grafisch die Bedingungen für einen stabilen Arbeitspunkt darzustellen;
- die Synchronisierbandbreite ('Adler-Formel') eines Oszillators abzuleiten;
- einfache Beziehungen für das FM- und AM-Rauschen eines Oszillators anzugeben und wesentliche Abhängigkeiten darzustellen;
- die Funktionsweise und den Aufbau von Impatt-Oszillatoren am Beispiel der Read-Diode zu erläutern;
- die Funktionsgrundlagen und die Betriebsweisen von Gunn-Oszillatoren anhand einfacher Verstellungen zu erläutern.

13.1 Zweipoloszillatoren

Gemeinsames Merkmal von Zweipoloszillatoren zur Erzeugung ungedämpfter harmonischer Schwingungen ist ein negativer Wirkwiderstand bzw. Wirkleitwert, der mit einem Resonanzkreis beschaltet ist. Wir können solche Zweipoloszillatoren durch ein Schema nach Bild 13.1a wiedergeben. Das aktive Element ist eingebettet in einen Resonator (bei niedrigen Frequenzen in einen LC-Schwingkreis, bei hohen Frequenzen in einen Leitungs- oder Hohlraumresonator), die Last Z wird durch eine Transformationsschaltung gewandelt in einen passenden Lastwiderstand R_L. Bei hohen Frequenzen sind Leitungslängen einzubeziehen, und es muß eine Bezugsebene eingeführt werden.

Aufbau

Wir wollen mit Bild 13.1b annehmen, daß in der Bezugsebene eine Serienersatzschaltung für den Zweipoloszillator gilt. $-R_D$, $R_D > 0$, ist der negative Widerstand des aktiven Elementes, X_D ist dessen Reaktanz, mit R_V sind Schwingkreisverluste berücksichtigt.

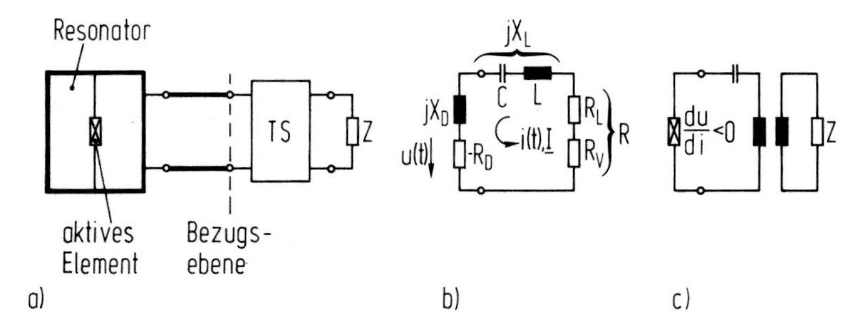

Bild 13.1
a) Schema eines Zweipoloszillators mit Resonator und Transformationsschaltung (TS) für den Verbraucher Z
b) Reihen-Ersatzschema mit aktivem Element ($-R_D$, jX_D) und Serienschwingkreis (C, L, R_L, R_V)
c) Negativer Wirkwiderstand mit Reihenschwingkreis und transformatorisch gekoppeltem Verbraucher

Dieses Oszillatormodell (dual könnte auch ein Parallel-Ersatzschema gewählt werden) ist vereinfacht, es enthält keine parasitären Reaktanzen. Bild 13.1c zeigt beispielhaft eine Schaltung mit einem negativen Wirkwiderstand $du/di < 0$. Es ist hier ein Serienschwingkreis im Modell angenommen, bei Stabilitätsbetrachtungen (s. S. 342) wird noch geprüft, ob ggfs. ein Parallelschwingkreis vorgesehen werden muß.

Zuerst berechnen wir damit die Bedingungen für Selbsterregung, der Strom i(t) ist noch so klein, daß R_D und X_D differentielle Größen unabhängig von der Stromamplitude sind. Weiterhin ziehen wir R_L und R_V zu einem Widerstand $R = R_L + R_V$ zusammen, die Reaktanz X_D schlagen wir ohne Einschränkung der Allgemeinheit der Schwingkreisinduktivität L zu, die Frequenzabhängigkeit von R_D soll verglichen mit dem Schwingkreis nur klein sein.

Selbsterregung

Während wir früher im Abschnitt 3.3 bei Stabilitätsuntersuchungen von Zweitoren mit einem stationären Zustand bei harmonischer Zeitabhängigkeit und Phasoren gerechnet haben, betrachten wir jetzt Anschwingvorgänge im Zeitbereich anhand der Schwingkreisgleichung

Berechnung Zeitbereich

$$L \frac{di}{dt} + (R - R_D)i + \frac{1}{C}\int i\,dt = 0 \,, \tag{13.1}$$

$$\frac{d^2 i}{dt^2} + \frac{R - R_D}{L}\frac{di}{dt} + \omega_r^2 i = 0, \quad \omega_r^2 = 1/(LC) \,. \tag{13.2}$$

Mit dem Ansatz $i \sim \exp(pt)$ mit einer komplexen Frequenz

komplexe Frequenz $p = \sigma + j\omega$

$$p = \sigma + j\omega \tag{13.3}$$

folgt

$$p_{1/2} = \frac{R_D - R}{2L} \pm j\omega_r \left\{1 - \frac{(R_D - R)^2 C}{4L}\right\}^{1/2} \,. \tag{13.4}$$

Wir sehen an der zugehörigen Zeitfunktion $i(t) \sim e^{\sigma t}\cos\omega t$, daß aus dem Rauschen - oder aus Einschaltvorgängen heraus - eine exponentiell anwachsende Schwingung entsteht, wenn R_D größer ist als der Belastungswiderstand R. Für

$$R_D > R \tag{13.5}$$

Bedingung

tritt also Selbsterregung auf. Eine periodische Schwingung wird nur für $|\sigma|/\omega_r < 1$ angefacht. In Abschnitt 3.3 haben wir nur die Bedingungen untersucht, für die eine ungedämpfte Schwingung bei ω vorhanden ist. Mit Gl.(13.5) sehen wir, daß Selbsterregung auftritt, wenn der negative Widerstand die Schwingkreisverluste überkompensiert.

Mit einem linearen Oszillatormodell können wir nur die Bedingung (13.5) für Selbsterregung bestimmen. R_D muß notwendig stromabhängig sein, und zwar muß im vorliegenden Modell nach Gl.(13.4) R_D mit wachsender Stromamplitude kleiner werden, damit schließlich $R_D = R$ wird und eine stationäre, ungedämpfte Schwingung sich einstellt.

Nicht-linearität

Wenn jetzt der stationäre Zustand betrachtet werden soll, muß also das nichtlineare Verhalten des aktiven Elements berücksichtigt werden. Der Serienschwingkreis in unserem Modell bewirkt, daß i(t) nahezu harmonisch ist, $i(t) = \hat{I} \cos \omega t$, $\hat{I} = \sqrt{2}\, \underline{I}$, Oberschwingungen werden vernachlässigt. Dann trägt auch nur die Grundschwingung $\hat{U} \cos \omega t$ über dem aktiven Element zum Leistungsumsatz bei. Wenn wir die Reaktanz X_D aussteuerungsunabhängig ansetzen und sie - wie oben - in die Schwingkreisinduktivität L einbeziehen, liefert ein Spannungsumlauf in Bild 13.1b für den eingeschwungenen Zustand

stationärer Zustand

$$\underline{I}\,\{ R + jX_L - \bar{R}_D(\hat{I}) \} = 0 \,. \tag{13.6}$$

Dabei ist

$$-\bar{R}_D(\hat{I}) = \hat{U}/\hat{I} \tag{13.7}$$

Großsignal-impedanz

die Großsignalimpedanz des aktiven Elements bei der Frequenz ω. Für rein reelle $\bar{R}(\hat{I})$ ist auch $-\bar{R}_D(\hat{I}) = \underline{U}/\underline{I}$, da Strom und Spannung dann in Phase sind.

Die Schwingfrequenz des Oszillators folgt nach Gl.(13.6) aus der Bedingung $jX_L = 0$ zu

$$\omega_{os} = 1/\sqrt{LC} \tag{13.8}$$

und ist in unserem Modell gleich der Resonanzfrequenz des Serienschwingkreises. Die Schwingamplitude $\hat{I}_{os}$ folgt nach Gl.(13.6) aus

$$-\bar{R}_D(\hat{I}_{os}) + R = 0. \tag{13.9}$$

Verallge-meinerung

Gl.(13.7) gibt einen Hinweis auf die allgemeine Einbeziehung nichtlinearer Effekte, wenn das aktive Element mit einem Filter so beschaltet ist, daß nur eine Frequenzkomponente zu beachten ist, in unserem Beispiel ist es der Strom $i(t) = \hat{I} \cos \omega t$. Diese Näherung ist bekannt als harmonische Linearisierung, sie wird in der nichtlinearen Regelungstechnik als Methode der Beschreibungsfunktion bezeichnet.

Als Beispiel für dieses Verfahren sei eine frequenzunabhängige Nichtlinearität mit einer Kennlinie $u(t) = -R_n i(t) + K i(t)^3$. Für $i(t) = \hat{I}\cos\omega t$ und der Beziehung $\cos^3 z = (3\cos + \cos 3z)/4$ ist

Beispiel

$$u(t) = \left\{-R_D + \frac{3K}{4}\hat{I}^2\right\}\hat{I}\cos\omega t + \frac{K}{4}\hat{I}^3\cos 3\omega t\ . \qquad (13.10)$$

Der Großsignalwiderstand bei der Grundschwingung folgt dann zu

$$-\bar{R}_D(\hat{I}) = \hat{U}/\hat{I} = -R_D + \frac{3K}{4}\hat{I}^2\ . \qquad (13.11)$$

Mit steigender Stromamplitude $\hat{I}$ verringert sich quadratisch der Effekt des negativen Widerstandes. Für dieses Beispiel folgt aus Gl.(13.9) eine Schwingamplitude $\hat{I}_{os}$ nach

$$\hat{I}_{os}^2 = \frac{4}{3K}(R_D - R)\ . \qquad (13.12)$$

Bild 13.2 zeigt schematisch den aussteuerungsabhängigen Verlauf von $-\bar{R}_D(\hat{I})$ und die Festlegung der Schwingamplitude durch Gl.(13.9).

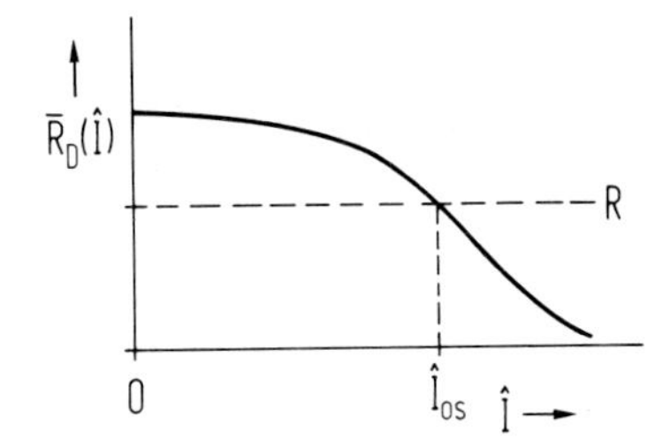

Bild 13.2
Begrenzung der Schwingamplitude durch einen aussteuerungsabhängigen negativen Widerstand für einen Serienschwingkreis

Bild 13.3 verdeutlicht in einer Ortskurvendarstellung die Schwingbedingungen Gl.(13.8), (13.9) für das Oszillatormodell mit Serienschwingkreis.

Ortskurvendarstellung

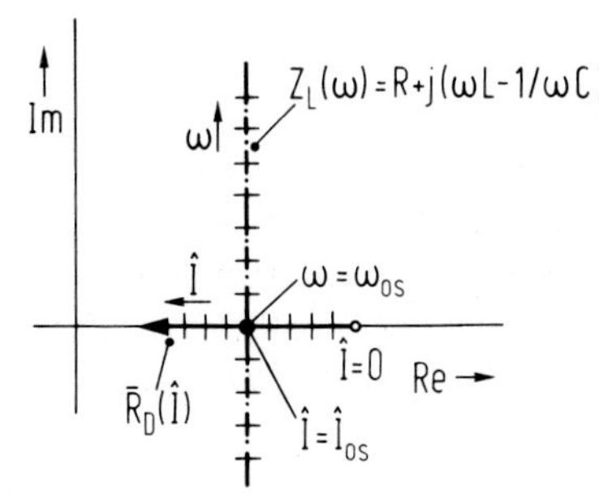

Bild 13.3
Ortskurvendarstellung in der komplexen Widerstandsebene mit einem negativen Wirkwiderstand $-\bar{R}_D(\hat{I})$ und einem Serienschwingkreis $Z_L(\omega)$ zur Bestimmung der Schwingbedingungen

Stabilität

Bei Oszillatoren muß generell die Stabilität geprüft werden. Für stabiles Schwingen müssen durch Störungen bewirkte Änderungen Δi der Schwingamplitude abklingen, sie dürfen zeitlich nicht anwachsen. Zur Prüfung der Stabilität entwickeln wir die Schwingbedingung (13.6) in eine Taylorreihe bis zum linearen Glied nach

$$-\bar{R}_D(\hat{I}_{os}) - \left.\frac{d\bar{R}_D}{d\hat{I}}\right|_{\hat{I}_{os}} \Delta i + R + jX_L(\omega_{os}) + j \left.\frac{dX_L}{d(j\omega)}\right|_{\omega_{os}} (\Delta\sigma + j\Delta\omega) = 0. \quad (13.13)$$

Bei einer Verletzung der Schwingbedingung ist eine komplexe Änderung $\Delta\sigma + j\Delta\omega$ der Schwingfrequenz ω_{os} angesetzt, um der zeitlichen Änderung der Schwingamplitude Rechnung zu tragen, sie ist mit diesem Ansatz exponentiell. Mit Gl.(13.6) verbleibt die Beziehung

$$-\left.\frac{d\bar{R}_D}{d\hat{I}}\right|_{\hat{I}_{os}} \Delta i + j \left.\frac{dX_L}{d(j\omega)}\right|_{\omega_{os}} (\Delta\sigma + j\Delta\omega) = 0 , \quad (13.14)$$

die nach Real- und Imaginärteil erfüllt sein muß. Damit wird sofort $\Delta\omega = 0$, Amplitudenschwankungen führen nicht zu einer Änderung der Schwingfrequenz. (Allgemein tritt das auf, wenn die Ortskurve $Z_L(\omega)$ und die Arbeitskennlinie $-\bar{R}_D(\hat{I})$ sich im Arbeitspunkt senkrecht schneiden, wie in unserem Modell. Dann sind im übrigen auch Amplituden- und Frequenzrauschen unabhängig voneinander.)

Für stabilen Betrieb müssen wir

Bedingung

$$\Delta\sigma/\Delta i < 0 \quad (13.15)$$

verlangen, damit ein $\Delta i > 0$ zeitlich abklingt und ein $\Delta i < 0$ zeitlich anklingt, bis wieder der Arbeitspunkt erreicht ist. Die Stabilitätsbedingung liefert

$$\left(\left.\frac{d\bar{R}_D(\hat{I})}{d\hat{I}}\right|_{\hat{I}_{os}} \right) \Big/ \left(\left.\frac{dX_L}{d\omega}\right|_{\omega_{os}} \right) < 0 . \quad (13.16)$$

Wenn also $\bar{R}_D(\hat{I})$ mit wachsender Schwingamplitude abnimmt (s. Bild 13.2), der Zähler in Gl.(13.16) also kleiner Null ist, muß X_L im Arbeitspunkt mit wachsender Frequenz ansteigen. Das ist für den vorliegenden Serienschwingkreis auch der Fall.

Wir haben hier ein Oszillatormodell mit einem reinen Serienschwingkreis herangezogen. Praktische Oszillatoren bei hohen Frequenzen haben kompliziertere Verläufe der Abschlußimpedanz. Es sind u.a. parasitäre Reaktanzen und Leitungen zu berücksichtigen. Das führt typisch zu Schleifen in der Z_L-Ortskurve, wie es schematisch in Bild 13.4 skizziert ist für einen Oszillator, dessen grundsätzlicher Serienschwingkreis überlagert ist durch zusätzliche Parallelresonanzen.

praktische Ortskurven

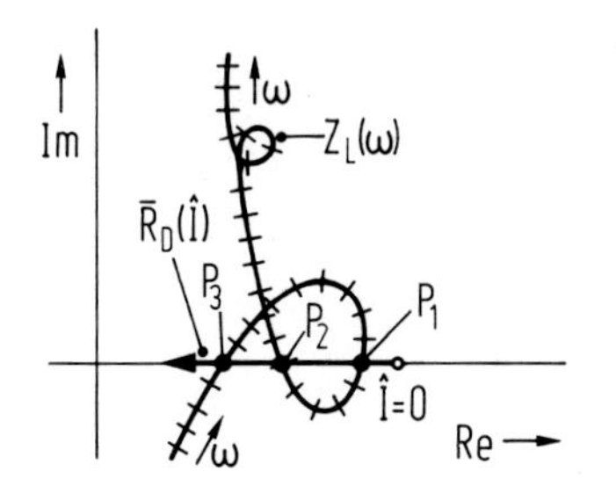

Bild 13.4
Beispielhafte Ortskurve eines Resonanzkreises mit parasitären Parallelresonanzen (Schleifen) und Schnittpunkten P_1, P_2, P_3

Im Punkt P_1 ist zwar die Schwingbedingung (13.6) erfüllt, die Schwingung ist aber wegen $dX_L/d\omega < 0$ bei P_1 nicht stabil. Der Oszillator wandert weiter bis zum stabilen Arbeitspunkt P_2. Bei starken Störungen kann er auch auf Punkt P_3 springen. Wenn weiterhin u.a. Leitungslängen in einer Oszillatorschaltung geändert werden, kann die $Z_L(\omega)$-Kurve vertikal verschoben werden. Wenn dann eine Schleife sich über die Arbeitskennlinie des Oszillators schiebt, kommt es ersichtlich zu sprunghaften Veränderungen von $\hat{I}_{os}$ und ω_{os}.

Wenn die Oszillatorschaltung überhaupt keinen stabilen Arbeitspunkt annimmt, beobachtet man typisch eine Sinusschwingung mit kippschwingungsähnlicher Amplitudenmodulation. Diese ist bestimmt durch die NF-Beschaltung des Oszillators.

Aufgabe 13.1

Ein negativer Widerstand ist mit einem Parallelschwingkreis beschaltet. Berechnen Sie in der Widerstandsdarstellung die Bedingungen für Selbsterregung und Stabilität. Skizzieren Sie eine Ortskurvendarstellung in der Widerstandsebene.

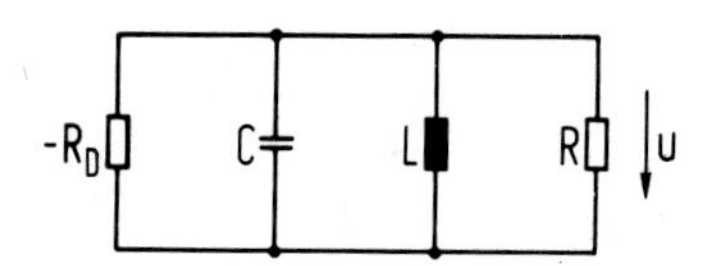

Phasen-synchroni-sation

Wegen ihrer Nichtlinearität können Oszillatoren durch ein externes Signal phasenstarr synchronisiert werden (im Engl. injection locking). Phasensynchronisation wird u.a. angewendet zur direkten FM-Modulation eines Oszillators oder zur Stabilisierung auf eine vorgegebene Frequenz. Dabei darf der zu synchronisierende Oszillator nur wenig rückwirken auf den Synchronisieroszillator (Injektions-Oszillator). Bei Frequenzen oberhalb einiger 100 MHz wird ein Zirkulator zur Entkopplung herangezogen (Bild 13.5a).

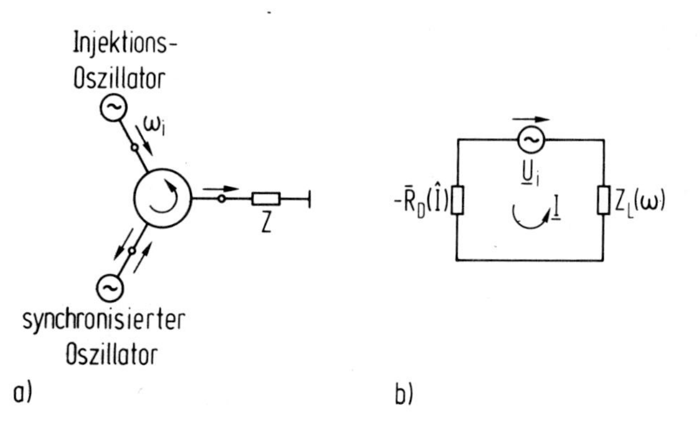

Bild 13.5
a) Schema einer Phasensynchronisation mit Zirkulator
b) Ersatzschaltung mit Synchronisierspannung $\underline{U}_i$

Berechnung

Wenn die Synchronisier-Frequenz f_i dicht bei der Schwingfrequenz f_{os} des freilaufenden Oszillators liegt, wird der Oszillator gefangen und rastet auf die Frequenz f_i ein. Wir betrachten diesen Zustand und berechnen die Verhältnisse mit einer Ersatzschaltung nach Bild 13.5b, bei der das injizierte Signal durch die Spannungsquelle $\underline{U}_i$ wiedergegeben ist, der Oszillator wird wieder durch das Modell von Bild 13.1b beschrieben. Bei Berücksichtigung einer Phasenverschiebung φ zwischen Oszillatorschwingung und $\underline{U}_i$ liefert ein Spannungsumlauf

$$\hat{I}\{-\bar{R}_D(\hat{I}_1) + Z_L(\omega_i)\} = \hat{U}_i \; e^{j\varphi} \tag{13.17}$$

$$Z_L(\omega_i) = \bar{R}_D(\hat{I}_1) + r_i \; e^{j\varphi} \, , \quad r_i = \hat{U}_i/\hat{I}_1 \tag{13.18}$$

mit einer Schwingamplitude $\hat{I}_1$, d.h. $i(t) = \hat{I}_1 \cos\omega_i t$.
Nach Real- und Imaginärteil getrennt gilt

$$R_L = \bar{R}_D(\hat{I}_1) + r_i \cos\varphi \tag{13.19}$$

$$X_L(\omega_i) = r_i \sin\varphi \; . \tag{13.20}$$

Diese Beziehungen sind in Bild 13.6 grafisch wiedergegeben.

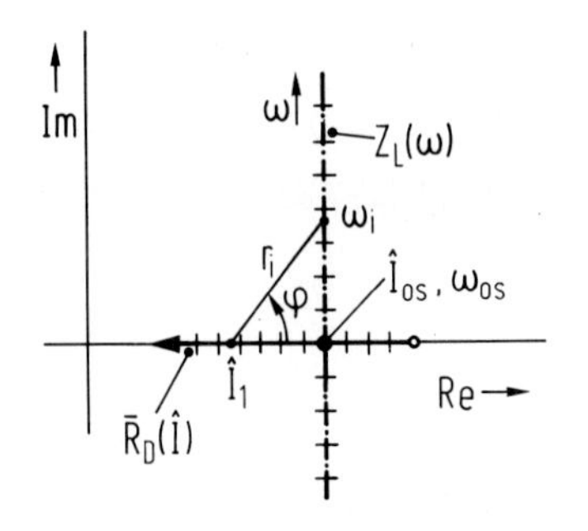

Bild 13.6
Phasensynchronisation eines bei $\hat{I}_{os}$, ω_{os} freilaufenden Oszillators auf $\hat{I}_1$, ω_i

Die Grenze der Synchronisierung liegt nach Gl.(13.20) bei

$$X_L(\omega_i) = r_i \; . \tag{13.21}$$

Dann sind Synchronisiersignal und Oszillatorschwingung gerade 90^0 außer Phase. Wenn ein Synchronisiersignal fester Amplitude eingespeist wird und laufend der Frequenzabstand $|\omega_i - \omega_{os}|$ vergrößert wird, beobachtet man eine gemäß Gl.(13.20) dauernd anwachsende Phasendrehung zwischen Oszillatorschwingung und Synchronisierschwingung. Wenn die Bedingung (13.21) überschritten wird durch einen zu großen Frequenzabstand $|\omega_i - \omega_{os}|$, verschwindet die phasenstarre Kopplung beider Schwingungen, und das Oszillatorsignal überlagert mit der Synchronisierschwingung erscheint als Schwebung. Das ist im folgenden Bild für einen niederfrequenten Oszillator gezeigt.

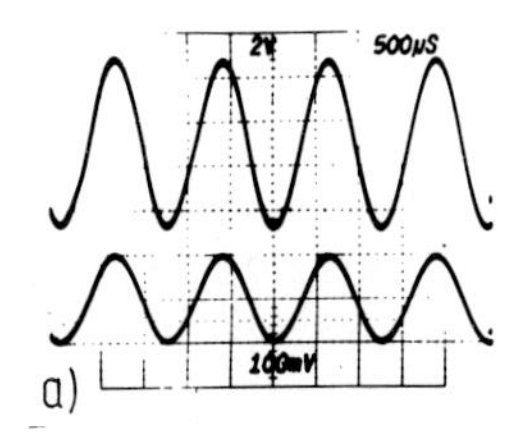

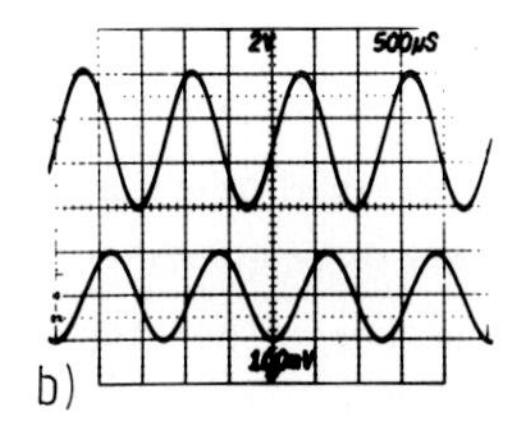

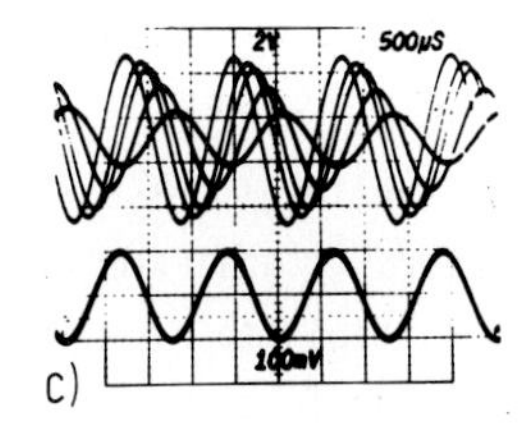

Bild 13.7
Phasensynchronisation eines Oszillators (obere Spur: Oszillator, untere Spur: Synchronisiersignal)
a) $f_i = f_{os}$, es ist $\varphi = 0$
b) Grenze der Synchronisierung, es ist $\varphi = \pi/2$
c) fehlende Synchronisierung, weil f_i und f_{os} zu weit auseinander liegen

Der Synchronisationsbereich

$$\Delta\omega_{syn} = 2|\omega_i - \omega_{os}| \qquad (13.22)$$

berechnet sich für einen Oszillator mit Serienschwingkreis aus Gl.(13.21) und

$$X_L(\omega_i) = X_L(\omega_{os}) + dX_L/d\omega\Big|_{\omega_{os}} \Delta\omega = 0 + 2L\Delta\omega\,, \quad |\Delta\omega| = |\omega_i - \omega_{os}| \ll 1 \qquad (13.23)$$

zu

$$\Delta\omega_{syn} = r_i/L = \hat{U}_i/(\hat{I}_1 L)\ . \qquad (13.24)$$

Mit der an die Last R_L abgegebenen Oszillatorleistung

$$P_{os} = R_L \hat{I}_1^2/2\ , \qquad (13.25)$$

der Synchronisierleistung

$$P_i = \hat{U}_i^2/2R_L \qquad (13.26)$$

(siehe die Schaltung 13.5a mit Zirkulator)
und der sogenannten belasteten oder externen Güte

$$Q_{ext} = \omega_0 L/R_L \qquad (13.27)$$

des Serienschwingkreises kann für Gl.(13.24) auch geschrieben werden

Adler-Formel

$$\Delta\omega_{syn} = \frac{\omega_0}{Q_{ext}} \sqrt{P_i/P_{os}}\ . \qquad (13.28)$$

Diese Beziehung für den Synchronisierbereich eines Oszillators wurde 1946 von Adler[1] angegeben.

Stabilität

Die Stabilität des synchronisierten Oszillators untersuchen wir nicht genauer, es soll nur angegeben werden, daß für den betrachteten Oszillator Stabilität vorliegt, wenn φ im Bereich $-90^o \leq \varphi \leq 90^o$ liegt, die Amplitude $\hat{I}_1$ des synchronisierten Oszillators über der Amplitude $\hat{I}_{os}$ des freilaufenden Oszillators liegt.

---

[1] R. Adler, A study of locking phenomena in oscillators, Proc. IEEE Bd. 61 (1973), S. 1380-1385 (Nachdruck aus Proc. IRE Bd. 34 (1946))

Aufgabe 13.2

Ein Oszillator ist mit einem Resonator mit der externen Güte $Q_{ext} = 200$ beschaltet. Er schwingt bei $f_{os} = 8$ GHz und gibt 15 mW Leistung ab. Wie groß muß die Leistung des Injektionsoszillators sein (s. Bild 13.5a), damit der Oszillator innerhalb eines Bereiches $\pm$ 4 MHz um f_{os} synchronisiert werden kann ?

Rauschen

Oszillatoren schwingen nicht exakt auf einer Frequenz f_{os}, sondern Rauscheinflüsse bewirken regellose Schwankungen der Amplitude und der Frequenz/Phase. Ohne Rauschen ist der Schwingkreis mit Gl.(13.6) bei $\hat{I}_{os}$, ω_{os} gerade entdämpft und verlustfrei, die Oszillatorschwingung ist dann streng monochromatisch. Rauschen - es kann in der Schaltung nach Bild 13.5b durch eine Rauschspannungsquelle für $\underline{U}_i$ wiedergegeben werden - stört aber andauernd die Schwingbedingung und führt zu Fluktuation von $\hat{I}_{os}$ und ω_{os}. Wenn man mit einem Spektrumanalysator[1], d.h. einem durchstimmbaren Überlagerungsempfänger mit sehr schmaler ZF-Bandbreite, die spektrale Leistungsdichte (W/Hz) aufzeichnet, erhält man für 'gute' (s. S. 351) Oszillatoren ein Verhalten, wie es schematisch in Bild 13.8 dargestellt ist. (Dazu muß aber der lineare dynamische Bereich des Empfängers sehr groß sein, denn die Rauschseitenbänder können mehr als 80 - 120 dB in ihrer spektralen Leistungsdichte unter dem Träger liegen.)

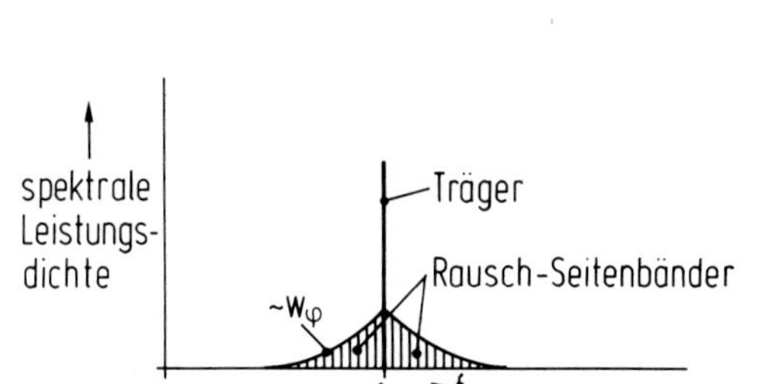

Bild 13.8
Spektrale Leistungsdichte eines verrauschten Oszillatorsignals mit Rauschseitenbändern. Diese sind bei vorherrschendem Phasen/Frequenzrauschen proportional zum Spektrum $w_\varphi(f_m)$ der Phasenschwankungen.

---

[1] siehe z.B. B. Schiek, Meßsysteme der Hochfrequenztechnik, Dr. Alfred Hüthig Verlag, Heidelberg 1984

Links und rechts vom Träger erscheinen Rauschseitenbänder infolge der Amplituden- und Frequenzschwankungen. Dabei ist typisch der Einfluß des Frequenzrauschens vorherrschend. Amplitudenschwankungen werden nach Maßgabe von $d\bar{R}_D(\hat{I})/d\hat{I}\big|_{\hat{I}_{os}}$ stark unterdrückt. Frequenzrauschen ist u.a. störend bei der Übertragung mit Frequenzmodulation oder bei Radarverfahren, z.B. dem Doppler-Radar.

Zuordnung HF-Spektrum, Rauschspektrum

Eine einfache Zuordnung von HF-Leistungsspektrum und Spektrum der Frequenz- und Amplitudenschwankungen ist nur möglich, wenn diese klein sind. Dann können wir das gestörte Oszillatorsignal

$$\hat{I}(t) = \{\hat{I}_{os} + \Delta i(t)\} \cos\{\omega_{os}t + \Delta\varphi(t)\} , \tag{13.29}$$

bei dem wir langsame Amplituden- und Phasenschwankungen angesetzt haben, für

$$|\Delta i/\hat{I}_{os}| \ll 1, \ |\Delta\varphi(t)| \ll 1 \tag{13.30}$$

entwickeln zu

$$\begin{aligned} \hat{I}(t) &= \{\hat{I}_{os} + \Delta i\}\{\cos\omega_{os}t \cdot \cos\Delta\varphi - \sin\omega_{os}t \sin\Delta\varphi\} \\ &\simeq \{\hat{I}_{os} + \Delta i\}\{\cos\omega_{os}t - \Delta\varphi \sin\omega_{os}t\} \\ &\simeq \hat{I}_{os} \cos\omega_{os}t + \Delta i \cos\omega_{os}t - \hat{I}_{os}\Delta\varphi \sin\omega_{os}t . \end{aligned} \tag{13.31}$$

Wir vernachlässigen Amplitudenschwankungen, $\Delta i(t) = 0$, und setzen die Phasenschwankungen sinusförmig an mit

Phasenspektrum W_φ

$$\begin{aligned} \Delta\varphi(t) &= \Delta\hat{\varphi}(f_m) \cos\omega_m t = \sqrt{2}\,\sqrt{w_\varphi(f_m)df}\,\cos\omega_m t \\ &= \sqrt{W_\varphi(f_m)df}\,\cos\omega_m t . \end{aligned} \tag{13.32}$$

Wir haben damit in gewohnter Weise (s. Abschnitt 7.2.3) einen Rauschphasor bei der Modulationsfrequenz f_m, d.h. der Frequenzablage f_m vom Träger mit einer zweiseitigen spektralen Leistungsdichte $w_\varphi = W_\varphi/2$ (rad^2/Hz) nach $|\Delta\hat{\varphi}(f_m)|^2 = (\sqrt{2})^2 w_\varphi(f_m) = W_\varphi(f_m)$ für die Rauschgröße $\Delta\varphi(t)$ eingeführt. Äquivalent kann auch eine zweiseitige spektrale Leistungsdichte der Frequenzschwankungen $w_f = W_f/2$ eingeführt werden über

Frequenzspektrum W_f

$$2\pi\Delta f_{os}(t) = d\varphi/dt = 2\pi\Delta\hat{f}\,\sin\omega_m t = 2\pi\,\sqrt{W_f(f_m)df}\,\sin\omega_m t . \tag{13.33}$$

W_f mit der Einheit Hz^2/Hz und W_φ sind verknüpft durch

$$W_f(f_m) = f_m^2 W_\varphi(f_m) \ . \quad (13.34)$$

(Beachten Sie den Unterschied zwischen dem Frequenzhub $\Delta\hat{f}_{os} = \sqrt{W_f df}$, hervorgerufen durch Rauschen, und der Modulationsfrequenz f_m, d.h. der Schnelligkeit, mit der Rauschen die Oszillatorfrequenz stört.)

Mit Gl.(13.32) kann Gl.(13.31) auch geschrieben werden als

Modulationsfrequenz (Frequenzablage) f_m

$$\hat{I}(t) = \hat{I}_{os} \cos\omega_{os}t - \frac{1}{2}\hat{I}_{os}\{\Delta\hat{\varphi}\sin(\omega_{os}+\omega_m)t + \Delta\hat{\varphi}\sin(\omega_{os}-\omega_m)t\} \ . \quad (13.35)$$

Jede Frequenzkomponente des Phasenrauschens moduliert die Phasenlage des Trägers, wie es Bild 13.9 zeigt.

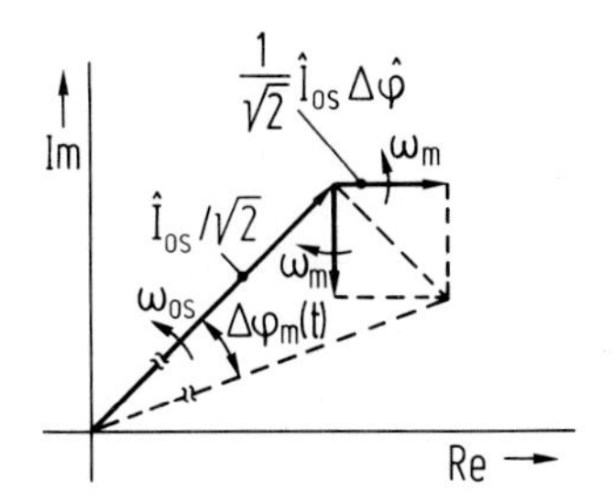

Bild 13.9
Zeigerdarstellung der Phasenschwankung $\Delta\varphi_m(t)$ bei der Modulationsfrequenz f_m durch eine Frequenzkomponente des Phasenrauschens

In der spektralen Darstellung führen damit regellose Phasen/Frequenzschwankungen zu einem oberen und einem unteren Seitenband w_{ob}, w_{un} mit spektralen Leistungsdichten nach

Seitenbänder

$$w_{ob}(f_{os} + f_m) = \frac{1}{2}\ \frac{\hat{I}^2_{os}}{2} R_L W_\varphi(f_m) = \frac{1}{2}\ \frac{\hat{I}^2_{os}}{2f_m^2} R_L W_f(f_m) = w_{un}(f_{os} - f_m)\ [W/Hz] \quad (13.36)$$

neben dem Träger bei f_{os} mit der Amplitude $\hat{I}_{os}$ und $P_{os} = \hat{I}^2_{os}R_L/2$.

Wir haben für kleine Schwankungen damit eine Zuordnung zwischen dem HF-Spektrum und dem Spektrum der Phasen/Frequenzschwankungen hergestellt.

Das Spektrum der Frequenzschwankungen wird mit einem HF-Frequenzdiskriminator bestimmt.

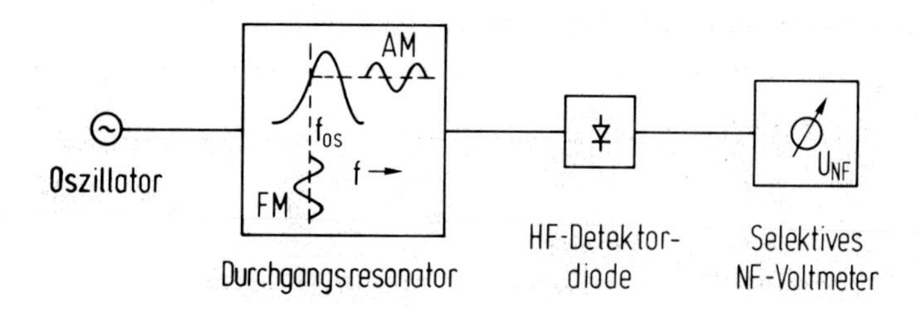

Bild 13.10
Schema einer einfachen Vorrichtung zur Messung des Spektrums des Frequenzrauschens für einen Oszillator mit vernachlässigtem Amplitudenrauschen

Messung, *Beispiel*

Bild 13.10 zeigt das Schema einer möglichen Meßvorrichtung mit einem Durchgangsresonator hoher Güte (Leitungs- oder Hohlraumresonator) als Frequenzdiskriminator. Die Resonanzfrequenz wird so eingestellt, daß f_{os} auf der Flanke der Durchgangskennlinie liegt. Frequenzschwankungen werden damit gewandelt in Amplitudenänderungen. Diese werden mit einem HF-Detektor im Bereich der quadratischen Charakteristik (s. Abschn.9.3) gleichgerichtet. Mit einem selektiven Mikrovoltmeter, das eine einstellbare Mittenfrequenz f_m und eine Bandbreite $B \ll f_m$ hat, läßt sich dann das Spektrum $W_f(f_m)$ bestimmen. Bei der Gleichrichtung werden die Komponenten bei f_m und $-f_m$ 'übereinander geklappt', man mißt das einseitige Spektrum $W_f(f_m) = 2w_f(f_m)$. Üblich ist eine Beschreibung des Frequenzspektrums durch einen effektiven Frequenzhub $\Delta f_{eff}(f_m)$ nach der Definition

Frequenzhub Δf_{eff}

$$\{\Delta f_{eff}(f_m)\}^2 = W_f(f_m) \cdot B \ . \tag{13.37}$$

Der effektive Frequenzhub hat die Einheit Hz und ist proportional zu $\sqrt{B}$. Man rechnet normalerweise auf 1 Hz Meßbandbreite um und verdeutlicht dies durch die Angabe von

Einheit

$$\Delta f_{eff} \text{ in } \mathrm{Hz}/\sqrt{\mathrm{Hz}} \ . \tag{13.38}$$

Wenn man z.B. feststellt, daß Δf_{eff} bzw. W_f unabhängig von der Modulationsfrequenz = Frequenzablage f_m sind, bedeutet das nach Gl.(13.34) ein Phasenspektrum $W_\varphi = W_f/f_m^2$. Für diesen Fall zeigt das HF-Spektrum in Bild 13.8 Rauschseitenbänder, deren spektrale Leistungsdichte gemäß Gl.(13.36) mit $1/f_m^2$ abfallen.

Die Kleinsignalbetrachtung für das Rauschen, d.h. $|\Delta\varphi| \ll 1$, $|\Delta i/\hat{I}_{os}| \ll 1$, gilt bei rauscharmen Oszillatoren bis sehr dicht (Größenordnung 10 Hz) an den Träger. Daneben treten meist noch zeitlich langsam verlaufende Drifterscheinungen der Oszillatorfrequenz auf, die mit einem starken Frequenzhub verbunden sind und das Trägersignal verbreitern. Langzeitschwankungen werden am besten mit Frequenzzählern festgestellt. Bei Frequenzschwankungen mit großem Hub $\Delta\hat{f}$ treten starke Frequenzkomponenten bis zu Frequenzablagen $f_m \approx \Delta\hat{f}$ auf; der Träger ist dadurch auf auf etwa $(\Delta\hat{f})_{max}$ verbreitert.

Amplituden- und Frequenzrauschen tritt in Oszillatoren immer auf. Eine nicht vermeidbare Ursache ist additives Rauschen bei Frequenzen in der Umgebung der Schwingfrequenz. Es ist thermisches Rauschen von Wirkwiderständen vorhanden, meist überwiegen die inneren Rauschquellen des aktiven Elementes. Wir wollen diese durch eine äquivalente Rauschtemperatur T_{rD} über die verfügbare Rauschleistung $P_{rv} = kT_{rD}df$ im Band df kennzeichnen.

Zur Verdeutlichung des Einflusses wesentlicher Parameter auf das Oszillatorrauschen sollen für das Frequenz- bzw. Amplitudenrauschen Näherungsbeziehungen angegeben werden. Für das Phasen/Frequenzrauschen gilt mit dem Oszillatormodell nach Bild 13.1b im Kleinsignalbereich

Formel

$$\hat{I}_{os}^2 W_\varphi(f_m) = \frac{kT_{rD}}{R(2Qf_m/f_{os})^2} \quad . \qquad (13.39)$$

Phasenrauschen

Sofern T_{rD} frequenzunabhängig ist, d.h. weißes Rauschen sich additiv überlagert, fällt das Phasenrauschen mit $1/f_m^2$ ab, d.h. weißes Rauschen in der Umgebung der Schwingfrequenz bewirkt ein konstantes Frequenzrauschen, Δf_{eff} hängt nicht vom f_m ab. (Meist wird aber auch niederfrequentes Rauschen u.a. 1/f-Rauschen infolge der Nichtlinearität des Oszillators umgesetzt in Frequenzrauschen, dann entsteht ein Beitrag mit $T_{rD} \sim 1/f_m$.) Wir sehen, daß wesentlich die Resonatorgüte Q eingeht, das Phasen/Frequenzrauschen ist umso niedriger, je höher die Güte Q des Schwingkreises ist. Das gilt allgemein bei Oszillatoren. Im Mikrowellenbereich sind Resonatorverluste meist gering, es ist dann $R \simeq R_L$ und $Q \simeq Q_{ext}$.

Abhängigkeiten

Das Amplitudenrauschen ist - wie oben schon angemerkt- viel kleiner, da der negative Widerstand stark nichtlinear vom Strom abhängt und

Amplitudenrauschen

dadurch die Amplitude stabilisiert wird. Es gilt - wieder für das Oszillatormodell von Bild 13.1b - angenähert die Beziehung

$$W_i(f_m) = \frac{kT_{rD}}{R\{s^2 + (2Qf_m/f_{os})^2\}} \qquad (13.40)$$

für die spektrale Leistungsdichte $W_i(f_m)$ (Einheit: A^2/Hz) des Amplitudenrauschens. $s \sim d\bar{R}_D/d\hat{I}\,|\hat{I}_{os}$ kennzeichnet die Nichtlinearität des aktiven Elementes. Bei typischen Werten $s \approx 2 - 10$ ist, wenn nicht sehr geringe Frequenzablagen f_m betrachtet werden, $W_i \ll \hat{I}_{os}^2 W_\varphi$.

Aufgabe 13.3

Bei einem Oszillator mit 20 mW Ausgangsleistung wird bei Modulationsfrequenzen f_m zwischen 1 kHz und 1 MHz ein effektiver Frequenzhub von 0.5 $Hz/\sqrt{Hz}$ gemessen. Wie groß ist die Leistung der HF-Seitenbänder, gemessen mit B = 50 Hz Frequenzbreite und wie weit liegen sie unter der Trägerleistung ?

13.2 Lawinenlaufzeitdioden

Lawinenlaufzeitdioden und Gunn-Oszillatoren sind die heute wichtigsten Zweipoloszillatoren für hohe Frequenzen. Sie arbeiten bis etwa 100 GHz. Lawinenlaufzeitdioden sind pn-Dioden, die in Sperrichtung im Bereich des Lawinendurchbruchs betrieben werden. Sie zeigen durch das Zusammenwirken von Lawinendurchbruch und Laufzeitverzögerung der Ladungsträgerlawine eine Phasenverschiebung von mehr als 90^0 zwischen Wechselspannung und Wechselstrom und haben damit einen negativen Wirkanteil des Widerstandes. Lawinenlaufzeitdioden als Oszillatoren werden oft Impatt-Oszillatoren genannt nach dem Englischen impact avalanche transit time.

Prinzip

Read[1] hat 1958 diesen Mechanismus anhand einer n^+pip^+-Diodenstruktur aufgezeigt (äquivalent ist eine p^+nin^+-Struktur). Wir ziehen diese Struktur, die eine voneinander getrennte Betrachtung des Lawineneffektes und der Laufzeitverzögerung erlaubt, zur Beschreibung der Wirkungsweise von Lawinenlaufzeitdioden heran.

Read-Diode

---

[1] W.T. Read, A proposed high-frequency, negative resistance diode. Bell Syst. Tech. J. Bd. 37, 1958, S. 401-446

Aufbau

Bild 13.11a zeigt anhand der U-I-Kennlinie den Betrieb der Diode im Durchbruch. Bild 13.11b zeigt die p^+nip^+-Struktur einer Read-Diode mit abrupten Übergängen und die zugehörige Feldverteilung.

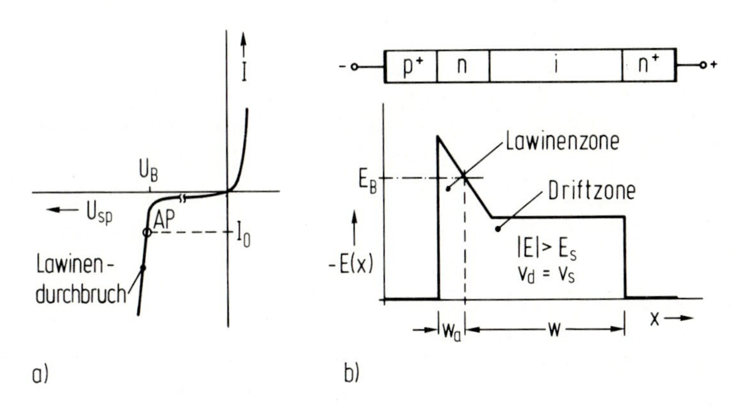

Bild 13.11
a) Kennlinie einer pn-Diode mit Gleichstromarbeitspunkt im Bereich des Lawinendurchbruchs
b) Struktur der Read-Diode und Feldverteilung mit Lawinenzone ($|E| > E_B$) und Driftzone mit $|E| >$ Sättigungsfeldstärke E_s

Am p^+n-Übergang tritt eine scharfe Feldspitze auf. Im Bereich w_a, in dem $|E(x)|$ größer als die Durchbruchfeldstärke E_B ist ($E_B \approx 4 \cdot 10^5$ V/cm in Silizium), entsteht Lawinendurchbruch. An diese sehr schmale Lawinenzone schließt sich die Driftzone an, in der die Ladungsträger (bei einer p^+nin^+-Struktur sind es Elektronen) mit Sättigungsdriftgeschwindigkeit v_s ($v_s = 10^7$ cm/s in Silizium) laufen. Die Weite w der Driftzone ist nahezu gleich der Weite der i-Zone, da die Weite der n-Zone viel kleiner als w ist.

Lawinen-Durchbruch

Lawinendurchbruch setzt bei einem in Sperrichtung vorgespannten pn-Übergang dann ein, wenn durch das elektrische Feld die Ladungsträger so hohe Energie aufnehmen, daß sie durch Stoßionisation Elektron-Loch-Paare erzeugen. Diese tragen ihrerseits zu weiterer Stoßionisation bei, wodurch die Zahl der Ladungsträger lawinenartig anwächst. Die primären Ladungsträger, welche die Lawine anstoßen, sind die Elektronen und Löcher des Sperrstromes der pn-Diode. Durch die Ladungsträgermultiplikation entsteht Lawinendurchbruch und ein sich selbst erhaltender Strom, wenn jedes Ladungsträgerpaar im Mittel beim Durchlaufen der Lawinenzone ein weiteres Ladungsträgerpaar erzeugt, d.h. wenn

$$\int_0^{w_a} \alpha(E)dx = 1 \tag{13.41}$$

ist mit der Ionisierungsrate α, die die von einem Ladungsträger pro Länge erzeugten Elektron-Loch-Paare angibt. Die Ionisierungsrate - wir setzen sie zur Vereinfachung für Elektronen und Löcher gleich - ist eine sehr steile Funktion des elektrischen Feldes mit Werten von z.B. 10^5/cm bei $E = 5 \cdot 10^5$ V/cm in Silizium. Dadurch ist die Lawinenzone in Bild 13.11b sehr schmal. Für zeitabhängige Felder kann $\alpha(E)$ größer werden als der Wert nach Gl.(13.41) für den stationären Fall. Der Strom steigt dann nahezu exponentiell mit der Zeit an.

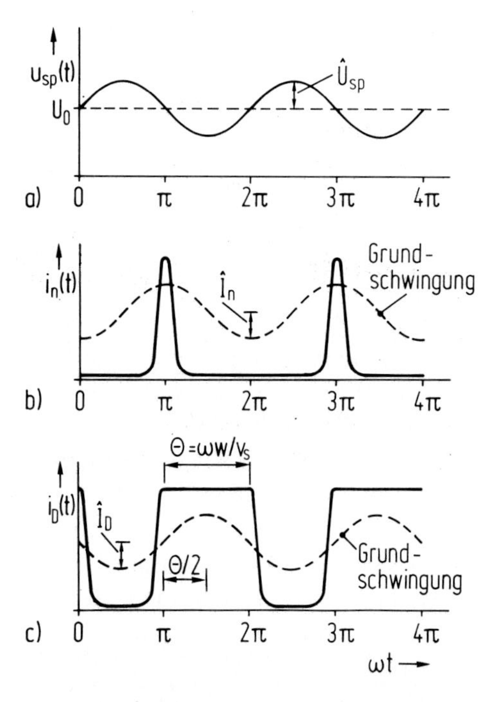

Bild 13.12
Zur Wirkungsweise der Read-Diode
a) aufgeprägte Wechselspannung $u_{sp}(t)$
b) Zeitverlauf des Elektronenstroms $i_n(t)$, der in die Driftzone injiziert wird und zugehörige Grundschwingung, die gegenüber $u_{sp}(t)$ um $\pi/2$ phasenverschoben ist
c) Zeitverlauf des influenzierten Diodenstroms $i_D(t)$ und Grundschwingung, die gegenüber $u_{sp}(t)$ um $\pi/2 + \Theta/2$ phasenverschoben ist

Wirkungsweise Read-Diode

Die Wirkungsweise der Read-Diode wird mit Bild 13.12 erläutert. Der Vorspannung $U_0 \simeq U_B$ ist eine Wechselspannung $u_{sp}(t) = \hat{U}_{sp} \cos\omega t$ überlagert. Für solch eine sinusförmige Spannung setzen wir eine Beschaltung der Diode mit einem Parallelschwingkreis an, der alle anderen Frequenzkomponenten der Spannung kurzschließt. Für $u_{sp}(t) > 0$ verschiebt sich der Feldverlauf in Bild 13.11b nach oben, die Ionisierungsrate α steigt steil mit dem Feld in der n-Zone an. Der Anstieg der Zahl der Elektron-Loch-Paare ist das Produkt aus α und der Zahl der schon vorhandenen Ladungsträger, d.h. die zeitliche Änderung des Elektronenstromes, der durch die i-Zone zum n^+-Bereich driftet, ist $di_n(t)/dt \sim i_n(t)$. Der Elektronenstrom nimmt erst dann ab, wenn $u_{sp}(t) < 0$ ist und die Ionisierungsrate wieder steil abfällt. In die Driftzone wird also ein impulsförmiger Elektronenstrom injiziert gerade bei den Nulldurchgängen der Wechselspannung. Die zugehörige Grundschwingung $\hat{I}_n \cos\omega t$ eilt damit der Wechselspannung um 90^0 nach (s. Bild 13.12b). Die Lawinenzone zeigt für den Ladungsträgerstrom induktives Verhalten, d.h. für die den Grundschwingungen zugehörigen Phasoren gilt $\underline{I}_n \sim -j\,\underline{U}_{sp}$.

Lawinenzone

In der Driftzone ist das Feld immer so hoch, daß die injizierten Elektronen sie mit Sättigungsdriftgeschwindigkeit v_s durchlaufen in der Zeit $\tau_s = w/v_s$. Während dieser fließt im Außenkreis ein influenzierter Diodenstrom $i_D(t)$ (s. Bild 13.12c), den wir schon in Abschnitt 1.4 betrachtet hatten. Für seine Grundschwingung gilt nach Gl.(1.45)

Driftzone

$$\underline{I}_D = \underline{I}_n \exp(-j\theta/2)\,\frac{\sin\theta/2}{\theta/2}\,, \quad \theta = \omega w/v_s \tag{13.42}$$

Die Grundschwingung von $i_D(t)$ ist um den halben Laufwinkel θ gegenüber $\hat{I}_n \cos\omega t$ phasenverschoben. Insgesamt sind danach Diodenwechselspannung und Diodenwechselstrom um $\pi/2 + \theta/2$ außer Phase. Die Wirkleistung an der Diode bei der Grundschwingung

Ergebnis

$$P = \frac{1}{2}\,\hat{U}_{sp}\hat{I}_D \cos(\pi/2 + \theta/2) = -\frac{1}{2}\,\hat{U}_{sp}\hat{I}_D \sin(\theta/2) \tag{13.43}$$

ist kleiner Null, die Diode gibt Wirkleistung ab, d.h. sie hat einen negativen Wirkwiderstand. Für $\theta = \pi$ d.h. einer Länge w der Driftzone nach

$$w = \pi v_s/\omega = v_s/(2f) \tag{13.44}$$

Länge der Driftzone

sind $u_{sp}(t)$ und $i_D(t)$ gerade 180^0 phasenverschoben. Dazu muß bei Silizium mit $v_s = 10^7$ cm/s für f = 10 GHz die Weite der Driftzone w = 5 µm betragen. Für Anwendungen ist der Wirkungsgrad der Umsetzung von Gleichleistung in Wechselleistung wichtig. Nehmen wir sehr scharfe Stromimpulse $i_n(t)$ an, so ist $i_D(t)$ nahezu rechteckförmig mit dem Maximalwert I_{max} und hat den Gleichanteil $I_{D0} = I_{max}\theta/2\pi$ und eine

Wirkungsgrad

Grundschwingung mit $\hat{I}_D = \frac{2}{\pi} I_{max} \sin(\theta/2)$. Der Wirkungsgrad ist

$$\eta = \left| \frac{\hat{U}_{sp}\hat{I}_D \sin(\theta/2)}{2U_0 I_0} \right| = \frac{\hat{U}_{sp}}{U_0} \frac{\sin^2(\theta/2)}{\theta/2}, \tag{13.45}$$

wenn wir $I_0 = I_{D0}$ setzen. Für $\theta = 0$ und $\theta = 2\pi$ ist $\eta = 0$, dazwischen liegt ein Maximum bei $\theta = 2.33 \simeq 3\pi/4$ mit

$$\eta = 0.71\ \hat{U}_{sp}/U_0\ . \tag{13.46}$$

Nehmen wir $\hat{U}_{sp}/U_0 = 0.5$ an, so läßt sich ein Wirkungsgrad von 35 % erreichen. (Für praktische Impatt-Oszillatoren liegen die Laufwinkel zwischen $\pi/2$ und π, der Wirkungsgrad liegt zwischen 10 % und etwa 20 %.)

Die Kombination der Phasendrehungen durch den Lawinenprozeß und durch die Ladungsträgerdrift führt zu einem negativen Widerstand. Außerdem können bei kräftiger Lawinenverstärkung große Wechselströme fließen, hohe Ausgangsleistungen sind erreichbar.

Ergänzungen

Es sind allerdings bislang kapazitive Ströme nicht einbezogen worden. Das muß zusammen mit weiteren Effekten in genaueren Betrachtungen vorgenommen werden. Die wesentlichen Verhältnisse sollen durch folgende Beziehung für den Widerstand Z_D der Read-Diode charakterisiert werden

Dioden-impedanz Z_D

$$Z_D = \frac{1}{\omega C_D} \left\{ \frac{2}{\pi[1 - \omega^2/(\omega_a^2 \Phi(\hat{U}_{sp}))]} - j \right\} = R_D + jX_D\ , \tag{13.47}$$

wobei ein Laufwinkel $\theta = \pi$ für eine einfache Schreibweise angenommen wurde. $C_D = \varepsilon A/w$ ist die Kapazität der Diode (A = Diodenfläche, $w_a \ll w$). Die Funktion $\Phi(\hat{U}_{sp})$ berücksichtigt nichtlineare Effekte, es ist $\Phi(0) = 1$, mit wachsendem $\hat{U}_{sp}$ fällt Φ monoton ab und ist proportional zu $1/\hat{U}_{sp}$ für große Werte $\hat{U}_{sp}$. $\omega_a \sim \sqrt{I_0}$ ist die sogenannte Lawinenfrequenz. Das ist die Frequenz, bei der der induktive Strom $\underline{I}_n$ und der kapazitive Strom in der Lawinenzone gerade in Resonanz sind.

Verhalten

Wir entnehmen Gl.(13.47), daß nur für $\omega > \omega_a$ ein negativer Widerstand R_D für $\hat{U}_{sp} \to 0$ auftritt, nur für solche Frequenzen schwingt die Diode an. $-R_D$ nimmt entsprechend dem Verlauf von $\Phi(\hat{U}_{sp})$ mit wachsender Aussteuerung ab. Bei Beschaltung mit einem Serienschwingkreis, der die Diodenkapazität C_D mit herausstimmt, also bei ω_{os} induktiv sein muß, ist die Schwingung nach Abschnitt 13.1 stabil.

In Bild 13.12 hatten wir für sinusförmige Spannungsaussteuerung einen Parallelschwingkreis als Beschaltung angesetzt. Wir betrachten daher auch den Diodenleitwert

Admittanz Y_D

$$Y_D = 1/Z_D = G_D + jB_D \; . \tag{13.48}$$

Mit Gl.(13.47) wird der Realteil von Y_D

$$G_D = \omega C_D \frac{2\pi f(\omega,\hat{U}_{sp})}{4 + \pi^2 f^2(\omega,\hat{U}_{sp})}, \quad f(\omega,\hat{U}_{sp}) = 1 - \omega^2/\{\omega_a^2 \Phi(\hat{U}_{sp})\}. \tag{13.49}$$

Verhalten

G_D ist negativ wiederum nur für $\omega > \omega_a$ bei $\hat{U}_{sp} \to 0$, mit wachsender Aussteuerung sinkt danach $-G_D$ ab. Bild 13.13 zeigt qualitativ den Verlauf $-G_D(\omega,\hat{U}_{sp})$ nach Gl.(13.49).

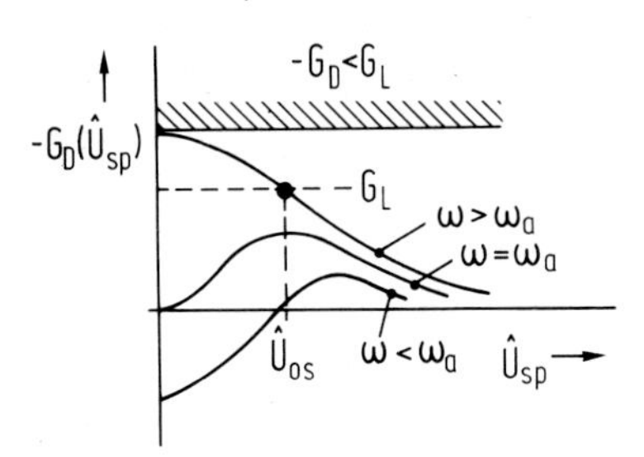

Bild 13.13
Qualitativer Verlauf des Diodenwirkleitwertes $-G_D$ als Funktion der Aussteuerung $\hat{U}_{sp}$ für drei Frequenzen ω

Der Oszillator kann nur für $\omega > \omega_a$ anschwingen, der Lastleitwert G_L muß dazu kleiner als $-G_D(\hat{U}_{sp} = 0)$ sein. Bei $\omega \leq \omega_a$ wird bei größeren Werten $\hat{U}_{sp}$ G_D auch negativ, der Oszillator kann aber nicht anschwingen. Der zugeschaltete Parallelschwingkreis muß den kapazitiven Blindleitwert der Diode mit herausstimmen, ist bei der Schwingfrequenz ω_{os} also induktiv. Unter Beachtung der Dualität von Serien- und Parallelschaltung folgern wir aus Gl.(13.16) die Stabilität der Diode auch bei Beschaltung mit einem Parallelschwingkreis.

Stabilität

Für $G_L > -G_D$ tritt keine Selbsterregung auf, die Diode kann hier als Reflexionsverstärker arbeiten. Solche Verstärker mit Lawinenlaufzeitdioden erreichen hohe Ausgangsleistungen.

Verstärker

Wir haben mit Bild 13.12 die Funktionsweise von Lawinenlaufzeitdioden am Beispiel der Read-Diode mit p^+nin^+- (oder äquivalent n^+pip^+-)Struktur erläutert. Heutige Impatt-Oszillatoren wurden meist als

p^+nn^+-Dioden

p^+nn^+-Dioden hergestellt. Dabei gehen Lawinenzone und Driftzone ineinander über. Bild 13.14a zeigt den Aufbau als Mesadiode zur Vermeidung von Randdurchbrüchen. Die Dioden werden meist mit der Lawinenzone dicht an der Wärmesenke montiert ('up-side-down'-Montage), um die Verlustleistung gut abführen zu können. Bild 13.14b zeigt für den Fall abrupter pn-Übergänge und bereichsweise konstanter Dotierungen den Feldverlauf in einer p^+nn^+-Diode. Die Dioden werden normalerweise in koaxiale Metall-Keramik-Gehäuse nach dem Schema von Bild 13.14c eingebaut.

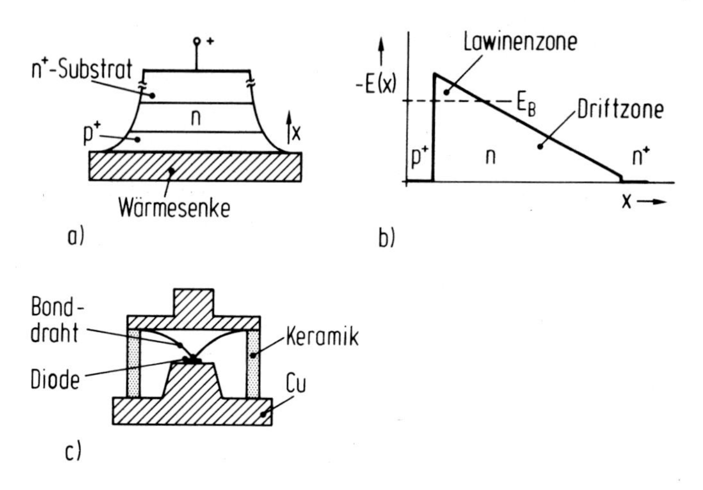

Bild 13.14
a) p^+nn^+-Lawinenlaufzeitdiode in Mesatechnik mit 'up-side-down'-Montage für eine gute Abfuhr der Verlustleistung
b) Schematische Feldverteilung
c) Einbau der Diode in ein koaxiales Metall-Keramik-Gehäuse (Ø ≈ 3 mm)

Bild 13.15 gibt einen Hinweis auf die heute erreichten Ausgangsleistungen in Abhängigkeit von der Frequenz.

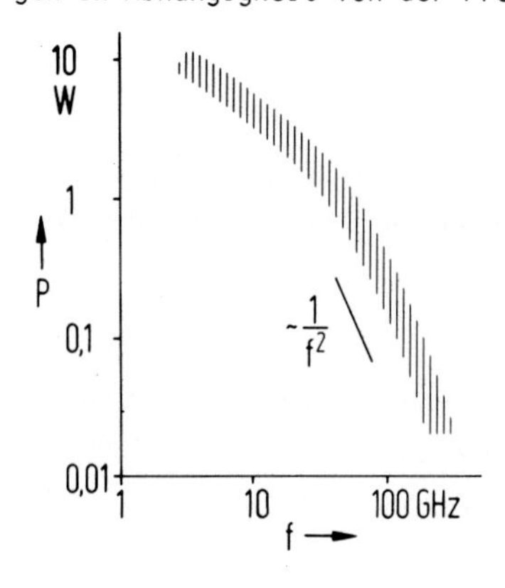

Bild 13.15
HF-Dauerleistung von Impatt-Oszillatoren als Funktion der Frequenz

Bei f = 10 GHz werden mehrere Watt HF-Leistung erzeugt, bei f = 100 GHz immer noch bis zu 100 mW. Bei Frequenzen unterhalb von 10 GHz ist die Ausgangsleistung wesentlich begrenzt durch die noch abführbare Verlustleistung (bei P_{HF} = 10 W und einem Wirkungsgrad von 20 % müssen 40 W Verlustleistung abgeführt werden). Zu hohen Frequenzen hin fällt die Ausgangsleistung mit $1/f^2$ ab. Dieser $1/f^2$-Abfall tritt bei allen Halbleiterbauelementen auf, bei denen Laufzeiteffekte auftreten. Lawinenlaufzeitdioden arbeiten - vereinfacht gesagt - nur, wenn in der Driftzone nicht Lawinendurchbruch auftritt. Dann ist mit $u_{max} \approx E_B \cdot w$ und $f \approx w/v_s$

$$u_{max} \cdot f \approx E_B v_s \tag{13.50}$$

(s. Gl.(1.55) in Abschnitt 1.4). Der maximale Injektionsstrom darf höchstens gleich dem kapazitiven Strom durch die Driftzone sein, da sonst durch die injizierte Raumladung das Driftfeld zusammenbricht. Damit ist

$$i_{max} \approx f \frac{A\varepsilon}{w} U_B \approx fA\varepsilon E_B \tag{13.51}$$

mit der Diodenfläche A. Zusammengefaßt ist

$$(P_{HF})_{max} \approx u_{max} \cdot i_{max} \approx E_B^2 A\varepsilon v_s / f^2 \sim 1/f^2 \; . \tag{13.52}$$

13.3 Gunn-Oszillatoren

Gunn-Effekt

J.B. Gunn[1)] entdeckte 1963, daß n-dotierte GaAs-Proben mit ohmschen Kontakten starke periodische Stromschwankungen zeigen, wenn die Feldstärke einen bestimmten Wert überschreitet (Bild 13.16).

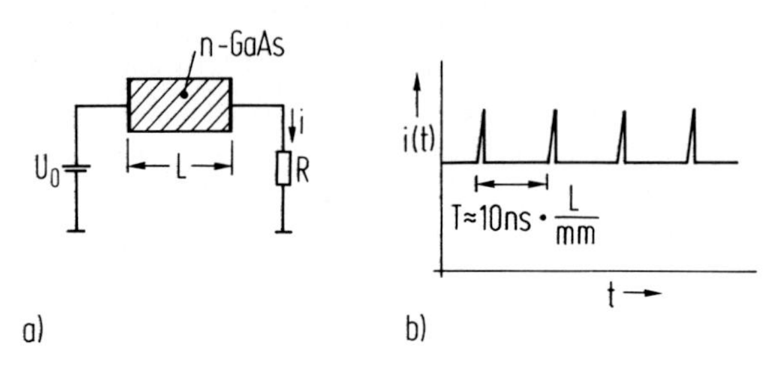

Bild 13.16
a) n-dotierte GaAs-Probe der Länge L
b) Stromoszillationen (Gunn-Effekt) für $|U_o| \gtrsim E_k L$, $E_k \simeq 3.2$ *kV/cm mit einer Periode* $T \sim L$

Die Periode T der impulsartigen Stromoszillationen ist proportional zum Abstand L der Kontakte mit

$$T \simeq 10 \text{ ns} \cdot L/\text{mm} . \qquad (13.53)$$

Ursache

Ursache der Stromschwankungen ist eine negative differentielle Beweglichkeit der Elektronen, die schon 1958 für Halbleiter mit bestimmter Bandstruktur vorausgesagt wurde.

Band-struktur GaAs

Der Gunn-Effekt tritt auf in III-V-Halbleitern wie GaAs, InP und in II-VI-Halbleitern wie CdTe, ZnSe. Wir erklären seine halbleiterphysikalische Ursache anhand der Bandstruktur des heute hier wichtigsten Materials GaAs. Bild 13.17 zeigt für GaAs die Bandstruktur, das ist der Verlauf der Elektronenenergie W_{el} in Abhängigkeit vom Elektronenimpuls $\vec{p} = \hbar\vec{k}$. Üblich werden nur ausgezeichnete Schnitte durch die Flächen $W_{el} = f(\vec{p})$ dargestellt.

---

[1] J.B. Gunn, Microwave oscillations of current in III-V semiconductors, Solid State Commun. Bd. 1 (1963), S. 88-91, Gunn-Elemente werden unter Bezug auf den physikalischen Mechanismus auch als Elektrontransfer-Elemente bezeichnet.

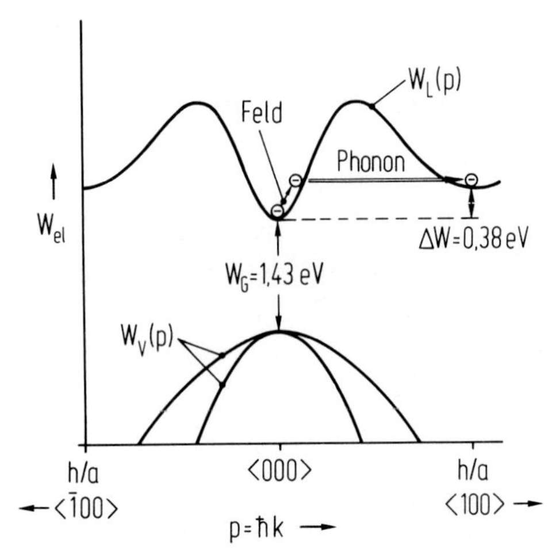

Bild 13.17
Verlauf der Elektronenenergie W_{el} als Funktion des Elektronenimpulses $p = \hbar k$ ($\hbar = h/2\pi$, h = Plancksche Konstante, k = Elektronenwellenzahl) für GaAs für die Richtungen <100>, <1̄00> des reziproken Gitters mit der Gitterkonstanten a und Elektronen-Transfer in ein Satellitenminimum

Elektronentransfer-Mechanismus

Neben dem Minimum des Leitungsbandes bei <000>, das dem Maximum des Valenzbandes mit dem Bandabstand W_G = 1.43 eV bei 300 K gegenüberliegt, gibt es in Bild 13.17 ein Nebenminimum des Leitungsbandes, das $\Delta W \simeq 0.38$ eV höher liegt. Im Gleichgewicht oder bei niedrigen Feldstärken befinden sich fast alle Elektronen im Hauptminimum. Ihre Beweglichkeit μ_{n1} ist hier wegen der kleinen effektiven Masse (große Krümmung d^2W_{el}/dp^2) und der geringen Wechselwirkung mit Gitterschwingungen mit Werten $\mu_{n1} \simeq 8000\ cm^2/Vs$ groß. Bei Anlegen eines immer stärkeren elektrischen Feldes nehmen die Elektronen des zentralen Minimums trotz der Stöße mit Gitterschwingungen eine bis zu $\Delta W \simeq 0.38$ eV über ihrer Gleichgewichtsenergie liegende Energie auf. Dann führen die Stöße mit Gitterschwingungen - die bekanntlich den Elektronenimpuls stark ändern - dazu, daß sie das Satellitenminimum erreichen können. Hier ist entsprechend der kleinen Krümmung des $W_{el}(p)$-Verlaufs die Zustandsdichte so groß, daß die Elektronen dort 'bleiben'. Weiterhin ist wegen der kleinen Krümmung entsprechend einer größeren effektiven Masse und der starken Wechselwirkung der Elektronen mit Gitterschwingungen im Satellitenminimum die Beweglichkeit mit $\mu_{n2} \simeq 200\ cm^2/Vs$ nur klein.

Daher gehen oberhalb einer kritischen Feldstärke $E_k \simeq 3.2$ kV die Elektronen in GaAs (bei E_k nehmen die Elektronen die Energie $\Delta W \simeq 0.38$ eV aus dem Feld auf zwischen zwei Gitterstößen) bevorzugt in das Satellitenminimum über, und die Beweglichkeit sinkt drastisch ab. Bild 13.18 zeigt diese Verhältnisse anhand der Verläufe von Driftgeschwindigkeit v_D

und Elektronendichte n_2 im Satellitenminimum. Dabei ist die mittlere Driftgeschwindigkeit

$$v_D = \frac{n_1\mu_{n1} + n_2\mu_{n2}}{n_1 + n_2} E . \tag{13.54}$$

Die Streuzeit der Elektronen beträgt nur einige ps, so daß bis über 100 GHz der gezeigte $v_D(E)$-Verlauf gilt.

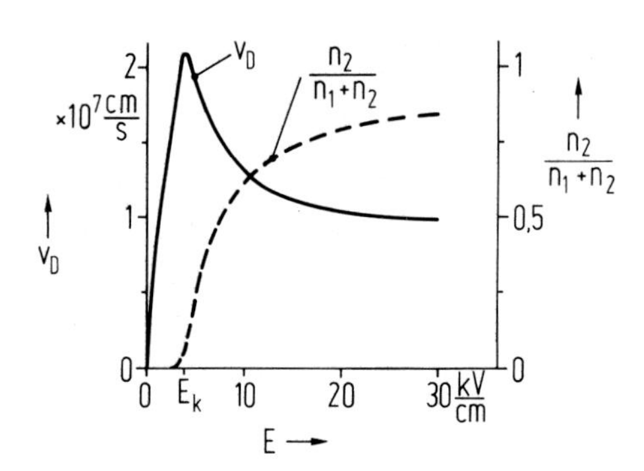

Bild 13.18
Verlauf der Driftgeschwindigkeit $v_D = \mu_n E$ von Elektronen in GaAs über der Feldstärke mit Beweglichkeitsabnahme oberhalb der kritischen Feldstärke E_k und Verhältnis $n_2/(n_1 + n_2)$ von Elektronen n_2 im Satellitenminimum zur Gesamtzahl der Elektronen $n_1 + n_2$

Aufgabe 13.4

Welche energetische Lage muß das Satellitenminimum in einem Halbleiter haben, damit der Elektronen-Transfer-Mechanismus auftreten kann ? (Hinweise: Thermische Energie kT, Stoßionisation)

Raum-ladungs-instabilität

Die negative differentielle Beweglichkeit für $E > E_k$ setzt sich aber nicht ohne weiteres um in eine negative differentielle Leitfähigkeit σ, weil in diese auch die Dichte $n = n_1 + n_2$ der Ladungsträger eingeht. n bleibt für $E > E_k$ nicht gleich der konstanten Dotierung $n_o = N_D$, sondern es treten Raumladungsinstabilitäten und Hochfelddomänen auf.

Bei positiver Leitfähigkeit σ klingen Raumladungen exponentiell mit der dielektrischen Relaxationszeit

$$\tau_d = \sigma/\varepsilon = qn\mu_n/\varepsilon = \frac{qn}{\varepsilon}\frac{dv_D}{dE} \tag{13.55}$$

ab. Für $E > E_k$ wird aber $dv_D/dE < 0$, Raumladungen klingen exponentiell an und driften gleichzeitig mit v_D. Es treten kräftige Raumladungen in der Probe auf, wenn $|\tau_d|$ vergleichbar oder sogar kleiner wird als die Laufzeit L/v_D. Mit $dv_D/dE \simeq -2000\ cm^2/Vs$ für $E > E_k$ folgen starke Raumladungsinstabilitäten für ein Dotierungs-Längen-Produkt

$$n_0 L \gtrsim 10^{11}\ cm^{-2} \tag{13.56}$$

Dann treten in realen GaAs-Proben, die unvermeidlich Dotierungsschwankungen haben, insbesondere Dipoldomänen auf. Wir erläutern ihr Auftreten mit Bild 13.19 anhand einer Dotierungsfluktuation dicht an der Kathode.

Dipol-
domänen

Dicht an der Kathode[1)] sei ein Bereich, in dem die Dotierung um δN_D geringer ist. Für $E < E_k$ ist dann hier der Spannungsabfall größer, und es tritt eine Felderhöhung δE auf (Bild 13.19a). Wenn aber mit $E > E_k$ vorgespannt wird, wächst die ursprüngliche Dotierungsstörung exponentiell an und wandert mit einer Geschwindigkeit v_{D0} durch die Probe. Es baut sich eine Hochfelddomäne auf (Bild 13.19b). Wir können ihr Auftreten anhand des $v_D(E)$-Verlaufs verstehen. Im Bereich der Felderhöhung ist die Driftgeschwindigkeit am kleinsten, hier entsteht durch Aufstauen der Elektronen eine Akkumulationszone. Im anschließenden Gebiet ist v_D wieder größer, so daß die vorhandene Elektronenverarmung wächst. Dieser Vorgang schaukelt sich schnell auf (bei praktischen Dotierungen innerhalb von weniger als 10 ps), und es entsteht eine Dipoldomäne, die einen beträchtlichen Spannungsanteil U_{D0} aufnimmt. Im stationären Zustand wandert eine stabile Hochfelddomäne mit der Geschwindigkeit v_{D0} durch die Probe. Mit diesem Mechanismus können wir die Stromimpulse von Bild 13.16b ("Gunn-Effekt") verstehen. Sie entstehen, wenn die Hochfelddomäne die Anode erreicht und abgebaut wird (Bild 13.19c). Es steigt dann die Probenfeldstärke und damit der Strom an, bis wieder $E > E_k$ wird und sich eine neue Domäne aufbaut.

In der Praxis sind diese - dicht an der Kathode ausgelösten - Dipoldomänen für Dotierungen mit $n_0 L \gtrsim 10^{12}\ cm^{-2}$ vorherrschend. Man kann sich vereinfacht vorstellen, daß beim Einlegieren des Kathoden-Kontaktes eine Verarmungszone entsteht, es genügt schon ein $-\delta N_D$ von weniger als 10 % für die Auslösung von Domänen.

---

[1] Gunn-Elemente sind keine Dioden, dennoch werden die Bezeichnungen Kathode und Anode zur Unterscheidung der Kontakte (- und +) verwendet

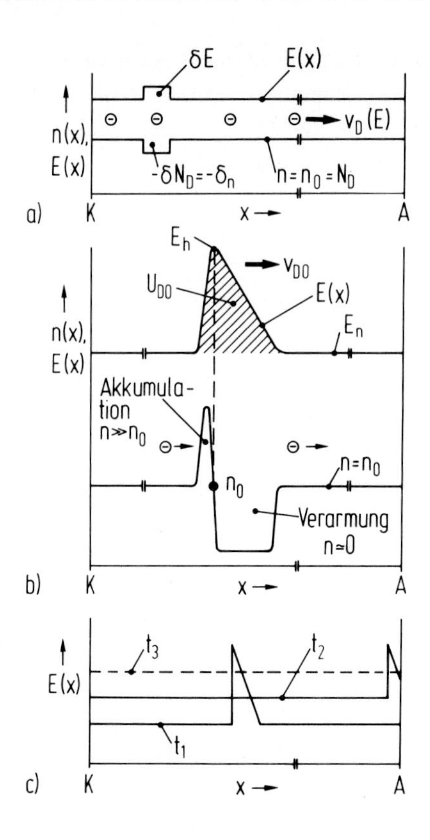

Bild 13.19
a) Dotierungsverlauf mit Absenkung um $-\delta n$ dicht an der Kathode und Feldverlauf für $E < E_k$
b) Ladungsträgerverteilung n(x) und Feldverteilung E(x) einer stationären Dipoldomäne
c) Feldverläufe zu drei Zeitpunkten mit Domänenabbau an der Anode

I-U-Kennlinie

Die Strom-Spannungs-Kennlinie zeigt wegen des Auftretens von Domänen nicht einen fallenden Bereich entsprechend dem $v_D(E)$-Verlauf, sondern zerfällt in einen statischen Ast proportional zum $v_D(E)$-Verlauf für $E < E_k$ und einen dynamischen Ast bestimmt durch die Hochfelddomäne für $E > E_k$. Zur Bestimmung der I-U-Kennlinie berechnen wir zunächst die einheitliche Driftgeschwindigkeit v_{D0}, die Spitzenfeldstärke E_h der Domäne und die konstante Feldstärke E_n (s. Bild 13.19b), wenn eine stabile Domäne wandert. Wenn die Domäne unverändert wandern soll, müssen die Elektronen der Akkumulations- und Verarmungszone einheitlich mit v_{D0} laufen. Das ist nur möglich, wenn wir die Diffusionsgeschwindigkeit $-(D/n)\partial n/\partial x$ einbeziehen nach

$$v_{D0} = v_D(E) - D\,\frac{1}{n}\,\frac{\partial n}{\partial x} = \text{const.} \tag{13.57}$$

(Dabei rechnen wir vereinfacht mit einem konstanten Wert D der Diffusionskonstanten.) Mit der Poissongleichung $\varepsilon\partial E/\partial x = q(n - n_0)$ ersetzen wir dx durch dE und können integrieren

$$\int_{E_n}^{E} \{v_D(E) - v_{D0}\}dE = \frac{qD}{\varepsilon} \int_{n_o}^{n} (1 - n_o/n)dn \ . \qquad (13.58)$$

Im Feldmaximum $\partial E/\partial x = 0$ ist nach der Poissongleichung $n = n_o$, es folgt damit die als Butchersche Flächenregel bekannte Gleichung

Flächenregel

$$\int_{E_n}^{E_h} \{v_D(E) - v_{D0}\}dE = 0 \ , \qquad (13.59)$$

die sich grafisch lösen läßt (Bild 13.20).

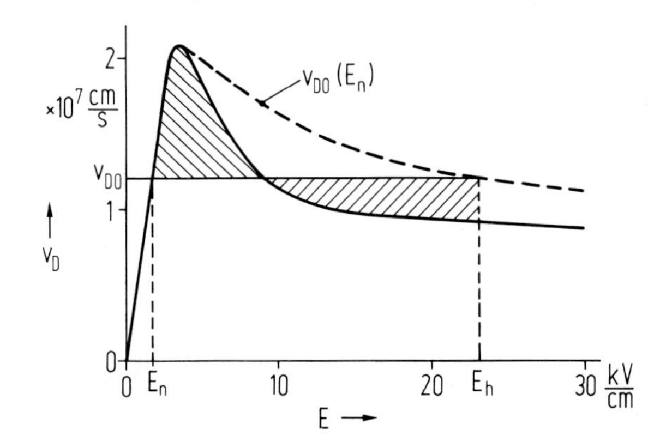

Bild 13.20
Verknüpfung von Niederfeldstärke E_n und Maximalfeldstärke E_h für Dipoldomänen und Domänengeschwindigkeit v_{DO}

Dreieckdomänen

Nach Gl.(13.59) muß die waagerechte Linie $v_D = v_{D0}$ so gelegt werden, daß die schraffierten Flächen gleich sind. Diese Flächenregel liefert eine Beziehung zwischen v_{D0}, E_n und E_h. Für jedes E_n läßt sich E_h bestimmen. Weiterhin nähern wir mit Bild 13.21 die Dipoldomäne durch einen Dreieckverlauf des Feldes an (sehr schmale Akkumulationszone), dann folgt als weitere Beziehung die Domänenspannung U_{D0} zu

$$U_{D0} = \frac{\varepsilon}{2qn_o} (E_h - E_n)^2 \ . \qquad (13.60)$$

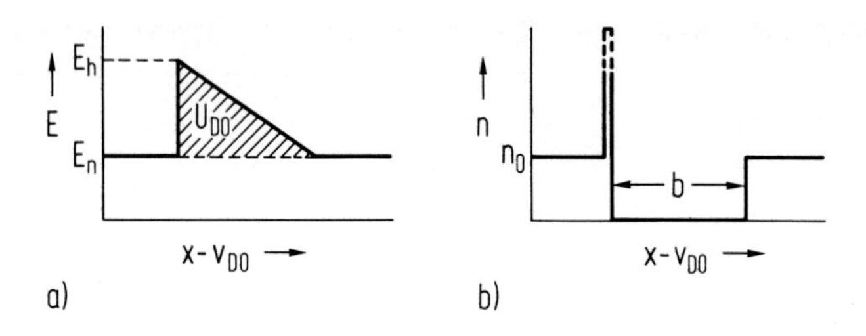

Bild 13.21
Feldverteilung (a) und Dichteverteilung (b) einer Dreieckdomäne. Die Domänenbreite b ist in der Praxis viel kleiner als die Probenlänge L.

Letztlich haben wir noch die Gesamtspannung

$$U_o = E_n L + U_{D0} \tag{13.61}$$

und die Stromdichte

$$J = qn_o v_{D0}(E_n) \tag{13.62}$$

zur Berechnung der I-U-Kennlinie.

Bild 13.22 zeigt die Verknüpfung von E_n mit U_{D0}.

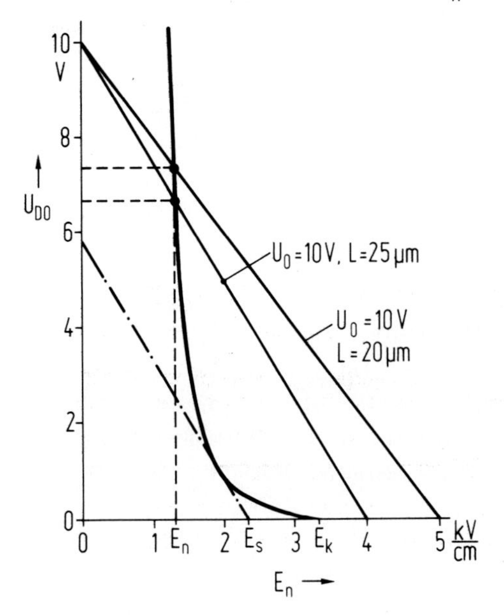

Bild 13.22
Domänenspannung U_{D0} für $n_o = 10^{15}$ cm^{-3} über der Niederfeldstärke E_n für dreieckförmige Dipoldomänen. Der Schnittpunkt mit der 'Arbeitsgeraden' $U_o = E_n L + U_{D0}$ legt E_n fest. Domänen treten bis zu $E_n = E_s < E_k$ auf (siehe strichpunktierte Gerade); bei zwei Schnittpunkten stellt sich der größere Wert U_{D0} ein.

Aus der Flächenregel (Bild 13.20) folgen die zu E_n gehörenden Werte E_h und mit Gl.(13.60) die Domänenspannung U_{DO}. Der Verlauf $U_{DO}(E_n)$ ist für eine feste Dotierung $n_o = 10^{15}\ cm^{-3}$ im Bild gezeigt. Aus dem Schnittpunkt dieser Kurve mit der Geraden nach Gl.(13.61) folgt E_n für eine gegebene Vorspannung U_o und daraus schließlich mit Bild 13.20 wieder $v_{DO}(E_n)$.

Bild 13.23 zeigt die statische Kennlinie $E < E_k$ und die dynamischen Kennlinien beim Wandern von Domänen. Für den Strom ist v_{DO} aufgetragen, der Strom ist dann $I = qAn_o v_{DO}$ (A = Querschnittsfläche); die Spannung U_o ist auf die Länge L bezogen. Beim Domänenaufbau bzw. -abbau erfolgt ein Übergang zwischen statischer und dynamischer Kennlinie. Die dynamische Kennlinie gilt, solange eine Dipoldomäne wandert; eine wandernde Domäne wird innerhalb der Probe erst für eine Feldstärke $E_s < E_k$ abgebaut.

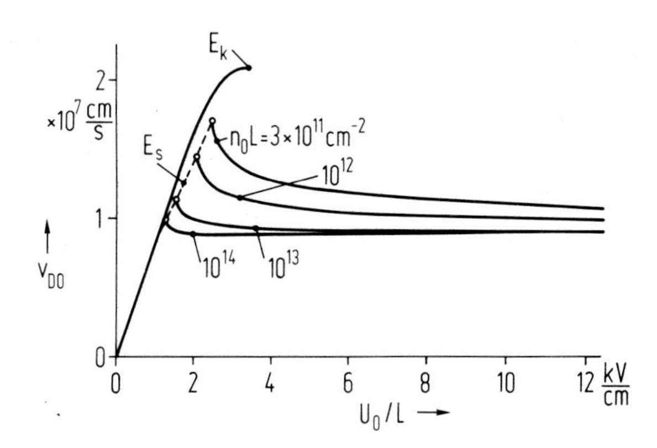

Bild 13.23
Kennlinie eines Gunn-Elementes mit dynamischen Ästen beim Auftreten von Dipoldomänen für verschiedene Dotierungs-Längen-Produkte $n_o L$. Die Spannung U_o ist auf die Elementlänge L bezogen.

Wir sehen, daß die $v_D(E)$-Charakteristik mit fallendem Bereich nach Bild 13.18 sich nicht umsetzt in eine entsprechende Strom-Spannungs-Kennlinie. Es muß vielmehr für den Oszillatorbetrieb der zyklische Aufbau und Abbau von Domänen ausgenutzt werden, d.h. der Wechsel zwischen statischer und dynamischer Kennlinie in Bild 13.23.

Oszillatorbetrieb

Diese Oszillatorbetriebsarten werden jetzt betrachtet unter besonderem Verweis auf den Vorzug von Gunn-Oszillatoren: Sie sind breitbandig durchstimmbar. Für Oszillatoren mit ausreichend schmaler Linienbreite ist eine Beschaltung des Elementes mit einem Resonanzkreis hoher Güte ($Q \simeq 100 - 1000$) erforderlich. Dabei sollte entsprechend dem Kennlinienverlauf von Bild 13.23 die Wechselspannung aufgeprägt werden. Das Element wird daher mit einem Parallelschwingkreis hoher Güte beschaltet.

Betriebsarten

Laufzeitbetrieb

Die einfachste Betriebsart entspricht den periodischen Stromimpulsen bei resistiver Last nach Bild 13.16b. Das Gunn-Element wird mit U_0 so stark vorgespannt, daß auch im Spannungsminimum $U_0 - \hat{U}$ das Feld in der Probe größer E_k bleibt (Bild 13.24).

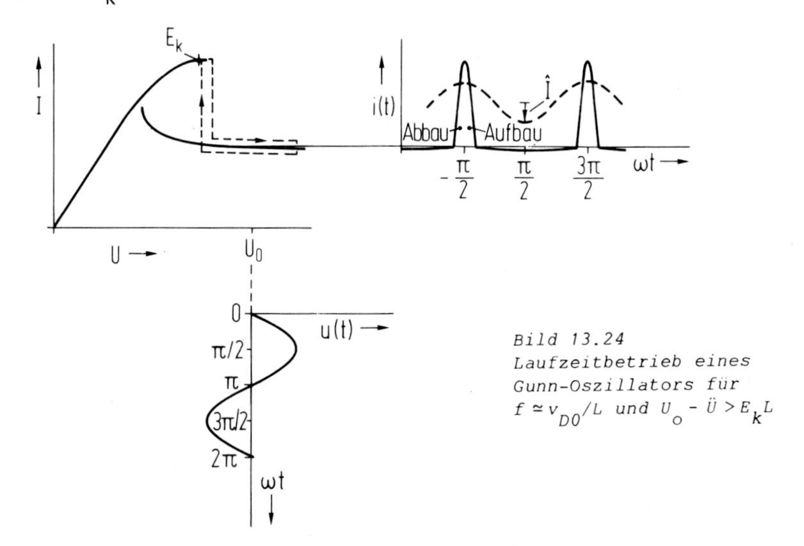

Bild 13.24
Laufzeitbetrieb eines Gunn-Oszillators für $f \simeq v_{D0}/L$ und $U_0 - \hat{U} > E_k L$

Dann entsteht nach Abbau einer Domäne an der Anode sofort eine neue an der Kathode. Wenn eine Domäne die Anode erreicht und abgebaut wird, springt der Strom auf die statische Kennlinie. Es wird aber sofort eine neue Domäne ausgelöst, so daß der Strom wieder auf die dynamische Kennlinie zurückfällt. Die Aufbau- und Abbauzeit der Domäne ist so kurz, daß diese Übergänge fast sprungartig sind. Der Stromverlauf ist impulsförmig und hat eine Periodendauer entsprechend der Laufzeit L/v_{D0}. Die Resonanzfrequenz für diesen Laufzeitbetrieb ist damit festgelegt auf

$$f \simeq v_{D0}/L \ . \qquad (13.63)$$

Die zu den Stromimpulsen gehörende Grundschwingung muß nämlich in Gegenphase zur Wechselspannung sein, damit Leistung an den Resonanzkreis abgegeben wird. Die Laufzeitbedingung heißt z.B., daß für

$L = 10\ \mu m$ und $v_{D0} \simeq 10^7$ cm/s der Resonator auf $f \simeq 10$ GHz abzustimmen ist.

Die Schwingfrequenz kann zwischen $v_{D0}/(2L)$ und etwa v_{D0}/L durchgestimmt werden (elektrisch mit Kapazitätsdioden oder YIG-Resonatoren), wenn U_0 und die Resonatorgüte so gewählt werden, daß im Spannungsminimum $U_0 - \hat{U}$ die kritische Feldstärke E_k unterschritten wird. Wenn dann eine Domäne die Anode erreicht und der Strom auf die statische Kennlinie springt, wird erst eine neue Domäne ausgelöst, wenn die kritische Feldstärke E_k überschritten wird. Bild 13.25 zeigt den Zyklus. Es muß für diesen Betrieb der Domänenverzögerung $f < v_{D0}/L$ sein, und f kann herunter zu etwa der halben Laufzeitfrequenz abgesenkt werden. Auch hier sind Wechselspannung und Wechselstrom in Gegenphase, das Gunn-Element zeigt einen negativen Großsignalwiderstand und kann einen Schwingkreis entdämpfen.

Domänenverzögerung

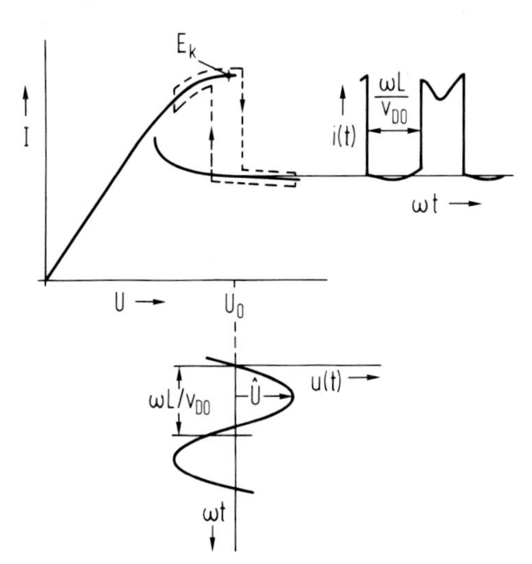

Bild 13.25
Gunn-Element mit verzögerter Domänenbildung. Die Schwingfrequenz f des Resonators kann zwischen etwa $v_{D0}/(2L)$ und v_{D0}/L liegen.

Die Schwingfrequenz kann über der Laufzeitfrequenz liegen, wenn im Spannungsminimum $U_0 - \hat{U}$ das Feld E_n in der Probe unter den Wert E_s absinkt (s. Bild 13.22), der zur Aufrechterhaltung einer Domäne erforderlich ist. Dann wird die Domäne ausgelöscht, es entsteht erst dann eine neue Domäne, wenn E_k überschritten wird. Es muß für diese Betriebsart also $f \cdot L/v_{D0} > 1$ gelten. Eine obere Frequenzgrenze ist erreicht, wenn die Schwingperiode vergleichbar mit der Aufbau- und Abbauzeit der Domäne wird.

Domänenauslöschung

Aufgabe 13.5

Skizzieren Sie anhand der I-U-Kennlinie den Zyklus für Betrieb mit Domänenauslöschung.

Die kurz dargestellten Domänenbetriebsarten für Gunn-Oszillatoren zeigen die Möglichkeit einer Abstimmung der Schwingfrequenz über breite Frequenzbänder. Allerdings ist der Wirkungsgrad mit Werten unter 10 % nur recht gering, da sich keine kräftige Grundschwingung des Stromes aufbaut. Die Domänengeschwindigkeit v_{D0} ändert sich nach Bild 13.23 um maximal 50 % beim Übergang von statischer zu dynamischer Kennlinie, außerdem sind besonders beim Laufzeitbetrieb und beim Betrieb mit Domänenauslöschung die Stromimpulse nur kurz. Die Wechselleistung ist damit nicht groß.

Die fallende $v_D(E)$-Charakteristik läßt sich tatsächlich ausnutzen, wenn trotz Vorspannung mit $E > E_k$ die Schwingfrequenz so hoch gewählt wird, daß sich in der positiven Halbwelle keine Domäne voll ausbilden kann, und wenn die Schwingamplitude so groß ist, daß tief in den Bereich der statischen Kennlinie ausgesteuert wird und Raumladungen schnell wieder abgebaut werden. (Der Abbau von Raumladungen wird durch $\mu_{n1} \simeq 8000\ cm^2/Vs$ bestimmt; wenn sehr weit in den Bereich mit $dv_D/dE < 0$ ausgesteuert wird, ist die mittlere negative Beweglichkeit nur etwa $\bar{\mu}_n \simeq -100\ cm^2/Vs$, vergl. Gl.(13.55).)

LSA-Betrieb

Bild 13.26 zeigt diese Betriebsart mit begrenzter Raumladungsbildung (LSA-Betrieb nach limited space charge accumulation). Diese Betriebsart erfordert große Spannungen und stellt hohe Anforderungen an die Homogenität der Dotierung. Der Stromverlauf in Bild 13.26 zeigt, daß neben hohen Frequenzen auch hohe Wirkungsgrade (bis über 20 %) möglich sind. Praktische Gunn-Oszillatoren zeigen bei hohen Frequenzen kaum reinen LSA-Betrieb, sondern Schwingungsformen zwischen LSA-Betrieb und Domänenbetrieb.

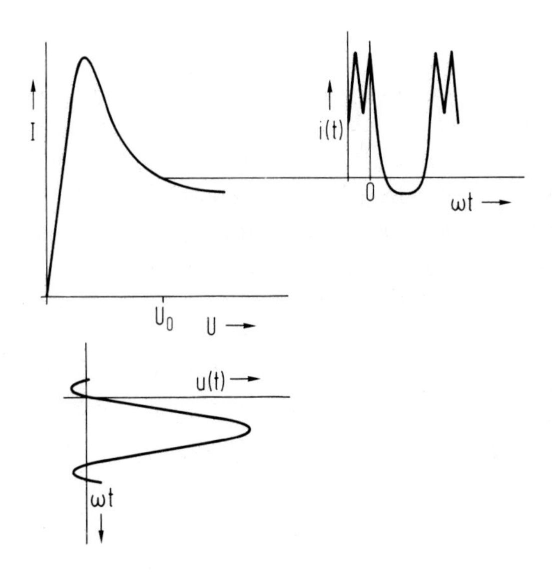

Bild 13.26
Schwingungsformen von Spannung und Strom für LSA-Betrieb

Herstellung

Zur Herstellung von Gunn-Oszillatoren aus GaAs wird auf einem hochleitenden n^+-GaAs-Substrat epitaktisch eine niedrig dotierte (10^{15} - 10^{16} cm^{-3}) n-leitende Schicht aufgewachsen. Die Schichtdicke entspricht der Länge L des Elementes. Da geringe Kontaktwiderstände wichtig sind, wird oft eine zweite hochdotierte n^+-Schicht aufgewachsen. Es werden durch Ätzen Mesastrukturen hergestellt (Bild 13.27), die entweder konventionell mit dem n^+-Substrat auf einem Gehäuse aufgelötet werden oder zur besseren Wärmeabfuhr up-side-down montiert werden (vergl. Bild 13.14a und c).

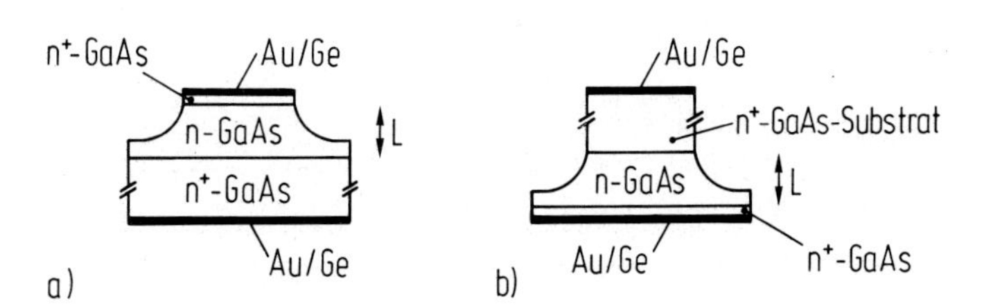

Bild 13.27
Gunn-Elemente aus GaAs in Mesatechnik (a) und up-side-down-Aufbau (b)

Oszillator-Aufbau

Bild 13.28 zeigt schematisch den Aufbau eines einfachen, mechanisch abstimmbaren Gunn-Oszillators in Hohlleitertechnik (Rechteckhohlleiter, H_{10}-Welle) und eine vereinfachte Ersatzschaltung. Der Abstand des Kurzschlußschiebers ist so zu wählen, daß das Gunn-Element mit einem Parallelschwingkreis belastet wird; er ist damit etwa $\lambda/4$. Das Koppelloch zusammen mit der Abstimmschraube dienen zur Anpaßtransformation an den Feldwellenwiderstand Z_F des Hohlleiters.

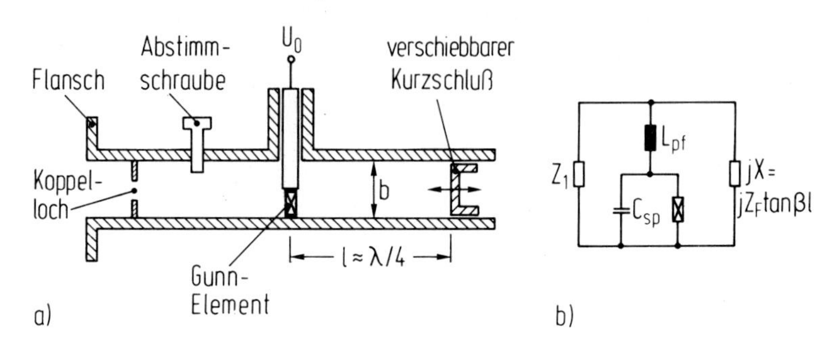

Bild 13.28
a) Schematischer Aufbau eines mechanisch abstimmbaren Gunn-Oszillators in Hohlleitertechnik. Das Bild zeigt die Schmalseite. Das Gunn-Element wird durch einen Pfosten gehalten. Koppelloch und Abstimmschraube dienen zur Anpaßtransformation.
b) Stark vereinfachte Ersatzschaltung, Z_1 = transformierte Last Z_F, C_{sp} = Spaltkapazität, L_{pf} = Pfosteninduktivität, β = Phasenkonstante des Hohlleiters

Heute ist die Streifenleitungstechnik vorherrschend, es sind jedoch wegen der im Vergleich zur Koaxial- und Hohlleitertechnik größeren Leiterverluste keine Resonanzkreise hoher Güte zu realisieren. Zunehmend werden heute für Oszillatoren in Streifenleitungstechnik dielektrische Resonatoren verwendet. Bild 13.29a zeigt vereinfacht einen Gunn-Oszillator in Streifenleitungstechnik mit dielektrischem Resonator.

dielektrische Resonatoren

Die zylindrischen Resonatoren werden z.B. aus Bariumtitanat-Keramik (Mischungen aus BaO und TiO_2) hergestellt mit einem $\varepsilon_r \approx 35 - 40$. Aus der Stetigkeit der Radialkomponente der dielektrischen Verschiebung folgt bei großen Werten ε_r, daß außerhalb der Umfangsfläche das radiale elektrische Feld sehr klein ist, damit verknüpft ist auch das tangentiale Magnetfeld klein. Näherungsweise kann nach Bild 13.29b der Resonator als dielektrischer Einsatz in einem Rundhohlleiter berechnet werden, der an Stelle einer elektrisch leitenden Wand ($\vec{E}_{tan} = 0$) magnetisch ideal leitend ist ($\vec{H}_{tan} = 0$)[1]. Vorzugsweise wird die H_{011}-Resonanz ausgenutzt und der Resonator magnetisch an das Feld der Mikrostrip-Leitung angekoppelt (Bild 13.29c). Solche dielektrischen Resonatoren haben eine Leerlaufgüte von z.B. $Q_0 \approx 10000$ bei $f_0 = 4$ GHz Resonanzfrequenz (das Produkt $Q_0 f_0$ ist nahezu konstant), der Temperaturkoeffizient der Resonanzfrequenz kann durch die Materialzusammensetzung zwischen $\Delta f_0/f_0 \approx \pm 10^{-5}/°C$ eingestellt werden und auf den Temperaturgang des aktiven Elementes abgestellt werden. Man kann damit Festfrequenz-Oszillatoren mit nur geringer Temperaturdrift und wegen der hohen Güte nur geringem Rauschen aufbauen.

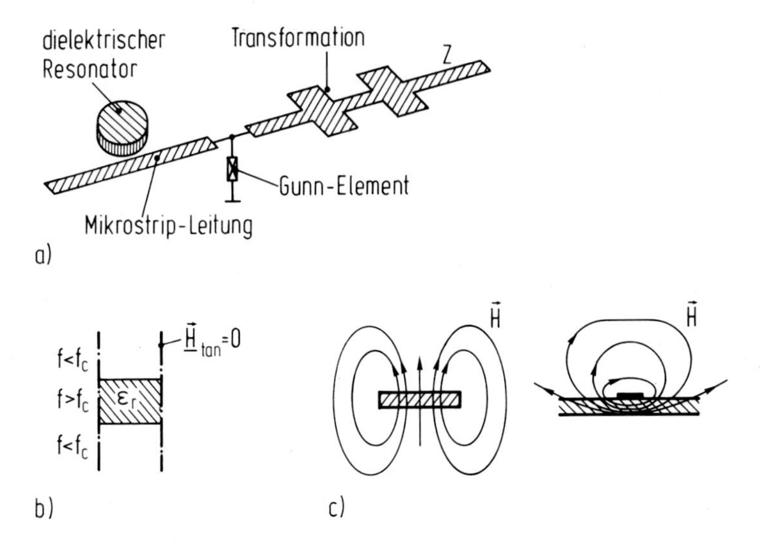

Bild 13.29
a) Schema eines Gunn-Oszillators in Mikrostrip-Leitungstechnik mit dielektrischem Resonator und Anpaßschaltung
b) Näherungsweise Berechnung eines kreiszyklindrischen dielektrischen Resonators mit $\varepsilon_r \gg 1$ als dielektrischer Einsatz in einem 'Rundhohlleiter' mit magnetisch leitender Wand
c) Magnetische Ankopplung der H_{011}-Schwingung des Resonators an eine Mikrostrip-Leitung

Wir haben hier kurz zwei Beispiele für Gunn-Oszillatoren für feste Frequenzen angeführt, um Grundzüge des Aufbaus von Zweipoloszillatoren für den Mikrowellenbereich aufzuzeigen. Elektrisch abstimmbare Oszillatoren werden später betrachtet.

Hinweis

[1] s. H.-G. Unger, Elektromagnetische Theorie für die Hochfrequenztechnik Band 1, Dr. Alfred Hüthig Verlag, Heidelberg, 1981

$1/f^2$-Abfall

Bild 13.30 soll einen Eindruck der heute mit Gunn-Oszillatoren aus GaAs erreichbaren Ausgangsleistung vermitteln. Man sieht wieder den für Laufzeitelemente charakteristischen $1/f^2$-Abfall der Leistung über einen breiten Frequenzbereich. Der Grund ist wieder die Festlegung der Frequenz durch etwa die Laufzeit L/v_{D0}. Die angelegte Spannung U_0 ist begrenzt durch die Durchbruchsspannung $E_B \cdot L$, so daß die Leistung mit etwa L^2 absinkt und damit auch mit $1/f^2$. Nur der LSA-Betrieb enthält diese Laufzeitgrenze nicht, er ist aber nur schwer in reiner Form zu realisieren.

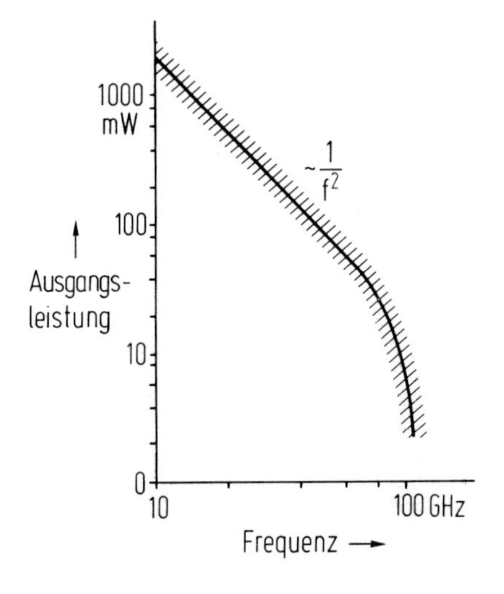

Bild 13.30 Frequenzabhängigkeit der Ausgangsleistung von Gunn-Oszillatoren

Vergleich

Abschließend sollen kurz Impatt- und Gunn-Oszillatoren verglichen werden. Impatt-Oszillatoren haben vergleichsweise hohe Ausgangsleistungen (s. Bild 13.15). Sie zeigen wegen des Lawinenprozesses recht hohes Oszillatorrauschen und sind nur wenig abstimmbar. Sie kommen vorwiegend als Sendeoszillatoren in Betracht. Gunn-Oszillatoren sind breitbandig abstimmbar, ihr Rauschen ist geringer, aber ihre Ausgangsleistung ist kleiner. Sie haben Bedeutung für u.a. Meßzwecke und Überlagerungsoszillatoren. Sie stehen hier in Konkurrenz zu Transistoroszillatoren die mit bipolaren Si-Transistoren bis etwa 4 GHz arbeiten und mit GaAs-MESFET bis weit über 10 GHz.

Wir haben hier zuerst sogenannte Zweipoloszillatoren betrachtet. Sie kommen heute nur für den Mikrowellenbereich in Betracht. Die Darstellungen des Aufbaus von Lawinenlaufzeitdioden und von Gunn-Oszillatoren - als heute wichtigste Zweiploszillatoren - haben gezeigt, daß sie nur oberhalb von etwa 1 GHz angewendet werden sollten. Ihre Schwingfrequenz ist - wie dargestellt - ungefähr durch L/v_S gegeben, bei einer Frequenz von 100 MHz müßten sie eine Länge von ca. 1 mm haben. Diese große Länge führt zu ganz beträchtlichen Problemen im Hinblick auf Wärmeabfuhr und Homogenität.

Bis zu Frequenzen, bei denen Verstärkerelemente noch arbeiten, wird das Prinzip rückgekoppelter Verstärker zur Schwingungsanfachung herangezogen. Solche Zweitoroszillatoren reichen heute in ihrer Schwingfrequenz ebenfalls bis weit in den GHz-Bereich.

Lernzyklus 7 B

Lernziele

Nach dem Durcharbeiten des Lernzyklus 7 B sollen Sie in der Lage sein,

- das Prinzip von Zweitoroszillatoren anzugeben;
- die Dreipunktschaltung eines Zweitoroszillators zu skizzieren und dessen Berechnung aus der Schleifenverstärkung zu erläutern;
- allgemeine Berechnungsverfahren für Zweitoroszillatoren darzustellen;
- zu begründen, warum quarzstabile Oszillatoren erforderlich sind;
- die Ersatzschaltung von Schwingquarzen, ihre wesentlichen Eigenschaften und Grundschaltungen quarzstabiler Oszillatoren anzugeben;
- die Vorteile von YIG-Oszillatoren zu beschreiben und eine Bauform zu skizzieren;
- die Wirkungsweise von PLL-Schaltungen zu erklären und deren wesentliche Eigenschaften darzustellen;
- grundsätzliche Schaltungen für Synthesegeneratoren zu skizzieren und deren Funktionsweise zu erklären.

13.4 Zweitoroszillatoren

Zur Erzeugung ungedämpfter harmonischer Schwingungen können auch geeignet rückgekoppelte Verstärker herangezogen werden. Bevorzugt werden für solche Zweitoroszillatoren Transistorverstärker eingesetzt, wobei als grober Anhaltspunkt für den Anwendungsbereich die Schwing-Grenzfrequenz (s. Kapitel 1 und 2) herangezogen werden kann. Nach dem allgemeinen Schema von Bild 13.31 sind Zweitoroszillatoren aus einem Verstärker und einer - regelmäßig die Frequenz bestimmenden - Rückkopplung zur Schwingungsanfachung aufgebaut.

Prinzip

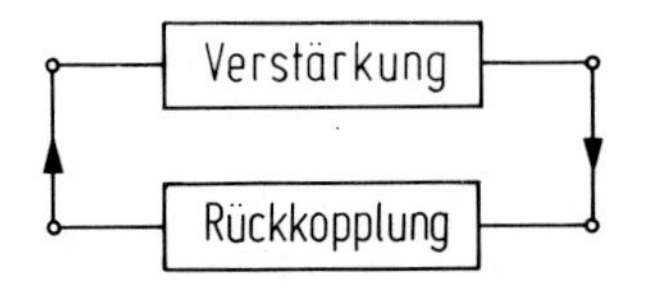

Bild 13.31
Prinzip von Zweitoroszillatoren mit Verstärker und frequenzbestimmender Rückkopplung

Bei der Stabilitätsbetrachtung von Zweitoren in Abschnitt 3.3 haben wir die Bedingung für Selbsterregung eines Verstärkers abgeleitet aus einer betrags- und phasenrichtigen Rückkopplung durch innere Rückwirkung. Bei Oszillatoren wird üblich die Rückkopplung getrennt ausgeführt, um sie genügend stabil zu halten.

Wir ordnen dem Verstärker eine Spannungsverstärkung $V_u = \underline{U}_2/\underline{U}_1$ und dem Rückkopplungsnetzwerk einen Koppelfaktor $k = \underline{U}_1/\underline{U}_2$ zu. Dann folgt die Schwingbedingung aus der Beziehung

$$V_u k = 1 \qquad (13.64)$$

für die Schleifenverstärkung (vgl. Gl.(3.17)). Wir wollen zunächst die Bedingung für eine stationäre Schwingung bei der Kreisfrequenz ω aus Gl.(13.64) ableiten. Das geht nur dann einfach, wenn V_u und k unabhängig voneinander berechnet werden können. Dazu muß der Eingangswiderstand des Verstärkers sehr groß sein, andernfalls geht er in den Rückkopplungsfaktor k ein.

Schleifenverstärkung

Wir wählen mit Bild 13.32a einen FET als Verstärker und untersuchen die übliche Dreipunktschaltung mit den Widerständen Z_E und Z_A am Ein- und Ausgang und dem rückkoppelnden Widerstand Z_k. Die meisten gebräuchlichen Sinusoszillatoren mit Schwingkreisen lassen sich auf die grundsätzliche Form der Dreipunktschaltung zurückführen.

Dreipunktschaltung

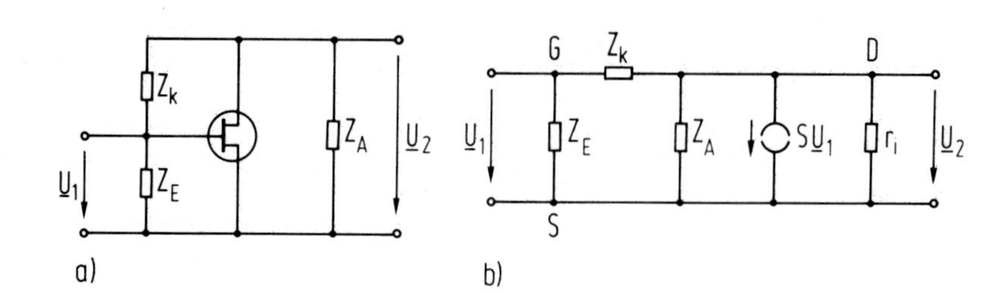

Bild 13.32
a) Rückgekoppelter Oszillator in Dreipunktschaltung mit FET
b) NF-Ersatzschaltung

Im Idealfall sind Z_E, Z_A und Z_k reine Reaktanzen jX_E, jX_A und jX_k, dann ist die Beschaltung verlustfrei und sicher am günstigsten für Selbsterregung. Für eine einfache Analyse verwenden wir die NF-Ersatzschaltung eines FET mit einer spannungsgesteuerten Stromquelle der Steilheit S und dem inneren Widerstand $r_i = 1/g_d$ (Bild 13.32b).

Berechnung

Der Rückkopplungsfaktor folgt aus der Spannungsteilung an Z_E und Z_k zu

$$k = \underline{U}_1/\underline{U}_2 = Z_E/(Z_E + Z_k) \ , \qquad (13.65)$$

die Spannungsverstärkung ist

$$V_u = \underline{U}_2/\underline{U}_1 = -\frac{Sr_iZ}{r_i + Z} \ , \quad Z = \left\{\frac{1}{Z_A} + \frac{1}{Z_E + Z_k}\right\}^{-1} . \qquad (13.66)$$

Wir sehen, daß wegen des Leerlaufs am Eingang des FET k einfach zu berechnen ist. In V_u geht aber die Beschaltung ein.

Die Schleifenverstärkung ist

$$V_u k = \frac{-Sr_iZ_EZ_A}{r_i(Z_E + Z_A + Z_k) + Z_A(Z_E + Z_k)} \ . \qquad (13.67)$$

Bei reinen Reaktanzen in der Beschaltung folgt aus der Schwingbedingung $V_u k = 1$ = reell sofort

$$X_E + X_A + X_k = 0 \; , \tag{13.68}$$

die drei Reaktanzen müssen in Serienresonanz sein. Mit $X_E + X_k = -X_A$ folgt dann weiter

$$V_u k = 1 = S r_i X_E / X_A \; . \tag{13.69}$$

X_E und X_A müssen damit gleiches Vorzeichen haben, also beide entweder kapazitiv oder induktiv sein. Ihr Verhältnis muß einen aus Gl.(13.69) folgenden Wert haben.

Wir sehen aus dieser einfachen Analyse, daß die Resonanzbedingung (13.68) die Schwingfrequenz festlegt, Gl.(13.69) liefert eine Amplitudenbedingung. Die Steilheit S sinkt mit der Schwingamplitude $\hat{A}$ ab. Die Schwingung wächst also aus dem Rauschen solange an, bis Gl.(13.69) erfüllt ist. Damit die Schwingung überhaupt angefacht wird, muß für kleine Amplituden also $|V_u k| > 1$ gelten.

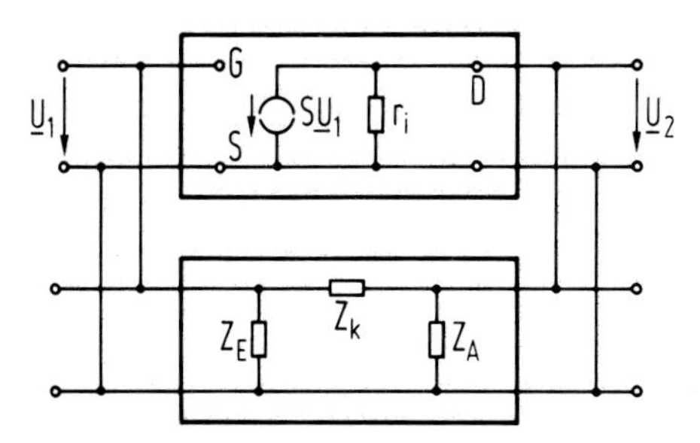

Bild 13.33 Äquivalenz von Dreipunktschaltung und Nebenschlußrückkopplung

allgemeines Verfahren

Dieser für Sonderfälle einfachen Analyse von Zweitoroszillatoren aus der Schleifenverstärkung wird gegenübergestellt das allgemein anwendbare Verfahren über Zweitormatrizen. Wir betrachten dazu wieder die Dreipunktschaltung. Die Zerlegung der Schaltung in ein Zweitor für den Verstärker und ein Zweitor für die Rückkopplung nach Bild 13.33 zeigt, daß die Dreipunktschaltung äquivalent einer Nebenschlußrückkopplung ist. Wir werden nach Abschnitt 3.4 daher beide Zweitore durch Leitwertparameter beschreiben. Hier sind die Leitwertparameter für den FET (T)

$$y_{11}^T = 0, \quad y_{12}^T = 0, \quad y_{22}^T = 1/r_i, \quad y_{21}^T = S \,. \tag{13.70}$$

Für das Rückkopplungsnetzwerk (R) folgt

$$\begin{aligned} y_{11}^R &= (Z_E + Z_k)/(Z_E Z_k), \quad y_{12}^R = -1/Z_k, \\ y_{22}^R &= (Z_A + Z_k)/(Z_A Z_k), \quad y_{21}^R = -1/Z_k \,. \end{aligned} \tag{13.71}$$

Die Leitwertmatrix der Schaltung ist die Summe der Einzelmatrizen gemäß

$$\begin{bmatrix} \underline{I}_1 \\ \underline{I}_2 \end{bmatrix} = \{[y]^T + [y]^R\} \begin{bmatrix} \underline{U}_1 \\ \underline{U}_2 \end{bmatrix} . \tag{13.72}$$

Selbsterregung tritt dann auf, wenn ohne äußere Anregung, $\underline{I}_1 = \underline{I}_2 = 0$, die Spannungen $\underline{U}_1$ und $\underline{U}_2$ ungleich Null sind. Dazu muß die Determinante des Gleichungssystems (13.72) verschwinden. Die Schwingbedingung ist also

$$\det [y] = \det \{[y]^T + [y]^R\} = 0 \,. \tag{13.73}$$

Diese Bedingung muß natürlich äquivalent zur vorigen Bedingung $V_u k - 1 = 0$ sein. Allgemein gilt unabhängig vom Berechnungsweg, daß die Schwingbedingung aus den Nullstellen der charakteristischen Funktion des Netzwerkes bzw. den Polen der Übertragungsfunktion[1)] folgt.

Anschwing-bedingung

Wir betrachten jetzt die Anschwingbedingung und führen in Gl.(13.67) bzw. Gl.(13.73) die komplexe Frequenz $p = \sigma + j\omega$ ein. Weiterhin wählen wir die kapazitive Dreipunktschaltung (den Colpitts-Oszillator) mit $jX_E = 1/pC_E$; $jX_A = 1/pC_A$, $jX_k = pL_k$ für den FET-Oszillator nach Bild 13.32b.

Dann folgt mit Gl.(13.67) aus $V_u k - 1 = 0$ die Beziehung

[1] s. H. Wupper, Grundlagen elektronischer Schaltungen, Dr. Alfred Hüthig Verlag, Heidelberg, 1986

$$p^3 + p^2 \frac{1}{r_i C_A} + p \frac{C_E + C_A}{C_E C_A L_k} + \frac{S + 1/r_i}{C_E C_A L_k} = 0 \qquad (13.74)$$

für die komplexe Frequenz p. Gl.(13.74) ist eine kubische Gleichung $p^3 + a_2 p^2 + a_1 p + a_o = 0$ mit Wurzeln p_1, p_2 und p_3. Diese sind verknüpft durch die Beziehungen a) $p_1 + p_2 + p_3 = -a_2$, b) $p_1 p_2 p_3 = -a_o$, c) $p_1 p_2 + p_1 p_3 + p_2 p_3 = a_1$. Unter bestimmten Bedingungen hat Gl.(13.74) eine reelle Lösung p_1 und zwei konjugiert komplexe Lösungen $p_{2,3} = \sigma \pm j\omega$. Anstelle der umfangreichen vollständigen Lösung bestimmen wir die hier interessierenden Lösungen $p_{2,3} = \sigma \pm j\omega$ mit der Näherung $\sigma \ll \omega$, d.h. langsames Anschwingen, direkt aus den Beziehungen a) bis c). Dann folgt mit $\sigma \ll \omega$ zunächst

$$\omega^2 \simeq \frac{C_E + C_A}{L_k C_E C_A} , \qquad (13.75)$$

d.h. die Schwingfrequenz folgt aus der Serienresonanz von C_E, C_A und L_k. Mit diesem Wert für ω^2 ergibt sich

Ergebnis

$$\sigma \simeq \frac{1}{2} \frac{S - C_E/(r_i C_A)}{C_E + C_A} . \qquad (13.76)$$

Wenn also die Steilheit S des FET größer ist als der Wert nach Gl.(13.69), den wir aus der Bedingung für eine stationäre Schwingung abgeleitet hatten, klingt aus dem Rauschen heraus die Schwingung an. Für eine stabile stationäre Schwingung muß die Steilheit mit der Schwingamplitude abnehmen, damit schließlich im stationären Betrieb $\sigma = 0$ wird. Die Schwingamplitude kann berechnet werden, wenn z.B. die Abhängigkeit $S(u_1)$ bekannt ist (vergleiche Abschnitt 13.1).

Für einen Anschluß an die früher betrachteten Verhältnisse bei Zweipoloszillatoren stellen wir den rückgekoppelten Zweitoroszillator als Zweipoloszillator dar. Das ist immer möglich, da sich jede Schaltung bezüglich zweier Klemmen durch eine Zweipolersatzquelle wiedergeben läßt. Beispielhaft ziehen wir wieder den FET-Oszillator nach Bild 13.32 in kapazitiver Dreipunktschaltung heran. C_A und ein Lastleitwert G_L sollen die Beschaltung des Zweipols sein. Der Ausgangsleitwert des mit C_E und L_k beschalteten FET ist wegen des Leerlaufs am Eingang nach Gl.(3.7)

$$Y_A = 1/r_i + 1/(j\omega L_k) + \frac{S - 1/(j\omega L_k)}{1 - \omega^2 L_k C_E} . \qquad (13.77)$$

Bild 13.34 zeigt die zugehörige Ersatzschaltung.

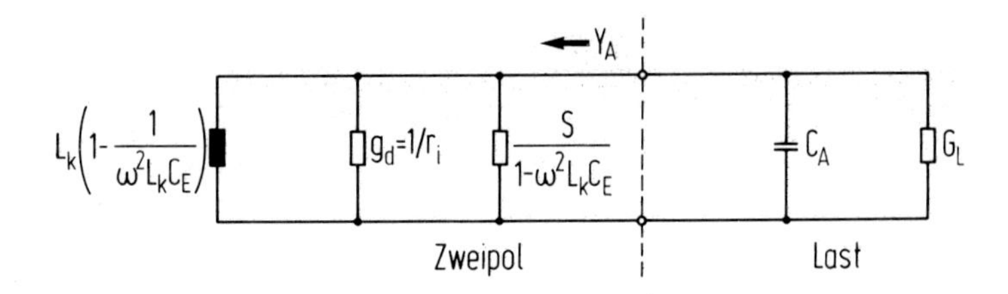

Bild 13.34
Darstellung eines rückgekoppelten FET-Oszillators in kapazitiver Dreipunktschaltung als Zweipoloszillator[1]

Nach den Ergebnissen von Abschnitt 3.3 und Abschnitt 13.1 muß für stationäre Schwingungen $Y_A + \{j\omega C_A + G_L\} = 0$ gelten. Es folgen die vorherigen Ergebnisse. Weiterhin muß nach Abschnitt 13.1 die Steilheit S mit wachsender Schwingamplitude abnehmen, damit der Oszillator stabil ist. (Vergleichen Sie die Schaltung nach Bild 13.34 mit der Aufgabe 13.1.)

Aufgabe 13.6

Die Kleinsignal-Leitwertparameter eines bipolaren Transistors sind für einen festen Arbeitspunkt und eine Frequenz f = 100 MHz in Emitterschaltung (angenähert für einfache Rechnungen):

y_{11} = j 5 mS; y_{22} = j 2 mS; y_{12} = 0; y_{21} = 50 mS.

Es soll ein Oszillator in kapazitiver Dreipunktschaltung mit C_A = 50 pF und einem Lastleitwert G_L = 1 mS entworfen werden. Welche Werte haben dann C_E und L_k ?

---

[1] Nur ein lineares Modell für den Zweitoroszillator läßt sich so darstellen.

13.5 Quarzstabile Oszillatoren

Eine wichtige Anforderung an Oszillatoren ist die Konstanz ihrer Frequenz. So müssen z.B. in der Nachrichtentechnik die Sendefrequenzen mit hoher Genauigkeit festgelegt werden, und sie dürfen sich nicht mit der Zeit ändern. Wir haben am Beispiel des Zweipoloszillators in Abschnitt 13.1 gesehen, in welcher Weise die Güte des Resonanzkreises das Rauschen bestimmt. Auch in die sogenannte Langzeitstabilität geht die Güte des Resonanzkreises ein. Wir überlegen diesen Zusammenhang anhand der Schwingbedingung $V_u k = 1$ des Zweitoroszillators. Wenn durch z.B. Temperatureffekte die Phasendrehung des Verstärkers, d.h. die Phase von V_u sich um $\Delta\varphi_V$ ändert, muß zur Erfüllung der Schwingbedingung die Phasendrehung φ_R des Rückkopplungsnetzwerkes sich entgegengesetzt ändern, d.h. $\Delta\varphi_R = -\Delta\varphi_V$ sein. Das ist nur durch eine Änderung $\Delta\omega$ der Schwingfrequenz möglich. Der Zusammenhang zwischen $\Delta\varphi_R$ und $\Delta\omega$ ist bei Schwingkreisen gegeben durch deren Phasensteilheit $d\varphi_R/d\omega$. Die Phasensteilheit eines Schwingkreises ist bei der Resonanzfrequenz ω_r bekanntlich

Langzeitstabilität

$$\left.\frac{\Delta\varphi_R}{\Delta\omega}\right|_{\omega_r} = 2Q_o/\omega_r \; . \tag{13.78}$$

Je größer die Güte des Resonanzkreises ist, umso geringer ist die Frequenzänderung $\Delta\omega$. Nehmen wir als Beispiel die kapazitive Dreipunktschaltung (Colpitts-Oszillator), so wird die Schwingkreisgüte in der Praxis wesentlich durch die Verluste der Induktivität L_k bestimmt. Berücksichtigt man die Spulenverluste durch einen Serienwiderstand R_k, so folgt mit $Q_o = \omega_r L_k/R_k$

$$\left.\frac{\Delta\varphi_R}{\Delta\omega}\right|_{\omega_r} = 2L_k/R_k \; . \tag{13.79}$$

Die Spulenverluste begrenzen wesentlich die Phasensteilheit und damit auch die Frequenzstabilität von Oszillatoren. Bei ausreichend hohen Frequenzen ($\gtrsim$ 100 MHz) geht man daher zu Leitungs- oder Hohlraumresonatoren über.

Bei Frequenzen bis etwa 200 MHz erreicht man eine hohe Frequenzkonstanz durch den Einsatz von Schwingquarzen, die Güten bis zu 10^6 haben und zudem eine sehr gute Langzeitkonstanz der Oszillator-

Schwingquarze

frequenz ermöglichen.

Die Wirkungsweise von Schwingquarzen beruht auf dem piezoelektrischen Effekt. Eine mechanische Deformation des Kristalls führt zu Oberflächenladungen und zu einem elektrischen Feld. Umgekehrt werden mechanische Deformationen (mechanische Schwingungen) durch angelegte elektrische Felder (Wechselfelder) bewirkt.

Eigenschaften

Schwingquarze haben eine extrem scharfe Resonanzkurve der mechanischen Schwingung (d.h. sehr geringe Verluste), diese spiegelt sich infolge des piezoelektrischen Effekts wider in einer elektrischen Resonanz sehr hoher Güte ($Q_o \approx 10^5 - 10^6$).

Die Ersatzschaltung für einen piezoelektrischen Schwinger besteht nach Bild 13.35b aus einem Serienresonanzkreis mit L, R und C für den eigentlichen Schwingkristall und einer Parallelkapazität C_p, in der Gehäuse- und Schaltkapazitäten zusammengefaßt sind.

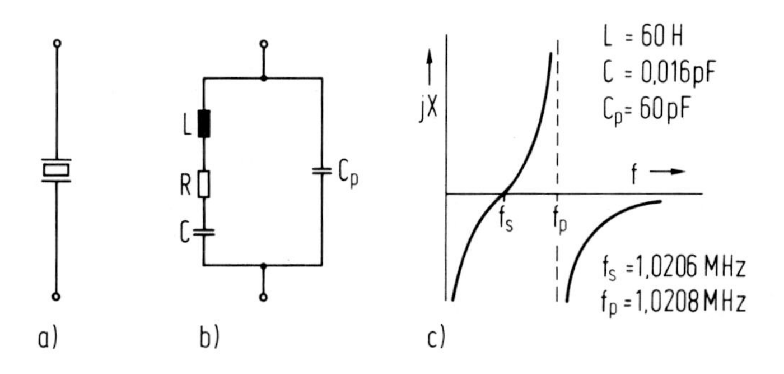

Bild 13.35
a) Schaltzeichen für piezoelektrische Schwinger
b) Elektrische Ersatzschaltung mit Gehäusekapazität C_p
c) Frequenzgang der Schwingquarzreaktanz jX für R = 0 mit typischen Element- und Frequenzwerten

Daten

Die dynamischen Ersatzgrößen L, R und C lassen sich aus den mechanischen, geometrischen und piezoelektrischen Größen des Schwingquarzes berechnen. Dabei ergeben sich abhängig von der mechanischen Schwingungsform, der Schwingfrequenz und Kristallorientierung elektrische Ersatzgrößen von L = 100 µH ... 10^4 H und Kapazitätsverhältnisse C_p/C = 100 ... 1000, die Leerlaufgüte Q_o hat Werte von $Q_o = \omega_r L/R = 10^4 \dots 10^6$.

Bei Frequenzen im Bereich von 100 kHz sind Werte L = 100 H, C = 0.02 pF, R = 10 kΩ und C_p = 5 pF repräsentativ. Wenn die Verluste vernachlässigt werden (R = 0), ist der Widerstand des Schwingquarzes ein reiner Blindwiderstand, der gemäß

$$jX = -\frac{j}{2\pi f C_p} \frac{f^2 - f_s^2}{f^2 - f_p^2} \tag{13.80}$$

von der Frequenz abhängt. Bei

$$f = f_s = \frac{1}{2\pi\sqrt{LC}} \tag{13.81}$$

liegt Reihenresonanz vor und bei

$$f = f_p = f_s \{1 + C/C_p\}^{1/2} \simeq f_s \{1 + C/(2C_p)\} \tag{13.82}$$

eine Parallelresonanz. f_p ist wegen $C \ll C_p$ nur wenig größer als f_s. Im Frequenzbereich $f_s < f < f_p$ ist der Blindwiderstand induktiv und ändert sich sehr steil mit der Frequenz. Wird daher die Rückkopplungsinduktivität L_k des Colpitts-Oszillators durch einen Schwingquarz ersetzt, der so bemessen ist, daß die Oszillatorfrequenz zwischen f_s und f_p liegt, erhält man die gewünschte Stabilisierung der Schwingfrequenz.

Schaltungsbeispiele

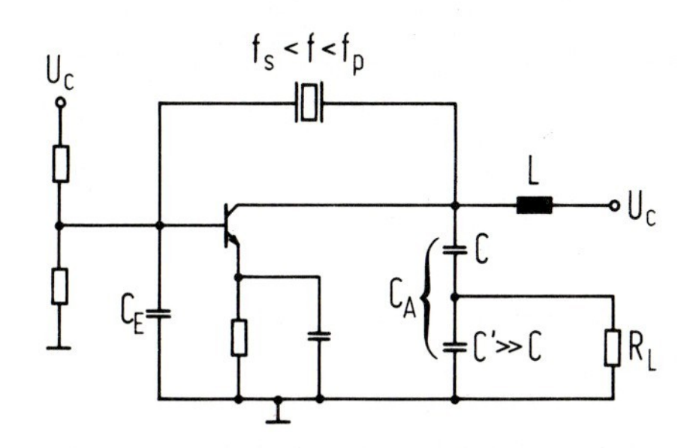

Bild 13.36
Schema eines Quarzoszillators in kapazitiver Dreipunktschaltung (Pierce-Oszillator)

Bild 13.36 zeigt einen quarzstabilen Oszillator in kapazitiver Dreipunktschaltung (sog. Pierce-Oszillator) mit einem bipolaren Transistor. Der Lastwiderstand ist durch einen kapazitiven Spannungsteiler lose angekoppelt. In dieser Schaltung hängt die Schwingfrequenz von C_p ab und ist damit abhängig von parasitären Elementen des Schaltungsaufbaus. Für eine präzise Festlegung der Frequenz (die Resonanzfrequenz f_s von Schwingquarzen wird mit etwa 10^{-6} Genauigkeit angegeben) wird daher auch die Reihenresonanz des Schwingquarzes ausgenutzt. Ein Schaltungsbeispiel dafür ist der Colpitts-Oszillator in Bild 13.37 mit einem Transistor in Basisschaltung. Die Rückkopplung ist wirksam, wenn der Schwingquarz in Reihenresonanz arbeitet, d.h. nahezu einen Kurzschluß bildet. Durch die vorgeschaltete Kapazität C_B kann ggfs. eine Feinabstimmung vorgenommen werden ('Ziehen' der Resonanzfrequenz). Für hohe Güten ist in guter Näherung die Serienresonanzfrequenz des Schwingquarzes unter Einbeziehung von C_B

$$f_s' \simeq f_s \left(1 + \frac{1}{2} \frac{C}{C_p + C_B}\right). \qquad (13.83)$$

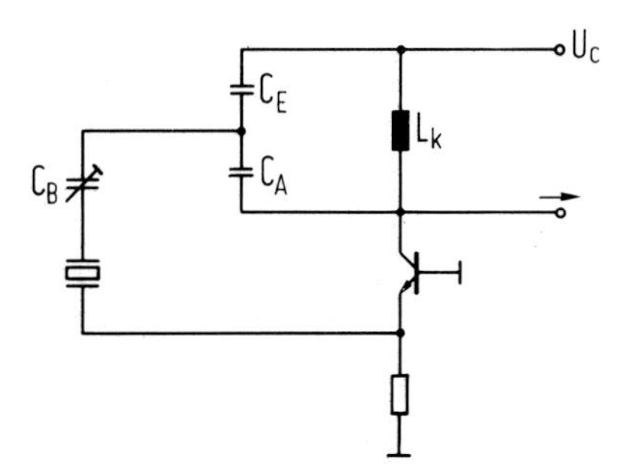

Bild 13.37
Colpitts-Oszillator mit abstimmbarem Schwingquarz in der Rückführung. Bei Serienresonanz des Schwingquarzes wird das Signal des kapazitiven Spannungsteilers auf den Eingang rückgekoppelt.

AT-Schnitt

Die beste Langzeitstabilität erhält man mit Schwingquarzen im sogenannten AT-Schnitt mit Resonanzfrequenzen um 5 MHz. Für höchste Stabilisierung wird die Temperatur des Schwingquarzes in Thermostaten auf einige Tausendstel Grad konstant gehalten. Quarzoszillatoren haben dann eine relative Frequenzdrift von nur etwa $5 \cdot 10^{-11}$/Tag (die relativen Schwankungen der Erdrotation betragen etwa $5 \cdot 10^{-8}$/Tag). Infolge der hohen Güte der Schwingquarze ist auch das Frequenzrauschen von Quarzoszillatoren sehr gering (siehe Gl.(13.39)).

Bikd 13.38a zeigt die Frequenzänderung von 5 MHz-Schwingquarzen im AT-Schnitt in Abhängigkeit von der Temperatur T_{Qu} des Quarzes. Für einen bestimmten Schnittwinkel hat der Temperaturgang bei etwa 30^oC einen Wendepunkt. Hier ist die Stabilität dann besonders gut.

Quarze im AT-Schnitt sind Dickenscherschwinger (s. Bild 13.38b), die Resonanzfrequenz hängt ab von der Dicke d gemäß

$$f_s = \frac{1.67\ \text{MHz}}{d/\text{mm}} \qquad (13.84)$$

Oberhalb von einigen 10 MHz werden die Quarzscheiben damit sehr dünn und empfindlich. Wenn Oberschwingungen ausgenutzt werden, erreicht man bis zu etwa 200 MHz Resonanzfrequenz. Die höchste Frequenzkonstanz haben aber Schwingquarze um etwa 5 MHz.

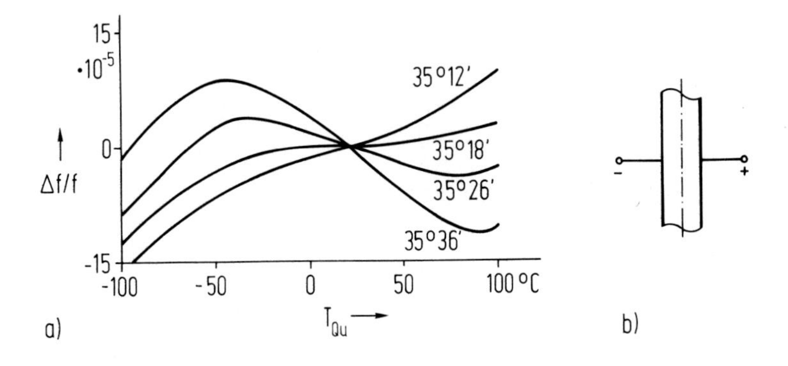

Bild 13.38
a) Temperaturgang der Resonanzfrequenz f_s von 5 MHz Schwingquarzen im AT-Schnitt für verschiedene Schnittwinkel gegen kristallographische Achsen
b) AT-Schwingquarze als Dickenscherschwinger

Mit quarzstabilen Oszillatoren lassen sich also nur relativ niedrige Frequenzen direkt stabilisieren. Hochfrequenz-Oszillatoren können durch Synchronisation mit einem frequenzvervielfachten Signal eines Quarzoszillators stabilisiert werden (Bild 13.39). Dazu wird dem Quarzoszillator ggfs. ein Leistungsverstärker nachgeschaltet und die Schwingung frequenzvervielfacht. Bis zu Ausgangsfrequenzen von einigen hundert MHz können dazu Transistorverstärker im C-Betrieb (s. Abschnitt 8.1) eingesetzt werden, Frequenzvervielfacher mit Speichervaraktoren (s. Abschnitt 11.3) reichen bis in den GHz-Bereich. (Im nächsten Abschnitt lernen wir ein alternatives Verfahren mit Phasenregelkreisen kennen.)

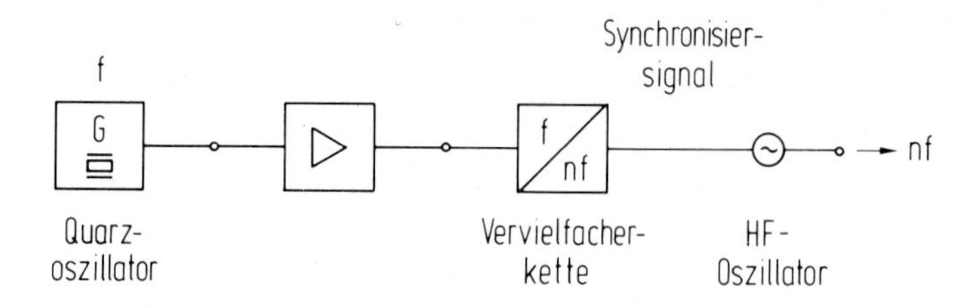

Bild 13.39
Stabilisierung eines HF-Oszillators durch Synchronisation mit dem frequenzvervielfachten Signal eines Quarzoszillators

---

Aufgabe 13.7

In welcher Weise ändert sich das Rauschspektrum des Quarzoszillators (vgl. Bild 13.8), wenn das Signal mit rauschfreien Frequenzvervielfachern um den Faktor N frequenzvervielfacht wird ?

13.6 Elektrisch abstimmbare Oszillatoren

Elektrisch abstimmbare Oszillatoren werden eingesetzt in abstimmbaren Überlagerungsempfängern oder werden für Meßzwecke herangezogen. Besondere Bedeutung haben hierfür Kapazitätsdioden (s. Abschnitt 10.1). Ihre Sperrschichtkapazität läßt sich typisch in einem Verhältnis 5:1 bis 10:1 durch die angelegte Sperrspannung variieren. In Zweitoroszillatoren wird eine Kapazität des Schwingkreises durch eine Kapazitätsdiode ersetzt, man erreicht mit Zweitoroszillatoren Abstimmbreiten über mehrere Oktaven. In den Zweipoloszillatoren für den Mikrowellenbereich, z.B. Gunn-Oszillatoren, werden die Kapazitätsdioden geeignet an den Leitungs- bzw. Hohlraumresonator angekoppelt. Hier müssen hochwertige Varaktordioden mit großer Grenzfrequenz eingesetzt werden, um die Resonatorgüte nicht wesentlich zu beeinträchtigen. Typisch können Mikrowellenoszillatoren durch Varaktoren nur innerhalb einiger 10 bis 100 MHz (je nach Mittenfrequenz) abgestimmt werden.

VCO

Neben diodenabgestimmten Oszillatoren (nach dem Engl. voltage controlled oscillator, meist abgekürzt als VCO bezeichnet) werden heute in breitbandig abstimmbaren Mikrowellenquellen YIG-Resonatoren (s. Abschnitt 6.4.2) eingesetzt. Der frequenzbestimmende Resonator solcher YIG-Oszillatoren ist eine YIG-Kugel, deren Resonanzfrequenz sich mit hoher Linearität durch ein angelegtes Magnetfeld über einen breiten Bereich durchstimmen läßt. Bis zu Frequenzen bis etwa 8 GHz werden YIG-abgestimmte Transistoroszillatoren eingesetzt, bei höheren Frequenzen vorzugsweise Gunn-Oszillatoren. Deren Schwingfrequenz kann nach Abschnitt 13.3 in einem weiten Bereich eingestellt werden.

YIG-Oszillatoren

Bild 13.40 zeigt als Beispiel einen YIG-abgestimmten Gunn-Oszillator. Der Durchgangsresonator mit YIG-Kugel (s. Bild 6.28) bildet den frequenzbestimmenden Resonator hoher Güte. Die Anpaßtransformation an die Last Z wird durch Auslegung der Zuleitungen zur YIG-Kugel vorgenommen.

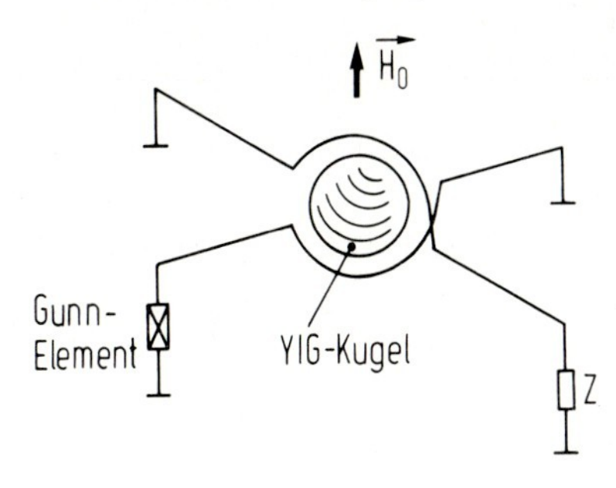

Bild 13.40
Abstimmbarer Gunn-Oszillator mit YIG-Durchgangsresonator

Derartige YIG-Oszillatoren lassen sich typisch über eine Oktave durchstimmen. Ein gewisser Nachteil der Anordnung nach Bild 13.40 ist, daß die Oszillatorleistung über der YIG-Kugel der Last zugeleitet wird. Bei Leistungen oberhalb von etwa 100 mW treten aber Nichtlinearitäten und höhere Eigenschwingungen in der YIG-Kugel auf, die das Verhalten stark beeinträchtigen.

Bild 13.41a zeigt schematisch den Aufbau eines YIG-abgestimmten Gunn-Oszillators in Streifenleitungstechnik (Firma Valvo Serie MY 1100, Frequenzbereich z.B. 12 - 18 GHz; Ausgangsleistung > 20 mW). Das Gunn-Element ist schleifengekoppelt an die YIG-Kugel. Eine Streifenleitung veränderlicher Breite nimmt eine breitbandige Widerstandstransformation an die Last Z = 50 Ω vor. Die Schwingfrequenz wird durch den Spulenstrom eines Elektromagneten eingestellt. Zur Feineinstellung der Frequenz und einer schnellen Frequenzänderung ist über die Schaltung eine flache Spiralspule gelegt.

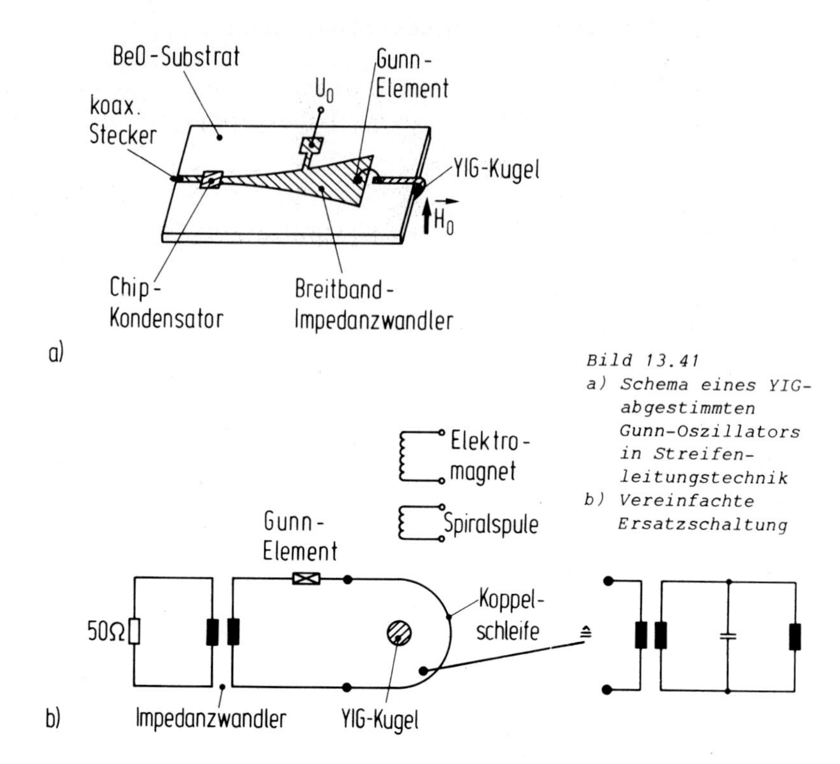

Bild 13.41
a) Schema eines YIG-abgestimmten Gunn-Oszillators in Streifenleitungstechnik
b) Vereinfachte Ersatzschaltung

Für eine gute Abführung der Verlustleistung des Gunn-Elementes ist die Schaltung auf einem Berylliumoxid (BeO)-Substrat hergestellt. BeO hat eine Wärmeleitfähigkeit vergleichbar mit Kupfer, es wird häufig auch als Trägermaterial für Leistungstransistoren verwendet. (BeO wurde nicht in Abschnitt 6.2.1 als Substratmaterial angeführt, da BeO-Staub, der bei der Bearbeitung anfällt, hochgiftig ist.)

Die YIG-Kugel ist angekoppelt durch eine Schleife, die durch den verlängerten - mit der Gegenelektrode verbundenen - Streifenleiter gebildet wird. In dieser Anordnung wird die Ausgangsleistung nicht über den YIG-Resonator geführt, es sind keine Nichtlinearitäten und höhere Eigenschwingungen der YIG-Kugel zu befürchten.

13.7 Phasenregelkreise, Synthesegeneratoren

In Abschnitt 13.5 wurde die Synchronisation eines HF-Oszillators durch das frequenzvervielfachte Signal eines Quarzoszillators angesprochen. Heute ist verbreitet die Technik der Phasenregelkreise oder PLL-Schaltungen (PLL nach dem Engl. phase locked loop) zur phasenstarren Verkopplung zweier Oszillatoren. Integrierte PLL-Schaltungen erlauben in Verbindung mit programmierbaren digitalen Frequenzteilern einen kostengünstigen Aufbau sogenannter Synthesegeneratoren oder Schrittgeneratoren. Deren Frequenz kann schrittweise in Stufen von z.B. 1 kHz jeweils quarzstabil eingestellt werden.

Hier sollen einige Grundzüge der Phasenregelkreise dargestellt werden und es soll als eine Anwendung der Aufbau von Synthesegeneratoren behandelt werden.

Bild 13.42 zeigt die Grundschaltung eines Phasenregelkreises.

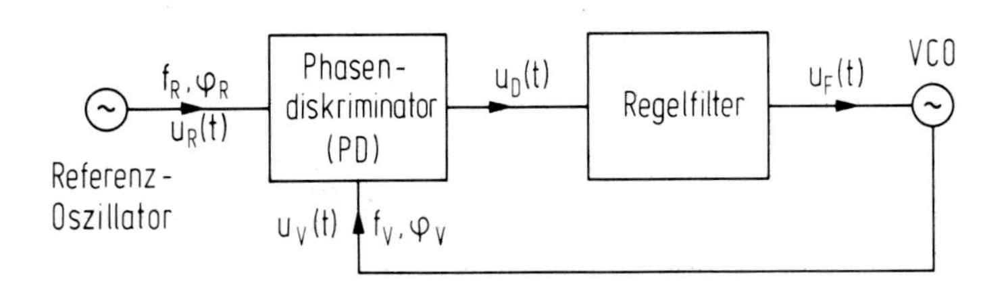

Bild 13.42
Prinzip eines Phasenregelkreises. Die Regelschleife setzt die Phase φ_V des VCO fest auf die Phase φ_R des Referenz-Oszillators

Aufbau

Phasenregelkreise enthalten in der Grundform drei Komponenten: - Einen elektrisch abstimmbaren Oszillator (VCO), der phasenstarr angebunden werden soll an den Referenz-Oszillator. Der Referenz-Oszillator kann u.a. sein ein Quarzoszillator oder ein Empfangssignal, das frequenz- oder phasenmoduliert ist. - Einen Phasendiskriminator (PD), dessen Ausgangssignal $u_D(t)$ abhängt von der Differenz der Phasen φ_R und φ_V von Referenz-Oszillator und VCO. - Ein Regelfilter, das ein Abstimmsignal $u_F(t)$ für den VCO so erzeugt, daß letztlich VCO und Referenz-Oszillator synchron schwingen, d.h. in der Frequenz übereinstimmen ($f_V = f_R$) und bis auf ggfs. eine kleine Regelabweichung $\delta\varphi$ in der Phase übereinstimmen ($\varphi_V = \varphi_R + \delta\varphi$).

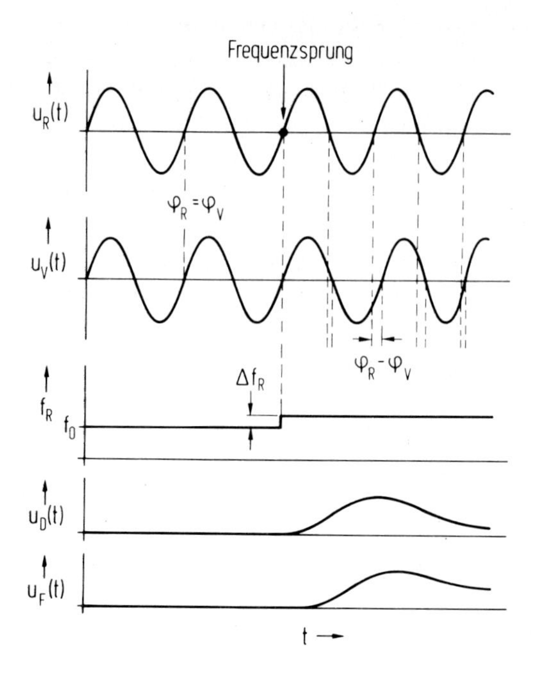

Bild 13.43
Phasenregelkreis als Folgeregelung am Beispiel eines Sprunges der Referenzfrequenz f_R. Der Zeitverlauf $u_D(t)$ ist proportional zur Phasendifferenz $\varphi_R - \varphi_V$, das Steuersignal $u_F(t)$ des VCO ist für einen Tiefpaß als Regelfilter gezeigt, die Änderung der momentanen Kreisfrequenz des VCO ist $\Delta\omega_V = d\varphi_V/dt \sim u_F(t)$.

Eigen-
schaften

Bild 13.43 zeigt am Beispiel eines Sprunges Δf_R der Referenzfrequenz das Einschwingen des Regelkreises derart, daß möglichst schnell die Phase φ_V des VCO wieder auf φ_R eingestellt wird. Zweckmäßig wird man für die Regelstrecke ein Tiefpaßverhalten mit optimalem Einschwingen einstellen.

Bei Phasenregelkreisen sind besonders wichtig der Haltebereich, das ist der Frequenzabstand $|f_R - f_V|$, bei dem die Regelung eingerastet bleibt und der Einfangbereich. Dieser gibt an, welcher Frequenzabstand $|f_R - f_V|$ anfänglich vorhanden sein darf, damit die Regelung in der Lage ist, nach kurzer Zeit einzurasten und f_V auf f_R einzuregeln. Der Haltebereich läßt sich auf der Grundlage eines linearen Modells überblicken, während das Einfangen ein schwierig zu berechnender nichtlinearer Vorgang ist; er wird wesentlich durch die Art des Phasendiskriminators bestimmt.

Wir wollen zunächst mit bekannten Verfahren der Regelungstechnik die Rückkopplungsschleife für den eingerasteten Zustand, $\varphi_R = \varphi_V$, untersuchen. Für kleine Abweichungen davon können wir die meist nichtlineare Kennlinie des Phasendiskriminators linearisieren und schreiben

lineares Modell

$$u_D(t) = K_D\{\varphi_R(t) - \varphi_V(t)\} \tag{13.85}$$

mit der Steilheit K_D (V/rad) des Diskriminators (typisch $K_D \simeq 0.1 - 1$ V/rad). Die Frequenz des VCO ändert sich mit der Abstimmspannung $u_F(t)$. (Mit einer Spannungs/Stromwandlung kann auch ein YIG-Oszillator einbezogen werden.) Nehmen wir auch hier kleine Abweichungen vom synchronisierten Zustand an, so ist die Kennlinie des VCO linear; seine Phase ändert sich dann gemäß

$$d\varphi_V/dt = K_V u_F(t) \tag{13.86}$$

mit der Steilheit K_V (rad/Vs) des VCO. (Je nach Mittenfrequenz typisch $K_V \simeq 0.1 - 100$ MHz/V.) Das Regelfilter hat normalerweise Tiefpaßcharakter. Wir gehen zur Analyse des linearen Modells durch Laplace-Transformation über in den Bildbereich mit einer komplexen Frequenz s im Regelkreis. (Zur Unterscheidung von der komplexen Oszillatorfrequenz p führen wir hier das Symbol s ein.) Dann wird aus Gl.(13.85), (13.86)

$$U_D(s) = K_D\{\Phi_R(s) - \Phi_V(s)\} \tag{13.87}$$

$$\Phi_V(s) = K_V U_F(s)/s \; . \tag{13.88}$$

Die Frequenz des VCO geht proportional zur Abstimmspannung, bezüglich der Phase wirkt der VCO nach Gl.(13.88) als Integrator, der VCO führt daher schon zu 90° Phasennacheilung im Rückkopplungskreis. Als Regelfilter führen wir nach Bild 13.44 ein aktives Filter 1. Ordnung mit Tiefpaßcharakter ein.

Regelfilter

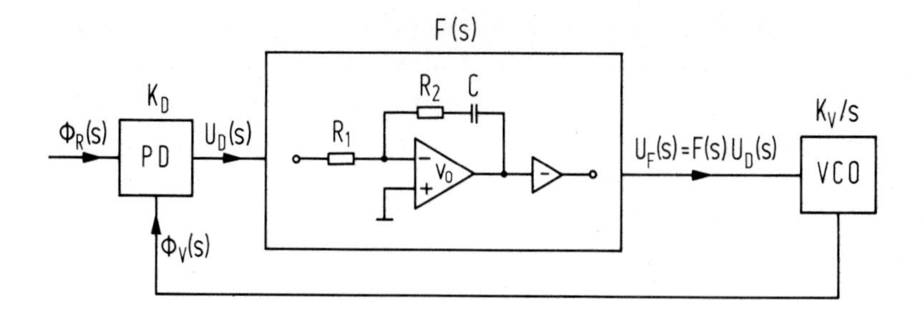

Bild 13.44
Lineares Modell eines Phasenregelkreises mit aktivem Filter 1. Ordnung als Regelfilter

Es hat die Übertragungsfunktion

$$F(s) = U_F(s)/U_D(s) = V_0 \frac{s\tau_2 + 1}{s\tau_2 + 1 + (1 + V_0)s\tau_1} ; \qquad (13.89a)$$

$$\tau_1 = R_1C, \quad \tau_2 = R_2C .$$

Für eine große Spannungsverstärkung V_0 ist

$$F(s) \simeq \frac{\tau_2}{\tau_1} + \frac{1}{s\tau_1}, \quad F(0) = V_0 . \qquad (13.89b)$$

Das Filter wirkt mithin wie ein PI-Glied. (Der Inverter hebt die Vorzeichenumkehr des aktiven Filters auf, wir erhalten dann die in der Literatur übliche Schreibweise der Formeln.) Die Verstärkung des offenen Regelkreises ist

Kenngrößen des Regelkreises

$$G(s) = \Phi_V(s)/\{\Phi_R(s) - \Phi_V(s)\} = K_DK_VF(s)/s , \qquad (13.90)$$

die Übertragungsfunktion H(s) des Regelkreises ist damit

$$H(s) = \Phi_V(s)/\Phi_R(s) = G(s)/\{1 + G(s)\} . \qquad (13.91)$$

Mit den Bezeichnungen

$$\omega_n = \sqrt{K_DK_V/\tau_1} , \quad \zeta = \omega_n\tau_2/2 \qquad (13.92)$$

für Eigenfrequenz und Dämpfungskonstante folgen die Normalformen für G(s) und H(s)

$$G(s) = \omega_n^2/s^2 + 2\omega_n\zeta/s \ , \quad H(s) = \frac{2\zeta\omega_n s + \omega_n^2}{s^2 + 2\zeta\omega_n s + \omega_n^2} \ . \qquad (13.93)$$

Wegen der Integratorwirkung des VCO führt schon ein Regelfilter 1. Ordnung zu einem Regelkreis 2. Ordnung. Das Verhalten des Regelkreises bezüglich Regelung und Stabilität überblicken wir anhand des Bodediagramms nach Bild 13.45.

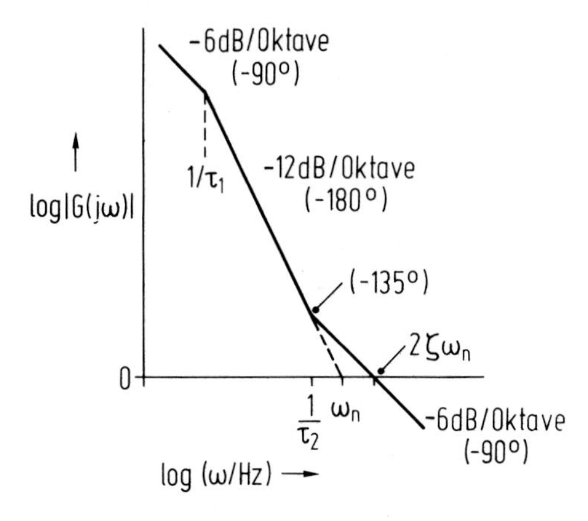

Bild 13.45
Asymptotisches Bodediagramm der Verstärkung $G(j\omega)$ des offenen Kreises für ein aktives Regelfilter 1. Ordnung. Unterhalb von $\omega \simeq 1/\tau_1$ sind $F(s) \simeq V_o$ mit der sehr großen Spannungsverstärkung des Operationsverstärkers und $G(s) = K_D K_V V_o/s$.

Bodediagramm

Die Durchtrittsfrequenz ist $\omega = 2\zeta\omega_n$, sie entspricht etwa der 3 dB-Eckfrequenz des geschlossenen Kreises. Wir sehen sofort, daß Abweichungen $\varphi_R - \varphi_V$ mit einer Schnelligkeit entsprechend Kreisfrequenzen $\omega < \omega_n$ ausgeregelt werden, für Frequenzkomponenten $\omega \gtrsim \omega_n$ versagt die Phasenregelung. (Wir sehen auch, daß der Regelkreis für Frequenzablagen $\lesssim 2\zeta\omega_n$ vom Träger für ein verrauschtes Referenzsignal stark rauschunterdrückend arbeitet, solange er eingerastet bleibt. Wegen der Tiefpaßcharakteristik folgt nämlich der VCO einem in etwa der Zeit $1/(2\zeta\omega_n)$ gemittelten Signal der Referenz.)

Wir sehen aus dem Bodediagramm weiter, daß $\zeta > 0.5$ sein sollte für eine genügende Phasenreserve, bei $\zeta = 0.5$ ist sie gerade noch 45°. Typisch wird durch Wahl von ζ bzw. von τ_2 eine Phasenreserve von etwa 60° eingestellt, um für ausreichende Stabilität zu sorgen.

Folgeverhalten

Ausgehend vom eingerasteten Zustand bestimmen wir das Folgeverhalten der Phasenregelung für einige einfache, aber genügend aussagekräftige Fälle. Wir ziehen dazu das Grenzwerttheorem

$$\lim_{t\to\infty} x(t) = \lim_{s\to 0}\{sX(s)\} \qquad (13.94)$$

der Laplace-Transformation heran mit $X(s)$ als Laplace-Transformierte der Zeitfunktion $x(t)$. Der Phasenfehler $\Phi_R(s) - \Phi_V(s)$ ist mit Gl.(13.90)

$$\Phi_R(s) - \Phi_V(s) = \Phi_R(s)/\{1 + G(s)\} = s\Phi_R(s)/\{s + K_D K_V F(s)\}. \qquad (13.95)$$

Beispiele

a) Die Phase φ_R der Referenz springt um $\Delta\varphi_R$, dann folgt mit $\Phi_R(s) = \Delta\varphi_R/s$ aus Gl.(13.94), (13.95), daß ein einmaliger Phasensprung vollständig ausgeregelt wird, $\varphi_R(t) - \varphi_V(t) = 0$ für $t \to \infty$. (Die zugehörige Zeitfunktion $\varphi_R(t) - \varphi_V(t)$ zeigt ein Einschwingen innerhalb etwa der Zeit $1/\zeta\omega_n$.)

b) Ein Sprung $\Delta\omega_R$ der Referenzfrequenz führt zu einer Laplace-Transformierten $\Phi_R(s) = \Delta\omega_R/s^2$, dann wird im Endzustand nach Gl.(13.94), (13.95) der Restfehler der Phase

$$\lim_{t\to\infty}\{\varphi_R(t) - \varphi_V(t)\} = \Delta\omega_R/\{K_D K_V V_0\} . \qquad (13.96)$$

Wenn also insbesondere die Verstärkung V_0 des Operationsverstärkers groß ist, ist der resultierende Phasenfehler verschwindend klein. (Auch hier ist $1/\zeta\omega_n$ die Zeitkonstante, mit der ein Frequenzsprung eingeregelt wird (siehe Bild 13.43).) Aus Gl.(13.96) läßt sich als wichtige Kenngröße von Phasenregelschleifen der sogenannte Haltebereich entnehmen. Die Phasendiskriminatoren arbeiten typisch nur in einem Bereich $|\varphi_R(t) - \varphi_V(t)| \lesssim \pi$. Der Haltebereich ist damit

Haltebereich

$$\Delta\omega_H \approx \pi K_D K_V V_0 . \qquad (13.97)$$

Für große V_0 bleibt die Regelschleife demnach auch bei großen Frequenzsprüngen $\Delta\omega_R$ eingerastet.

c) Kritischer ist das Folgeverhalten, wenn ω_R sich zeitlich ändert, die Referenz also z.B. frequenzmoduliert ist. Nehmen wir als hier einfachstes Beispiel eine rampenförmige Änderung mit der Rate $\Delta\dot{\omega}_R$. (Das tritt u.a. auf, wenn die Referenz ein Wobbelsender ist.) Dann ist $\Delta\varphi_R(t) = \Delta\dot{\omega}_R t^2/2$, mit dem zugehörigen $\Phi_R(s) = \Delta\dot{\omega}_R/s^3$ folgt ein Phasenfehler im Endzustand

$$\lim_{t \to \infty} \{\varphi_R(t) - \varphi_V(t)\} = \Delta\dot{\omega}_R/\omega_n^2 \tag{13.98}$$

für das betrachtete Regelfilter 1. Ordnung. Mit $|\varphi_R(t) - \varphi_V(t)| \lesssim \pi$ ist die Abstimmrate der Referenz begrenzt auf

$$(\Delta\dot{\omega}_R)_{max} \simeq \pi\omega_n^2 \, . \tag{13.99}$$

Nur bei großer Bandbreite des Regelkreises, d.h. auch relativ großem Rauschen, läßt die Regelung mit einem Regelfilter 1. Ordnung schnelle Frequenzänderungen von ω_R zu.

Das Einfangverhalten des Phasenregelkreises wird wesentlich durch den Phasendiskriminator bestimmt. Wir führen zwei Beispiele an. Bei hohen Frequenzen und sinusförmigen Signalen $u_R(t)$, $u_V(t)$ werden üblich Ringmodulatoren (s. Abschnitt 9.7) herangezogen. Sie haben als Multiplizierer bei Eingangssignalen

Multiplizierer als PD

$$u_R(t) = \hat{U}_R \cos(\omega_R t + \varphi_R), \; u_V(t) = \hat{U}_V \cos(\omega_V t + \varphi_V) \tag{13.100}$$

eine Ausgangsspannung

$$u_D(t) \sim \frac{1}{2} \hat{U}_R \hat{U}_V \cos\{(\omega_R - \omega_V)t + \varphi_R - \varphi_V)\} + \frac{1}{2} \hat{U}_R \hat{U}_V \cos\{(\omega_R + \omega_V)t + \varphi_R + \varphi_V\} \, . \tag{13.101}$$

Der Anteil von $u_D(t)$ bei der Summenfrequenz $\omega_R + \omega_V$ wird in der Regelschleife stark gedämpft und im weiteren nicht mehr beachtet.

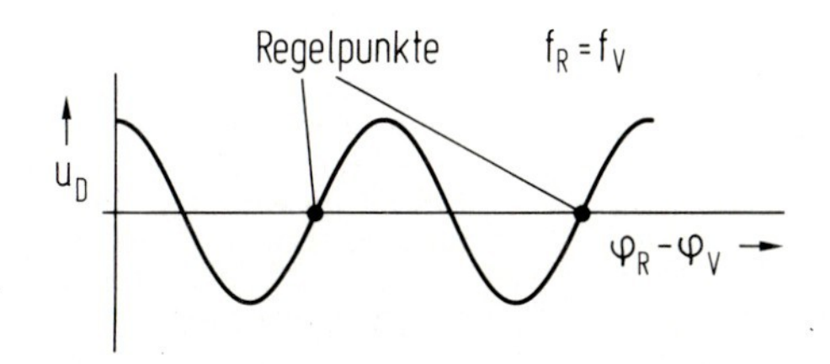

Bild 13.46 Ringmodulator als Phasendiskriminator (PD) mit periodischer Kennlinie

Entsprechend der obigen Vorzeichenfestsetzung von K_D sind Regelpunkte eingetragen. Im eingerasteten Zustand sind Referenz und VCO um 90° phasenverschoben. Die Regelkennlinie ist mit $u_D(t) = K_D \sin(\varphi_R - \varphi_V)$ sinusförmig, K_D ist nach Gl.(13.101) von der Aussteuerung abhängig

Verhalten

(typische Werte K_D liegen bei 0.1 V/rad). Nur für kleine Werte $\varphi_R - \varphi_V$ ist die obige lineare Näherung zutreffend. Das Einfangverhalten kann wegen der nichtlinearen Kennlinie nur im Zeitbereich berechnet werden. Die entstehenden Differentialgleichungen sind wegen der periodischen, sinusförmigen PD-Kennlinie nichtlinear und nur schwierig zu lösen.

Wir wollen daher den Einfangvorgang nur qualitativ beschreiben. Anfänglich seien f_R und f_V verschieden. Am Ausgang des Multiplizierers entsteht dann ein Signal mit der Differenzfrequenz $f_R - f_V$. Für $|\omega_R - \omega_V| \lesssim \omega_n$ wird es kaum durch das Regelfilter gedämpft, für $|\omega_R - \omega_V| \gtrsim \omega_n$ aber mit 6 dB/Oktave immer stärker unterdrückt. Immer aber entsteht ein Fehlersignal $u_F(t) \sim \cos(\omega_R - \omega_V)t$, das den VCO frequenzmoduliert. Das Frequenzspektrum des VCO enthält dann Komponenten bei $\omega_V + k(\omega_R - \omega_V)$, $k = 0, \pm 1, \pm 2, \pm 3 \ldots$ Die Überlagerung des frequenzmodulierten VCO-Signals und der Referenz am PD erzeugt auch eine Gleichkomponente aus der VCO-Frequenzkomponente bei $k = 1$. Diese Gleichkomponente treibt die VCO-Frequenz in Richtung auf die Referenzfrequenz (vgl. das lineare Modell). Wenn dadurch der Frequenzabstand $\omega_R - \omega_V$ immer kleiner wird, steigen zunächst langsam, ab $|\omega_R - \omega_V| \approx \omega_n$ aber sehr schnell die Frequenzmodulation des VCO und die Gleichkomponente an. Wenn also $|\omega_R - \omega_V| \lesssim \omega_n$ geworden ist, rastet die Regelschleife innerhalb ihrer Zeitkonstanten $T_L \approx 1/\omega_n$ ein und setzt den VCO auf die Referenz fest. Bild 13.47 veranschaulicht diesen Vorgang zunehmender Frequenzmodulation des VCO und ansteigender Regelspannung.

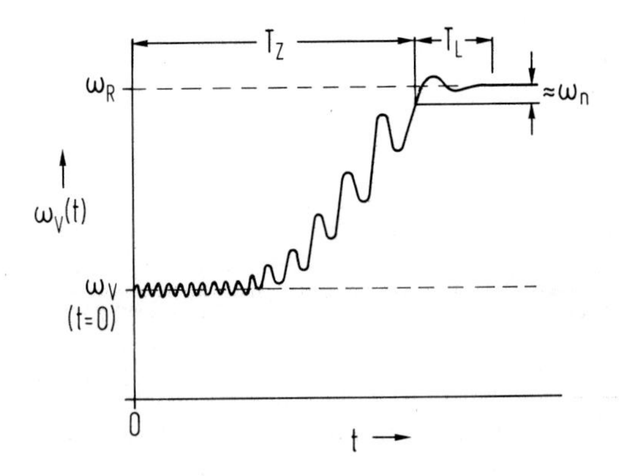

Bild 13.47 Einfangverhalten eines Phasenregelkreises mit einem Multiplizierer als PD. Der Ziehvorgang dauert T_Z, das Einrasten erfolgt für $|\omega_R - \omega_V| \lesssim \omega_n$ innerhalb $T_L \simeq 1/\omega_n$.

Aus dieser Beschreibung folgt auch, daß die Zeit T_Z für das Ziehen des VCO auf $|\omega_R - \omega_V| \simeq \omega_n$ groß ist, wenn anfänglich $|\omega_R - \omega_V| >> \omega_n$ ist, weil dann für längere Zeit der Frequenzhub des VCO wegen der Tiefpaßfilterung nur klein ist. Näherungsweise ist

$$T_Z \simeq |\omega_R - \omega_V|^2/(2\zeta\omega_n^3) \tag{13.102}$$

mit sehr großen Werten für $|\omega_R - \omega_V| \gg \omega_n$.

Zahlenbeispiel

Zahlenbeispiel: $\zeta = \sqrt{2}/2$, $\omega_n = 2\pi \cdot 100$ Hz, $\omega_R = 2\pi \cdot 100$ kHz, $t = 0$: $\omega_V = 2\pi \cdot 90$ kHz. Dann sind $T_Z \simeq 11.3$ s und $T_L \simeq 1.6$ ms.

Typische Zeitkonstanten für den Einfangvorgang sind so groß, daß Phasenregelkreise mit Ringmodulatoren oder anderen analogen Schaltungen als PD für u.a. Synthesegeneratoren nicht in Betracht kommen. Solche PLL-Schaltungen haben aber trotzdem Bedeutung für extrem schmalbandige und damit rauscharme Empfänger für z.B. schmalbandig modulierte FM- oder PM-Signale von u.a. Satelliten, weil die störabstandsbestimmende Bandbreite nahezu gleich der Filterbandbreite $\zeta\omega_n$ ist.

digitale Phasen-Frequenz-Diskriminatoren (PFD)

Für schnelles und sicheres Einfangen und Einrasten der Phasenregelkreise u.a. in Synthesegeneratoren verwendet man heute digitale Phasen-Frequenz-Diskriminatoren (PFD). Digitale PFD werden in ECL-Technik für Frequenzen bis über 100 MHz angeboten. Sie arbeiten auch für sinusförmige Oszillatoren. Die genaue Analyse ihrer Funktion ist aufwendig, wir beschränken uns hier auf ihre Phasen-Frequenz-Kennlinie. Sie ist nach Bild 13.48 charakterisiert durch konstante Mittelwerte der Regelspannungen für Frequenzabweichungen $f_R - f_V$ und eine nichtperiodische, lineare Phasencharakteristik.

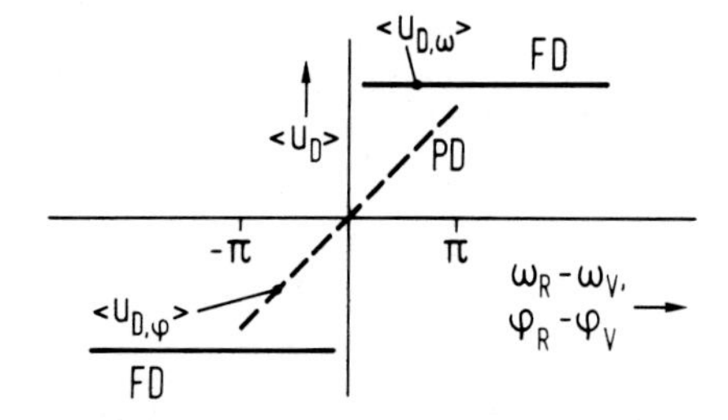

Bild 13.48
Kennlinie eines digitalen PFD mit Mittelwerten der Regelspannung $\langle u_{D,\omega}\rangle$ für $\omega_R - \omega_V \neq 0$ (Frequenzdiskriminator FD) und linearer Regelspannung $\langle u_{D,\varphi}\rangle$ für $\varphi_R \neq \varphi_V$ (Phasendiskriminator PD)

Die Regelspannungen sind zeitliche Mittelwerte von Pulsfolgen, das Regelfilter nach Bild 13.44 ist mit seiner Integratorwirkung auch für digital arbeitende PFD günstig.

Synthese-
generatoren

Wir betrachten einen Anwendungsbereich von PLL-Schaltungen, die Synthese- oder Schrittgeneratoren. Sie werden heute zunehmend als u.a. Meßsender eingesetzt, mit digitalen PLL-Schaltungen lassen sie sich besonders kompakt und kostengünstig realisieren. Stabilität und geringes Phasenrauschen sind meist wichtige Anforderungen. Die in Schritten einstellbare Ausgangsfrequenz wird dazu aus einer quarzstabilen Frequenz abgeleitet.

Grund-
schaltung

Bild 13.49 zeigt eine Grundschaltung, sie enthält neben dem Phasenregelkreis feste oder programmierbare Frequenzteiler. (Auf die genaue Funktionsweise digitaler Frequenzteiler gehen wir nicht ein, es sind prinzipiell Zählerschaltungen mit einem nach vorgegebener Periodenzahl umgeschalteten Ausgangssignal.) Die Frequenzteiler verarbeiten auch Sinussignale. Im gezeigten Beispiel kann der VCO in Schritten von 1 kHz quarzstabil im ZF-Bereich zwischen 10 MHz und 19.999 MHz eingestellt werden.

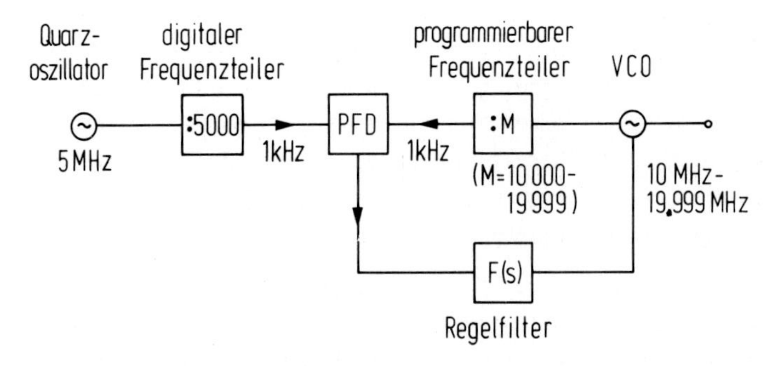

Bild 13.49
Grundschaltung eines ZF-Synthesegenerators mit 1 kHz-Schrittweite

Erweite-
rungen

Wenn zusätzlich eine Mischstufe in den Kreis eingeführt wird und wenn weiterhin - bis über 1 GHz hinaus verfügbare - Vorteiler eingesetzt werden, erhält man das in Bild 13.50 gezeigte Prinzipschema eines HF-Schrittgenerators. Die Vergleichsfrequenz am PFD ist f_R/N. Die Ausgangsfrequenz kann in Schritten von $M_1 f_R/N$ verändert werden zwischen

nf_0 und $nf_0 + M_{2\,max}(M_1 f_R/N)$ mit $M_{2\,max}$ als maximal einstellbarer Frequenzteilung M_2.

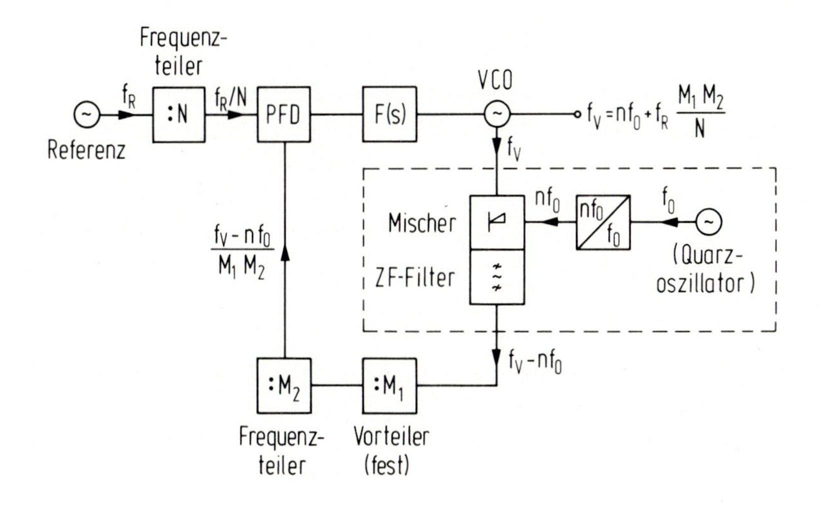

Bild 13.50
Einfaches Schema eines HF-Synthesegenerators mit Frequenzteilern und Abwärtsmischer im Regelkreis

Diese im grundsätzlichen Aufbau einfachen Schrittgeneratoren haben aber folgenden Nachteil: Die Referenzfrequenz für den PFD ist f_R/N (s. Bild 13.50, N = 5000 in Bild 13.49). Die Eckfrequenz des Regelfilters F(s) muß wesentlich kleiner als f_R/N sein, damit Oberwellen z.B. des Frequenzteilers genügend abgeschwächt werden. (Es sind nur Regelfilter niedriger Ordnung d.h. schwacher Selektivität aus Stabilitätsgründen einsetzbar.) Bei niedrigen Schrittfrequenzen ist dann (s.o.) die Einschwingzeit des Regelkreises groß, niedrige Schrittfrequenzen = Referenzfrequenzen führen dann zu langen Umschaltzeiten des Schrittgenerators. Andererseits werden Phasenschwankungen des VCO innerhalb der Regelbandbreite unterdrückt; hohe Eckfrequenzen von F(s) d.h. auch große Vergleichsfrequenzen f_R/N sind dafür günstig. Man sollte also versuchen, niedrige Schrittfrequenzen und große Regelbandbreiten zu kombinieren.

Eine Lösung dafür sind mehrkreisige Schrittgeneratoren. Bild 13.51 zeigt vereinfacht einen zweikreisigen Schrittgenerator. Zwei Phasenregelkreise werden über Mischer/Frequenzteiler an eine gemeinsame Referenz gekoppelt.

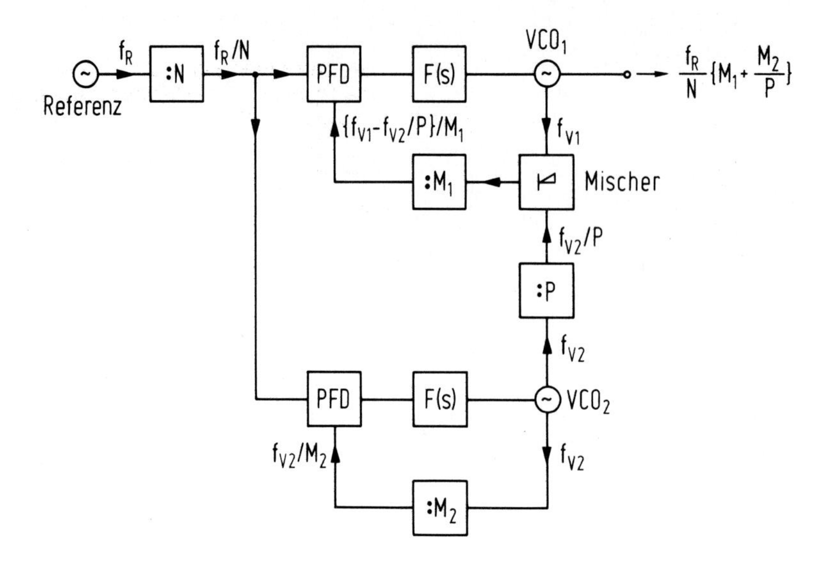

Bild 13.51
Beispiel eines zweikreisigen Schrittgenerators mit zwei frequenzversetzten Phasenregelkreisen, die an eine Referenzfrequenz f_R/N gekoppelt sind

Im eingerasteten Zustand gilt

$$f_R/N = f_{V2}/M_2, \; f_R/N = (f_{V1} - f_{V2}/P)/M_1 \; , \tag{13.103}$$

da jeweils die Referenzfrequenz der PFD's f_R/N ist.
Die Schrittfrequenz ist damit

$$\Delta f_{V1} = \frac{1}{P}(f_R/N) \; , \tag{13.104}$$

sie kann damit viel kleiner als die Regelbandbreite beider PLL-Schaltungen sein. Noch mehr PLL-Kreise, verbunden über Mischer/Frequenzteiler werden zusammengefügt, wenn kleine Frequenzschritte, kurzes Einrasten und geringes Phasenrauschen zusammen verlangt werden.

Aufgabe 13.8

a) Welche Verhältnisse ergeben sich, wenn im Regelfilter von Bild 13.44 $R_2 = 0$ gewählt wird?

b) Erläutern Sie den wesentlichen Vorteil des aktiven Regelfilters in Bild 13.44 gegenüber einem einfachen RC-Tiefpaß.

c) Geben Sie die Zeitfunktionen $\varphi_V(t)$ an für einen Phasensprung $\varphi_R(t) = \Delta\varphi\sigma(t)$, einen Frequenzsprung $\omega_R(t) = \Delta\omega\sigma(t)$ und eine lineare Frequenzänderung von ω_R mit der Rate $\Delta\dot{\omega}$. $\sigma(t)$ ist die Einheits-Sprungfunktion. Es wird ein aktives Regelfilter 1. Ordnung mit $\zeta = 1$ betrachtet.
(Hinweis: Benutzen Sie Tabellen der Laplace-Transformation.)

d) Erläutern Sie anhand eines Umlaufs durch die Regelschleife von Bild 13.44 anschaulich, bis zu welchem anfänglichen Frequenzabstand $\Delta\omega = \omega_R - \omega_V$ die Regelschleife schnell einrastet. (Setzen Sie dazu $\Delta\omega$ so groß an, daß $F(j\Delta\omega) \simeq \tau_2/\tau_1$ gilt.)

Aufgabe 13.9

Festfrequenzteiler sind in Siliziumtechnik bis in den unteren GHz-Bereich verfügbar. Skizzieren Sie das Schema eines PLL-Frequenzvervielfachers.

Aufgabe 13.10

a) Im Blockschema 13.50 ist eine Mischstufe gefolgt von einem ZF-Filter eingetragen. Was muß bei der Dimensionierung der Regelschleife in Bezug auf Stabilität beachtet werden ?

b) In Bild 13.50 ist eine Abwärtsmischung auf $f_z = f_V - nf_o$ gezeigt ($f_V > nf_o$). Allgemein gilt $f_z = |f_V - nf_o|$ (s. Abschnitt 9.4), es wird also auch die Frequenz $nf_o - f_V$ auf f_z umgesetzt. Welche Phasencharakteristik muß der PFD bzw. PD haben, damit die Regelschleife immer sicher auf ein Seitenband z.B. $f_V - nf_o$ = oberes Seitenband einrastet ?
(Hinweis: Überlegen Sie die Antwort anhand von Bild 13.46.)

Lösungen der Übungsaufgaben

Aufgabe 1.1

Mit den Werten $\mu_n = 1400\ cm^2/Vs$ und $\tau \simeq 1\ \mu s - 1000\ \mu s$ liegen bei Verwendung der Einstein-Beziehung $D_n = (kT/q)\mu_n$ die Diffusionslänge L_n der Elektronen im Bereich

$$L_n = (\tau kT\ \mu_n/q)^{1/2} \simeq 0.06 - 1.9\ mm\ .$$

(*Anmerkung:* Bei den im Lehrtext angegebenen hohen Dotierungen der Basiszone $N_{Ab} \simeq 10^{17}\ cm^{-3}$ ist infolge der Streuung an Störstellen die Beweglichkeit der Elektronen nur etwa $\mu_n = 1000\ cm^2/Vs$ und τ liegt bei oder unter 1 µs.)

Aufgabe 1.2

a) Mit $\gamma = 1$ folgt aus Gl.(1.11) mit $n_b(x_2) < N_{Ab}/10$ die Ungleichung

$$I_e < qAD_{nb}N_{Ab}/(10d_b)\ .$$

Mit der Einsteinbeziehung und $\mu_{nb} = 1000\ cm^2/Vs$ erhält man daraus

$$I_e < 10.4\ mA\ .$$

b) Der zugehörige Maximalwert von U_{be} folgt nach Gl.(1.10)

$$\frac{n_i^2}{N_{Ab}} \exp(qU_{be}/kT) = N_{Ab}/10\ .$$

Mit $n_i = 1.5 \cdot 10^{10}\ cm^{-3}$ ist danach

$$U_{be} = 0.75\ V\ .$$

Aufgabe 1.3

Nach Gl.(1.14) berechnet man τ_b aus

$$\tau_b = d_b^2/(2kT\mu_{nb}/q)\ \text{zu}$$

$$\tau_b = 1.95 \text{ ps } (d_b = 0.1\ \mu m); \quad \tau_b = 49 \text{ ps } (d_b = 0.5\ \mu m);$$

$$\tau_b = 195 \text{ ps } (d_b = 1\ \mu m); \quad \tau_b = 4.9 \text{ ns } (d_b = 5\ \mu m)\ .$$

(Damit der Transistor auch für z.B. $f \simeq 1$ GHz noch eine nahezu volle Steuerwirkung hat, muß mit $\tau << 1$ ns $d_b < 1\ \mu m$ sein.)

Aufgabe 1.4

Es ist mit der nach dem Lehrtext bestimmenden exponentiellen Temperaturabhängigkeit

$$|I_{nb}| \sim \exp\{-(W_G - qU_{be})/kT\}$$

$$\frac{1}{|I_{nb}|} \frac{d|I_{nb}|}{dT} \simeq \frac{1}{I_e} \frac{dI_e}{dT} = \frac{W_G - qU_{be}}{kT^2}\ .$$

Nehmen wir $(W_G - qU_{be})/q = 0.5$ V an, dann ist bei $T = 300$ K

$$\frac{1}{I_e} \frac{dI_e}{dT} = 0.065\ K^{-1}\ .$$

Bei einer Temperaturerhöhung von $1/0.065$ K $\simeq 15$ K verdoppelt sich dann I_e, d.h. der Temperaturkoeffizient des Widerstandes ist stark negativ.

Aufgabe 1.5

a) Nach Gl.(1.25) ist $r_e = kT/(q|I_e|)$. Mit $\gamma = 1$ ist nach

$$|I_e| = |I_{nb}| = qwLD_{nb}n_b(x_2)/d_b$$

$$r_e = \frac{N_{Ab}d_b}{qwL\mu_{nb}n_i^2 \exp(qU_{be}/kT)} = 24.1\,\Omega$$

b) Die Diffusionskapazität ist mit Gl.(1.26)

$$c_{eD} = \tau_b/r_e = d_b^2 q/(2\mu_{nb}kTr_e) = 2.00 \text{ pF}\ .$$

c) Die Sperrschichtkapazität ist nach Gl.(1.27) und (1.28)

$$c_{es} = wL\left[\varepsilon q N_{Ab}/2\left\{\frac{kT}{q} \ln\left(\frac{N_{De}N_{Ab}}{n_i^2}\right) - U_{be}\right\}\right]^{1/2}\ .$$

Mit den angegebenen Zahlenwerten und

$$\varepsilon = \varepsilon_r \cdot \varepsilon_o = 11.8 \cdot 8.85 \cdot 10^{-14}\ \mathrm{As/Vcm}$$

folgt

$$c_{es} = 1.64\ \mathrm{pF}\ .$$

d) Nach Gl.(1.30) und (1.31) ist

$$c_c = wL\left[\{\varepsilon q N_{Dc}\}/2\left\{\frac{kT}{q}\ln\left(\frac{N_{Ab}N_{Dc}}{n_i^2}\right) + U_{cb}\right\}\right]^{1/2}$$

$$c_c = 0.027\ \mathrm{pF}\ .$$

e) Nach Gl.(1.29) ist

$$r_b = K\ \frac{w}{(q\mu_{pb}N_{Ab})\cdot d_b L}$$

$$r_b = 18.7\ \Omega\ .$$

f) Mit Gl.(1.32a) ergibt sich

$$r_{cs} = d_{cs}/(wLq\mu_{nc}N_{Dc})\ .$$

d_{cs} wird hierbei aus d_{cs} = d - Sperrschichtweite d_c berechnet.
Mit $d_c = \varepsilon wL/c_c$ ist dann

$$r_{cs} = 700\,\Omega\ .$$

Aufgabe 1.6

a) Es ist nach Gl.(1.36) $\tau_e = r_e c_{es}$; mit r_e und c_{es} nach Aufgabe 1.5 ist

$$\tau_e = 39.6\ \mathrm{ps}\ .$$

b) Aus $\tau_c = d_c/v_s$ und $d_c = \varepsilon wL/c_c$ folgt mit $v_s = 10^7$ cm/s und c_c aus Aufgabe 1.5

$$\tau_c/2 = 18\ \mathrm{ps}\ .$$

c) Mit τ_{cs} nach $r_{cs} = c_c r_{cs}$ und c_c, r_{cs} nach Aufgabe 1.5 ist

$$\tau_{cs} = 19 \text{ ps} .$$

d) Die Basislaufzeit ist für m = 0 nach Gl.(1.14)

$$\tau_b = d_b^2 q/(2kT\mu_{nb}) = 48.8 \text{ ps} .$$

e) Die Transitfrequenz ist nach Gl.(1.53) und der Aufgabenstellung

$$2\pi f_T = 1/(\tau_e + \tau_c/2 + r_b + (r_e + r_{cs})c_c)$$

$$f_T = \frac{1}{2\pi \cdot 126 \text{ ps}} = 1.3 \text{ GHz} .$$

(Man erkennt aus den Zahlenwerten, daß auch bei einem Transistor mit recht großer Basisweite d_b die weiteren Zeitkonstanten durchaus beachtet werden müssen.)

Aufgabe 1.7

Die Schwing-Grenzfrequenz f_m ist nach Gl.(1.59) angenähert

$$f_m = \frac{1}{4\pi}\sqrt{\frac{\omega_T}{r_b c_c}} .$$

r_b und c_c wurden in Aufgabe 1.5 berechnet. ω_T wird Aufgabe 1.6 entnommen.
Dann ist

$$f_m = \frac{1}{4\pi}\sqrt{\frac{7.9 \text{ GHz}}{0.5 \text{ ps}}} = 9.8 \text{ GHz} .$$

(Man erkennt, daß dieser Wert der zur Ableitung von Gl.(1.58) vorgenommenen Näherung $\omega/\omega_T < 1$ widerspricht.)

Aufgabe 2.1

Die minimale Kanaldicke $d_{min} = d - t(L)_s$ wird berechnet aus

$$I_{DS} = qN_D w v_s d_{min} \ .$$

Mit den angegebenen Zahlenwerten ist

$$d_{min} = 0.031 \ \mu m \ .$$

Aufgabe 2.2

Mit normierten Spannungen folgt aus dem Gleichsetzen von Gl.(2.11) und (2.18)

$$G_o U_p \left\{ u_{ds} - \frac{2}{3} u_{ds}^{3/2} - u_g + \frac{2}{3} u_g^{3/2} \right\} = G_o U_p u_s \left\{ 1 - u_{ds}^{1/2} \right\}.$$

Das ist eine kubische Gleichung für $\sqrt{u_{ds}}$, die mit $x = \sqrt{u_{ds}}$, $a = 1$, $b = 3/2$, $c = -3u_s/2$, $d = 3u_g/2 - u_g^{3/2} + 3u_s/2$ lautet:

$$ax^3 + bx^2 + cx + d = 0 \ . \qquad (a)$$

Die reelle Nullstelle kann geschlossen angegeben werden (siehe u.a. Bronstein/Semendjajew, Taschenbuch der Mathematik).

Aufgabe 2.3

a) I_{DS} sinkt mit stärker negativen Werten U_{GS} ab. Damit werden auch die Spannungsabfälle von I_{DS} an R_S und R_D geringer, so daß immer besser U_{DS} mit U'_{DS} und U_{GS} mit U'_{GS} übereinstimmen.

b) Bei Sperrschicht-FET für hohe Frequenzen, ist die Gatelänge L sehr klein ($\lesssim$ 1 µm), die Abstände Source-Gate und Drain-Gate sind heute noch aus technologischen Gründen größer als 1 µm, so daß wenigstens zwei Drittel der Strecke Source-Drain ungesteuert sind. Wegen der kleinen Werte L ist G_o (Gl. 2.10) groß. Bei relativ kleinen Spannungen ist I_{DS} schon groß, so daß relativ große Spannungsabfälle an R_S und R_D resultieren.

Aufgabe 2.4

Infolge der Diffusionsspannung U_D ist eine Sperrschicht vorhanden, die auch bei $U_{DS} = U_{GS} = 0$ den leitenden Kanal verengt. Darum ist g_d, das ist der Kanalwiderstand bei kleinen Signalen zwischen Drain und Source, kleiner als G_o.

Aufgabe 2.5

Für $U_{DS} = 0$ reicht für $u_g = (U_D - U_{GS})/U_p = 1$ die Sperrschicht gleichmäßig über den leitfähigen Kanal. Dann ist auch $c_{gs} = c_o = \varepsilon wL/d$. Für $U_{GS} > 0$ wird die Gate-Diode im Flußbereich betrieben, dadurch wird bei Kleinsignalaussteuerung eine erhöhte Eingangsleistung umgesetzt. Das wird bei Verstärkern vermieden.

Aufgabe 2.6

Die Steuerwirkung ist Null, weil die Steuereffekte der beiden Halbwellen der Gate-Source-Wechselspannung für v_D = const. sich aufheben.

Aufgabe 2.7

Die Kurzschlußstromverstärkung sinkt im Betrag proportional mit $1/\omega$ ab, weil - bei Vernachlässigung von r_{gs} - ein proportional zu ω anwachsender Eingangsstrom fließt. Gl.(2.40) sagt, daß der Kurzschlußstrom der Stromquelle mit der Steilheit S_s gleich dem Eingangsblindstrom durch c_{gs} ist.

Aufgabe 2.8

Die grundsätzliche Schaltung ist im Bild dargestellt mit einer RC-Kombination im Source-Kreis zur Stromstabilisierung, einem Blockkondensator C_1 und Werten Z_G und Z_L für Leistungsanpassung.

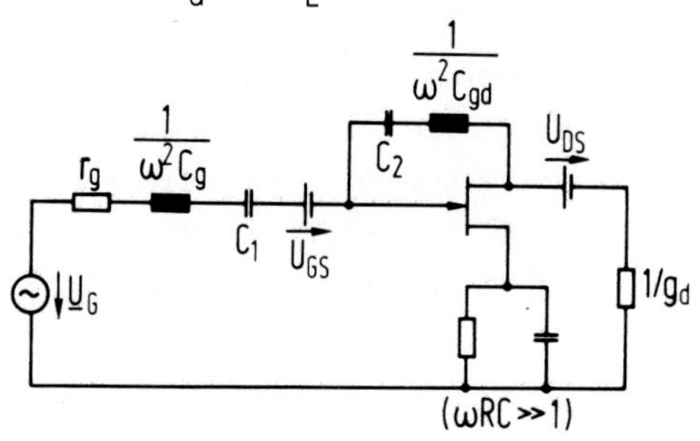

Aufgabe 2.9

Für die Source- und Gate-Schaltung sind die Ersatzschaltungen mit den gestrichelt eingetragenen jeweiligen Kurzschlüssen

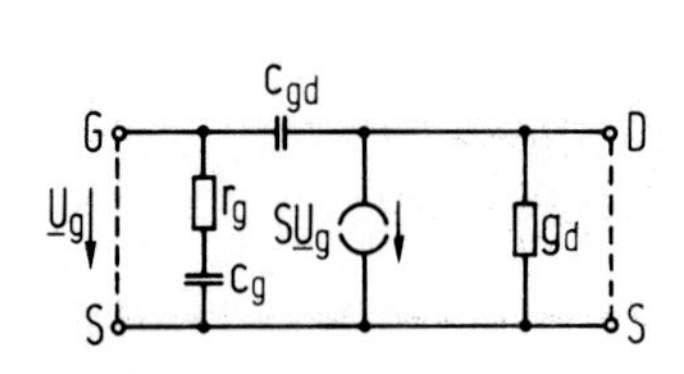

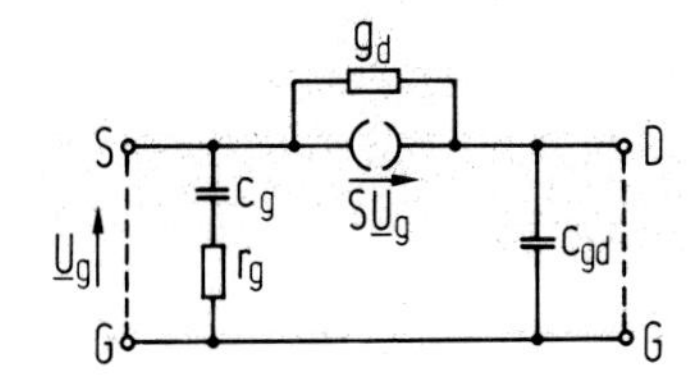

Danach sind für die Source-Schaltung (1) und die Gate-Schaltung (2)

a1) $\underline{I}_1/\underline{U}_1 \big|_{\underline{U}_2=0}$: (1) $j\omega c_g/(1+j\omega r_g c_g)+j\omega c_{gd}$ (2) $S+g_d+j\omega c_g/(1+j\omega r_g c_g)$

a2) $\underline{I}_2/\underline{U}_1 \big|_{\underline{U}_2=0}$: (1) $S - j\omega c_{gd}$; (2) $-S - g_d$

b1) $\underline{I}_2/\underline{U}_2 \big|_{\underline{U}_1=0}$: (1) $g_d + j\omega c_{gd}$; (2) $g_d + j\omega c_{gd}$

b2) $\underline{I}_1/\underline{U}_2 \big|_{\underline{U}_1=0}$: (1) $-j\omega c_{gd}$; (2) $-g_d$

Für typische Sperrschicht-FET ist S relativ groß und $1/r_g$, c_{gd}, g_d sind recht klein. Daher ist in Gate-Schaltung $\underline{I}_1/\underline{U}_1 \big|_{\underline{U}_2=0}$ relativ klein, oft dicht bei $1/(50\,\Omega)$.

Aufgabe 3.1

Bei nichtlinearen oder zeitinvarianten Zweitoren entstehen neben der eingespeisten Frequenz ω weitere Frequenzen. Eine Charakterisierung durch Torgrößen bei ω ist nicht mehr möglich.

Aufgabe 3.2

Die Betrag-Phasen-Darstellung von y_{21} und y_{12} ist im Bild gezeigt. Man sieht den Abfall von $|y_{21}|$ und den Anstieg von $|y_{12}|$ mit steigender Frequenz.

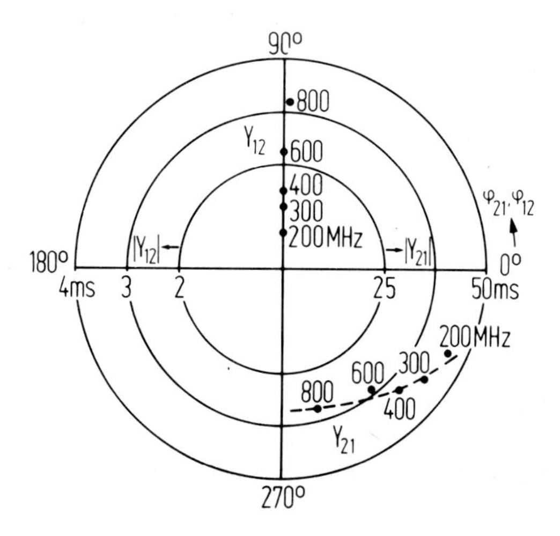

Aufgabe 3.3

Die Richtigkeit des Ersatzschaltbildes 3.3b soll anhand der Gl.(3.3) nachgewiesen werden. Hierzu ist es zweckmäßig, entsprechend den Definitionsgl. für die y-Parameter das Ersatzschaltbild für die Fälle $\underline{U}_1 = 0$ und $\underline{U}_2 = 0$ zu zeichnen.

a) $\underline{U}_1 = 0$

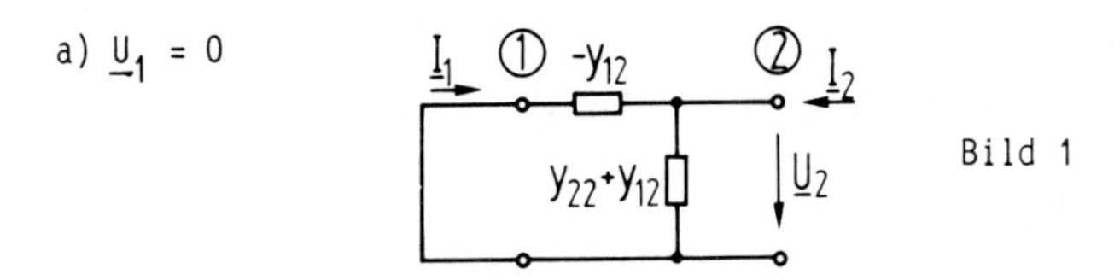

Bild 1

Der Leitwert $(y_{11} + y_{12})$ kann weggelassen werden, da er kurzgeschlossen wird, und der Strom der Stromquelle ist 0, weil $\underline{U}_1 = 0$ ist.

b) $\underline{U}_2 = 0$

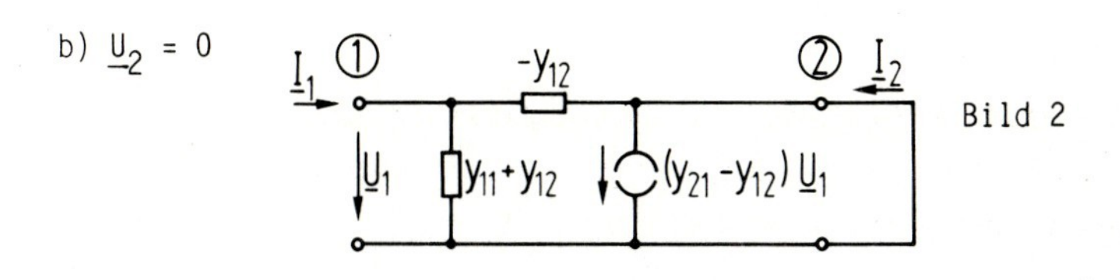

Bild 2

Der Leitwert $(y_{11} + y_{12})$ ist hier weggelassen, da er kurzgeschlossen wird.

1. y_{11}

Nach Gl.(3.3) gilt mit Bild 2

$$y_{11} = \underline{I}_1/\underline{U}_1 \Big| \; \underline{U}_2 = 0 \; .$$

Der Strom der Stromquelle fließt nur in Tor 2. Es bleibt als Leitwert nur die Parallelschaltung von $y_{11} + y_{12}$ und $-y_{12}$

$$y_{11} = y_{11} + y_{12} - y_{12}, \quad y_{11} = y_{11} \, .$$

2. y_{12}

Gl.(3.3) mit Bild 1

$$y_{12} = \underline{I}_1/\underline{U}_2 \Big| \; \underline{U}_1 = 0 \; .$$

Der Strom I_1 fließt nur durch $-y_{12}$. Die Richtung des Stromes ist zu beachten.

$$y_{12} = -(-y_{12}) = y_{12} \; .$$

3. y_{21}

Gl.(3.3) mit Bild 2

$$y_{21} = \underline{I}_2/\underline{U}_1 \Big| \; \underline{U}_2 = 0 \; .$$

Der Strom I_1 setzt sich zusammen aus dem Strom der Stromquelle und einem Strom, verursacht durch U_1 am Eingang (Richtung beachten)

$$\underline{I}_1 = (y_{21} - y_{12})\,\underline{U}_1 - (-y_{12})\,\underline{U}_1$$

$$y_{21} = \{(y_{21} - y_{12})\,\underline{U}_1 + y_{12}\underline{U}_1\}/\underline{U}_1$$

$$y_{21} = y_{21} - y_{12} + y_{12}, \quad y_{21} = y_{21}$$

4. y_{22}

Gl.(3.3) mit Bild 1

$$y_{22} = \underline{I}_2/\underline{U}_2 \bigg|_{\underline{U}_1=0}$$

$$y_{22} = y_{22} + y_{12} - y_{12} \; , \quad y_{22} = y_{22} \; .$$

Damit ist die Gültigkeit der Ersatzschaltung nachgewiesen.

Aufgabe 3.4

Der Vergleich der Ersatzschaltung Bild 2.15 mit der Ersatzschaltung Bild 3.3b für die Leitwertparameter liefert sofort die Beziehungen:

$$y_{11} + y_{12} = 1/(r_g + 1/j\omega c_g) \; ; \quad y_{12} = -j\omega c_{gd} \; ;$$

$$y_{21} - y_{12} = \underline{S}'_s \; ; \quad y_{22} + y_{12} = g_d \; .$$

Damit sind die Leitwertparameter:

$$y_{11} = \frac{j\omega c_g}{1 + j\omega r_g c_g} + j\omega c_{gd} \; ; \quad y_{12} = -j\omega c_{gd} \; ;$$

$$y_{21} = \underline{S}'_s - j\omega c_{gd} \; ; \quad y_{22} = g_d + j\omega c_{gd} \; .$$

Die Elemente der Ersatzschaltung können danach umgekehrt in einfacher Weise aus gemessenen Leitwertparametern bestimmt werden.

Aufgabe 3.5

a) Die Darstellung des Dreipols als Dreitor mit Spannungen und Strömen im Bild

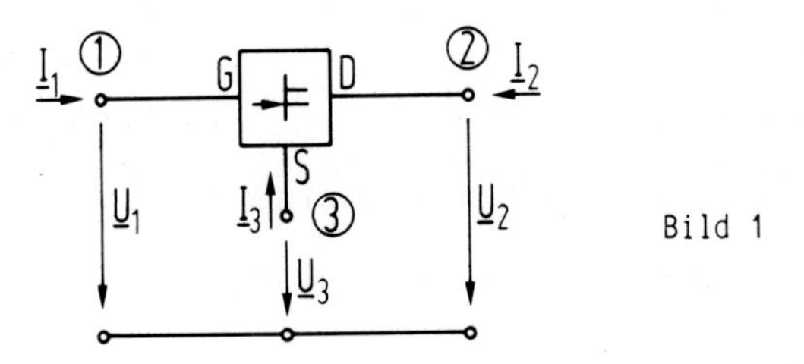

Bild 1

liefert eine 3x3-Leitwertmatrix mit 9 Elementen y_{ik}. Keine Klemme des Dreipols ist hier als Bezugselektrode angenommen. Die Leitwertmatrix wird daher auch als indefinite Leitwertmatrix bezeichnet. Bei jeder Wahl der Spannungen $\underline{U}_1$ bis $\underline{U}_3$ muß aber gelten

$$\underline{I}_1 + \underline{I}_2 + \underline{I}_3 = 0 \quad . \qquad \text{(a)}$$

Dann ist z.B. für $\underline{U}_2 = \underline{U}_3 = 0$: $\underline{I}_1 = y_{11}\underline{U}_1$, $\underline{I}_2 = y_{21}\underline{U}_1$, $\underline{I}_3 = y_{31}\underline{U}_1$. Nach (a) muß dann für $\underline{U}_1 \neq 0$ gelten:

$$y_{11} + y_{21} + y_{31} = 0 \ .$$

Es gilt dann auch entsprechend für nur $\underline{U}_2 \neq 0$ bzw. nur $\underline{U}_3 \neq 0$

$$y_{12} + y_{22} + y_{23} = 0, \quad y_{13} + y_{23} + y_{33} = 0 \ .$$

Die Spaltensummen der y_{ik} verschwinden damit.
Setzen wir $\underline{U}_1 = \underline{U}_2 = \underline{U}_3 = \underline{U}_o$, so können keine Ströme fließen, da die 3 Pole auf denselben Potentialen liegen. Dann folgt aus

$$\underline{I}_1 = y_{11}\underline{U}_1 + y_{12}\underline{U}_2 + \underline{U}_{13}\underline{U}_3 = (y_{11} + y_{12} + y_{13})\underline{U}_o = 0$$

$$y_{11} + y_{12} + y_{13} = 0$$

und aus entsprechenden Beziehungen für $\underline{I}_2$ und $\underline{I}_3$

$$y_{21} + y_{22} + y_{23} = 0, \quad y_{31} + y_{32} + y_{33} = 0 \ .$$

Wenn damit 4 der 9 Elemente y_{ik} bekannt sind, können die restlichen 5 Leitwertparameter berechnet werden aus den angeführten Gleichungen. (Es dürfen dazu aber nicht 3 der 4 bekannten Elemente in einer Zeile oder Spalte stehen.)

b) Die 4 Leitwertparameter der Sourceschaltung sind bekannt. Wir gehen folgendermaßen vor: - Die Zuordnung von Polnumerierung und Source-Gate-Drain ist in Bild 1 angegeben. - In die indefinite Matrix werden die Elemente mit den Indizes 1 und 2 (entspricht der Sourceschaltung) eingetragen und die restlichen 5 Elemente aus den Gleichungen für verschwindende Spalten- bzw. Zeilensummen durch diese ausgedrückt.
Dann folgt die indefinite Leitwertmatrix nach

$$\begin{bmatrix} \underline{I}_1 \\ \underline{I}_2 \\ \underline{I}_3 \end{bmatrix} = \begin{bmatrix} y_{11}^S & y_{12}^S & (-y_{11}^S-y_{12}^S) \\ y_{21}^S & y_{22}^S & (-y_{21}^S-y_{22}^S) \\ (-y_{11}^S-y_{21}^S) & (-y_{12}^S-y_{22}^S) & (y_{11}^S+y_{12}^S+y_{21}^S+y_{22}^S) \end{bmatrix} \cdot \begin{bmatrix} \underline{U}_1 \\ \underline{U}_2 \\ \underline{U}_3 \end{bmatrix} \quad (a)$$

Für die Gateschaltung sind die Verknüpfungen von $\underline{I}_3$, $\underline{I}_2$ mit $\underline{U}_3$, $\underline{U}_2$ gesucht (s. Bild 1). Die Leitwertparameter werden entsprechend dieser Zuordnung aus (a) gesucht. (Source-Gate = Eingangstor, Drain-Gate = Ausgangstor.) Danach ist

$$y_{11}^G = y_{11}^S+y_{12}^S+y_{21}^S+y_{22}^S = (21.031+j\,1.05)\,\text{mS};$$

$$y_{12}^G = -y_{12}^S-y_{22}^S = (-31-j\,50)\,\mu\text{S}\ ;$$

$$y_{21}^G = -y_{21}^S-y_{22}^S = (-20.03-j\,0.05)\,\text{mS}\ ;$$

$$y_{22}^G = y_{22}^S = (30+j\,50)\,\mu\text{S}\ .$$

(Man erkennt insbesondere: y_{11}^G ist groß, weil y_{21}^S eingeht.)

In der Drainschaltung folgt entsprechend der Zuordnung von $\underline{I}_1$, $\underline{I}_3$ und $\underline{U}_1$, $\underline{U}_3$ (Gate-Drain = Eingangstor, Source-Drain = Ausgangstor)

$$y_{11}^D = y_{11}^S = (1+j\,1)\,\text{mS}\ ;\ y_{12}^D = -y_{11}^S-y_{12}^S = (-1.001-j\,1)\,\text{mS}\ ;$$

$$y_{21}^D = -y_{11}^S-y_{21}^S = (-21-j\,1)\,\text{mS}\ ;$$

$$y_{22}^D = y_{11}^S+y_{12}^S+y_{21}^S+y_{22}^S = (21.031+j\,1.05)\,\text{mS}\ .$$

(Man erkennt insbesondere: Ausgangsleitwert ist groß, weil y_{21}^S eingeht.)

Aufgabe 3.6

Eine konforme Abbildung ist winkeltreu, eine gebrochen rationale Funktion bildet Kreise in Kreise ab mit der Geraden als Grenzfall eines Kreises.

Bei schrittweiser Durchführung folgt für die Abbildung der Geraden jB_E der Y_E-Ebene:

1. Y_E-y_{11}-Ebene:

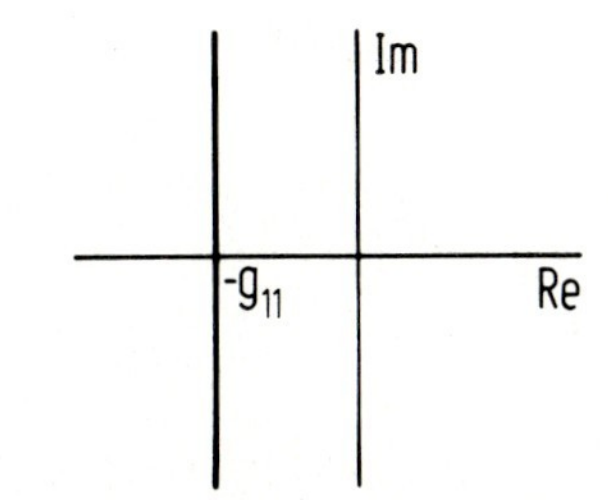

2. $1/(Y_E-y_{11})$-Ebene:

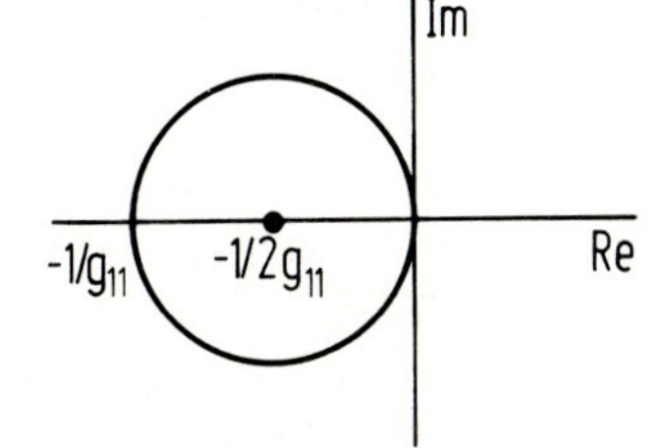

Der Punkt $Y_E-y_{11} \rightarrow \infty$ wird in den Nullpunkt abgebildet, der Punkt $-g_{11}$ in $-1/g_{11}$. In diesem Punkt muß wegen der Winkeltreuheut die abgebildete Kurve (Kreis) die reelle Achse senkrecht schneiden. Es kommt daher nur der im Bild gezeigte Kreis in Betracht.

3. $-y_{21}y_{12}/(Y_E-y_{11})$-Ebene:

Durch den Faktor $-y_{21}y_{12}$ entsteht ein Kreis mit dem Mittelpunkt $\overrightarrow{MP}$ bei $+y_{21}y_{12}/(2g_{11})$ und dem Radius $\rho = |\overrightarrow{MP}|$

4. Y_L-Ebene:

Wegen des Beitrages $-y_{22}$ hat der abgebildete Kreis den Mittelpunkt

$$\overrightarrow{MP} = -y_{22} + y_{21}y_{12}/(2g_{11})$$

und den Radius

$$\rho = |y_{21}y_{12}/(2g_{11})| \ .$$

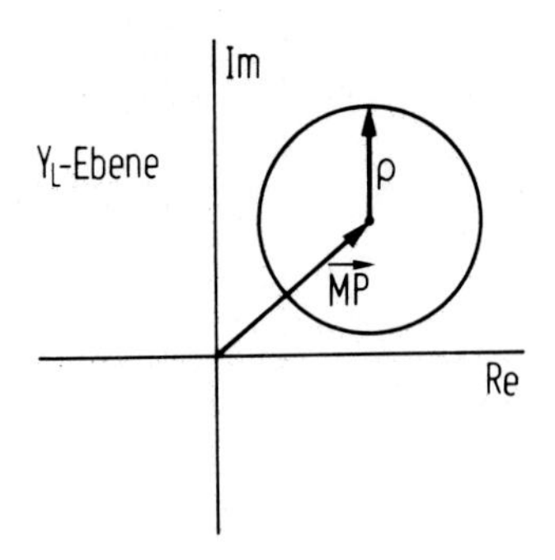

Wir prüfen nach, wohin die rechte Y_E-Halbebene mit $G_E > 0$ abgebildet wurde. Nehmen wir als Test den Wert $Y_E = y_{11}$ (es soll $g_{11} > 0$ sein), für ihn ist $Y_L = \infty$. Damit wird die linke Y_E-Halbebene mit $G_E < 0$ auf das Innere des Kreises in der Y_L-Ebene abgebildet.

Für kein passives Y_L ($G_L > 0$) kann damit $G_E < 0$ werden, wenn der abgebildete Kreis ganz in der linken Y_L-Halbebene liegt. Dazu muß $-\mathrm{Re}\{\overrightarrow{MP}\} > \rho$ sein. Eine Umordnung dieser Bedingung führt zu $K > 1$ mit dem Stabilitätsfaktor K nach Gl.(3.22).

Aufgabe 4.1

Es ist entsprechend der Bedeutung der Wellengrößen

$$P_E = |\underline{a}_1|^2 - |\underline{b}_1|^2 = |a_1|^2(1 - |s_{11}|^2)$$

und mit

$$|\underline{a}_1|^2 = P_{Gv} = |\underline{U}_G|^2/(4Z)$$

ist

$$P_E = P_{Gv}(1 - |s_{11}|)^2 \ .$$

Damit ist auch die Leistungsverstärkung

$$V_p = |\underline{b}_2|^2/P_E = |s_{21}|^2 \ |\underline{a}_1|^2/\{|\underline{a}_1|^2(1 - |s_{11}|^2)\}$$

$$V_p = |s_{21}|^2/(1 - |s_{11}|^2)$$

bei einem Lastwiderstand $Z_L = Z$.

Aufgabe 4.2

Mit der Darstellung der s-Parameter nach Bild 4.4 und einer Lage der Tore unmittelbar links und rechts neben R (Länge der Zuleitungen vernachlässigt) ist

$$s_{11} = ((R + Z) - Z)/((R + Z) + Z) = R/(R + 2Z) \ .$$

Wegen der Symmetrie ist

$$s_{11} = s_{22} \ .$$

Für die Berechnung von s_{21} (wegen der Symmetrie ist $s_{21} = s_{12}$) beachten wir, daß am Tor 1 eine Spannung $\underline{U}_1^+ \ (1 + s_{11}) = \underline{a}_1\sqrt{Z}(1 + s_{11})$ ansteht. Infolge der Spannungsteilung entsteht am Tor 2 eine vorlaufende Welle $\underline{b}_2$ mit

$$\underline{U}_1^+(1 + s_{11})\,Z/(R+Z) = \underline{b}_2\sqrt{Z} = \underline{a}_1\sqrt{Z}(1 + s_{11})\,Z/(R+Z) \ .$$

Danach ist

$$s_{21} = \underline{b}_2/\underline{a}_1 \Big|_{\underline{a}_2=0} = (1 + s_{11})\,Z/(R+Z) = 2Z/(R+2Z) = s_{12} \;.$$

Beispiel: $R = Z$.
Dann sind

$$s_{11} = s_{22} = 1/3; \quad s_{21} = s_{12} = 2/3 \;.$$

Aufgabe 4.3

a) Entsprechend der Bedeutung eines Reflexionsfaktors gilt

$$r_E = (Z_E - Z)/(Z_E + Z) \;.$$

Mit der Schreibweise

$$Z_E = -|R_E| + jX_E$$

gilt

$$|r_E|^2 = \frac{-|R_E| + jX_E - Z}{-|R_E| + jX_E + Z} \cdot \frac{-|R_E| - jX_E - Z}{-|R_E| - jX_E + Z}$$

$$|r_E|^2 = \frac{(-|R_E| - Z)^2 + X_E^2}{(-|R_E| + Z)^2 + X_E^2} > 1 \;.$$

Der Reflexionsfaktor eines Eingangswiderstandes Z_E mit $R_E = \mathrm{Re}\{Z_E\} < 0$ ist dem Betrage nach größer eins.

b) Eine unerwünschte Schwingung entsteht bei $Z_G + Z_E = 0$, d.h. $R_G - |R_E| = 0$ und $X_E + X_G = 0$. Dazu muß der Wirkanteil des Generatorinnenwiderstandes gleich $-|R_E|$ sein, die Blindanteile müssen sich durch Resonanz kompensieren ($X_G + X_E = 0$).

c) Es muß bei einer Seriendarstellung

$$Z_E = -|R_E| + jX_E$$

gelten $-|R_E| < -Z$, damit überhaupt Selbsterregung auftreten kann.

In der Kleinsignalnäherung muß ein Gleichheitszeichen gelten ($|R_E| = Z$). (Anschwingbedingungen und Großsignalverhalten werden später bei der Behandlung von Oszillatoren behandelt.)

Aufgabe 4.4

Mit den Werten

$$s_{11} = 0.657 \exp(j\,108^{o}) \;;\; s_{21} = 1.567 \exp(-j\,34^{o})$$

$$s_{12} = 0.078 \exp(-j\,67^{o}) \;;\; s_{22} = 0.293 \exp(j\,179^{o})$$

folgt:

a) bei $Z_G = Z_L = Z$ ist der Gewinn

$$G = |s_{21}|^2 = 2.46 \;,$$

b) der Stabilitätsfaktor K ist mit Gl.(4.19)

$$K = \frac{1 + 0.0103 - 0.432 - 0.086}{2 \cdot 0.122} = 2.018 \;,$$

dann ist mit Gl.(4.25)

$$G_u = \frac{1}{2} \frac{370.95}{2.018 \cdot 20.09 - 16.85} = 7.83 \;,$$

c) der Transistor ist absolut stabil, weil neben $K > 1$ auch die weiteren Bedingungen in Gl.(4.20) erfüllt sind mit

$$|s_{12}s_{21}| = 0.122 < 1 - |s_{11}|^2 \;,\; 1 - |s_{22}|^2 \;.$$

G_m ist mit Gl.(4.21) - B_1 nach Gl. (4.24) ist größer Null

$$G_m = 5.33 \;.$$

Aufgabe 4.5

Wir gehen aus von der Kettenmatrix der Leitung nach Gl.(3.36), (3.38) (Seite 81)

$$\begin{bmatrix} \underline{U}_1 \\ \underline{I}_1 \end{bmatrix} = \begin{bmatrix} \cos\beta l & j Z_1 \sin\beta l \\ \frac{j}{Z_1} \sin\beta l & \cos\beta l \end{bmatrix} \cdot \begin{bmatrix} \underline{U}_2 \\ -\underline{I}_2 \end{bmatrix} . \qquad (a)$$

Spannungen und Ströme werden mit Gl.(4.3) durch Wellengrößen ausgedrückt

$$\underline{U}_1 = \sqrt{Z}(\underline{a}_1 + \underline{b}_1) \; ; \quad \underline{I}_1 = (\underline{a}_1 - \underline{b}_1)/\sqrt{Z}$$

$$\underline{U}_2 = \sqrt{Z}(\underline{a}_2 + \underline{b}_2) \; ; \quad \underline{I}_2 = (\underline{a}_2 - \underline{b}_2)/\sqrt{Z} \; .$$

Damit folgen aus (a) die beiden Gleichungen

$$\underline{a}_1 + \underline{b}_1 = \cos\beta l\,(\underline{a}_2 + \underline{b}_2) - j\,\frac{Z_1}{Z}\,\sin\beta l\,(\underline{a}_2 - \underline{b}_2)$$

$$\underline{a}_1 - \underline{b}_1 = j\,\frac{Z}{Z_1}\,\sin\beta l\,(\underline{a}_2 + \underline{b}_2) - \cos\beta l\,(\underline{a}_2 - \underline{b}_2) \; .$$

Durch Subtraktion bzw. Addition beider Gleichungen folgt

$$\underline{b}_1 = \left\{ \cos\beta l - j\sin\beta l\,\frac{Z_1^2 + Z^2}{2ZZ_1} \right\} \underline{a}_2 + \left\{ j\sin\beta l\,\frac{Z_1^2 - Z^2}{2ZZ_1} \right\} \underline{b}_2$$

$$\underline{a}_1 = \left\{ j\sin\beta l\,\frac{Z^2 - Z_1^2}{2ZZ_1} \right\} \underline{a}_2 + \left\{ \cos\beta l + j\sin\beta l\,\frac{Z^2 + Z_1^2}{2ZZ_1} \right\} \underline{b}_2 \; .$$

Anmerkung: In Abschnitt 3.5 (Seite 80) ist darauf verwiesen worden, daß bei Leitungselementen günstig die Kettenmatrix verwendet werden kann. Man sieht hier ihre Anwendung auch zur Berechnung der Streumatrix bzw. der Transmissionsmatrix.

Aufgabe 4.6

Entsprechend der Bedeutung der Wellengrößen gilt bei einer Verschiebung der Bezugsebene am Tor i um Δz_i

$$\underline{a}_i(\Delta z_i) = \underline{a}_i(0)\,\exp(-j\beta_i \Delta z_i)$$

$$\underline{b}_i(\Delta z_i) = \underline{b}_i(0)\,\exp(\;j\beta_i \Delta z_i) \; .$$

Demnach ist die Streumatrix in Verallgemeinerung von Gl.(4.10) zu multiplizieren entsprechend

$$[s]' = [\Delta z]\,[s]\,[\Delta z]^t ,$$

$$[\Delta z] = \begin{bmatrix} \ddots & & 0 \\ & \exp(j\beta_i \Delta z_i) & \\ 0 & & \ddots \end{bmatrix} .$$

Wir sehen wieder, daß bei Verschiebungen der Bezugsebenen die Streumatrix in einfacher Weise zu transformieren ist wegen der Multiplikation mit einer Diagonalmatrix.

Aufgabe 4.7

Wir setzen voraus, daß allseitige Reflexionsfreiheit für ein reziprokes Dreitor gilt. Dessen Streumatrix lautet dann mit $s_{ik} = s_{ki}$ und $s_{ii} = 0$ (allseitige Reflexionsfreiheit)

$$[s] = \begin{bmatrix} 0 & s_{21} & s_{31} \\ s_{21} & 0 & s_{32} \\ s_{31} & s_{32} & 0 \end{bmatrix} .$$

Bei Verlustfreiheit gelten nach Gl.(4.40) die Beziehungen

$$|s_{21}|^2 + |s_{31}|^2 = 1, \quad |s_{21}|^2 + |s_{32}|^2 = 1, \quad |s_{31}|^2 + |s_{32}|^2 = 1 \qquad \text{(a)}$$

$$s_{31} s_{32}^* = s_{21} s_{32}^* = s_{21} s_{31}^* = 0 . \qquad \text{(b)}$$

Setzen wir eine Übertragung vom Tor 1 zum Tor 2 voraus mit $s_{21} \neq 0$, dann ist nach (b) $s_{32} = s_{31} = 0$. Dann folgt aus der 3. Gleichung von (a) ein Widerspruch. Ebenso kann man zeigen, daß für $s_{31} \neq 0$ oder $s_{32} \neq 0$ Widersprüche zwischen den Gleichungen für Unitarität = Verlustfreiheit folgen.

Ein verlustfreies, reziprokes Dreitor kann nicht allseits reflexionsfrei sein.

Aufgabe 4.8

Eine Parallel-Leitungsverzweigung enthält eine Sternschaltung aus 3 Widerständen $R = Z/3$ für allseitige Reflexionsfreiheit (s. Bild).

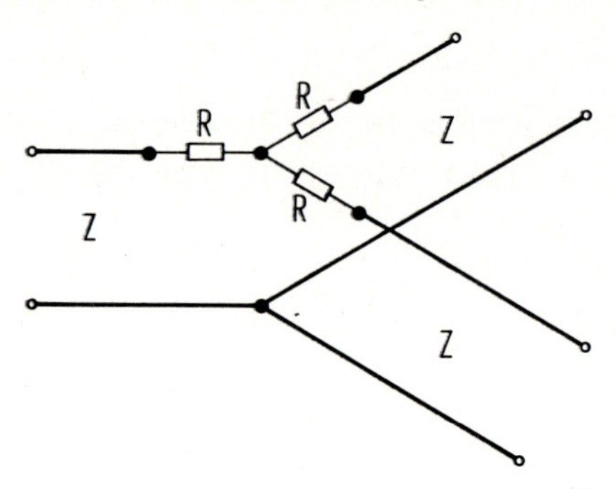

Aufgabe 4.9

Die Streumatrix eines idealen Richtkopplers ist mit den Torbezeichnungen von Bild 4.17

$$[s] = \begin{bmatrix} 0 & s_{12} & s_{13} & 0 \\ s_{12} & 0 & 0 & s_{24} \\ s_{13} & 0 & 0 & s_{34} \\ 0 & s_{24} & s_{34} & 0 \end{bmatrix} \qquad \begin{array}{l} |s_{24}| = |s_{13}|, \\ |s_{34}| = |s_{12}|, \\ |s_{13}|^2 = 1 - |s_{12}|^2 \end{array}$$

Für den Leitungskoppler gilt nach Gl.(4.4), (4.5)

$$s_{12} = (1 - \varkappa^2)^{1/2}/\{(1 - \varkappa^2)^{1/2} \cos\beta l + j \sin\beta l\}$$

$$s_{13} = j\varkappa \sin\beta l/\{(1 - \varkappa^2)^{1/2} \cos\beta l + j \sin\beta l\}$$

$$|s_{13}|^2 = 1 - |s_{12}|^2, \quad \arg(s_{13}/s_{12}) = \pi/2.$$

und wegen des symmetrischen Aufbaus $s_{24} = s_{13}$, $s_{34} = s_{12}$. Weiterhin sind unabhängig vom Koppelfaktor $\varkappa$ die übergekoppelten Signale 90° phasenverschoben. (Das gilt immer, wenn der Richtkoppler im Aufbau zwei orthogonale Symmetrieebenen hat.)

Aufgabe 5.1

a) Mit

$$\underline{a}_G = \frac{\underline{U}_G}{\sqrt{Z}} \frac{Z}{Z + Z_G}$$

$$|\underline{a}_G|^2 = |\underline{U}_G|^2 Z/|Z + Z_G|^2$$

und

$$1 - |r_G|^2 = \{|Z_G + Z|^2 - |Z_G - Z|^2\}/|Z_G + Z|^2$$

ist

$$P_{Gv} = \frac{|\underline{U}_G|^2 Z}{|Z_G + Z|^2 - |Z_G - Z|^2} = \frac{|\underline{U}_G|^2 Z}{4Z \operatorname{Re}\{Z_G\}} = \frac{|\underline{U}_G|^2}{4 \operatorname{Re}\{Z_G\}} .$$

b) Es gelten die Beziehungen

$$\underline{a} = \underline{a}_G + \underline{b} r_G \ ; \quad \underline{b} = r_L \underline{a} .$$

(Beachten Sie, daß nicht $\underline{a} = r_G \underline{b}$ gilt, sondern sich $\underline{a}$ zusammensetzt aus einer Reflexion der Welle $\underline{b}$ und einem Anteil $\underline{a}_G$, der die Spannungsquelle $\underline{U}_G$ berücksichtigt.)
Danach ist

$$P_L = |\underline{a}|^2 - |\underline{b}|^2 = \frac{|\underline{a}_G|^2}{|1 - r_G r_L|^2} (1 - |r_L|^2)$$

$$r_G = (Z_G - Z)/(Z_G + Z) , \quad r_L = (Z_L - Z)/(Z_L + Z) .$$

c) Nach Bild 5.1a ist

$$P_E = |\underline{a}_1|^2 - |\underline{b}_1|^2 ;$$

Mit

$$\underline{b}_1 = r_E \underline{a}_1 \quad (r_E \text{ s. Gl.}(4.11))$$

und

$$\underline{a}_1 = \underline{a}_G + \underline{b}_1 r_G$$

gilt

$$P_E = \frac{|\underline{a}_G|^2}{|1 - r_E r_G|^2} (1 - |r_E|^2)$$

Aufgabe 5.2

a) Durch Zuschalten eines Blindelementes bewegt man sich im Smith-Diagramm auf einen Kreis mit konstantem Wirkanteil. Liegt wie in Bild 5.3 s_{11} außerhalb des Kreises mit dem bezogenen Wirkwiderstand 1, trifft man durch Serienschaltung eines Blindelementes immer den Kreis mit dem bezogenen Wirkleitwert 1 im Widerstandsdiagramm. (Im Bild 5.3 gestrichelt eingetragen.)

Wenn ein Reflexionsfaktor wie s_{22} in Bild 5.3 innerhalb des Kreises mit bezogenem Wirkwiderstand 1 liegt, kann durch Serienschaltung kein Kreis mit dem bezogenen Wirkanteil 1 getroffen werden. Wenn aber in das Leitwertdiagramm übergegangen wird, trifft man durch Parallelschalten eines Blindwiderstandes immer den Kreis mit dem bezogenen Wirkwiderstand 1 im Leitwertdiagramm.

Aufgabe 5.3

Diese Aufgabe dient zur Erinnerung an Anpaßschaltungen aus Leitungselementen, wie sie in der Theorie der Leitungen behandelt werden. Verfahren: Im ersten Schritt wird mit einer Leitung der bezogenen Länge l_1/λ_1 der Reflexionsfaktor 'gedreht', bis der Kreis mit dem bezogenen Wirkanteil 1 getroffen wird. Im zweiten Schritt wird der verbleibende Blindanteil durch eine Stichleitung kompensiert. Achtung: Falls eine Parallelschaltung vorgeschrieben ist, muß sofort in das Leitwertdiagramm übergegangen werden.

Hier ist $Z_G=Z$, d.h. der Anpassungspunkt $\underline{r}=0$ ist im auf Z normierten Smith-Diagramm auf den Wert r_{Gopt} zu transformieren. Ebenso ist am Ausgang $\underline{r}=0$ auf r^*_{Lopt} zu transformieren. Wir führen die äquivalenten Transformationen r_{Gopt} nach $\underline{r}=0$ bzw. r^*_{Lopt} nach $\underline{r}=0$ aus. (Beachten Sie, daß bei der umgekehrten Transformationsrichtung der konjugiert komplexe Wert zu nehmen ist.)

Die entsprechenden Transformationen sind in Bild (a) dargestellt, Bild (b) zeigt die Schaltung. Wir sind dabei von am Ende herlaufenden Stichleitungen ausgegangen.
Bei der Anpaßschaltung am Eingang stellt man bei Übergang in das Leitwertdiagramm ($r^*_{Gopt} \rightarrow -r^*_{Gopt}$) fest, daß schon recht genau der Kreis mit dem bezogenen Wirkleitwert 1 erreicht wird (Zufall!), der 1. Schritt

entfällt damit. Der verbleibende bezogene Blindleitwert $j\,2.1/Z$ wird dadurch kompensiert, daß der Eingangsleitwert einer parallelgeschalteten, am Ende herlaufenden Stichleitung zu $-j\,2.1/Z$ gewählt wird. Aus dem Smith-Diagramm liest man dazu eine bezogene Leitungslänge $(l_2/\lambda)_E = 0.324$ ab.

Am Ausgang wird $-r^*_{Lopt}$ um $(l_1/\lambda_1)_A = 0.165$ 'gedreht', bis zum ersten Mal der Kreis mit dem bezogenen Wirkleitwert 1 getroffen wird. Der verbleibende Blindanteil $j5/Z$ wird durch eine Stichleitung der bezogenen Länge $(l_2/\lambda)_A = 0.281$ kompensiert. (Beachten Sie, daß wegen der vorgeschriebenen Parallelschaltung das Smith-Diagramm als Leitwertdiagramm herangezogen werden muß. Durch die parallelgeschalteten Stichleitungen kann nämlich nur ein Blindleitwert kompensiert werden. $(l_1/\lambda)_A$ muß also auf den bezogenen Wirkleitwert 1 transformieren.)

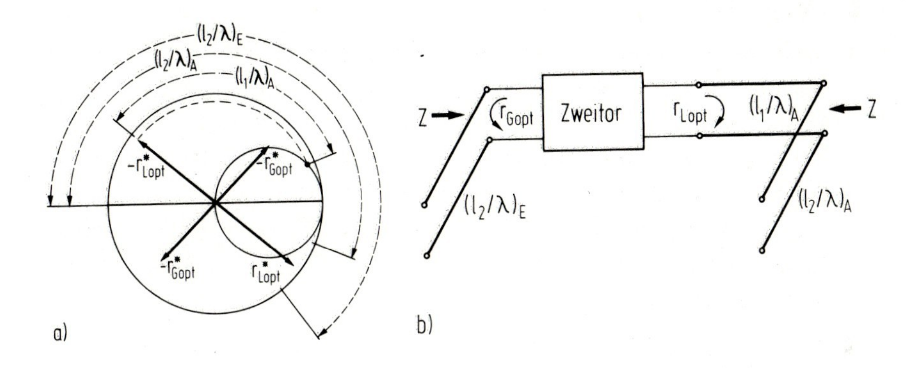

Anmerkung:
Dieses einfache Verfahren zur Bemessung von Anpaßschaltungen mit Leitungen ist bei Rückwirkung ($s_{12} \neq 0$) nur möglich, wenn Leitungen mit einem Wellenwiderstand = Bezugswiderstand der s-Parameter verwendet werden. Andernfalls müssen die s-Parameter in rechnerisch umständlicher Weise auf neue Bezugswiderstände umnormiert werden (s. z.B. R.S. Carson, High-frequency amplifiers, Wiley & Sons, New York 1975, Seite 174).

Aufgabe 6.1

a) Im Grenzfall $\varepsilon_r = 1$ ist das Dielektrikum über dem Querschnitt homogen, dann führt die Leitung eine TEM-Welle (transversal elektromagnetische Welle).

b) Für große Werte w/h erhält man eine Bandleitung, für deren Wellenwiderstand bei Vernachlässigung der Streufelder an den Rändern gilt

$$Z = \frac{\sqrt{\mu_0}}{\sqrt{\varepsilon_r \varepsilon_0}} \frac{h}{w} \quad .$$

Dann ist auch das Feld nahezu vollständig im Substratmaterial konzentriert, so daß $\varepsilon_{eff} = \varepsilon_r$ folgt (vgl. Bild 6.3).

Aufgabe 6.2

Die Vakuumwellenlänge beträgt

$$\lambda_0 = c/f$$

$$\lambda_0 = 15 \text{ cm} \; .$$

Für die Leitungsstücke mit $Z = 50\,\Omega$ (zwischen 1-3 und 2-4) ergibt sich:

$$w/h \approx 1 \text{ (für } \varepsilon_r = 10 \text{ und } Z = 50\,\Omega \text{ aus Bild 6.2)} \; .$$

Daraus folgt

$$w = 0.6 \text{ mm}$$

$$\sqrt{\varepsilon_{eff}} \approx 2.6 \text{ (für } \varepsilon_r = 10 \text{ und } w/h = 1 \text{ aus Bild 6.3)}$$

$$\lambda_0/\lambda = \sqrt{\varepsilon_{eff}} = 2.6$$

$$\lambda = 5.77 \text{ cm}$$

$$\lambda/4 = 1.44 \text{ cm} \; .$$

Analog erhält man die Werte für die Leitungsstücke mit $Z' = Z/\sqrt{2} = 35.4\,\Omega$ (zwischen 1-2 und 3-4).

$w/h \approx 2$ (für $\varepsilon_r = 10$ und $Z = 35.4\,\Omega$ aus Bild 6.2)

$w = 1.2$ mm

$\sqrt{\varepsilon_{eff}} = 2.8$ (für $\varepsilon_r = 10$ und $w/h = 2$ aus Bild 6.3)

$\lambda' = \lambda_0/\sqrt{\varepsilon_{eff}} = 5.36$ cm

$\lambda'/4 = 1.34$ cm .

Aufgabe 6.3

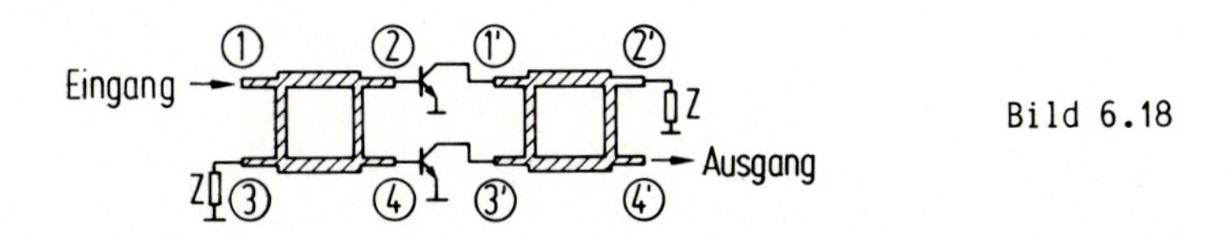

Bild 6.18

Die Tore der 3 dB-Hybridring-Koppler werden gemäß Bild 6.18 bezeichnet. Die Spannungen an den Toren werden nach diesen indiziert. $\underline{U}_{1'}$ ist die Spannung am Tor 1'.

a) $\underline{U}_4$ eilt $\underline{U}_2$ um 90^0 nach. Bei gleichen Transistoren gilt diese Phasenverschiebung auch für die Spannungen $\underline{U}_{3'}$ und $\underline{U}_{1'}$. $\underline{U}_{4'}$ setzt sich aus zwei Spannungen zusammen. Einer Spannung, hervorgerufen von $\underline{U}_{1'}$, die dieser um 180^0 nacheilt und einer Spannung, hervorgerufen von $\underline{U}_{3'}$, die dieser um 90^0 und damit $\underline{U}_{1'}$ um 180^0 nacheilt. Diese beiden Spannungen sind also in Phase und addieren sich.
Mit den Gleichungen (6.5) und (6.6) ausgedrückt bedeutet das:

$\underline{U}_2 = -j\,\underline{U}_1/\sqrt{2}$ das bedeutet, halbe Eingangsleistung für
$\underline{U}_4 = -\underline{U}_1/\sqrt{2}$ jeden Transistor,
$\underline{U}_{1'} = -j\underline{V}_u\underline{U}_1/\sqrt{2}$ jeder Transistor verstärkt mit der gleichen
$\underline{U}_{3'} = -\underline{V}_u\underline{U}_1/\sqrt{2}$ Spannungsverstärkung $\underline{V}_u$.

Damit ergibt sich $\underline{U}_{4'}$ zu:

$$\underline{U}_{4'} = -\underline{U}_{1'}/\sqrt{2} - j\underline{U}_{3'}/\sqrt{2}$$
$$\underline{U}_{4'} = j\underline{V}_u\underline{U}_1/2 + j\underline{V}_u\underline{U}_1/2$$
$$\underline{U}_{4'} = j\underline{V}_u\underline{U}_1$$

die gesamte verstärkte Eingangsleistung erscheint am Tor 4'.

b) Mit dem zusätzlichen Index r werden an einem Tor reflektierte Signale gekennzeichnet. Da $\underline{U}_4$ um 90^0 $\underline{U}_2$ nacheilt, eilt auch $\underline{U}_{r4}$ der Spannung $\underline{U}_{r2}$ um 90^0 nach, wenn die Reflexionsfaktoren der Transistoren gleich sind. Am Tor 1 ergibt sich eine Spannungskomponente, die der Spannung $\underline{U}_{r2}$ um 90^0 nacheilt, und eine Komponente von der Spannung $\underline{U}_{r4}$, die dieser um 180^0 und damit $\underline{U}_{r2}$ um 270^0 nacheilt. Diese beiden Komponenten sind gegenphasig und löschen sich gegenseitig aus. Am Tor 1 herrscht also Anpassung. Am Tor 3 entsteht eine Spannung, hervorgerufen von $\underline{U}_{r4}$, die $\underline{U}_{r2}$ um 180^0 nacheilt und eine Spannung von Tor 2, die $\underline{U}_{r2}$ ebenfalls um 180^0 nacheilt. Die reflektierten Spannungen erscheinen also am Tor 3. Durch die Beziehungen (6.5) und (6.6) ausgedrückt:

$$\underline{U}_{r2}$$

$$\underline{U}_{r4} = -j\underline{U}_{r2} \quad \text{weil } \underline{U}_2 \text{ und } \underline{U}_4 \ 90^0 \text{ in der Phase verschoben sind.}$$

$$\underline{U}_1 = -j\underline{U}_{r2}/\sqrt{2} - \underline{U}_{r4}/\sqrt{2} = -j\underline{U}_{r2}/\sqrt{2} + j\underline{U}_{r2}/\sqrt{2} = 0$$

$$\underline{U}_3 = -\underline{U}_{r2}/\sqrt{2} - j\underline{U}_{r4}/\sqrt{2} = -\underline{U}_{r2}/\sqrt{2} - \underline{U}_{r2}/\sqrt{2} = -\sqrt{2}\,\underline{U}_{r2}$$

Die an den Basen der Transistoren reflektierten Spannungen rufen nur am Tor 3 eine Spannung hervor, am Tor 1 herrscht Anpassung.

c) Wegen der Symmetrie der Anordnung gilt das für eine Einspeisung beim Tor 1 und Reflexion an den Basen, auch für Einspeisung am Tor 4' und Reflexion in den Kollektorkreisen.

$$\underline{U}_{1'} = -j\underline{U}_{3'} \quad , \text{ damit gilt auch}$$

$$\underline{U}_{r1'} = -j\underline{U}_{r3'}$$

$$\underline{U}_{4'} = -\underline{U}_{r1'}/\sqrt{2} - j\underline{U}_{r3'}/\sqrt{2} = j\underline{U}_{r3}/\sqrt{2} - j\underline{U}_{r3}/\sqrt{2} = 0$$

$$\underline{U}_{2'} = -j\underline{U}_{r1'}/\sqrt{2} - \underline{U}_{r3'}/\sqrt{2} = -\underline{U}_{r3'}/\sqrt{2} - \underline{U}_{r3'}/\sqrt{2} = -\sqrt{2}\,\underline{U}_{r3'} \ .$$

Die an den Kollektoren der Transistoren reflektierten Spannungen rufen nur am Tor 2' eine Spannung hervor, am Tor 4' herrscht Anpassung.

Aufgabe 6.4

Ein $\lambda/4$-Leitungstransformator mit dem Wellenwiderstand Z_0 hat bei einer ohmschen Last R_L einen Eingangswiderstand $R_E = Z_0^2/R_L$.
Am Eingang des Elementes 2N in Bild 6.19 erscheint damit ein Widerstand

$$Z_{2N} = Z_2^2/Z$$

und am Eingang des Elementes 2N-1 mithin

$$Z_{2N-1} = Z_1^2 Z/Z_2^2 \ ;$$

bei 2N-2 ist weiter

$$Z_{2N-2} = Z_2^2 \cdot Z_2^2/(Z_1^2 Z) \text{ usw.,}$$

so daß

$$Z_E = Z(Z_2/Z_1)^{2N}$$

folgt.

Aufgabe 6.5

a) Die Richtung von $\vec{H}_0$ soll die z-Achse eines kartesischen Koordinatensystems sein. Das Magnetfeld $\underline{\vec{H}}$ der linear polarisierten, homogenen ebenen Welle soll entlang der x-Achse liegen. Die linear polarisierte Welle wird als Überlagerung zweier zirkular polarisierter homogener ebener Wellen dargestellt (s. Gl.(6.20)).
Bei z = 0 ist in Komponentendarstellung

$$\underline{\vec{H}}(0) \begin{bmatrix} \underline{H}(0) \\ 0 \\ 0 \end{bmatrix} = \underline{\vec{H}}^+(0) + \underline{\vec{H}}^-(0) = \frac{1}{2} \begin{bmatrix} \underline{H}(0) \\ -j\underline{H}(0) \\ 0 \end{bmatrix} + \frac{1}{2} \begin{bmatrix} \underline{H}(0) \\ j\underline{H}(0) \\ 0 \end{bmatrix} .$$

Daß tatsächlich zirkular polarisierte Felder vorliegen, erkennen wir, wenn mit den Richtungsvektoren $\vec{u}_x$, $\vec{u}_y$, $\vec{u}_z$ entlang den Achsrichtungen geschrieben wird für z.B. $\underline{\vec{H}}^+$

$$\underline{\vec{H}}^+(0) = \frac{1}{2}\ \underline{H}(0)\ [\vec{u}_x - j\vec{u}_y]$$

und gemäß $\vec{H}^+(0,t) = \sqrt{2}\ \text{Re}\{\underline{H}^+(0)\ \exp(j\omega t)\}$ zu den Momentanwerten übergegangen wird mit

$$\vec{\underline{H}}(0,t) = \frac{1}{\sqrt{2}} |\underline{H}(0)| \{\vec{u}_x \cos(\omega t + \varphi) + \vec{u}_y \sin(\omega t + \varphi)\}$$

(φ = Nullphase, die hier Null gesetzt wird).

Wenn die y-Komponente Null ist, hat die x-Komponente gerade ihr Maximum und umgekehrt; der Betrag $|\vec{H}(0,t)|$ ist zu allen Zeiten konstant. Der Feldvektor dreht sich mit der Winkelgeschwindigkeit ω rechts herum bezüglich der positiven z-Achse = Ausbreitungsrichtung.

Die zirkular polarisierten Wellen breiten sich aus mit den Phasenkonstanten

$$\beta^+ = k_0 \sqrt{\varepsilon_r \mu_r^+}\ , \quad \beta^- = k_0 \sqrt{\varepsilon_r \mu_r^-}\ , \quad (k_0 = \omega \sqrt{\varepsilon_0 \mu_0})\ .$$

(Wir setzen $\mu_r^+ > 0$, $\mu_r^- > 0$ voraus.)
Nach einer Strecke l ist dann

$$\vec{\underline{H}}(l) = \vec{\underline{H}}^+(0) \exp(-j\beta^+ l) + \vec{\underline{H}}^-(0) \exp(-j\beta^- l)$$

$$\vec{\underline{H}}(l) = \exp\{-j(\beta^+ + \beta^-)l/2\} [\vec{\underline{H}}^+(0) \exp\{-j(\beta^+ - \beta^-)l/2\} + \vec{\underline{H}}^-(0) \exp\{j(\beta^+ - \beta^-)l/2\}]\ .$$

In Komponentendarstellung mit Richtungsvektoren ist dann

$$\vec{\underline{H}}(0) = |\underline{H}(0)| \exp\{-j(\beta^+ + \beta^-)l/2\} \cdot [\vec{u}_x \cos\{(\beta^+ - \beta^-)l/2\} - \vec{u}_y \sin\{(\beta^+ - \beta^-)l/2\}]\ .$$

Das ist wieder ein linear polarisiertes Feld mit der Phasendrehung $\exp\{-j(\beta^+ + \beta^-)l/2\}$. Das Magnetfeld ist gegen die x-Achse um den Winkel

$$\theta = \arctan \underline{H}_y/\underline{H}_x = -(\beta^+ - \beta^-)l/2 \qquad (a)$$

gedreht. (θ wird positiv im Sinne einer Rechtsschraube gezählt.)

b) Bei umgekehrter Ausbreitungsrichtung müssen gegenüber der vorlaufenden Welle rechts- und linksdrehende Polarisation vertauscht werden. (Vorlaufend linksdrehend → rücklaufend rechtsdrehend). Mit (a) ist dann entlang der Strecke l die Drehung der Polarisationsrichtung

$$\theta_1 = -(\beta^- - \beta^+)l/2 = -\theta \ .$$

Die Drehung ist im entgegengesetzten Sinne wie bei der ursprünglichen Ausbreitungsrichtung. Die Drehung ist nicht reziprok. Der Drehsinn wird durch die Richtung des Magnetfeldes festgelegt, kehrt sich also um, wenn die Welle ihre Ausbreitungsrichtung umkehrt. Eine Welle, die bei $z = l$ mit dem Winkel θ startet und zurückläuft, hat bei $z = 0$ nicht $\underline{\vec{H}}(0) \parallel x$, sondern der Winkel ist 2θ.
Man nennt diesen nichtreziproken Effekt "Faraday-Effekt". Er wird bis hinauf zu optischen Frequenzen für Richtungsleitungen (Isolatoren) ausgenutzt.

Aufgabe 6.6

Nach Gl.(6.28) ist die y-Komponente der Magnetisierung um 90^0 nacheilend, damit tritt eine Phasendifferenz von -90^0 zwischen Ausgangs- und Eingangssignal auf. Wenn nun Ein- und Ausgang vertauscht werden, sehen wir aus der Schreibweise

$$M^+ = \frac{-j}{2} \begin{bmatrix} jM \\ \underline{M} \\ 0 \end{bmatrix}$$

von Gl.(6.28), daß jetzt die Phasendifferenz $+90^0$ ist. Der YIG-Resonator ist ein nichtreziprokes Bauelement.

Aufgabe 6.7

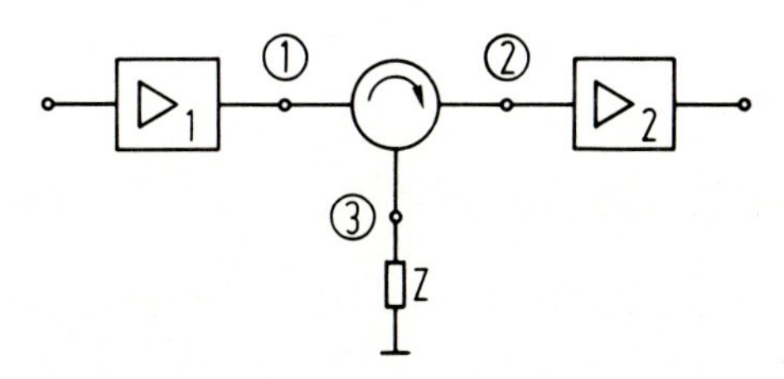

Der Ausgangswiderstand des Verstärkers 1 muß Z sein, der Zirkulator ist für diesen Wellenwiderstand ausgelegt. Dann tritt keine Reflexion am Zirkulator auf, Signale, die am Eingang des zweiten Verstärkers reflektiert werden, werden im Abschluß Z am Tor 3 des Zirkulators absorbiert.

Aufgabe 7.1

Entsprechend der Definition der AKF muß die Meßvorrichtung enthalten einen Multiplizierer, eine Zeitverzögerung τ und einen Integrator.

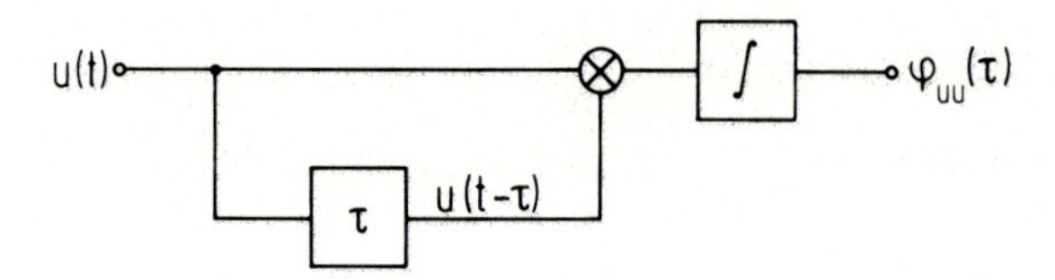

(Bei ausreichend niedrigen Frequenzen wird u(t) analog-digital gewandelt und die AKF $\varphi(\tau) = \varphi(-\tau)$ digital berechnet.)

Aufgabe 7.2

Mit Gl.(7.10a) ist die zweiseitige spektrale Leistungsdichte

$$w_u(f) = \int_{-\infty}^{\infty} \exp\{-(\tau/t_0)^2\} \exp(-j2\pi f\tau)d\tau \quad [V^2/Hz]$$

als Fouriertransformierte einer Gaußfunktion wieder eine Gaußfunktion

$$w_u(f) = t_0\sqrt{\pi} \quad \exp\{-\pi^2 f^2 t_0^2\} \quad [V^2/Hz] \ .$$

Je kleiner t_0 ist, d,h. je schneller die AKF abfällt, desto breiter wird das Frequenzspektrum mit relativ großen Werten $w_u(f)$.
Der Effektivwert der Rauschspannung ist nach

$$u_{eff} = \{\langle u^2 \rangle\}^{1/2} = \{\varphi_{uu}(0)\}^{1/2} = 1 \ V \ .$$

Aufgabe 7.3

Mit Gl.(7.11b) ist

$$\varphi_{u2u2}(\tau) = \int_0^{f_0} W_{u1} \cos(2\pi f\tau)df = W_{u1}f_0 \ \frac{\sin(2\pi f_g\tau)}{2\pi f_g\tau} \ .$$

Die Ausgangs-AKF zeigt den Verlauf einer (sin x)/x-Funktion, es tritt starke Korrelation bis etwa Zeitverschiebungen $\tau \simeq 1/(2f_g)$ entsprechend der Einschwingzeit des Filters auf.

Aufgabe 7.4

a) Wir führen nach dem gezeigten Bild Phasoren für die Rauschgrößen ein.

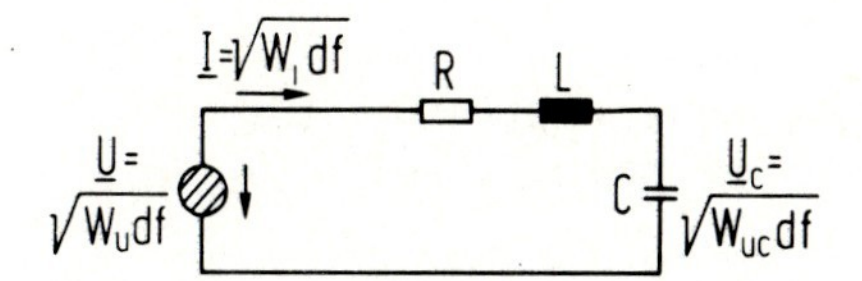

Mit den Schwingkreisgrößen: Resonanzfrequenz $2\pi f_0 = \omega_0 = 1/\sqrt{LC}$ und Güte $Q = \omega_0 L/R = 1/(\omega_0 RC)$ sind

$$\underline{I} = \underline{U}/\{R + j\omega L - 1/j\omega C\} = \underline{U}/\left\{R\left(1 + jQ\left(\frac{\omega}{\omega_0} - \frac{\omega_0}{\omega}\right)\right)\right\}$$

$$\underline{U}_c = \underline{U}/\left\{j\omega RC\left(1 + jQ\left(\frac{\omega}{\omega_0} - \frac{\omega_0}{\omega}\right)\right)\right\}.$$

Die spektralen Leistungsdichten sind damit

$$W_i(f) = \frac{W_u}{R^2\left\{1 + Q^2\left(\frac{\omega}{\omega_0} - \frac{\omega_0}{\omega}\right)^2\right\}} ; \quad W_{uc}(f) = \frac{W_u}{\omega^2 R^2 C^2\left\{1 + Q^2\left(\frac{\omega}{\omega_0} - \frac{\omega_0}{\omega}\right)^2\right\}}$$

Man erkennt die im Bild dargestellten Resonanzverläufe von $W_i(f)$ und $W_{uc}(f)$. Bei Resonanz, $f = f_0$, sind im übrigen $W_i(f_0) = W_u/R^2$, $W_{uc}(f_0) = Q^2 W_u$.

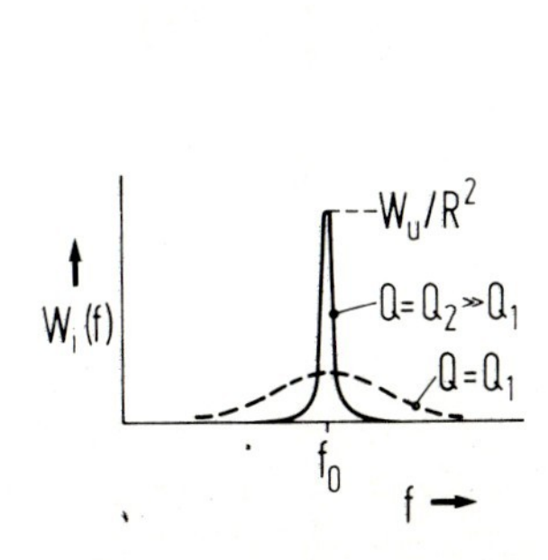

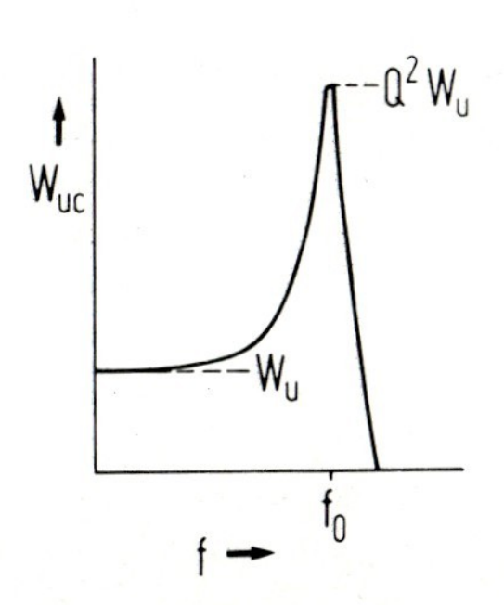

b) Für große Werte Q ist W_{uc} groß nur in der Umgebung von f_0. Wir können dann mit

$$\omega/\omega_0 - \omega_0/\omega = \omega^2 - \omega_0^2/(\omega\omega_0) \simeq 2(\omega - \omega_0)/\omega_0$$

$W_{uc}(f)$ vereinfachen zu

$$W_{uc}(f) = \frac{W_u}{\omega_o^2 R^2 C^2} \; \frac{1}{1+4Q^2(\omega-\omega_o)^2/\omega_o^2} \; .$$

Mit der Substitution $2Q(\omega-\omega_o)/\omega_o = x$ ist dann

$$\langle u_c^2(t)\rangle = \frac{1}{2\pi} \; \frac{W_u}{2RC} \int_{-2Q}^{\infty} \frac{1}{1+x^2} dx = \frac{W_u}{4\,\pi RC} \; (\;\pi/2 + \pi/2\;) \;=\; \frac{W_u}{4RC}$$

(Dabei ist $\text{arctg}(2Q) = \pi/2$ gesetzt worden.)

Aufgabe 7.5

Zur Bildung der KKF schreiben wir

$$u_c(t+\tau) = \int_{-\infty}^{\infty} h(t')\; u(t-t'+\tau)dt$$

mit der Impulsantwort des RC-Tiefpasses

$$h(t) = \frac{1}{RC} \; \exp(-t/RC) \;\; \text{für } t \geq 0 \; .$$

Die Kreuzkorrelationsfunktion folgt dann zu

$$\langle u(t)u_c(t+\tau)\rangle = \;\langle \int_{-\infty}^{\infty} h(t')u(t)u(t-t'+\tau)dt' \;\rangle = \int_{-\infty}^{\infty} h(t')\varphi_{uu}(\tau-t')dt'$$

bei Vertauschung von Mittelung und Integration über t'.
Für $\varphi_{uu}(\tau') = w_u\delta(\tau)$ folgt dann

$$\varphi_{uuc}(\tau) = \frac{w_u}{RC} \; \exp(-\tau/RC)$$

für $\tau > 0$, für $\tau < 0$ ist $\varphi_{uuc}(\tau) = 0$ wegen $h(t') = 0$ für $t' < 0$ im Integranden. $\tau < 0$ entspricht einer Zeitverschiebung in +t-Richtung, das Ausgangssignal kann bei einer realisierbaren Schaltung aber zeitlich nicht vor dem Eingangssignal auftreten.
Das komplexe Kreuzspektrum folgt aus $\varphi_{uuc}(\tau)$ durch Fouriertransformation zu

$$w_{uuc}(f) = \int_{-\infty}^{\infty} \frac{w_u}{RC} \exp(-\tau/RC)\exp(-j2\pi f\tau)d\tau \stackrel{\bullet}{=} w_u/(1+j2\pi fRC) = w_u V_u \; .$$

Bei niedrigen Frequenzen, $2\pi fRC \ll 1$, ist $w_{uuc}(f) \simeq w_u$ und reell, zu hohen Frequenzen hin wird $|w_{uuc}| \sim w_u/f$. Es ist $w_{uuc}(f) = \underline{U}^*\underline{U}_c df$.

Aufgabe 7.6

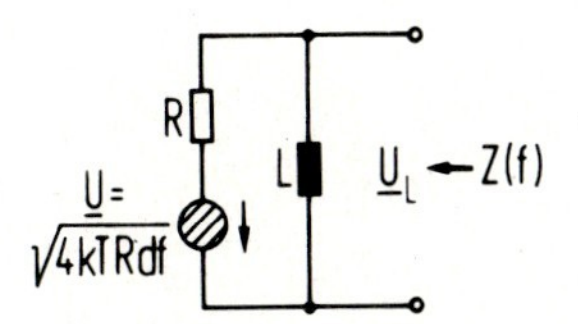

Mit der Ersatzschaltung nach Bild 7.5b ist

$$\underline{U}_L = \frac{j\omega L}{R + j\omega L}\,\underline{U} \,.$$

Damit folgt für die spektrale Leistungsdichte

$$W_{uL}(f) = 4kTR\,\frac{\omega^2 L^2}{R^2 + \omega^2 L^2} \,. \qquad (a)$$

Nach der verallgemeinerten Nyquistbeziehung (7.41) ist

$$Z(f) = \frac{j\omega LR}{R + j\omega L}\,, \quad R(f) = \mathrm{Re}\{Z(f)\} = \frac{\omega^2 LR}{R^2 + \omega^2 L^2}\,; \quad W_{uL} = 4kT\,\frac{\omega^2 LR}{R^2 + \omega^2 L^2} \,.$$

Aufgabe 7.7

Nach Bild 7.8b ist die Darstellung mit den äquivalenten Rauschstromquellen $\underline{I}_{r1}$ und $\underline{I}_{r2}$

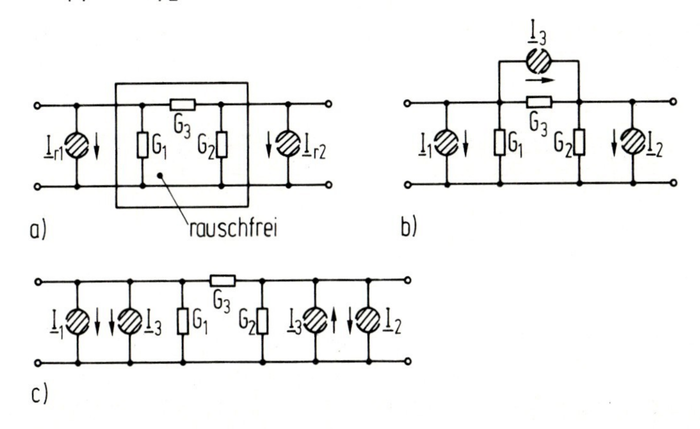

a) Die Betragsquadrate $|\underline{I}_{r1}|^2$ und $|\underline{I}_{r2}|^2$ folgen sofort bei einem ausgangs- bzw. eingangsseitigen Kurzschluß zu

$$|\underline{I}_{r1}|^2 = 4kT(G_1 + G_3)df\,, \quad |\underline{I}_{r2}|^2 = 4kT(G_2 + G_3)df \,.$$

b) Wir führen gemäß der Ersatzschaltung von Bild 7.5b im Bild (b) die voneinander unabhängigen, d.h. auch unkorrelierten Rauschquellen

$$\underline{I}_1 = \{4kTG_1 df\}^{1/2}; \; \underline{I}_2 = \{4kTG_2 df\}^{1/2}; \; \underline{I}_3 = \{4kTG_3 df\}^{1/2}$$

ein. Die Stromquelle $\underline{I}_3$ wird äquivalent durch je eine ein- und ausgangsseitige Stromquelle $\underline{I}_3$ ersetzt (Pfeilrichtungen von $\underline{I}_3$ beachten! s. Bild (c)). Dann ist

$$\underline{I}_{r1} = \underline{I}_1 + \underline{I}_3 \,, \quad \underline{I}_{r2} = \underline{I}_2 - \underline{I}_3 \,. \tag{1}$$

Damit folgt

$$|\underline{I}_{r1}|^2 = |\underline{I}_1 + \underline{I}_3|^2 = |\underline{I}_1|^2 + |\underline{I}_3|^2 + 2\,\mathrm{Re}\{\underline{I}_1\underline{I}_3^*\} = |\underline{I}_1|^2 + |\underline{I}_3|^2$$

$$= 4kT(G_1 + G_3)df$$

(siehe a), $\underline{I}_1$ und $\underline{I}_3$ sind unkorreliert). Entsprechend ist wieder

$$|\underline{I}_{r2}|^2 = 4kT(G_2 + G_3)df \,.$$

Die Korrelation $\underline{I}_{r1}^*\underline{I}_{r2}$ folgt bei Beachtung der Unabhängigkeit der 3 Rauschströme zu

$$\underline{I}_{r1}^*\underline{I}_{r2} = -\,|\underline{I}_3|^2 = -4kTG_3 df \,.$$

Man sieht, daß in Korrelationen durchaus Vorzeichen eingehen, einmal festgelegte Zählpfeile mit frei wählbaren Richtungen müssen bei Rechnungen beibehalten werden.

Das Kreuzspektrum ist mithin $w_{r1r2} = -2kTG_3$, das normierte Kreuzspektrum (s. Gl.(7.26)) ist $r_{r1r2} = -\,1/2\; G_3/\sqrt{G_1G_2}$.
Der Faktor $\Gamma(f)$ nach Gl.(7.34), der den Anteil von $\underline{I}_{r2}$ angibt, der völlig korreliert mit $\underline{I}_{r1}$ ist, folgt zu

$$\Gamma(f) = 2w_{r1r2}/W_{r1} = -G_3/(G_1 + G_3) \,.$$

c) Die y-Parameter der Schaltung sind $y_{11} = G_1 + G_3$, $y_{22} = G_2 + G_3$, $y_{21} = y_{12} = -G_3$. Dann ergibt Gl.(7.59)

$$\begin{aligned} \underline{U}_r &= \underline{I}_{r2}/G_3 \\ \underline{I}_r &= \underline{I}_{r1} + (G_1 + G_3)\underline{I}_{r2}/G_3 \,. \end{aligned} \tag{2}$$

d) Die Korrelation $\underline{I}_r^*\underline{U}_r$ ist mit Gl.(2) und Gl.(1)

$$\underline{I}_r^*\underline{U}_r = \frac{4kTdf}{G_3}\{G_1G_2/G_3 + G_1 + G_2\}.$$

Weiter sind

$$|\underline{I}_r|^2 = 4kTdf\{(G_2 + G_3)\ (G_1 + G_3)^2/G_3^2 - G_1 - G_3\}\ ,$$

$$|\underline{U}_r|^2 = 4kTdf(G_2 + G_3)/G_3^2\ .$$

Anmerkung: Jedes passive, reziproke Zweitor kann durch eine π-Ersatzschaltung wiedergegeben werden mit 3 i.a. komplexen Leitwerten. Sein Eigenrauschen kann entsprechend den gezeigten Lösungen analysiert werden.

Aufgabe 7.8

Die verfügbare Rauschleistung des Generatorinnenwiderstandes im Band df ist $kT_G df$, damit ist (s. auch das Berechnungsverfahren von Abschn. 5.1)

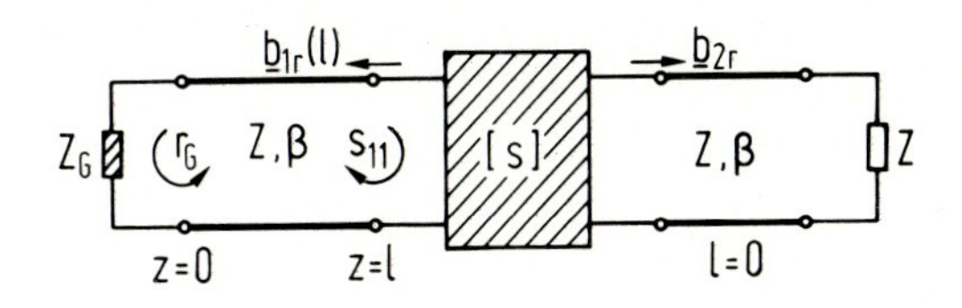

$$|\underline{a}_G(0)|^2 = kT_G df.$$

Aus

$$\underline{a}_1(l) = \underline{a}_G(l) + r_G\underline{b}_1(l) = \underline{a}_G(0)\ \exp(-j\beta l) + \underline{r}_G\underline{b}_1(l)\exp(-2j\beta l)$$

$$\underline{b}_1(l) = s_{11}\underline{a}_1(l) + \underline{b}_{1r}(l)$$

$$\underline{b}_2 = s_{21}\underline{a}_1(l) + \underline{b}_{2r}$$

folgt durch Ineinandereinsetzen

$$\underline{b}_2 = \frac{s_{21}}{1 - r_G s_{11}\ \exp(-2j\beta l)}\ \{\underline{a}_G\ \exp(-j\beta l) + r_G\underline{b}_{1r}(l)\ \exp(-2j\beta l)\} + \underline{b}_{2r}\ .$$

Die am Abschlußwiderstand Z abgegebene Rauschleistung $|\underline{b}_2|^2$ wird berechnet unter Beachtung der Unabhängigkeit des Rauschens von Z_G und des Zweitorrauschens. Damit folgt

$$|\underline{b}_2|^2 = \frac{|s_{21}|^2}{1 - |r_G s_{11}|^2} \{kT_G df + |r_G \underline{b}_{1r}(l)|^2\} + |\underline{b}_{2r}|^2\}$$

$$+ \; 2 \,\mathrm{Re} \left\{ \frac{s_{21} r_G \exp(-2j\beta l)}{1 - r_G s_{11} \exp(-2j\beta l)} \underline{b}_{1r}(l) \underline{b}_{2r}^* \right\} .$$

Wir erkennen, daß für $\underline{b}_{1r}(l)\,\underline{b}_{2r}^* \neq 0$, d.h. bei Korrelation der Ein- und Ausgangsrauschwellen - die regelmäßig z.B. in Verstärkern auftritt - die Ausgangsrauschleistung stark von der Länge l der Eingangszuleitung und von der Frequenz abhängt. Weiterhin hängt sie von r_G, d.h. von Z_G ab. Wenn Anpaßschaltungen für $r_G = 0$ eingesetzt werden, wirkt die Korrelation sich nicht aus. Solche Korrelationseffekte haben vor allem Bedeutung in Anordnungen für Rauschmessungen, wenn das Meßobjekt an den nachfolgenden Verstärker nicht angepaßt ist.

Aufgabe 7.9

Die Betragsquadrate der Rauschwellen folgen mit den s-Parametern $s_{11} = s_{22} = -1/3$, $s_{21} = s_{12} = 2/3$ (s. Aufgabe 4.2) direkt aus Gl.(7.62), (7.63) zu

$$|\underline{b}_{1r}|^2 = |\underline{b}_{2r}|^2 = 4kTdf/9 \; . \tag{1}$$

Wir erhalten direkt die Rauschwellen $\underline{b}_{1r}$ und $\underline{b}_{2r}$ aus der im Bild gezeigten Ersatzschaltung mit $\underline{U}_r = \sqrt{4kTZdf}$.

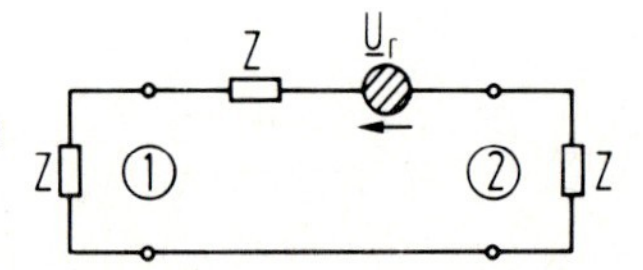

Die Spannungsquelle erzeugt an den Toren 1 und 2 jeweils rücklaufende Spannungswellen $\underline{U}_1^- = \underline{U}_2^- = \underline{U}_r/3$ und damit Rauschwellen an den Toren mit $\underline{b}_{1r} = \sqrt{4kTdf/9} = \underline{b}_{2r}$. Beide Rauschwellen sind völlig miteinander korreliert, da sie dieselbe Ursache haben.

Aufgabe 7.10

Die Rauschwellen der beiden Transistoren bezeichnen wir mit $\underline{b}_{1r}$, $\underline{b}_{2r}$ (Tor 2 bzw. Tor 1') und $\underline{b}_{1r}'$, $\underline{b}_{2r}'$ (Tor 4 bzw. Tor 3').

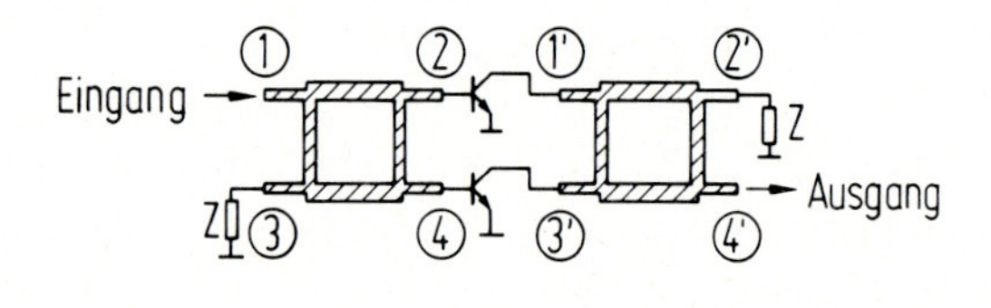

Sie haben bei identischen Transistoren gleiche Betragsquadrate und gleiche Korrelation. Die Rauschwellen der beiden Transistoren sind nicht miteinader korreliert (z.B. $|\underline{b}_{1r}|^2 = |\underline{b}'_{1r}|^2$, $\underline{b}_{1r}\underline{b}^*_{2r} = \underline{b}'_{1r}\underline{b}'^*_{2r}$, $\underline{b}_{1r}\underline{b}'^*_{1r} = 0$). Mit den Eigenschaften des Hybridring-Kopplers erscheint am Tor 1 $-j\underline{b}_{1r}/\sqrt{2} - \underline{b}'_{1r}/\sqrt{2}$, am Tor 4 entsteht $-\underline{b}_{2r}/\sqrt{2} - j\,\underline{b}'_{2r}$. Zur Prüfung der Korrelation bilden wir

$$\{-j\underline{b}_{1r}/\sqrt{2} - \underline{b}'_{1r}/\sqrt{2}\}\ \{-\underline{b}^*_{2r}/\sqrt{2} + j\underline{b}'^*_{2r}\} = \frac{j}{2}\,\underline{b}_{1r}\underline{b}^*_{2r} - \frac{j}{2}\,\underline{b}'_{1r}\underline{b}'^*_{2r} = 0.$$

Diese Eigenschaft der Schaltung ist für bestimmte Rausch-Meß-fahren wichtig.

Aufgabe 7.11

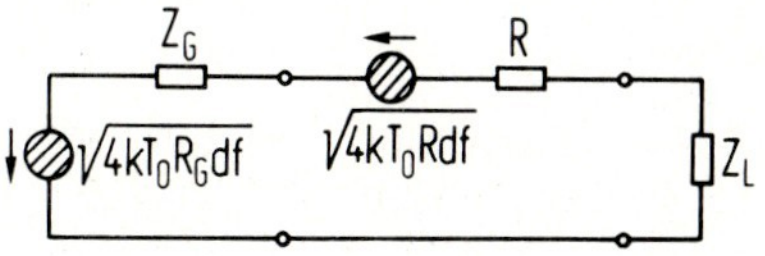

a) Die Rauschzahl wird am einfachsten mit Gl.(7.66) berechnet. Beide Rauschquellen sind unkorreliert. Die Leerlaufrauschspannung am Ausgang durch den Generator ist $\underline{U}_{rA} = \sqrt{4kT_0R_G df}$, die Leerlaufspannung durch das Zweitor ist $\underline{U}_{rV} = \sqrt{4kT_0 R df}$. Die Rauschzahl ist damit $F = 1 + R/R_G$.

b) Der Gewinn des Zweitores ist

$$G = \frac{|\underline{U}_G|^2\,R_L}{|Z_G + R + Z_L|^2} \Big/ \left\{|\underline{U}_G|^2/4R_G\right\} = \frac{4R_G R_L}{|Z_G + R + Z_L|^2}\ .$$

Die Rauschleistung des Zweitors am Ausgang ist

$$P_r = 4kT_0R_LR/|Z_G + R + Z_L|^2, \quad P_{rGv} = kT_0 df.$$

Nach Gl.(7.64a) ist dann wieder

$$F = 1 + R/R_G\ .$$

Aufgabe 7.12

In Aufgabe 7.7 haben wir die vorgeschalteten Rauschquellen des Zweitores berechnet mit

$$|\underline{U}_r|^2 = 4kTdf(G_2 + G_3)/G_3^2 \; ,$$
$$|\underline{I}_r|^2 = 4kTdf\{(G_2 + G_3)\;(G_1 + G_3)^2/G_3^2 - G_1 - G_3\}$$
$$\underline{I}_r^*\underline{U}_r = 4kTdf\{G_1G_2/G_3^2 + G_1/G_3 + G_2/G_3\} \; .$$

Der Korrelationswiderstand ist hier rein reell mit

$$Z_k = \underline{I}_r^*\underline{U}_r/|\underline{I}_r|^2 = \{G_1G_2 + G_1G_3 + G_2G_3\}/$$
$$\{(G_2 + G_3)\;(G_1 + G_3)^2 - G_1G_3^2 - G_3^3\} \; .$$

Nach Gl.(7.70) ist in diesem Fall $X_k = 0$, für minimale Rauschzahl muß der Generatorinnenwiderstand rein reell sein mit wegen
$|Z_k| = R_k$ $\quad (R_G)^2_{opt} = \{G_2 + G_3\}/\{(G_2 + G_3)\;(G_1 + G_3)^2 - G_1G_3^2 - G_3^3\}$.

Aufgabe 7.13

Die verfügbare Rauschleistung des Generatorwiderstandes Z, $P_{rGv} = kT_0df$, wird entlang l entsprechend dem Faktor $\exp(-2\alpha l)$ gedämpft. Die gesamte verfügbare Ausgangsrauschleistung ist nach dem Nyquist-Theorem $P_{Av} = kT_0df$. Die Rauschzahl der Leitung ist damit

$$F = \frac{kT_0df}{kT_0df\,\exp(-2\alpha l)} = \exp(2\alpha l) \; .$$

Die Rauschtemperatur der Leitung ist $T_r = (F-1)\,T_0 = \{\exp(2\alpha l) - 1\}\,T_0$.

Beispiel: $\alpha = 0.1$ dB/m, $l = 100$ m : F = 10 dB, $T_r = 9\,T_0$.

Aufgabe 7.14

a) Für 3 in Kette geschaltete Zweitore ergibt sich entsprechend dem Berechnungsweg von Gl.(7.78)

$$F = F_1 + \frac{F_2 - 1}{G_{1v}} + \frac{F_3 - 1}{G_{1v}G_{2v}} \; . \tag{a}$$

(Die Rauschzahl F_3 der dritten Stufe geht um den Faktor $G_{1v}G_{2v}$ reduziert in die Gesamtrauschzahl ein. Wir erinnern daran, daß F_2 definiert ist für einen Generatorwiderstand = Ausgangswiderstand des ersten Zweitores usw.).

b) Die Beiträge der i-ten Stufe (i > 1) gehen entsprechend einer geometrischen Reihe ein (s.(a)). Daher ist die Gesamtrauschzahl - mit F_g bezeichnet - einer Kette aus N identischen Zweitoren

$$F_g = 1 + (F - 1) + (F - 1) \sum_{i=1}^{N-1} (G_v)^{-i}$$

$$F_g \simeq 1 + \frac{F - 1}{1 - 1/G_v} \quad \text{für große N und } G_v > 1 .$$

Wir können daher mit Gl.(7.81) auch schreiben

$$F_g = 1 + M$$

mit dem Rauschmaß M.

Aufgabe 8.1

a) Die Aussteuerungsverhältnisse sind im Bild gezeigt.

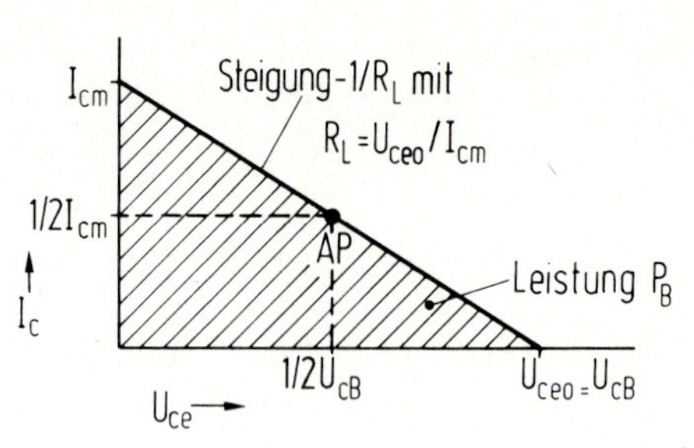

b) Mit $I_c = \frac{1}{2} I_{cm} (1 + \cos \omega t)$, $U_{ce} = \frac{1}{2} U_{cB} (1 - \cos \omega t)$ folgt eine Leistung der Versorgung $P_B = -U_{cB} I_{cm}/2$ (s. Gl.(8.2)). Die Leistung P_A an der Last R_L als zeitlicher Mittelwert von $(U_{cB} - U_{ce}) I_c$ teilt sich auf in eine Gleichleistung $U_{cB} I_{cm}/4 = -P_B/2$ und eine Wechselleistung $U_{cB} I_{cm}/8 = -P_B/4$. Der Wirkungsgrad ist damit

$$\eta = 0.25,$$

d.h. nur halb so groß wie bei einer Ankopplung, bei der kein Gleichstrom durch R_L fließt.
Die Verlustleistung des Transistors P_{ce} ist als Mittelwert von $U_{ce} I_c$: $U_{cB} I_{cm}/4 - U_{cB} I_{cm}/8 = -P_B/4$.

Aufgabe 8.2

Bei Vollaussteuerung gilt für $U_{crest} = 0$

$$\hat{i}_c = 2 P_A / \hat{u}_{ce} = 2 P_A / U_{cB} = 1.67 \text{ A} .$$

Für R_L' gilt

$$R_L' = \hat{u}_{ce} / \hat{i}_c = U_{cB}^2 / 2P_A = 7.2 \ \Omega .$$

Damit folgt

$$P_m = 2P_A = 20 \text{ W}, \quad U_{ce0} = 2U_{cB} = 24 \text{ V}, \quad I_{cm} = 2\hat{i}_c = 3.34 \text{ A} .$$

Das Windungsverhältnis muß nach $N_1 : N_2 = R_L'^2 / R_L^2 = 0.02 = 1:50$ sein.

Aufgabe 8.3

a) Nach Gl.(8.21) folgt für $\theta_f = 60^0$ ein Scheitelwert $\hat{i}_{c1} = 3.12$ A. Aus Gl.(8.23) folgt mit $U_{cB} = U_{ce0}/2 = 30$ V ein $R_L' = 28/3.12\ \Omega = 8.97\ \Omega$.

b) Der Übertrager soll ideal sein. Das Übersetzungsverhältnis ist dann

$$\frac{N_1}{N_2} = \frac{L_1^2}{L_2^2} = \sqrt{\frac{8.97}{50}} = 0.42\ .$$

Mit $2\pi f_0 = 1/\sqrt{CL_1} = 2\pi \cdot 3\,\text{MHz}$ $\quad Q = \omega_0 C R_L' = 20$ sind dann
$C = 118$ nF, $\quad L_1 = 23.8$ nH .

(Der Wert L_1 ist schaltungstechnisch recht klein, es müßte hier ein mehrkreisiges Ausgangsfilter verwendet werden.)

Aufgabe 9.1

Die Besetzungswahrscheinlichkeit des Energieniveaus $W_{el} = 0$ ist nach Gl.(9.1)

$$f(0) = \frac{1}{1+\exp(-W_{FM}/(kT))} \,.$$

Mit $W_{FM} = -2\ \text{eV} = -3.2\cdot 10^{-19}$ Ws und $k = 1.38\cdot 10^{-23}\ \text{Ws K}^{-1}$ ist

$$T = 300\ \text{K} : f(0) = 2.7\cdot 10^{-34}$$

$$T = 1500\ \text{K} : f(0) = 1.93\cdot 10^{-7} \,.$$

Man erkennt den drastischen Anstieg der Besetzungswahrscheinlichkeit mit T und wird auf einen nahezu exponentiellen Temperaturgang des thermischen Emissionsstroms schließen.

Aufgabe 9.2

Bei einem Metall-Halbleiterübergang auf einem n-dotierten Halbleiter und $W_M < W_H$ ergeben sich die in Bild a1) dargestellten Bandverläufe der getrennten Materialien. Bei einer Annäherung auf atomare Abstände (Bild a2) führt die Angleichung der Ferminiveaus dazu, daß an der Grenzfläche eine Bandabsenkung auftritt. Dadurch nähert sich an der Grenzfläche die Leitungsbandkante dem Ferminiveau, dieses führt zu einer Anreicherung von Elektronen an der Grenzfläche. Ein derartiger Metall-Halbleiterübergang ist somit nicht sperrschichtbehaftet, sondern stellt einen ohmschen Kontakt dar.

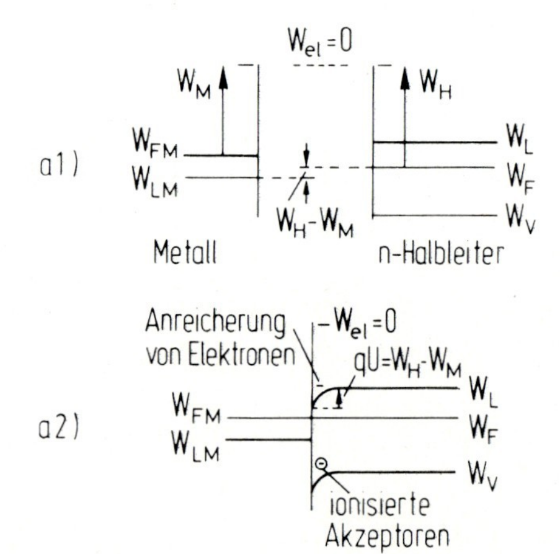

Aufgabe 9.3

Die Verhältnisse bei einem abrupten Übergang mit $N_A/N_D \to \infty$, wie sie aus der Halbleiterelektronik bekannt sind, können übernommen werden. Danach ist die Weite w der Raumladungszone ohne äußere Spannung (U = 0) zu bestimmen aus

$$U_D = \frac{qN_D}{2\varepsilon} w^2, \quad w = \sqrt{\frac{2\varepsilon U_D}{qN_D}} \; .$$

(Mit z.B. $U_D = 0.7$ V, $N_D = 10^{16}$ cm^{-3}, $\varepsilon = \varepsilon_r \varepsilon_0 = 11.8\varepsilon_0$ ergibt sich $w = 0.305$ µm.)

Bei einer äußeren Spannung U mit $U \leq U_D$ gilt

$$U_D - U = \frac{qN_D}{2\varepsilon} w^2, \quad w = \sqrt{\frac{2\varepsilon(U_D - U)^2}{qN_D}} \; .$$

(Bei U = -10 V ergibt sich w = 1.19 µm.)
Die differentielle Sperrschichtkapazität ist $c = \varepsilon \cdot$ Fläche/w.

Der Feldverlauf ist linear gemäß der Beziehung $\varepsilon \frac{dE}{dx} = \rho$ und
$\rho = qN_D$ für $x \leq w$, $E = 0$ für $x \geq w$

$$E(x) = \frac{qN_D}{\varepsilon} (x - w)$$

(das elektrische Feld zeigt in -x-Richtung) mit dem Maximalwert an der Grenzfläche x = 0

$$E = -\frac{qN_D}{\varepsilon} w = \begin{cases} -46 \text{ kV/cm } (U = 0) \\ -179 \text{ kV/cm } (U = -10 \text{ V}) \; . \end{cases}$$

Der Potentialverlauf ist parabelförmig entsprechend

$$E = -\frac{d\Phi}{dx}$$

mit

$$\Phi(x) = -\frac{qN_D}{2\varepsilon} (x - w)^2 \; , \quad U_D - U = \Phi(w) - \Phi(0) \; .$$

Im Bild ist für U = 0 der Verlauf des elektrischen Feldes E(x) und der Elektronenenergie $-q\Phi(x)$ dargestellt für $N_D = 10^{16}\ cm^{-3}$, $U_D = 0.7$ V.

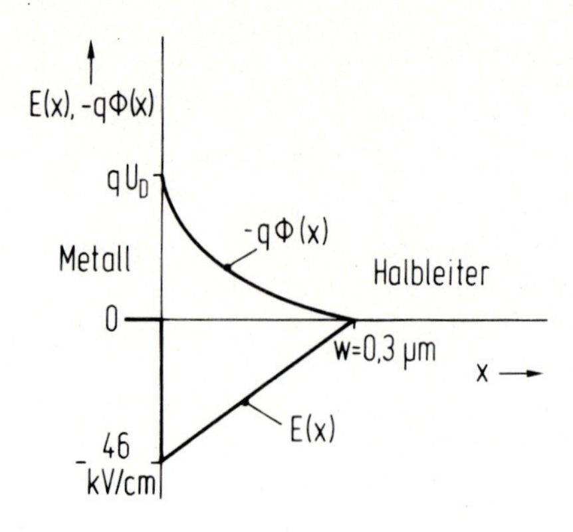

Aufgabe 9.4

Die freie Weglänge l_e ist gegeben durch $l_e = v_{th}\tau_s$ mit der thermischen Geschwindigkeit v_{th} und der mittleren Zeit τ_s zwischen zwei Stößen mit Gitteratomen. τ_s folgt aus der Beweglichkeit μ_n über die Beziehung

$$\mu_n = \frac{1}{2}\frac{q}{m^*}\tau_s$$

mit $m^* = 1.1$ Elektronenmassen m_o für Silizium und $\mu_n = 1500\ cm^2/Vs$ ist demnach

$$\tau_s = \frac{2\mu_n m^*}{q} = \frac{2\cdot 1500\cdot 1.1\cdot 9.11\cdot 10^{-35}}{1.6\cdot 10^{-19}}\ s,\quad \tau_s = 1.88\ ps\ .$$

Dann ist mit der thermischen Geschwindigkeit v_{th} aus $m^* v_{th}^2/2 = 3kT/2$

$$l_e \simeq 1.1\cdot 10^7\cdot 1.88\cdot 10^{-12}\ cm\ ,\quad l_e \simeq 0.21\ \mu m\ .$$

Aufgabe 9.5

Für große $\hat{u}$ fließt mit Gl.(9.11), (9.14) ein Richtstrom

$$I_o = I_s\left\{\exp(U_L/U_T)\frac{\exp \hat{u}/U_T}{\sqrt{2\pi\hat{u}/U_T}} - 1\right\}.$$

Die Richtspannung, die über R_L ansteht, ist damit näherungsweise $U_L \simeq -\hat{u}$. Dann bleibt trotz der Exponentialfunktion und $\hat{u}/U_T \gg 1$ der Strom endlich. Es liegt jetzt lineare Gleichrichtung vor. (Das wird ausgenutzt in dem aus der Nachrichtentechnik bekannten Spitzengleichrichter zur einfachen Demodulation von AM-Signalen.)

Aufgabe 9.6

Wir setzen ω_1 gleich der starken Pumpschwingung. Unter parametrischen Bedingungen sind die Frequenzkomponenten von Bedeutung, welche die Amplitude A_2 nur linear enthalten. Von den in Bild 8.14 aufgeführten Frequenzkomponenten treten nicht auf diejenigen bei $2\omega_1$, $3\omega_1$, $2\omega_1 + \omega_2$.

Aufgabe 9.7

Unter parametrischen Bedingungen hat die Pumpschwingung $u_p(t)$ eine große Amplitude, bei den Frequenzen f_s, $f_z = f_p - f_s$, $f_{sp} = 2f_p - f_s$ (Spiegelfrequenz) wird nur mit kleinen Signalen ausgesteuert.
Es gilt dann wieder

$$\Delta i(t) = \frac{dI}{dU} \Delta u(t) = g(u_p(t))\Delta u(t) .$$

g(t) ist periodisch mit der Grundfrequenz f_p und wird in eine Fourierreihe entwickelt.

$$g(t) = g_o + g_1 e^{j\omega_p t} + g_1^* e^{-j\omega_p t} + g_2 e^{j2\omega_p t} + g_2^* e^{-j2\omega_p t}$$

(g_o reell, $g_{-n} = g_n^*$).
Weiterhin gilt in Phasordarstellung

$$\Delta u(t) = \sqrt{2} \operatorname{Re}\left\{\underline{U}_s e^{j\omega_s t} + \underline{U}_z e^{j(\omega_p - \omega_s)t} + \underline{U}_{sp} e^{j(2\omega_p - \omega_s)t}\right\}$$

$$\Delta u(t) = \frac{1}{\sqrt{2}}\Big\{\underline{U}_s e^{j\omega_s t} + \underline{U}_s^* e^{-j\omega_s t}$$

$$+ \underline{U}_z e^{j(\omega_p - \omega_s)t} + \underline{U}_z^* e^{-j(\omega_p - \omega_s)t}$$

$$+ \underline{U}_{sp} e^{j(2\omega_p - \omega_s)t} + \underline{U}_{sp}^* e^{-j(2\omega_p - \omega_s)t}\Big\} .$$

In gleicher Weise wird $\Delta i(t)$ mit den Phasoren $\underline{I}_s$, $\underline{I}_z$, $\underline{I}_{sp}$ geschrieben. Es sind nur die 3 Frequenzkomponenten in $\Delta u(t)$, $\Delta i(t)$ berücksichtigt, die zu einem Leistungsumsatz führen.
Das Produkt $g(t)\Delta u(t)$ ergibt folgende Beiträge bei der Signalfrequenz f_s:

$$g_o\underline{U}_s e^{j\omega_s t}, \quad g_1 e^{j\omega_p t} \underline{U}_z^* e^{-j(\omega_p - \omega_s)t} = g_1\underline{U}_z^* e^{j\omega_s t}$$

$$g_2\, e^{j2\omega_p t}\, \underline{U}^*_{sp}\, e^{-j(2\omega_p - \omega_s)t} = g_2 \underline{U}^*_{sp}\, e^{j\omega_s t}\ .$$

Analog findet man für $f_z = f_p - f_s$:

$$g_1 \underline{U}^*_s\, e^{j\omega_z t}\ ;\quad g_o \underline{U}_z\, e^{j\omega_z t}\ ;\quad g^*_1 \underline{U}_{sp}\, e^{j\omega_z t}$$

und $f_{sp} = 2f_p - f_s$:

$$g_2 \underline{U}^*_s\, e^{j\omega_{sp} t}\ ;\quad g_1 \underline{U}_z\, e^{j\omega_{sp} t}\ ;\quad g_o \underline{U}_{sp}\, e^{j\omega_{sp} t}\ .$$

Ein Vergleich mit der Phasordarstellung von $\Delta i(t)$ liefert dann die Gleichungen

$$\underline{I}_s = g_o \underline{U}_s + g_1 \underline{U}^*_z + g_2 \underline{U}^*_{sp}$$
$$\underline{I}_z = g_1 \underline{U}^*_s + g_o \underline{U}_z + g_1 \underline{U}_{sp}$$
$$\underline{I}_{sp} = g_2 \underline{U}^*_s + g_1 \underline{U}_z + g_o \underline{U}_{sp}\ .$$

Die erste dieser Gleichungen wird konjugiert komplex genommen, dann ist in Matrixschreibweise

$$\begin{bmatrix} \underline{I}^*_s \\ \underline{I}_z \\ \underline{I}_{sp} \end{bmatrix} = \begin{bmatrix} g_o & g^*_1 & g^*_2 \\ g_1 & g_o & g_1 \\ g_2 & g_1 & g_o \end{bmatrix} \cdot \begin{bmatrix} \underline{U}^*_s \\ \underline{U}_z \\ \underline{U}_{sp} \end{bmatrix}$$

Die Konversionsmatrix ist nur symmetrisch, d.h. die Schaltung reziprok für reelle Werte g_1, g_2. Die Konversionsmatrix wird durch folgende Ersatzschaltungen wiedergegeben:

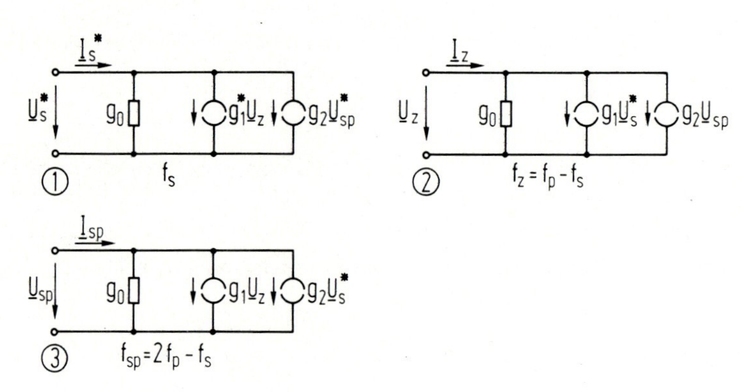

Die Beschaltungen der Diode, die bei f_s, f_z, f_{sp} wirksam sind, sind an den gezeigten Toren 1 - 3 einzutragen. Die resultierenden Schaltungsgleichungen können regelmäßig durch Ineinandersetzen nach den gewünschten Größen aufgelöst werden.

(Anmerkung: Wenn der Kreis für die Spiegelfrequenz nicht gesperrt ist, d.h. $\underline{U}_{sp} \neq 0$ ist, folgen zwei Nachteile:

- Wenn am Tor 3 ein Wirkwiderstand erscheint, wird die Signalleistung am Tor 1 auf die ZF umgesetzt und auf die Spiegelfrequenz. Der Umsetzungsverlust vergrößert sich.

- Sowohl ein Signal bei f_s als auch ein Signal bei f_{sp} wird nach der Ersatzschaltung auf f_z umgesetzt. (Es sind dann an den Toren 1 und 3 Generatoren einzuführen und am Tor 2 eine Last.)

Aufgabe 9.8

Der linearen Näherung von Gl.(9.25) entspricht eine quadratische Kennlinie im Sättigungsbereich nach

$$I_{DS} = \frac{G_o}{2U_{po}} (U_{GS} - U_t)^2 . \tag{1}$$

($U_t = U_D - U_{po}$ ist die Schwellspannung (s. Gl.(2.5).)
Für U_{GS} setzen wir

$$U_{GS}^o + \hat{u}_p \cos \omega_p t + \hat{u}_s \cos(\omega_s t + \varphi_s) . \tag{2}$$

Am Ausgang ist wegen des auf $f_z = f_p - f_s$ abgestimmten Schwingkreises nur der Beitrag bei der Differenzfrequenz wirksam. Es folgt nach Einsetzen von (2) in (1)

$$I_{DS} = \frac{G_o}{2U_{po}} (U_{GS}^o + \hat{u}_p \cos \omega_p t + \hat{u}_s \cos(\omega_s t + \varphi_s) - U_t)^2$$

mit der Beziehung

$$\cos\alpha \, \cos\beta = \{\cos(\alpha - \beta) + \cos(\alpha + \beta)\}/2$$

zu

$$(I_{DS})_z = \frac{G_o}{2U_{po}} \hat{u}_p \hat{u}_s \cos(\omega_z t - \varphi_s) .$$

Wir sehen die lineare Umsetzung der Signalschwingung, für $f_p > f_s$ erscheint die Phase φ_s invertiert, für $f_s > f_p$ behält sie ihr Vorzeichen.

Aufgabe 9.9

Wir setzen eine Entkopplung von Tor 1 und Tor 3 in Bild 9.28c voraus. Tor 3 kann dann bei Einspeisung in Tor 1 beliebig beschaltet sein. Nehmen wir einen Kurzschluß an. Dann erscheinen am Tor 1 parallel der Widerstand Z von Tor 2 transformiert über eine $\lambda/4$-Leitung mit $\sqrt{2}Z$ Wellenwiderstand d.h. 2Z (rechter Zweig). Ebenso erscheint über dem linken Zweig 2Z. Tor 1 ist mithin angepaßt, da hier $2Z \| 2Z = Z$ erscheint.
Am Tor 2 und am Tor 4 erscheinen dann unter Beachtung der $\lambda/4$ bzw. $3\lambda/4$ Wegdifferenz Spannungen $\underline{U}_2^- = -j\underline{U}_1^+/\sqrt{2}$, $\underline{U}_4^- = (-1)-j\underline{U}_1^+/\sqrt{2} = j\underline{U}_1^+/\sqrt{2}$, beide Spannungen sind mithin gegenphasig. Mit den Spannungen $\underline{U}_1^+$, $\underline{U}_2^-$, $\underline{U}_4^-$ an den Toren 1, 2, 4 rechnet man sofort nach, daß am Tor 3 der Strom verschwindet. Die Voraussetzung - Entkopplung von Tor 3 - ist tatsächlich erfüllt. Entsprechende Verhältnisse ergeben sich, wenn an einem anderen Tor eingespeist wird. (Siehe dazu die Merkregel im Text.)

Aufgabe 9.10

Mit dem Stromflußwinkel θ nach $\cos\theta = \hat{u}_p/U_o$ ist der Verlauf g(t) des Leitwertes

$$g(\omega_p t) = g_d \quad \text{für} \quad -\theta \le \omega_p t \le +\theta \ , \quad g(\omega_p t) = 0 \text{ sonst}$$

(s. Bild). Die Fourierkoeffizienten sind für diese periodische Rechteckfolge

$$g_n = \frac{1}{2\pi} \int_{-\theta}^{\theta} g_d \exp(-jn\omega_p t)\, d(\omega_p t) = g_d \frac{\sin n\theta}{n\pi} .$$

Mit Gl.(9.42) folgen optimale Generator- und Lastleitwerte für Leistungsanpassung aus

$$(G_s)_{opt} = (G_z)_{opt} = \frac{g_d}{\pi} \{\theta^2 - \sin^2\theta\}^{1/2}$$

und nach Gl.(9.43) ein maximaler Gewinn

$$G_m = \frac{\sin^2\theta}{\theta^2} \quad \frac{1}{1 + \sqrt{1 - \sin^2\theta/\theta^2}} \; .$$

Für extremen C-Betrieb, $\theta \to 0$, geht wieder G_m gegen 1, aber $(G_s)_{opt} = (G_z)_{opt}$ gehen steil gegen Null. Damit überhaupt Werte G_m nahe 1 möglich sind, d.h. θ klein gehalten werden kann, muß g_d möglichst groß sein. Es geht also der Bahnwiderstand $r_b = 1/g_d$ wesentlich in den Gewinn ein. (Beachten Sie, daß bei der Exponentialkennlinie im Text für $G_m \to 1$ $g_1 \to g_o$ gehen, die Werte $(G_s)_{opt} = (G_z)_{opt}$ können aber über g^o nach Gl.(9.31) noch ausreichend groß gehalten werden.

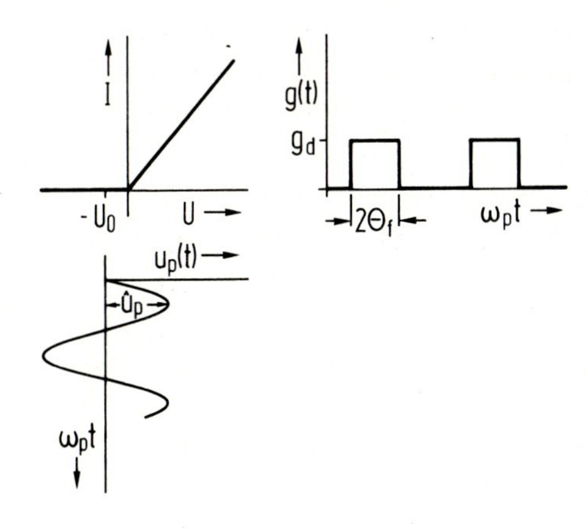

Aufgabe 10.1

a) Die Durchbruchspannung U_B folgt aus Gl.(10.10) mit

$\varepsilon = \varepsilon_r \varepsilon_o = 11.8 \cdot 8.85 \cdot 10^{-14}$ As/Vcm, $N_D = 10^{15}$ cm^{-3},
$E_B = 3 \cdot 10^5$ V/cm, $q = 1.6 \cdot 10^{-19}$ As zu

$$U_B = 293 \text{ V} .$$

(Anmerkung: Bei praktischen Dioden setzt schon bei kleineren Sperrspannungen ein Durchbruch durch Rand-/Kanteneffekte ein.)

b) Die Sperrschichtweite $w \simeq w_n$ ist dann nach Gl.(10.1) mit $U_B >> U_D$

$$w \approx 19.5 \text{ µm} .$$

c) Die Grenzfrequenz ist nach Gl.(10.16) gleich der dielektrischen Relaxationsfrequenz

$$f_c = f_d = qN_D\mu_n/(2\pi\varepsilon)$$
$$f_c = 35.5 \text{ GHz} .$$

Aufgabe 10.2

a) Es folgen bekannte Ergebnisse mit $N(x) = -N_A$ für $x < 0$, $N(x) = N_D$ für $x > 0$:

- Gl.(10.20) liefert
  $E = -qN_A(x + w_p)/\varepsilon$ für $-w_p \leq x < 0$;
  $E = -qN_A w_p/\varepsilon + qN_D x/\varepsilon$ für $0 < x \leq w_n$,
- aus Gl.(10.21) folgt die Verknüpfung von w_p und w_n
  $-N_A w_p + N_D w_n = 0$, (1)
- Gl.(10.22) liefert den Potentialverlauf nach
  $\Phi(x) - \Phi(-w_p) = \frac{q}{2\varepsilon} N_A(x + w_p)^2$ für $-w_p \leq x < 0$
  $\Phi(x) - \Phi(-w_p) = \frac{q}{2\varepsilon} N_A w_p^2 + \frac{q}{2\varepsilon} N_D x^2$ für $0 < x \leq w_n$.

b) Der Spannungsabfall über dem hochdotierten p-Gebiet ist $qN_A w_p^2/2\varepsilon$, der Spannungsabfall über dem n-dotierten Gebiet ist $qN_D w_n^2/2\varepsilon$; aus (1) folgt $w_p = N_D w_n/N_A$ und damit
$qN_A w_p^2/2\varepsilon = qN_A N_D^2 w_n^2/(2\varepsilon N_A^2) = qN_D^2 w_n^2/(2\varepsilon N_A) << qN_D w_n^2/2\varepsilon$ für $N_D << N_A$.

Aufgabe 10.3

Im Text wurde ein einseitig abrupter pn-Übergang mit $N_A >> N_D$, $w_n \simeq w >> w_p$ herangezogen. Nach der Aufgabenstellung verläuft das Dotierungsprofil symmetrisch mit $N(x) = gx$, es muß daher $w_p = w_n = w/2$ gelten. Gl.(10.24) liefert dann

$$U_D + U_{sp} = 2\,\frac{q}{\varepsilon} \int_0^{w/2} gx^2 dx = \frac{2qg}{3\varepsilon}\left(\frac{w}{2}\right)^3 .$$

Dann ist umgekehrt

$$w = 2\left\{ \frac{3\varepsilon}{2qg}\,(U_D + U_{sp}) \right\}^{1/3} ,$$

die Sperrschichtkapazität folgt aus

$$c(U_{sp}) = \varepsilon A/w = \frac{\varepsilon A}{2}\left\{\frac{2qg}{(n+2)\varepsilon U_D}\right\}^{1/3} \{1 + U_{sp}/U_D\}^{-1/3} .$$

Aufgabe 11.1

Zum Aufrechterhalten der Schaukelbewegung gegen Reibungsverluste richtet sich das Kind an den Umkehrpunkten auf, der Schwerpunkt und damit die potentielle Energie werden vergrößert; beim Schwingen durch den tiefsten Punkt (potentielle Energie umgesetzt in Bewegungsenergie) legt sich das Kind möglichst tief. Der Schwerpunkt wird abgesenkt, die Pendellänge und damit die Bewegungsenergie werden vergrößert. Das Aufrichten und Absinken erfolgt je zweimal pro Schaukelperiode (entspricht $2f_p = f_s$), das Kind muß die genannte 'Phasenlage' seiner Bewegung einhalten.

Aufgabe 11.2

Bei den mit f_{so} und f_{ho} bezeichneten Mittenfrequenzen liegt Abstimmung der Kreise vor. Bei einer Abweichung Δf_s der Signalfrequenz von der Mittenfrequenz ist $f_s = f_{so} + \Delta f_s$, $f_h = f_{ho} - \Delta f_s$. Im Signal- und Hilfskreis sind dann zusätzlich zu r_b die Blindwiderstände

$$X_s = \omega_s L_s - \frac{1}{\omega_s C_s} - \frac{s_o}{\omega_s} = \left\{ \frac{L_s}{C_s + 1/s_o} \right\}^{1/2} \frac{\omega_s^2 - \omega_{so}^2}{\omega_{so}\omega_s}$$

$$X_h = \omega_h L_h - \frac{1}{\omega_h C_h} - \frac{s_o}{\omega_h} = \left\{ \frac{L_h}{C_h + 1/s_o} \right\}^{1/2} \frac{\omega_h^2 - \omega_{ho}^2}{\omega_{ho}\omega_h}$$

zu berücksichtigen. Für $|\Delta f_s| << f_{so}, f_{ho}$ sind

$$X_s \simeq 2L_s\Delta\omega_s \;, \quad X_h \simeq -2L_h\Delta\omega_s \;.$$

Diese Werte können gemäß dem zu Gl.(11.32) führenden Rechengang dort direkt zu r_b addiert werden mit (s. Gl.(11.32))

$$Z_E = \{r_b + 2jL_s\Delta\omega_s\} - \frac{s_1^2}{\omega_s\omega_h\{r_b - 2jL_h\Delta\omega_s\}} \;. \tag{a}$$

Die Verstimmung $\Delta\omega_s$ soll so klein sein, daß im zweiten Beitrag eine Reihenentwicklung vorgenommen werden kann, wir erhalten dann unter Beibehaltung von $\Delta\omega_s$ nur im Imaginärteil des zweiten Beitrages

$$Z_E \simeq \left\{ r_b - \frac{s_1^2}{\omega_{so}\omega_{ho}r_b} \right\} + 2j\Delta\omega_s \left(L_s - \frac{L_h s_1^2}{\omega_{so}\omega_{ho}r_b^2} \right).$$

Die Spannungsverstärkung ist $V_u = r_E$ mit r_E nach Gl.(11.34).

Für große Werte V_u muß $-Z_E \approx R_G$ sein, so daß wir schreiben können

$$V_u = \frac{Z_E - R_G}{Z_E + R_G} \simeq \frac{2R_G}{\Delta Z}$$

mit $\Delta Z = \Delta R + j\Delta X$, $\Delta R = R_G + r_b\{1 - s_1^2/(\omega_{so}\omega_{ho}r_b^2)\}$,
$\Delta X = 2\Delta\omega_s\{L_s - L_h s_1^2/(\omega_{so}\omega_{ho}r_b^2)\}$. Die Verstärkung in Bandmitte ($f_s = f_{so}$) läßt sich durch ΔR einstellen gemäß

$$V_u \Big|_{f_s = f_{so}} = 2\,\frac{R_G}{\Delta R} = V_{umax}\,.$$

Für ein so festgelegtes ΔR fällt $|V_u|$ bei einem Δf_s mit $\Delta R = |\Delta X|$ auf $1/\sqrt{2}$ ab. Dafür folgt ein Δf_s für 3 dB-Verstärkungsabfall nach

$$R_G + r_b\left\{1 - \frac{s_1^2}{\omega_{so}\omega_{ho}r_b^2}\right\} = 2\Delta\omega_s\left\{L_s - L_h\,\frac{s_1^2}{\omega_{so}\omega_{ho}r_b^2}\right\}.$$

Das Produkt aus Bandbreite $B = 2\Delta f_s\big|_{3dB}$ und maximaler Verstärkung V_{umax} ist damit

$$V_{umax}B = \frac{2R_G}{L_s - L_h s_1^2/(\omega_{so}\omega_{ho}r_b^2)} = \text{const.}$$

Wenn also - wie im Text schon angemerkt- durch eine Widerstandtransformation R_E dichter an R_G herangebracht wird für eine hohe Verstärkung, wird ΔR kleiner. Dann sinkt auch die 3 dB-Bandbreite ab, die aus $\Delta R = |\Delta X|$ folgt mit $\Delta X \sim \Delta f_s$.

Aufgabe 11.3

Für Verstärkung, d.h. $R_E < 0$ muß nach Gl.(11.33) $s_1^2/(\omega_s\omega_h r_b^2) > 1$ gelten. Bei voller Aussteuerung ist $s_1 = 1/(4c_{min})$, dann folgt für $r_b \simeq r_{bmax}$

$$\omega_c^2/(16\omega_s\omega_h) > 1$$

und mit $f_p = f_h + f_s$ aus $f_c^2/(16f_s(f_p - f_s) > 1$ eine höchste Pumpfrequenz nach

$$f_p < \frac{f_c^2}{16f_s} + f_s\,.$$

(Beispiel: $f_c = 50$ GHz, $f_s = 4$ GHz : $f_p < 43$ GHz.)

Aufgabe 11.4

a) Die Grenzfrequenz der Diode nach $2\pi f_c = 1/(c_{min} r_{bmax})$ ist

$$f_c = 159 \text{ GHz}.$$

b) Die Hilfsfrequenz für minimales Rauschen ist nach Gl.(11.48)

$$f_h = f_s \{\sqrt{1 + s_1^2/(\omega_s r_b)^2} - 1\}$$

mit $s_1 = 1/(4c_{min})$ bei voller Aussteuerung über den Sperrbereich

$$f_h = 38.8 \text{ GHz},$$

die Pumpfrequenz ist dafür

$$f_p = 39.8 \text{ GHz}.$$

c) Ohne Schaltungsverluste und für abgestimmte Schwingkreise ist mit Gl.(11.32)

$$R_E = r_b\{1 - s_1^2 / (\omega_s \omega_h r_b^2)\} = -163.9\,\Omega .$$

Für G = 100 muß ein bezogener Generatorwiderstand $x = R_G/|R_E|$ nach $G = 100 = |-1-x|^2/|1-x|^2$ eingestellt werden. Daraus folgt $x = 9/11$ oder $x = 11/9$. Ein gegebener Wert R_G muß dazu entsprechend transformiert werden.

Aufgabe 12.1

Der Feldverlauf in der ν-Zone ist $E(x) = -(E_{max} - qN_D x/\varepsilon)$ mit $E(x = w_1) = 0$ (vergl. Bild 12.1). E_{max} ist dabei das Feld am $p^+\nu$-Übergang. Die Spannung ist die Fläche unter dem E(x)-Verlauf. Die Durchreichspannung U_{DR} folgt dann aus $U_{DR} + U_D = E_{max}w/2$. Dann folgt aus $U_{DR} = U_B = 300$ V mit $E_{max} = E_B = 2 \cdot 10^5$ V/cm eine Weite w = 30 µm der ν-Zone.

Aufgabe 12.2

Bei einem verlustfreien, reziproken Dreitor sind die Elemente y_{ik} der 3×3 Leitwertmatrix [y] rein imaginär und die Matrix ist symmetrisch, $y_{ik} = y_{ki}$. Das Tor 3 ist mit einem durch l einstellbaren Blindleitwert Y_3 belastet, es gilt $\underline{I}_3 = -Y_3\underline{U}_3$. In der dritten Gleichung von

$$\underline{I}_1 = y_{11}\underline{U}_1 + y_{12}\underline{U}_2 + y_{13}\underline{U}_3$$
$$\underline{I}_2 = y_{12}\underline{U}_1 + y_{22}\underline{U}_2 + y_{23}\underline{U}_3$$
$$\underline{I}_3 = y_{13}\underline{U}_1 + y_{23}\underline{U}_2 + y_{33}\underline{U}_3 = -Y_3\underline{U}_3$$

kann $\underline{U}_3$ durch $\underline{U}_1$ und $\underline{U}_2$ ausgedrückt werden nach

$$\underline{U}_3 = -\frac{1}{y_{33} + Y_3}(y_{13}\underline{U}_1 + y_{23}\underline{U}_2)$$

und in die ersten beiden Gleichungen eingesetzt werden. Dann folgt

$$\underline{I}_1 = \left\{ y_{11} - \frac{y_{13}^2}{y_{33} + Y_3} \right\} \underline{U}_1 + \left\{ y_{12} - \frac{y_{13}y_{23}}{y_{33} + Y_3} \right\} \underline{U}_2$$

$$\underline{I}_2 = \left\{ y_{12} - \frac{y_{13}y_{23}}{y_{33} + Y_3} \right\} \underline{U}_1 + \left\{ y_{22} - \frac{y_{23}^2}{y_{33} + Y_3} \right\} \underline{U}_2 .$$

Y_3 kann nun beliebige kapazitive oder induktive Werte annehmen, die y_{ik} sind rein imaginär. Es gibt dann immer einen Wert Y_3, der die Bedingung

$$y_{12} = \frac{y_{13}y_{23}}{y_{33} + Y_3}$$

erfüllt. Dann sind Tor 1 und Tor 2 entkoppelt, der Generator gibt keine Leistung an Z ab. Diese allgemeine Herleitung zeigt, daß es mit einer verlustfreien PIN-Diode immer möglich ist, perfekt Generator und Last zu trennen.

Aufgabe 12.3

Die Werte X_1 und X_2 für Kurzschluß und Leerlauf können aus dem Text zu Bild 12.14 entnommen werden. X_1 wird durch eine Kapazität $C_1 = 64.5$ pF und X_2 wird durch eine Induktivität $L_2 = 21.2$ nH realisiert. Die Sekundärseite des Übertragers läßt sich durch eine Ersatzquelle mit der Leerlaufspannung $n\underline{U}_G$ und dem Innenwiderstand n^2Z wiedergeben. Bei geöffnetem Schalter ist dann die sekundärseitige Spannung

$$\underline{U}_S = n\underline{U}_G \,. \tag{1}$$

Über dem eigentlichen Schalter steht dann die Leerlaufspannung (vergl. Gl.(12.24))

$$\underline{U}_{LL} = n\underline{U}_G/(1 - \omega^2 L_p c) \tag{2}$$

an. Bei geschlossenem Schalter fließt der Kurzschlußstrom

$$\underline{I}_{KS} = \frac{n\underline{U}_G}{n^2Z + jX_3}(1 - \omega^2 L_p c) \tag{3}$$

(vergl. Gl.(12.23)) durch den eigentlichen Schalter. Für $\underline{U}_G$ wieder rein reell folgt aus dem Schalttheorem mit Gl.(2),(3)

$$|r_0 - r_g| = |2\sin(\varphi/2)| = \frac{|\underline{U}_{LL}\underline{I}_{KS}|}{2P_{Gv}} = \frac{2n^2Z}{\sqrt{(n^2Z)^2 + X_3^2}} \tag{4}$$

Aus der Beziehung $\sin x = \{1 + \cot^2 x\}^{-1/2}$ folgt dann die erste Bestimmungsgleichung für X_3 und n

$$\frac{X_3}{n^2Z} = \pm\cot(\varphi/2)\,. \tag{5}$$

(Man erkennt, daß $X_3/n^2Z \ll 1$ sein muß für φ nahe bei 180°.)
Eine zweite Bestimmungsgleichung für n und X_3 folgt aus dem Einstellen der maximalen Schaltleistung mit $|\underline{U}_{LL}| = U_B$, $|\underline{I}_{KS}| = I_m$. Aus dem Verhältnis von Gl.(2), (3) folgt

$$\frac{U_B}{I_m} = \frac{|n^2 Z + jX_3|}{1 - \omega^2 L_p C} = \frac{\sqrt{(n^2 Z)^2 + X_3^2}}{1 - \omega^2 L_p C} . \tag{6}$$

Wenn hier für die Wurzel Gl.(4) eingesetzt wird, folgt

$$n^2 = \frac{U_B}{Z I_m} (1 - \omega^2 L_p C)^2 \sin(\varphi/2) . \tag{7}$$

Mit den angegebenen Daten sind $\sin(\varphi/2) = 0.5$, $\cot(\varphi/2) = 1.73$, $1 - \omega^2 L_p C = 0.984$. Die maximal schaltbare Generatorleistung ist nach Gl.(12.27) $(P_{Gv})_{max} = 15$ W. Das Windungsverhältnis des Übertragers ist nach Gl.(7) $n = 5.4$, dann folgt aus Gl.(5) ein $X_3 = \pm\ 2522\,\Omega$. Zur Realisierung ist entweder ein $L_3 = 401$ nH oder ein $C_3 = 0.063$ pF einzuführen.

Aufgabe 13.1

a) Zur Bestimmung der Bedingungen für Selbsterregung wird die Schwingkreisgleichung im Zeitbereich aufgestellt und für Exponentialfunktionen gelöst.

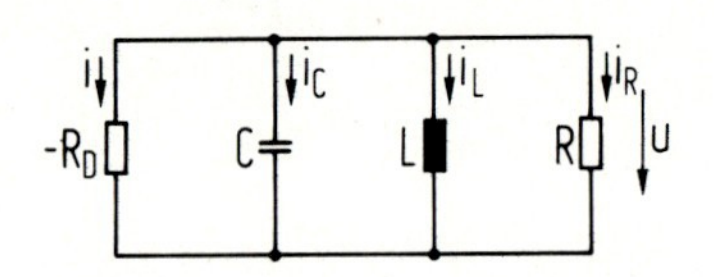

Aus der Stromsumme $i + i_C + i_L + i_R = 0$ folgt mit $i = -u/R_D$, $i_R = u/R$, $i_C = C du/dt$, $i_L = \frac{1}{L}\int u dt$ die Schwingkreisgleichung für die Spannung u

$$\frac{d^2u}{dt^2} + \left(\frac{1}{CR} - \frac{1}{CR_D}\right)\frac{du}{dt} + \omega_r^2 u = 0, \quad \omega_r = 1/\sqrt{LC} \; . \tag{a}$$

Für den Ansatz $u \sim \mathrm{Re}\{\exp pt\}$ folgt aus (a)

$$p = \sigma + j\omega = \frac{R - R_D}{2CRR_D} \pm j\omega_r \left\{1 - \left(\frac{R - R_D}{2CRR_D}\right)^2\right\}^{1/2} \; . \tag{b}$$

Wir sehen, daß für $R_D < R$ Selbsterregung eintritt; damit eine periodische Schwingung angefacht wird, muß $|\sigma|/\omega_r < 1$ sein, nur dann ist der Radikant in (b) positiv.

Wir vermuten anhand dieser Kleinsignallösung, daß R_D mit wachsender Aussteuerung größer werden muß, damit schließlich $R = R_D$, d.h. $\sigma = 0$ wird.

b) Entsprechend Gl.(13.13) entwickeln wir die stationäre Schwingbedingung

$$-\frac{1}{R_D(\hat{U}_{os})} + \frac{1}{R} + j\omega_{os}C + \frac{1}{j\omega_{os}L} = 0 \; , \quad \omega_{os} = \omega_r = 1/\sqrt{LC} \tag{c}$$

in eine Taylorreihe für kleine Änderungen $\hat{U}_{os} \rightarrow \hat{U}_{os} + \Delta u$, $j\omega_{os} \rightarrow j\omega_{os} + \Delta\sigma + j\Delta\omega$

$$-\frac{1}{R_D(\hat{U}_{os})} - \frac{d}{d\hat{U}}\left(\frac{1}{R_D}\right)\Bigg|_{\hat{U}_{os}} \Delta u + \frac{1}{R} + j\omega_{os}C + \frac{1}{j\omega_{os}L}$$

$$+ \left\{ C + \frac{1}{\omega_{os}^2 L} \right\} (\Delta\sigma + j\Delta\omega) = 0 \; .$$

Mit (c) ist

$$- \frac{d}{d\hat{U}} \left(\frac{1}{R_D}\right)\Bigg|_{\hat{U}_{os}} \Delta u + 2C\Delta\sigma = 0 \,, \qquad \text{(d)}$$

$$\frac{d}{d\hat{U}} \left(\frac{1}{R_D}\right) = - \frac{1}{R_D^2} \frac{dR_D}{d\hat{U}} \,. \qquad \text{(e)}$$

Es bleibt $\Delta\sigma/\Delta u < 0$, d.h. Störungen $\Delta u > 0$ oder $\Delta u < 0$ klingen exponentiell ab, wenn $d(1/R_D)/d\hat{U}$ bei $\hat{U} = \hat{U}_{os}$ negativ ist, R_D also nach (e) mit wachsender Aussteuerung größer wird.

Die im Bild gezeigte Ortskurvenbeschreibung in der Widerstandsdarstellung zeigt die im Anschluß an Gl.(13.13) gefundene Stabilitätsbedingung. Es ist $dR_D/d\hat{U} > 0$, aber $dX_L/d\omega < 0$ bei $\omega = \omega_{os}$.

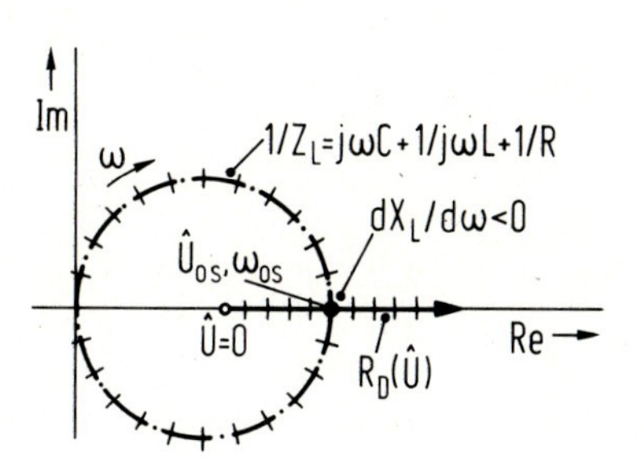

Anmerkung: In der Aufgabenstellung war - für einen Vergleich mit dem im Text beschriebenen Oszillator mit Serienschwingkreis - eine Widerstandsdarstellung vorgegeben. Eine Rechnung mit Leitwerten liefert wegen der Dualität von Serien- und Parallelschaltung die Ergebnisse des Textes, wenn L und C ausgetauscht werden und Wirkwiderstände durch Wirkleitwerte ersetzt werden.

Für Bauelemente, die spannungsgesteuert sind, ist es für eine Einbeziehung der Nichtlinearität günstiger, einen Parallelschwingkreis anzusetzen, da dann die Spannung fast sinusförmig ist.

Bei der Umrechnung von Widerstand auf Leitwert sind Blindkomponenten des Elementes zu beachten. Es ist allgemein $Z_D = 1/Y_D$ und nicht etwa $R_D = 1/G_D$.

Aufgabe 13.2

Gl.(13.28) wird nach P_i aufgelöst

$$P_i = P_{os} \left(\Delta f_{syn} Q_{ext}/f_{os}\right)^2 = 15 \left(8 \cdot 10^6 \cdot 200/8 \cdot 10^9\right)^2 \text{ [mW]} = 0.6 \text{ mW}.$$

Aufgabe 13.3

Nach Gl.(13.37) ist die einseitige spektrale Leistungsdichte des Frequenzrauschens $W_f = 2w_f = 0.25\ Hz^2/Hz$. Mit Gl.(13.36) ist die spektrale Leistungsdichte $w_{ob} = w_{un} = P_{os}/2\ W_f/f_m^2$ [W/Hz]

$$w_{ob} = w_{un} = 5 \cdot 10^{-3} \cdot 0.25/f_m^2 \text{ [W/Hz]} .$$

Wenn das HF-Spektrum mit B = 50 Hz Meßbandbreite aufgezeichnet wird, ist bei $f_m = 1$ kHz $w_{ob} \cdot B = w_{un} \cdot B = 6.25 \cdot 10^{-8}$ W (55 dB unter dem Träger), bei $f_m = 1$ MHz ist $w_{ob} \cdot B = w_{un} \cdot B = 6.25 \cdot 10^{-14}$ W (115 dB unter dem Träger).

Aufgabe 13.4

Im thermischen Gleichgewicht beachten wir nur den Boltzmann-Faktor für die Besetzungswahrscheinlichkeit energetischer Zustände und vernachlässigen den Einfluß unterschiedlicher Zustandsdichten von Zentral- und Satellitenminimum. Dann ist $n_2/n_1 \sim \exp(-\Delta W/kT)$. Das Satellitenminimum muß daher wesentlich höher als kT ($kT \simeq 26$ meV bei 300 K) oberhalb des zentralen Minimums liegen, damit es nicht schon ohne angelegtes Feld besetzt ist. Andererseits muß ΔW kleiner als der Bandabstand W_G sein, da sonst Stoßionisation einsetzt, bevor die Elektronen in das Satellitenminimum gestreut werden können.

Aufgabe 13.5

a) Die Vorspannung U_0 muß wie vorher auch schon ein Feld $E > E_k$ bewirken, damit Domänenbildung und ein Anschwingen des Oszillators erfolgen.

b) Die Resonatorfrequenz f muß größer sein als die reziproke Laufzeit v_{D0}/L.

c) Die Wechselspannung $\hat{U}$, die sich im Oszillatorbetrieb aufbaut, muß so groß sein, daß bei $\hat{U}_0 - U$ die Feldstärke $E_n = E_s$ (Bild 13.22) unterschritten wird. Dazu muß der Resonanzwiderstand ausreichend groß sein. Die Verhältnisse sind im Bild skizziert.

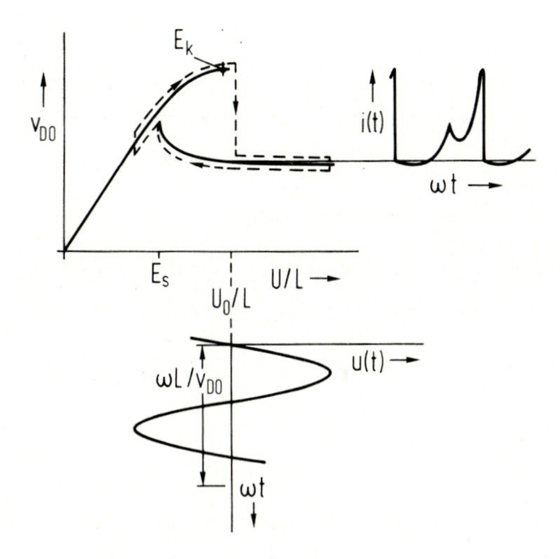

Bei $\omega t = 0$ wird eine Domäne ausgelöst, der Strom springt auf die dynamische Kennlinie. Bevor aber die Domäne die Anode erreicht, unterschreitet die Spannung einen dem Feld E_S entsprechenden Wert, die Domäne wird abgebaut. Schon bei $\omega t = 2\pi < \omega L/v_{DO}$ wird eine neue Domäne ausgelöst etc.

Aufgabe 13.6

Die Ersatzschaltung zeigt bei Vergleich mit Bild 13.32b, daß die Ergebnisse aus Gl.(13.68), (13.69) übernommen werden können.

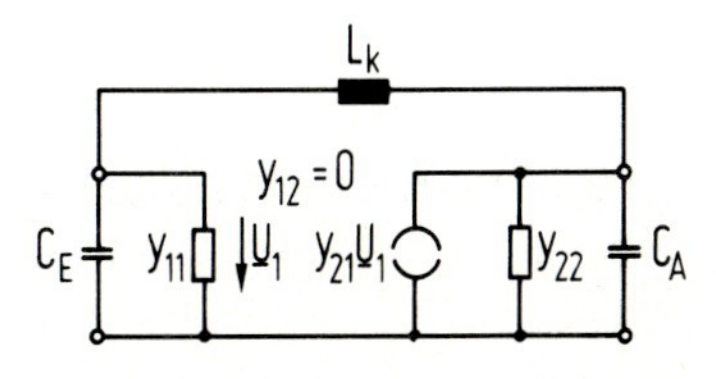

Danach sind C_E und L_k zu bestimmen aus

$$-1/(b_{11} + \omega C_E) + \omega L_k - 1/(b_{22} + \omega C_A) = 0 \qquad (1)$$

$$1 = \frac{g_{21}(\omega C_A + b_{22})}{G_L(\omega C_E + b_{11})} \quad . \tag{2}$$

Aus (2) folgt

$$C_E = 5.1 \text{ nF} \; ; \tag{3}$$

C_E muß zum Anschwingen etwas kleiner eingestellt werden. Aus (1) ergibt sich mit (3) eine Induktivität L_k zwischen Kollektor und Basis

$$L_k = 64.8 \text{ nH} \; . \tag{4}$$

Aufgabe 13.7

Die spektrale Leistungsdichte bei der Frequenzablage f_m vom Träger $N \cdot f_{os}$ erhöht sich um den Faktor N^2.
Grund: Bei Oszillatoren ist Phasen/Frequenzrauschen vorherrschend. Eine Rauschkomponente bei der Frequenzablage f_m vom Träger f_{os} liefert ein Signal gemäß $\cos(2\pi f_{os} t + \Delta\hat{f} \sin\omega_m t)$ mit $\Delta\hat{f} = \sqrt{W_f(f_m)df}$ (s. Gl.(13.33)). Nach Frequenzvervielfachung liegt der Träger bei Nf_{os}, der Frequenzhub $\Delta\hat{f}$ ist ebenfalls um den Faktor N erhöht. Damit steigt nach Gl.(13.36) die spektrale Leistungsdichte bei f_m um den Faktor N^2 an. (Beachten Sie: Die Frequenzablage f_m bleibt unverändert.) Das Amplitudenrauschen bleibt bei idealer Frequenzvervielfachung unverändert. (Anmerkung: In der Praxis muß das Rauschen von Treiberstufen einbezogen werden, die dem Oszillator zur Leistungssteigerung nachgeschaltet sind.)

Aufgabe 13.8

a) Das Regelfilter wirkt als I-Glied, die Durchtrittsfrequenz (s. Bild 13.45) ist ω_n; an dieser Stelle ist die Phasendrehung 180^0 (Phasenreserve 0^0). Es tritt Selbsterregung ein (s. Gl.(13.91)), die Regelschleife ist instabil.

b) Ein RC-Tiefpaß hat die Übertragungsfunktion $F(s) = 1/(1 + s\tau)$, $\tau = RC$, $F(0) = 1$. Der Phasenfehler bei einem Frequenzsprung um $\Delta\omega$ ist nach Gl.(13.96) im Endzustand $\Delta\omega/\{K_D K_V F(0)\}$. Bei dem aktiven Filter nach Bild 13.44 ist $F(0) = V_0 >> 1$. Der Phasenfehler ist dafür also viel kleiner als bei einem einfachen RC-Tiefpaß, der zudem Stabilitätsprobleme aufwirft. (Es müßte in Serie zu C noch ein Widerstand geschaltet werden.)

c) Für $\zeta = 1$ ist die Übertragungsfunktion H(s) des Regelkreises mit Gl.(13.93) besonders einfach

$$\Phi_V(s) = H(s)\Phi_R(s) = \frac{\omega_n^2 + 2s\omega_n}{(s + \omega_n)^2}\,\Phi_R(s)$$

$$H(s) = 1 - \frac{s^2/\omega_n^2}{(1 + s/\omega_n)^2}\,.$$

- Für einen Phasensprung ist dann

$$\Phi_V(s) = \Delta\varphi \left\{ 1/s - \frac{s/\omega_n^2}{(1 + s/\omega_n)^2} \right\} ;$$

die Rücktransformation ergibt

$$\varphi_V(t) = \Delta\varphi\sigma(t) - \Delta\varphi(1 - \omega_n t)\exp(-\omega_n t)$$

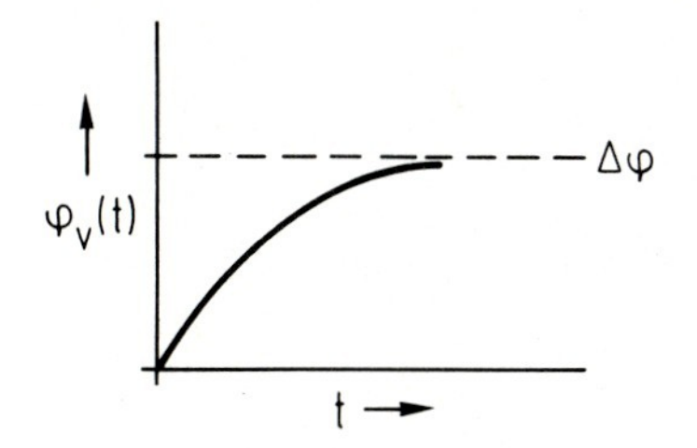

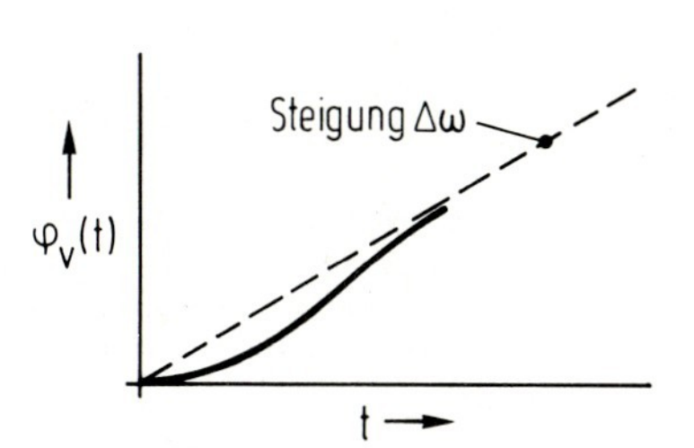

- Bei einem Frequenzsprung gilt mit

$$\Phi_R(s) = \Delta\omega/s^2$$

$$\Phi_V(s) = \Delta\omega \left\{ 1/s^2 - \frac{1}{\omega_n^2(1 + s/\omega_n)^2} \right\}$$

nach der Rücktransformation

$$\varphi_V(t) = \Delta\omega t - \Delta\omega \exp(-\omega_n t).$$

Wir sehen, daß für beide Fälle die Regelschleife innerhalb einer Zeit $\approx 1/\omega_n$ der Änderung folgt.

- Eine Frequenzrampe hat die Bildfunktion $\Phi_R(s) = \Delta\dot{\omega}/s^3$, die Rücktransformation von

$$\Phi_V(s) = \Delta\dot{\omega}\left\{1/s^3 - \frac{1}{s\omega_n^2(1 + s/\omega_n)^2}\right\}$$

ergibt

$$\varphi_V(t) = \Delta\dot{\omega}t^2/2 - \frac{\Delta\dot{\omega}}{\omega_n^2} + \frac{\Delta\dot{\omega}}{\omega_n^2}(1 + \omega_n t)\exp(-\omega_n t)\,.$$

Der erste Beitrag ist die zu einer rampenförmigen Frequenzänderung gehörende Phasendrehung, der zweite Beitrag gibt die verbleibende Phasenabweichung wieder, der dritte Beitrag klingt exponentiell innerhalb etwa $1/\omega_n$ ab.

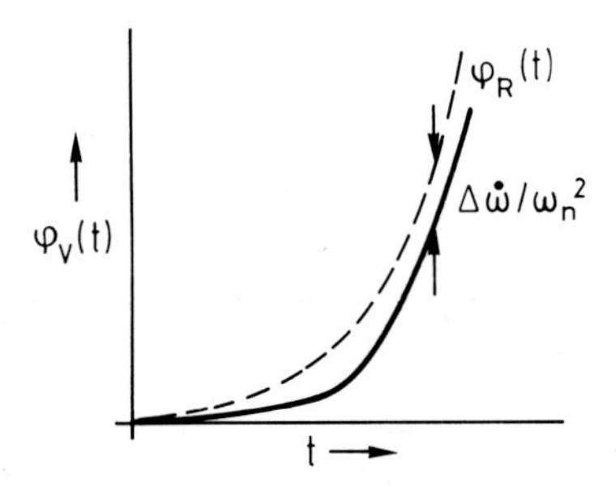

d) Eine anfängliche Frequenzabweichung erzeugt ein Fehlersignal der Größe

$$u_F(t) = K_D|F(j\Delta\omega)|\,\sin(\Delta\omega t + \varphi_1),$$

das den VCO gemäß

$$\Delta\omega_V(t) \simeq K_V K_D|F(j\Delta\omega)|\,\sin(\Delta\omega t + \varphi_1)$$

frequenzmoduliert. (φ_1 faßt eine anfängliche Phasendifferenz zwischen VCO und Referenz und die Phasendrehung des Regelfilters zusammen. Höhere Mischprodukte des PD werden im Regelfilter unterdrückt.)
Wenn $\Delta\omega_V(t)$ gleich oder sogar größer als $\Delta\omega$ wird, rastet die Schleife sofort ein.

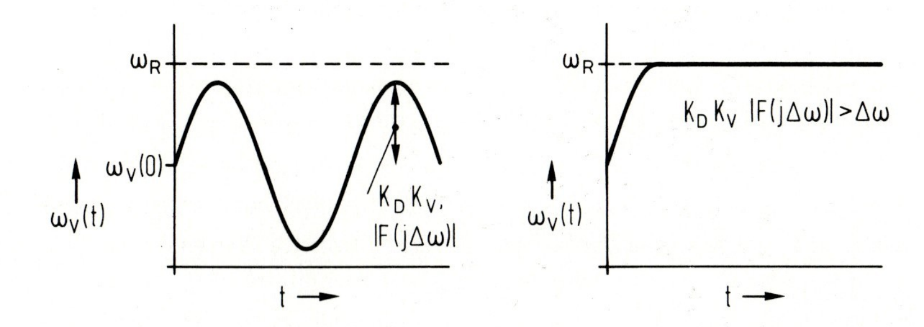

Es muß also $K_D K_V |F(j\Delta\omega)| \gtrsim \Delta\omega$ gelten. Mit $F(j\Delta\omega) = \tau_2/\tau_1$ folgt

$$\Delta\omega \lesssim K_D K_V \tau_2/\tau_1 = 2\zeta\omega_n \; .$$

Der sogenannte Lock-Bereich ist also ungefähr ω_n; im Text wurde angegeben, daß die Regelung innerhalb der Zeit $\approx 1/\omega_n$ einrastet. Frequenzabweichungen $\Delta\omega$ bis ungefähr ω_n werden also schnell ausgeregelt.

Aufgabe 13.9

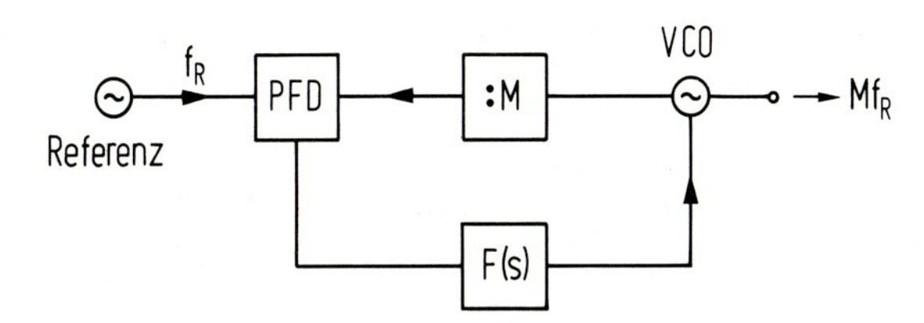

Anmerkung:

Das VCO-Signal bei Mf_R kann ggfs. weiter vervielfacht werden. In der Praxis ist das Frequenzrauschen des Ausgangssignals ein Kriterium für unterschiedliche Vervielfacherschaltungen (direkte Vervielfachung, PLL-Vervielfachung).

Aufgabe 13.10

a) Es muß insbesondere die Phasendrehung des ZF-Filters beachtet werden. Die Umrechnung der HF-Übertragungsfunktion in eine äquivalente Basisband-Übertragungsfunktion im Hinblick auf u.a. Übertragung einer Phasenmodulation des VCO lehrt die Filtertheorie.

b) Bild 13.46 zeigt einen PD mit periodischer Kennlinie. Entsprechend den Vorzeichen von u.a. K_D, K_V des Textes rastet der Regelkreis für die Frequenz $f_V - nf_0 > 0$ in den gezeigten Regelpunkten ein. In den jeweils anderen Nulldurchgängen würde ein derartiger PD auf das untere Seitenband $f_V - nf_0 < 0$ in Bild 13.50 eingeregeln. (Eine Vergrößerung von f_V verringert dann nämlich die Phasendifferenz zu φ_R.) Damit die PLL seitenbandselektiv arbeitet, muß die PD-Kennlinie nichtperiodisch sein (s. die PD-Kennlinie in Bild 13.47). Das ist besonders wichtig in mehrkreisigen Schrittgeneratoren, da hier eindeutig auf die gewünschten Frequenzen eingeregelt werden soll.

Literaturverzeichnis

Hochfrequenztechnik/Hochfrequenzelektronik, allgemein

1. Meinke-Gundlach, Taschenbuch der Hochfrequenztechnik (Hrsg. K. Lange, K.-H. Löcherer), Springer Verlag, Berlin, 1986, Studienausgabe Bd. 1, Bd. 2, Bd. 3

2. Zinke-Brunswig, Lehrbuch der Hochfrequenztechnik Bd. 1 (Hrsg. O. Zinke, A. Vlcek), Springer Verlag, Berlin, 1986, Bd. 2 (Hrsg. O. Zinke, L. Hartnagel), Springer Verlag, Berlin, 1987

3. Collin, R.E., Grundlagen der Mikrowellentechnik, VEB Verlag Technik, Berlin, 1973

4. Unger, H.-G., Harth, W., Hochfrequenz-Halbleiterelektronik, S. Hirzel-Verlag, Stuttgart, 1972

5. Meyer, E., Pottel, R., Physikalische Grundlagen der Hochfrequenztechnik, Friedr. Vieweg & Sohn, Braunschweig, 1969

6. Pehl, E., Mikrowellentechnik, Bd. 1, Bd. 2, Dr. Alfred Hüthig Verlag, Heidelberg, 1984

7. Simonyi, K., Theoretische Elektrotechnik, VEB Deutscher Verlag der Wissenschaften, Berlin 1973

8. Unger, H.-G., Hochfrequenztechnik in Funk und Radar, B.G. Teubner, Stuttgart, 1984

9. Unger, H.-G., Elektromagnetische Wellen auf Leitungen, Dr. Alfred Hüthig Verlag, Heidelberg, 1980

10. Unger, H.-G., Elektromagnetische Theorie für die Hochfrequenztechnik, Teil 1 und Teil 2, Dr. Alfred Hüthig Verlag, Heidelberg, 1981

11. Schiek, B., Meßsysteme der Hochfrequenztechnik, Dr. Alfred Hüthig Verlag, Heidelberg, 1984

12. Ghausi, M.S., Principles and Design of Linear Active Circuits, Mc Graw-Hill Book Company, New York, 1965

13. Sze, S.M., Physics of semiconductor devices, Wiley-Interscience, New York, 1969

14. Unger, H.-G., Schultz, W., Weinhausen, G., Elektronische Bauelemente und Netzwerke I, II, III, Friedr. Vieweg & Sohn, Braunschweig, 1973

15. Watson, H.A., Microwave semiconductor devices and their applications, Mc Graw-Hill Book Company, New York, 1965

16. Wupper, H., Grundlagen elektronischer Schaltungen, Dr. Alfred Hüthig Verlag, Heidelberg, 1986

Kapitel 1, 2

17. Graham, E.D., Gwyn, C.W. (Hrsg,), Microwave Transistors, Artech House Inc. Dedham, Massachusetts, 1975

18. Schrenk, H., Bipolare Transistoren, Springer Verlag, Berlin 1978

19. Kniepkamp, H., Kellner, Wl, GaAs-Feldeffekttransistoren, Springer Verlag, Berlin 1985

20. R.S. Pengelly, Microwave Field-Effect Transistors-Theory, Design and Applications, John Wiley & Sons, New York, 1982

21. M. Shur, GaAs Devices and Circuits, Plenum Press, New York, 1986

22. P.H. Ladbrooke, MMIC Design, GaAs FETs and HEMTs, Artech House, Boston, 1989

Kapitel 3 - 5

23. Carson, R.S., High-Frequency Amplifiers, John Wiley & Sons, New York, 1975

24. Firma Hewlett-Packard, Application Note 95 (1968), Application Note 154 (1972)

25. G. Gonzalez, Microwave Transistor Amplifieres Analysis and Design, Prentice Hall, Englewood Chliffs N.J., 1984

26. H. Brand, Schaltungslehre linearer Mikrowellennetze, S. Hirzel Verlag, Stuttgart, 1970

Kapitel 6

27. Wolff, I., Einführung in die Mikrostrip-Leitungstechnik, Verlag H. Wolff, Aachen, 1978

28. R. Hoffmann, Integrierte Mikrowellenschaltungen, Springer Verlag, Berlin, 1983

29. Helszan, J., Nonreciprocal Microwave Junctions and Circulators, John Wiley & Sons, New York, 1975

30. J. Helszan, YIG Resonators and Filters, John Wiley & Sons, New York, 1985

Kapitel 7

31. Bittel, H., Storm, L., Rauschen, Springer Verlag, Berlin 1971

32. Müller, R., Rauschen, Springer Verlag, Berlin, 1979

33. Landstorfer, F., Graf, H., Rauschprobleme der Nachrichtentechnik, R. Oldenbourg Verlag, München, 1981

34. B. Schiek, Rauschen in Hochfrequenzschaltungen, Dr. Alfred Hüthig Verlag, Heidelberg, 1990

Kapitel 8 - 12

35. Oberg, H.J., Berechnung nichtlinearer Schaltungen für die Nachrichtentechnik, B.G. Teubner, Stuttgart, 1973

36. Penfield, P., Rafuse, R.P., Varactor Applications, The M.I.T. Press, Cambridge, Massachusetts, 1962

37. J.C. Decrody, L. Laurent, J.C. Lienard, G. Marechal, J. Vorvleitchik, Parametric Amplifiers, John Wiley & Sons, New York, 1973

38. White, J.F., Semiconductor Control, Artech House Inc., Dedham, Massachusetts, 1977

39. G. Gesel, J. Hammerschmidt, E. Lange, Signalverarbeitende Dioden, Springer Verlag, Berlin, 1982

Kapitel 13

40. Bosch, B.G., Engelmann, R.W., Gunn-effect Electronics, Pitman Publishing, London, 1975

41. Harth, W., Claassen, M., Aktive Mikrowellendioden, Springer Verlag, Berlin, 1981

42. Schlachetzki, A., Halbleiterbauelemente der Hochfrequenztechnik, B.G. Teubner, Stuttgart, 1984

43. Gardner, F.M., Phaselock Techniques, John Wiley & Sons, New York, 1979

44. Rohde, U.L., Digital PLL Frequency Synthesizers, Prentice Hall Inc., Englewook Cliffs, New Jersey, 1983

45. Best, R.E., Phase-Locked Loops, McGraw-Hill Book Company, New York, 1984

Tabellen wichtiger physikalischer Konstanten und Halbleiterparameter

Tabelle I: Physikalische Konstanten

Bezeichnung	Symbol	Zahlenwert	SI-Einheit
Elementarladung	q	$1.602 \cdot 10^{-19}$	C (As)
Elektronenmasse	m	$9.11 \cdot 10^{-31}$	kg
Plancksches Wirkungsquantum	h	$3.742 \cdot 10^{-16}$	Wm^2
Influenzkonstante	ε_o	$8.854 \cdot 10^{-12}$	Fm^{-1} $(AsV^{-1}m^{-1})$
Induktionskonstante	μ_o	$4\pi \cdot 10^{-7}$	Hm^{-1} (Am^{-2})
Vakuum-Lichtgeschwindigkeit	c	$2.998 \cdot 10^{-8}$	m/s
Elektronenvolt	eV	$1.602 \cdot 10^{-19}$	Ws
Boltzmann-Konstante	k	$1.381 \cdot 10^{-23}$	JK^{-1} (WsK^{-1})
Temperaturspannung	$U_T = kT/q$	0.0256 (T = 300 K)	V

Tabelle II: Parameter der Halbleiter Silizium (Si) und Galliumarsenid (GaAs) bei Raumtemperatur (300 K)

Eigenschaft	Symbol	Zahlenwert Si	GaAs	Einheit
Bandabstand	W_G	1.12	1.43	eV
Zustandsdichte im Leitungsband	N_L	$2.8 \cdot 10^{19}$	$4.7 \cdot 10^{17}$	cm^{-3}
Zustandsdichte im Valenzband	N_V	$1.02 \cdot 10^{19}$	$7 \cdot 10^{18}$	cm^{-3}
Elektronenbeweglichkeit ($N_D \lessapprox 10^{15}$ cm^{-3})	μ_n	1400	8500	$cm^2V^{-1}s^{-1}$
Löcherbeweglichkeit	μ_p	500	400	$cm^{-2}V^{-1}s^{-1}$
relative effektive Masse der Elektronen	m_n^*/m	1.1	0.06	
der Löcher	m_p^*/m	0.59	0.5	
Eigenleitungskonzentration	n_i	$1.6 \cdot 10^{10}$	$1.1 \cdot 10^7$	cm^{-3}
Dielektrizitätszahl	ε_r	11.8	10.9	
Durchbruchsfeldstärke	E_B	$\approx 3 \cdot 10^7$	$\approx 4 \cdot 10^7$	Vm^{-1}
Sättigungsdriftgeschwindigkeit der Elektronen	v_s	10^7	$2 \cdot 10^7$	cm/s
Rekombinationslebensdauer	τ	$\approx$ 1...1000	$\approx 10^{-3}$	µs
Schmelzpunkt	T_s	1150	970	K
Wärmeleitfähigkeit	σ_T	145	46	$Wm^{-1}K^{-1}$

Sachwortverzeichnis

Klaus Schünemann, Adrian Hintz

Hüthig

Bauelemente und Schaltungen der Hochfrequenztechnik

Teil 1

1989, IX, 512 S., 196 Abb., kart.,
DM 78,—
ISBN 3-7785-1816-X
ELTEX Studientexte
Elektrotechnik

Diese Lehrbuchreihe basiert auf Fernstudienkursen, die für den Diplomstudiengang Elektrotechnik an der Fernuniversität entwickelt worden sind.

Das vorliegende Buch behandelt die wichtigsten Halbleiter-Bauelemente und -Schaltungen der Hochfrequenztechnik und berücksichtigt dabei die neuen Bauelemente wie Hetero-Feldeffekttransistor und Hetero-Bipolartransistor und Sturkturen mit Quantenbrunnen, die durch Abmessungen im Submikrometerbereich und dadurch zu Tage getretene neue Effekte gekennzeichnet sind. Der Behandlung der klassischen wie der neuen Bauelemente und ihrer typischen Schaltungsanwendungen ist ein Abschnitt über die physikalischen Grundlagen, die mathematischen Berechnungsmethoden sowie die wichtigsten Schaltungs-Technologien vorangestellt, so daß der spezielle Stoff systematisch und gestrafft abgehandelt werden kann.

Das Buch wendet sich an die Studierenden der Hochfrequenztechnik, Elektronik und Halbleiterphysik, ist aber auch zum Selbststudium und zum Gebrauch des in Forschung und Entwicklung tätigen Ingenieurs oder Physikers geeignet. Es ist auf zwei Bände angelegt. Der vorliegende Teil 1 behandelt die Grundlagen und einige Komponenten, der Teil 2 beschäftigt sich mit den übrigen Bauelementen und Schaltungen.

Hüthig Buch Verlag
Im Weiher 10
6900 Heidelberg 1

Edgar Voges

Hochfrequenztechnik

Band 2: Leistungsröhren, Antennen und Funkübertragung, Funk- und Radartechnik

1987, IX, 422 S., 231 Abb.,
kart., DM 64,—
ISBN 3-7785-1270-6

Während der erste Band dieses zweibändigen Lehr- und Studienbuches hauptsächlich den Bauelementen der HF-Technik und deren Schaltungen gewidmet war, befaßt sich der zweite Band mit den Anwendungen.

Aufbau und Funktionsgrundlagen hochfrequenztechnischer Anordnungen und Systeme werden verständlich gemacht. Die HF-Leistungs- und Senderöhren werden zu Beginn behandelt, wobei neben den gittergesteuerten Röhren die Laufzeit- und Lauffeldröhren im Mittelpunkt stehen. Antennen bilden den nächsten Schwerpunkt. Es wird dabei ausführlich auf die Berechnungsgrundlagen, Kenngrößen und die technischen Antennenformen eingegangen.

Der Hör- und Fernsehrundfunk, Richtfunk und Satellitenfunk stehen beispielhaft für die wichtigsten Anwendungen der HF-Technik. Hier werden die Systemgrundlagen und die HF-technischen Anordnungen behandelt. Die Radartechnik steht dabei exemplarisch für die Funkmeßtechnik.

Das Buch dient allen Nachrichten- und Hochfrequenztechnik-Studenten als Lehrbuch und eignet sich wegen seines geschickten didaktischen Aufbaus auch sehr gut zum Selbststudium.